T0141017

V&R

Zeitgeschichte – Konzepte und Methoden

Herausgegeben von
Frank Bösch und Jürgen Danyel

Unter Mitarbeit von
Christine Bartlitz, Karsten Borgmann,
Christoph Kalter und Achim Saupe

Vandenhoeck & Ruprecht

Bibliografische Information der Deutschen Nationalbibliothek

Die Deutsche Nationalbibliothek verzeichnet diese Publikation in der Deutschen Nationalbibliografie; detaillierte bibliografische Daten sind im Internet über http://dnb.d-nb.de abrufbar.

ISBN 978-3-525-30060-2

Umschlagabbildung:
© Gerhard Richter, 4900 Farben, Foto: Theresia Knuth

© 2012, Vandenhoeck & Ruprecht GmbH & Co. KG, Göttingen /
Vandenhoeck & Ruprecht LLC, Bristol, CT, U. S. A.
www.v-r.de
Alle Rechte vorbehalten. Das Werk und seine Teile sind urheberrechtlich geschützt. Jede Verwertung in anderen als den gesetzlich zugelassenen Fällen bedarf der vorherigen schriftlichen Einwilligung des Verlages.
Printed in Germany.

Satz: textformart, Göttingen
Druck und Bindung: CPI buchbücher.de, Birkach

Gedruckt auf alterungsbeständigem Papier.

Inhalt

Grundlagen

Forschungsfelder

Grundlagen

Frank Bösch / Jürgen Danyel

Die Zeitgeschichtsforschung und ihre Methoden

Die Zeitgeschichtsforschung galt methodisch lange als Mauerblümchen. Der Duktus ihrer Arbeiten reichte zwar von nüchternen Grundlagenwerken bis hin zu journalistisch aufpolierten Streitschriften, aber gemein war vielen Texten oft eine konzeptionelle Unbeschwertheit. Es ist vielleicht kein Zufall, dass einige Einführungen in das Studium der Zeitgeschichte daher auf methodische Aspekte ganz verzichteten und stattdessen spezifische zeithistorische Quellen, Kontroversen oder Entwicklungen vorstellten.[1] Im Vergleich zur Zeitgeschichtsforschung in anderen Ländern kam es in der Bundesrepublik Deutschland zwar frühzeitig zu einer intensiven Debatte darüber, was die Zeitgeschichte ausmache, während in Großbritannien selbst neuere Zeitschriften wie »Contemporary European History« pragmatisch auf eine genauere Beschreibung und Eingrenzung ihres Gegenstands verzichteten.[2] Innovative methodische Anstöße für die Geschichtswissenschaft insgesamt kamen jedoch meist aus den älteren Epochen.[3]

Diese langanhaltende Distanz zur konzeptionellen Reflexion hatte vielfältige Ursachen. Erstens führte die vergleichsweise große

1 Vgl. die klassische Einführung der 1990er-Jahre: Matthias Peter/Hans-Jürgen Schröder, Einführung in das Studium der Zeitgeschichte, Paderborn 1994ff. Vor allem zeithistorische Entwicklungslinien bietet: Horst Möller/Udo Wengst (Hrsg.), Einführung in die Zeitgeschichte, München 2003.

2 Vgl. Jan Palmoski/Kristina Spohr Readman, Speaking Truth to Power: Contemporary History in the Twenty-first Century, in: Journal of Contemporary History 46 (2011), S. 485–505, hier S. 486; Jane Caplan, Contemporary History: Reflections from Britain and Germany, in: History Workshop Journal 63 (2007), S. 230–238, insb. S. 235.

3 Vgl. Mary Fulbrook, Approaches to German Contemporary History since 1945: Politics and Paradigms, in: Zeithistorische Forschungen/Studies in Contemporary History 1 (2004), S. 31–50, online unter http://www.zeithistorische-forschungen.de/site/40208147/default.aspx (15.6.2012).

Menge an bislang unbekannten Quellen zu einer Grundlagenforschung, die historische Vorgänge oft eher deskriptiv darstellte, während die historischen Arbeiten zur Vormoderne schon aufgrund der begrenzten Quellenmenge mehr methodische Kreativität entfalteten. Die in ihrer Dimension historisch einmalige Öffnung der Archive nach dem Zusammenbruch des Kommunismus 1989/90 hat diesen Trend zunächst noch verstärkt. Die methodische Experimentierfreude wurde zweitens dadurch eingeschränkt, dass sich die Zeitgeschichte aus der Gewalterfahrung im 20. Jahrhundert heraus etablierte. Neue Ansätze wie die »Diskursanalyse« erschienen leichter an früheren Epochen zu erproben als an der Gewalterfahrung der Mitlebenden, sodass insbesondere der Holocaust oft eher als Argument gegen kulturhistorische Ansätze herhalten musste.[4] Generell erschwerten dabei die biografische Verwobenheit mit der Vergangenheit und die Stimmen der Zeitzeugen die Hinterfragung von eingeübten Erzählmustern und Perspektiven. Drittens förderte, damit verbunden, die pädagogisch-moralische Aufladung der Zeitgeschichtsforschung, dass sie oft ohne methodische »Verrenkungen« die Etablierung von Diktaturen und Demokratien beschrieb, Verbrechen benannte oder die Kontinuität von NS-Eliten herausstellte. Öffentliche Aufmerksamkeit war ihr auch so, oder vielleicht gerade deshalb, garantiert. Geschichtswerke zu anderen Jahrhunderten erreichten dagegen oft erst durch ungewöhnliche Zugänge größere Beachtung, wenn sie etwa die »Sprache der Glocken« untersuchten (Alain Corbin) oder das Weltbild eines Müllers sezierten (Carlo Ginzburg) und aus ihrem Vorgehen heraus neue Perspektiven etablierten. Viertens ist ihre fachliche Nähe zur Politikwissenschaft anzuführen, in der lange viele zeithistorische Professuren verankert waren. Dies verengte den Blick nicht nur auf politische Themen, sondern vergrößerte im Vergleich zu anderen Epochen auch die Distanz zu den Kulturwissenschaften, die für ältere Epochen früh Impulse gaben. Zweifelsohne kamen aus den Sozialwissenschaften seit den 1970er-Jahren vielfältige Anregungen, die jedoch abermals, wie in der Bielefelder Schule, eher auf die Erforschung des langen

4 Inwieweit der Holocaust überhaupt erzählerisch zu fassen ist, diskutierte wegweisend der Band: Saul Friedländer (Hrsg.), Probing the Limits of Representation. Nazism and the »Final Solution«, Cambridge/Mass. 1992.

19. Jahrhunderts bezogen waren. Schließlich war fünftens das Ansehen der Zeitgeschichtsforschung in der Zunft lange Zeit nicht so groß, als dass methodische Experimente opportun erschienen.

Der Boom der Zeitgeschichtsforschung und neuer Methoden

Diese Konstellation hat sich in den letzten Jahren vielfältig geändert, was auch den deutlichen Aufschwung ihres Theorie- und Methodenbewusstseins erklärt. So wuchsen die Vielfalt und das Ausmaß der Quellen derartig exponentiell, dass methodisch reflektierte Auswahlkriterien immer erforderlicher wurden. Zugleich hat sich der Status der Archivakten geändert: Während die Akten seit den 1970er-Jahren immer weniger Interna zu Entscheidungsprozessen dokumentieren, finden sich Quellen zu gesellschaftsgeschichtlichen Fragen vielfach jenseits der klassischen Archive.[5] Bei der Erforschung der jüngeren bundesdeutschen Geschichte kommt es entsprechend deutlich seltener zu spektakulären Enthüllungen aufgrund von Aktenfunden, zumal die Medien vieles vorher veröffentlichten.

Umso wichtiger wurde eine methodisch reflektierte Abgrenzung von diesen öffentlich etablierten Darstellungen der Zeitgenossen. Für die Zeitgeschichte der zweiten Hälfte des 20. Jahrhunderts, bei der die Gewalterfahrung zumindest in Westeuropa abnahm, fällt dies leichter. Mit dem wachsenden Abstand von den unterschiedlichen Diktaturen in Europa verliert auch die pädagogisch-normative Dimension der Zeitgeschichte langsam an Bedeutung, wenngleich sie etwa bei der Auseinandersetzung mit der DDR-Vergangenheit immer noch stark aufscheint, etwa als Abwehrreflex gegen die Erforschung des Alltags in der DDR.[6] Die his-

5 Zur Veränderung der Zeitgeschichtsforschung durch den Wandel ihrer Quellenbasis vgl. auch: Kiran Klaus Patel, Zeitgeschichte im digitalen Zeitalter. Neue und alte Herausforderungen, in: Vierteljahrshefte für Zeitgeschichte 59 (2011), S. 331–351.

6 Vgl. die politisch und moralisch aufgeladene Debatte in: Martin Sabrow u. a. (Hrsg.), Wohin treibt die DDR-Erinnerung? Dokumentation einer Debatte, Göttingen 2007.

toriografische Auseinandersetzung mit der kommunistischen Vergangenheit hat jedoch neben dieser moralischen Aufladung von Geschichte auch zu einer theoretischen und methodischen Sensibilisierung gegenüber dem klassischen Instrumentarium der Untersuchung von diktatorischen Herrschaftssystemen geführt, was sich sehr produktiv auf die Konzeptualisierung des Verhältnisses von Herrschaft und Gesellschaft ausgewirkt hat. Hier ist inzwischen ein vielfältiger Theorie- und Methodentransfer zwischen der zeithistorischen DDR-Forschung und der noch jungen Zeitgeschichtsschreibung in den ostmitteleuropäischen Ländern zu beobachten.

Ebenso kam es zu einer stärkeren Abkopplung von der Politikwissenschaft, die in doppelter Hinsicht methodische Energien freisetzte: Zum einen erlaubte sie neue interdisziplinäre Konstellationen; zum anderen steht die Zeitgeschichtsforschung zunehmend vor der Aufgabe, die dichte sozialwissenschaftliche Forschung zu früheren Jahrzehnten zu erweitern und diese selbst als wirkungsmächtige Quelle der Zeit zu historisieren.[7] Auch die Abgrenzung zur ubiquitären Zeitgeschichtsdarstellung in den Medien lässt sich nicht wie in früheren Jahrzehnten durch das Postulat der wissenschaftlichen »Sachlichkeit« und Quellenrecherche begründen,[8] sondern eher durch innovative und abgrenzende Zugänge, um aus den Medien bekannte Analysen differenziert zu erweitern. Zudem führten der starke Ausbau der Zeitgeschichtsforschung und ihre vielfältige Spezialisierung dazu, dass Zeithistoriker gerade über differente Methoden eine Abgrenzung und Profilierung anstreben. Mitunter wird daher eine »neue Unübersichtlichkeit« im Bereich der Forschungsfelder, Theoriebildung und Methodendiskussion beklagt. Um dies zu verhindern, müssen stärker als bisher konzeptionelle und methodische Brückenschläge zwischen verschiedenen Themen, Epochen und Disziplinen erfolgen.

Es ist oft betont worden, dass die Themenwahl der Historiker gerade in der Zeitgeschichtsforschung stark von ihren gegenwär-

7 Vgl. dazu pointiert: Rüdiger Graf/Kim Christian Priemel, Zeitgeschichte in der Welt der Sozialwissenschaften. Legitimität und Originalität einer Disziplin, in: Vierteljahrshefte für Zeitgeschichte 59 (2011), S. 479–508.

8 Zur Sachlichkeit als Topos der Abgrenzung von Zeitzeugen und Medien vgl. Nicolas Berg, Der Holocaust und die westdeutschen Historiker. Erforschung und Erinnerung, Göttingen 2003, S. 317.

tigen Erfahrungen geprägt ist. Weniger beachtet wurde, dass dies auch für ihre methodischen Ansätze gilt. Während etwa die verstärkte Mobilität von Wissenschaftlern transnationale Ansätze förderte, sensibilisierte der Alltag im Internetzeitalter für medienwissenschaftliche Konzepte. Ebenso korrespondiert die derzeit große Bedeutung von Reden, politischen Ritualen und Events mit dem Interesse für die Historische Semantik bzw. eine kulturhistorisch erweiterte Politikgeschichte, die sich für Performanz interessiert. Aktuelle Ereignisse, wie die 2008 einsetzende Wirtschafts- und Finanzkrise, förderten das Interesse an ökonomischen Zugängen. Gerade weil die Zeitgeschichte kaum noch durch feste Zäsuren abgrenzbar erscheint, wächst diese gegenwartsorientierte Vielfalt der Perspektiven. Es ist auffällig, dass fast alle Teilbereiche der Zeitgeschichtsforschung in ihrer Selbstwahrnehmung davon ausgehen, dass sie in den letzten Jahren stark boomten, egal ob es sich dabei um die Umwelt-, Militär- oder Mediengeschichte handelt. Dies verweist sicherlich häufig auf tatsächliche Trends, aber auch auf eine insgesamt wachsende Zeitgeschichtsforschung, in der viele Bereiche expandieren und sich ausdifferenzieren, was gleichzeitig aber auch einen wechselseitigen Wahrnehmungsverlust fördert.

Besonders intensiv wurde in der Zeitgeschichtsforschung jedoch der zeitliche Rahmen reflektiert, den ihre Forschungen umschließen sollen. Denn unverkennbar erfahren die einstigen Begrenzungen in der Forschungspraxis eine doppelte Auflösung: Einerseits gelten die Jahrzehnte vor 1945 weiterhin als relevantes Feld der Zeitgeschichtsforschung, sodass sich die Zeitgeschichte zunehmend über »die Zeit der Mitlebenden« hinweg ausdehnt; andererseits wird die Zeitgeschichte zur Gegenwart hin erweitert, da sich das »Ende« der Zeitgeschichte nicht mehr mit den 30-Jahres-Sperrfristen der Archive oder festen Zäsuren sinnvoll begrenzen lässt. Insofern zeichnet sich auch in der internationalen Forschung ab, dass die Zeitgeschichtsforschung zunehmend die Analyse des 20. Jahrhunderts als ihren Gegenstandsbereich ansieht, bei den laufenden Studien aber neben dem Nationalsozialismus vor allem die 1960er- und 1970er-Jahre im Mittelpunkt stehen.[9]

9 Vgl. die breite diachrone Verteilung von Fachaufsätzen in den europäischen Fachzeitschriften zur Zeitgeschichte, statistisch ausgewertet in: Kristina Spohr Readman, Contemporary History in Europe: From Mastering

Das macht neue konzeptionelle Bemühungen notwendig, um dem Forschungsfeld Kohärenz zu geben.

Im angelsächsischen Raum wurde der Zeitgeschichte in Anlehnung an Geoffrey Barraclough lange Zeit die Aufgabe zugewiesen, »to clarify the basic structural changes which have shaped the modern world«.[10] Dieses Konzept, die Zeitgeschichte mit dem verstärkten Aufkommen gegenwärtiger Probleme zu umgrenzen, hat dort in den letzten Jahrzehnten vielfältige Kritik erfahren, da die Anfangspunkte so nur ungenau auszumachen seien und ebenso unklar sei, was spezifisch gegenwärtige »basic structural changes« seien.[11] Auch die in Deutschland derzeit verstärkt aufkommende Forderung, die Zeitgeschichte als »Vorgeschichte gegenwärtiger Problemkonstellationen« zu konzeptionieren,[12] wurde ebenso produktiv aufgegriffen wie warnend kritisiert, da das Fehlen eines »Sehepunkts« mit einer gewissen Abgeschlossenheit dazu führt, dass sich Sichtweisen laufend verändern.[13] Ebenso ist die Gefahr von teleologischen Konstruktionen unübersehbar. Dagegen betonen jüngere britische Definitionsversuche, dass eben gerade diese Verbindung mit der schnelllebigen Gegenwart das Charakteristikum der Zeitgeschichte sei (»the instantaneousness of contemporary time, and those questions that arise from it«).[14] In jedem Fall fördern diese Auseinandersetzungen über den Gegenstandsbereich der Zeitgeschichte die methodische Reflexion innerhalb des Fachs.

Trotz dieser neuen Aufgeschlossenheit gegenüber unterschiedlichen Methoden fällt auf, dass die Zeitgeschichtsforschung bis

National Pasts to the Future of Writing the World, in: Journal of Contemporary History 46 (2011), H. 3, S. 506–530, S. 511. Dieser Forschungstrend gilt nicht für alle europäischen Länder; in Italien etwa wird die Erforschung der zweiten Hälfte des 20. Jahrhunderts bislang nur im geringen Maße von Historiker/innen vorgenommen.

10 Geoffrey Barraclough, An Introduction to Contemporary History, New York 1964, S. 9.

11 Vgl. etwa Peter Catterall, What (if Anything) is Distinctive about Contemporary History?, in: Journal of Contemporary History 32 (1997), H. 4, S. 441–452; vgl. auch ders., Contemporary British History. A Personal View, in: Contemporary British History 16 (2002), S. 1–10.

12 Hans Günter Hockerts, Zeitgeschichte in Deutschland. Begriff, Methoden, Themenfelder, in: Historisches Jahrbuch 113 (1993), S. 98–127, hier S. 124.

13 Martin Sabrow, Die Zeit der Zeitgeschichte, Göttingen 2012, S. 15.

14 Palmoski/Spohr Readman, Speaking Truth to Power, S. 503.

heute nur wenige eigenständige theoretische und methodische Zugänge entwickelt hat. Wegweisende zeithistorische Ansätze entstanden etwa im Kontext der Oral History um 1980, die sich der Mikro- und Alltagsgeschichte zuwandte und vor allem in England und Schweden aufkam. Sie dienten jedoch in der Bundesrepublik in erster Linie als Impulsgeber für außeruniversitäre Geschichtswerkstätten. Die meisten der in diesem Buch versammelten Methoden, Leitbegriffe und Forschungsfelder sind hingegen in der Historiografie zu älteren Epochen, in den Nachbarwissenschaften und im Ausland entstanden. Eine wichtige Rolle für den Transfer neuer Ansätze spielten dabei bezeichnenderweise oft Zeithistoriker/innen, die auch zum 19. Jahrhundert gearbeitet hatten. Selbst Ansätze, die man thematisch der Zeitgeschichte zurechnen würde, wie die Konsumgeschichte oder die Mediengeschichte, haben ihre Vorläufer in der Erforschung älterer Epochen oder eben in anderen Disziplinen.[15] Noch deutlicher ist dies bei Zugängen wie der Historischen Semantik, die zwar auch in den »Geschichtlichen Grundbegriffen« für Analysen bis zur Gegenwart entwickelt wurde, deren Beiträge jedoch meist im 19. Jahrhundert endeten. Zum 20. Jahrhundert starten hingegen erst jetzt konzeptionelle Debatten, wie eine semantische Analyse der Zeitgeschichte aussehen sollte.[16] Ebenso wurde die »Neue Politikgeschichte«, die kulturwissenschaftliche Ansätze für eine erweiterte Analyse des Politischen fruchtbar macht, zunächst für das 18. und 19. Jahrhundert in Großbritannien entwickelt, bevor deutsche Zeithistoriker dieses Konzept, begleitet von einigen Kontroversen, aufgriffen.[17]

15 Wegweisend für die Konsumgeschichte etwa: Neil McKendrick/John Brewer/John Plumb, The Birth of a Consumer Society. The Commercialization of Eighteenth-Century England, London 1982.

16 Christian Geulen, Plädoyer für eine Geschichte der Grundbegriffe des 20. Jahrhunderts, in: Zeithistorische Forschungen/Studies in Contemporary History 7 (2010), H. 1, S. 79–97, sowie die Repliken von Paul Nolte, Martin Sabrow und Theresa Wobbe. Vgl. auch den Beitrag von Kathrin Kollmeier in diesem Band.

17 Als Begriff aus Großbritannien: Dror Wahrman, The New Political History. A Review Essay, in: Social History 21 (1996), S. 343–354. Zum Aufkommen des Forschungsfeldes vgl. Martina Steber/Kerstin Brückweh, Aufregende Zeiten. Ein Forschungsbericht zu Neuansätzen der britischen Zeitgeschichte des Politischen, in: Archiv für Sozialgeschichte 50 (2010), S. 671–701, hier S. 674.

Eine mehrfache Übertragung erlebten transnationale und globale Forschungsansätze: Hier wurden Begrifflichkeiten und Konzepte zunächst in anderen Fachkulturen (Wirtschaftswissenschaften, Politikwissenschaft, internationales Recht) und Ländern (vor allem den USA) entwickelt, die dann innerhalb der deutschen Geschichtswissenschaft zunächst wiederum erst für das 19. Jahrhundert aufgegriffen wurden.[18] Wie man eine Globalgeschichte des 20. Jahrhunderts sinnvoll konzipieren kann oder inwieweit transnationale Ansätze auch für die Erforschung des Nationalsozialismus fruchtbar gemacht werden können, sind weiterhin noch recht offene Fragen.[19]

Die Zeitgeschichtsforschung arbeitet insofern mit Konzepten und Methoden, die oft aus einem dreifachen Übersetzungsprozess entstanden sind: aus anderen Epochen, anderen Ländern und anderen Disziplinen. Das provoziert die Frage, inwieweit Methoden aus anderen Kontexten überhaupt passgenau für die Besonderheiten der Zeitgeschichte sind. Zugleich gilt es zu reflektieren, dass Begriffe, Konzepte und Methoden im Zuge ihrer Übersetzung in einen anderen fachlichen Kontext anverwandelt und dadurch verändert werden. In diesem Sinne sind in der Zeitgeschichte eine Reihe von interessanten »Theorien mittlerer Reichweite« entstanden. Derartige »Translationen« wurden jüngst als »travelling concepts« bezeichnet, da die Ansätze bei jedem Übersetzungsprozess neu in den jeweiligen Wissenschaftskulturen konzipiert werden, sodass die jeweiligen Neuerfindungen selbst ein zeithistorisch interessantes Feld eigenständiger Theoriebildung und Methodendiskussion bilden.[20] Hinzu kommt, dass viele Methoden eine längere Vorgeschichte haben und auch innerhalb der deutschen Geschichtswissenschaft immer wieder neu justiert wurden.

18 Vgl. zum Zugang: Akira Iriye/Pierre-Yves Saunier (Hrsg.), The Palgrave Dictionary of Transnational History, Houndmills 2009, vor allem Pierre-Yves Saunier, Transnational, in: ebd, S. 1047–1055.

19 Für transnationale Perspektiven im Rahmen der Erforschung des Nationalsozialismus wirbt: Kiran Klaus Patel, In Search for a Transnational Historicization. National Socialism and its Place in History, in: Konrad H. Jarausch/Thomas Lindenberger (Hrsg.), Conflicted Memories. Europeanizing Contemporary Histories, New York 2007, S. 96–116.

20 Vgl. dazu: Birgit Neumann/Ansgar Nünning (Hrsg.), Travelling Concepts for the Study of Culture, Berlin/New York 2012 (i.E.).

Dabei erwiesen sich das ausgehende 19. Jahrhundert, die 1960er- und 1970er-Jahre und die letzte Jahrhundertwende als besonders kreative Phasen, die nicht zufällig mit einer verstärkten Ausdifferenzierung der Fachkulturen und einer Umgestaltung der Universitäten einhergingen. Unverkennbar war die methodische Ausdifferenzierung zudem immer mit Schulbildungen und Netzwerken verbunden, die in dieser Umgestaltung der Forschung um eine Profilierung rangen. Auffällig viele unterschiedliche Konzepte, die für die Zeitgeschichtsforschung später relevant wurden, entstanden an der Universität Bielefeld, wenngleich es auch hier eher Experten für das 19. Jahrhundert waren, die Akzente für die spätere Zeitgeschichtsforschung setzten.[21]

Zur Anlage des Buchs

Die Entstehungsgeschichte dieses Buchs ist ungewöhnlich, vielleicht aber ein Modell, das im Internetzeitalter vermutlich bald typischer sein wird. Es entwickelte sich aus dem umfangreichen Portal *Docupedia-Zeitgeschichte. Begriffe, Methoden und Debatten der zeithistorischen Forschung* (www.docupedia.de), das seit 2010 vom Zentrum für Zeithistorische Forschung in Potsdam ausgebaut wird. Es umfasst mittlerweile über 100 längere Fachartikel zu zentralen Begriffen, Konzepten, Forschungsrichtungen und Methoden der zeithistorischen Forschung. Auch theoretische Ansätze aus benachbarten Disziplinen oder Artikel zur Zeitgeschichte in anderen Ländern werden mit einbezogen. Weitere Artikel etwa zu den Konzepten und Methoden einer Zeitgeschichte der kommunistischen Diktaturen sind derzeit in Bearbeitung oder Planung. Das Portal wurde und wird redaktionell und technisch von Christine Bartlitz, Christoph Kalter, Achim Saupe, Karsten Borgmann und Theresia Knuth betreut und weiterentwickelt, die auch einen maßgeblichen Anteil an der Idee dieses Buchprojekts und seiner Umsetzung hatten.

Docupedia-Zeitgeschichte wird von einem großen Kreis ausgewiesener Zeithistoriker/innen herausgegeben. Die Beiträge des

21 Sonja Asal/Stephan Schlak (Hrsg.), Was war Bielefeld? Eine ideengeschichtliche Nachfrage, Göttingen 2009.

Portals werden begutachtet. Im Unterschied zur partizipativen Dynamik des kollektiven Schreibens bei der »Wikipedia« und anderen »Wikis« hat es sich im fachlichen Kontext als unverzichtbar erwiesen, dass die Autor/innen der Beiträge sichtbar bleiben und als ausgewiesene Expert/innen die Hoheit über ihre Texte behalten. Jedoch besteht die Möglichkeit, redaktionell betreute kommentierende Artikel zu verfassen, die Ergänzungen und Überarbeitungen anregen. Auf diese Weise entstanden bereits einige, oft gemeinsam geschriebene Artikel, mit denen auch neue Formen des kollektiven Schreibens in der Fachwissenschaft Einzug halten. Eine Kultur des fachlichen Debattierens im Internet muss sich jedoch erst noch entwickeln. Auch in diesem Sinne versteht sich Docupedia-Zeitgeschichte als ein Experiment. Der Erfolg des Online-Nachschlagewerks zeigt sich nicht nur in der hohen Zahl von rund 14.000 Zugriffen und 130.000 aufgerufenen Seiten pro Monat, sondern auch in der vielfachen Zitation der Artikel in fachwissenschaftlichen Druckmedien und ihrer häufigen Verwendung in der universitären Lehre.

Aus dem breiten Spektrum von Docupedia-Zeitgeschichte wird hier eine Auswahl eigens für den Druck überarbeiteter Beiträge präsentiert, die um vorläufig nicht online verfügbare Texte ergänzt wurde. Dieser Schritt vom Internet zurück in das Printmedium mag auf den ersten Blick überraschen. Bei der Vorbereitung der Publikation hat sich gezeigt, dass die Autor/innen mit solchen Grenzüberschreitungen in beide Richtungen durchaus motiviert werden können, ihre Texte als »living documents« zu behandeln, sie also immer wieder mit Blick auf die Dynamik der Forschung zu überarbeiten. Insofern dient dieses Vorhaben auch dazu, weitere Erfahrungen mit hybriden Publikationsformaten zu sammeln.

Das Buch bietet freilich nur einen Ausschnitt aus den derzeitigen theoretischen Konzepten, Methoden und Perspektiven der Zeitgeschichtsforschung, die derzeit eine besonders starke Aufmerksamkeit finden. Zudem sollen die Beiträge stellvertretend die unterschiedlichen Akzente des Fachs abbilden. Deshalb wurde etwa nur ein Beitrag zur Wirtschaftsgeschichte aufgenommen, und der Beitrag zur transnationalen Geschichte steht für ein breites Feld, in der auch die »Global History«, die »Diplomatiegeschichte«, die »Migrationsgeschichte« oder, stärker methodisch, der »Historische Vergleich« angesiedelt sind. Insofern ist die Internetversion eine weiterhin wachsende Ergänzung zu diesem Buch.

Aufgrund der eingangs beschriebenen Theorieferne der Zeitgeschichtsforschung sind viele der hier dargestellten Methoden und Forschungsfelder nicht genuin zeithistorisch. Zeithistorisch relevant ist hingegen die Entwicklung der Ansätze. Deshalb verdeutlichen alle Artikel eingangs die Entstehung der Zugänge, die meist auf längere Traditionen im 20. Jahrhundert zurückblicken können und mittlerweile selbst Gegenstand zeithistorischer Analysen werden. Ihr Aufkommen ist freilich nicht nur wissenschaftsgeschichtlich relevant: Der Methodenwandel ist vielmehr ein Ausdruck zeitspezifischer Denkstile und konnte selbst wiederum Einfluss auf gesellschaftliche Entwicklungen nehmen. Ein Beispiel: Dass die Politik etwa kaum noch in ihrem institutionellen Rahmen untersucht wird, sondern vielmehr im weiteren Sinne »das Politische« und die Konstruktion von Deutungen, lässt sich einerseits als Ausdruck einer zunehmenden gesellschaftlichen Abkehr von der institutionalisierten Politik interpretieren; andererseits wirkte diese verstärkte Fokussierung des Symbolischen wiederum auf die Praxis der Politik zurück, die sich in eben diesem Feld professionalisierte. Andere Ansätze, wie die »Alltagsgeschichte«, traten sogar explizit mit dem Ziel an, verändernd in die Wissenschaftslandschaft und Gesellschaft hineinzuwirken.[22] Und viele politisch aufgeladene Kontroversen darüber, mit welchen Ansätzen etwa die Geschichte des Nationalsozialismus oder der DDR geschrieben werden sollte, zielten auch darauf ab, über Geschichtsdeutungen auch die Gegenwart zu prägen.

Jeder Artikel mündet nach einer Beschreibung der Zugänge in Überlegungen, wie die Methoden in der aktuellen und künftigen Zeitgeschichtsforschung aufgegriffen wurden oder werden könnten. Insofern soll der Band mit dazu beitragen, Forschungen anzuregen. Zugleich soll das vorliegende Buch die Präzisierung zeithistorisch relevanter Begriffe fördern, die oft sehr ungenau aufgegriffen werden. So wird nicht selten spöttisch das »kollektive Gedächtnis« als zu pauschal kritisiert, ohne die in Maurice Halb-

22 Vgl. rückblickend etwa: Alf Lüdtke, Alltagsgeschichte, Mikro-Historie, historische Anthropologie, in: Hans-Jürgen Goetz (Hrsg.), Geschichte. Ein Grundkurs, Reinbek 1998, S. 557–578, hier S. 560 f.

wachs' kohärenter Theorie angelegte Verbindung von individueller Erinnerung und sozialem Bezugsrahmen in der Gegenwart einzubeziehen, was auch Fragen der Europäisierung und Universalisierung, aber auch Divergenzen zeitgenössischer Erinnerungskulturen aufwirft.[23] Ebenso werden Ansätze wie die »Visual History« oder »Mediengeschichte« in der Forschung häufig aufgegriffen, aber letztlich nur Medieninhalte beschrieben, und nicht die Medialität der Geschichte oder die Funktionsweise von Medien untersucht. Darüber hinaus berücksichtigt der Band neben gängigen Begriffen und Ansätzen auch exemplarisch Artikel, die für die Geschichte des 20. Jahrhunderts von großer Bedeutung sind (wie über »Historisierung« und »Authentizität«). Das Internetportal Docupedia bietet auch hierzu vielfältige Ergänzungen.

Eingeleitet wird der Band durch Beiträge, die eine spezifische Reflexion über die Zeitgeschichte eröffnen. So fordert Gabriele Metzlers Beitrag provokativ, dass sich die Zeitgeschichte als ein Kind des Zeitalters der Extreme eigentlich nach dem Ende dieses Zeitalters neu aufstellen müsse. Rüdiger Graf plädiert dafür, die Bedeutung der Zeit in der Zeitgeschichte selbst zu analysieren und ihre Wirkung auf unser Denken und Handeln. Eine besonders interessante Frage ist, wie sich die Zeitgeschichtsforschung durch die Computerisierung wandelt. Peter Haber verweist zu Recht darauf, dass der Computer-Einsatz zwar in den 1970er-Jahren quantifizierende Ansätze in der Geschichtswissenschaft förderte, dann jedoch der allgemeine Methodenwandel eine Abkehr davon bescherte. Insofern determiniert die digitale Revolution anscheinend nicht die Forschungsperspektiven, prägt aber die Erkenntnisbildung maßgeblich mit. Einen typologischen Überblick gewährt Stefan Haas' Artikel über Theoriemodelle. Hervorzuheben ist hierbei sein Hinweis, dass auch historische Werke ohne explizite methodisch-theoretische Verortung durchaus methodisch durchdacht und positioniert sein können. Haas spricht hierbei von einer situativen Theoriebildung, die, wie im angelsächsischen Raum üblicher, narrative Strategien reflektiert, aber dies nicht ex-

23 Vgl. den Beitrag von Christoph Cornelißen in diesem Band sowie auch: Sabine Moller, Erinnerung und Gedächtnis, Version: 1.0, in: Docupedia-Zeitgeschichte, 12.4.2010, online unter https://docupedia.de/zg/Erinnerung_und_Gedächtnis (15.6.2012).

plizit macht. Dies verweist auf einen zentralen Punkt: Methoden entstehen nicht nur aus programmatischen Artikeln und Schlagworten, sondern auch aus exemplarischen Studien.

Bezugspunkt der Beiträge ist die deutsche Geschichte und Geschichtswissenschaft, wenngleich die Methoden und Reflexionen sich natürlich ebenso auf andere Länder anwenden lassen. Wenn für die Genese von Forschungsfeldern internationale Impulse zentral waren, werden diese aufgegriffen. Dies spiegelt in gewisser Weise den Forschungstrend: In vielen Ländern haben die programmatischen Forderungen nach einer Internationalisierung der Forschung zugenommen.[24] Allerdings sind sowohl die Entwicklungslinien der Zeitgeschichtsforschung als auch ihre theoretischen Interessen und Themen allein schon in Europa recht unterschiedlich, und es sind kaum gemeinsame Linien oder ein ähnlicher Status quo auszumachen.[25]

Unverkennbar ist der Einfluss der Kulturgeschichte bei vielen der hier aufgeführten Beiträge. Wahrnehmungen und Deutungsmuster nehmen durchweg einen zentralen Stellenwert ein, und selbst die Beiträge zur Konsum- und Wirtschaftsgeschichte unterstreichen diesen Impetus. In anderen Bereichen führte die kulturhistorische Wende zu einem neuen Label, das klassischen Zugängen der Zeitgeschichte wieder mehr Interesse bescherte, wie insbesondere der »Neuen Politikgeschichte«. Aber auch dies ist natürlich nur eine Momentaufnahme. In den USA diskutieren seit Längerem frühere Protagonisten der kulturhistorischen Forschung ihr Ende beziehungsweise die Frage, was auf sie folge. Dabei zeichnet sich eine Hinwendung zur stärkeren Analyse von Akteuren ab, zur materiellen Kultur, zu konkreten Räumen und Regionen, aber auch zur Alltagskultur. Auch diese Wenden und neuen Zugänge werden weiterhin auf Docupedia-Zeitgeschichte aktuell begleitet.

24 Vgl. Philippe Poirrier, L'histoire contemporaine, in: Pascal Cauchy/Claude Gauvard/Jean-François Sirinelli (Hrsg.), Les historiens français à l'œuvre, 1995–2010, Paris 2010, S. 69–87; Kristina Spohr Readman, Contemporary History in Europe.

25 So auch der zusammenfassende Befund von: Alexander Nützenadel/Wolfgang Schieder, Zeitgeschichtsforschung in Europa. Einleitende Überlegungen, in: dies. (Hrsg.), Zeitgeschichte als Problem: Nationale Traditionen und Perspektiven der Forschung in Europa, Göttingen 2004, S. 7–24, hier S. 23.

Gabriele Metzler

Zeitgeschichte – Begriff – Disziplin – Problem

Das »Zeitalter der Extreme«[1] hat die Geschichtswissenschaften geprägt. Historiker/innen haben sich von den Großideologien des Zeitalters beeinflussen lassen, haben ideologische Grundannahmen in Themen der Forschung und Theorien der Geschichte umformuliert und sich ein ums andere Mal auch von den Machthabern vereinnahmen lassen, sie haben Politik und Herrschaft legitimiert und Diktaturen wie Demokratien historischen Sinn gestiftet.[2]

Die Zeitgeschichte ist ein Kind des »Zeitalters der Extreme«, ihre Etablierung und Existenz als anerkannte historische Teildisziplin verdankt sie den Zeitläuften. Sie bildeten den Gegenstand zeithistorischer Forschung, waren aber immer zugleich auch Anlass, Ressourcen zu mobilisieren und zeithistorische Forschung zu institutionalisieren. Nur vor diesem Hintergrund ist erklärbar, dass ein so unbestimmtes Feld wie die Zeitgeschichte, die keine eindeutige Epochenzuschreibung ist und nicht einmal begrifflich in allen Wissenschaftskulturen einheitlich gefasst wird, heute, nach dem Ende des »extremen Zeitalters« in Europa, in der Ausrichtung des Fachs wie in der öffentlichen Wahrnehmung eine so dominierende Rolle spielt. Zeitgeschichte ist, so will es scheinen, omnipräsent: In jedem Fernsehkanal sind zeithistorische Dokumentationen oder andere Produktionen des *Histotainments* zu sehen, jede Bahnhofsbuchhandlung hält zeithistorische Literatur

1 Ich folge hier dem (europäisch-transatlantisch ausgerichteten) Epochenbegriff von Eric Hobsbawm, Das Zeitalter der Extreme. Weltgeschichte des 20. Jahrhunderts, München/Wien 1995.

2 Lutz Raphael, Geschichtswissenschaft im Zeitalter der Extreme. Theorien, Methoden, Tendenzen von 1900 bis zur Gegenwart, München 2003 (der im Übrigen die Zeitgeschichte nicht in einem eigenen Kapitel problematisiert).

vorrätig; keine politische Festrede kommt ohne zeithistorische Referenzen aus, politische Debatten zitieren aus der Zeitgeschichte gewonnene Mahnungen und Einsichten; jedes Universitätsinstitut bietet zeithistorische Themen in der Lehre an oder verfügt über entsprechend ausgerichtete Lehrstühle, und an Forschungsgeldern und Drittmitteln haben zeithistorische Projekte einen enormen Anteil.

Die Erfolgsgeschichte der Zeitgeschichte mag über vieles hinwegtäuschen, etwa über die Stellenkürzungen in historischen Instituten, unter denen diese Teildisziplin weit weniger gelitten hat als andere. Vor allem aber kann die positive Bilanz der Zeitgeschichte überdecken, dass sie selbst sich aktuell in einer Umbruchsituation befindet; dass sie sich, nachdem das »Zeitalter der Extreme« in Europa und der atlantischen Welt an sein Ende gelangt ist, neu ausrichten muss, ihre Gegenstände neu definieren, ihre Perspektiven neu justieren, ja die Frage nach ihrer Eigenschaft als historische (Teil-)Disziplin neu beantworten muss.

Begriff

Was ist überhaupt »Zeitgeschichte«? In den gängigen Selbstbeschreibungen des Fachs sind, wie es scheint, Verweise auf die antiken Vorläufer, auf Herodot und Thukydides, unverzichtbar. Haben nicht sie bereits Zeitgeschichte geschrieben, indem sie die Geschehnisse ihrer unmittelbar zurückliegenden Vergangenheit erforschten und darstellten? Für das 17. Jahrhundert lässt sich auch der Begriff »Zeitgeschichte« im deutschsprachigen Raum nachweisen, allerdings blieb er marginal.[3] Die Historiker des 19. Jahrhunderts schließlich, Leopold von Ranke, Heinrich von Sybel, Heinrich von Treitschke: Waren nicht auch sie bereits »Zeithistoriker«, wenn sie über ihre gegenwartsnahe Geschichte schrieben, zu tagesaktuellen Fragen Stellung bezogen und historisches Wissen um die jüngste Vergangenheit in die Waagschalen der Politik warfen? Freilich blieben sie bei Politikberatung und

3 Reinhart Koselleck, Begriffsgeschichtliche Anmerkungen zur ›Zeitgeschichte‹, in: Victor Conzemius/Martin Greschat/Hermann Kocher (Hrsg.), Die Zeit nach 1945 als Thema der Zeitgeschichte, Göttingen 1988, S. 17–31.

historisch informiertem, politischem Feuilleton, zeithistorische Forschung im engeren Sinne betrieben sie nicht.[4]

Auch einen Begriff von »Zeitgeschichte« hatten diese Historiker nicht, und von einer »Disziplinierung« war die Zeitgeschichte noch weit entfernt – umso mehr, als das Denken des Historismus es für lange Zeit ja viel eher erschwerte, sich wissenschaftlich, und das hieß: nach den Regeln der Historischen Methode, mit der Geschichte der eigenen Zeit zu beschäftigen. In die gängigen Lehrbücher fand die »Zeitgeschichte« keinen Eingang.[5] Vor diesem Hintergrund ließe sich sogar sagen, dass die unumgänglichen Referenzen an Ranke und andere viel eher dazu dienten, den aus der Dominanz des Historismus geborenen Minderwertigkeitskomplex der Zeithistoriker zu kompensieren, indem sie auf die stolze Tradition ihres Fachs verwiesen; zumindest in der westdeutschen *Community* waren solche Tendenzen unübersehbar.

Auf einen Begriff gebracht wurde »Zeitgeschichte« in Deutschland erst im und nach dem Ersten Weltkrieg. Es war der lange vergessene Justus Hashagen, der 1915 ein Lehrbuch über das »Studium der Zeitgeschichte« vorlegte, in dem er Begrifflichkeiten und methodische Besonderheiten problematisierte, dann aber doch auf vielfältige Möglichkeiten verwies, Zeitgeschichte als »nähere Vorgeschichte des gegenwärtigen Zustandes« zu erforschen.[6] Begrifflich vollends etabliert hat sich Zeitgeschichte indes erst nach 1945. Hans Rothfels als Gründungsherausgeber der »Vierteljahrshefte für Zeitgeschichte«, deren Erscheinen einen ganz wesentlichen Schritt zur Disziplinbildung markierte, gab in seinem »in

4 Peter Catterall, What (if anything) is Distinctive about Contemporary History?, in: Journal of Contemporary History 32 (1997), S. 441–452, hier S. 448.

5 Vgl. das Standardwerk von Ernst Bernheim, Lehrbuch der historischen Methode, Leipzig 1889 (sechs Auflagen bis 1908). Dazu auch Kristina Spohr Readman, Contemporary History in Europe: From Mastering National Pasts to the Future of Writing the World, in: Journal of Contemporary History 46 (2011), S. 506–530, hier S. 510.

6 Matthias Beer, Hans Rothfels und die Traditionen der deutschen Zeitgeschichte, in: Johannes Hürter/Hans Woller (Hrsg.), Hans Rothfels und die deutsche Zeitgeschichte, München 2005, S. 159–190, Diskussion Hashagens S. 166–172. Zitat: Justus Hashagen, Das Studium der Zeitgeschichte, Bonn 1915, S. 19.

den Rang einer Ikone erhoben(en)«[7] Aufsatz für lange Zeit die Richtung vor. Die in der englischen oder französischen Wissenschaftssprache etablierten Begriffe »contemporary history« bzw. »histoire contemporaine« taugten nicht für eine deutsche Übersetzung, behauptete Rothfels, sondern »Zeitgeschichte« sei terminologisch geeigneter. »Zeitgeschichte«, so schrieb er, sei zu verstehen als »die Epoche der Mitlebenden und ihre wissenschaftliche Behandlung«, was er nicht allein generationell, sondern erfahrungsgeschichtlich verstanden wissen wollte. Denn er gab im selben Satz die Deutung mit, »dass es sich für uns um ein Zeitalter krisenhafter Erschütterung und einer eben darin sehr wesentlich begründeten universalen Konstellation handelt«.[8] Indem er die Jahre 1917/18 als »Beginn einer neuen universalhistorischen Epoche«[9] markierte, setzte er nicht Ereignisse der deutschen Geschichte an den Beginn von »Zeitgeschichte«, sondern die von der Russischen Revolution und die mit dem Eintritt in den Ersten Weltkrieg verbundene Abkehr der USA vom Isolationismus. Beides begründete das »Zeitalter der Extreme«. Von dort ausgehend, fanden die Zeithistoriker im Scheitern der Weimarer Demokratie und im Nationalsozialismus ihre über Jahre bestimmenden Themen.

Mochte sich Rothfels auch bewusst gewesen sein, dass zeithistorische Forschung sowohl nationalstaatliche Beschränkungen als auch die »›Sektorengrenzen‹ des Politischen, des Wirtschaftlich-Sozialen und des Geistigen« überwinden müsse, um der neuen, der »›globalen‹ Situation« gerecht zu werden, so gab er doch auch zu bedenken, dass zunächst »Ereignisgeschichte wesentlich politischer und wirtschaftlich-sozialer Art, insbesondere aus dem Bereich der deutschen Geschichte, das Rückgrat bilden« würde für die neue Zeitschrift wie für die junge Disziplin.[10] Und in der Tat haben die Zeithistoriker (es waren bis weit in die 1980er-Jahre hinein Männer, die den Ton angaben) zunächst vornehmlich politikgeschichtlich gearbeitet; noch Anfang der 1990er-Jahre mussten sie sich den Vorwurf erheblicher sozialgeschichtlicher

7 Beer, Hans Rothfels, S. 161.
8 Hans Rothfels, Zeitgeschichte als Aufgabe, in: Vierteljahrshefte für Zeitgeschichte 1 (1953), S. 1–8, hier S. 2.
9 Rothfels, Zeitgeschichte als Aufgabe, S. 6.
10 Ebd., S. 7 f.

Defizite – methodisch wie thematisch – gefallen lassen.[11] Mit der Konzentration auf politikgeschichtliche Themen, Fragestellungen und Methoden handelten sich die Zeithistoriker nicht nur den Ruf ein, traditionalistisch orientiert und nicht auf der Höhe dessen zu sein, was in der Zunft gerade *en vogue* war, sondern die Ausrichtung auf die Politik bestimmte auch ganz wesentlich die Diskussionen über Zäsuren in der Zeitgeschichte. Über zwei Jahrzehnte bestimmte die wissenschaftliche Aufarbeitung der Weimarer Republik und der NS-Zeit die Debatten.

Die Bundesrepublik selbst wurde Ende der 1970er-, Anfang der 1980er-Jahre zunehmend zu einem Thema der zeithistorischen Forschung, was aus den Aktensperrfristen erklärt werden kann, aber auch aus generationellem Wandel und entsprechenden Verschiebungen der Interessen. Karl Dietrich Bracher schlug 1984 vor, von einer »doppelten Zeitgeschichte« zu sprechen, geteilt in eine ältere, welche die Zeit von 1917/18 bis 1945 umfasse, und eine jüngere, in der die Jahrzehnte seit 1945 aufgehoben seien. Beide Teile seien nicht hermetisch voneinander zu trennen, sondern »ständig [mit]einander konfrontiert und zugleich konfliktreich verbunden«.[12] Bracher trug mit diesem Vorschlag nicht nur dem generationellen Wandel Rechnung, in dessen Zuge die zeithistorischen Lehrstühle an den Universitäten neu besetzt wurden und sich die Frage, was denn eigentlich die »Epoche der Mitlebenden« sei, neu stellte, sondern er hatte die grundlegenden globalen Veränderungen – Ost-West-Konflikt und Entspannung, Dekolonisierung und Nord-Süd-Konflikt – wie auch den Struktur- und Wertewandel in den westlichen Demokratien und, damit teils verknüpft, veränderte wissenschaftliche Kommunikationsbedingungen im Blick, als er sein Plädoyer abgab. Freilich wurde zur selben Zeit die scharfe Zäsurensetzung »1945« dadurch bereits relativiert, dass nun doch neue theoretische und methodologische Einflüsse auf die Zeitgeschichte zu wirken begannen, Forschungen

11 Paul Erker, Zeitgeschichte als Sozialgeschichte. Forschungsstand und Forschungsdefizite, in: Geschichte und Gesellschaft 19 (1993), S. 202–238.

12 Karl Dietrich Bracher, Doppelte Zeitgeschichte im Spannungsfeld politischer Generationen – Einheit trotz Vielfalt historisch-politischer Erfahrungen?, in: Bernd Hey/Peter Steinbach (Hrsg.), Zeitgeschichte und Politisches Bewußtsein, Köln 1981, S. 53–71, hier S. 57.

zur Sozialgeschichte beispielsweise durchgeführt wurden, die auf eine längere Übergangsperiode »zwischen Stalingrad und Währungsreform« verwiesen,[13] oder Oral-History-Untersuchungen, die auf die erfahrungsgeschichtliche Einheit der Periode zwischen Weltwirtschaftskrise und Ende der 1950er-Jahre abhoben.[14]

Vollends neu stellte sich die Frage, wie »Zeitgeschichte« begrifflich zu fassen sei, nach dem Ende des »extremen Zeitalters«. Was bedeutete der Umbruch von 1989/90 für die Bestimmungen von »Zeitgeschichte«? In der (Zeit-)Historikerzunft sahen viele die vordringliche Aufgabe der Zukunft darin, die Geschichte der DDR zu integrieren und auf diese Weise eine »gesamtdeutsche« Nachkriegsgeschichte zu schreiben. Doch auch der Diktaturenvergleich galt als fruchtbares Feld, das nun zu bestellen sei.[15] Damit knüpften die Zeithistoriker einerseits an die vorangegangene intensive Beschäftigung mit der NS-Geschichte an. Andererseits trugen sie dem Umstand Rechnung, dass sie selbst die Geschichte der DDR jahrzehntelang weitgehend ignoriert und einer ganz kleinen Gruppe von DDR-Spezialisten, die meist in der Politikwissenschaft verankert blieben, überlassen hatten; und die in der DDR selbst durchgeführten historischen Arbeiten waren im Westen kaum rezipiert worden. Das große Interesse an der DDR war nach 1990 also in gewissem Sinne »nachholende« zeithistorische Forschung, die durch privilegierten Zugang zu den Akten auch von staatlicher Seite gefördert wurde.

13 Martin Broszat/Klaus-Dietmar Henke/Hans Woller (Hrsg.), Von Stalingrad zur Währungsreform. Zur Sozialgeschichte des Umbruchs in Deutschland, München 1988; vgl. auch bereits: Werner Conze/M. Rainer Lepsius (Hrsg.), Sozialgeschichte der Bundesrepublik Deutschland. Beiträge zum Kontinuitätsproblem, Stuttgart 1983.

14 Vgl. v.a. die Bände des LUSIR-Projekts: Lutz Niethammer (Hrsg.), »Die Jahre weiß man nicht, wo man die heute hinsetzen soll«. Faschismuserfahrungen im Ruhrgebiet, Berlin/Bonn 1983; ders. (Hrsg.), »Hinterher weiß man, daß es richtig war, daß es schiefgegangen ist«. Nachkriegs-Erfahrungen im Ruhrgebiet, Berlin/Bonn 1983; ders./Alexander von Plato (Hrsg.), »Wir kriegen jetzt andere Zeiten«. Auf der Suche nach der Erfahrung des Volkes in nachfaschistischen Ländern, Berlin/Bonn 1985. Vgl. auch Anselm Doering-Manteuffel, Deutsche Zeitgeschichte nach 1945. Entwicklung und Problemlagen der historischen Forschung zur Nachkriegszeit, in: Vierteljahrshefte für Zeitgeschichte 41 (1993), S. 1–29.

15 Doering-Manteuffel, Zeitgeschichte nach 1945, S. 27–29.

Freilich wurde rasch deutlich, dass es mit einer bloßen Fixierung auf DDR-Themen nicht getan sein würde, sondern dass die gesamtdeutsche Zeitgeschichte neu zu überdenken sei. Hans Günter Hockerts fasste diese Debatten 1993 in seinem Plädoyer für eine »dreifache deutsche Zeitgeschichte« zusammen, in welcher der Geschichte der DDR angemessenes Gewicht einzuräumen sei. Dieser Vorschlag war mehr als bloß additiv gedacht, verwies er doch auf Unterschiede in der Wirkmächtigkeit politischer Traditionen, auf Kontinuitäten von Problemlagen über vermeintlich scharfe Epochengrenzen hinweg und darauf, dass die »Mitlebenden« immer in Strukturen handelten, die längerfristig vorgeprägt waren.[16] In eine ähnliche Richtung wies der Vorschlag von Hans-Peter Schwarz, zwischen einer älteren (ab 1917), jüngeren (ab 1945) und jüngsten (ab 1990) Zeitgeschichte zu unterscheiden.[17] Wie das Verhältnis der beiden deutschen Staaten und Gesellschaften konzeptionell zu greifen wäre, war damit freilich noch nicht geklärt. In den auf diese Frage bezogenen Debatten fand das Plädoyer Christoph Kleßmanns die stärkste Resonanz, die deutsch-deutsche Nachkriegsgeschichte als »asymmetrisch verflochtene Parallelgeschichte« zu begreifen.[18]

Die Diskussionen der (west-)deutschen Historiker/innen über den Begriff der Zeitgeschichte und die Bestimmung der Zeitgeschichte als Epoche verdient besondere Aufmerksamkeit, weil diese Diskussionen hier auffallend intensiv geführt wurden, was mit der starken Tradition des Historismus einerseits zu tun hat, andererseits aber immer auch der Tatsache geschuldet war, dass die Zeitgeschichte mehr als anderswo politisch-pädagogische Auf-

16 Hans Günter Hockerts, Zeitgeschichte in Deutschland. Begriff, Methoden, Themenfelder, in: Historisches Jahrbuch 113 (1993), S. 98–127, hier S. 127.

17 Hans-Peter Schwarz, Die neueste Zeitgeschichte, in: Vierteljahrshefte für Zeitgeschichte 51 (2003), S. 5–28.

18 Vgl. Christoph Kleßmann, Konturen einer integrierten Nachkriegsgeschichte, in: Aus Politik und Zeitgeschichte B 18/19 (2005), S. 3–11, hier S. 10. Siehe auch ders., Spaltung und Verflechtung – Ein Konzept zur integrierten Nachkriegsgeschichte 1945 bis 1990, in: ders./Peter Lautzas (Hrsg.), Teilung und Integration. Die doppelte deutsche Nachkriegsgeschichte als wissenschaftliches und didaktisches Problem, Bonn 2006, S. 20–37.

gaben wahrnahm. Indem sich die zeithistorische Forschung nach 1945 zunächst vor allem auf die Zeit zwischen 1917/18 und 1933 konzentrierte, trug sie zur Legitimierung und Stabilisierung des westdeutschen Staats als (wehrhafte) Demokratie bei, was durch die Abgrenzung vom Nationalsozialismus verstärkt wurde. Als sie dann über die Schwelle von 1945 hinaus die Geschichte dieses Staats selbst zum Gegenstand machte, leistete sie einen Beitrag zur kritischen Selbstvergewisserung.

In anderen Ländern mit anderen historiografischen Traditionen, vor allem aber anderen historischen Erfahrungen konnten in den Diskussionen über die Epochengrenzen der Zeitgeschichte weiter zurückreichende Kontinuitäten stärker betont werden. So wird immer wieder darauf verwiesen, dass die *contemporary history* in Großbritannien die erste Wahlrechtsreform von 1832 als Beginn der Zeitgeschichte setze, in Frankreich die *histoire contemporaine* bis zur Französischen Revolution von 1789 zurückreiche.[19] In der französischen Forschung trug die Dominanz der Annales-Schule über lange Jahre dazu bei, dass Perioden längerer Dauer im Mittelpunkt des Interesses standen; weitere Faktoren wie die Besonderheiten der französischen Forschungslandschaft und vor allem die integrierende und legitimierende Funktion der »republikanischen Synthese« während der IV. und V. Republik kamen hinzu und sorgten dafür, dass die Werte von 1789 über lange Jahrzehnte den Kern der *histoire contemporaine* bildeten. Im Hinblick auf die jüngste Vergangenheit speiste der Résistance-Mythos den gesellschaftlichen und politischen Konsens der IV. und auch noch weithin der V. Republik. Erst in den 1960er- und 1970er-Jahren begann er zu erodieren; nun rückte auch in Frankreich die Geschichte des Zweiten Weltkriegs und der Kollaboration in den Vordergrund. Neben den Begriff der *histoire contemporaine*, der gerade auch in den Lehrstuhldenominationen weithin erhalten blieb, trat jener der *histoire du temps présent*, was dem deutschen begrifflichen Verständnis von »Zeitgeschichte« weit eher

19 So etwa Rainer Hudemann, Neueste Geschichte, in: Richard van Dülmen (Hrsg.), Fischer Lexikon Geschichte, Frankfurt a. M. 1990, S. 406–426, hier S. 407; Horst Möller, Was ist Zeitgeschichte?, in: ders./Udo Wengst (Hrsg.), Einführung in die Zeitgeschichte, München 2003, S. 13–51, hier S. 15.

entspricht.[20] Vergleichbare Breitenwirkung und der Ehrgeiz politischer Aufklärung verband sich damit freilich in Frankreich lange Zeit weniger als in der Bundesrepublik; als Beispiel wäre die zögerliche historische Aufarbeitung des Algerienkriegs zu nennen, die in kritischer Absicht erst um 1999 in Gang kam.

Auch in Großbritannien erfuhr der Begriff *contemporary history* einen Wandel. Neue Begriffe setzten sich zwar nicht durch, doch verdeutlichte die Forschungspraxis, dass unter *contemporary history* vornehmlich die Geschichte des 20. Jahrhunderts, und hier wiederum besonders die Geschichte der Diktaturen verstanden wurde. Die Referenz »1832« war forschungspraktisch kaum relevant, sondern stellte eher »eine politische Willensbekundung als […] die systematisch begründete Abgrenzung einer historischen Epoche« dar.[21] Aus der Erfahrung, einen historischen Sieg über die faschistischen Diktaturen im Zweiten Weltkrieg errungen zu haben, speiste sich das britische Selbstverständnis nach 1945 lange Zeit. Erst in den 1980er-Jahren begann man auch hier, sich verstärkt der Nachkriegsgeschichte zuzuwenden,[22] wobei der Orientierungsmarke »1945« nie der Charakter einer tiefen Zäsur oder gar einer »Stunde Null« zugesprochen wurde.[23] Es ist offensichtlich, dass in Ländern mit längerer Demokratietradition der Begriff von Zeitgeschichte weiter gefasst war als in der Bundesrepublik. Man kann ähnliche Zusammenhänge etwa in den Niederlanden beobachten oder in den USA, wo sich Zeit-

20 Rainer Hudemann, Histoire du Temps Présent in Frankreich. Zwischen nationalen Problemstellungen und internationaler Öffnung, in: Alexander Nützenadel/Wolfgang Schieder (Hrsg.), Zeitgeschichte als Problem. Nationale Traditionen und Perspektiven in Europa, Göttingen 2004, S. 175–200, auch online unter: https://docupedia.de/zg/Frankreich_-_Histoire_du_Temps_presentoldid=80318.

21 Detlev Mares, Too Many Nazis? Zeitgeschichte in Großbritannien, in: Nützenadel/Schieder (Hrsg.), Zeitgeschichte als Problem, S. 128–148, hier S. 144.

22 Ebd. Siehe auch den darauf aufbauenden Beitrag: Detlev Mares, Großbritannien – »Contemporary History« jenseits von Konsens und Niedergang, Version: 1.1, in: Docupedia-Zeitgeschichte, 3.6.2011, online unter https://docupedia.de/zg/Grossbritannien_-_Contemporary_History_jenseits_von_Konsens_und_Niedergang?oldid=78889.

23 Catterall, Contemporary History, S. 441.

geschichte als eigenständige, erkennbare Teildisziplin gar nicht etabliert hat.

Ähnlich, wenngleich aus gänzlich anderen Gründen, verhielt es sich in der Sowjetunion, wo die Zäsur des Jahres 1917 nicht nur als bloße Epochengrenze begriffen wurde, sondern als Beginn eines neuen Zeitalters galt. In den Jahren nach 1991 veränderte sich die Situation jedoch, als in den einzelnen Nachfolgestaaten des zerfallenen Imperiums auf ganz unterschiedliche Art und Weise damit begonnen wurde, »nationale« Geschichten zu verfassen. Die Zeit seit der Unabhängigkeit gilt vielfach als »neueste« Geschichte, während die Jahrzehnte zwischen 1917 und 1991 als »neue« Geschichte apostrophiert werden. Doch mit solchen »neuesten« Nationalgeschichten sind keine eigenständigen methodischen Konzeptionen verbunden, die es erlauben würden, von einer dezidierten »Zeitgeschichte« im postsowjetischen Raum zu sprechen. Dies gilt im Übrigen auch für die Historiografie über die Sowjetunion, in der der Begriff der Zeitgeschichte gleichfalls keine Rolle spielt. Die Rückkehr der Nationalgeschichte ist auch in anderen mittelost- und osteuropäischen Gesellschaften nach 1991 zu beobachten, wenngleich es mancherorts, anders als in der Sowjetunion, auch schon vor dem Ende des Kommunismus zu ersten Debatten über Zäsuren und innersystemische Veränderungen gekommen war, häufiger geführt freilich von Intellektuellen und Künstlern als von Zeithistorikern.[24]

24 Für Hinweise zur Sowjetunion danke ich Robert Kindler, Felix Schnell und Jörg Baberowski. Vgl. auch Stefan Plaggenborg, Sowjetische Geschichte in der Zeitgeschichte Europas, in: Nützenadel/Schieder (Hrsg.), Zeitgeschichte als Problem, S. 225–256; Martin Schulze Wessel, Zeitgeschichtsschreibung in Tschechien. Institutionen, Methoden, Debatten, in: ebd., S. 307–328; Rafał Stobiecki, Die Zeitgeschichte in der Republik Polen seit 1989/90, in: ebd., S. 329–346; alle Beiträge auch online unter http://docupedia.de/zg/Kategorie:Länder.

Zeitgeschichte als Disziplin

In der Zeit nach 1945 weist die Entwicklung der Zeitgeschichte Muster auf, die eng jenen entsprechen, die die Wissenschaftsforschung traditionell als konstitutiv für wissenschaftliche Disziplinen definiert hat. Demnach konstituiert sich eine wissenschaftliche Disziplin auf der Grundlage eines gemeinsamen Kommunikationsraums, in dem Konsens herrscht über leitende Fragestellungen, anerkannte Methoden und Paradigmen. Disziplinierung führt immer auch zu Institutionalisierung, d. h. es existieren erkennbare Forschungsverbünde und -institute, Publikationsorgane, Lehrbücher, über die wissenschaftliches Wissen in der Lehre weitervermittelt wird; Karrierewege für den wissenschaftlichen Nachwuchs werden stärker formalisiert.[25]

»Disziplinäre Gemeinschaften«, definiert Rudolf Stichweh, »sind angewiesen auf wissenschaftliche Institutionen, die als organisatorische Infrastruktur der disziplinär restrukturierten Wissenschaft fungieren können.«[26] In diesem institutionellen Sinne etablierte sich die Zeitgeschichte als (geschichtswissenschaftliche Teil-) Disziplin erst nach 1945. Ansätze lassen sich freilich in die Zeit nach dem Ersten Weltkrieg, zumal in Deutschland, zurückverfolgen.[27] Hier begannen Historiker während des Kriegs darüber nachzudenken, wie eine gegenwartsnahe historische Forschung konzeptionell und methodisch wissenschaftlichen Maßstäben genügen könne. In der 1921 eingerichteten »Zentralstelle für die Erforschung der Kriegsursachen« und den großen Akteneditionen bildete sich schon bald nach Kriegsende ein institutioneller Kern, 1928 kam die Historische Reichskommission hinzu, 1934 die Zentralstelle für Nachkriegsgeschichte, deren »Landesstelle Ostpreußen für Nachkriegsgeschichte« unter der Leitung Theodor Schieders besondere Bedeutung gewann. Dass über 1945 hinaus nicht nur personelle Kontinuitäten, sondern auch partielle methodische Kontinuitäten bestanden, wurde vor gut einem Jahrzehnt erstmals

25 Rudolf Stichweh, Zur Entstehung des modernen Systems wissenschaftlicher Disziplinen. Physik in Deutschland 1740–1890, Frankfurt a. M. 1984, S. 7–93.

26 Stichweh, Entstehung, S. 62.

27 Ich folge in diesem Abschnitt Beer, Hans Rothfels.

in einer breiteren Öffentlichkeit thematisiert und hat in der zeithistorischen Community der Bundesrepublik für jahrelange, mitunter heftige Kontroversen gesorgt.[28]

Die außeruniversitäre Organisationsform setzte sich nach 1945 fort, wurde doch auch das Institut für Zeitgeschichte bewusst als Institut außerhalb der Universitäten gegründet, zunächst, 1947/49, als »Deutsches Institut für Geschichte der nationalsozialistischen Zeit«. 1952 erhielt es seinen heutigen Namen, der zugleich andeutete, dass das Institut seine Forschungsarbeit über die NS-Zeit hinaus ausweiten wollte.[29] Das Bestreben, die Erfahrung des Nationalsozialismus bzw. der Besatzung und des Wider-

28 Über »Deutsche Historiker im Nationalsozialismus« wurde auf dem Frankfurter Historikertag von 1998 intensiv und kontrovers diskutiert. Die Referate (und weitere Beiträge) sind abgedruckt in: Winfried Schulze/Otto Gerhard Oexle (Hrsg. unter Mitarbeit von Gerd Helm und Thomas Ott), Deutsche Historiker im Nationalsozialismus, Frankfurt a.M. 1999. Für die Debatten über Kontinuitäten in der Zeitgeschichte besonders relevant sind die Kontroversen um Hans Rothfels. Vgl. aus der Fülle der Literatur: Ingo Haar, Historiker im Nationalsozialismus. Deutsche Geschichtswissenschaft und der »Volkstumskampf« im Osten, Göttingen 2000; Heinrich August Winkler, Hans Rothfels – ein Lobredner Hitlers? Anmerkungen zu Ingo Haars »Historiker im Nationalsozialismus«, in: Vierteljahrshefte für Zeitgeschichte 49 (2001), S. 643–652; Ingo Haar, Quellenkritik oder Kritik der Quellen? Replik auf Heinrich August Winkler, in: Vierteljahrshefte für Zeitgeschichte 50 (2002), S. 497–505; Heinrich August Winkler, Geschichtswissenschaft oder Geschichtsklitterung? Ingo Haar und Hans Rothfels: Eine Erwiderung, in: Vierteljahrshefte für Zeitgeschichte 50 (2002), S. 635–652; Karl Heinz Roth, Hans Rothfels: Geschichtspolitische Doktrinen im Wandel der Zeiten. Weimar – NS-Diktatur – Bundesrepublik, in: Zeitschrift für Geschichtswissenschaft 49 (2001), S. 1061–1073; ders., »Richtung halten«: Hans Rothfels und die neo-konservative Geschichtsschreibung diesseits und jenseits des Atlantik, in: Sozial. Geschichte 18 (2003), 41–71; Nicolas Berg, Der Holocaust und die westdeutschen Historiker. Erforschung und Erinnerung, Göttingen 2003; Jan Eckel, Hans Rothfels. Eine intellektuelle Biographie im 20. Jahrhundert, Göttingen 2005, sowie die Beiträge in: Hürter/Woller (Hrsg.), Hans Rothfels und die deutsche Zeitgeschichte.

29 Horst Möller, Das Institut für Zeitgeschichte und die Entwicklung der Zeitgeschichtsschreibung in Deutschland, in: ders./Udo Wengst (Hrsg.), 50 Jahre Institut für Zeitgeschichte. Eine Bilanz, München 1999, S. 1–68, hier S. 42.

stands sowie die Geschichte des Zweiten Weltkriegs wissenschaftlich aufzuarbeiten, führte auch in anderen europäischen Ländern zur Einrichtung zeithistorischer Institute und Kommissionen, die ebenfalls zunächst außerhalb der Universitäten etabliert wurden, so etwa das *Comité d'Histoire de la Deuxième Guerre Mondiale*, 1951 in Frankreich gegründet, das *Rijksinstituut voor Oorlogsdocumentatie* in Amsterdam, das bereits am 8. Mai 1945 gegründet wurde,[30] oder die zahlreichen lokalen Institute zur Geschichte der *Resistenza*, die in Italien nach Kriegsende entstanden.[31]

Man kann in der Ausrichtung solcher Institute unterschiedliche Zugangsweisen zur Zeitgeschichte erkennen, einen eher moralisierenden Zugriff in den Niederlanden etwa oder das Bemühen um nüchterne Aufarbeitung des Nationalsozialismus und seiner Vorgeschichte in der Bundesrepublik, die Pflege der Erinnerung an den Widerstand in Italien – in jedem Fall aber waren es die verstörenden Erfahrungen, wie sie das »Zeitalter der Extreme« mit seinem Höhepunkt im Zweiten Weltkrieg mit sich gebracht hatte, die diese erste Welle der Institutionalisierung auslösten. Dazu lassen sich auch »verspätete« Gründungen zählen, wie sie das erst 1961 eingerichtete Österreichische Institut für Zeitgeschichte darstellt.

In einer zweiten, zeitlich verzögerten Institutionalisierungswelle entstanden an den Universitäten zeitgeschichtliche Lehrstühle oder Universitätsinstitute für Zeitgeschichte. Die junge Forschungsrichtung wurde nun in das bestehende universitäre System der Lehrstühle und disziplinären Zuordnungen eingebaut. Dieser Prozess vollzog sich in den europäischen Ländern in unterschiedlichen Geschwindigkeiten, seine Richtung war indes über-

30 Hudemann, Histoire du Temps Présent, S. 179; Christoph Strupp, »Nieuwste geschiedenis«, »Contemporaine geschiedenis« oder »Historia hodierna«? Zeitgeschichte in der niederländischen Geschichtswissenschaft, in: Nützenadel/Schieder (Hrsg.), Zeitgeschichte als Problem, S. 201–224, S. 210. Siehe auch die (aktualisierten) Wiederabdrucke online unter http://docupedia.de/zg/Kategorie:Länder.

31 Jens Petersen, Der Ort der Resistenza in Geschichte und Gegenwart Italiens, in: QFIAB 72 (1992), S. 550–571; vgl. auch Lutz Klinkhammer, Novecento statt Storia contemporanea? Überlegungen zur italienischen Zeitgeschichte, in: Nützenadel/Schieder (Hrsg.), Zeitgeschichte als Problem, S. 107–127.

all gleich. »Zeitgeschichte« wurde dadurch in disziplinärer Hinsicht zu einer Normalwissenschaft, »Zeithistoriker« etablierten sich auf diesem Wege als »Spezialisten, die auf die gemeinsame disziplinkonstituierende Problemstellung verpflichtet sind und in der Regel keiner anderen Disziplin angehören«.[32] Erkennen lässt sich dieser Umbruch sehr gut in der Bundesrepublik, in der sich die Zeitgeschichte von der Politikwissenschaft abkoppelte, oder in Frankreich, wo sich ähnliche Prozesse der Loslösung aus der Literaturwissenschaft vollzogen.

Im Laufe der 1980er-Jahre lassen sich institutionelle Veränderungen beobachten, die die Schwerpunktverlagerung der Zeitgeschichte widerspiegelten und sie zugleich mit vorantrieben. Die beiden wichtigsten Neugründungen im europäischen Kontext, die diesen Wandel dokumentieren, sind das *Institut d'Histoire du Temps Présent* (gegr. 1978) und das *Institute of Contemporary British History* (gegr. 1986). Beide Institute legten den Schwerpunkt ihrer Arbeit ausdrücklich auf die Zeit nach 1945. Aber auch die bereits bestehenden Institute öffneten sich zunehmend der Nachkriegsgeschichte, wie etwa die wachsende Zahl von Publikationen dazu in den zeithistorischen Zeitschriften, etwa in den »Vierteljahrsheften für Zeitgeschichte«, belegen.

Die Zeitschriften können als wesentliche Elemente des Disziplinierungsprozesses angesehen werden. Sie ermöglichen im Sinne der Wissenschaftsforschung die Bildung von »Disziplinen« als »Sozialsysteme, d. h. Kommunikationsgemeinschaften von Spezialisten«. Publikationsorgane entstanden, die sich ganz ausdrücklich der Zeitgeschichte als Geschichte der jüngsten Vergangenheit verschrieben, allen voran die »Vierteljahrshefte für Zeitgeschichte« oder die französische, stärker militärgeschichtlich ausgerichtete »Revue d'histoire de la Deuxième Guerre mondiale«, die ab 1987 ihren Fokus dezidiert erweiterte und fortan unter dem Titel »Guerres mondiales et conflits contemporains« erschien. Andere folgten diesen frühen Gründungen, vor allem etwa das 1966 in den Druck gehende britische »Journal of Contemporary History« oder die seit 1973 erscheinende österreichische »Zeitgeschichte«, aber auch an die thematisch engere »Kirchliche Zeitgeschichte« (seit 1988) wäre in dieser zweiten

32 Stichweh, Entstehung, S. 50.

Welle der zeithistorischen Zeitschriftengründungen zu denken. Eine dritte Welle folgte nach 1990, mit der britischen »Contemporary European History« (seit 1992), dem erstmals 2003 herausgegebenen »Journal of Modern European History« oder den seit 2004 erscheinenden »Zeithistorischen Forschungen/Studies in Contemporary History«. Dieses Ensemble, das nur einen Ausschnitt aus einer überaus reichen Publikationslandschaft präsentiert, bietet der zeithistorischen Forschung ein disziplinäres Forum zur Selbstverständigung.

Aktuelle Problemfelder

Die Problematisierung der eigenen Arbeit war der zeithistorischen Forschung von Beginn an eingeschrieben. So hat die Frage, ob eine wissenschaftlich valide Erforschung der gegenwartsnahen Geschichte überhaupt möglich ist – gleichsam eine Nachwehe des Historismus –, die Etablierung der Zeitgeschichte als anerkannte geschichtswissenschaftliche Teildisziplin lange hinausgezögert und dazu geführt, dass zeithistorische Forschung bis in die 1990er-Jahre ihre Fragestellungen an den 30-Jahres-Fristen der Aktenfreigabe orientierte. Heute kann diese Frage als erledigt gelten, stellt doch niemand mehr ernsthaft in Abrede, dass die Regeln geschichtswissenschaftlicher Erkenntnis auch in der zeithistorischen Forschung gültig sind, und obendrein hat die Abkehr von der Dominanz einer staatszentrierten Politikgeschichte es auch ermöglicht, Themen wissenschaftlich zu bearbeiten, die zeitlich sehr nah an unserer Gegenwart liegen.

Gleichwohl lassen sich eine Reihe von Problemen identifizieren, die sich für die Zeitgeschichte anders und vielleicht auch drängender stellen als für andere Epochen. Die folgende Aufreihung beansprucht nicht Vollständigkeit, was bei einem so ausdifferenzierten und pluralisierten Feld wie der zeithistorischen Forschung gar nicht möglich ist, sondern umrissen werden fünf Problemfelder, die in den aktuellen Debatten besonders hervortreten.

1. Quellen und Methoden. Die Frage der Quellenproblematik hat sich nicht erledigt, aber sie stellt sich heute anders als vor sechzig Jahren. Damals galt die Sorge der Zeithistoriker der Frage, ob sie überhaupt über eine hinreichende Quellenbasis verfügten, eine Sorge, die sich vornehmlich auf den Zugang zu staatlichen Akten bezog. Heute stehen Zeithistoriker/innen eher vor dem Problem, zu viele Quellen zur Verfügung zu haben – Quellen, die obendrein disparat und zunehmend flüchtig sind. Ein Beispiel: Während Historiker/innen, die Themen aus dem 19. Jahrhundert bearbeiten, zwar unter Umständen einigen Aufwand treiben müssen, um die Tagespresse der Zeit angemessen auszuwerten, so haben es zeithistorische Forschungsprojekte neben der Druckpresse mit Rundfunk- und vor allem Fernsehsendungen zu tun, die einerseits längst nicht vollständig überliefert sind und deren Auswertung andererseits höchst aufwendig ist. Bürokratisierung und moderne Vervielfältigungstechniken haben auch den Umfang staatlicher Überlieferungen stark anwachsen lassen, ohne dass sich damit zwangsläufig eine größere Aussagekraft dieser Quellen verbindet. Dies gilt erst recht für digitale Medien. Sie sind schwer zu konservieren und zu archivieren, weil die heute bekannten Datenträger nicht lange haltbar sind und weil Hard- und Software rasch veralten und überlieferte Dateien nicht mehr lesbar sind. Allerdings macht die Digitalisierung große Quellenbestände selbst aus weit entfernten oder entlegenen Archiven bequem zugänglich, was die Archivarbeit erheblich vereinfachen und beschleunigen kann.

Das Internet schließlich, das für die Geschichte des 21. Jahrhunderts wohl die wichtigste Quelle darstellen wird, verfügt noch über keine Speicherorte, an denen nach klassischen archivalischen Kriterien Überlieferungen selektiert und konserviert werden. Ob man es deshalb als »riesige(n) Datenpool ohne Langzeitspeicher« bezeichnen und ihm bescheinigen muss, »das Memorieren [sei] nicht seine Sache«,[33] lässt sich in dieser Absolutheit noch nicht entscheiden. Sicher ist jedoch, dass Speicherkapazitäten erheblich erweitert werden, ohne dass die Verfügbarkeit der Daten über längere Zeiträume sichergestellt ist. Welche Folgen dieser grundlegende Wandel des Quellenbestands und des Zugangs zu Quellen für die zeithistorische Forschung haben wird, ist heute noch

33 Aleida Assmann, Zur Mediengeschichte des kulturellen Gedächtnisses, in: Astrid Erll/Ansgar Nünning (Hrsg.), Medien des kollektiven Gedächtnisses. Konstruktivität – Historizität – Kulturspezifität, Berlin/New York 2004, S. 45–60, insb. S. 55, 57.

nicht abzusehen. Zeithistoriker/innen haben gerade erst begonnen, sich über die Auswirkungen dieser neuen Überlieferungssituation, auch im Hinblick auf ihre methodischen Konsequenzen und die Formen historischen Erzählens, bewusst zu werden.[34]

Fragen der Speicherung betreffen auch die vielfältigen audiovisuellen Quellen, deren Qualität von Zeithistorikern ein anderes methodisches Know-how erfordert als von Historikern, die über die Vormoderne arbeiten. Das gilt nicht unbedingt für bildliche Quellen, die ja auch für andere Epochen verfügbar sind. Vielleicht erscheint der Umgang mit Fotografien problematischer, weil sie, so meinen viele, unmittelbar zeigen, wie es gewesen ist. Von solcher Naivität hat sich die Geschichtsschreibung des »Jahrhunderts der Bilder« mittlerweile wohl entfernt, und dass auch für den Umgang mit ihnen die Regeln der Quellenkritik gelten müssen und Fotografien nichts zeigen, was nicht erklärt werden müsste, hat zuletzt das vielzitierte Beispiel der Hamburger »Wehrmachtsausstellung« gezeigt. Auch daran wird deutlich: Zeitgeschichte ist nicht einfach »da« und kann besichtigt werden, sondern sie wird durch die historische Forschung erst »gemacht«. Zeitgeschichte ist die Geschichte der ubiquitären (bewegten) Bilder, aber auch des Klangs. Anders als für andere Zeiten stehen vielfältige Tondokumente der Zeitgeschichte zur Verfügung, deren Auswertung ganz eigene methodische Anforderungen stellt. Man mag die Reflexion von Standortgebundenheit und Vorprägungen für jeden Historiker und jede Historikerin für selbstverständlich halten, aber über ihre besondere Vorprägung von Hör- und Sehgewohnheiten durch die audiovisuellen Medien nachzudenken, erscheint für Zeithistoriker/innen doch besonders angebracht und notwendig.[35]

34 Vgl. Kiran Klaus Patel, Zeitgeschichte im digitalen Zeitalter. Neue und alte Herausforderungen, in: Vierteljahrshefte für Zeitgeschichte 59 (2011), S. 331–351; ähnliche Probleme sprechen die Beiträge an in dem Themenheft der Revue d'Histoire Moderne et Contemporaine: Le métier d'historien à l'ère numérique: nouveaux outils, nouvelle épistémologie? (Supplement 2011/4).

35 Thomas Lindenberger, Vergangenes Hören und Sehen. Zeitgeschichte und ihre Herausforderung durch die audiovisuellen Medien, in: Zeithistorische Forschungen/Studies in Contemporary History, Online-Ausgabe, 1 (2004), H. 1, online unter http://www.zeithistorische-forschungen.de/16126041-Lindenberger-1-2004.

2. Deutungskonkurrenzen. Rundfunk, Fernsehen und Internet werfen indes nicht nur neue Fragen nach dem Umgang von Zeithistoriker/innen mit den Quellen auf, sondern diese Medien sind immer auch mächtige Produzenten historischer Deutung. Besonders das Fernsehen hat in den vergangenen rund vier Jahrzehnten eine zentrale Rolle in der Vermittlung zeithistorischen Wissens und in der Produktion zeithistorischer Deutungen eingenommen. Anders als Historiker/innen in ihrem Leitmedium, dem Buch oder dem wissenschaftlichen Aufsatz, kann das Fernsehen als wirkmächtige Bildermaschine Anschaulichkeit bieten, es kann Emotionen evozieren, wo die wissenschaftliche Publikation auf Rationalität und Kognition setzt, und es kann vollständige Authentizität suggerieren, wo die wissenschaftliche Quellenkritik und das Vetorecht der Quellen komplexe Differenzierungen verlangen. Wer in den modernen westlichen Mediengesellschaften die Menschen danach fragt, woher sie historisches Wissen beziehen, wird in aller Regel auf das Fernsehen verwiesen. Nicht zwangsläufig sind Historiker/innen auf der einen, das Fernsehen auf der anderen Seite antagonistische Konkurrenten, aber sie müssen sich über ihre unterschiedlichen Handlungslogiken im Klaren sein. Die Auseinandersetzung mit audiovisuellen Medien muss sich auf ihre Nutzung als Quellen ebenso beziehen wie auf ihre Auswirkungen auf die kommunikative Praxis von Zeithistorikern.[36]

In Fernsehsendungen können Bilder das historische Argument ersetzen: So führen etwa alte Aufnahmen von Marschkolonnen und jubelnden Massen die Anziehungskraft der NS-Herrschaft jedem Zuschauer unmittelbar vor Augen und machen längere Erklärungen vermeintlich überflüssig. Diese Erkenntnis, so banal sie für die Geschichtswissenschaften insgesamt ist, verweist für die Zeitgeschichte noch auf ein weiteres Problem. Zeithistorische Forschungen konkurrieren mit anderen Formen, in denen der Vergangenheit Sinn gegeben wird: Menschen, die die unmittelbar zurückliegende Zeit miterlebt haben, erzählen Geschichten darüber, sie teilen ihre Erfahrungen und Erinnerungen mit. Diese unterliegen, anders als die Forschung, nicht den Geboten der Quellenkritik und der Historischen Methode, aber sie sind deshalb in

36 Lindenberger, Vergangenes Hören und Sehen.

privaten Gesprächen und im öffentlichen Diskurs nicht weniger wirkmächtig. Dabei ist, entgegen einem geläufigen Diktum, der »Zeitzeuge« nicht »der Feind des Historikers«,[37] sondern die Erzählungen der »Mitlebenden« können die zeithistorische Forschung bereichern, wenn sie methodisch sensibel damit umgeht.[38] Dazu hat die Oral-History-Forschung ebenso Wesentliches gesagt wie die neuere Erinnerungsforschung.[39]

Die neue Gedächtnisforschung, wie sie, anknüpfend an Maurice Halbwachs, vor allem von Jan und Aleida Assmann entwickelt wurde, hat Klarstellungen und präzisere Abgrenzungen zwischen kommunikativem bzw. kulturellem Gedächtnis und Zeitgeschichte ermöglicht. So hat Hans Günter Hockerts »Quellenkritik, Standpunktreflexion« und den prozessualen Charakter historischer Forschung als konstitutiv für die Zeitgeschichte als Wissenschaft hervorgehoben, was sie grundsätzlich von Formen des kommunikativen Gedächtnisses wie auch der kulturellen Erinnerung unterscheidet. Aber er hat mit Recht auch darauf verwiesen, dass dies nicht hermetisch voneinander getrennte Bereiche sind, sondern dass zeithistorische Forschung immer auch im

37 So etwa die vielzitierte Formulierung von Wolfgang Kraushaar, Der Zeitzeuge als Feind des Historikers? Neuerscheinungen zur 68er Bewegung, in: Mittelweg 36 (1999), S. 49–72.

38 Catterall, Contemporary History, S. 448 f.; Hans Günter Hockerts, Zugänge zur Zeitgeschichte: Primärerfahrung, Erinnerungskultur, Geschichtswissenschaft, in: APuZ B28/2001, S. 15–30, hier S. 19 f. Zum Wandel des Zeitzeugen, seinem verstärkten Aufkommen Ende der 1970er-Jahre, der Verschiebung vom Sprecher einer Elite, der die Geschichte insgesamt bezeugt, hin zum persönlichem Erlebnis, jetzt auch Martin Sabrow/Norbert Frei (Hrsg.), Die Geburt des Zeitzeugen nach 1945, Göttingen 2012.

39 Vgl. die gleichermaßen konzise wie luzide Auseinandersetzung mit dem Problem der Zeitzeugenschaft von Aleida Assmann, Die Last der Vergangenheit, in: Zeithistorische Forschungen/Studies in Contemporary History, Online-Ausgabe, 4 (2007), H. 3, online unter http://www.zeithistorische-forschungen.de/16126041-Assmann-3-2007; vgl. auch Konrad H. Jarausch/Martin Sabrow (Hrsg.), Verletztes Gedächtnis. Erinnerungskultur und Zeitgeschichte im Konflikt, Frankfurt a. M. 2002. Aus der breiten Literatur zur Oral History: Alexander von Plato, Zeitzeugen und historische Zunft. Erinnerung, kommunikative Tradierung und kollektives Gedächtnis in der qualitativen Geschichtswissenschaft – ein Problemaufriß, in: BIOS 13 (2000), S. 5–29.

kollektiven Gedächtnis mitwirkt und gegebenenfalls als kritisches Korrektiv fungieren kann und muss.[40]

3. Geschichtspolitik und Identität. Ohne ein solches Korrektiv, wie es nur in freien pluralistischen Gesellschaften existiert, wäre auch Geschichtspolitik bloße Propaganda im Interesse des Machterhalts. Zeithistorische Forschung kann geschichtspolitische Argumente validieren, sie kann sie aber auch delegitimieren, wenn sie den empirischen Tatsachen widersprechen. So haben Zeithistoriker/innen etwa in Gesellschaften, die aus den Erinnerungen an die Résistance während des Zweiten Weltkriegs ihre Nachkriegsidentität gewonnen hatten, mit ihren Forschungen zur Kollaboration intensive öffentliche Debatten ausgelöst, wie das Beispiel Frankreichs oder der Niederlande zeigt;[41] auch identitätsstiftende Erzählungen von guter Kolonialherrschaft und friedlicher, vernünftiger Dekolonisation haben sich im Lichte zeithistorischer Erkenntnis aufgelöst, wie die britischen und französischen Fälle belegen,[42] oder auch der Widerspruch französischer Historiker gegen die *loix de mémoire*, die die Erinnerung an Kolonialismus und Algerienkrieg offiziell regeln sollten.[43] Als »Geschichtssachverständige«

40 Hockerts, Zugänge, S. 26, 30.

41 Vgl. für Frankreich paradigmatisch: Henry Rousso, Le syndrome de Vichy, Paris 1987; ders., Vichy. L'événement, la mémoire, l'histoire, Paris 2001; für die Niederlande vgl. etwa die kritische Studie von Nanda van der Zee, Om erger te voorkomen. De voorbereiding (voorgeschiedenis) en uitvoering van de vernietiging van het Nederlandse jodendom tijdens de Tweede Wereldoorlog, Amsterdam 1997. Dazu auch: Krijn Thijs, Niederlande – Schwarz, Weiß, Grau. Zeithistorische Debatten seit 2000, Version: 1.0, in: Docupedia-Zeitgeschichte, 3.6.2011, online unter https://docupedia.de/zg/Niederlande_-_Schwarz_Weiss_Grau?oldid=79478.

42 Vgl. etwa die Debatten über spätkoloniale Gewalt und Dekolonisation: Caroline Elkins, Imperial Reckoning. The Untold Story of Britain's Gulag in Kenya, London 2004; David Anderson, Histories of the Hanged. The Dirty War in Kenya and the End of Empire, New York 2005; aus der seit ca. 2000 erscheinenden, mittlerweile breiten Literatur zum Algerienkrieg und zur Erinnerung vgl. v. a. die Arbeiten von Benjamin Stora; eine Summe der Forschung zieht der Sammelband: ders./Mohammed Harbi (Hrsg.), La guerre d'Algérie. 1954–2004, la fin de l'amnésie, Paris 2004.

43 Vgl. Manifeste du Comité de Vigilance face aux usages publics de l'histoire, 17. Juni 2005, online unter http://cvuh.free.fr/spip.php?article5 (6.3.2012).

haben Zeithistoriker/innen nicht nur in Gerichtsverfahren eine Rolle zu spielen, sondern auch und gerade in den *history wars* unserer Gegenwart, in denen Geschichtsbewusstsein geregelt und eindeutige, identitätsstiftende Deutungen etabliert werden sollen.

Stärker als die Geschichtsschreibung zu weiter zurückliegenden Epochen trägt die zeithistorische Forschung zur Identitätsbildung bei, weil sie die Erinnerung der »Mitlebenden« unmittelbarer anspricht, die Menschen unmittelbarer berührt. Der Kalte Krieg ist uns näher als das karolingische Reich, so sehr auch von dessen Erforschung und Darstellung identitätsstiftende Impulse ausgehen. Die Frage nach dem Beitrag der zeithistorischen Forschung zur (politischen) Identität stellte sich schon in den ersten Anläufen zur Institutionalisierung der Zeitgeschichte nach dem Ersten Weltkrieg, als Akteneditionen und Studien zur Vorgeschichte des Kriegs ganz unmittelbar geschichtspolitische und identitätsbildende Interessen bedienten. Nach 1945/49 hat die Erforschung des Nationalsozialismus zunächst wesentlich die Herausbildung einer eigenen bundesrepublikanischen Identität gefördert, die dann durch das Narrativ von der »Erfolgsgeschichte« gefestigt wurde. Ähnliche »Erfolgsgeschichten«, die das gute Bestehen der Herausforderungen des »extremen Zeitalters« betonen, finden wir auch in der Zeitgeschichtsschreibung anderer Länder. Die britische Erzählung vom »post-war consensus« etwa ist strukturell nichts anderes als die bundesdeutsche »Erfolgsgeschichte«.[44]

4. Interdisziplinäre Herausforderungen. Heute erscheinen uns solche nationalen Erzählungen, die durch die Verankerung der Zeitgeschichte in den jeweiligen nationalen Wissenschaftskulturen mit gefördert wurden, zunehmend als unbefriedigende Engführungen. Tendenzen des Wandels, die neue Probleme aufwerfen, lassen sich darin erkennen, dass das etablierte System wissenschaftlicher Disziplinen im Begriff ist, sich neu auszurichten. Forschung organisiert sich mehr und mehr entlang von Themen und Problemstellungen und transzendiert dabei die Grenzen zwischen den

44 Die britische Forschung hat in den 1990er-Jahren den »Konsens« als »Mythos« charakterisiert, wobei dieser »Mythos« in der Aufarbeitung der Thatcher-Jahre eine wichtige Rolle spielte. Vgl. etwa Harriet Jones/M. D. Kandiah (Hrsg.), The Myth of Consensus, Basingstoke 1996.

Disziplinen. »Disziplinbestimmende Problemstellungen« (Rudolf Stichweh), von denen die »klassische« Wissenschaftsforschung spricht, lösen sich auf. Dabei bilden sich nicht stabile neue Verbünde, sondern Forschungsgruppen, und die an ihnen beteiligten Wissenschaftler/innen richten sie immer wieder neu aus, je nachdem, welches Problem zu lösen ist. Wenn heute Zeithistoriker/innen mit Soziologen zusammenarbeiten, um das Problem sozialer Ungleichheit zu erforschen, kooperieren sie morgen mit Medizinern, weil sie sich für die Entwicklung von Reproduktionstechnologien interessieren. Noch ist freilich nicht absehbar, ob künftig auch Karrierewege zunehmend zwischen den angestammten Disziplinen verlaufen und Kommunikationsnetzwerke sich neu strukturieren werden. Denn zu beobachten sind schließlich auch gegenläufige Tendenzen schärferer Abgrenzungsbemühungen.

Für die Zeitgeschichte folgt daraus zweierlei: Zum einen, dass Zeithistoriker/innen sich des spezifischen Charakters ihres Arbeitens klarer bewusst sein müssen, was beispielsweise für das Verhältnis zu den Sozialwissenschaften relevante methodische Fragen aufwirft. Zum anderen dürfte dann aber auch das Profil der Zeitgeschichte nicht mehr das einer geschichtswissenschaftlichen Teildisziplin sein, sondern sich in der Hauptsache aus ihren spezifischen methodischen und theoretischen Zugangsweisen und Perspektiven ergeben. Man kann das bereits an den aufbrechenden aktuellen Diskussionen über Periodisierungsfragen erkennen, die für die disziplinäre Konstitution der Zeitgeschichte so wichtig gewesen sind. Heute wird dafür plädiert, feste Epochenbestimmungen aufzugeben und das Arbeitsfeld der Zeitgeschichte danach zu bestimmen, welche Fragen die jeweiligen Historiker/innen in ihren Projekten stellen und welche, aus den Problemlagen der Gegenwart gewonnenen, Erkenntnisinteressen sie verfolgen. »Studieren Sie die Probleme und nicht die Perioden« – das alte Plädoyer Lord Actons scheint in den aktuellen Debatten wieder durch.[45]

45 Zit. nach Carlos Navajos Zubeldia, El regreso dela »verdadera« historia contemporánea, in: Rivista di Historia Actual 1 (2003), S. 143–162, hier S. 151; vgl. auch Spohr Readman, Contemporary History in Europe, die auf problemorientierte Bestimmungen von »Zeitgeschichte« durch Geoffrey Barraclough verweist. Für die deutschen Debatten maßgeblich: Hans Günter Hockerts, Zeitgeschichte in Deutschland.

Damit wäre eine Neuentdeckung der Rothfels'schen Konzeption einer »Epoche der Mitlebenden« und seines zentralen Begriffs des »Betroffenseins« ohne weiteres vereinbar.[46] Zeitgeschichte wird dann obendrein weniger als »Nachgeschichte« (des Nationalsozialismus, des Zweiten Weltkriegs usw.) erforscht, sondern stärker als unmittelbare »Vorgeschichte« unserer Gegenwart, deren Problemlagen unterschiedlich weit zurückreichende Wurzeln haben können, sodass nicht mehr in den Kategorien fester Epochengrenzen, sondern eher in flexibleren zeitlichen Abschichtungen zu denken wäre. Historiker/innen der gegenwartsnahen Geschichte brauchen zudem ein »Hinterland«, um einschätzen zu können, ob die Phänomene, die sie untersuchen, ganz neu sind, älteren Ursprungs oder wiederkehrend.[47] Prinzipiell ist dann der Untersuchungszeitraum der Zeitgeschichte nicht nur zur Gegenwart hin offen, sondern auch zur Vergangenheit, richtet er sich doch ganz schlicht danach, was für die Klärung des jeweiligen Themas historisch relevant ist.

5. Jenseits des Nationalstaats. Eine größere Offenheit hinsichtlich der Periodisierungsfragen erlaubt es, ein anderes Problem konstruktiv zu diskutieren. Zwar ist die Zeitgeschichte als (Teil-)Disziplin überall im jeweiligen nationalen Kontext entstanden, hat sich an nationalen historiografischen Traditionen abgearbeitet oder sich in sie eingefügt, hat sich in nationalem Rahmen institutionalisiert und ihre zentralen Fragen allzu häufig aus der Auseinandersetzung mit der eigenen nationalen Vergangenheit gewonnen. Seit einigen Jahren mehren sich indes die Plädoyers für transnationale oder globalgeschichtliche Forschungen, die zusammen mit der Rezeption postkolonialer Ansätze die Konturen nationaler Zeitgeschichte weicher werden lassen, und das gilt für Themen und Forschungspraxis gleichermaßen. Davon ist die Zeitgeschichte bei weitem nicht als einziger geschichtswissenschaftlicher Bereich betroffen. Aber gerade in der zeithistorischen

46 Andreas Wirsching, »Epoche der Mitlebenden« – Kritik der Epoche, in: Zeithistorische Forschungen/Studies in Contemporary History, Online-Ausgabe, 8 (2011), H. 1, online unter http://www.zeithistorische-forschungen.de/16126041-Wirsching-1-2011.

47 Catterall, Contemporary History, S. 450, mit Verweis auf Fernand Braudel.

Forschung, die in ihrer thematischen und methodischen Ausrichtung sowie in ihrer institutionellen Verankerung nicht nur stark nationalstaatlich geprägt war, sondern auch die Blockbildung des »extremen Zeitalters« in sich aufgenommen und widergespiegelt hat, sind besonders wirkmächtige Prägungen zu überwinden. Das kann nur gelingen, wenn Zeithistoriker/innen an Offenheit und Kompetenz für andere Nationalgeschichten und andere historiografische Traditionen gewinnen, und wenn sie ein höheres Maß an Sensibilität ausprägen für nationenübergreifende, binationale, europäische oder globale Problemlagen. Damit dies gelingt, müssen sie ihre Fixierung auf feste Epochengrenzen aufgeben.

Die konsequente Adaption transnationaler und internationaler, transfer- und verflechtungsgeschichtlicher Perspektiven und vergleichender Methoden verändert am Ende auch das Qualifikationsprofil von Zeithistoriker/innen, lässt sie neue Fragen formulieren und wird sich auch auf geschichtspolitische Debatten und Erinnerungskultur auswirken.[48]

Ausblick

Zeitgeschichte ist nach dem Ende des »extremen Zeitalters« im Begriff, sich neu zu positionieren. Verdankte sie den Erfahrungen von Diktatur und Krieg zu weiten Teilen ihre Legitimation als geschichtswissenschaftliche Teildisziplin, die Mobilisierung von Ressourcen für die Forschung und ihre Institutionalisierung, so muss die Zeitgeschichte heute neue Themen formulieren, neue Ressourcen erschließen und sich in veränderten trans- und interdisziplinären Zusammenhängen einrichten. Von den Narrativen des »Erfolgs« hat sich die Zeitgeschichte nach dem Ende des »Zeitalters der Extreme« zunehmend entfernt. Die Rückkehr des Kriegs nach Europa, die Erfahrung von Gewaltexzessen und Genoziden in den Nachfolgestaaten Jugoslawiens, in Afrika und Asien, aber auch das Erstarken des globalen Terrorismus haben die kurzzeitig vereinzelt aufflackernden triumphalistischen Gesten, mit denen das »Ende der Geschichte« und der Sieg des west-

48 Eine allgemeine Skizze der »Geschichtswissenschaft am Beginn des 21. Jahrhunderts« bietet Raphael, Geschichtswissenschaft, S. 266–271.

lichen Liberalismus verkündet wurde,[49] rasch hinfällig werden lassen. Es ist kein Zufall, dass sich die zeithistorische Forschung in den vergangenen Jahren verstärkt der Gewaltforschung zugewendet hat, dass sie den prekären Charakter von Ordnung untersucht oder die Brüchigkeit von Gesellschaftsverträgen. Die Selbstgewissheit der westlichen Gesellschaften, welche durch die zeithistorischen Meistererzählungen im »Zeitalter der Extreme« nach 1945 mit fundiert worden war, erodiert. Fragen nach der Konstitution von Sicherheit rücken stattdessen ins Blickfeld, Fragen aber auch nach Gewalterfahrungen und Traumata, für die Zeithistoriker besondere Sensibilität ausgeprägt haben – und weiterhin aufbringen müssen.[50] Es wird sich erst noch erweisen, ob wir heute an den Anfangsgründen eines neuen »Zeitalters der Extreme« stehen, in dem die Konfliktlinien zwar anders verlaufen, in ihrer Fundamentalität freilich nicht weniger wirkmächtig sind.

Dass quantitativ wie qualitativ neue Quellen verfügbar sind, erleichtert die zeithistorische Forschung im selben Maße, wie dies neue methodische Fragen aufwirft. Ältere Fragen des Quellenzugangs, wie sie die Prozesse der disziplinären Selbstvergewisserung bis weit in die zweite Hälfte des 20. Jahrhunderts hinein bestimmt haben, stellen sich heute in veränderter Form. Gleiches gilt für die Frage nach der identitätsstiftenden Bedeutung der Zeitgeschichte, die in den westlichen Gesellschaften nach 1945 eine zentrale Rolle gespielt hat, unter den eindeutigeren ideologischen Maßgaben auch in den östlichen. An die Stelle ideologischer Differenz sind heute stärker politische, religiöse und ethnische Identitäts- und Alteritätskonstruktionen getreten, die ihrerseits der historischen Kontrolle bedürfen. Mag die Zeitgeschichte ihre Etablierung dem »Zeitalter der Extreme« verdanken, so ist sie nach dessen Ende keineswegs obsolet geworden, im Gegenteil: Es gibt viel zu tun.

49 Francis Fukuyama, The End of History and the Last Man, New York 1992.
50 Henry Rousso, Der Historiker als Therapeut und Richter. Was ist Zeitgeschichte in Frankreich zu Beginn des 21. Jahrhunderts?, in: Norbert Frei (Hrsg.), Was heißt und zu welchem Ende studiert man Geschichte des 20. Jahrhunderts?, Göttingen 2006, S. 50–57, hier S. 53.

Peter Haber

Zeitgeschichte und Digital Humanities

Ist Facebook eine zeithistorische Quelle, und wer archiviert die Tweets der Politiker? Wie nutzt man digitale Quellen, und wie verändert sich die Quellenkritik, wenn die Kopie sich vom Original nicht mehr unterscheiden lässt? Mit dem digitalen Wandel der letzten Jahre stellen sich einige grundlegende Fragen der Zeitgeschichtsschreibung neu. Nicht nur die Art und die Menge der Quellen haben sich verändert, der gesamte Arbeitsprozess von Zeithistoriker/innen hat etliche Modifikationen erfahren.

Seit Beginn der 2010er-Jahre wird zudem unter dem Stichwort »Digital Humanities« insbesondere im angelsächsischen Raum eine intensive Debatte über neue Potenziale für die Geisteswissenschaften geführt. Das Themenfeld ist vielschichtig und nicht klar konturiert, denn der Begriff Digital Humanities bezeichnet ein sich neu bildendes Forschungsfeld, bei dem noch viele Fragen ungeklärt sind: Sind Digital Humanities ein eigenständiges Fach? Ein Set von neuen geistes- und kulturwissenschaftlichen Methoden? Oder handelt es sich lediglich um digitale Ergänzungen zu bestehenden Fragestellungen und Methoden?

Die derzeit laufenden Debatten haben eine rund fünfzigjährige Vorgeschichte, und viele der nun unter dem Stichwort Digital Humanities diskutierten Fragen werden innerhalb der Geschichtswissenschaft – wenn auch mit anderen Begrifflichkeiten – bereits seit Jahren verhandelt. Eine Historisierung der Wechselbeziehungen zwischen den Geschichtswissenschaften und dem Einsatz von Computertechnologien tut deswegen not, ebenso eine Bestandsaufnahme der heutigen historiografischen Arbeitspraxis im digitalen Zeitalter.[1]

1 Ich danke Christine Bartlitz, Frank Bösch, Jürgen Danyel, Achim Saupe und ganz besonders Julia Schreiner für die kritischen Anmerkungen zu diesem Text. Die Studierenden meiner Vorlesung »Historische Methode(n) im

Historische Entwicklung

Die Beschäftigung innerhalb der Geistes- und Kulturwissenschaften mit den Möglichkeiten computergestützter Arbeitsweisen setzte erstaunlich früh ein. Eine der ersten Konferenzen zu diesem Thema fand 1962 in Österreich statt.[2] Zu den dort behandelten Fragen gehörten der allgemeine Einsatz von Computern in den Geisteswissenschaften sowie die elektronische Verarbeitung von kulturellen Daten. Schnell etablierte sich ein Kreis von Spezialisten, der diese und ähnliche Fragen in einem internationalen und auch interdisziplinären Kontext diskutierte. Das vielleicht wirkungsmächtigste Themenfeld, das sich in diesen frühen Jahren herausbildete, war die computergestützte Textanalyse. Zahlreiche Textcorpora vor allem aus der Literatur und aus der Antike wurden damals digitalisiert und für eine maschinelle Verarbeitung aufbereitet. So ließen sich etwa Worthäufigkeiten berechnen oder Wortregister erstellen. Ein zweites, für die Geschichtswissenschaft folgenreicheres Feld war die automatisierte Auswertung von seriellen historischen Quellen wie etwa Geburtsregistern oder Sterbeurkunden. Diese quantitative Art der Geschichtsschreibung erreichte in den 1970er- und 1980er-Jahren ihren Höhepunkt, als zahlreiche Arbeiten insbesondere aus den Bereichen der Sozial- und Bevölkerungsgeschichte auf computergestützte Methoden zurückgriffen. Die Arbeit mit dem Computer wurde dabei weniger als methodisch innovativ, sondern eher als eine Arbeitserleichterung wahrgenommen: »Die Computerschwelle ist daher qualitativ nichts Neues, sondern die EDV ermöglicht genauere und schnellere Antworten auf traditionelle Fragestellungen.«[3]

21. Jahrhundert« an der Universität Zürich im Frühjahrssemester 2012 haben mit mir viele der hier behandelten Fragen vertieft; auch ihnen danke ich herzlich.

2 Dell H. Hymes (Hrsg.), The Use of Computers in Anthropology (= Studies in General Anthropology; 2), London 1965.

3 Konrad H. Jarausch, Möglichkeiten und Probleme der Quantifizierung in der Geschichtswissenschaft, in: ders. (Hrsg.), Quantifizierung in der Geschichtswissenschaft. Probleme und Möglichkeiten, Düsseldorf 1976, S. 11–30, hier S. 13. Ferner: William O. Aydelotte, Quantifizierung in der Geschichtswissenschaft, in: Hans-Ulrich Wehler (Hrsg.), Geschichte und Soziologie, 2. Aufl. Königstein 1984, S. 259–282.

Als Sammelbegriff für diese neuen Arbeitsweisen hatte sich »Humanities Computing« durchgesetzt.[4] Unter diesem Dach entstanden sowohl in den Philologien als auch in den historischen Wissenschaften je eigene Fachinfrastrukturen mit Tagungen, Fachgesellschaften und Zeitschriften. So gründeten 1972 Soziologen und Historiker an der Universität Köln eine informelle Arbeitsgruppe, um die Verknüpfung von sozialwissenschaftlichen und geschichtswissenschaftlichen Methoden zu diskutieren. Kurze Zeit später, nach dem Historikertag 1974 in Braunschweig, kam es ebenfalls in Köln zu einem ersten Treffen von Historikern, die an quantitativen Methoden interessiert waren, und aus diesem Kreis entstand 1975 die »Arbeitsgemeinschaft für Quantifizierung und Methoden in der historisch-sozialwissenschaftlichen Forschung«. In Köln wurde 1977 auch das Zentrum für Historische Sozialforschung gegründet, das später ins GESIS Leibniz-Institut für Sozialwissenschaften integriert wurde.[5] Auf internationaler Ebene ist insbesondere die 1987 gegründete Association for History and Computing zu nennen und die von ihr herausgegebene Zeitschrift »History and Computing«.

Doch während in den Philologien sich bis heute weitgehend ungebrochene Traditionslinien ausmachen lassen, verlief die Entwicklung in den historischen Wissenschaften weniger geradlinig. Einer der Gründe dafür ist der Umstand, dass die Geschichtswissenschaft stark in nationalen und lokalen Zusammenhängen verwurzelt ist und sich dadurch weniger als in anderen geisteswissenschaftlichen Disziplinen ein internationales Feld etablieren konnte. Zum anderen konzentrierte sich die Computernutzung in der Geschichtswissenschaft in dieser Frühphase auf quantitative Ansätze. Mit der Krise der Sozialgeschichte in den 1990er-Jahren wurden auch die EDV-gestützten Verfahren eher an den Rand gedrängt.

4 Susan Hockey, The History of Humanities Computing, in: Susan Schreibman/Ray Siemens/John Unsworth (Hrsg.), A Companion to Digital Humanities (= Blackwell Companions to Literature and Culture; 26), Malden, MA 2004, S. 3–19.

5 Wilhelm Heinz Schröder, Historische Sozialforschung: Identifikation, Organisation, Institution (= Historial Social Research, Supplement/Beiheft 6), Köln 1994.

Mehr als für andere geisteswissenschaftliche Disziplinen bedeuteten die Anfänge des World Wide Web deswegen für die Geschichtswissenschaft eine Art Neustart: Ab den 1990er-Jahren konnten Historiker/innen ihre Bemühungen um eine Integration der Computertechnik in die Forschung neu justieren und positionieren. Dabei war das dominierende Interesse an den digitalen Techniken jedoch vor allem bibliothekarisch-kommunikativ und weniger genuin kulturwissenschaftlich. Im Vordergrund standen demnach Möglichkeiten der historischen Informationsverarbeitung, Informationserschließung und der historischen Fachkommunikation.

Gerade im Bereich der historischen Fachkommunikation entstand bereits recht früh eine große Dynamik. Ein wichtiger Schritt dabei war die Etablierung eines umfassenden Mail-Netzwerks in den USA namens H-Net, das 1993 startete.[6] Das Prinzip war einfach: Wer an einem bestimmten historischen Thema interessiert war, konnte sich in eine entsprechende Liste eintragen und erhielt fortan jede Meldung automatisch zugestellt, die an diese Liste adressiert wurde. Der Anspruch von H-Net war ursprünglich breiter, als nur der Betrieb der Mailinglisten: Die Initiatoren wollten auch die Medienkompetenz ihrer Kollegen verbessern und die Nutzung von historisch relevanten Online-Ressourcen fördern. Die erste Liste widmete sich dem Thema Stadtgeschichte und historische Stadtforschung (H-URBAN)[7], es folgten Listen zu den Themen Frauen- und Geschlechtergeschichte sowie Holocaust Studies.[8] Heute zählt das Netzwerk rund 180 verschiedene Fachlisten. 1996 startete ein deutschsprachiger Ableger des Netzwerks mit dem Kürzel H-Soz-u-Kult, was für Sozial- und Kulturgeschichte steht.[9]

6 http://www.h-net.org/.

7 http://www.h-net.org/~urban/.

8 Richard Jensen, Internet's Republic of Letters: H-Net for Scholars, 1997 (nicht mehr zugänglicher Online-Text; http://web.archive.org/web/20000903084512/http://members.aol.com/dann01/whatis.html).

9 http://hsozkult.geschichte.hu-berlin.de/; Rüdiger Hohls/Peter Helmberger (Hrsg.), Humanities-Net Sozial- und Kulturgeschichte (H-Soz-u-Kult). Bilanz nach 3 Jahren (= Historical Social Research; 24/3), Köln 1999; Klaus Gantert, H-Soz-u-Kult – Informationsdienst für die Geschichtswissenschaften, in: Geschichte in Wissenschaft und Unterricht 62 (2011), H. 11/12, S. 645–650.

Anders als bei den englischsprachigen Listen fand beim deutschsprachigen Pendant keine thematische Aufteilung statt. Heute hat die Liste rund 20.000 Abonnentinnen und Abonnenten und veröffentlicht jedes Jahr mehrere tausend Fachrezensionen, Tagungsberichte, Stellenausschreibungen und Call for Papers aus dem Bereich der historischen Wissenschaften.

Perioden der Web-Nutzung in der Geschichtswissenschaft

Bezogen auf die Nutzung des World Wide Web durch die geschichtswissenschaftliche Zunft lassen sich rückblickend verschiedene, zeitlich aufeinander folgende und sich jeweils ergänzende Zugriffe unterscheiden. In einer ersten, ungefähr in der Mitte der 1990er-Jahre einsetzenden Periode stand die reine Informationsbeschaffung im Vordergrund. Die Auswahl an zur Verfügung stehenden Informationsquellen war recht bescheiden, und es waren vor allem Bibliothekskataloge, die historisch relevante Informationen in Form von bibliografischen Angaben zur Verfügung stellten. In dieser Zeit war erst wenig nachträglich digitalisiertes (»retrodigitalisiertes«) Material im Netz greifbar, was sich auch mit den geringen Bandbreiten der damaligen Netzverbindungen erklären lässt.[10]

Rund ein halbes Jahrzehnt später, um die Jahrhundertwende, ließ sich eine neue Nutzungsart des World Wide Web beobachten: die Publikation eigener Forschungsergebnisse durch Historikerinnen und Historiker respektive durch einschlägige Institutionen. Dies war zwar noch mit einem nicht geringen technischen Aufwand auf Seiten der Informationsanbieter verbunden, versprach aber den Zugang zu neuen Leserkreisen sowie die Möglichkeit, neuartige Publikationsformen zu erproben. Wegweisend für den deutschen Sprachraum war zum Beispiel das Projekt »pastperfect.at«,[11] das an der Universität Wien von einem Team von Historikern, Programmierern und Grafikern entwickelt wurde und die Zeitenwende vom 15. zum 16. Jahrhundert dokumentierte. Das

10 Ellen Collins/Michael Jubb, How do Researchers in the Humanities Use Information Resources?, in: Liber Quarterly 21 (2012), H. 2, S. 176–187.

11 http://pastperfect.univie.ac.at.

Thema wurde in Form eines Hypertextes mit mehreren hundert Texten und tausenden von Verknüpfungen realisiert.[12]

Zeitgleich fingen viele große Institutionen an, einen Teil ihrer Bestände zu digitalisieren und im Netz einer interessierten Fachöffentlichkeit zur Verfügung zu stellen. Die gezielte Förderpolitik – etwa in Deutschland durch die Deutsche Forschungsgemeinschaft und in den USA durch das National Endowment for the Humanities – führte zu einer großen Zahl von online verfügbaren historischen Quellensammlungen wie »Compact Memory«[13] für Jüdische Studien, den »Open Society Archives«[14] (OSA) in Budapest zur mitteleuropäischen Zeitgeschichte oder die »Scripta Paedagogica Online«[15] zur Bildungsgeschichte.

In der zweiten Hälfte der 2000er-Jahre kam zu den bisherigen Nutzungsmodi des Netzes ein weiterer Aspekt hinzu. Unter dem Schlagwort Web 2.0 entstand eine Reihe von neuen, niederschwellig interaktiven Netz-Diensten. Das potenziell soziale Element dieser neuen Dienste hat dazu geführt, dass statt vom eher technisch konnotierten Begriff Web 2.0 immer mehr auch von Social Web oder von Social Media gesprochen wird. Den unterschiedlichen Diensten lassen sich verschiedene funktionale Schwerpunkte zuordnen: zusammenarbeiten, Material teilen und soziale Kontakte pflegen.[16]

In der Zeitgeschichte sind in dieser Zeit mehrere wegweisende Netzprojekte aufgebaut worden, die unterschiedlich stark Elemente von Social Media integriert haben. Als zentrale Plattform für den deutschen Sprachraum hat sich das seit 2004 existierende Portal »Zeitgeschichte-online«[17] etabliert, das gemeinsam vom

12 Jakob Krameritsch, Geschichte(n) im Netzwerk. Hypertext und dessen Potenziale für die Produktion, Repräsentation und Rezeption der historischen Erzählung, Münster u. a. 2007.

13 http://www.compactmemory.de.

14 http://www.osaarchivum.org.

15 http://bbf.dipf.de/digitale-bbf/scripta-paedagogica-online.

16 Peter Haber/Jan Hodel, Geschichtswissenschaft und Web 2.0. Eine Dokumentation (= The hist.net Working Paper Series; 2), Basel 2010, online unter http://www.histnet.ch/repository/hnwps/hnwps-02.pdf; Michael Nentwich/René König, Cyberscience 2.0. Research in the Age of Digital Social Networks (= Interaktiva; 11), Frankfurt a. M. 2012.

17 http://www.zeitgeschichte-online.de.

Zentrum für Zeithistorische Forschung (ZZF) in Potsdam und der Staatsbibliothek zu Berlin – Preußischer Kulturbesitz (SBB) betrieben wird. Der Dienst umfasst Verzeichnisse von Zeithistoriker/innen und zeithistorischen Institutionen, bietet einen Rezensionsdienst und einen umfassenden Terminkalender. Ein ähnliches Grundkonzept verfolgen auch die übrigen Themenportale, die vom ZZF aufgebaut wurden. Das Portal »www.17juni53.de«[18] fordert zusätzlich die Besucher auf, eigenes Material zum Aufstand von 1953 über entsprechende Formulare zur Verfügung zu stellen, beim Themenportal »www.chronik-der-mauer.de«[19] stehen hingegen die multimedialen Elemente im Vordergrund. Mit »www.ungarn1956.de«[20] wird eher ein Fachpublikum angesprochen, das hier umfassende Literaturlisten und Online-Materialien zum ungarischen Aufstand 1956 abrufen kann.

Einen anderen Ansatz verfolgt »The September 11 Digital Archive«,[21] das vom Roy Rosenzweig Center for History and New Media (CHNM) an der George Mason University in Fairfax (Virginia) konzipiert wurde. Es versteht sich als ein lebendiges Archiv, das Erinnerungsmaterial zu den Anschlägen vom 11. September 2001 sammelt, aufbereitet und der Öffentlichkeit zur Verfügung stellt. Seit 2002 sind über 150.000 digitale Objekte zum Thema zusammengekommen.

Nicht ausschließlich der Zeitgeschichte widmen sich Portale wie »Europäische Geschichte Online«[22] vom Leibniz-Institut für Europäische Geschichte (IEG) in Mainz oder »historicum.net«[23] des Zentrums für Elektronisches Publizieren der Bayerischen Staatsbibliothek. Sie bündeln Online-Ressourcen, Rezensionen und einführende Texte zu einzelnen Schwerpunktthemen und versuchen damit auch ein breiteres Publikum anzusprechen.

Neben diesen thematischen Portalen haben sich in den letzten Jahren auch funktionale Portale etabliert. Die »sehepunkte«[24] zum

18 http://www.17juni53.de.
19 http://www.chronik-der-mauer.de.
20 http://www.ungarn1956.de.
21 http://911digitalarchive.org.
22 http://www.ieg-ego.eu.
23 http://www.historicum.net/home.
24 http://www.sehepunkte.de.

Beispiel sind ein ausschließlich online erscheinendes Rezensionsjournal für das gesamte Gebiet der Geschichtswissenschaft, während bei »recensio.net«[25] Rezensionen aus verschiedenen Zeitschriften nochmals online abgebildet werden. Autoren haben hier zudem die Möglichkeit, ihre eigenen Arbeiten mit den wichtigsten Thesen zu präsentieren.

Seit einiger Zeit wächst schließlich auch im deutschen Sprachraum das Interesse an wissenschaftlichen Blogs, wie sich das im amerikanischen und französischen Raum bereits seit längerer Zeit beobachten lässt. Das französischsprachige Blog-Portal »hypotheses.org«[26] zum Beispiel umfasst als Teil von »openedition.org«[27] mehrere hundert Blogs aus dem Bereich der Geistes- und Sozialwissenschaften. Anfangs 2012 lancierten fünf Partner aus Deutschland, Österreich und der Schweiz einen deutschsprachigen Ableger namens »de.hypotheses.org«.[28] Als Portal für historische Fotografien hat sich »Flickr Commons«[29] etabliert, eine Plattform, auf der rund fünfzig Gedächtnisinstitutionen wie die Nationalarchive von Großbritannien oder den USA, das Smithsonian Institute und zahlreiche Forschungsbibliotheken ihre digitalen Bildersammlungen zur Verfügung stellen. Ebenfalls zu den funktionalen Portalen lässt sich »Docupedia-Zeitgeschichte«[30] zählen, das ein Online-Nachschlagewerk zu zentralen Begriffen, Konzepten, Forschungsrichtungen und Methoden der zeithistorischen Forschung darstellt.

Vom Mangel zum Überfluss?

Alle diese Entwicklungen der letzten Jahre haben die Geschichtswissenschaft und damit auch die Zeitgeschichte bereits tiefgreifend verändert. Praktisch der gesamte Arbeitsprozess (»workflow«) ist vom Wandel betroffen, wenn auch unterschiedlich

25 http://www.recensio.net.
26 http://hypotheses.org.
27 http://www.openedition.org.
28 http://de.hypotheses.org.
29 http://www.flickr.com/commons.
30 http://docupedia.de.

stark.[31] Dies fängt bei der Themenwahl an. Durch die einfache Zugänglichkeit einer schier unendlichen Menge an Informationen entsteht bei der Themensuche und der Eingrenzung eines Forschungsvorhabens oder einer geplanten Qualifikationsarbeit beim Suchenden sehr schnell der Eindruck, dass es zu fast jedem Thema bereits »etwas« gibt.

Damit könnte eine der wichtigsten Grundprämissen geschichtswissenschaftlichen Arbeitens modifiziert werden: Die Heuristik der Geschichtswissenschaft basierte bisher auf der Annahme, dass aus der Vergangenheit grundsätzlich zu wenig Material überliefert sei und es zu den Aufgaben der Geschichtsforschung gehöre, diese Lücken mit den Methoden der Hermeneutik interpretativ zu schließen. Der Subtext der historischen Methode, wie sie von Ranke, Droysen und vor allem auch Bernheim im 19. und im beginnenden 20. Jahrhundert begründet und expliziert wurde, lautete, dass an dem, was aus der Vergangenheit erhalten geblieben ist, tendenziell Mangel herrscht, dass die Überlieferung unvollständig und lückenhaft ist. Dies galt insbesondere für die ältere und mittelalterliche Geschichte, prägte aber insgesamt die historische Arbeitsweise.

Die Digitalität von immer mehr zeithistorischen Quellen kehrt dieses Prinzip – zumindest scheinbar – um.[32] Nicht das Zuwenig ist das Thema, sondern das Zuviel. Nicht Mangel, sondern Überfluss scheinen immer mehr die arbeitsleitenden Paradigmen bei der »opération historiographique« (Michel de Certeau) zu sein. Wenn dem tatsächlich so sein sollte, dann gilt es, die hermeneutischen Grundprinzipien des geschichtswissenschaftlichen Arbeitens neu zu hinterfragen. Statt Lücken in der Überlieferung verstehend und – wie es Gadamer betont hat – mit Intuition und manchmal auch Irrationalität zu schließen, muss das im Überfluss Vorhandene aggregiert werden. Dann müssen nicht nur sta-

31 Martin Gasteiner/Peter Haber (Hrsg.), Digitale Arbeitstechniken für die Geistes- und Kulturwissenschaften, Stuttgart/Wien 2010.

32 Roy Rosenzweig, Scarcity or Abundance? Preserving the Past in a Digital Era, in: The American Historical Review 108 (2003), H. 3, S. 735–762; Andreas Fickers, Towards a New Digital Historicism? Doing History in the Age Of Abundance, in: Journal of European History and Culture 1 (2012), H. 1, online unter http://journal.euscreen.eu/index.php/jethc/article/view/878/1555.

tistische Mittelwerte errechnet, sondern auch komplexe Muster in den Informationsmassen erkannt werden. Die Herausforderung dabei ist, bei dieser neuen Herangehensweise nicht dem Reiz simplifizierender statistischer Methoden zu verfallen und in eine Art von Positivismusfalle zu geraten.[33] Das hermeneutische Verfahren des Verstehens gilt es, auch im Kontext eines für die statistische Analyse scheinbar prädestinierten Datenüberflusses zu bewahren. Entscheidend bleiben dabei zweifellos immer die Fragen, die Historiker/innen an das Material richten. Doch das Kontingent aller möglichen Fragen ist geprägt von der Beschaffenheit des Materials und davon, wie es sich dem Fragenden präsentiert. Das heißt, dass die schiere Menge an Daten die Art und Weise des Fragens beeinflussen wird.

Auch wenn es schon immer zu den Aufgaben der Historiker/innen gehört hat, aus einer bestimmten Menge von Unterlagen die aus historiografischer Sicht relevanten Informationen auszuwählen, so war dies doch eine jeweils intellektuell zu erledigende Arbeit. Mit der Verfügbarkeit von großen digitalen Datenmengen stellt sich die Frage, was sinnvollerweise intellektuell und was algorithmisiert zu bearbeiten ist. Die rund 250.000 Depeschen aus dem Afghanistan- und dem Irak-Krieg, die durch WikiLeaks zum Beispiel veröffentlicht wurden, hätten manuell kaum analysiert werden können. Die Maschinenlesbarkeit der Daten aber machte es möglich, dass bestimmte Strukturen herausgelesen und analysiert werden konnten.

Mit dem vermehrten Aufkommen von digitalem Archiv- und Sammlungsgut in der Zeitgeschichte verändert sich auch die Bestandsbildung. So bestehen bisher nur punktuelle Strategien, um die Zeugnisse der immer dominanter werdenden Netzkultur zu sichern und zu archivieren. Zwar hat der Microblogging-Dienst Twitter[34] mit der Library of Congress in Washington D.C. eine

33 Danah Boyd/Kate Crawford, Critical Questions for Big Data. Provocations for a Cultural, Technological, and Scholarly Phenomenon, in: Information, Communication & Society (2012), iFirst Article, S. 1–18, online unter http://dx.doi.org/10.1080/1369118X.2012.678878; Tim Hitchcock, Academic History Writing and the Headache of Big Data (Weblogeintrag), in: Historyonics vom 30. Januar 2012, online unter http://historyonics.blogspot.com/2012/01/academic-history-writing-and-headache.html.

34 https://twitter.com.

Vereinbarung zur Archivierung der Millionen Tweets getroffen, die täglich über den Dienst verschickt werden. Doch weder Facebook noch die anderen Social Network Services kennen eine solche Politik, sodass mit einem »Gedächtnissturz« zur rechnen ist.[35]

Die schwindende Bedeutung staatlichen Archivguts und die zunehmend disparater werdende Archivierung nicht-staatlicher Quellen dürften dazu führen, dass die Diskrepanz zwischen sehr einfach zugänglichen Online-Quellen und fast gar nicht zugänglichen Offline-Quellen zunehmen wird. So ist ein Teil der Dokumente für eine breite Öffentlichkeit digital sehr einfach zugänglich, während nicht-veröffentlichte Dokumente auch für Historikerinnen und Historiker noch mehr in den Hintergrund rücken. Die inkonsistente Archivierungs- und Digitalisierungspolitik der verschiedenen involvierten Stellen wie Archive, Behörden sowie wissenschaftliche und private Dokumentationszentren hat auch zur Folge, dass die bisher themenbeeinflussende 30-Jahre-Sperrfrist staatlicher Archive de facto aufgeweicht wird.

Vom Umgang mit dem »Google-Syndrom«

Eng verbunden mit diesem paradigmatischen Wechsel vom Mangel zum Überfluss ist ein Phänomen in der historischen Heuristik, welches sich mit dem Begriff »Google-Syndrom« umschreiben lässt: Alle großen Suchhilfen im Netz suggerieren eine Vollständigkeit in ihrer Suche. Der Umstand, dass dank der Digitalität jede Information, jeder Datenbestand vollständig erfasst, indexiert und durchsucht werden kann, nährt das Phantasma einer umfassenden Wissensmaschine, die auf jede Antwort eine Frage weiß. Tatsächlich ergibt fast jede Suchanfrage an Google einen Treffer, und sei er noch so unsinnig. Der simple Suchschlitz von Google, der an den Suchenden keine ergänzenden Fragen zu stellen braucht, symbolisiert den Blick des Suchenden ins Unendliche, aus dessen Tiefen Google innerhalb von Sekundenbruchteilen eine Antwort hervorzuziehen versteht. Zu den unnützesten,

35 Kiran Klaus Patel, Zeitgeschichte im digitalen Zeitalter. Neue und alte Herausforderungen, in: Vierteljahrshefte für Zeitgeschichte 59 (2011), H. 3, S. 331–352, hier S. 340.

aber symbolisch bedeutendsten Angaben auf der Trefferliste von Google zählt die Zeit, die Google benötigt hat, um die Suche durchzuführen. Sie ist deswegen eines der wenigen Elemente, das bisher sämtliche Design-Revisionen bei Google überdauert hat.

Gleichzeitig mit der Erfahrung, dass jede Suche bei Google irgendeinen Treffer generiert, stellt sich das schale Gefühl ein, dass es mehr als die hier präsentierten Treffer geben muss oder einfach auch nur bessere Treffer, als auf der Liste sichtbar. Die Suchalgorithmen von Google (wie auch von anderen Suchmaschinen) sind nicht öffentlich, damit die Inhaltsanbieter ihre Seiten nicht auf ein möglichst hohes Ranking hin optimieren können. So ist jedes Arbeiten mit Google nicht nur ein Ankämpfen gegen das phantasmatische Allwissen der Suchmaschine, sondern auch ein Ringen mit der vermuteten, aber nicht überprüfbaren Lückenhaftigkeit der Ergebnisse.

Die Frage nach einer geschichtswissenschaftlichen Heuristik ist heute deshalb ganz stark auch eine Frage nach der Funktionsweise, der Kontrolle und der Macht von Suchmaschinen. Konkret würde dies eine vertiefte Auseinandersetzung mit den Strukturen, den technischen Möglichkeiten und auch den realen Machtverhältnissen bei Suchmaschinenbetreibern bedingen.[36] In der Realität ist es aber so, dass aufgrund der Unstrukturiertheit der Bestände in modernen Suchmaschinen – und das gilt für Google ebenso wie für alle anderen Suchmaschinen – das Vorwissen des Einzelnen an Bedeutung gewinnt. Gemeint ist zum Beispiel die Fähigkeit, die je nach Suchmaschine richtigen Suchbegriffe zu kennen oder den Kontext und damit die Grenzen eines bestimmten Informationssystems einschätzen zu können. »Wer hat, dem wird gegeben«, gilt im digitalen Suchraum in verstärktem Maße. Der Digital Divide im akademischen Kontext bedeutet, dass zwar alle Zugang zu den neuen Technologien haben, aber nicht alle in der Lage sind, die neuen Möglichkeiten adäquat anzuwenden. Die Frage, welche Kompetenzen heute zum Rüstzeug eines Historikers,

36 Marcel Machill/Markus Beiler (Hrsg.), Die Macht der Suchmaschinen – The Power of Search Engines, Köln 2007; Konrad Becker/Felix Stalder (Hrsg.), Deep Search. Politik des Suchens jenseits von Google, Innsbruck u. a. 2009; Theo Röhle, Der Google-Komplex. Über Macht im Zeitalter des Internets, Bielefeld 2010.

einer Historikerin gehören, erhält unter diesem Aspekt eine neue Bedeutung.

Seit einiger Zeit schon arbeitet Google daran, die Suchergebnisse auf die Bedürfnisse des einzelnen Suchenden zuzuschneiden. Dies geschieht mit einer Auswertung des bisherigen Suchverhaltens, mit einer Analyse der Inhalte der Mails, die gegebenenfalls über Google Mail versandt werden, oder über die Vorlieben, die bei Google+, einem weiteren Dienst des Konzerns, angegeben wurden. Mit der zunehmenden Personalisierung fragmentiert sich aber auch der kollektive Wissensraum, weshalb ein Austausch über bestimmte Themen und Fragestellungen im Laufe der Zeit immer mehr erschwert werden könnte.[37]

Die Alternativen zu Google sind vielfältig und äußerst eng zugleich. Vielfältig deshalb, weil es zahlreiche Fachangebote wie etwa »Historical Abstracts«,[38] »JSTOR«[39] oder die Online-Contents-Sondersammelgebietsausschnitte »OLC-SSG«[40] der deutschen Bibliotheken gibt. Sie gehen allesamt mehr in die Tiefe als Google das kann, bilden aber niemals die Breite ab, die Google oder auch Google Scholar bieten.

Data Driven History

Die großflächige Retrodigitalisierung historisch relevanter Ressourcen in den letzten Jahren hat dazu geführt, dass riesige Datenmengen maschinenlesbar vorhanden sind. Die Digitalisate verfügen über mehr oder weniger brauchbare Metadaten. Auf jeden Fall aber war die Menge der nun online erreichbaren Quellen noch vor wenigen Jahren kaum vorstellbar.[41] Ein beträchtlicher

37 Eli Pariser, The Filter Bubble. What the Internet Is Hiding from You, London 2011.

38 http://www.ebscohost.com/public/historical-abstracts.

39 http://www.jstor.org.

40 http://www.gbv.de/gsomenu/?id=home&ln=de.

41 Manfred Thaller (Bearb.), Retrospektive Digitalisierung von Bibliotheksbeständen. Evaluierungsbericht über einen Förderschwerpunkt der DFG, Köln 2005, online unter http://wayback.archive.org/web/*/http://www.dfg.de/forschungsfoerderung/wissenschaftliche_infrastruktur/lis/download/

Anteil der Digitalisate stammt aus dem Projekt Google Books,[42] mit dem Google alle verfügbaren Bücher der Welt – nach Schätzungen zwischen 85 und 130 Millionen Titel – digitalisieren und online verfügbar machen will.

In Bezug auf diese großen Datenmengen stellt sich die Frage, ob neue Analyseverfahren möglich und gegebenenfalls auch sinnvoll sind. Es geht dabei um die methodischen Herangehensweisen und die Schlussfolgerungen, die sich aus solchen Datenanalysen ziehen lassen. Eine zentrale Bedeutung kommt bei einer solchen »Data Driven History« der Quellenkritik zu. Am Beispiel des bekanntesten einschlägigen Projekts lässt sich das illustrieren: Mit dem Online-Tool »Ngram Viewer«[43] lassen sich Buchstabenfolgen von rund 5,2 Millionen Büchern analysieren. Ein simples Suchfeld erlaubt die Eingabe von verschiedenen Begriffen, auszuwählen sind ferner Sprache und der gewünschte Zeitraum. Als Ergebnis visualisiert eine Grafik die Anzahl Bücher, welche die gesuchten Zeichenfolgen mindestens einmal enthalten – ausgedrückt in Prozent der Zahl der eingescannten Bücher eines bestimmten Jahres. Es stellt sich dabei die Frage, ob ein solches Tool Spielerei oder forschungsrelevant ist. Und: Wie verlässlich sind die Daten? Erfährt man etwas, was man sonst nicht hätte herausfinden können? Das Tool macht es jedenfalls möglich, einen Textkorpus dieses Ausmaßes nach bestimmten Mustern und Unregelmäßigkeiten zu befragen. Es handelt sich also um ein Instrument, das die Geschichtsforschung zu Forschungsfragen hinführen kann.[44]

Der Ngram Viewer lässt sich als ein Versuchslabor für den geistes- und geschichtswissenschaftlichen Umgang mit großen Text-

retro_digitalisierung_eval_050406.pdf; McKinsey Global Institute: Big Data: The Next Frontier for Innovation, Competition and Productivity, San Francisco 2011.

42 http://books.google.com/books.

43 http://books.google.com/ngrams.

44 Philipp Sarasin, Sozialgeschichte vs. Foucault im Google Books Ngram Viewer. Ein alter Streitfall in einem neuen Tool, in: Pascal Maeder/Barbara Lüthi/Thomas Mergel (Hrsg.), Wozu noch Sozialgeschichte? Eine Disziplin im Umbruch. Festschrift für Josef Mooser zum 65. Geburtstag, Göttingen 2012, S. 151–174; Jean-Baptiste Michel u. a., Quantitative Analysis of Culture Using Millions of Digitized Books, in: Science 331 (2011), Nr. 6014, S. 176–182.

basen verstehen. Der verwendete Textkorpus reicht bis in die Anfänge des Buchdrucks zurück, die besten Ergebnisse indes lassen sich bisher für englische Texte aus den Jahren 1800 bis 2000 erzielen. Für die historischen Methoden könnte Ngram (oder ähnliche elaboriertere Projekte) durchaus von großer Bedeutung sein. Insbesondere die bisher kaum quantitativ arbeitende historische Diskursanalyse, aber auch die Begriffsgeschichte und Historische Semantik könnten sich mit lexikalischen Zeitreihenanalysen ein ergänzendes, algorithmisch fundiertes Standbein geben. Dies knüpft methodisch an die Arbeit großer digitaler Textcorpora wie zum Beispiel des »Digitalen Wörterbuchs der deutschen Sprache«[45] (DWDS) oder der im »COSMAS II«[46] (Corpus Search, Management and Analysis System) versammelten Textcorpora an.

Eng verbunden mit der Frage nach dem Umgang mit großen Datenmengen in der Geschichtswissenschaft ist die Frage nach den möglichen Darstellungsformen im Kontext digitaler Systeme. Der Ngram Viewer präsentiert keine Zahlenreihe, sondern eine (wenn auch sehr simple) Visualisierung der Ergebnisse. Die Visualisierung von historischen Zusammenhängen stellt eine neue Möglichkeit dar, deren Potenzial noch längst nicht ausgeschöpft ist. Die meisten Anwendungen in diesem Bereich konzentrieren sich auf die Verwendung von historischen Karten, auf die entsprechende Zusatzinformationen gelegt werden. So verspricht die Entwicklung Geografischer Informationssysteme (GIS) für die Geschichtswissenschaft ein wichtiges neues Forschungsfeld zu werden.[47] Und auch die Konzeption neuer, zum Beispiel auch interaktiv zu bedienender Visualisierungstools könnte für die Geschichtswissenschaft von großer Bedeutung sein, um im Sinne einer Public History auch in Zukunft ein größeres Publikum über die engen Fachgrenzen hinaus anzusprechen.

45 http://www.dwds.de.

46 http://www.ids-mannheim.de/cosmas2.

47 David J. Staley, Computers, Visualization, and History. How new Technology will Transform our Understanding of the Past, Armonk, N. Y. 2003; Ian N. Gregory/Paul S. Ell, Historical GIS. Technologies, Methodologies and Scholarship, Cambridge 2007; Ian N. Gregory/Anne Kelly Knowles, Using Historical GIS to Understand Space and Time in the Social, Behavioural and Economic Sciences: A White Paper for the NSF, Washington 2011, online unter http://eprints.lancs.ac.uk/39650/1/Gregory_Ian_78.pdf.

Digital verzeichnen, digital publizieren

Verfolgt man den historiografischen Arbeitsprozess weiter, dann lässt sich auch bei der Erfassung und der Auswertung der Rechercheergebnisse ein tiefgreifender Umbruch beobachten. Der einfachere Zugang zu einem Mehrfachen an Information erfordert nicht nur bei der Arbeit mit Quellen, sondern auch bei der persönlichen Literaturverwaltung ein Umdenken. Die mit dem Zettelkasten verbundenen Kulturtechniken haben ausgedient, die Zettelwirtschaft wurde abgelöst von der Datenbank.[48] Waren es lange Zeit lokale Systeme, die vor allem verwendet wurden, so sind es mehr und mehr Online-Datenbanken, die für die eigene bibliografische Arbeit zum Einsatz kommen. Sie bieten den Vorteil, von jedem Rechner aus erreichbar zu sein, und die Datensätze können bei Bedarf mit Kolleginnen und Kollegen geteilt oder gemeinschaftlich erstellt werden.[49]

Mit »Zotero«[50] und »Litlink«[51] stehen zwei mächtige, sowohl lokal als auch online arbeitende Literaturverwaltungssysteme zur Verfügung. Sie weisen unterschiedliche Schwerpunkte auf: Während Zotero vor allem die Zusammenarbeit in Gruppen und das Verzeichnen von Web-Ressourcen perfektioniert hat, liegt die Stärke von Litlink in der Fähigkeit, Literaturnachweise, Exzerpte und biografische Informationen engstens miteinander zu verknüpfen. Beide Programme sind kostenlos.

Während sich die Recherche nach und die Verzeichnung von Material in den letzten Jahren massiv verändert haben, lässt sich beim eigentlichen Schreibprozess eine gewisse Beharrlichkeit beobachten. Schreibprogramme, die das assoziative und strukturierte Schreiben unterstützen sollen, haben sich in der wissenschaftlichen Textproduktion kaum etablieren können.[52] Platt-

48 Markus Krajewski, Zettelwirtschaft. Die Geburt der Kartei aus dem Geiste der Bibliothek, Berlin 2002.

49 Amanda Morton, Digital Tools: Zotero and Omeka, in: Journal of American History 98 (2011), H. 3, S. 952–953.

50 http://www.zotero.org.

51 http://www.litlink.ch/home.

52 Oliver Klaffke, Schreibtools – mit Software bessere Texte schreiben, in: Gasteiner/Haber (Hrsg.), Digitale Arbeitstechniken, S. 123–130.

formen, die die kooperative Textarbeit in Gruppen unterstützen, führen ebenfalls ein Schattendasein, zum einen, weil sie eine reduzierte Palette an Formatierungs- und Strukturierungsoptionen bieten, zum anderen, weil das Vertrauen in entsprechende Anbieter wie etwa Google mit Google Drive (früher: Google Docs)[53] nicht besonders groß ist. Die gemeinschaftliche Arbeit an wissenschaftlichen Texten rüttelt aber auch am Selbstbild von Historiker/innen, das immer noch gerne davon ausgeht, dass ein Text das Ergebnis eines solitären, individuell erarbeiteten Forschungsprozesses ist. Die kooperative Textproduktion hat sich hingegen bei protowissenschaftlichen (Thomas S. Kuhn) Texten durchaus etabliert: etwa bei Projektanträgen und Abschlussberichten insbesondere von großen Vorhaben wie etwa Sonderforschungsbereichen.

Mehr Dynamik ist bei der Entwicklung neuer digitaler Publikationsformen zu beobachten. Bei den historischen Fachzeitschriften erscheinen immer mehr Titel hybrid, das heißt zusätzlich zu einer gedruckten Ausgabe sind elektronische Versionen, zumeist als PDF-Datei, abrufbar. In der Regel sind die elektronischen Versionen gegen Bezahlung zugänglich, ein wachsender Anteil an Fachperiodika erscheint aber als Open Access. Dabei werden in den meisten Fällen die Kosten von den Lesern auf die Autoren umgelagert, die eine sogenannte author fee zu entrichten haben. Lange Zeit galten elektronische Publikationen als weniger seriös, weil ihnen nachgesagt wurde, die qualitätssichernden Maßnahmen, die sich bei den etablierten gedruckten Zeitschriften eingespielt hätten, seien hier nicht anwendbar. Doch hier werden zwei unterschiedliche Fragen miteinander vermischt, denn der Prozess der Qualitätssicherung hat im Grunde genommen mit der Frage nach dem Distributionskanal wenig zu tun. Peer Review-Verfahren lassen sich bei elektronischen Publikationen ebenso gut, auf jeden Fall aber flexibler anwenden als bei gedruckten Produkten. Bei elektronischen Publikationen lassen sich nämlich verschiedene Prozessschritte implementieren, etwa ein Open Peer Review oder auch ein Peer Review ex post, bei dem verschiedene öffentliche Kommentierungsphasen eingeplant werden.

53 https://docs.google.com und https://drive.google.com.

Das Roy Rosenzweig Center for History and New Media[54] hat mit »PressForward«[55] ein Projekt lanciert, bei dem verschiedene digitale Publikationsformen an der Schnittstelle von Blog, Plattform und eJournal ausgelotet werden. Das amerikanisch-schweizerische Teilprojekt »Global Perspectives on Digital History«[56] zum Beispiel aggregiert aus einem Kompendium von rund 200 einschlägigen Blogs und Newslettern die relevantesten Beiträge, die wiederum die Grundlage für längere, eigens angefertigte Essays bilden, die dann schließlich in einer stabilen Version als eJournal erscheinen.

Entsprechende Experimente gibt es auch bei Buchprojekten, wobei es dort vor allem um die Möglichkeiten geht, ein vorgegebenes Thema in einem offenen Diskussionsprozess gemeinschaftlich zu erarbeiten. Beim Buchprojekt »Hacking the Academy«[57] etwa wurde innerhalb sehr kurzer Zeit ein Textkonvolut erstellt, aus dem dann in einem anschließenden Redaktionsprozess eine Auswahl erarbeitet wurde. Das erste deutschsprachige Projekt dieser Art, »historyblogosphere.org«,[58] beschäftigt sich auf ähnliche Weise mit dem Thema wissenschaftliches Bloggen, arbeitet mit einem Open Peer Review und wird in Zusammenarbeit mit dem Oldenbourg Verlag in München realisiert.

Der historische Publikationsmarkt ist also im Umbruch – wer die Verlierer und wer die Sieger sein werden, scheint noch nicht klar. Eng wird es auf jeden Fall für diejenigen werden, die sich jeglicher Veränderung widersetzen und ausschließlich am gedruckten Medium festhalten wollen. Zugleich ist auch unbestritten, dass die gedruckte und womöglich schön gebundene Monografie im Feld der historischen Wissenschaften weiterhin ihren Platz haben wird. Auf dem akademischen Reputationsmarkt bleibt diese Publikationsform wohl noch für einige Zeit die wichtigste Währung, gleichsam der »Goldstandard« der historischen Zunft. Doch der gesamthaft schrumpfende Markt für historische Publikationen dürfte dazu führen, dass die bisherige Infrastruktur nicht mehr aufrechtzuhalten sein wird.

54 http://chnm.gmu.edu.
55 http://pressforward.org.
56 http://gpdh.org.
57 http://hackingtheacademy.org.
58 http://historyblogosphere.org.

Fazit

Zweifellos ist die Zeitgeschichte ebenso wie die meisten anderen geisteswissenschaftlichen Disziplinen vom digitalen Umbau der Wissenschaften stark betroffen. Anders als in den letzten Jahren könnte diesmal nicht nur die Arbeitsweise, sondern mit dem Aufkommen wirklich großer Datenmengen auch der epistemologische Kern der geschichtswissenschaftlichen Arbeit in Frage gestellt werden. Etwas überspitzt ließe sich formulieren, dass wir in den ersten rund fünfzehn Jahren seit dem Aufkommen des World Wide Web tatsächlich über alten Wein in neuen Schläuchen diskutiert haben und dass die Entwicklung heute so weit ist, dass sich wirklich Grundlegendes verändern könnte. Veränderungen in der Medialität der Vergangenheit haben immer wieder auch die methodische Herangehensweise der Historikerinnen und Historiker beeinflusst.[59] So hat die Telegrafie den Sinn für den Zusammenhang von Raum und Zeit ebenso beeinflusst wie das Fernsehen den Sinn fürs Performative und Visuelle geschärft hat. Das Universalmedium World Wide Web, das ja vor allem alle anderen Medien zu inkorporieren begonnen hat, schärft ganz offensichtlich den Blick für die Fragen der Medialität an und für sich.

Die scheinbare Raum- und Körperlosigkeit digitaler Medien lenkt zugleich die Aufmerksamkeit auf die Frage nach der Persistenz und der Endlichkeit des Archivierten. Das klassische Archiv folgte der Prämisse, dass alles archivierte Material für eine nicht näher spezifizierte Ewigkeit aufzubewahren sei. Das digitale Archiv kennt – zumindest in seinen heutigen technischen Ausprägungen – das Konzept der Ewigkeit gar nicht, denn alle bisherigen digitalen Datenträger haben eine sehr überschaubare Lebenserwartung. Was bedeut dies für die Arbeit der Geschichtswissenschaft? In welchem Wechselverhältnis stehen kulturelles und digitales Gedächtnis? Welche Rolle spielen dabei die techni-

59 Vgl. Armin Heinen, Mediaspektion der Historiographie. Zur Geschichte der Geschichtswissenschaft aus medien- und technikgeschichtlicher Perspektive in: zeitenblicke. Onlinejournal für die Geschichtswissenschaften 10 (2011), H. 1, online unter http://www.zeitenblicke.de/2011/1/Heinen/dippArticle.pdf.

schen Bedingtheiten des Archivs, welche die intellektuellen Konzepte der Geschichtswissenschaft?

Die Rede von den Digital Humanities bildet gleichsam das semantische Zelt über eine Vielzahl von Baustellen: technische, intellektuelle, ökonomische und politische Debatten über nichts weniger und nichts mehr als über die Zukunft unserer Vergangenheit.

Stefan Haas

Theoriemodelle der Zeitgeschichte

Theorie ist ein genuines Element des Forschungssettings wissenschaftlicher Erkenntnisarbeit. Der Begriff wird heute in verschiedenen, sich teils widersprechenden Definitionen verwendet. Mit dem jeweiligen Theorieverständnis verbunden sind Grundentscheidungen über Form und Anwendungspraxis wissenschaftlicher Methoden.

Im Sinn der »Theorie eines Forschungsvorhabens« oder »der Theorie einer Publikation« zielt der Theoriebegriff auf die Klärung des Zuschnitts und der Funktionslogik einer Forschungsarbeit und legt deren Entstehungs- und Gültigkeitsbedingungen in einem kritischen, selbstreflexiven Prozess offen. Insofern Theorie in diesem Verständnis die Reflexion des Vorgehens der wissenschaftlich tätigen Historiker/innen und ihrer Praxis der historischen Erkenntniserzeugung und -vermittlung meint, ist sie immer mit dem Begriff der »Methoden« verbunden. Der Gegenbegriff zu »Theorie« ist mithin nicht »Praxis« – vielmehr sind beide Begriffe in diesem Verständnis synonym –, sondern »Empirie«. Während Empirie den Forschungsgegenstand und seine Überlieferung und damit sein Vorhandensein in unserer jeweiligen Gegenwart beschreibt, bezeichnet Theorie die begrifflichen Vorannahmen sowie die Logik der Verfahren, mittels derer aus den empirischen Quellen Forschungserkenntnisse abgeleitet werden. Dabei wird angenommen, dass die Frage nach dem »Was« des zu Erforschenden zu derjenigen nach dem »Wie« des Forschens in einem dialogischen Verhältnis steht. Dieser Befund wäre wenig aufregend, gäbe es nicht eine lange Tradition gerade innerhalb der deutschen Geschichtswissenschaft, die der Arbeit des Erkenntnissubjekts (wobei umstritten ist, ob es sich hierbei um die individuelle Forscherpersönlichkeit, die Scientific Community oder den Diskurs handelt) sowohl in der Ausbildung als auch im Forschungsalltag nur marginale Aufmerksamkeit geschenkt hat. Da sich aber gerade die methodischen Arbeitsweisen in den vergangenen 20 Jahren exorbitant ausgeweitet haben und die Geschichtswissenschaft in Fragen des Forschungssettings stärker diversifiziert ist als je zuvor, ist Theorie selbst zu einem zentralen Selbstverständigungsdiskurs der Geschichtswissenschaft und damit auch zu einem Fokus des Geschichtsstudiums an den Universitäten geworden.

Theorie als Reflexion der Praxis geschichtswissenschaftlichen Arbeitens ist jedoch nur eine Möglichkeit, den Begriff Theorie zu definieren. Die im Folgenden behandelten Definitionen des Theoriebegriffs werden alle in der gegenwärtigen Forschungspraxis verwendet. Da sie sich teils widersprechen, teils auf unterschiedlichen Ebenen des wissenschaftstheoretischen Diskurses angesiedelt sind, lassen sie sich derzeit nicht in einem Metabegriff auflösen. Für Studierende des Faches bedeutet dies, die Fähigkeit zu erlernen, für ihr konkretes Forschungsvorhaben eine begründete Entscheidung für einen der Begriffe oder eine in sich schlüssige Schnittmenge zu finden, die die Operationalisierbarkeit der jeweils eigenen Arbeit sicherstellt und ihren wissenschaftlichen Anspruch tragen kann.

Überblick: Grundbestimmungen des Theoriebegriffs

Die wichtigsten Begriffe von Theorie in der Zeitgeschichte lassen sich, analog zu jenen in anderen Epochensubdisziplinen der allgemeinen Geschichtswissenschaft, folgendermaßen beschreiben:

Die Historische Sozialwissenschaft versteht unter Theorie eine *Orientierung an Modellen*, die vornehmlich der Soziologie entlehnt werden und die als Maßstab für die wissenschaftliche Analyse historischer Strukturen und Prozesse einsetzbar sind. Indem die Protagonisten dieser Schule ihr methodisches Vorgehen explizit als »Anwendung von Theorie« klassifiziert und allgemein für die Geschichtswissenschaft eingefordert haben, sind sie im deutschen Sprachraum seit den 1970er-Jahren entscheidend an der Konjunktur des Begriffs Theorie beteiligt gewesen.[1]

1 Hans-Ulrich Wehler, Geschichte als Historische Sozialwissenschaft, 3. Aufl., Frankfurt a. M. 1980, insb. S. 29; Jürgen Kocka, Theorien in der Geschichtswissenschaft, in: ders./Siegfried Quandt/Konrad Repgen (Hrsg.), Theoriedebatte und Geschichtsunterricht. Sozialgeschichte, Paradigmenwechsel

In einem breiteren Sinne wird Theorie zweitens als *Reflexion der methodischen Grundlagen* historischer Forschung verstanden. Diese Begriffsdefinition ist wesentlich gebunden an die Entwicklungen im Kontext der Cultural Turns seit den frühen 1990er-Jahren, die zu einer dynamischen Pluralisierung und Heterogenisierung von Forschungsoptionen führten.[2]

Eng damit verknüpft ist drittens die Verwendung des Theoriebegriffs zur Bezeichnung einer sich prozessual verfestigenden Antwort auf alle den Forschungszuschnitt betreffenden Fragen zu einer argumentativ in sich geschlossenen Theorie. Zu diesen Fragen zählen zum Beispiel: Was ist Geschichte? Wer oder was macht Geschichte? Was ist das Ziel geschichtswissenschaftlicher Erkenntnis? Wer ist das Erkenntnissubjekt? Welche Rolle spielt das Erkenntnissubjekt im Forschungsprozess? Welche Methoden sollen angewandt werden? Für die als Theorie bezeichnete, verknüpfte Beantwortung dieser Fragen werden als Synonym öfter auch die Begriffe »Schule«, »Richtung« oder »Ansatz« verwendet. In diesem Sinn sind zum Beispiel Historismus und Historische Sozialwissenschaften zwei Theorien innerhalb der Geschichtswissenschaft. Aber auch Historischer Materialismus, Systemtheorie, Diskurstheorie, Neue Kulturgeschichte, bisweilen auch die Annales-Schule, die angelsächsische Sozialgeschichte und viele andere werden als solche *in sich geschlossene Argumentationsgebäude* angesehen und in diesem Sinne als »eine Geschichtstheorie« bezeichnet.

Besonders im angelsächsischen Raum spielt diese Form der methodisch-theoretischen Reflexion des Forschungssettings eine untergeordnete Rolle gegenüber der Frage nach der anzuwendenden narrativen Strategie. Insofern diese jedoch ebenfalls nach dem »Wie« der Darstellung fragt, kann viertens auch sie analytisch als

und Geschichtsdidaktik in der aktuellen Diskussion, Paderborn 1982, S. 7–28; Bettina Hitzer/Thomas Welskopp (Hrsg.), Die Bielefelder Sozialgeschichte. Klassische Texte zu einem geschichtswissenschaftlichen Programm und seinen Kontroversen, Bielefeld 2010.

2 Doris Bachmann-Medick, Cultural Turns. Neuorientierungen in den Kulturwissenschaften, Reinbek 2006; dies., Cultural Turns, Version: 1.0, in: Docupedia-Zeitgeschichte, 29.3.2010, online unter https://docupedia.de/zg/Cultural_Turns?oldid=81216 (13.6.2012).

Antwort auf Theoriefragen aufgefasst werden, obwohl die Auseinandersetzung um narrative Strategien nicht explizit unter dem Begriff »Theory« diskutiert wird. Man kann den Diskurs über die Frage, wie eine Epoche oder ein historisches Thema am besten »erzählt« wird, als *»narrative Theoriebildung«* bezeichnen, weil es dabei immer auch um Modellbildung für spätere Forschungen geht. Für die Entwicklung eines Analyseinstrumentariums sind die Arbeiten von Hayden White zur Bedeutung und Funktion von Narrativität in geschichtswissenschaftlichen Texten von besonderer Bedeutung.[3]

Besonders innerhalb der Zeitgeschichte ist es fünftens weit verbreitete Praxis, historische Forschung weniger über ihr theoretisch-methodisches Profil denn über die zeithistorische Bedeutung des Forschungsthemas zu begründen. Diese Verfahrensweise hat eine bis ins 19. Jahrhundert zurückreichende Tradition. Man kann diesen Ansatz als *»situative Theoriebildung«* bezeichnen, insofern aus der Verortung historischer Forschung in spezifischen gesellschaftlichen, kulturellen und politischen Problemfeldern Antworten auf theoretische Fragen abgeleitet werden.

Betrachtet man Geschichtswissenschaft aus einer analytischen Perspektive und verwendet den Theoriebegriff, um Fragen nach dem »Wie« der historischen Forschung zu stellen und zu beantworten, dann gibt es keine Geschichtsforschung, die theoriefrei wäre – höchstens und schlimmstenfalls ist sie theoretisch unreflektiert, immer jedoch transportiert sie auch theoretische Grundannahmen. Auch wenn diese implizit bleiben, können sie Gegenstand zeitgenössischer oder retrospektiver Analysen zur Geschichte der Geschichtswissenschaft sein. So enthält der Historismus, auch wenn er sich selbst als untheoretisch beschrieben hat, sehr wohl theoretische Grundannahmen über das historische Subjekt, die historische Methode, den Sinn von Geschichtswissenschaft oder leitende Forschungskategorien. Besonders in Abgrenzung zur historisch-sozialwissenschaftlichen Theoriedefinition, die mit einer expliziten Forderung nach Theorie als sozio-

3 Hayden White, Metahistory. Die historische Einbildungskraft im 19. Jahrhundert in Europa, Frankfurt a. M. 1994; ders., Auch Klio dichtet oder die Fiktion des Faktischen. Studien zur Tropologie des historischen Diskurses Stuttgart 1991.

logische Modellbildung einhergeht, können diese Ablehnungen sich selbst als *untheoretisch* klassifizieren. Sie sind dies aber nicht, höchstens legitimieren und beantworten sie theoretisch-methodische Fragen anders, beispielsweise über politische Argumentationsmuster.[4]

Anders verhält es sich dagegen, wenn »*antitheoretisch*« gegen Theorie als einem im Gefolge der Cultural Turns formulierten, umfassenden Reflexionsanspruch argumentiert wird. In diesem Kontext gibt es zwei Bedeutungen des Theoriebegriffs, die aber in aktuellen Debatten kaum noch eine Rolle spielen: Einerseits wird Theorie im Sinn einer Hypothese als Gegenbegriff zu fundierten Forschungsergebnissen verwendet. Andererseits wurde besonders noch in der zeithistorischen Forschung der 1950er- und 1960er-Jahre eine Abgrenzung der Geschichtswissenschaft von der Soziologie mit dem Argument vorgenommen, dass erstere sich dem konkreten Geschehen, letztere den mehr philosophisch zu erfassenden Grundlinien eines Zeitalters widme. Solch ein Zugriff wurde dann beispielsweise als »Theorie unseres Zeitalters« bezeichnet.[5] Hier wird der Theoriebegriff als geschichtsphilosophische Gesamtcharakterisierung einer Epoche verwendet, die über das empirisch Verifizierbare hinausgeht. Im Folgenden werden die Theoriebegriffe, die in der Zeitgeschichte momentan verwendet werden, genauer herausgearbeitet.

4 Frank R. Ankersmit, Historismus, Postmoderne und Historiographie, in: Wolfgang Küttler/Jörn Rüsen/Ernst Schulin (Hrsg.), Geschichtsdiskurs, Bd. 1: Grundlagen und Methoden der Historiographiegeschichte, Frankfurt a.M. 1993, S. 65–84; Ulrich Muhlack, Leopold von Ranke und die Begründung der quellenkritischen Geschichtsforschung, in: Jürgen Elvert/Susanne Krauß (Hrsg.), Historische Debatten und Kontroversen im 19. und 20. Jahrhundert, Stuttgart 2003, S. 23–33.

5 Hans Rothfels, Sinn und Aufgabe der Zeitgeschichte, in: ders., Zeitgeschichtliche Betrachtungen. Vorträge und Aufsätze, 2. Aufl., Göttingen 1959, S. 9–16, hier S. 12 und 16.

Theorie(n) in der Historischen Sozialwissenschaft

Die Historische Sozialwissenschaft setzt gegen die Erforschung von Individualitäten (wie Persönlichkeiten und Ereignissen) jene von Strukturen und Prozessen.[6] Um diese möglichst wissenschaftlich exakt und intersubjektiv nachvollziehbar operationalisieren zu können, hat sie »Theorien mittlerer Reichweite«, ein methodisches Instrumentarium des amerikanischen Soziologen Robert K. Merton,[7] in die Geschichtswissenschaft eingeführt.[8] Dies sind Modelle, die in sich schlüssig formuliert sind und die als relevant postulierten Faktoren in einen kohärenten Zusammenhang der Analyse und Interpretation bringen. Gesellschaftliche Makroprozesse wie Industrialisierung oder Modernisierung sind historische Phänomene, die als Gegenstände für die Historischen Sozialwissenschaften von besonderer Bedeutung sind und dort mit Theorien mittlerer Reichweite analysiert werden. Das Modell, das die Theorie formuliert, wird dabei mit den Quellenbefunden in einen stringenten Zusammenhang gebracht. Dadurch wird es möglich, disparate und ambivalente Quellen aufeinander zu beziehen und in einen Zusammenhang zu bringen, der eine wissenschaftliche Erkenntnisformulierung ermöglicht. Von »mittlerer« Reichweite sind die Theorien, weil sie als Modell eine Erwartung nicht nur in Bezug auf ein einzelnes Ereignis, sondern auf einen Gesamtkomplex von Ereignissen formulieren, andererseits aber keinesfalls die gesamte historische Totalität, weder zeitlich noch sachlich, erfassen wollen. Angewandt werden sie deshalb nicht auf die Geschichte allgemein, sondern nur auf einen bestimmten, meist epochal begrenzten Prozess. Von »mittlerer« Reichweite sind diese Theorien auch deshalb, weil sie im Prozess der Weiterentwicklung der Wissenschaften modifiziert und durch neue ersetzt werden müssen. Die »deutsche Sonderwegsthese« ist ein

6 Wehler, Historische Sozialwissenschaft, S. 28.

7 Robert King Merton, Social Theory and Social Structure. New York 1968.

8 Klassische Beispiele für die empirische Anwendung solcher Theorien sind Hans-Ulrich Wehler, Modernisierungstheorie und Geschichte, Göttingen 1975; Jürgen Kocka, Klassengesellschaft im Krieg. Deutsche Sozialgeschichte 1914–1918, Göttingen 1973.

Beispiel für eine solche, über Modellbildung gewonnene, strukturelle Geschichtsinterpretation.[9]

Die Historische Sozialwissenschaft orientiert sich bei der Generierung von Theorien mittlerer Reichweite an der Soziologie. Die Struktur des Denkens, die hinter der Historischen Sozialwissenschaft steckt, ließe sich aber auch übertragen, wenn nicht mehr die Soziologie im Mittelpunkt des Interesses stünde. Als methodisches Verfahren kann sie auch mit Modellen durchgeführt werden, die aus einem anderen disziplinären Kontext – wie zum Beispiel der Ethnologie – oder aus einem transdisziplinären Zusammenhang stammen. In diesem Sinn ist es der Bielefelder Schule gelungen, den Wissenschaftscharakter der Geschichtswissenschaft entscheidend zu stärken.

Die Anwendung soziologischer Modelle als Theorien in der Geschichtswissenschaft wurde jedoch besonders von Vertreter/innen einer traditionelleren, am Historismus orientierten Geschichtsauffassung als fachfremdes Verfahren kritisiert. Modellbildung gilt ihnen als geschichtsfremd, weil sie Geschichte als Wissensbereich auffassen, der auf dem Individualitätsaxiom historischer Ereignishaftigkeit basiert. Modellbildung dagegen zielt auf Vergleichbarkeit und Analogiebildung, teilweise sogar auf Gesetzmäßigkeiten. Aus diesen inkongruenten Geschichtsauffassungen resultierte eine tiefe Kluft zwischen historischen Sozialwissenschaftler/innen und »historistischen« Hermeneutiker/innen. Dennoch hat die Forderung der Historischen Sozialwissenschaft nach mehr Modellbildung den sprunghaften Anstieg des Interesses an Geschichtstheorie in den 1990er-Jahren wesentlich vorbereitet. In den Augen vieler Vertreter/innen des Fachs wurde deutlich, dass eine erhöhte Wissenschaftlichkeit der Geschichte nicht ohne theoretische Grundlagenreflexion erreicht werden kann.

In den 1980er-Jahren thematisierte der Postmodernediskurs die Auflösung traditioneller Meistererzählungen.[10] Das Feld an

9 Vgl. Hans-Ulrich Wehler, Das deutsche Kaiserreich 1871–1918, Göttingen 1973; Karl Dietrich Bracher (Hrsg.), Deutscher Sonderweg – Mythos oder Realität? München 1982; Helga Grebing, Der »deutsche Sonderweg« in Europa 1806–1945. Eine Kritik, Stuttgart u. a. 1986.

10 Klassisch: Jean Francois Lyotard, La condition postmoderne, Paris 1979. Zum Kontext Narrativität vgl. auch Franklin Rudolf Ankersmit, Narrative Logic. A Semantic Analysis of the Historian's Language, The Hague 1983.

Möglichkeiten, Geschichtswissenschaft zu betreiben, differenzierte sich aus. Die Konsequenz war eine Neudefinition und Individualisierung des Theoriebegriffs, der nicht mehr als »einzelne« Theorie im Sinne eines Modells, sondern als eigenständige Disziplin begriffen wurde. Zugleich sollte Theorie auch für einzelne Geschichtsstudien in sich schlüssige und operationalisierbare Grundlagen begründen. Dieser »Theory Turn«, der das Arbeiten in den Geschichtswissenschaften nachhaltig veränderte, wurde im Kontext der Neuen Kulturgeschichte vollzogen.

Theorie als wissenschaftliche Grundlagenarbeit in der Neuen Kulturgeschichte

Nachdem die Bedeutung der Leitkategorie »Gesellschaft« in den 1980er-Jahren zu verblassen begann, wurde in der Geschichtswissenschaft ebenso wie in allen anderen Geistes-, Kultur- und Sozialwissenschaften eine breite Fülle von neuen Kategorien daraufhin geprüft, ob sie als neuer archimedischer Punkt der Forschung dienen könnten. Zu diesen teils kompatiblen, teils konkurrierenden Schlüsselkategorien zählten gleichzeitig oder nacheinander Gender, Diskurs, Sprache, Text, Symbol, Bild, Medien, Kommunikation, Raum, Körper, Ritual, Performanz, Erinnerung und andere.[11] Da es sich um eine Grundlagenkrise handelte, in der der Ausgangspunkt wissenschaftlicher Welt(re-)konstruktion diskutiert wurde, wurden die verschiedenen Neuansätze zu Recht als »Turns« bezeichnet. Ein Turn im Sinn einer Kopernikanischen Wende stellt das bis dato gültige Weltbild quasi auf den Kopf und interpretiert Wirklichkeit neu.[12]

Der Linguistic Turn[13] ist ein solcher Turn, weil er Wirklichkeit und damit Geschichte nicht mehr als vor- oder außersprachlich

11 Überblick in Bachmann-Medick, Cultural Turns. Vgl. dazu auch die entsprechenden Beiträge in diesem Band und in Docupedia-Zeitgeschichte.

12 Vgl. zur Kopernikanischen Wende auch Thomas S. Kuhn, Die Struktur wissenschaftlicher Revolutionen, Frankfurt a. M. 1976.

13 Die einflussreichste Einzeltheorie der letzten 20 Jahre, die Diskurstheorie Foucault'scher Prägung, ist eine Spielart dieses Ansatzes. Überblick in Philipp Sarasin, Geschichtswissenschaft und Diskursanalyse. Frankfurt a. M. 2003.

gegebene Realität, sondern als sprachliche Konstruktion thematisiert. Der Body Turn ist nicht deshalb eine radikale Kehrtwendung, weil Soziolog/innen und Historiker/innen nun auch ein wenig Körpergeschichte betreiben, sondern weil der Körper als Leitkategorie jeder Wirklichkeits(re)konstruktion verstanden wird und sich am Körper nicht-diskursive Strategien der Wirklichkeitsgenerierung ablesen lassen – weswegen die Lieblingsgegenstände des Body Turn Krankheit, Sexualität und Tod sind, mithin Themenfelder, die nicht gänzlich in ihrer sprachlichen Benennung aufgehen.[14] Wer hingegen auch den Körper als Text thematisiert, bewegt sich letztlich immer noch innerhalb des Lingustic Turn oder seiner von Clifford Geertz beeinflussten Spielart des Interpretive Turn.[15] Dieses Beispiel zeigt auch, dass nicht alle Turns (außer den bisher genannten wären beispielsweise noch der Spatial[16], Medial[17]

14 Elaine Scarry, The Body in Pain. The Making and Unmaking of the World. New York/Oxford 1985; vgl. Philipp Sarasin, Mapping the Body. Körpergeschichte zwischen Konstruktivismus, Politik und »Erfahrung«, in: Historische Anthropologie 7 (1999), 437–451.

15 Vgl. Bachmann-Medick, Cultural Turns, S. 58. Geertz' Ansatz theoretischer lässt sich am besten nachvollziehen in Clifford Geertz, Dichte Beschreibung. Beiträge zum Verstehen kultureller Systeme, Frankfurt a. M. 2002.

16 Eine der frühen zentralen Referenztexte ist Edward W. Soja, Postmodern Geographies. The Reassertion of Space in Critical Social Theory, London/New York 1989. Zur Theoriebildung vgl. Simon Gunn, The Spatial Turn. Changing Histories of Space and Place, in: Simon Gunn/Robert J. Morris (Hrsg.), Identities in Space. Contested Terrains in the Western City since 1850. Aldershot 2001, S. 1–14; Christian Berndt/Robert Pütz (Hrsg.), Kulturelle Geographien. Zur Beschäftigung mit Raum und Ort nach dem Cultural Turn, Bielefeld 2007. Ein Beispiel für die zentralen deutschsprachigen empirischen Referenztexte ist Karl Schlögel, Im Raume lesen wir die Zeit. Über Zivilisationsgeschichte und Geopolitik, München 2003.

17 Ein Beispiel für einen zentralen frühen Referenztext ist Eric Alfred Havelock, Schriftlichkeit. Das griechische Alphabet als kulturelle Revolution. Weinheim 1990. Vgl. darin auch die instruktive Einleitung von Jan und Aleida Assmann, die die Bedeutung der Oralität-Schriftlichkeit-Debatte für die Entdeckung des Begriffs »Medium« als Leitkategorie herausarbeiten. Ein instruktives Beispiel für eine empirische Analyse im Kontext des *Medial Turns* ist Michael Giesecke, Der Buchdruck in der frühen Neuzeit. Eine historische Fallstudie über die Durchsetzung neuer Informations- und Kommunikationstechnologien, Frankfurt a. M. 1991.

oder Iconic Turn[18] zu nennen) Unterspielarten des einen großen Cultural Turns sind, sondern sich als widersprechende Ansätze zur Lösung der anstehenden Grundlagenprobleme darstellen – weswegen in jüngster Zeit zunehmend von Cultural Turns im Plural gesprochen wird.

Im Zuge dieser Entwicklungen der 1990er- und 2000er-Jahre veränderte sich das Schreiben von Geschichtswissenschaft entscheidend. Ein neuer Begriff von Theorie begann sich durchzusetzen, der die heutigen Debatten weitgehend prägt. Die Geschichtswissenschaft differenzierte sich in einer Weise aus, die über die meist als Dichotomien zu beschreibenden älteren Grundkonflikte – kleindeutsche versus großdeutsche Geschichte, Historismus versus Alte Kulturgeschichte, Neo-Historismus versus Historische Sozialwissenschaft – hinausging. Sie wurde zu einer heterogenen Praxis, deren Ambivalenz sich nicht nur im Vergleich verschiedener Historikerindividualitäten zeigte, sondern auch innerhalb des Werks einzelner Wissenschaftler/innen. Gleichzeitig wuchs die Einsicht in die für die wissenschaftliche Erkenntnis konstitutive Bedeutung der Tätigkeit der Historiker/innen. Jede geschichtswissenschaftliche Arbeit konstituiert ihren Forschungsgegenstand, ihre Methode, ihren Quellenkorpus durch theoretische Entscheidungen im Dialog mit den vorhandenen Optionen und dem jeweiligen Forschungsfeld. Es gibt nicht mehr, wie im Diskurs des Historismus noch häufig als Argument vorgetragen, nur »die eine historische Methode«. In dieser Definition fragt Theorie nach den Bedingungen des Erkenntnisprozesses, klärt mithin die Prinzipien und Vorgehensweisen des alltäglichen wissenschaftlichen Arbeitens.

Zur Theorie in diesem Sinne gehört die Frage, welche Faktoren im Erkenntnisprozess relevant und wie diese verfasst sind, aber auch, wer oder was das Erkenntnissubjekt der einzelnen Ar-

18 Zentrale Referenztexte für die Entdeckung von ›Bild‹ als Leitkategorie sei es in der Spielart eines Visual Turns (Mitchell) oder Iconic Turns (Boehm) sind enthalten in den Sammelbänden: Gottfried Boehm, Wie Bilder Sinn erzeugen. Die Macht des Zeigens, 2. Aufl., Berlin 2008; William J. Mitchell, Bildtheorie, Frankfurt a. M. 2008. Zum Diskursumfeld vgl. Christa Maar/Hubert Burda (Hrsg.), Iconic Turn. Die neue Macht der Bilder, 3. Aufl., Köln 2005.

beit ist. Mit welchen Werkzeugen, mit welchen Methoden kann Erkenntnis in der konkreten Arbeit gewährleistet werden? Diese und ähnliche Fragen sind immer auch eingebettet in die Diskussion übergreifender Fragen: Welche theoretischen Grundlagen hat die Geschichtswissenschaft? Welche Relevanz haben wissenschaftliche oder anders geartete Geschichtsbetrachtungen für die Gesellschaft? Welchen Sinn macht Wissenschaft im Allgemeinen und Geschichtswissenschaft im Besonderen? Anders als noch in den 1950er-Jahren, als solche Fragen von einflussreichen Historikern bevorzugt bei Emeritierungsreden und anderen Feierlichkeiten erörtert wurden, ist Geschichtstheorie heute genuiner Bestandteil alltäglicher Forschungsarbeit. Ohne theoretische Begründungen hat heute kein Drittmittelprojekt mehr Aussicht auf Erfolg, lässt sich kaum eine akademische Abschlussarbeit mehr erfolgreich abschließen.

Narrative Theoriebildung

Anders als im kontinentaleuropäischen Forschungskontext, wo theorieorientierte Wissenschaftspraktiken sich mittlerweile breit entwickelt haben, bilden im angelsächsischen Raum narrative Szenarien den Standard zur Begründung von Forschungs- und Analysesettings. Doktorarbeiten, die in Großbritannien allzu wissenschaftlich verfasst und daher vermeintlich dem Buchmarkt nicht konform sind, müssen in eine mehr narrative Struktur umgewandelt werden. Dabei geht es im angelsächsischen Sprachraum weniger um eine an belletristischer Literatur geschulte, intuitive narrative Logik, als um eine bewusste Auseinandersetzung mit narrativen Strukturen, mit denen ein historisches Problem stringent gefasst werden kann. In einem mit »Europas Nachkriegsgeschichte neu denken« betitelten Aufsatz schreibt der britische Historiker Tony Judt:

»Es ist noch nicht so lange her, dass europäische Zeitgeschichte zu schreiben eine einfache Angelegenheit war. Der Zweite Weltkrieg endete 1945, und mit ihm eine mehr als 30 Jahre währende Krise Europas. Zwischen 1913 [sic!] und 1945 durchliefen die politischen und wirtschaftlichen Beziehungen zwischen den europäischen Staaten und ihre inneren Verhältnisse einen tiefen, traumatischen Wandel. Revolutionen – linke und rechte – entmachteten die herrschenden Eliten. Massive Umwälzungen und Zusammenbrüche in der kapitalistischen Wirtschaft machten der Stabilität des 19. Jahrhunderts ein Ende und erschütterten das gesellschaftliche Gefüge bis in die Grundfesten. Gewalt breitete sich in allen Bereichen des Lebens aus [...].«[19]

Judt setzt sich hier mit Eckpunkten bzw. Zäsuren auseinander, die ein Koordinatensystem schaffen, mittels dessen die Zeitgeschichte »Europas« *erzählt* werden kann. Ähnlich findet Eckart Conze in der »Suche nach Sicherheit« ein passendes »Narrativ für eine ›moderne Politikgeschichte‹ der Bundesrepublik Deutschland«.[20] Dabei geht es um die Frage, was an der Vergangenheit selbst wichtig und also erzählenswert ist, aber auch um das Funktionieren des Textes, des Erzählens selbst als einer ordnenden, sogar wirklichkeitskonstituierenden Tätigkeit.

Narrative Theorie meint, dass aus der Fülle historischer Wirklichkeit bestimmte Themen, Ereignisse, Prozesse etc. herausgegriffen werden, die als relevant zur Darstellung einer Geschichte angesehen werden. Die zentralen narrativen Elemente verbinden als roter Faden die Einzelelemente und lassen Bezugnahmen und Ursache-Folge-Beziehungen zu. Durch ihre erzählerische Reihung entsteht, ähnlich einer erzählten Lebensgeschichte, eine in sich geschlossene Darstellung. Die Narration selbst wird zur historischen Sinnbildung. Ebenso wie bei dieser werden dabei Entscheidungen getroffen, welche Elemente in die Erzählung integriert und welche ausgelassen werden. Insofern die Entwicklung narrativer Strukturen eines geschichtswissenschaftlichen Textes bewusste Entscheidungen voraussetzt, die mit dem Stoff, den Quellen, den Fragestellungen des Autors und dem wissenschaftlichen Umfeld sowie dem Forschungsstand korrelieren, kann dies als narrative Theoriebildung bezeichnet werden. Ihr Ziel ist nicht,

19 Tony Judt, Europas Nachkriegsgeschichte neu denken, in: Transit 15 (1998), S. 3 ff.

20 Eckart Conze, Sicherheit als Kultur. Überlegungen zu einer »modernen Politikgeschichte« der Bundesrepublik Deutschland, in: Vierteljahrshefte für Zeitgeschichte 53 (2005), S. 357–380, hier S. 361, 380; vgl. auch: ders., Die Suche nach Sicherheit. Eine Geschichte der Bundesrepublik von 1949 bis in die Gegenwart, München 2009.

wie in der Neuen Kulturgeschichte, ein in sich geschlossenes, erkenntnistheoretisch reflektiertes Verständnis von Forschung, sondern eines, das sich an der narrativen Struktur des (wissenschaftlichen) Textes als Ergebnis des Forschungsprozesses orientiert.

Die Bewusstwerdung des kreativen Prozesses beim Erzählen von Geschichte geht weit über das Maß des klassischen Historismus hinaus und ist eine Folgewirkung des Linguistic Turn, der die Geisteswissenschaften mit Anfängen in den späten 1940er- und 1950er-Jahren besonders in den 1980er- und 1990er-Jahren weitreichend verändert hat. Seitdem auch im deutschsprachigen Wissenschaftsraum die Arbeiten von Hayden White breit rezipiert worden sind, ist zumindest im Themensegment Wissenschaftsgeschichte die narrative Logik ein zentrales Paradigma zur Aufschlüsselung von Texten. Hayden White hat sein Begriffssystem an Arbeiten des 19. Jahrhunderts entwickelt. Er hat deutlich gemacht, wie zentral narrative Logiken zur Konstituierung historischen Erzählens und damit Wissens sind. Weniger weit entwickelt ist dagegen immer noch die Frage, wie narrative Strategien des modernen Romans des 20. Jahrhunderts oder der postmodernen pluralistischen Erzählformen sich auf die narrative Logik der Geschichtswissenschaft auswirken (sollten).[21]

21 Vgl. dazu Katja Stopka, Zeitgeschichte, Literatur und Literaturwissenschaft, Version: 1.0, in: Docupedia-Zeitgeschichte, 11.2.2010, online unter https://docupedia.de/zg/Literaturwissenschaft?oldid=75526 (13.6.2012); Achim Saupe, Der Historiker als Detektiv – der Detektiv als Historiker. Historik, Kriminalistik und der Nationalsozialismus als Kriminalroman, Bielefeld 2009; Daniel Fulda/Silvia Serena Tschopp (Hrsg.), Literatur und Geschichte. Ein Kompendium zu ihrem Verhältnis von der Aufklärung bis zur Gegenwart, Berlin u. a. 2002; ders., Die Texte der Geschichte. Zur Poetik modernen historischen Denkens, in: Poetica 31 (1999), H. 1–2, S. 27–60, auch online unter http://www.goethezeitportal.de/fileadmin/PDF/db/wiss/epoche/fulda_texte.pdf (13.6.2012). Gleichermaßen stellt sich hier die Frage, inwiefern andere mediale Formen die Sichtweise auf historische Prozesse beeinflussen. So gehen die Autor/innen des Sammelbands »Goofy History. Fehler machen Geschichte«, hrsg. v. Butis Butis [Marion Herz, Alexander Klose, Isabel Kranz, Jan Philip Müller], Köln u. a. 2009, vom goof, dem Kunstfehler im Film, der unbeabsichtigt auf die eigene Medialität verweist (etwa ein ins Bild hängendes Mikrofon), aus und fragen nach »Fehlern« der Geschichte und Geschichtsschreibung. »Die Verlagerung der Perspektive auf den *goof*, auf die Störung, das Miss-

Situative Theoriebildung

Auch wenn Theorie vielfach als notwendiges Element der Begründung eines Forschungssettings und der Durchführung historischer Analyse angesehen wird, ist in der Zeitgeschichte wie in anderen Epochensubdisziplinen die Ablehnung theoretischer Argumentationsmuster weit verbreitet. Man kann dies einerseits vor dem Hintergrund der theoretischen Reflexionen in Historischer Sozialwissenschaft und Neuer Kulturgeschichte kritisieren oder gar ablehnen, man kann aber andererseits auch sehen, dass an ihre Stelle etwas tritt, das durchaus in sich selbst auch ein theoretisches Reflektieren ist, sich aber aus anderen Fragen und Argumentationsansätzen speist: Wenn Anselm Doering-Manteuffel und Lutz Raphael 2008 schreiben: »Wie lässt sich eine Zeitgeschichte entwerfen, die sich durchaus an der Entwicklung der Nachkriegsjahre orientiert, aber als nationale, europäische, internationale Geschichte die Herausforderungen der Gegenwart historisch erschließen kann?«,[22] dann rekurrieren sie bei der Frage nach der Strukturierung ihres Textes nicht auf methodologische Grundentscheidungen oder theoretische Modelle, sondern auf zeithistorische (politische, soziale, ökonomische und kulturelle) Problemfelder des Forschungsgegenstands selbst und der historischen Situation, in der Forscherinnen und Forscher sich selbst jeweils gerade befinden.

Bereits in Hans Rothfels klassischer Bestimmung der Zeitgeschichte findet sich ein solches Argument: »[…] wir können aus der Zeitgeschichte nicht desertieren, wenn wir uns selbst verstehen und einen Standort gegenüber dem Kommenden gewinnen wollen. Auch und gerade die Wissenschaft steht in diesem Dienst und unter dieser Verpflichtung.«[23]

geschick, die Inkongruenz in der historiographischen Erzählung will deshalb nicht das Ende der Verbindlichkeit, sondern bloß eine Vervielfältigung der Referenzen – eine Historiographie, die ihre Mittel im Auge hat und miterzählen lässt, statt sie konstitutiv auszublenden.« Ebd., S. 7–15, hier S. 15.

22 Anselm Doering-Manteuffel/Lutz Raphael, Nach dem Boom. Perspektiven auf die Zeitgeschichte seit 1970, Göttingen 2008, S. 8.

23 Rothfels, Sinn und Aufgabe der Zeitgeschichte, S. 12.

Da auch durch eine diskursive Erörterung der situativen Implikationen und Hintergründe eines Forschungsvorhabens die Frage nach dem »Wie«, der Strukturierung des Stoffes, der chronologischen Einteilung, der zu behandelnden Themenfelder etc. beantwortbar wird, erfüllt auch ein solcher situativer, meist mit politischer (im weitesten, nicht auf Parteipolitik verengten Sinn), gesellschaftlicher und pädagogischer Konnotation verbundener Diskurs die Funktion der Theoriebildung. Insofern der Ausgangspunkt des selbstreflexiven Prozesses der Generierung eines Forschungssettings die kritische Selbstverortung der eigenen Gegenwart in der Zeitgeschichte selbst ist, kann man von einer »situativen Theoriebildung« sprechen.

Besonders in traditionellen Kontexten, in denen die Frage nach der Objektivität und Subjekthaftigkeit von Geschichtsbetrachtung weniger über methodische Verfahren und theoretische Modelle denn über individuelle Forscherhaltungen und damit verbunden klassisch hermeneutische Vorgehensweisen diskutiert wurde und wird, ist die zentrale theoretische Frage einer situativ begründeten Zeitgeschichte dann jene nach der Wahrung von Unbefangenheit. Sowohl im Theoriesetting der Historischen Sozialwissenschaft als auch in dem der Neuen Kulturgeschichte wird Wissenschaftlichkeit über die verfahrensgeleitete Konstitution von Methoden und theoretischer Modellbildung hergestellt – weswegen die Opposition von »Objektivität und Parteilichkeit«[24] keine so bedeutende Rolle mehr spielt. In ihr haben Fragen nach der Angemessenheit der Theoriebildung und der Stringenz methodischer Absicherung eine zentralere Rolle und ersetzen Diskussionen nach der (persönlichen) Haltung des individuellen Autorensubjekts. Mit dem Begriff einer »situativen Theoriebildung« scheint es mir aber möglich, die allzu starke Frontstellung von Theoriebefürwortern und -gegnern aufzulösen und in einer Differenzierung des Theoriebegriffs selbst aufzuheben.

24 Vgl. etwa Reinhart Koselleck/Wolfgang J. Mommsen/Jörn Rüsen (Hrsg.), Objektivität und Parteilichkeit in der Geschichtswissenschaft (= Beiträge zur Historik; 1), München 1977.

Zusammenfassung: Theoriemodelle in der Zeitgeschichte

Die Zeitgeschichte steht ebenso wie andere Subdisziplinen der Geschichtswissenschaft vor dem Problem, dass die oftmals erhobene Forderung nach »mehr Theorie« sich einem heterogenen und disparaten Angebot an Definitionen des Theoriebegriffs gegenübersieht. Theorie als eine Methode zur analytischen Generierung wissenschaftlicher Aussagen mittlerer historischer Reichweite zu begreifen, widerspricht einem auf plurale Methodensettings zielenden Theoriebegriff, wie er in der Neuen Kulturgeschichte weit verbreitet ist – wovon nicht zuletzt die teils heftigen Auseinandersetzungen der ersten Generation der Vertreterinnen und Vertreter der Historischen Sozialwissenschaft mit der Kulturgeschichte zeugen.[25]

Gleichzeitig lassen sich andere Muster zur Generierung theoretischer Forschungssettings erkennen, die sich selbst selten als Theorie bezeichnen, aber Potenziale haben, die bislang in der theoretischen Grundlagenreflexion der Geschichtswissenschaft noch nicht weit genug entwickelt sind. Narrative Strategien beispielsweise sind längst ein gängiges Diskursfeld geworden, das sowohl als empirisches Forschungsfeld als auch zur Selbstbeschreibung wissenschaftlicher Texte verwendet wird. Noch fehlen aber trotz der Arbeiten von Hayden White und seinen Nachfolger/innen im Universitätsunterricht lehrbare Standards, die dem »Geschichte schreiben« jenen konstitutiven Ort einräumen, den sie in der Behauptung der hohen Bedeutung von Narrativen haben.

Insgesamt lässt sich seit Entstehen der Historischen Sozialwissenschaft, verstärkt durch die Neue Kulturgeschichte, ein Bedeutungszuwachs des Begriffs »Theorie« für die Geschichtswissenschaft feststellen. Mit diesem Theoriebegriff sind tiefgreifende Veränderungen der Reflexion über Erkenntnis und Interpretation der Geschichte verbunden.

Insofern sich die Arbeitsweisen der Geschichtswissenschaft dabei im Vergleich zum Historismus völlig verändert haben, lässt sich von einem »Theory Turn« sprechen, da nicht mehr die Praxis der Geschichtswissenschaft die Theoriebildung generiert, son-

25 Hans Ulrich Wehler, Die Herausforderung der Kulturgeschichte, München 1998.

dern die Theorie Forschungs- und Arbeitssettings entwickelt, die der Praxis vorangehen und in Forschungshypothesen und -erwartungen genuiner Bestandteil von Förderanträgen sind. Theorie selbst aber wiederum ist kein Reflexionsfeld, das die Gültigkeit seiner Aussagen an historische Prozesse bindet, sondern sie in Stringenz und Konsistenz von Logik und Rationalität der Argumentationsketten sucht. Gleich in welcher der oben genannten Formen der Theoriebegriff gefüllt wird, erreicht die Geschichtswissenschaft mit ihm die Sicherung ihrer wissenschaftlichen Rationalität und gewinnt damit Anschlussfähigkeiten im transdisziplinären Dialog.

Rüdiger Graf

Zeit und Zeitkonzeptionen

Zeit ist die grundlegendste Kategorie der Geschichtswissenschaft. Historikerinnen und Historiker untersuchen, so könnte man in erster Annäherung formulieren, Wandel in der Zeit. Ohne Zeit bzw. eine bestimmte Konzeption von Zeit gäbe es keine Vorstellung von Geschichte und damit auch keine wissenschaftlichen Versuche, sie zu erfassen. Auch wer behauptet, nicht Wandel, sondern Zustände zu untersuchen, interessiert sich für diese doch als Bedingungen für Wandlungsprozesse. Dementsprechend ist der Begriff der Zeit in der Geschichtswissenschaft omnipräsent: Wir sprechen von der Zeit der Renaissance oder der NS-Zeit, von bleiernen oder modernen Zeiten, Zeiten des Aufbruchs oder des Niedergangs, einer guten oder schlechten Zeit usw. All diese Formulierungen schreiben Zeitabschnitten, Epochen oder Zeitaltern, bestimmte Charakteristika zu. Auch in der *Zeit*geschichte selbst geht es nach Hans Rothfels' klassischer Definition um »die Geschichte der Mitlebenden und ihre wissenschaftliche Behandlung«, d.h. um die Geschichte unserer *Zeit*, die nach dem Zweiten Weltkrieg und während des Kalten Kriegs zunächst als eine Zeit krisenhafter Erschütterungen begriffen wurde.[1] Als Geschichte der Mitlebenden entwirft die Zeitgeschichte eine eigene Zeitordnung, da sich ihr zeitlicher Gegenstandsbereich verschiebt bzw. einen offenen Zukunftshorizont hat und sich ein Schwerpunkt der empirischen Forschung immer entlang der archivalischen Sperrfristen in einem Abstand von dreißig Jahren zur Gegenwart bewegt.

Gerade die fundamentalsten und am häufigsten verwendeten Begriffe sind am schwierigsten zu explizieren, sodass diese An-

1 Hans Rothfels, Zeitgeschichte als Aufgabe, in: Vierteljahrshefte für Zeitgeschichte 1 (1953), S. 1–8, hier S. 2; Reinhart Koselleck, Begriffsgeschichtliche Anmerkungen zur Zeitgeschichte, in: Victor Conzemius (Hrsg.), Die Zeit nach 1945 als Thema kirchlicher Zeitgeschichte. Referate der internationalen Tagung in Hünigen/Bern (Schweiz) 1985, Göttingen 1988, S. 17–31.

strengung nur selten unternommen wird. Auch in der Zeitgeschichte wird zwar häufig von Zeit geredet und noch öfter werden Zeitbegriffe gebraucht, aber nur selten geht es um die Zeit selbst, also nach der Umschreibung des Brockhaus um »das im menschlichen Bewusstsein unterschiedlich erlebte Vergehen von Gegenwart; die nicht umkehrbare, nicht wiederholbare Abfolge des Geschehens, die als Vergangenheit, Gegenwart und Zukunft am Entstehen und Vergehen der Dinge erlebt wird«.[2] Ausgehend von dieser Erläuterung des Zeitbegriffs wird schon die Beschreibung des Gegenstands der Geschichtswissenschaft als »Wandel in der Zeit« problematisch: Denn wenn die Zeit überhaupt nur am »Entstehen und Vergehen der Dinge« wahrgenommen werden kann, dann ist es zu einfach, sie als Raum zu denken, in dem sich Veränderungen vollziehen, oder als Zeitstrahl, auf dem sie ablaufen. Auch wenn dies für viele historische Argumentationszusammenhänge ausreichend sein mag, wird historische Zeit letztlich erst durch die untersuchten Wandlungsprozesse selbst konstituiert. Aufgabe der Geschichtswissenschaften ist es, Zeit nicht einfach vorauszusetzen, sondern sie vielmehr aus dem Entstehen und Vergehen bzw. den Veränderungen der Dinge heraus zu erschließen.[3]

Diese Zeit, die fundamental ist für unser Verständnis von Geschichte und unsere Versuche, diese zu erfassen, ist immer soziale Zeit: Sie selbst und ihr Erleben sind historisch variabel – ihre Messung hängt von gesellschaftlichen Übereinkünften ab, genauso wie ihre Erfahrung von der sozialen Position, von Geschlecht, Bildung, Beruf, Alter und vielen anderen Faktoren.[4] Zeit und Zeitvorstellungen sind wandelbar und daher jenseits der oftmals metaphorischen

2 Brockhaus Enzyklopädie Online, online unter http://www.brockhaus-enzyklopaedie.de/index.php.

3 Zur Theorie historischer Zeiten siehe grundlegend Reinhart Koselleck, Vergangene Zukunft. Zur Semantik geschichtlicher Zeiten, Frankfurt a. M. 1989; siehe auch Jörn Rüsen, Typen des Zeitbewusstseins. Sinnkonzepte des geschichtlichen Wandels, in: Friedrich Jaeger/Jörn Rüsen (Hrsg.), Handbuch der Kulturwissenschaften, Bd. I: Grundlagen und Schlüsselbegriffe, Stuttgart 2004, S. 365–384; Jörn Rüsen (Hrsg.), Zeit deuten. Perspektiven, Epochen, Paradigmen, Bielefeld 2003.

4 Pitirim A. Sorokin/Robert K. Merton, Social Time: A Methodological and Functional Analysis, in: American Journal of Sociology 42.5 (1937), S. 615–629.

Verwendung des Zeitbegriffs ein wichtiger Gegenstand der Geschichtswissenschaft. Im 20. Jahrhundert bzw. dem Gegenstandsbereich der Zeitgeschichte veränderten sich sowohl die Messung der Zeit als auch ihr Verständnis nicht zuletzt durch die Entstehung neuer wissenschaftlicher Theorien: Am Beginn des 20. Jahrhunderts revolutionierte die Relativitätstheorie naturwissenschaftliche Vorstellungen von Raum und Zeit, und sowohl Philosophen als auch Theologen dachten wieder intensiver über den Begriff der Zeit nach. In der jüngeren und jüngsten Zeitgeschichte beschäftigten sich dann zunehmend Soziologen und Anthropologen mit Zeit und Zeitregimen. All diese Theorien und Forschungen anderer Disziplinen, die im ersten Abschnitt kurz vorgestellt werden, dürfen weder reduktionistisch als Produkte sozialer, wirtschaftlicher oder politischer Entwicklungen betrachtet werden, noch sollten einzelne von ihnen als Theoriemodelle absolut gesetzt werden, an denen sich die historische Analyse zu orientieren hat. Die zentrale Aufgabe besteht vielmehr darin, sie sowohl zu historisieren und ihre Bedeutung für eine Geschichte der Zeit im 20. Jahrhundert zu untersuchen als auch ihre Wirkung auf unser Denken und ihre Funktion für eine Zeitgeschichte der Zeit zu beleuchten.[5]

Nach Auffassung vieler sprachanalytischer Philosophen verwirrt das Substantiv »Zeit« unser Denken, und Ausführungen zur Zeit als solcher bekommen leicht etwas geheimnisvoll Raunendes. Demgegenüber sind unsere Überlegungen wesentlich klarer, wenn wir über die verschiedenen zeitlichen Bestimmungen wie früher/später oder vergangen/gegenwärtig/zukünftig nachdenken (s. u.). Um Mystifizierungen der Zeit zu vermeiden, werden nach den Zeittheorien zunächst historische Arbeiten vorgestellt, die sich möglichst konkret mit Zeit und Zeitvorstellungen in der Zeitgeschichte beschäftigen. Danach wird es um Studien gehen, die sich im Sinne des sprachphilosophischen Postulats der Erforschung der verschiedenen Zeitdimensionen widmen, sich also mit vergangenen Vergangenheiten, Gegenwarten und Zukünften beschäftigen.

5 Siehe zum Verhältnis der Zeitgeschichte zu den Nachbardisziplinen Rüdiger Graf/Kim Christian Priemel, Zeitgeschichte in der Welt der Sozialwissenschaften. Legitimität und Originalität einer Disziplin, in: Vierteljahrshefte für Zeitgeschichte 59 (2011), Heft 4, S. 1–30.

Veränderungen der Zeitvorstellungen im 20. Jahrhundert

Naturwissenschaften und Technik

Die von Isaac Newton als Grundlage der Mechanik postulierte »absolute, wahre und mathematische Zeit«, die »an sich … gleichförmig ist« und in der sich alle Körper bewegen, war schon früh kritisiert worden, da Zeit immer nur relational zu bestimmen und eine absolute Zeit unerkennbar sei.[6] Erst 1905 wurde die Vorstellung einer absoluten Zeit jedoch mit Albert Einsteins Aufsatz »Zur Elektrodynamik bewegter Körper« grundsätzlich beseitigt.[7] So abstrakt und kompliziert die Relativitätstheorie auch ist, geht sie doch nicht zuletzt von dem sehr konkreten Problem der Uhrensynchronisation aus. Die Synchronisation von zwei Uhren an verschiedenen Orten ist insofern schwierig, als sie von der Kenntnis der Übertragungsdauer eines Signals zwischen den Uhren abhängt, diese aber nicht bestimmt werden kann, solange es keine synchronen Uhren an den beiden Orten gibt. Erfolgen müsse die Synchronisation, so Einstein, durch Lichtsignale, da sich das Licht überall mit der gleichen Geschwindigkeit ausbreite, die nicht überschritten werden könne. Wenn sich nun aber zwei Inertialsysteme[8] relativ zueinander bewegen, erscheinen zwei Uhren, die sich an verschiedenen Punkten in einem System befinden, Beobachtern innerhalb dieses Systems synchron, Beobachtern aus dem anderen System aber als diachron. Daher gibt es keine Möglichkeit, die Gleichzeitigkeit von Ereignissen über diese Bezugssysteme hinaus festzustellen; die Idee einer absoluten Zeit erweist sich als Illusion, und an ihre Stelle tritt eine relative, auf bestimmte Inertialsysteme bezogene Zeit.[9]

Obwohl die Relativitätstheorie postmodernen Theoretikern oft als vager Beleg der These gilt, dass angeblich alles relativ und da-

6 Peter Janich, Artikel Zeitmessung, VII. Zeit in der Physik, in: Joachim Ritter/Karlfried Gründer/Gottfried Gabriel (Hrsg.), Historisches Wörterbuch der Philosophie, Bd. 12, Darmstadt 2004, S. 1244–1249, hier S. 1246.

7 Albert Einstein, Zur Elektrodynamik bewegter Körper, in: Annalen der Physik 17 (1905), S. 891–921.

8 Das heißt zwei Bezugs- oder Koordinatensysteme, in denen die Gesetze der newtonschen Mechanik gelten.

9 Peter Galison, Einsteins Uhren, Poincarés Karten. Die Arbeit an der Ordnung der Zeit, Frankfurt a. M. 2003.

mit auch alles möglich sei, ist letztlich unklar, was aus diesen Überlegungen für die Geistes- und Sozialwissenschaften folgt.[10] Zweifelsohne trugen sie jedoch zu Beginn des 20. Jahrhunderts zur Destabilisierung eines universalen und homogenen Zeitverständnisses bei. Darüber hinaus veränderten sich im 20. Jahrhundert auch die Techniken der Zeitmessung, die traditionell auf astronomischen Beobachtungen, der Erdrotation bzw. des Umlaufs der Erde um die Sonne basierten, nachdem erkannt worden war, dass diese Bewegungen nicht völlig gleichförmig verliefen. 1967 wurde die Sekunde neu definiert durch die »Dauer von 9.192.631.770 Schwingungen eines Hyperfeinstrukturübergangs im Grundzustand von Cäsium 133«, und vier Jahre später legte die 14. Generalkonferenz für Maß und Gewicht auf dieser Basis die internationale Atomzeit fest, die seit dem 1. Januar 1972 gilt.[11]

Philosophie

Um die Jahrhundertwende und dann verstärkt in der ersten Hälfte des 20. Jahrhunderts richteten sich viele Philosophen gegen die Vorstellung einer absoluten und homogenen Zeit sowie gegen die transzendentalphilosophische Wendung, die ihr Immanuel Kant gegeben hatte, wonach Zeit und Raum apriorische Kategorien menschlicher Erkenntnis sind.[12] Sie lehnten ein vergegenständlichtes bzw. verräumlichtes Verständnis von Zeit ab und betonten demgegenüber, dass Zeit und Zeitlichkeit viel grundlegendere Phänomene menschlicher Existenz seien. Schon Ende des 19. Jahrhunderts unterschied Henri Bergson einen quantitativen von einem qualitativen Zeitbegriff, den er für ursprünglicher hielt und über den Begriff der Dauer zu fassen suchte. Edmund Husserl

10 Zur Kritik daran siehe auch Hartmut Rosa, Beschleunigung. Die Veränderung der Zeitstrukturen in der Moderne, Frankfurt a. M. 2005, S. 65.

11 Artikel: Zeitmessung, in: Brockhaus. Enzyklopädie in 30 Bänden, Bd. 30, Leipzig/Mannheim 2006, S. 499–501.

12 Dazu und zum Folgenden ausführlicher und mit Literaturhinweisen Ralf Beuthan/Mike Sandbothe, Artikel: Zeit. 19. und 20. Jahrhundert von Kant bis zur Gegenwart, in: Joachim Ritter/Karlfried Gründer/Gottfried Gabriel (Hrsg.), Historisches Wörterbuch der Philosophie, Bd. 12, Darmstadt 2004, S. 1234–1244.

entwickelte eine Phänomenologie des Zeiterlebens in Erinnerung (Retention) und Erwartung (Protention), und Merlau-Ponty kritisierte die Vorstellungen einer metaphysischen, naturwissenschaftlichen sowie objektiven Zeit, indem er grundsätzlicher versuchte, über den Begriff der Zeit das Verhältnis des Subjekts zur Welt zu bestimmen.

Am einflussreichsten wurde Martin Heideggers Entwurf einer Existenzialontologie, die die »Seinsvergessenheit« der bisherigen Philosophie überwinden sollte. Bisher hätten Philosophen, so Heidegger, Sein immer vergegenständlicht als Seiendes begriffen und damit den ihm wesentlichen Charakter der Zeitlichkeit übersehen bzw. verstellt. Demgegenüber bestimmte Heidegger die fundamentale Zeitlichkeit des Daseins durch den Begriff der Sorge, d. h. des Vorgriffs auf die Zukunft, und sah hierin die Grundlage für alle weiteren Überlegungen zu Zeit und Geschichte.[13] Aus anderer Richtung, aber philosophisch kaum weniger einflussreich, kritisierte Walter Benjamin das Geschichtsbild des Historismus. Der Annahme eines Fortschritts bzw. auch nur eines »eine homogene und leere Zeit durchlaufenden Fortgangs« der Menschheit stellte er die messianische Vorstellung einer erfüllten »Jetztzeit« entgegen.[14] Auch in der zeitgenössischen Theologie und Religionsphilosophie erfuhr dieser Gedanke des »Kairos« eine Aufwertung, wie zum Beispiel bei Paul Tillich.[15]

Während im Zentrum all dieser philosophischen Überlegungen der Begriff der Zeit stand, hegten sprachanalytische Philosophen dem Substantiv gegenüber ein grundsätzliches Unbehagen. Nach Ludwig Wittgenstein beginnt der Fehler bereits, »wenn wir uns über die Beschaffenheit der Zeit den Kopf zerbrechen, wenn sie uns wie ein sonderbares Ding erscheint. [... Denn] es ist der Gebrauch des Substantives Zeit, der uns hinters Licht führt.«[16] Statt über die Zeit wie über einen Gegenstand nachzudenken, was zumeist in räumlichen Metaphern geschieht (sie »fließt«, »steht

13 Martin Heidegger, Sein und Zeit, 15., durchges. Aufl., Tübingen 1979.

14 Walter Benjamin, Geschichtsphilosophische Thesen, in: Zur Kritik der Gewalt und andere Aufsätze, Frankfurt a. M. 1978, S. 78–94.

15 Paul Tillich, Kairos. Zur Geisteslage und Geisteswendung, Darmstadt 1929.

16 Ludwig Wittgenstein, Das Blaue Buch. Eine philosophische Betrachtung (Das braune Buch), Frankfurt a. M. 1984, S. 22.

still«, »läuft« etc.), und dabei über ihre besonderen Qualitäten tiefsinnig zu werden, solle man sich vielmehr mit den konkreten zeitlichen Bestimmungen beschäftigen. Denn im Gegensatz zum unklaren und dunklen Substantiv seien Ausdrücke wie früher/später oder vergangen/gegenwärtig/zukünftig viel einfacher zu verstehen und zur sprachlichen Analyse geeignet.[17] Auch Historiker haben meist keine grundsätzlichen Probleme damit, frühere Ereignisse von späteren zu unterscheiden oder zu entscheiden, ob ein Ereignis im Verhältnis zu einem anderen zukünftig, gegenwärtig oder vergangen ist, und täten daher gut daran, diese sprachlichen Zusammenhänge in ihren Überlegungen zu Zeit und Zeitlichkeit in der Geschichte zu reflektieren, anstatt metaphernreich die besondere Qualität der historischen Zeit ergründen zu wollen.

Soziologie

Nach einer ersten Theoretisierungswelle zu Beginn des 20. Jahrhunderts im Rahmen der Religionssoziologie, die sich mit Riten und Festkalendern beschäftigte, intensivierte sich die sozialwissenschaftliche Reflexion auf Zeit vor allem seit Anfang der 1970er- und noch einmal seit dem Ende der 1980er-Jahre, seitdem es mit »Time & Society« und »KronoScope« auch zwei Zeitschriften gibt, die dem Verhältnis von Zeit und Gesellschaft gewidmet sind.[18] Übereinstimmend lehnen Zeitsoziologen die Vorstellung einer natürlichen und homogenen Zeit ab und behandeln diese statt-

17 Peter Bieri, Zeit und Zeiterfahrung. Exposition eines Problembereichs, Frankfurt a. M. 1972; siehe auch den klassischen Aufsatz von John und Ellis McTaggart, »Die Irrealität der Zeit« (1908), der zusammen mit anderen zeitphilosophischen Texten des 20. Jahrhunderts wieder abgedruckt ist in Walther Ch. Zimmerli/Mike Sandbothe (Hrsg.), Klassiker der modernen Zeitphilosophie, 2. Aufl., Darmstadt 2007, S. 67–86.

18 Emile Durkheim, Die elementaren Formen des religiösen Lebens, Frankfurt a. M. 1981; Werner Bergmann, The Problem of Time in Sociology: An Overview of the Literature on the State of Theory and Research on the ›Sociology of Time‹, 1900–82, in: Time & Society 1 (1992), H. 1, S. 81–134; Gilles Pronovost, The Sociology of Time, London 1989, S. 92. Schon seit 1972 trifft sich die International Society for the Study of Time regelmäßig zu Kongressen, die in Tagungsbänden einer breiten Öffentlichkeit zugänglich gemacht werden.

dessen als gesellschaftlich konstituiert: »As ordering principle, social tool for co-ordination, and regulation, as a symbol for the conceptual organisation of natural and social events, social scientists view time as constituted by social activity.«[19] Unterscheiden kann man jedoch eine stärker empirische Sozialforschung, die ganz konkrete Tages- und Zeitabläufe und ihre soziale Differenzierung untersucht, von eher sozialtheoretisch/-philosophisch angelegten Arbeiten, die sich allgemeiner mit dem Wandel der Zeit beschäftigen und dabei oft auch historische Thesen formulieren.[20]

Im zweiten Feld entwickelt Otthein Rammstedt ein weithin geteiltes Schema, demzufolge Zeitmessung und -wahrnehmung kulturabhängig sind: In einfachen, undifferenzierten Gesellschaften gebe es nur okkasionelle Zeitvorstellungen, die zwischen Jetzt und Nicht-Jetzt unterscheiden. In frühen ständisch differenzierten Gesellschaften bilde sich dann ein zyklisches Zeitbewusstsein aus, das in den funktional differenzierten Gesellschaften der Hochmoderne von einem linearen Zeitbewusstsein abgelöst werde.[21] Diese Beobachtungen erklärend, argumentiert Niklas Luhmanns Systemtheorie, dass die »Differenzierung von System und Umwelt Zeitlichkeit« produziere und komplexere Gesellschaftssysteme daher auch über differenzierte Zeitstrukturen verfügten. Dies fördere die Entstehung einer »Weltzeit«, die die Systemzeiten in abstrakter Form vermitteln könne.[22] Wenn Zeit aber nur in bestimmten Systemen denkbar ist, argumentiert Luhmann weiter, dann ist eine

19 Barbara Adam, Time and Social Theory, Cambridge 1990, S. 42; siehe auch dies., Timewatch. The Social Analysis of Time, Cambridge 1995, S. 5; dies., Time, Cambridge 2004.

20 Siehe zu den Fragestellungen und Methoden der Ersteren: Jack Goody, Time. Social Organization, in: International Encyclopedia of the Social Sciences, Bd. 16, New York 1968, S. 30–37; Jonathan Gershuny, Time-use. Research Methods, in: Neil J. Smelser/Paul Baltes (Hrsg.), International Encyclopedia of the Social and Behavioral Sciences, Bd. 23, Amsterdam 2001, S. 15752–15756; Wendy E. Pentland, Time Use Research in the Social Sciences, New York 1999.

21 Otthein Rammstedt, Alltagsbewußtsein von Zeit, in: Kölner Zeitschrift für Soziologie und Sozialpsychologie 27 (1975), S. 47–63.

22 Niklas Luhmann, Weltzeit und Systemgeschichte. Über Beziehungen zwischen Zeithorizonten und Strukturen gesellschaftlicher Systeme [1975], in: Soziologische Aufklärung 2: Aufsätze zur Theorie der Gesellschaft, Opladen 1991, S. 103–133, hier S. 107 f., 111.

Geschichtsbetrachtung verfehlt, die die Vergangenheit als vergangene Gegenwarten betrachtet. Vielmehr müsse man »bei der historischen Erforschung vergangener Gegenwarten die damals gegenwärtige Zukunft und die damals gegenwärtige Vergangenheit mit berücksichtigen, also Dreifachmodalisierungen verwenden«.[23] Denn nur so werde der Charakter vergangener Zeiten sichtbar. Angesichts der Komplexitätssteigerung von Gesellschaften in der Moderne und der Tatsache, dass die offene Zukunft grundsätzlich geeigneter ist, Komplexität aufzunehmen, als die Vergangenheit, formuliert Luhmann die Hypothese, dass in der Moderne der Zukunftshorizont von Gesellschaften gegenüber ihren Vergangenheiten an Bedeutung gewinnt und die Zukunft zunehmend zum Medium gesellschaftlicher Selbstbeschreibung wird.[24]

Der Boom zeitsoziologischer Texte seit dem Ende der 1980er-Jahre resultierte vor allem aus der Wahrnehmung einer kommunikativen Verdichtung der Welt in der »Netzwerkgesellschaft« (Manuel Castells), die einerseits ein höheres Maß an globaler Gleichzeitigkeit zu schaffen schien, andererseits aber das Bewusstsein für zeitliche Differenzen und Ungleichzeitigkeiten zwischen verschiedenen Systemen schärfte.[25] Grundsätzlich vertreten soziologische Zeitdiagnosen seit den 1980er-Jahren vor allem zwei

23 Ebd., S. 112.

24 Ebd., S. 122: »Vielmehr wechselt der Zeithorizont, der die Selektivität der Gegenwart primär steuert. Es ist nicht mehr vergangene, sondern künftige Selektivität, auf die bei gegenwärtiger Verhaltenswahl hauptsächlich geachtet wird. Die Gegenwart versteht sich als Vergangenheit künftig-kontingenter Gegenwarten und wählt sich selbst als Vor-Auswahl im Rahmen künftiger Kontingenz.« Siehe auch Niklas Luhmann, Temporalisierung von Komplexität. Zur Semantik neuzeitlicher Zeitbegriffe, in: ders., Gesellschaftsstruktur und Semantik. Studien zur Wissenssoziologie der modernen Gesellschaft, Frankfurt a.M. 1980, S. 235–300; Niklas Luhmann, Die Beschreibung der Zukunft, in: Beobachtungen der Moderne, Opladen 1992, S. 129–147; Niklas Luhmann, The Future Cannot Begin. Temporal Structures in Modern Society, in: Social Research 43 (1976), S. 152.

25 Robert Hassan/Ronald E. Purser, Introduction, in: dies. (Hrsg.), 24/7. Time and Temporality in the Network Society, Stanford 2007, S. 1–24, hier S. 2, 12. Siehe auch J. Bender/D. Wellbery (Hrsg.), Chronotypes. The Construction of Time, Stanford 1991; Graham Crow/Sue Heath (Hrsg.), Social Conceptions of Time. Structure and Process in Work and Everyday Life, Houndmills, Basingstoke 2002.

Thesen: Sie konstatieren eine »Beschleunigung« der Zeit und einen Verlust der Zukunft. So diagnostiziert Hermann Lübbe eine »modernitätsspezifische Zeitverknappung«, eine immer raschere Veränderung der Lebensverhältnisse bzw. eine Verpflichtung aufs Neue, die zu einer Musealisierung der Gegenwart und einer Hypertrophie der Vergangenheitsvergegenwärtigung führe.[26] Hartmut Rosa unterscheidet zwischen einer technischen Beschleunigung, einer Beschleunigung des Lebenstempos und einer Beschleunigung der sozialen und kulturellen Veränderungsraten, die eine zunehmende Desynchronisation von Alltagszeit, Lebenszeit und historischer Zeit bewirkten.[27] Schon Hans Blumenberg hatte im Auseinanderklaffen von »Lebenszeit und Weltzeit« eine elementare Modernitätserfahrung gesehen und in der Idee, sie wieder zusammenzuführen, ein Movens politischer Bewegungen im 20. Jahrhundert ausgemacht.[28]

Für Helga Nowotny haben die technologischen Entwicklungen der jüngsten Zeit vor allem im Bereich der Telekommunikation weniger zu einer Beschleunigung als vielmehr zu einer neuen Form weltweiter Gleichzeitigkeit geführt und damit zu einem »Erstrecken der Gegenwart«, die nun den Platz der vorher offenen Zukunft einnehme. Die Kehrseite dieser Entwicklung sei eine neue »Sehnsucht nach dem Augenblick und der Entdeckung der eigenen Zeitlichkeit«, der »Eigenzeit«.[29] Insofern Modernität und Modernisierung als Beschleunigung – oder mit einer einflussreichen Formulierung David Harveys als »time-space compression« – begriffen werden, registrieren auch alle Diagnosen eines Bruchs (in) der Moderne bzw. der Herausbildung einer »zweiten«, »flüssigen«, »Post-« oder »Spätmoderne« eine noch weitergehende Beschleunigung und eine damit verbundene Desynchronisation der verschiedenen Zeiten innerhalb einer Gesellschaft.[30] In der seit

26 Hermann Lübbe, Zeit-Verhältnisse. Zur Kulturphilosophie des Fortschritts, Graz 1983; Hermann Lübbe, Im Zug der Zeit. Verkürzter Aufenthalt in der Gegenwart, Berlin/New York 1992, S. V, 22.

27 Rosa, Beschleunigung, S. 16, 44–46.

28 Hans Blumenberg, Lebenszeit und Weltzeit, Frankfurt a. M. 1986.

29 Helga Nowotny, Eigenzeit. Entstehung und Strukturierung eines Zeitgefühls, Frankfurt a. M. 1989, S. 8–16.

30 David Harvey, The Condition of Postmodernity. An Enquiry into the Origins of Cultural Change, Malden Mass. 2004; Rosa, Beschleunigung,

den 1990er-Jahren inflationären Beschleunigungsliteratur ist die Grenze zwischen sozialwissenschaftlicher Analyse und feuilletonistischem Befindlichkeitsschrifttum oft fließend.[31] Letzteres gibt unzählige Belege für eine angebliche Beschleunigung der Zeit und fordert »Entschleunigungen«, ohne dass jedoch genau geklärt würde, was Be- und Entschleunigung überhaupt bedeuten soll.[32] Statt diese Begriffe in die eigene Beschreibungssprache zu übernehmen, bestünde eine Aufgabe der Zeitgeschichte gerade darin, sie als Zeitdeutungen selbst zum Gegenstand der Untersuchung zu machen, ihre Konjunkturen zu erklären und ihre Bedeutung für das gegenwärtige Zeitbewusstsein auch in der Zeitgeschichtsschreibung zu bestimmen.

Zeit in der Zeitgeschichte

Auch wenn Historikerinnen und Historiker permanent über Veränderungen in der Zeit oder Veränderungen der Zeiten reden, steht die Zeit selbst doch eher selten im Fokus ihrer Überlegungen. Während in den letzten Jahren der Begriff des Raums im Zuge des *spatial turn* Gegenstand intensiver Debatten und auch theoretischer Reflexionen war, liegt das Nachdenken über die Zeit in der Geschichtswissenschaft etwas länger zurück und erfolgte auch nicht primär in der Zeitgeschichtsschreibung.[33] Zum einen

S. 49–50, fasst die Position so zusammen, »dass die in der Moderne konstitutiv angelegte soziale Beschleunigung in der ›Spätmoderne‹ einen kritischen Punkt übersteigt, jenseits dessen sich der Anspruch auf gesellschaftliche Synchronisation und soziale Integration nicht mehr aufrechterhalten lässt«.

31 Thomas Hylland Eriksen, Tyranny of the Moment. Fast and Slow. Time in the Information Age, London 2001; Peter Borscheid, Das Tempo-Virus. Eine Kulturgeschichte der Beschleunigung, Frankfurt a. M. 2004; Oliver D. Bidlo, Rastlose Zeiten. Die Beschleunigung des Alltags, Essen 2009.

32 Siehe zum Beispiel Fritz Reheis, Entschleunigung. Abschied vom Turbokapitalismus, München 2006, oder Deutsche Gesellschaft für Zeitpolitik, Zeit für Zeitpolitik, Bremen 2003. Zur grundsätzlichen Problematik der Beschleunigung Reinhart Koselleck, Gibt es eine Beschleunigung der Geschichte?, in: Zeitschichten. Studien zur Historik, Frankfurt a. M. 2000, S. 150–177.

33 Siehe aber jetzt Martin Sabrow, Die Zeit der Zeitgeschichte, Göttingen 2012.

wurde im Anschluss an Fernand Braudels Mittelmeer-Buch eine Theorie der historischen Zeiten diskutiert, die zwischen den fast unveränderlichen Phänomenen langer Dauer, der longue durée, zyklischen Bewegungen wie wirtschaftlichen Konjunkturen und kurzfristigen Ereignisabfolgen unterscheidet.[34] Vor allem der Begriff der »longue durée« – also eines langen Zeitraums mit sich nicht oder kaum wahrnehmbar wandelnden Strukturen, die die Bedingungen von Ereignisfolgen bilden – hat der Geschichtsforschung auch zu anderen Epochen neue Impulse gegeben.

Zum anderen war die Veränderung der Zeit und Zeitwahrnehmung ein zentraler Gegenstand von Reinhart Kosellecks Projekt einer historischen Semantik. Die von 1972 bis 1997 entstandenen »Geschichtlichen Grundbegriffe« sollen den Wandel der »Leitbegriffe der politischen Bewegung« erfassen und beschreiben damit zugleich ein »sich änderndes Verhältnis zu Natur und Geschichte, zur Welt und zur Zeit, kurz: den Beginn der ›Neuzeit‹«.[35] Einer ihrer wichtigsten Befunde ist die »Verzeitlichung« des politischen und sozialen Vokabulars, das heißt die Veränderung von Beschreibungskategorien zu »Ziel- und Erwartungsbegriffen« und die Entstehung von Begriffen, »die geschichtliche Zeit selber artikulieren« (z.B. Fortschritt, Entwicklung, Geschichte).[36] Der Untersuchungszeitraum der »Geschichtlichen Grundbegriffe« ist aber auf die sogenannte Sattelzeit um 1800 konzentriert, und das 20. Jahrhundert bzw. der Gegenstandsbereich der Zeitgeschichte kommen in den Artikeln allenfalls skizzenhaft in den kurzen »Ausblicken« am Ende vor. Auch für »Erfahrungsraum« und »Erwartungshorizont«, die immer wieder zitierten Zentralkategorien von Kosellecks Analyse geschichtlicher Zeit, ist unklar, wie sie

34 Fernand Braudel, Geschichte und Sozialwissenschaften. Die longue durée, in: Marc Bloch u.a. (Hrsg.), Schrift und Materie der Geschichte. Vorschläge zur systematischen Aneignung historischer Prozesse, Frankfurt a.M. 1987, S. 47–85; Fernand Braudel, Das Mittelmeer und die mediterrane Welt in der Epoche Philipps II., Frankfurt a.M. 1994.; siehe zur Begriffsgeschichte der langen Dauer auch Ulrich Raulff, Der unsichtbare Augenblick, Göttingen 2000, S. 13–49.

35 Reinhart Koselleck, Einleitung, in: Otto Brunner/Werner Conze/Reinhart Koselleck (Hrsg.), Geschichtliche Grundbegriffe, Bd. 1, Stuttgart 1972ff., S. XIII–XXVII, hier S. XV.

36 Ebd., S. XVI f.

sich auf die Zeitgeschichte übertragen lassen. Koselleck vertritt die Position, dass sich »in der Neuzeit die Differenz zwischen Erfahrung und Erwartung zunehmend vergrößert, genauer, daß sich die Neuzeit erst als eine neue Zeit begreifen läßt, seitdem sich die Erwartungen immer mehr von allen bis dahin gemachten Erfahrungen entfernt haben«.[37] Aber was geschieht mit Erfahrungsraum und Erwartungshorizont im 20. Jahrhundert? Entfernen sie sich immer weiter voneinander, bleiben sie einfach getrennt, nachdem sie einmal auseinandergetreten sind, oder nähern sie sich einander durch den Aufstieg wissenschaftlicher Prognose und Planung nicht im Gegenteil wieder an?[38]

Diese Fragen sind völlig offen, und angesichts der Vagheit der Begriffe sowie der Überlieferungsdichte im 20. Jahrhundert ist ungewiss, ob sie je eindeutig beantwortet werden können. Von den Studien, die sich explizit einer Geschichte der Zeit widmen, werden diese Probleme allerdings zumeist noch nicht einmal adressiert, auch wenn Kosellecks Begriffe omnipräsent sind. Statt einer systematischen Analyse der Zeit offerieren viele Arbeiten, die »Zeit« im Titel tragen und oft eine längere diachrone Perspektive haben, ein Sammelsurium von Beobachtungen über Zeittheorien, Zeitmessungen, Veränderungen von Tages- und Arbeitsabläufen sowie künstlerischen oder literarischen Werken zur Zeit.[39] Darüber hinaus gibt es unzählige impressionistische Befunde, die eine fundamentale Veränderung des Zeitbewusstseins oder einfach gleich »der Zeit« im Ersten Weltkrieg, im Zweiten Weltkrieg oder – im Anschluss an die oben zitierten Soziologen – im Über-

37 Reinhart Koselleck, Erfahrungsraum und Erwartungshorizont. Zwei historische Kategorien, in: Vergangene Zukunft. Zur Semantik geschichtlicher Zeiten, Frankfurt a.M. 1989, S. 349–375, hier S. 359.

38 Siehe dazu auch die Überlegungen von: Christian Geulen, Plädoyer für eine Geschichte der Grundbegriffe des 20. Jahrhunderts, in: Zeithistorische Forschungen/Studies in Contemporary History 7 (2010), H. 1, online unter http://www.zeithistorische-forschungen.de/16126041-Geulen-1-2010.

39 Angela Schwarz, Wie uns die Stunde schlägt. Zeitbewußtsein und Zeiterfahrungen im Industriezeitalter als Gegenstand der Mentalitätsgeschichte, in: Archiv für Kulturgeschichte 83 (2001), S. 451–479. Wolfgang Kaschuba, Die Überwindung der Distanz. Zeit und Raum in der europäischen Moderne, Frankfurt a.M. 2004.

gang von der Moderne zur Postmoderne bzw. in der angeblichen Beschleunigung des Internetzeitalters und der »Netzwerkgesellschaft« lokalisieren. Obwohl auch Stephen Kerns Kulturgeschichte von Raum und Zeit im frühen 20. Jahrhundert einige dieser Probleme teilt, geht sie doch einen Schritt darüber hinaus, indem sie die Großkategorie »Zeit« auflöst und sich mit ihren Dimensionen, d.h. mit Vergangenheit, Gegenwart und Zukunft beschäftigt.[40] Der Zeit als solcher widmen sich in instruktiver Weise vor allem Arbeiten aus der Intellectual History, der Wissenschafts- und Technikgeschichte sowie der Alltags- und Sozialgeschichte. Ihnen geht es allerdings jeweils in sehr verschiedenen Hinsichten um Zeit und Zeitvorstellungen.

Intellectual History/Wissenschafts- und Technikgeschichte

Zeit steht im Zentrum von Untersuchungen, die sich mit den oben zitierten Zeittheoretikern aus Philosophie und Soziologie sowie der Entwicklung des Geschichtsdenkens im 20. Jahrhundert beschäftigen, auch wenn es hier im traditionellen Stil der Intellectual History oftmals eher um »Leben und Werk« großer Denker geht als um eine systematische Analyse der Verbreitung ihrer Zeitvorstellungen.[41] Darüber hinaus werden auch Zeitkonzeptionen in Literatur und bildender Kunst untersucht, wobei hier der Bezug auf Zeit – oder oft Zukunft – die Analyse meist nicht struktu-

40 Stephen Kern, The Culture of Time and Space 1880–1918, Cambridge, Mass. 1983.

41 Siehe als Beispiele John Farrenkopf, Prophet of Decline. Spengler on World History and Politics, Lousiana 2001; Michael Löwy, Erlösung und Utopie. Jüdischer Messianismus und libertäres Denken. Eine Wahlverwandtschaft, Berlin 1997; Anson Rabinbach, In the Shadow of Catastrophe. German Intellectuals between Apocalypse and Enlightenment, Berkeley/Los Angeles/London 1997; Wolfgang Bialas, Geschichtsphilosophie in kritischer Absicht im Übergang zu einer Teleologie der Apokalypse. Die Frankfurter Schule und die Geschichte, Frankfurt a.M. 1994; George L. Mosse, Death, Time, and History, in: Masses and Man, New York 1980, 69–86. Hier wie im weiteren Verlauf dieses und des nächsten Abschnitts ist die Literatur zu umfangreich, als dass sie auch nur annähernd vollständig aufgenommen werden könnte, weshalb ich mich auf ausgewählte Beispiele beschränke.

riert, sondern ihr nur als metaphorischer Aufhänger dient.[42] Aus der Wissenschaftsgeschichte naturwissenschaftlicher Zeitauffassungen ist Peter Galisons Arbeit hervorzuheben, die die Entstehung der Relativitätstheorie zwischen abstrakten physikalischen Fragen und konkreten Methoden zur Uhrensynchronisation, deren Vorschläge auf Einsteins Tisch im Berner Patentamt landeten, nachzeichnet.[43] Auch darüber hinaus bilden die Vereinheitlichung der Zeit, die Innovation der Zeitmessung und die Ausbreitung der Uhr bzw. uhrzeitbestimmter Lebensweisen und technischer Innovationen, die das Zeitverständnis beeinflussten, wichtige historische Forschungsgegenstände, die aber bisher eher für frühere Epochen untersucht wurden.[44] Für die Zeitgeschichte ginge es darum, genauer als die soziologischen Diagnosen zu zeigen, welche Konsequenzen technologische Innovationen in den Bereichen Transport und Kommunikation für die Struktur und Wahrnehmung von Raum und Zeit im 20. Jahrhundert hatten.[45] Die auffälligen Häufungen zeitsoziologischer und zeitphilosophischer Schriften zu Beginn des 20. Jahrhunderts sowie an seinem Ende könnten hier Ausgangspunkte für die genauere Untersuchung des Verhältnisses von Transportmitteln, Kommunikationsmedien und Zeitvorstellungen bilden.

Sozial- und Kulturgeschichte

In »Die protestantische Ethik und der Geist des Kapitalismus« definiert schon Max Weber in der Auseinandersetzung mit Benjamin Franklins Diktum, dass Zeit Geld sei, die rationelle Einteilung der Arbeitszeit und ihrer Abläufe als wesentlichen Grund

42 Peter Conrad, Modern Times, Modern Places. Life & Art in the 20th Century, London 1999.

43 Galison, Einsteins Uhren.

44 Gerhard Dohrn-van Rossum, Die Geschichte der Stunde. Uhren und moderne Zeitordnung, München/Wien 1992; Wolfgang Schivelbusch, Geschichte der Eisenbahnreise. Zur Industrialisierung von Raum und Zeit im 19. Jahrhundert, Frankfurt a. M. 1979; Jürgen Osterhammel, Die Verwandlung der Welt. Eine Geschichte des 19. Jahrhunderts, München 2008, S. 116–128.

45 Dazu eher impressionistisch Kaschuba, Überwindung der Distanz.

für den Aufstieg des Kapitalismus.[46] Im frühen 20. Jahrhundert erreichte die Organisation der Arbeitsabläufe in der fordistischen Fließbandarbeit und ihrer tayloristischen Organisation eine neue Stufe, die sowohl wirtschafts- und kulturgeschichtlich als auch wissenschafts- und technikgeschichtlich untersucht werden kann.[47] Für die jüngere Zeitgeschichte stehen demgegenüber eher die Entwicklung des Verhältnisses von Arbeitszeit und Freizeit im wirtschaftlichen Boom der Nachkriegszeit sowie die Veränderung der Lebenszeit durch die Auflösung der »Normalerwerbsbiografie« im Vordergrund.[48] Ein weiterer Forschungsschwerpunkt ist die geschlechterspezifische Differenzierung der Zeiterfahrung in Hausarbeit und Erwerbstätigkeit sowie deren Veränderung bzw. Persistenz durch die zunehmende Berufstätigkeit von Frauen.[49] All diese sozial- und alltagsgeschichtlichen Arbeiten können auf seit den 1920er-Jahren mehr oder weniger systematisch erstellte Umfragen und Erhebungen zurückgreifen, die einerseits reichhaltige Daten bereitstellen, andererseits aber für

46 Max Weber, Die protestantische Ethik und der Geist des Kapitalismus, Frankfurt a.M. 1996, S. 13–14; E.P. Thompson, Time, Work-Discipline and Industrial Capitalism, in: Past and Present 38 (1967), S. 56–97.

47 Zur Rezeption in Deutschland und Europa siehe Charles S. Maier, Between Taylorism and Technocracy. European Ideologies and the Vision of Productivity in the 1920s, in: Journal of Contemporary History 5 (1970), S. 27–51; Mary Nolan, Visions of Modernity. American Business and the Modernization of Germany, New York/Oxford 1994; Rüdiger Hachtmann, Ein Kind der Ruhrindustrie? Die Geschichte des Kaiser-Wilhelm-Instituts für Arbeitsphysiologie von 1913 bis 1945, in: Westfälische Forschungen 60 (2010), S. 155–192.

48 Axel Schildt, »Mach mal Pause!« Freie Zeit, Freizeitverhalten und Freizeitdiskurse in der westdeutschen Wiederaufbaugesellschaft, in: Archiv für Sozialgeschichte 33 (1993), S. 357–406; Detlef Siegfried, Time is on my Side. Konsum und Politik in der westdeutschen Jugendkultur der 60er Jahre, Göttingen 2006, S. 33–43; Andreas Wirsching, Konsum statt Arbeit? Individualität in der modernen Massengesellschaft, in: Vierteljahrshefte für Zeitgeschichte 57 (2009), S. 171–200.

49 Siehe einführend Martina Kessel (Hrsg.), Zwischen Abwasch und Verlangen. Zeiterfahrungen von Frauen im 19. und 20. Jahrhundert, München 1995, oder zum Beispiel Christine von Oertzen, Teilzeitarbeit und die Lust am Zuverdienen. Geschlechterpolitik und gesellschaftlicher Wandel in Westdeutschland 1948–1969, Göttingen 1999.

die Zeitgeschichte die Schwierigkeit mit sich bringen, eine eigenständige Position jenseits der sozialwissenschaftlichen Denkmuster zu formulieren.[50]

Dimensionen historischer Zeit und ihre Erforschung

Zahl- und auch ertragreicher als die historischen Arbeiten zur Zeit als solcher sind, wie die oben zitierten sprachphilosophischen Erwägungen erwarten lassen, Studien zu ihren Dimensionen, zu vergangenen Vergangenheiten, Gegenwarten und Zukünften. Unabhängig davon, ob man sich dem *linguistic turn* verpflichtet fühlt oder nicht, erfordert die Untersuchung vergangener Zeitdimensionen zunächst einmal eine Beschäftigung mit ihren sprachlichen Ausdrucksformen: »Nicht Vergangenheit und Zukunft als solche sind wir nämlich bereit, als seiend anzusehen, sondern Zeitqualitäten, die in der Gegenwart existieren können, ohne daß die Dinge, von denen wir sprechen, wenn wir sie erzählen oder vorhersagen, noch oder schon existieren.«[51] Mit diesem Bezug auf Augustinus argumentiert Paul Ricœur, es gebe »keine zukünftige, keine vergangene und keine gegenwärtige Zeit, sondern eine dreifache Gegenwart, eine solche des Zukünftigen, des Vergangenen und des Gegenwärtigen«.[52] Da sich die temporale Auffächerung und Ausdifferenzierung der menschlichen Erfahrung wesentlich sprachlich vollzieht, müssen die Artikulationsformen der Zeitdimensionen im Mittelpunkt der Analyse stehen.[53] Vor allem die Historiografie zu vergangenen Vergangenheitsbezügen ist sehr breit. Um vergangene Gegenwarten geht es der Geschichts-

50 Siehe zum Beispiel Alf Lüdtke (Hrsg.), Mein Arbeitstag, mein Wochenende. Arbeiterinnen berichten von ihrem Alltag 1928, Hamburg 1991; Manfred Garhammer, Wie Europäer ihre Zeit nutzen. Zeitstrukturen und Zeitkulturen im Zeichen der Globalisierung, Berlin 1999; und Erlend Holz, Zeitverwendung in Deutschland. Beruf, Familie, Freizeit, Stuttgart 2000.

51 Paul Ricœur, Zeit und Erzählung, Bd. 1: Zeit und historische Erzählung, München 1988, S. 22.

52 Ebd., S. 99.

53 Ebd., S. 87.

wissenschaft in gewissem Sinne immer, aber erst in jüngerer Zeit versuchen Studien, deren je spezifische Zeitlichkeit herauszuarbeiten. Genauso haben auch Untersuchungen der vergangenen Zukunft in den letzten Jahren zugenommen.

Vergangene Vergangenheit: Memoria, Erinnerung, Gedächtnis

Da sich die Geschichtswissenschaft mit der Vergangenheit unserer Gegenwart beschäftigt, tendieren Historikerinnen und Historiker auch bei der Untersuchung vergangener Zeitvorstellungen bzw. der mentalen Verfassung bestimmter Epochen dazu, deren Vergangenheitsbezug zu akzentuieren. Nicht zuletzt weil sie selbst professionelle Vergangenheitsdeuter sind, versuchen sie zu zeigen, dass und inwiefern der Bezug auf eine gemeinsame Vergangenheit »kollektive Identitäten« konstituiert habe. Sie untersuchen »erfundene Traditionen«[54] und deren Wirkung auf die Ausbildung und Entwicklung kollektiver Identitäten in der Neuzeit[55] oder erforschen Memorialkulturen bzw. das kollektive oder kulturelle Gedächtnis[56] und seine »Erinnerungsorte«.[57] Der Vergangenheitsorientierung des Faches Rechnung tragend, enthält auch die Docupedia-Zeitgeschichte gleich mehrere Artikel zu vergangenen und gegenwärtigen Vergangenheitsbezügen, die diese Fragen ausführlich mit weiteren Literaturverweisen behandeln.[58]

54 Eric Hobsbawm/Terence Ranger (Hrsg.), The Invention of Tradition, Cambridge 1983.

55 Steffen Bruendel (Hrsg.), Kollektive Identität, Berlin 2000; Bernhard Giesen (Hrsg.), Nationale und kulturelle Identität, Frankfurt a. M. 1991; Helmut Berding (Hrsg.), Nationales Bewußtsein und kollektive Identität, Frankfurt a. M. 1994; ders. (Hrsg.), Mythos und Nation, Frankfurt a. M. 1996.

56 Grundlegend dazu Maurice Halbwachs, Das Gedächtnis und seine sozialen Bedingungen, Frankfurt a. M. 1985 [1. Aufl., Frankreich 1925]; Jan Assmann, Das kulturelle Gedächtnis. Schrift, Erinnerung und politische Identität in frühen Hochkulturen, München 1997.

57 Hagen Schulze/Etienne François (Hrsg.), Deutsche Erinnerungsorte, 3 Bde., München 2001.

58 Siehe den Beitrag von Christoph Cornelißen über Erinnerungskulturen in diesem Band sowie Sabine Moller, Erinnerung und Gedächtnis, Version: 1.0,

Vergangene Gegenwart: Jahre und Brüche

Während es gerade in der Zeitgeschichte im Unterschied zu den früheren Epochen schon immer viele Arbeiten gab, die sich auf kleine und kleinste Zeiträume konzentrieren,[59] ist diese zeitliche Fokussierung erst jüngst als Möglichkeit begriffen worden, klassische historische Erzählformen und die damit verbundenen Zeitvorstellungen zu überwinden. Hans Ulrich Gumbrecht entwirft in seinem Buch über 1926 ein »Jahr am Rande der Zeit«, das nicht mehr in klassischen Narrativen, sondern nur noch in der Vielfalt kleiner Episoden und Aspekte zu erfassen sei.[60] Ähnliches gilt, wenn auch nicht ganz so konsequent, für Andreas Killens Studie über 1973.[61] Auch wenn sie sich mit einem etwas längeren Zeitraum beschäftigt, versucht doch auch Martin Geyers Arbeit über München von 1914 bis 1924, diese Phase des Umbruchs nicht zuletzt darüber zu erfassen, wie sich das Verhältnis der Menschen zur Zeit, wie sich ihre Vorstellungen von Vergangenheit, Gegenwart und Zukunft änderten.[62] Wo die Forschung zu den sogenannten Schlüsseljahren der Zeitgeschichte – den Zäsuren[63] und Umbrüchen von 1917, 1918, 1933, 1945, 1968, 1989 etc. – über das Nacherzählen beschleunigter Ereignisfolgen hinausgeht, indem sie die Veränderung der Vergangenheits- und Zukunftsbezüge herausarbeitet, hat sie das Potenzial, den Zeitcharakter der jeweiligen historischen Gegenwarten sichtbar zu machen. Gerade der abrupte politische Systemumbruch zerstört Erfahrungsräume und Zukunftshorizonte gleichermaßen und suspendiert damit quasi die Zeit. Bis eine neue Ordnung an die Stelle der alten tritt,

in: Docupedia-Zeitgeschichte, 12.4.2010, online unter http://docupedia.de/zg/Erinnerung_und_Gedächtnis.. Weitere Beiträge über »Gedächtnisorte« und »Geschichtsbewusstsein und Zeitgeschichte« sind geplant.

59 Siehe zum Beispiel: Henry Ashby Turner, Hitler's Thirty Days to Power. January 1933, Reading, Mass 1996.

60 Hans Ulrich Gumbrecht, In 1926. Living at the Edge of Time, Cambridge, Mass 1997.

61 Andreas Killen, 1973 Nervous Breakdown. Watergate, Warhol, and the Birth of Post-Sixties America, New York, NY 2006.

62 Martin H. Geyer, Verkehrte Welt. Revolution, Inflation und Moderne, München 1914–1924, Göttingen 1998.

63 Vgl. den Beitrag von Martin Sabrow in diesem Band.

werden Zeitvorstellungen in stärkerem Maße reflexiv und damit auch der historischen Analyse zugänglich.[64]

Vergangene Zukunft: Utopien, Prognosen und Planungen

Trotz des stärkeren Vergangenheitsbezugs hat die deutsche Geschichtswissenschaft die »vergangene Zukunft« keineswegs vergessen. Bereits 1962 widmete sich ein Historikertag dem Thema Zukunft, und mit Karl Dietrich Erdmann und Reinhard Wittram argumentierten zwei Historiker, die nicht eben im Verdacht stehen, jeder Mode hinterhergelaufen zu sein, die Zukunft sei eine Zentralkategorie der Geschichte und »das Element Zukunft, die Zukunft selbst [sei] aus keiner historischen Betrachtung auszuschließen«.[65] Historische Zukunftsforschung dient einerseits dazu, der klassischen historistischen Forderung nachzukommen, jede Epoche aus sich selbst heraus und das heißt vor dem

64 Volker Depkat, Lebenswenden und Zeitenwenden. Deutsche Politiker und die Erfahrungen des 20. Jahrhunderts, München 2007, S. 129; Reinhart Herzog/Reinhart Koselleck (Hrsg.), Epochenschwelle und Epochenbewußtsein, München 1987. Als Beispiel zur Russischen Revolution Richard Stites, Revolutionary Dreams. Utopian Vision and Experimental Life in the Russian Revolution, New York 1989. Siehe zur Bedeutung des Bruchs von 1945 für das Zeitverständnis der Zeitgeschichte Martin H. Geyer, Im Schatten der NS-Zeit. Zeitgeschichte als Paradigma einer (bundes-)republikanischen Geschichtswissenschaft, in: Alexander Nützenadel/Wolfgang Schieder (Hrsg.), Zeitgeschichte als Problem. Nationale Traditionen und Perspektiven der Forschung in Europa, Göttingen 2004, S. 25–53. Als Beispiele für Jahresforschung, die das hier skizzierte Potenzial allerdings nicht immer realisiert Martin Broszat (Hrsg.), Zäsuren nach 1945. Essays zur Periodisierung der deutschen Nachkriegsgeschichte, München 1990; Gerd-Rainer Horn/Padraic Kenney (Hrsg.), Transnational Moments of Change. Europe 1945, 1968, 1989, Lanham Md. 2004; Dietrich Papenfuß (Hrsg.), Deutsche Umbrüche im 20. Jahrhundert. [Tagungsbeiträge eines Symposiums der Alexander-von-Humboldt-Stiftung Bonn- Bad Godesberg, veranstaltet vom 14.–18. März 1999 in Bamberg], Köln 2000.

65 Karl Dietrich Erdmann, Die Zukunft als Kategorie der Geschichte, in: Historische Zeitschrift 198 (1964), S. 44–61; Reinhard Wittram, Zukunft in der Geschichte. Zu Grenzfragen zwischen Geschichtswissenschaft und Theologie, Göttingen 1966, S. 6.

Hintergrund ihres jeweiligen Zukunftshorizonts zu verstehen, um so Handlungen und Entscheidungen richtig einzuschätzen.[66] Andererseits kann sie im Sinne Kosellecks zum Verständnis und zur Analyse historischer Zeitvorstellungen beitragen.[67] In beiden Feldern gibt es einerseits Arbeiten, die sich stärker auf den Inhalt der Zukunftsvorstellungen konzentrieren, und andererseits solche, denen es eher darum geht, die Haltungen und Einstellungen zur Zukunft bzw. den Modus der Zukunftsaneignung herauszuarbeiten.[68]

Der Inhalt der Zukunftsvorstellungen steht bei Arbeiten im Zentrum, die im Stil der Utopiegeschichtsschreibung die Entwicklung eines bestimmten literarischen Genres, sei es der positiven oder der negativen Zukunftsliteratur, nachvollziehen und dabei oftmals eher impressionistischen Charakter haben. Neben Utopien[69] geht es Arbeiten zur vergangenen Zukunft beispielsweise um Prophetien[70], Science Fiction[71], Architekturvisionen und Verkehrsplanungen[72],

66 Leopold Ranke, Vorrede zu den ›Geschichten der romanischen und germanischen Völker von 1494 bis 1535‹ (1824), in: Wolfgang Hardtwig (Hrsg.), Über das Studium der Geschichte, München 1990, S. 42–46.

67 Lucian Hölscher, Zukunft und Historische Zukunftsforschung, in: Friedrich Jaeger/Jörn Rüsen (Hrsg.), Handbuch der Kulturwissenschaften I: Grundlagen und Schlüsselbegriffe, Stuttgart 2004, S. 401–416; Lucian Hölscher, Die Entdeckung der Zukunft, Frankfurt a. M. 1999.

68 Siehe zu dieser Unterscheidung Rüdiger Graf, Die Zukunft der Weimarer Republik. Krisen und Zukunftsaneignungen in Deutschland 1918–1933, München 2008.

69 Susan Buck-Morss, Dreamworld and Catastrophe. The Passing of Mass Utopia in East and West, Cambridge/Mass. 2000; Michael D. Gordin/Gyan Prakash/Helen Tilley, Utopia/Dystopia. Conditions of Historical Possibility, Princeton 2010; siehe auch allgemein George Thomas Kurian (Hrsg.), Encyclopedia of the Future, New York 1996.

70 Enno Bünz (Hrsg.), Der Tag X in der Geschichte. Erwartungen und Enttäuschungen seit tausend Jahren, Stuttgart 1997.

71 Peter S. Fisher, Fantasy and Politics. Visions of the Future in the Weimar Republic, Madison 1991; Roland Innerhofer, Deutsche Science Fiction 1870–1914. Rekonstruktion und Analyse der Anfänge einer Gattung, Wien 1996.

72 Wolfgang Voigt, Atlantropa. Weltbauen am Mittelmeer. Ein Architektentraum der Moderne, Hamburg 1998; Hans-Liudger Dienel/Helmuth Trischler (Hrsg.), Geschichte der Zukunft des Verkehrs. Verkehrskonzepte

Technik[73] und Raumfahrt[74], Apokalypsen[75], Chiliasmen[76] und Umweltängste[77], aber auch die Zukunftsvorstellungen von Parteien und Verbänden werden genauer untersucht und auf ihre Überzeugungskraft hin befragt.[78] Arbeiten zu den Formen der Zukunftsaneignung konzentrieren sich demgegenüber auf den Modus des Redens und Nachdenkens über die Zukunft (Utopie, Prognose, Planung etc.) und dessen Veränderung sowie auf das Verhältnis von Optimismus/Pessimismus, Kontinuität und Bruch, die zeitlichen Dimensionen der Erwartung und den Grad des Gestaltbarkeitsbewusstseins.[79] Intensiv diskutiert wurde in diesem Zusammenhang vor allem der Aufstieg der Planung im 20. Jahrhundert, der als systemübergreifendes Signum einer Verwissenschaftlichung des Sozialen und der Politik gilt, wobei die Frage offen ist, ob die Zeit der Planung in den 1970er-Jahren endete oder ob sie, in welcher Form auch immer, bis in die Gegenwart

von der frühen Neuzeit bis zum 21. Jahrhundert, Frankfurt a. M. 1997; Ralf Roth/Karl Schlögel, Neue Wege in ein neues Europa. Geschichte und Verkehr im 20. Jahrhundert, Frankfurt a. M. 2009; Wolfgang Nerdinger, Architekturutopie und Realität des Bauens zwischen Weimarer Republik und Drittem Reich, in: Wolfgang Hardtwig (Hrsg.), Utopie und politische Herrschaft im Europa der Zwischenkriegszeit, München 2003, S. 269–286.

73 Dirk van Laak, Weiße Elefanten. Anspruch und Scheitern technischer Großprojekte im 20. Jahrhundert, Stuttgart 1999.

74 Alexander Geppert (Hrsg.), Imagining Outer Space. European Astroculture in the Twentieth Century, Basingstoke/New York 2012.

75 Klaus Vondung, Die Apokalypse in Deutschland, München 1988; Eugen Weber, Apocalypses. Prophecies, Cults and Millennial Beliefs through the Ages, Cambridge/Mass. 1999.

76 Richard Landes, Encyclopedia of Millennialism and Millennial Movements, New York 2000.

77 Frank Uekötter/Jens Hohensee (Hrsg.), Wird Kassandra heiser? Die Geschichte falscher Ökoalarme, Stuttgart 2004.

78 Siehe zum Beispiel Lucian Hölscher, Die verschobene Revolution. Zur Generierung historischer Zeit in der deutschen Sozialdemokratie vor 1933, in: Hardtwig, Utopie und politische Herrschaft, S. 219–231; Frank-Lothar Kroll, Utopie als Ideologie. Geschichtsdenken und politisches Handeln im Dritten Reich, Paderborn 1998.

79 Graf, Zukunft, S. 27–33.

fortdauert.[80] Gemeinhin gelten zudem vor allem die 1950er- und 1960er-Jahre in den westlichen Gesellschaften als eine Phase der Zukunfts- und Gestaltungseuphorie, die sich nicht zuletzt im Boom der Zukunftsforschung geäußert habe, dann aber in der Krise der 1970er-Jahre zerbrochen sei und seit den 1980er-Jahren kurzfristigeren und pragmatischeren Zukunftsaneignungen Platz gemacht habe.[81] Eine systematische und empirische Überprüfung dieser schon von den Zeitgenossen formulierten These, die zudem zur zeitgleichen Entkirchlichung und zum Verlust religiöser Deutungsmuster und Zeitvorstellungen zu relationieren wäre, steht noch aus. Das Gleiche gilt für die Auffassung, dass nach 1989 mit dem Zusammenbruch des Ostblocks auch die grundsätzliche Alternative zum Modell westlicher Demokratien zerbrochen sei und sich damit ihr Zukunftshorizont geschlossen habe, wenn nicht gar argumentiert wird, die Geschichte als Fortschritt im Bewusstsein der Freiheit im Sinne Hegels sei an ihr Ende gekommen.[82]

80 Dirk van Laak, Planung. Geschichte und Gegenwart des Vorgriffs auf die Zukunft, in: Geschichte und Gesellschaft (GG) 34 (2008), S. 305–326; Alexander Nützenadel, Stunde der Ökonomen. Wissenschaft, Politik und Expertenkultur in der Bundesrepublik 1949–1974, Göttingen 2005; Gabriele Metzler, Konzeptionen politischen Handelns von Adenauer bis Brandt. Politische Planung in der pluralistischen Gesellschaft, Paderborn 2005; Lutz Raphael, Die Verwissenschaftlichung des Sozialen als methodische und konzeptionelle Herausforderung für eine Sozialgeschichte des 20. Jahrhunderts, in: GG 22 (1996), S. 165–193.

81 Alexander Schmidt-Gernig, Die gesellschaftliche Konstruktion der Zukunft. Westeuropäische Zukunftsforschung und Gesellschaftsplanung zwischen 1950 und 1980, in: WeltTrends 18 (1998), S. 63–84; ders., Ansichten einer zukünftigen Weltgesellschaft. Westliche Zukunftsforschung der 60er und 70er Jahre als Beispiel einer transnationalen Expertenöffentlichkeit, in: Hartmut Kaelble (Hrsg.), Transnationale Öffentlichkeiten und Identitäten im 20. Jahrhundert, Frankfurt a.M. 2002, S. 393–421; Elke Seefried, Experten für die Planung? »Zukunftsforscher« als Berater der Bundesregierung 1966–1972/73, in: Archiv für Sozialgeschichte 50 (2010), S. 109–152.

82 Francis Fukuyama, The End of History and the Last Man, New York 1992; zur Idee der Posthistorie siehe auch Lutz Niethammer/Dirk van Laak, Posthistoire. Ist die Geschichte zu Ende?, Reinbek 1989.

Fazit

Die Strukturen langer Dauer, Wirtschaftszyklen, politische Brüche und soziale oder kulturelle Entwicklungen, mit denen sich Zeithistorikerinnen und Zeithistoriker beschäftigen, vollzogen sich nicht in einer gleichförmigen und homogenen Zeit, sondern sie konstituierten erst die Zeit, die damit auch Gegenstand der *Zeit*geschichte in einem starken Sinn ist. Einen Wandel eben dieser Zeit diagnostizierten im 20. Jahrhundert bereits Sozialwissenschaftler und Philosophen, sei es als eine weitere Steigerung der modernitätsspezifischen Beschleunigung, als *time-space compression*, als Desynchronisation von Alltagszeit, Lebenszeit und Weltzeit oder als Verlust der Zukunft und Ausdehnung der Gegenwart. Die zentrale Aufgabe einer Zeitgeschichte als einer Geschichte unserer *Zeit* besteht darin, diese Deutungen nicht einfach zu reproduzieren, sondern sie vielmehr zu historisieren und zugleich als Faktoren in den Wandel der Zeit miteinzubeziehen. Hierzu können wissenschafts- und technikhistorische Arbeiten zur Zeittheorie und -messung, die noch nicht im gleichen Umfang wie zu früheren Epochen vorliegen, genauso beitragen wie sozial- und alltagsgeschichtliche zu den sozial differenzierten Veränderungen des Umgangs mit der Zeit bzw. des Verhältnisses von Arbeitszeit und Freizeit. In diskurs- und ideengeschichtlichen Arbeiten könnten und sollten sozialwissenschaftliche wie feuilletonistische Zeitdeutungen untersucht und ihre Wirkungen auf das Zeitverständnis abgeschätzt werden.

Aller Voraussicht nach wird am Ende dieser Untersuchungen keine einheitliche Geschichte der »Zeit« im 20. Jahrhundert oder in der Zeitgeschichte stehen, und auch Kosellecks Kategorien »Erfahrungsraum« und »Erwartungshorizont« oder die vielfältigen sozialwissenschaftlichen und philosophischen Moderne/Postmoderne Deutungen werden sich als zu allgemein erweisen, um die Ausdifferenzierung verschiedener Zeiten, Zeitverhältnisse und Zeiterfahrungen in der Zeitgeschichte zu erfassen. Schon allgemeine Periodisierungen einer Geschichte der Zeit sind schwer vorstellbar, weil sie deren sozialen Charakter unterbelichten und ein bestimmtes Verständnis der Zeit voraussetzen, deren Variabilität doch gerade Gegenstand der Untersuchung sein sollte. Vielversprechender als die Untersuchung der Zeit als solcher erscheint demgegenüber die Beschäftigung mit ihren Dimensionen, der je verschiedenen Gestalt von Vergangenheit, Gegenwart und Zukunft in ihrem Wechselverhältnis zueinander. Damit eröffnen sich beim gleichzeitigen Verzicht auf eingängige Großkategorien und -periodisierungen weite Frage- und Forschungshorizonte, die sich durch die Offenheit und Unabgeschlossenheit der Zeitgeschichte noch einmal vergrößern und nur empirisch gefüllt werden können. Zeit und Zeitkonzeptionen sind in der Zeitgeschichte nicht zuletzt deshalb offener und vielgestaltiger, weil ihre Zukunft unbekannter ist als die Zukunft weiter zurückliegender Epochen. Dass das Verständnis unserer Zeit und unser Zeitverständnis morgen revidiert werden könnten, macht ihre Erforschung aber nicht überflüssig, sondern im Gegenteil umso dringender.

Martin Sabrow

Zäsuren in der Zeitgeschichte

Die Idee zu seinem grandiosen Werk »Geschichte Europas von 1945 bis zur Gegenwart« überfiel den 2011 verstorbenen Tony Judt, als er im Taxi die Radiomeldungen vom Aufstand gegen Ceauşescu hörte und mit einem Schlag wusste: »Eine Epoche war beendet.« Auf der Fahrt zum Wiener Westbahnhof erlebte der unter dem Eindruck der samtenen Revolution von Prag nach Wien gereiste Historiker Judt, dass der Umbruch in der Gegenwart die Vergangenheit umschrieb: »Der Kalte Krieg, der Ost-West-Konflikt, der Wettstreit zwischen ›Kommunismus‹ und ›Kapitalismus‹ […] – all das erschien nun nicht mehr als Produkt ideologischer Notwendigkeit oder der eisernen Logik der politischen Verhältnisse, sondern als zufälliges Ergebnis der Geschichte – und die Geschichte fegte alles beiseite.«[1] Die Geschichte fegte alles beiseite, und die Historiker/innen hatten keine Wahl, als ihr hinterher zu kehren: »Nun erschienen die Jahre zwischen 1945 und 1989 nicht als Schwelle zu einer neuen Epoche, sondern als Zwischenzeit, als Anlaufphase eines noch unerledigten Konflikts, der 1945 zwar zu Ende gegangen war, dessen Epilog aber weitere 50 Jahre dauerte. Welche Gestalt Europa auch annehmen würde, sein vertrautes Geschichtsbild hatte sich ein für alle Mal geändert. In diesem kalten mitteleuropäischen Dezember wurde mir klar, daß die europäische Nachkriegsgeschichte neu geschrieben werden mußte.«[2]

Tony Judts Erlebnis beschreibt das Dilemma historischer Zeitgrenzen und der aus ihnen abgeleiteten Phaseneinteilung – sie sind für die Geschichtsschreibung so unentbehrlich wie problematisch. Das historische Kontinuum in gliedernde Abschnitte zu teilen, zählt zu den wichtigsten Aufgaben jeder Geschichtsschreibung, die sich nicht in bloßer Annalistik erschöpft. Historische Zäsuren

1 Tony Judt, Geschichte Europas von 1945 bis zur Gegenwart, München/ Wien 2006, S. 15 f.

2 Ebd.

besetzen eine entsprechend prominente Rolle im geschichtlichen Denken, um im gleichförmigen Zeitverlauf der Vergangenheit unterschiedliche Zeitabschnitte voneinander abzugrenzen. Ihre Reichweite geht über das Bemühen der geschichtlichen Periodisierung hinaus, »den Gesamtverlauf der Geschichte in sinnvolle, in sich abgeschlossene Einheiten (Epochen) zu gliedern«.[3]

Aus der ursprünglichen Wortbedeutung als »Hauen«, »Hieb«, »Schnitt« und ihrer späteren Verwendung als Bezeichnung für eine Sprechpause in der Verslehre abgeleitet, bezeichnet die historische Zäsur verschiedenste Fugen und Einschnitte innerhalb eines historischen Kontinuums; sie bildet den markanten Punkt, den sichtbaren Einschnitt in einer geschichtlichen Entwicklung.[4] Als Beispiele für die moderne Gesellschaft des 20. Jahrhunderts führen einschlägige Enzyklopädien etwa »die Oktoberrevolution 1917 bzw. das Ende des Ersten Weltkriegs 1918« an, gefolgt vom »Ende des Zweiten Weltkriegs 1945« und der »Wende 1989 in der DDR«, die zur deutschen Wiedervereinigung führte.[5] Auf gleicher Ebene wären der Ausbruch der beiden Weltkriege 1914 und 1939 sowie die faschistische bzw. nationalsozialistische »Machtergreifung« in Italien und Deutschland 1922 bzw. 1933 hinzuzufügen sowie aus innerdeutscher Perspektive noch die Gründung beider deutscher Staaten 1949.

Demgegenüber kam die Bundesrepublik bis 1989 nach verbreiteter Auffassung ganz ohne epochale Einschnitte aus. So bescheinigte Hans-Peter Schwarz der »Geschichte der Bundesrepublik«, die »*keine* bis auf die Knochen einschneidenden Zäsuren« durchgemacht habe, eine »evolutionäre Prozeßnatur«, deren »gleitende Übergänge« und nur »segmentäre Zäsuren« ihn an Fernand Braudels historische Zeitschicht der *longue durée* erinnerten.[6] An-

3 Stichwort »Periodisierung«, in: Brockhaus Enzyklopädie, 19., völlig neu bearb. Aufl., Bd. 16, Mannheim 1991, S. 676.

4 Vgl. etwa das Stichwort »Zäsur«, in: Duden. Deutsches Universalwörterbuch, Mannheim 1989, S. 1766.

5 Vgl. den Eintrag in der Wikipedia, online unter de.wikipedia.org/wiki/Zäsur (12.5.2012).

6 Hans-Peter Schwarz; Segmentäre Zäsuren. 1949–1989: eine Außenpolitik der gleitenden Übergänge, in: Martin Broszat (Hrsg.), Zäsuren nach 1945. Essays zur Periodisierung der deutschen Nachkriegsgeschichte, München 1990, S. 11–19, hier S. 11.

dere Historiker aber hielten umgekehrt dafür, dass zumindest die »Wahl Willy Brandts zum vierten Bundeskanzler am 21. Oktober 1969 in der Geschichte der Bundesrepublik Deutschland [...] eine tiefe *historische Zäsur*« markiere.[7] Aleida Assmann verbreiterte das Gefühl einer epochalen »Umgründung« (Manfred Görtemaker) im Gefolge des Regierungswechsels 1969[8] zu einer ganzen Generation der »68er«, die »ihren geschichtlichen Auftritt und Abtritt als eine *historische Zäsur* zu markieren« imstande war.[9]

Auch die vierzigjährige Geschichte der DDR lässt sich plausibel als Kontinuum einer 1949 etablierten und 1989 gestürzten Diktatur lesen, ebenso aber als Abfolge historischer Einschnitte, wie sie der Juniaufstand 1953 und der Mauerbau 1961, der Machtwechsel von 1971 und die Biermann-Ausbürgerung 1976 markieren. Mit Recht wurde in der Forschung auf die »gerade zeitgeschichtlich virulente Problematik noch kaum abschließend zu gewichtender Verschränkungen von politischen, wirtschaftlichen, sozialen und sozialkulturellen Einschnitten und Umbrüchen« hingewiesen.[10] So gilt im Ganzen die lakonische Feststellung, die Axel Schildt in seinem Literaturbericht zur westdeutschen Nachkriegsgeschichte schon gleich nach 1989 traf: »Es gibt verschiedene legitime Möglichkeiten der Periodisierung mit jeweiligen daraus resultierenden Problemen.«[11]

Wie das Beispiel zeigt, ist die historische Zäsur eine ebenso herausragende wie verschwommene Größe der Verständigung über die Vergangenheit; ihre historiografische Beliebtheit steht in um-

7 Ulrich Lappenküper, Die Außenpolitik der Bundesrepublik Deutschland 1949 bis 1990, München 2008, S. 27.

8 Manfred Görtemaker, Geschichte der Bundesrepublik Deutschland. Von der Gründung bis zur Gegenwart, München 1999, S. 475.

9 Aleida Assmann, Geschichte im Gedächtnis. Von der individuellen Erfahrung zur öffentlichen Inszenierung, München 2007, S. 53.

10 Axel Schildt, Nachkriegszeit. Möglichkeiten und Probleme einer Periodisierung der westdeutschen Geschichte nach dem Zweiten Weltkrieg und ihrer Einordnung in die Geschichte des 20. Jahrhunderts, in: Geschichte in Wissenschaft und Unterricht 44 (1993), S. 567–584, hier S. 567.

11 Ebd. Zur Problematik der Zäsurenbildung für die bundesdeutsche Geschichte vgl. Frank Bösch, Umbrüche in die Gegenwart. Globale Ereignisse und Krisenreaktionen um 1979, in: Zeithistorische Forschungen/Studies in Contemporary History 9 (2012), H. 1, S. 8–32.

gekehrtem Verhältnis zu ihrer begrifflichen Klarheit. Tatsächlich hat der Begriff der Zäsur gegenüber dem der Epoche und der Periodisierung eine nur vergleichsweise geringe theoretische Betrachtung erfahren,[12] obwohl er weniger begriffsgeschichtliches Gepäck mit sich schleppt als die zunächst an eine zyklische Geschichtsauffassung als innere Gliederung eines zirkulären Umlaufs gebundene »Periodisierung« oder die »Epoche«, die wortgeschichtlich in der Antike und im Mittelalter eine hemmende Unterbrechung bzw. eine zeitenthobene, etwa auf Christi Geburt oder die Erschaffung der Welt bezogene Begrenzung des geschichtlichen Geschehens bezeichnet.

Tatsächlich ist das Wort »Zäsur« erst an der Schwelle vom 18. zum 19. Jahrhundert in die Sprache der Historiker eingewandert, als sich mit der Französischen Revolution das »neue Epochenbewußtsein« ausbreitete, »daß die eigene Zeit nicht nur als Ende oder als Anfang erfahren wurde, sondern als Übergangszeit«.[13] Die erfahrene Fristverkürzung für den »Zustand der Dinge« im Gefolge der Französischen Revolution und im anbrechenden Fortschrittszeitalter führte die Zeitgenossen zu der Einsicht, dass das eigene »Zeitalter [...] uns aus einer Periode, die eben vorübergeht, in eine neue nicht wenig verschiedene überzuführen« scheint, wie Wilhelm von Humboldt den Charakter des historischen Orts seines ausgehenden 18. Jahrhunderts zu bestimmen suchte.[14]

Die jüdisch-christlichen Weltalterlehren spiegelten zwar ein erstes »Bewußtsein von der Zeitlichkeit menschlicher Existenz«,[15]

12 So verzeichnet das »Historische Wörterbuch der Philosophie« zwar Einträge zu »Epoché« und »Epoche, Epochenbewusstsein« (Bd. 2, hrsg. v. Joachim Ritter, Basel 1972, Sp. 594–599) ebenso wie zu »Periode, Periodisierung« (Bd. 7, hrsg. von Joachim Ritter und Karlfried Gründer, Basel 1989, Sp. 259–261), nicht aber zu »Zäsur«. Der Terminus fehlt ebenso in dem von Stefan Jordan herausgegebenen Lexikon Geschichtswissenschaft. Hundert Grundbegriffe, Stuttgart 2002.

13 Reinhart Koselleck, Vergangene Zukunft. Zur Semantik geschichtlicher Zeiten, Frankfurt a. M. 1995, S. 300–348, hier S. 328.

14 Wilhelm von Humboldt, Das achtzehnte Jahrhundert, in: ders., Werke in fünf Bänden. Schriften zur Anthropologie und Geschichte, hrsg. von Andreas Flitner/Klaus Giel, Stuttgart 1980, S. 376–505, hier S. 398.

15 Georg Spitzlberger/Claus D. Kernig, Periodisierung, in: Claus D. Kernig (Hrsg.), Sowjetsystem und demokratische Gesellschaft, Bd. IV, Freiburg u. a. 1971, Sp. 1135–1160, hier Sp. 1139.

aber erst das Periodensystem des Humanismus schuf mit seiner Trias von Altertum, Mittelalter und Neuzeit die Voraussetzung für eine Gliederung der historischen Zeitenfolge. Entsprechend verschob sich der Epochenbegriff, der in seiner griechischen Ursprungsbedeutung als »Anhalten« zunächst den Moment des Stillstands zwischen zwei Bewegungen bezeichnet und erst »im Zeitalter der Aufklärung und Revolution aus der mit seinem bisherigen Gebrauch verbundenen Statik herausgerissen und vom Anfang eines geschichtlichen Geschehens in dieses selbst verlegt« wurde.[16] Damit war der Weg frei für die Entwicklung des Zäsurenbegriffs, der seither in seinen vielfältigen Ausformungen als Epocheneinschnitt, Epochenschwelle oder Epochenwende im kontinuierlichen Strom des historischen Geschehens einzelne Zeiteinheiten von ihrem »Vorher« und ihrem »Nachher« abzugrenzen hilft, um so »die Sinneinheit« zu konstituieren, »die aus Begebenheiten ein Ereignis macht«.[17]

Die Suche nach Zäsuren entspringt in der Moderne und ihrer linearen Zeitvorstellung dem Wunsch nach Ordnung des Zeitflusses und dem Bedürfnis nicht nur der Gäste von Thomas Manns »Zauberberg«, dass »das Weiserchen der Zeit nicht fühllos gegen Ziele, Abschnitte, Markierungen« sei, sondern »auf einen Augenblick anhalten oder wenigstens sonst ein winziges Zeichen«

16 Historisches Wörterbuch, Epoche, Epochenbewußtsein, Sp. 597. Noch in Humboldts zitiertem Aufsatz zum Charakter des 18. Jahrhunderts steht der Terminus »Epoche« synonym für »Wendepunkt«: »Und eine solche Epoche nun, eine Veränderung in der Ansicht und der Würdigung der Dinge, in der Wahl der Gegenstände des Nachdenkens und der Untersuchung, in der Richtung des Geschmacks und der Unterordnung der Empfindungen unter einander scheint unser Zeitalter zwar langsam aber mächtig vorzubereiten.« Humboldt, Das achtzehnte Jahrhundert, S. 399.

17 Koselleck, Vergangene Zukunft, S. 145; vgl. auch Thorsten Schüller, Modern Talking – Die Konjunktur der Krise in anderen und neuen Modernen, in: ders./Sascha Seiler (Hrsg.), Von Zäsuren und Ereignissen. Historische Einschnitte und ihre mediale Verarbeitung, Bielefeld 2010, S. 13–27, hier S. 14. Zur Veränderung des Zeitverständnisses in der Moderne vgl. Rüdiger Graf, Zeit und Zeitkonzeptionen in der Zeitgeschichte (in diesem Band) sowie online unter https://docupedia.de/zg/Zeit_und_Zeitkonzeptionen.

geben solle, »dass hier etwas vollendet sei«.[18] Im Erleben der Zäsur wird die Epochenfolge in der Menschheitsgeschichte sichtbar und ein verstohlener Blick in die Zukunft möglich, mit dem Goethe am 20. September 1792 seine preußischen Begleitoffiziere aufzumuntern suchte, die von der unerwarteten Niederlage der preußisch-österreichischen Armee gegen ein französisches Freiwilligenheer bei Châlons-sur-Marne entmutigt im Kreis saßen: »Von hier und heute geht eine neue Epoche der Weltgeschichte aus, und ihr könnt sagen, ihr seid dabei gewesen.«[19]

Aber alle Emphase des miterlebten Zeitenwechsels kann nicht darüber hinwegtäuschen, dass Zäsuren nichts als »Anschauungsformen des geschichtlichen Sinns« (Karlheinz Stierle) sein können.[20] Seit dem späteren 19. Jahrhundert gilt mit Gustav Droysen, dass Epochenbegriffe und damit auch historische Zäsuren nur »Betrachtungsformen sind, die der denkende Geist dem empirischen Vorhandenen gibt«,[21] nicht Eigenschaften der Welt und der Geschichte selbst. Nicht im Geschehen selbst stecken sie, sondern in seiner zeitgenössischen oder nachträglichen Deutung, und sie können mit dem Wandel von Blickwinkeln und Interpretationsmodellen wandern, ohne deswegen freilich arbiträr zu sein: Ungeachtet ihres Konstruktionscharakters greift doch jede Zäsurenbildung auf eine außersprachliche Realität durch, nach deren plausibler Ordnung sich ihre Geltungskraft bestimmt.

Einmal nur wurde dieser kulturgeschichtliche Zäsurenbegriff im 20. Jahrhundert noch durch eine konträre Anschauung herausgefordert, die die Einschnitte im geschichtlichen Geschehen als Teil der Historie und nicht der Historiografie zu fassen unternahm. In der parteimarxistischen Geschichtswissenschaft der sozialistischen Hemisphäre markierten Zäsuren Beginn und Ende gesetzmäßiger Etappen der historischen Entwicklung vom Niederen

18 Thomas Mann, Der Zauberberg (= Frankfurter Ausgabe; 5), Frankfurt a. M. 2002, S. 823.

19 Johann Wolfgang von Goethe, Kampagne in Frankreich 1792, in: Goethes autobiographische Schriften, Bd. II, Leipzig 1920, S. 587–771, hier S. 637.

20 Zit. n. Wilfried Barner, Zum Problem der Epochenillusion, in: Reinhart Herzog/Reinhart Koselleck (Hrsg.), Epochenschwelle und Epochenbewußtsein, München 1987, S. 517–529, hier S. 522.

21 Johann Gustav Droysen, Historik, hrsg. von Peter Leyh, Stuttgart 1997, S. 371.

zum Höheren und erlangten in anhaltenden Auseinandersetzungen um die richtige Periodisierung der nationalen wie internationalen Geschichte überragenden Stellenwert. Sie beherrschten die Erarbeitung eines »Lehrbuchs der deutschen Geschichte«, mit dem die politisch beherrschte Geschichtswissenschaft der DDR eine neue historische Meistererzählung festzuschreiben versuchte. In den um die Zäsurenbildung geführten Kontroversen blieb unter den Autoren beispielsweise hoffnungslos umstritten, ob die Zeit vom Beginn des 6. bis zum Beginn des 9. Jahrhunderts der Urgesellschaft oder dem Feudalismus zuzurechnen sei, und ebenso, ob die Periode der deutschen frühbürgerlichen Revolution nach 1450 oder erst 1517 begonnen habe. Bis zum Abschluss kontrovers blieb in der sich durch die 1950er- und 1960er-Jahre ziehenden Debatte auch die Frage, ob der Beginn der bürgerlichen Umgestaltung Deutschlands mit dem Jahr 1789 oder mit den Jahren 1806/1807 anzusetzen sei, und für die erste Hälfte des 19. Jahrhunderts konkurrierten gleich sechs Gliederungsanträge miteinander: 1814, 1815, 1830, 1840, 1847 und eben 1848. Je näher die Debatte im Autorenkollektiv der Gegenwart kam, desto enger wurde die Phasenbildung, bis schließlich in »der Aussprache [...] die Tendenz [dominierte], aus dem wechselvollen innerparteilichen Leben der Sozialdemokratie für jedes Jahr der deutschen Geschichte einen Einschnitt abzuleiten«.[22]

Das Periodisierungsproblem verband sich mit der für die parteimarxistische Geschichtsauffassung zentralen Frage, ob weltgeschichtlichen Epocheneinschnitten der Vorrang vor der nationalgeschichtlichen Zäsurenbildung gebühre. Es verlangte ebenso Auskunft, wie generell das Verhältnis von sozioökonomischen zu politischen Gesichtspunkten bei der Periodenabgrenzung zu bestimmen sei. Die Autoren des »Lehrbuchs für deutsche Geschichte« behalfen sich mit dem denkbar vagen Formelkompromiss, dass es in der Periodisierung gelte, »aus der Vielfalt der geschichtlichen Ereignisse jeweils ›die dominierenden und

22 Archiv der Berlin-Brandenburgischen Akademie der Wissenschaften, ZIG 161/6, Horst Helas, Die Periodisierungsdiskussion 1955 bis 1958 im Autorenkollektiv für das Lehrbuch der deutschen Geschichte, S. 31. Vgl. zum Folgenden: Martin Sabrow, Das Diktat des Konsenses. Geschichtswissenschaft in der DDR 1949–1969, München 2001, S. 229 ff.

prävalierenden Periodisierungsmarksteine‹ auszuwählen«.[23] Nirgendwo kam der in Wahrheit völlig voluntaristische Grundzug der doch nach vermeintlich objektiven Zäsuren forschenden Periodisierungsdebatte deutlicher zum Ausdruck als in der Forderung, sich in der Zäsurenbildung nicht nach dem Vergangenen, sondern »nach dem Neuen zu orientieren«.[24]

Freilich vermochte auch eine »am Neuen« orientierte Epochenbildung schon in zahlreichen Fällen keine Entscheidungshilfe mehr zu geben, wenn die wirtschaftliche, soziale und politische Entwicklung nicht synchron, sondern uneinheitlich verlief. Mit Jürgen Kuczynski bemühte sich einer der Granden der DDR-Geschichtswissenschaft, den Streit mit dem Vorschlag zu schlichten, sich in der Periodisierung »an dem allgemeinen Neuen«, nicht aber »an dem lokal Neuen« zu orientieren.[25] Weder diese handgreifliche Bankrotterklärung des Dogmas der objektiven Zäsur noch die tiefe Zerstrittenheit der Historikerzunft in der Periodisierungsfrage ließen allerdings das Dogma ins Wanken geraten, dass historische Zäsuren sich aus dem historischen Geschehen selbst ableiten ließen und an ihm überprüfbar seien: »Auch die Perioden und Unterperioden sind objektive Erscheinungen, die von uns erkannt werden müssen, und nicht von den Historikern ›erstellte *Zusammenfassungen*‹.«[26]

23 Horst Haun, Die erste Periodisierungsdiskussion in der Geschichtswissenschaft der DDR. Zur Beratung über die Periodisierung des Feudalismus 1953/54, in: Zeitschrift für Geschichtswissenschaft 27 (1979), S. 856–865, hier S. 864.

24 Äußerung Alfred Meusels auf der 5. Tagung des Wissenschaftlichen Rats beim Museum für Deutsche Geschichte am 25.10.1953, zit. n. Sabrow, Diktat des Konsenses, S. 232.

25 Jürgen Kuczynski, Zur Periodisierung der deutschen Geschichte in der Feudalzeit, in: Zeitschrift für Geschichtswissenschaft 2 (1954), S. 133–151, hier S. 142.

26 Ebd., S. 134 (Hervorhebung im Original).

Zur Perspektivität historischer Zäsuren

Spätestens seit 1989/90 ist die Auffassung geschichtswissenschaftlich allgemein anerkannt: Zäsuren gelten selten umfassend, sondern meist nur sektoral. Als scharfe Einschnitte verstanden, sind sie in der Regel ereignisgeschichtlich begrenzt; die Zäsuren der Wirtschafts- und Sozialgeschichte und ebenso der Kulturgeschichte folgen anderen Logiken und Rhythmen des Wandels.[27] Nicht umsonst hat die Bedeutung des Begriffs Epoche sich von seiner ursprünglichen Bedeutung als Einschnitt hin zur Vorstellung einer ganzen Periode gewandelt, und folgerichtig bevorzugen Neuzeithistoriker statt des überscharfen Zäsurenbegriffs häufig weichere Wandlungstermini, die Kontinuität in der Diskontinuität zu erfassen erlauben – als Epochenschwelle oder Sattelzeit (Reinhart Koselleck),[28] als Strukturbruch (Anselm Doering-Manteuffel und Lutz Raphael),[29] als Umkehr (Konrad H. Jarausch).[30]

Zäsuren sind zudem perspektivenabhängig, wie sich nicht nur zwischen den verschiedenen nationalen Meistererzählungen zeigt, sondern mehr noch zwischen Mit- und Nachwelt. Besonders im Medienzeitalter und der mit ihm verbundenen kommunikativen Verdichtung werden sie oft ausgerufen und schnell wieder vergessen, wie es etwa der Jahrhundert- und Jahrtausendzäsur erging, die von einem starken Bewusstsein der Zeitenwende begleitet wurde und rückblickend ihren Zäsurencharakter rasch wieder

27 Vgl. den auf die grundlegende Differenz von politischem Geschehen und gesellschaftlichem Strukturwandel abhebenden Appell von Michael Prinz und Matthias Frese: »Für die deutsche Zeitsozialgeschichtsschreibung ergibt sich [...] das Postulat, in Analyse und Darstellung insbesondere die politischen Epochengrenzen 1933 und 1945 bzw. 1949 zu überschreiten.« Sozialer Wandel und politische Zäsuren seit der Zwischenkriegszeit. Methodische Probleme und Ereignisse, in: dies. (Hrsg.), Politische Zäsuren und gesellschaftlicher Wandel im 20. Jahrhundert. Regionale und vergleichende Perspektiven, Paderborn 1996, S. 1–31, hier S. 4.

28 Reinhart Koselleck, Einleitung, in: Otto Brunner/Werner Conze/Reinhart Koselleck (Hrsg.), Geschichtliche Grundbegriffe, Bd. 1, Stuttgart 1979, S. XV.

29 Anselm Doering-Manteuffel/Lutz Raphael, Nach dem Boom. Perspektiven auf die Zeitgeschichte seit 1970, Göttingen 2010, S. 33.

30 Konrad Jarausch, Die Umkehr. Deutsche Wandlungen 1945–1995, München 2004.

eingebüßt hat.[31] Nicht selten werden zunächst dramatisch erscheinende Einschnitte durch den wachsenden Abstand wieder eingeebnet. So erging es in der jüngeren deutschen Zeitgeschichte etwa den Notstandsgesetzen, deren drohende Verabschiedung die Studentenbewegung mobilisierte und eine fast hysterische Furcht vor der drohenden Faschisierung der Gesellschaft auslöste, der Einführung des Euro am 1. Januar 2002 oder der EU-Osterweiterung vom Mai 2004 – allesamt als historisch ausgerufene Daten, die rasch nivelliert wurden. Dass umgekehrt die Geltungskraft von Zäsuren rückblickend nicht nur fallen, sondern auch steigen kann, zeigen die vielen Ereignisse, deren einschneidende Wirkung erst im Nachhinein deutlich wird: das Attentat auf den Thronfolger Franz Ferdinand am 28. Juni 1914, das zum Ausbruch der das Jahrhundert der Extreme prägenden Urkatastrophe des Ersten Weltkriegs wurde,[32] der Tod Benno Ohnesorgs auf einer Demonstration gegen den Schah von Persien am 2. Juni 1967, der den Auftakt zu einer europäischen Protestbewegung markierte; der autofreie Sonntag im Herbst 1973, der das Ende der Fortschrittsmoderne fassbar werden ließ.

Erst recht lässt sich das Konzept einer europäischen Geschichte allein als »Einheit in der Vielheit« vorstellen, nicht als homogenisierende Periodisierung. Alle Versuche, handstreichartig Ereignisdaten wie 1789 oder 1848 oder auch 1914 und 1945 oder 1989 als gesamteuropäische Zäsuren zu installieren, erweisen sich als im Wesentlichen geschichtspolitische Bemühungen, einen ein-

31 Rudolf Stöber, Epochenvergleiche in der Medien- und Kommunikationsgeschichte, in: Gabriele Melischek/Josef Seethaler/Jürgen Wilke (Hrsg.), Medien- & Kommunikationswissenschaft im Vergleich. Grundlagen, Gegenstandsbereiche, Verfahrensweisen, Wiesbaden 2008, S. 27–42. Gleiches gilt etwa auch für die Interpretation der Bundestagswahl von 2005 als epochaler Veränderung der politischen Landschaft in Deutschland: Frank Decker, Die Zäsur. Konsequenzen der Bundestagswahl 2005 für die Entwicklung des deutschen Parteiensystems, in: Berliner Republik – Das Debattenmagazin 6/2005, online unter http://www.b-republik.de/b-republik.php/cat/8/aid/928/title/Die_Zaesur (1.6.2012).

32 Zur verzögerten Zäsurerfahrung nach den Schüssen von Sarajevo vgl. Bernd Sösemann, Der Anlaß: Der Erste Weltkrieg, in: Holm Sundhaussen/Hans-Joachim Torke, 1917–1918 als Epochengrenze?, Wiesbaden 2000, S. 11–28, hier S. 17 ff.

zigen Blickwinkel mit hegemonialem Anspruch auszustatten. Auch der theoretisch ungleich reflektiertere Anspruch der Buchreihe »Europäische Geschichte im 20. Jahrhundert« illustriert die Unmöglichkeit, die Geschichte der europäischen Länder an übereinstimmenden Zäsuren auszurichten. Der für sie gewählte Ansatz, die einzelnen Nationalgeschichten »im Kontext der europäischen Geschichte und der globalen Verflechtungen« zu erzählen, bedient sich zwar einzelner »Querschnittsdaten«, die auf die Jahre 1900, 1926, 1942, 1965 und 1992 gelegt wurden, aber keineswegs gleichermaßen historische Zäsuren repräsentieren.[33]

Schließlich: Historische Zäsuren entsprechen dem zeitlichen Gliederungswunsch von Historikern, aber sie schlagen nicht zwingend auf die Ebene des menschlichen Lebens durch: Historische Zäsuren sind mit biografischen nicht immer deckungsgleich. Gerade für die Daten der stärksten Einschnitte der deutschen Zeitgeschichte – 1918, 1945, 1989[34] – lässt sich ein Übermaß

33 »Alle Bände beginnen um 1900, um die tiefgreifende Veränderungsdynamik der Jahrzehnte zwischen 1890 und 1914 zu berücksichtigen, die Jahrzehnte lang nachgewirkt hat. Die Durchsetzung des modernen Industriekapitalismus, der immer mächtiger werdenden Staatsapparate, die ›Neuerfindung der Welt‹ mit den gewaltigen Fortschritten in der Technik und der Medizin oder die Entstehung von großen radikalen politischen Massenbewegungen: Das alles hat in kürzester Zeit eine solche Wucht entfaltet, dass fast alle europäischen Gesellschaften davon ergriffen und gezwungen wurden, auf diese Herausforderungen zu reagieren. Aber natürlich sind dann die Antworten in den einzelnen Ländern auf diese Herausforderungen außerordentlich unterschiedlich. Es ist aber sehr erstaunlich, wie jedenfalls die westeuropäischen Länder seit den 1950er Jahren einander immer ähnlicher werden und allmählich ein Modell der liberalen und sozialen, demokratischen Gesellschaft entwickeln, das nicht nur sehr erfolgreich war, sondern auch von erstaunlicher Beharrungskraft ist.« Vgl. »Wir bleiben im Nationalen verwurzelt«. Ulrich Herbert gibt bei Beck eine neue Reihe zur europäischen Geschichte heraus. Ein Gespräch darüber, inwiefern das Konzept der Nationen wichtig ist, um die Entwicklung Europas im 20. Jahrhundert zu verstehen, in: Frankfurter Rundschau, 24.3.2010; http://www.fr-online.de/literatur/neue-reihe-zur-europaeischen-geschichte--wir-bleiben-im-nationalen-verwurzelt-,1472266,2961098.html (28.5.2012).

34 Für die Zäsuren von 1945 und 1989 vgl. die entsprechenden Docupedia-Artikel: Christoph Kleßmann, 1945 – welthistorische Zäsur und »Stunde Null«, Version 1.0, online unter http://docupedia.de/zg/1945; Philipp

von biografischer Kontinuität in historischer Diskontinuität feststellen. Zeitgenossen der Novemberrevolution von 1918 in Berlin notierten verwundert, dass sie das Ende der Monarchie gänzlich alltäglich als Spaziergänger im Grunewald oder zeitungslesend im Café erlebt hätten. Auch der 8. Mai 1945 bedeutete nur für einen kleinen Teil der Deutschen den tatsächlichen Übergang vom Krieg zum Frieden, denn Gefangennahme und Demobilisierung richteten sich nach dem vorrückenden Frontverlauf statt nach den Waffenstillständen von Reims und Berlin-Karlshorst. Die Sorge um das Überleben, der tägliche Kampf um Brennholz und Nahrung, überdeckte vielfach das Bewusstsein der Zeitenwende des Mai 1945, gleichviel ob als Zusammenbruch oder Befreiung verstanden, und in der Erinnerung bildete eher die Währungsreform 1948 als das Kriegsende 1945 »die markante Zäsur, die die gute von der schlechten Zeit schied«.[35]

Wie sehr historische Zäsurerfahrung und lebensgeschichtlicher Kontinuitätsanspruch zueinander in Spannung stehen können, zeigt sich in der autobiografischen Verarbeitung der zeithistorischen Umbrüche von 1914 und 1918, von 1933 und 1945 und schließlich von 1989/90. Allesamt Nahtstellen zwischen »Zeitalter und Menschenalter«, werden sie doch in sehr unterschiedlicher Weise als biografische Einschnitte reflektiert und belegen den Abstand »zwischen erfahrener Geschichte und gewußter Geschichte«.[36] Dieser Entkopplung von Geschichte und Lebensgeschichte kommt zu Hilfe, dass das überwölbende Ordnungsmuster der autobiografischen Lebensvergewisserung in keiner vergangenen Zäsur liegt, sondern in der perspektivischen Ausrichtung auf die Jetztzeit des Schreibenden.[37] Der Untersuchung Volker Depkats folgend, äußert sich etwa die Erfahrung der na-

Ther, 1989 – eine verhandelte Revolution, Version 1.0, online unter http://docupedia.de/zg/1989.

35 Schildt, Nachkriegszeit, S. 568.

36 Arnold Esch, Zeitalter und Menschenalter. Die Perspektiven historischer Periodisierung, in: ders., Zeitalter und Menschenalter. Der Historiker und die Erfahrung vergangener Gegenwart, München 1994, S. 9–38, hier S. 14.

37 »Denn der Rückblickende weiß, was (für ihn) Zukunft hatte, sieht perspektivisch, und vieles sinkt unter den Horizont; der Zeitgenosse hingegen sieht die Linien seiner Gegenwart noch gleich wichtig, parallel, nicht fluchtend.« Ebd., S. 15.

tionalsozialistischen Machtergreifung, die »für alle Autobiographen einen scharfen biographischen Einschnitt bedeutete, durch den sie abrupt aus ihren bis dahin gewohnten Lebenszusammenhängen gerissen wurden, [...] auch in einem Wechsel ihrer Erzählhaltung«.[38] In der ostdeutschen Memoirenliteratur nach 1989 hingegen herrscht das Bemühen vor, die eigene Lebensgeschichte möglichst weit vom Zusammenbruch des sozialistischen Ordnungsentwurfs zu entkoppeln. Die auf einen gesprengten Erfahrungsraum zurückblickenden Konversionsbiografien, die aus der Verdammung einstiger Verblendung das Legitimationsmuster ihrer Wandlungserzählung ziehen, sind daher in der Minderzahl, und auch sie bemühen sich in der Regel, das Datum ihres Damaskuserlebnisses so weit als möglich von der historischen Parallelzäsur des 9. November 1989 abzurücken, um dem (Selbst-)Vorwurf der Wendehalsigkeit zu entgehen.[39] Nach Zahl und Leserakzeptanz stärker verbreitet erwies sich nach 1989 die Kontinuitätsbiografie, die die Geschichte des eigenen Lebens als gezielte Relativierung oder gar Verneinung der historischen Zäsur berichtet. Das Idealmuster einer kommunistischen Kontinuitätsbiografie hatte schon 1981 DDR-Staatschef Erich Honecker selbst vorgelegt und nach 1989 in biografischen Aufzeichnungen weiter zu befestigen gesucht, deren in Variationen immer wiederholter Kernsatz lautet: »Ich kann mich an keinen Augenblick in meinem Leben erinnern, da ich an unserer Sache gezweifelt hätte.«[40]

38 Volker Depkat, Lebenswenden und Zeitenwenden. Deutsche Politiker und die Erfahrungen des 20. Jahrhunderts, München 2007, S. 512.

39 Prototypisch hier die Ich-Erzählung Günter Schabowskis, Der Absturz, Reinbek 1992, S. 159. Vgl. Martin Sabrow, Den Umbruch erzählen. Zur autobiographischen Bewältigung der kommunistischen Vergangenheit, in: Frank Bösch/Martin Sabrow (Hrsg.), ZeitRäume. Potsdamer Almanach des Zentrums für Zeithistorische Forschung, Göttingen 2012 (i.E.); Christiane Lahusen, Umbrucherzählungen in Nachwendeautobiographien, in: BIOS 2 (2010), S. 256–266; dies., Den Sozialismus erzählen, in: Helmut Schmitz/Heinz-Peter Preußer (Hrsg.), Autobiografie und historische Krisenerfahrung (= Jahrbuch Literatur und Politik), Heidelberg 2010, S. 139–149.

40 Erich Honecker, Aus meinem Leben, Berlin (O) 1980, S. 9.

Erfahrungs- und Deutungszäsuren

Trotzdem kann die Geschichtswissenschaft auf einen wie immer auch gearteten Begriff der Zeitgrenze nicht verzichten. Die fachtheoretische Rettung des Zäsurenbegriffs kann darauf gründen, dass die zum Scheitern verurteilte Suche nach universalhistorischen Zäsuren noch keine Absage an die Geltungskraft von Zäsuren selbst bedeutet, sondern nur deren räumliche Geltungsbreite und strukturelle Geltungstiefe einschränkt.[41] Sodann spiegeln Zäsuren ein historisches Orientierungsbedürfnis der Gesellschaft wider, dem die Fachwissenschaft nicht ausweichen kann, so sehr sie Zäsuren geschichtstheoretisch als höchst wandlungsfähige und konjunkturabhängige Phänomene ansehen mag. Auch bedient die Geschichtsschreibung mit ihrer Beteiligung an der historischen Jubiläumskultur bereitwillig das Bedürfnis, den historischen Stoff über markante Wendepunkte und Erinnerungsdaten für die Gegenwart aufzubereiten. Mit Recht hat Odo Marquard argumentiert, dass Zeitgrenzen für die menschliche Orientierung eine immer wichtigere Rolle spielten, weil traditionelle Raumgrenzen durch die Globalisierung immer stärker aufgelöst würden.[42]

Dem Zäsurenbegriff lässt sich folglich nicht ausweichen, nur weil er schlecht fassbar ist, immer subjektiv, sektoral, perspektivengebunden bleibt. Dass das Zäsurenbewusstsein in unserem Geschichtsverständnis ubiquitäre Bedeutung hat, verlangt vielmehr nachdrücklich, die aufschließende ebenso wie die einengende Kraft von Zäsuren zu reflektieren. Die historische Zäsur lässt sich nicht gut als Eigenschaft der betrachteten Vergangenheit selbst behaupten,[43] aber sie lässt sich andererseits ebenso wenig in der

41 Reinhart Koselleck, Das achtzehnte Jahrhundert als Beginn der Neuzeit, in: Herzog/Koselleck (Hrsg.), Epochenschwelle und Epochenbewußtsein, S. 269–282, hier S. 270 f.

42 Odo Marquard, Temporale Positionalität. Zum geschichtlichen Zäsurenbedarf des modernen Menschen, in: Herzog/Koselleck (Hrsg.), Epochenschwelle und Epochenbewußtsein, S. 343–352, hier S. 345 f.

43 Für den Ausnahmefall einer essenzialistisch argumentierenden Zäsurenbildung: »Und ebenso irrelevant für die wirkliche Epochenbedeutung des Jahres 1945 ist, ob man nach dreißig, vierzig Jahren einige Dutzend oder

kritischen Reflexion gänzlich auflösen, wie Geschichtsschreibung auch nicht in literarischer Imagination aufgehen kann. Vielmehr bilden historische Zäsuren ein heuristisches Instrument, das nach analytischen Kosten und Gewinn fragt und die grundsätzliche Polyvalenz von Zäsuren im Auge behält, wie dies die Forschung etwa für den 8. Mai 1945 vorgeführt hat.[44]

Bei dieser Gratwanderung kann eine Unterscheidung zwischen nachträglicher Deutungszäsur und zeitgenössischer Erfahrungs- oder Ordnungszäsur ebenso hilfreich sein wie die Unterscheidung von »heterodoxen« und »orthodoxen« Zäsuren. Deutungszäsuren ergeben sich aus der retrospektiven Festlegung von Zeitgrenzen durch die Nachlebenden. Sie können ereignisgeschichtlich begründet sein wie die Französische Revolution 1789 und die »Stunde Null« 1945, aber genauso auch strukturgeschichtliche Bedeutung tragen wie die mit »1968« verbundene »Umgründung« der Bundesrepublik (Manfred Görtemaker)[45] oder der zuletzt immer stärker akzentuierte Umbruch im letzten Drittel des 20. Jahrhunderts hin zu einer Zeit »nach dem Boom«. All diese Gliederungen benennen Einschnitte in den Gang der Geschichte, für die sich in der deutenden Retrospektive gute oder weniger gute Gründe finden lassen, ohne dass aber in ihnen

auch Hunderte Personen findet, die nachträglich die Meinung vertreten, sie hätten das Kriegsende nicht als Zäsur empfunden, nur weil ihre Ernährungslage oder ihr alltägliches Leben sich im Sommer 1945 von der Situation im März 1945 wenig unterschied.« Horst Möller, Was ist Zeitgeschichte?, in: ders./Udo Wengst (Hrsg.), Einführung in die Zeitgeschichte, München 2003, S. 13–51, hier S. 19.

44 Vgl. hierzu die einzelnen auf die Spannung von Wandel und Kontinuität ebenso wie auf die »vielen Schichten des Umbruchs« abhebenden Beiträge in: Arnd Bauerkämper/Christoph Kleßmann/Hans Misselwitz (Hrsg.), Der 8. Mai 1945 als historische Zäsur. Strukturen – Erfahrungen – Deutungen, Potsdam 1995. Ebenso Heinz Hürten, Der 8. Mai 1945 als historische Zäsur. Eine Überlegung zur Problematik geschichtlicher Epochenbildung und des historischen Bewußtseins einer Nation, in: Wolfgang Elz/Sönke Neitzel (Hrsg.), Internationale Beziehungen im 19. und 20. Jahrhundert. Festschrift für Winfried Baumgart zum 65. Geburtstag, Paderborn u.a. 2003, S. 389–401.

45 Manfred Görtemaker, Geschichte der Bundesrepublik Deutschland. Von der Gründung bis zur Gegenwart, München 1999, S. 475ff.

die Zäsur gleichsam selbst zeitgenössische Erfahrungsmacht erlangt hat.[46]

Eben diese zeitgenössische Erfahrungsmacht können Zäsuren fallweise aber auch selbst ausüben, wie sich vielleicht an keinem Beispiel besser belegen lässt als am Umbruch von 1989, weil er zusammen mit den islamistischen Terroranschlägen vom 11. September 2001 diejenige Zäsur markiert, die die heutige Zeithistorikergeneration als einzige mehrheitlich selbst in ihrer Ordnungskraft erfahren hat. Die epochale Bedeutung des Mauerfalls 1989 ist unmittelbar augenfällig, und die Kerbe, die wir mit historischen Umbrüchen verbinden, kam in ihm musterhaft zum Ausdruck. »Niemand vergißt, wie ihn die Nachricht erreicht hat«, schrieb der Publizist Hermann Rudolph rückblickend.[47] Hüben und Drüben war »Wahnsinn« das Wort der Stunde, um die Empfindung des historisch Unerhörten zum Ausdruck zu bringen. Auch im Abstand von zwanzig Jahren behauptet der 9. und 10. November seine Frische als ein Moment, an dem die Weltgeschichte ihren Atem angehalten hat. In analytischer Distanz zeigt sich der Zäsurencharakter des Herbstes 1989 in der sich überschlagenden Wucht und Beschleunigung des historischen Ereignisstroms, der in Monate, Tage, manchmal Stunden zusammenballte, was vordem auf Jahrzehnte unverrückbar festgefügt schien. Mit einem Mal war Deutschland nach vierzig Jahren staatlicher Teilung zu einem Nationalstaat in anerkannten Grenzen verwandelt und damit erst der Zweite Weltkrieg endgültig Geschichte geworden.

Alle oben gemachten Einwände gegen die Geltungskraft der Deutungszäsur gelten auch hier: Der Epocheneinschnitt war nicht allumfassend. Der Herbst »1989« markiert selbst in der engen deutschen Nationalgeschichte lediglich einen politischen und herrschaftsgeschichtlichen Einschnitt, der überdies nur einen Bruchteil der größer gewordenen Bundesrepublik betraf. Auch

46 Dass im Epochenbegriff »zugleich ein sich im Bewusstsein nachträglich herstellender Ordnungssinn und ein sich im Handeln aktual vollziehendes Sinngeschehen« zusammenkommen, erörtert auch Friedrich Jaeger, Epochen als Sinnkonzepte historischer Entwicklung, in: Jörn Rüsen (Hrsg.), Zeit deuten. Perspektiven – Epochen – Paradigmen, Bielefeld 2003, S. 313–354, hier S. 314.

47 Zit. n. Hans-Hermann Hertle/Kathrin Elsner, Mein 9. November. Der Tag, an dem die Mauer fiel, Berlin o. J. [1999], S. 69.

außenpolitisch lässt sich fragen, ob 1989/90 seinen Rang wirklich bewahren konnte oder ob die Folgejahre die Tiefe des Umbruchs eher wieder relativiert haben. In globalem Maßstab widerspricht das zähe Überleben kommunistischer Regime in Nordkorea, Kuba und vor allem China allen euphorischen Annahmen der Zeitgenossen von 1990/91, dass diese Fossile des Kalten Kriegs über kurz oder lang dem Zug der Zeit folgen und sich hin zu freiheitlichen und marktwirtschaftlichen Ordnungen wandeln müssten. Viele zeitgeschichtliche Entwicklungstrends auch in Deutschland und Europa blieben vom Mauerfall gänzlich unberührt. Die Herausbildung der Informationsgesellschaft in der digitalen Revolution, der Umbau des Bildungssystems, der demografische Wandel und die krisenhafte Expansion des Sozialstaats bezeichnen Entwicklungen, die vor 1989 einsetzten und vom Herbst 1989 zwar betroffen, aber kaum in ihrer Richtung verändert wurden. Für die Alltagsgeschichte der westeuropäischen Gesellschaft bedeutete der Beginn des Internetzeitalters einen sehr viel größeren Einschnitt als der Fall der Berliner Mauer.

Als der kritischen Reflexion zugängliche historiografische Deutungszäsur lässt sich der Einschnitt von 1989 daher in Frage stellen, nicht aber als sinnweltliche Erfahrungszäsur, die das Denken und Handeln der Zeitgenossen, insbesondere der Ostdeutschen unmittelbar beeinflusste. Geschichtliche Zäsuren stellen mit Johann Martin Chladenius »Sehepunkte«[48] bereit, also Umbruchsdaten einer historischen Entwicklung, die sie als abgeschlossene Epoche kennzeichnen und ihren Deutungshorizont vorgeben.[49] Das entgegenstehende Beispiel einer noch offenen

48 Johann Martin Chladenius, Einleitung zur richtigen Auslegung vernünftiger Reden und Schriften, Leipzig 1742.

49 Als Beleg für die vorgängige Interpretationsmacht der historischen Zäsur: »Die historiographische Herausforderung durch die Wende von 1989/90 traf die ›jüngere‹ westdeutsche Zeitgeschichte in einer Phase, in der sie ohnehin dabei war, einige Koordinaten zu überprüfen. […] Der Umbruch von 1989/90 geriet in eine derartige Phase des Nachdenkens. […] Vor allem aber hat die Epochenwende von 1989/90 die ›jüngere‹ Zeitgeschichte vor eine neue, große Aufgabe gestellt, die kaum jemand vorhergesehen hat. Sie liegt in der Frage, wie die Geschichte der Bundesrepublik und der DDR künftig aufeinander zu beziehen seien, inwieweit sie als gemeinsame Geschichte des vereinigten Deutschland miteinander zu vermitteln

Geschichte bildet dagegen die vielfach als »jüngste Zeitgeschichte« apostrophierte Zeit nach 1989, für die das Fehlen eines klaren Bezugspunkts ein methodisches Grundproblem der Zeitgeschichte als historischer Subdisziplin ausmacht.[50] Es brachte etwa Georg Gottfried Gervinus dazu, gegenüber Ephraim Lessing Zeitgeschichte als Ende aller Geschichtsschreibung zu verdammen: »Der Geschichtsschreiber kann nur vollendete Reihen von Begebenheiten darstellen wollen, denn er kann nicht urtheilen, wo er nicht die Schlußscenen vor sich hat.«[51]

Der Mauerfall von 1989 markiert demgegenüber eine solche Schlussszene, die die nationale wie globale Geschichte neu justierte. Er schuf eine grundstürzend neue Perspektive, den Endpunkt einer historischen Entwicklung, der zu Reorganisierung des eigenen Weltverständnisses herausfordert und seine eigene Historizität so aufsagt, dass eine kontrafaktische Sicht gegenstandslos wird. Der rasche und widerstandslose Zerfall der SED-Herrschaft im Herbst und Winter 1989 war ein Ereignis, das *ante factum* nicht vorstellbar war und *post factum* geschichtsnotwendig erscheint. Es sprengte den Denkrahmen der Politik, überstieg die Phantasie der Öffentlichkeit, und es strafte die prognostische Kompetenz der Gesellschaftswissenschaften und besonders der DDR-Forschung Lügen.

Wie sehr auch die Zeithistoriker/innen unter den Zeitgenossen des Umbruchs sich der historisch erzwungenen Verschiebung

sind.« Hans Günter Hockerts, Zeitgeschichte nach der Epochenwende, in: Jörg Calließ, Historische Orientierung nach der Epochenwende oder: Die Herausforderungen der Geschichtswissenschaft durch die Geschichte, Loccum 1995, S. 95–104, hier S. 100f. Für die DDR-Forschung vor und nach 1989: Martin Sabrow, DDR-Bild im Perspektivenwandel, in: Jürgen Kocka/Martin Sabrow (Hrsg.), Die DDR in der Geschichte. Fragen – Hypothesen – Perspektiven, Berlin 1994, S. 239–251.

50 Das konstitutive Dilemma einer epochal offenen Zeithistorie veranschaulicht die Reihe »Europäische Geschichte im 20. Jahrhundert«: »Soweit man es heute erkennen kann, werden die Jahre 2000 oder 2001 keine markanten historischen Zäsuren bilden. Aber es wird doch sichtbar, dass im letzten Fünftel des 20. Jahrhunderts etwas zu Ende ging, was 100 Jahre zuvor begonnen hatte, und etwas Neues einsetzte, das wir bislang weder definieren noch historisieren können.« Ulrich Herbert, Vorwort, in: Hans Woller, Geschichte Italiens im 20. Jahrhundert, München 2010, S. 7–10, hier S. 10.

51 Georg Gottfried Gervinus, Grundzüge der Historik, Leipzig 1837, S. 76f.

ihres Sinnhorizonts hatten beugen müssen, lehrt der Vergleich ihrer Auffassungen und Äußerungen vor und nach 1989. Die zeithistorische Zunft hat sich schnell darauf verstanden, dieses Versagen mit Kopfschütteln zu betrachten und die Frage, warum zeitgenössische Analysen das nahende Ende der DDR nicht hatten kommen sehen, beispielsweise mit bedauerlicher moralischer Indifferenz oder fachlicher Blindheit erklärt. Klüger wäre es, hier anzuerkennen, dass historische Zäsuren neue Denkhorizonte schaffen können, die wissenschaftlich nicht einholbar sind.

Dies muss freilich nicht für jeden Einschnitt gelten, den Zeitgenossen als epochal bezeichnen. Das Argument der historischen Eigenmacht von Zäsuren ist auf Zeitgrenzen einzuschränken, die den Lauf der Geschichte in eine unerwartete, nicht vorhersehbare Richtung lenken, einen neuen Normalzustand an der Stelle eines alten etablieren, so wie eine scheiternde Revolution als Putsch oder Hochverrat behandelt wird und eine siegreiche eine neue politische und kulturelle Ordnung mit eigenen Maßstäben von Gut und Böse erzeugt. Mit dem 9.11.1918 wurde der blutig unterdrückte Hochverrat aufständischer Matrosen zur republikanischen Tugend; mit dem 9.11.1989 verwandelte die lästige Berichtspflicht eines inoffiziellen Mitarbeiters sich zum moralischen Verrat. Solche Zäsuren hatten heterodoxen Charakter, indem sie die überkommene Lebenswelt nicht nur, um mit Reinhart Koselleck zu sprechen, »aufsprengten«, sondern den zeitgenössischen Erfahrungsraum gänzlich auf den Kopf stellten und den gesellschaftlichen Erwartungshorizont über »einen mit der Zeit fortschreitenden Veränderungskoeffizienten«[52] hinaus in einer vordem unvorstellbaren Weise verschoben.

Solchen heterodoxen Zäsuren stehen orthodoxe Zäsuren gegenüber, die die vorherrschende Weltsicht einer Gesellschaft und einer Zeit eher bestätigen als in Frage stellen.[53] Eine solche

52 Reinhart Koselleck, »Erfahrungsraum« und »Erwartungshorizont« – zwei historische Kategorien, in: ders., Vergangene Zukunft, S. 349–375, hier S. 361 u. 363.

53 Als einen solchen »Bewegungsbegriff«, der für die Zukunft erwartete Zäsuren immer schon sinnweltlich zu integrieren vermag, lässt sich etwa die Kategorie »Fortschritt« fassen: »Der ›Fortschritt‹ ist der erste genuin geschichtliche Begriff, der die zeitliche Differenz zwischen Erfahrung und Erwartung auf einen einzigen Begriff gebracht hat.« Ebd., S. 366.

orthodoxe Zäsur bilden ungeachtet konkurrierender Deutungen zumindest im transatlantischen Verständnis die islamistischen Terroranschläge des 11. September 2001. »America is under attack«, erklärte Präsident George W. Bush noch während der Anschlagsserie, und die nachfolgenden Kriege in Afghanistan und gegen den Irak unter Saddam Hussein belegen die Konsequenz, mit der die USA sich gegen die islamistische Bedrohung zur Wehr zu setzen versuchte. Gleichzeitig bestätigt der über 3.000 Menschenleben fordernde Selbstmordanschlag von Mohammed Atta und seinen 18 Gesinnungsgenossen die These einer Radikalisierung und Verschärfung der Gewalt in der Epoche der asymmetrischen Kriege. Der 11. September belegt die Entgrenzung der Gewalt hin zu einem »Terrorkrieg [...], der weltweit und ohne jede Selbstbeschränkung bei der Auswahl der Opfer geführt wird«.[54]

Trotz seiner verheerenden Gewalt und seiner weitreichenden politischen Wirkung stellt »9/11« insofern eine orthodoxe Zäsur dar, als sie die Basisnormen und -vorstellungen unserer Zeit eher bestätigt als in Frage stellt. Anders als »1989« schuf er keine neuen Sichtachsen und Denkhorizonte, sondern bestätigte bereits vorher bekannte. Nicht zufällig sprechen Kulturhistoriker vom »Mythos einer neuen Ära«.[55] Tatsächlich ist Samuel Huntingtons berühmte Studie über den »Clash of Civilizations« fünf Jahre älter als der Anschlag vom 11. September 2001, und seine statischen Thesen treffen nach wie vor auf die Kritik der *postcolonial studies*, die mit Edward Said auf den Konstruktionscharakter von Kulturgrenzen hinweisen und die Hybridität aller Kulturen betonen.[56] Der 11. September 2001 hat der Zeitgeschichte nicht gegeben, was der 9. Oktober 1989 ihr gab: die Leseanleitung für eine abgeschlossene Epoche, die mit diesem Tag zu Ende ging –

54 Herfried Münkler, Die neuen Kriege, Reinbek 2002, S. 189f.

55 Armin Winiger, Der 11. September. Mythos einer neuen Ära, Wien 2007.

56 Thorsten Schüller, Kulturtheorien nach 9/11, in: Sandra Poppe/Thorsten Schüller/Sascha Seiler (Hrsg.), 9/11 als kulturelle Zäsur. Repräsentationen des 11. September 2001 in kulturellen Diskursen, Literatur und visuellen Medien, Bielefeld 2009, S. 21–38. Zu Edward Said vgl. auch Felix Wiedemann, Orientalismus, Version: 1.0, in: Docupedia-Zeitgeschichte, 19.4.2012, online unter https://docupedia.de/zg/ Orientalismus.

er markiert ein zeithistorisches Datum von Gewicht, aber keine Epochenzäsur.[57]

Heterodoxe Zäsuren dagegen erzwingen Neuinterpretationen, stellen Zeitgenossen vor Anpassungsprobleme, die den Gegensatz von biografischer Kontinuität und politischer oder sinnweltlicher Diskontinuität zu bewältigen verlangen. Damit sind sie selbst ein historischer Handlungsfaktor und geben dem Zäsurenbegriff nicht nur historiografische, sondern auch historische Bedeutung.

Die weltgeschichtliche Wende von 1989/91 in Deutschland und Europa bedeutete anders als die Anschläge vom 11. September 2001 eine Epochenzäsur, weil sie die Gültigkeit der bisherigen Ordnung der Dinge aufhob. Sie setzte neue normative Maßstäbe des Handelns und Denkens, die sich aus den alten Verhältnissen nicht hätten ergeben können, und bildet einen unhintergehbaren Sehepunkt, der seine eigene Historizität und Unerhörtheit rasch zur selbstverständlichen Normalität verwandelt hat: Niemand wird mehr den fortschreitenden Verfall der DDR-Wirtschaft bestreiten oder die auf den Untergang zulaufende Erosion des Kommunismus, die Unnatürlichkeit der deutschen Teilung. Und wer die SED-Führung restlos lächerlich machen will, muss nur Honeckers berühmten Satz vom 19. Januar 1989 zitieren, dass die Mauer noch in fünfzig und hundert Jahren stehen werde, »wenn die dazu vorhandenen Gründe noch nicht beseitigt sind«. Dass dieser Satz uns heute absurd erscheint und damals nicht, macht den umfassenden sinnweltlichen Ordnungscharakter der Zäsur von 1989 aus.

So sehr Zäsuren nachträglich gesetzte Einschnitte des deutenden – und in der Zeitgeschichte auch erfahrungsgeprägten – Betrachters sind, so sehr greifen sie doch von der Deutungsebene auf die Handlungs- und Erfahrungsebene über, weil und insofern sie die Vorstellungswelt neu ordnen und die strukturbildenden Fluchtpunkte liefern, auf die die sinnweltliche Ordnung der Welt ausgerichtet ist, ohne dass dies den Zeitgenossen überhaupt

57 Vgl. auch Michael Butter/Birte Christ/Patrick Keller (Hrsg.), 9/11. Kein Tag, der die Welt veränderte, Paderborn 2011; Manfred Berg, Der 11. September 2001 – eine historische Zäsur?, in: Zeithistorische Forschungen/ Studies in Contemporary History 8 (2011), H. 3, S. 463–474; Bösch, Umbrüche in die Gegenwart, S. 12.

bewusst sein muss. Historische Zäsuren können zu Fluchtpunkten der sozialen Selbstverständigung werden, die das Bild von der Welt reorganisieren – schlagartig wie in der Trümmerlandschaft nach 1945 und seines vermeintlichen Nullpunkts oder schleichend wie im Umbruch von der Fortschrittsmoderne zur Welt »nach dem Boom«. Oder in den Worten des Literaturhistorikers Wilfried Barner ausgedrückt: Auch »Epochenillusionen sind historische Tatsachen«.[58]

58 Barner, Zum Problem der Epochenillusion, S. 527.

Pavel Kolář

Historisierung

Der Begriff »Historisierung« stellt sicherlich keine Neuheit in der Diskussion über Geschichtstheorie dar. In der Zeitgeschichte hat er sich insbesondere dank der Auseinandersetzung zwischen Martin Broszat und Saul Friedländer über das zulässige Ausmaß historischer Relativierung des Nationalsozialismus etabliert, und in der Tat würden die meisten Fachkolleginnen und -kollegen den Begriff wahrscheinlich mit diesem intellektuellen Ereignis assoziieren.[1] Dennoch nahm der Begriff bisher keineswegs einen zentralen Platz in den fachhistorischen Debatten ein.[2]

Im Grunde lassen sich zwei Bedeutungsdimensionen von »Historisierung« ausmachen. Im breiteren Sinne kann man Historisierung zunächst als einen Akt der Transformation von »toten«, vergangenen Überlieferungen und Artefakten in sinnvolle, zeitlich geordnete Erzählungen und Geschichten begreifen, die in Anfang, Geschehen und Ende aufgeteilt sind. *Res gestae* werden zu *historia rerum gestarum*. Diese Umformungsleistung ist ein wesentliches Charakteristikum der Geschichtsschreibung seit ihrer Entstehung im Altertum, als sie der Altertumskunde als »systematische[r] Beschreibung der Zustände« eine Geschichte als »chronologische Darstellung der Ereignisse« entgegenstellte.[3] In der Neuzeit entwickelten Theoretiker der Geschichtsschreibung unterschiedliche Begrifflichkeiten für die Beschreibung dieser Operation,

1 Norbert Frei (Hrsg.), Martin Broszat, Der »Staat Hitlers« und die Historisierung des Nationalsozialismus, Göttingen 2007.

2 Glenn W. Most (Hrsg.), Historicization, Göttingen 2001.

3 Momigliano unterscheidet zwischen Geschichte und Antiquitäten folgendermaßen: »1) historians write in a chronological order; antiquaries write in a systematic order; 2) historians produce those facts which serve to illustrate or explain certain situations; antiquaries collect all the items that are connected with a certain subject, whether they help to solve the problem or not.« Arnaldo Momigliano, Ancient History and the Antiquarian, in: Studies in Historiography, London 1969, S. 1–39, hier S. 3.

unter welchen Johann Gustav Droysens Umwandlung der *Geschäfte* in *Geschichte* wahrscheinlich die bekannteste ist, während Theodor Lessings *Sinngebung des Sinnlosen* und Hayden Whites *Emplotment* die radikalsten sind.[4] Die Vergangenheit wird zu einer Geschichte geformt, indem sie in eine kohärente, sinnvolle Erzählung umgewandelt wird, sei es in Form einer wissenschaftlichen Dissertation, eines Romans, eines Films, eines Denkmals oder Gemäldes.

Zum Zweiten setzt allerdings die Transformation der Vergangenheit in Geschichte voraus, dass vergangene Ereignisse und Überlieferungen zum Gegenstand des »historischen Interesses« werden. Der Vergangenheit werden Bedeutungen zugeschrieben, die für den Beobachter bzw. Geschichtsschreiber in der Gegenwart relevant sind. Dies war bereits Geschichtsdenkern wie Leopold von Ranke oder Droysen –»Nur was erinnert wird, ist unvergangen, d.h. wenn auch gewesen, doch noch gegenwärtig, und nur was so ideell gegenwärtig ist, ist für uns gewesen«[5] – sowie Max Weber klar, der über »Wertbeziehung« sprach.[6] Eng verbunden mit diesem Gedanken war jedoch die skeptische Vorstellung, dass Geschichte durch die Gegenwart nicht nur gestaltet wird, sondern ihr sogar untergeordnet sein kann. Die Gefahr, dass Geschichte zur Dienstmagd der Gegenwart werden könnte, wurde bereits von Goethe erkannt und spöttisch kommentiert (»Mein Freund, die Zeiten der Vergangenheit sind uns ein Buch mit sieben Siegeln. Was ihr den Geist der Zeiten heißt, das ist im Grund der Herren eigner Geist, in dem die Zeiten sich bespiegeln.«[7]). Später wurde dieses Verhältnis wieder aufgenommen und ins Positive gewendet, zum Beispiel von Benedetto Croce, für den »echte« Geschichte immer Zeitgeschichte, d.h. politisch verwert-

4 Johann Gustav Droysen, Historik. Historisch-kritische Ausgabe, hrsg. v. Peter Leyh, Bd. 1, Stuttgart-Bad Cannstatt 1977; Theodor Lessing, Geschichte als Sinngebung des Sinnlosen, Hamburg 1962; Hayden White, Metahistory. The Historical Imagination in Nineteenth-Century Europe, Baltimore 1973.

5 Droysen, Historik, Bd. 1, S. 69.

6 Siehe seine Aufsätze »Der Sinn der Wertfreiheit« und »Objektivität sozialwissenschaftlicher Erkenntnis«, in: Johannes Winckelmann (Hrsg), Max Weber. Gesammelte Aufsätze zur Wissenschaftslehre, Tübingen 1985.

7 Johann Wolfgang von Goethe, Faust, Kehl 1994, S. 37.

bare Geschichte war.[8] Diese komplizierte, aber unhintergehbare Verbindung zwischen Geschichte und Gegenwart beschäftigte alle modernen Geschichtsdenker: Wie soll man der Szylla des Präsentismus ausweichen, ohne in die Charybdis des trockenen Antiquarentums zu geraten? Lange Zeit sahen Historiker und Philosophen die Voraussetzung einer unbefangenen, objektiven Geschichtsbetrachtung, d. h. einer Geschichtserzählung, die gegenwärtige Leidenschaften eliminieren würde, in einem adäquaten zeitlichen Abstand des Geschichtsschreibers zu seinem Untersuchungsgegenstand: ein Gedanke, den am besten Hegel erfasste, als er die Philosophie (und übertragen auch die Geschichte) mit der Eule der Minerva verglich, die ihren Flug erst mit der einbrechenden Dämmerung beginnt, was bedeuten sollte: die den Prozess des Verstehens und Erklärens erst beginnen kann, wenn das zu erklärende Ereignis vorbei ist.[9] Dieser Gedanke galt bis in die Zeit nach dem Zweiten Weltkrieg als ausschlaggebendes Argument gegen die Etablierung der Zeitgeschichte als vollgültiger wissenschaftlicher Disziplin.

Trotzdem lassen sich berühmte Beispiele aus der Geschichte der Geschichtsschreibung nennen, die eben diese angenommene Bedeutung der zeitlichen Entfernung des forschenden Subjekts als Garant seiner Objektivität relativieren. So würde niemand bezweifeln, dass Theodor Mommsens »Römische Geschichte«[10] ein hervorragendes Werk der europäischen Geschichtsschreibung von dauerndem Wert ist. Gleichzeitig würde jedoch kaum jemand zögern, diese Geschichtserzählung als »ahistorisch« zu bezeichnen, weil sie ganz offenkundig die »Geschäfte« des politischen Kampfes im Deutschland der Mitte des 19. Jahrhunderts in ihre Darstellung altertümlicher Ereignisse hineinträgt. Die italienische Geschichtsschreibung zur Lega Lombarda oder die tschechische Historiografie zu den Hussitenkriegen sind dafür weitere anschauliche Beispiele. Und in der marxistischen Geschichtsschreibung war Geschichte nicht nur den gegenwärtigen Interessen, sondern auch

8 Benedetto Croce, Zur Theorie und Geschichte der Historiographie, Tübingen 1915.
9 Georg Wilhelm Friedrich Hegel, Grundlinien der Philosophie des Rechts, Frankfurt a. M. 1972, S. 14.
10 Theodor Mommsen, Römische Geschichte, 8 Bde., München 1976.

einer utopischen Zukunftsvision der klassenlosen Gesellschaft untergeordnet. In all diesen Fällen handelte es sich um die »Historisierung« im Sinne eines Hineintragens der Identitätskämpfe der Gegenwart in die Beschreibung und Deutung der Vergangenheit. Demnach suchten die Historiker/innen in der Vergangenheit die Bestätigung eines gegenwärtigen oder erwünschten Zustands, wobei sie zugleich die Geschichtlichkeit ihres eigenen Standpunkts übersahen und ihre jeweilige, historisch bedingte Form der Darstellung als neutrale Präsentation unzweifelhafter Tatsachen ausgaben. Dies ist genau das, was man heutzutage einen »ahistorischen«, einen »unkritischen« Umgang mit der Vergangenheit nennt.

Die hier skizzierten zwei Dimensionen der »Historisierung« bilden gewissermaßen zwei Gegenpole innerhalb der modernen Geschichtsschreibung: zum einen Geschichtsschreibung als Identitätsstiftung, die eine Brücke schlägt zwischen Gegenwart und Vergangenheit; zum anderen Geschichtsschreibung als Verfremdung und Distanzierung, was bedeutet, einen vermeintlich selbstverständlichen Teil der Wirklichkeit aus seiner »natürlichen« Umgebung herauszunehmen und ihn stattdessen als fremd zu betrachten. Diese Unterscheidung bestimmt unser heutiges Verständnis von Historisierung. Zum Teil wurde sie bereits von Broszat indiziert, indem er die Historisierung als einen – temporären – Bruch mit der eigenen Identität begriff und dafür plädierte, vergangene Erfahrungen in die breiteren gesellschaftlichen und kulturellen Zusammenhänge des jeweiligen Zeitalters einzubetten. Die gesamte moderne Historiografiegeschichte dreht sich also darum, wie diese Spannung zwischen den beiden Polen gestaltet oder überwunden werden kann, wobei ihre jeweilige Gewichtung je nach Kontext variierte. Beide sind allerdings unentbehrliche Operationen für jede Geschichtsschreibung: Auf die anfängliche Verfremdung muss eine Neukontextualisierung folgen, indem man vielfältige *Entstehungs*zusammenhänge für den untersuchten Gegenstand zu identifizieren sucht. Schließlich folgt die »Narrativierung«, also die Formung einer kohärenten Erzählung, welche die durch die Verfremdung entstandene Lücke zwischen Vergangenheit und Gegenwart wieder zu schließen bemüht ist. Das ist offensichtlich das Schwierigste.[11]

11 Glenn W. Most, Vorwort in ders. (Hrsg.), Historicization, S. VII–XII, hier S. VIII.

Die Idee der »Überwindung des Eigenen« ist allerdings nicht neu, sondern im gesamten neuzeitlichen Geschichtsdenken präsent. So sollte beispielsweise Rankes berühmtes Diktum, wonach jede Epoche unmittelbar zu Gott sei, nicht als eine Relativierung von Gut und Böse missverstanden werden, wie dies oft geschieht, sondern als Plädoyer für einen (sach-)»gerechten«, in der Tat emanzipatorischen Zugang zur Geschichte. Laut Ranke darf keine historische Periode zur bloßen »Vorgeschichte« herabgesetzt werden, der eine angeblich »bedeutendere« Epoche folgt. Jede Epoche, so Ranke, hat selbst mehrere mögliche »Vorgeschichten« und soll historisch deshalb auch vom Blickwinkel der Vielfalt ihres Herkommens betrachtet werden. Gefordert wird hier also die Anerkenntnis einer grundsätzlichen Neutralität aller Teile des Kontinuums der geschichtlichen Zeit, ja gewissermaßen eine Säkularisierung der historischen Zeit.[12] Historisierung in diesem Sinne betont die Kontinuität sich überlappender Geschichten und postuliert zugleich eine Geschichte mit offenem Ende. Zwar ist klar, dass es immer ein implizit gedachtes Ende gibt, von dem die untersuchungsleitende Frage herrührt: der Untergang der Habsburger Monarchie, die Verbrechen des Nationalsozialismus oder der Zusammenbruch des Kommunismus. Doch bestimmt dieses »Ende« nur die untersuchungsleitende Frage, während die methodische und erzählerische Vielfalt der Forschung und der Darstellung nicht teleologisch eingeebnet werden sollte.

Geschichte mit offenem Ende: Die neuere Alltags- und Kulturgeschichte

Gerade dieses antiteleologische Ideal wurde im späten 20. Jahrhundert durch die Alltags- und Kulturgeschichte wieder aufgegriffen: Als eine Antwort auf die nationalgeschichtlichen, vulgärmarxistischen und modernisierungstheoretischen Großerzählungen (und auf verschiedene Fusionen dieser drei) propagierte die neue Alltags- und Kulturgeschichte die Idee einer nicht-diskriminierenden Perspektive (nicht nur bezüglich der Epochen, sondern

12 Siehe Wolfgang J. Mommsen, Leopold Ranke und die moderne Geschichtswissenschaft, Stuttgart 1988.

auch bezüglich gesellschaftlicher Gruppen) auf eine Geschichte mit offenem Ende.

In der Tat war das Hauptinteresse der neueren Alltags- und Kulturgeschichte an Erfahrungen und Erwartungen der historischen Akteure undenkbar ohne die Veränderung der grundlegenden Erzählperspektive der Geschichtsschreibung. Die »zweifache Konstruktion der historischen Wirklichkeit« ist der Ansatz, der heutzutage den Sinn der Historisierung am prägnantesten erfasst: Ein Ansatz, der die vielfältigen Perspektiven und Denkwelten der historischen Individuen selbst in Betracht zieht, sie aber gleichzeitig in einen übergreifenden Sinnzusammenhang einbettet, dessen sich die historischen Akteure nicht unbedingt bewusst waren. Zugleich befinden sich die Deutungsperspektiven der Historiker selbst ständig in einem Wandel, den es zu reflektieren, ja zu historisieren gilt. Die Beschäftigung mit lokalen Lebenswelten, mit »Unheimlichem«, Ambivalentem oder Marginalisiertem, die Erhebung jener Zeitabschnitte und Ereignisse (oder eben »Nicht-Ereignisse«), die früher als irrelevant galten, zum eigentlichen Mittelpunkt des historischen Interesses zu machen – oder mit Edward P. Thompsons Worten: ihre »Rettung vor der ungeheuren Arroganz der Nachwelt« –, bedeutet keineswegs eine Gleichsetzung der »Geschäfte« mit »Geschichte« und eine Rückkehr der »Antiquitäten«, wie eingewendet werden könnte. Vielmehr geht es um eine Dezentrierung der historischen Erzählung. »Geschäfte« können selbstverständlich nicht mit Geschichte gleichgesetzt werden. Die Alltags- und Kulturhistoriker waren allerdings der Auffassung, dass im Zeitalter der Hochmoderne, d. h. ungefähr zwischen 1860 und 1960, die »Geschäfte« in einem vorher unbekannten Ausmaß durch gewaltige Großerzählungen und scheinbar »allgemein gültige« Erklärungsmodelle selektiert, hierarchisiert und dominiert wurden.

Das heikle Verhältnis zwischen »Geschäften« und »Geschichte« lässt sich gut anhand der Geschichtsschreibung der Politik veranschaulichen. Sie scheint sich lange tatsächlich allzu sehr für die »Geschäfte« im Sinne individueller politischer Entscheidungen und Handlungen interessiert zu haben. Dabei ordnete die Politikgeschichte diese Einzeltatsachen einer festen und scheinbar unveränderlichen Auffassung von politischem Handeln, Macht, Interesse oder Staat unter und verlieh diesen einen eindeutigen, geschichtlichen Sinn. Politische »Geschäfte« wurden in eine staats- und machtzentrierte Großerzählung eingebaut, in der politische Entwicklungen auf einen übergreifenden Zweck ausgerichtet waren, meistens auf die Formierung oder – je nach Art des Narrativs – den Niedergang eines mächtigen Nationalstaats oder Reichs. Im Unterschied dazu untersucht ein im zweiten Sinne »historisierender« Zugang zur Politikgeschichte detailliert, wie »Macht« und »Interessen« durch Sprachgebrauch, Kommunikationspraktiken und symbolische Repräsentationen historisch konstituiert wurden. Ein solcher Zugang interessiert sich auch für andere, lange Zeit scheinbar bedeutungslose »Geschäfte«, wie zum Beispiel die Posen und Gesten der Staatsmänner.

Historisierung und Zeitgeschichte: Geschichtserzählungen des Staatssozialismus und des Nationalsozialismus in Fachwissenschaft und Medienöffentlichkeit

Als Beispiel für einen verengten Begriff der Politik und der Macht auf dem Gebiet der Zeitgeschichtsschreibung lässt sich die Art und Weise herausgreifen, wie die Geschichte der staatssozialistischen Diktaturen in Osteuropa nach ihrem Ende 1989/91 in der Historiografie behandelt wurde. Das nun entstehende Geschichtsbild wurde durch einen Erzählrahmen bestimmt, der zum Teil bereits in den 1980er-Jahren in Dissidentenkreisen Ostmitteleuropas etabliert worden war und nach der »Wende« sowohl die Fachgeschichtsschreibung als auch das kollektive Gedächtnis weitgehend prägte. Als Geschichtserzählung folgt dieses Geschichtsbild einem einfachen Plot:[13]

Erstens besitzt diese Geschichte bezüglich der auftretenden Subjekte eine äußerst bipolare Struktur. Die standardisierten Geschichtsakteure sind das »Regime«, der »Staat« und die »Macht« auf der einen Seite, die »Gesellschaft«, die »Bevölkerung« und

13 Mary Fulbrook, Approaches to German Contemporary History since 1945: Politics and Paradigms, in: Zeithistorische Forschungen 1 (2004), H. 1, S. 31–50, Online-Ausgabe, http://www.zeithistorische-forschungen.de/site/40208147/default.aspx.

die »Öffentlichkeit« auf der anderen Seite. Hauptakteur der Geschichte ist das »Regime«, oft verdinglicht als »Macht«. Die »Macht« handelt quasi wie eine Person: Die Macht realisiert, die Macht entscheidet, die Macht wird überrascht usw. Während die Macht so oft das einzige aktive Agens der Geschichte ist, erscheint die Gesellschaft als ein passives Objekt des Geschehens, eingeschüchtert durch Repression oder manipuliert durch Propaganda. Wo dies nicht der Fall ist, wird ihre Handlung automatisch als »Resistenz« gedeutet, die allerdings als Reaktion auf die Machenschaften der »Macht« zu verstehen ist.

Dabei wird diese Gegenüberstellung von Macht und Gesellschaft zweitens moralisch untermauert durch das manichäische Weltbild, in welchem sich die Kräfte des Guten und des Bösen ohne Möglichkeit auf Versöhnung bekämpfen, wobei letztere mit der »Macht« und erstere mit der »Bevölkerung« identifiziert werden.

Drittens erweist sich die Konzeption der Zeit als radikal teleologisch, d.h. die Geschichte wird als geradliniger Weg der Befreiung der Gesellschaft von der »Macht« dargestellt. Hierbei stehen parlamentarische Demokratie und liberale Marktwirtschaft für das erwünschte Ende der Geschichte, ein gleichsam vorhersehbares Ende, das die gesamte Erzählung determiniert. In Bezug auf die Entfaltung der Nationalgeschichte wird die Epoche des Staatssozialismus als »Abweichung« vom eigentlichen Pfad der Nationalgeschichte, wenn nicht gar, wie im Fall der DDR, als »Fußnote« (Hans-Ulrich Wehler) betrachtet. In dieser Perspektive stellte für Polen der Staatssozialismus eine Abweichung von der Verwirklichung von Freiheit und nationaler Unabhängigkeit dar, für die Tschechoslowakei eine Abweichung von den endogenen demokratischen und egalitaristischen Traditionen, für Ungarn eine Abweichung von der Kontinuität ungarischer Staatlichkeit. Das Jahr 1989 wird in diesen Erzählungen dann folgerichtig als Rückkehr auf die Spur der »richtigen« Entwicklungsschiene gedeutet.

Viertens spielen idiomatische Figuren und Bilder eine wichtige Rolle, die in der Reproduktion dieses Narrativs oft unreflektiert in historische Darstellungen integriert werden oder von einer Darstellung auf die andere überspringen. Die meisten idiomatischen Metaphern stammen aus dem Bereich der Mechanik (die Partei als »Apparat«, die Massenorganisationen als »Transmissionsriemen«, die politischen Zugeständnisse als »Ventil«). Für die Beschreibung von Macht und Ideologie werden aber oft auch Ausdrücke aus der Biologie entlehnt, wie z. B. das Bild des Pilzes, der die Gesellschaft durchwächst und schrittweise paralysiert. Der Erzähleffekt solcher Bilder ist die Naturalisierung sozialer und politischer Verhältnisse und die Eliminierung der sozialen Dimension von Herrschaft sowie der Vielfalt von Erfahrungen.

Eine ähnlich radikale Version solch »ahistorischer« Geschichtserzählungen war jene des historischen Materialismus (Marxismus-Leninismus), wie sie in den Ländern des sowjetischen Blocks vor 1989 praktiziert wurde. Der charakteristischste Zug dieser Erzählung war die berühmt-berüchtigte *piatitschlenka*, das Fünf-Stufen-Modell der Entwicklung der Gesellschaftsformationen vom Urkommunismus über Sklavenhalterordnung, Feudalismus und Kapitalismus bis zum Kommunismus. Diese schematische Periodisierung, von der es hieß, sie sei durch »eiserne Gesetze der historischen Entwicklung« bestimmt, erscheint uns heutzutage absurd. Allerdings stellt sich die Frage, ob die heutige Geschichtswissenschaft selbst vollkommen frei ist von dieser Art des Geschichtsdenkens. Ist denn nicht das Bedürfnis nach Aufteilung historischer Prozesse in »Entwicklungsstufen«, »Epochen«, »Zäsuren« und »Perioden« der Geschichtsschreibung aller Zeiten gemein? Tatsächlich ist z. B. das Denken in den Kategorien »Altertum«, »Mittelalter«, »Neuzeit« eine Selbstverständlichkeit für die Mehrheit der Fachhistoriker/innen. Es drängt sich jedoch die Frage auf, ob es überhaupt zeitgemäß und sachlich begründbar ist, an diesen Epochenbegriffen festzuhalten, die in unterschiedlichen historischen Konstellationen entstanden sind und andere Wertorientierungen widerspiegeln als unsere gegenwärtigen.

Ein erster Schritt in Richtung einer adäquateren historisch-chronologischen Klassifizierung wäre es, diese Kategorien selbst gründlich zu historisieren, d. h. sie sorgfältig im Kontext ihrer Entstehungsbedingungen zu untersuchen, unter denen vor allem der Humanismus genannt werden muss.[14] Sie setzten sich in einer spezifischen historischen Situation als Klassifizierungsmuster mit

14 Dies fordert der Philosoph Kurt Flasch, siehe Hartmut Westermann, »Epochenbegriffe und Historisierung. Ein Gespräch mit Kurt Flasch«, in: Internationale Zeitschrift für Philosophie 2 (2004), S. 193–209.

bestimmten politischen Zielen und Gebrauchsweisen durch und waren spezifischer Bestandteil der jeweils gegenwärtigen politischen Sprache. »Periodisierung« resultierte aus dem Bedürfnis der Zeitgenossen, politische Brüche und Zeitenwenden zu konstruieren. Die Humanisten taten dies genauso wie später die Liberalen und Sozialisten. Sie alle sahen »neue Epochen« kommen und alte verblassen. Daher stellt sich die Frage, ob wir, wenn wir an der alten Periodisierung festhalten, nicht unsere eigene Historizität verkennen: Stehen wir nicht heute ganz anderen Herausforderungen gegenüber als vor uns Machiavelli, Guizot oder Stalin?

Angesichts dieser Unsicherheit sollte etwa der Glaube marxistischer Historiker/innen an »Entwicklungsstufen« und die »Gesetzmäßigkeit des historischen Prozesses«, an die Vereinbarkeit von wissenschaftlicher Objektivität und kommunistischer Parteilichkeit nicht als Naivität verspottet oder als böse Propaganda verurteilt werden. Es ist recht einfach, die Maßstäbe der westlichen pluralistischen Wissenschaft an die marxistisch-leninistische Historiografie anzusetzen, um den »Abweichungsgrad« von der angeblichen Norm festzustellen. Dies mag zwar dazu dienen, uns selbst unserer Identität als Anhänger westlicher Wissenschaftlichkeit zu vergewissern oder Rezepte für unsere eigene »Verbesserung« zu liefern, sagt aber nur wenig über das historische Denken unter den Bedingungen der staatssozialistischen Diktatur aus. Statt die kommunistische Historiografie für die Verzerrung der Geschichte zu verklagen, würde ein dem »historisierenden Ansatz« treuer Historiker diese in ihren mannigfaltigen Entstehungskontext einbetten, das Selbstverständnis staatssozialistischer Gesellschaften beachten, die diskursiven und institutionellen Mechanismen sowie die vorherrschenden Denkmuster und Wertorientierungen ihrer Historiker/innen untersuchen und deren spezifische Begriffe von Wahrheit, Erkenntnis und Objektivität in Betracht ziehen. So würde man nicht nur auf den »ideologischen Druck« schauen, der Ansichten erzwingen konnte, sondern auch subtile Sprachmechanismen erforschen, mit denen »Klarheit« und »Meinungseinheit« erreicht wurden.

Eine weitere Bemerkung betrifft das Verhältnis zwischen einer solchen »reflektierten Historisierung« und den öffentlichen Debatten über die jüngste Vergangenheit. Wie die Erfahrungen der Historiker/innen in postdiktatorischen Gesellschaften zeigen, ist es keine leichte Aufgabe, eine im hier skizzierten Sinne differenzierte Darstellung diktatorischer Vergangenheit einem breiteren Publikum zu vermitteln. Auch wenn es in letzter Zeit zu einem gewissen »Aufweichen« des lange dominierenden Totalitarismus-Paradigmas in der Forschung über die staatssozialistischen Systeme in Osteuropa kam, ist es nach wie vor dieses macht- und repressionszentrierte Geschichtsbild, das die öffentliche Erinnerungskultur – trotz aller Pluralisierungstendenzen der letzten Zeit – weitgehend beherrscht. Während »Historisierung« als kognitive und narrative Strategie ein subversives Potenzial besitzt und eine Herausforderung für affirmative Identitätserzählungen in der Fachhistoriografie darstellt, ist sie vergleichsweise schwach und zahnlos, wenn es darum geht, die Politik und die Medien von ihren Vorteilen zu überzeugen. Durch die Gründung der »Institute für Nationalgedenken« in mehreren Ländern Ostmitteleuropas (bislang Polen, die Slowakei, Tschechien) erhielten vereinfachende, mit einem politisch-moralisierenden Unterton schwer belastete Geschichtsbilder eine staatlich-institutionelle, geschichtspolitische Sanktionierung. Dies sollte allerdings keineswegs vereinfachend auf angebliche »Transformationsdefizite« der postkommunistischen Länder im Bereich der sogenannten Vergangenheitsbewältigung zurückgeführt werden. Auch in Deutschland löste nämlich beispielsweise noch im Jahr 2006 ein Expertenbericht, der einen differenzierenden Umgang mit der Geschichte der SED-Diktatur forderte und die Vielschichtigkeit und Uneindeutigkeit der Erfahrungen unter der Diktatur hervorhob, heftige Kontroversen aus, nachdem der konservative Staatskulturminister ihn abgelehnt hatte.[15]

Hier zeigen sich letztlich gewisse Ähnlichkeiten mit der Debatte um die Historisierung des Nationalsozialismus der 1980er-Jahre, die auch die moralischen Grenzen der Historisierung – und damit die Historisierung als moralisches Problem – deutlich machte. Ähnlich wie bei den Alltagshistoriker/innen, die nach 1989 gegen den Totalitarismusbegriff bei der Aufarbeitung des Staatssozialismus argumentierten, war es auch in der »Historisierungsdebatte« der 1980er-Jahre vor allem darum gegangen, die untersuchte Epo-

15 Martin Sabrow/Rainer Eckert/Monika Flacke, Wohin treibt die DDR-Erinnerung, Göttingen 2007.

che – den Nationalsozialismus – nicht als das identitätsstiftende »Andere« wahrzunehmen, weil darin die Gefahr erblickt wurde, dass die Periode des Nationalsozialismus aus der Kontinuität der deutschen Geschichte herausgelöst und damit eine Exkulpation der Deutschen vorgenommen werden könnte. Ein Teil der Historisierung war auch die Infragestellung des totalitaristischen Herrschaftsbegriffs durch regional- und alltagsgeschichtliche Forschung, welche die dichotome Gegenüberstellung von Herrschaft und Gesellschaft und simplifizierende Aktions-Reaktions-Schemata kritisierte. Stattdessen deuteten die Alltagshistoriker/innen die NS-Herrschaft als soziale Praxis, die ein breites Spektrum von Handlungen wie beispielsweise die aktive Teilnahme oder das Mit-Machen, das Verweigern oder das Sich-Entziehen mit einbezog. Ein wichtiger Streitpunkt der »Historisierungsdebatte« allerdings war, dass viele, die eine »Historisierung« des NS befürworteten, darunter auch Broszat selbst, das zentrale Ereignis dieser Zeit, nämlich den Holocaust, in ihrer Betrachtung beiseitegelassen hatten. Dies war auch der Grund dafür, warum Saul Friedländer Broszats Historisierungsprojekt kritisierte. Der Streit drehte sich demnach um die Frage, was das eigentliche »Ende« der zu erzählenden Geschichte sei, von dem die untersuchungsleitende Frage ausgehen sollte: die »deutsche Katastrophe« – oder die Ermordung der europäischen Juden?[16]

Hinsichtlich der Rolle der Fachgeschichtsschreibung in der breiteren Erinnerungskultur der Gegenwart wird jedenfalls offensichtlich, dass »Historisierung«, die eine Fragmentierung identitätsstiftender Großerzählungen anstrebt, die individuelle wie kollektive Erinnerungen ernst nimmt und die den dialogischen Charakter der Rekonstruktion der Vergangenheit betont, eher schwer in der medial strukturierten Öffentlichkeit vermittelbar ist. Die Erfahrungen der postkommunistischen Länder vor allem in den 1990er-Jahren haben gezeigt, wie begrenzt die Möglichkeiten derjenigen Historiker/innen waren, die ein alternatives Bild zur Großerzählung des Totalitarismus in der Politik und den Medien akzeptabel zu machen erstrebten, wo nach wie vor eine

16 Saul Friedländer, »Ein Briefwechsel, fast zwanzig Jahre danach«, in Frei (Hrsg.), Martin Broszat, der »Staat Hitlers« und die Historisierung des Nationalsozialismus, S. 188–194.

starke Nachfrage nach Quellen der kollektiven Identität und eher affirmativen als kritischen Ansätzen besteht. Dies war aber zeitgleich auch für »westliche Gesellschaften« nicht grundsätzlich anders, wie letztlich auch die Geschichtsdebatten in Deutschland offenbarten. So ist das von Michael Geyer und Konrad H. Jarausch benutzte Sprachbild des »zerbrochenen Spiegels« für die neueste deutsche Geschichte sicherlich ein herausforderndes intellektuelles Projekt,[17] doch scheint es nicht gerade Oberhand über die neuen »kohärenten« deutschen Geschichtserzählungen zu gewinnen, die immer wieder neue Konjunkturen erleben.[18] In den meisten europäischen Ländern, keineswegs nur postkommunistischen, werden identitätsstiftende *grand narratives* weiterhin ungestört erzählt, oft auch von professionellen Historiker/innen: »Lange Wege« zu erträumten Paradiesen bleiben offenbar attraktiver als zerbrochene Spiegel. Die Antwort auf die Frage, warum dem so ist, müssen die »historisierenden Historiker/innen« immer wieder aufs Neue suchen.

17 Konrad H. Jarausch/Michael Geyer, Zerbrochener Spiegel. Deutsche Geschichten im 20. Jahrhundert, München 2005.

18 Siehe vor allem Heinrich A. Winkler, Der lange Weg nach Westen, 2 Bde., München 2000.

Achim Saupe

Authentizität

»Sei authentisch!« – diese Anforderung an das moderne Selbst ist insbesondere in alternativen Milieus der 1970er- und 1980er-Jahre geprägt worden und findet heutzutage in einer zunehmend medialisierten und digitalen Welt neue Bedeutung. Der schillernde Authentizitätsbegriff, der in der zweiten Hälfte des 20. Jahrhunderts zu einem allseits verwandten Schlagwort und vielbeachteten Phänomen in den Kulturwissenschaften geworden ist, gewinnt sowohl in methodologischer Hinsicht als auch als Forschungsgegenstand zunehmend an Bedeutung für die zeithistorische Forschung. Historiker/innen begegnen dem Authentischen, wenn sie sich mit Fragen der Echtheit und Originalität der Überlieferung und damit der Evidenz und dem Wirklichkeitsbezug von Erinnerung und kulturellem Gedächtnis beschäftigen. So findet sich das Authentische in den Aufzeichnungen der Oral History, in Memoiren, Autobiografien und anderen sogenannten Ego-Dokumenten von »Zeitzeugen« – einem Begriff, der erst in der zweiten Hälfte des 20. Jahrhunderts auftaucht und dessen Genese eng an die Verkörperung historischer Erfahrungen in den Medien gebunden ist.[1] Zudem zeigt sich das Authentische in der überlieferten materiellen Kultur, es wird in Museen und anderen Gedächtnis- bzw Erinnerungsorten zur Schau gestellt, oder aber es gibt Anlass zu öffentlichem Streit im Zuge der (Re-)Konstruktion historischer Bausubstanz.[2]

Doch was heißt »authentisch«, und was bedeutet die Zuschreibung von Authentizität? Nach der griechischen Herkunft des Wortes bedeutet authentisch (αυθεντικός *authentikós*; lat:

1 Martin Sabrow/Norbert Frei (Hrsg.), Die Geburt des Zeitzeugen nach 1945, Göttingen 2012.

2 Siehe exemplarisch Detlef Hoffmann, Authentische Erinnerungsorte. Oder: Von der Sehnsucht nach Echtheit und Erlebnis, in: Hans-Rudolf Meier/Marion Wohlleben (Hrsg.), Bauten und Orte als Träger von Erinnerung: Die Erinnerungsdebatte und die Denkmalpflege, Zürich 2000, S. 31–46.

authentes) zunächst Echtheit im Sinne eines Verbürgten, das »als Original befunden« wird. Die Wortbedeutung umfasst darüber hinaus Urheberschaft, Glaubwürdigkeit, Aufrichtigkeit, Wahrhaftigkeit und auch die Treue zu sich selbst. Zudem ist aber im Griechischen mit dem Authentischen auch der »Herr« und »Gewalthaber« mit gemeint, was den Begriff eng mit »Autorität« und »Autorisierung« verknüpft, aber auch »Mörder« und »Täter« implizieren kann. Schließlich gehören zu den Implikationen des Authentizitätsbegriffs – heute freilich wenig bekannt – auch das Selbstvollendete *(auto-entes)* und der/die »Selbsthandanlegende«, sodass in den Bedeutungshorizont auch der Selbstmörder eingeschlossen ist.[3]

Etwas vereinfachend lässt sich zunächst zwischen einer Objekt- und einer Subjektauthentizität unterscheiden, die beide auf (Selbst-)Darstellung angewiesen sind. Authentizität kann also etwa den authentischen Text (Philologie) oder das authentische Ausstellungsobjekt, authentische Darstellungen und Aufführungen (das authentische Kunstwerk, die authentische Fotografie, die authentische historische Darstellung oder aber den authentischen Ausdruck im Schauspiel) sowie Subjekte (etwa die authentische Existenz sowie die authentische Verkörperung oder Darstellung des Selbst) betreffen. Das »Authentische« – welches immer einen gewissen Mehrwert gegenüber dem »Echten« und »Originalen« zu besitzen scheint – kann dabei als Abstraktum oder als konkrete Eigenschaft verstanden werden. Authentizität wird jemandem oder etwas zugeschrieben, oder aber es wird bei Personen mit bestimmten Äußerungen des Selbst assoziiert. Entgegen einer einfachen Zuschreibung von Authentizität, die nicht selten essenzialistisch überhöht wird, wenn man etwa von der Verkörperung von Authentizität spricht, bietet es sich an, Authentizität vor allem im Hinblick auf Kommunikationsstrukturen zu untersuchen, d. h. danach zu fragen, wem und was wann, wie und weshalb Authen-

3 Einleitend zur Begriffsgeschichte: Kurt Röttgers/Reinhard Fabian, Authentisch, in: Historisches Wörterbuch der Philosophie, hrsg. v. Joachim Ritter, Bd. 1, Basel 1971, S. 691 f.; Susanne Knaller/Harro Müller, Authentisch/Authentizität, in: Ästhetische Grundbegriffe. Historisches Wörterbuch in sieben Bänden. Bd. 7, Supplementteil, hrsg. v. Karlheinz Barck u. a., Stuttgart 2005, S. 40–65.

tizität zugesprochen wird. In diesem Sinne kann man mit Helmut Lethen skeptisch festhalten: »Was authentisch ist, kann nicht geklärt werden«, weshalb es allein um eine Analyse von »Effekten des Authentischen« gehen könne.[4]

Im Folgenden sollen drei Dimensionen des Authentizitätsbegriffs näher betrachtet werden: Erstens geht es um den Aufstieg des neuzeitlichen Authentizitätsbegriffs, der eng mit der Geschichte des modernen Subjekts verknüpft ist. Zweitens wird der Authentizitätsbegriff vor dem Hintergrund der Entwicklung der modernen Medien- und Konsumgesellschaft betrachtet sowie die Frage gestellt, wie sich das Politische zum Authentischen verhält. Drittens wird die Frage zu klären sein, wo und inwieweit die Authentizitätsproblematik in methodischer Hinsicht die historische Forschung berührt.

Personale Authentizität – der Aufstieg des modernen Authentizitätsbegriffs

Der Aufstieg des Authentizitätsbegriffs ist eng an die Geschichte, Konzeption und Ethik des modernen Subjekts gebunden. Authentizität kann als eine Quelle des neuzeitlichen Selbst verstanden werden und wird in der politischen Theorie oft vom Begriff der Autonomie abgegrenzt, womit zugleich eine Differenzierung zwischen »Selbstbestimmung« und »Selbstverwirklichung« vorgenommen wird.[5]

Ein Wendepunkt lässt sich sicherlich anhand des Werks von Jean-Jacques Rousseau festmachen, der als »Begründer einer Ethik der Authentizität«[6] gilt, auch wenn er diesen Begriff selbst selten benutzt hat. Für Rousseau ist die Entfaltung des moralischen Bewusstseins nur dadurch möglich, »dass Personen sich in einem authentischen Selbstverhältnis befinden, das metaphorisch als Treue zur eigenen inneren Natur bezeichnet werden kann. Das

4 Helmut Lethen, Versionen des Authentischen: sechs Gemeinplätze, in: Hartmut Böhme/Klaus R. Scherpe (Hrsg.), Literatur und Kulturwissenschaften. Positionen, Theorien, Modelle, Reinbek 1996, S. 205–231, hier S. 209.

5 Beate Rössler, Der Wert des Privaten, Frankfurt a. M. 2001, S. 109–116.

6 Dieter Sturma, Jean-Jacques Rousseau, München 2001, S. 183.

aufrichtige Selbstverhältnis hängt nicht von moralischen Belehrungen ab, sondern geht aus dem Gefühl der eigenen Existenz hervor, dem das Gewissen bereits eingeschrieben ist.«[7] Rousseaus Werk kann insofern als ein Indikator eines langfristigen Umgestaltungsprozesses verstanden werden, der die neuzeitliche Kultur zu Vorstellungen tieferer Innerlichkeit und radikaler Autonomie hinführte. Auf ihn beziehen sich in der einen oder anderen Weise philosophische Theorien der Selbsterkundung ebenso wie Überzeugungen, die Freiheit durch Selbstbestimmung als Schlüssel zur Tugend ansehen.[8]

Neben Rousseau kann man die Vorstellung vom authentischen Selbst auf Johann Gottfried Herder zurückführen, der in seinen »Ideen zur Philosophie der Geschichte der Menschheit« schrieb: »Jeder Mensch hat ein eignes Maß, gleichsam eine eigne Stimmung aller sinnlichen Gefühle zueinander.«[9] Die Vorstellung, dass jeder Mensch seine eigene originelle Weise hat, bildete sich am Ende des 18. Jahrhunderts im Zuge der Aufklärung, der Kultur der Empfindsamkeit und der Frühromantik bzw. des von Charles Taylor diagnostizierten »Expressivismus« aus und ist tief in das moderne Bewusstsein eingegangen. Mit der Entdeckung der Originalität und der »inneren Stimme«, der Vorstellung, dass jedes Individuum etwas Ureigenes ist, was zugleich jedem die Pflicht auferlegt, der eigenen Originalität im Leben gerecht zu werden, gewinnt das Authentische an Bedeutung.[10]

Während Theodor W. Adorno die Verwendung des Authentizitätsbegriffs im Rahmen seiner ästhetischen Theorie noch rechtfertigen zu müssen glaubte und ihm als »Wort aus der Fremde« die Qualität eines »Zauberworts«[11] attestierte, sollte der Authentizitätsdiskurs in der zweiten Hälfte des 20. Jahrhunderts einen rasanten Aufstieg erleben, der sich mitunter auch auf die Existenz-

7 Sturma, Jean-Jacques Rousseau, S. 183 f.

8 Charles Taylor, Quellen des Selbst. Die Entstehung der neuzeitlichen Identität, Frankfurt a. M. 1996, S. 693; ders., Das Unbehagen an der Moderne, Frankfurt a. M. 1995, S. 38.

9 Johann Gottfried Herder, Ideen zur Philosophie der Geschichte der Menschheit, in: ders., Sämtliche Werke, Bd. 13, hrsg. von Bernhard Suphan, Berlin 1887, S. 291.

10 Vgl. Taylor, Quellen des Selbst, S. 653.

11 Theodor W. Adorno, Noten zur Literatur 2, Frankfurt a. M. 1961, S. 128.

philosophien Martin Heideggers und Jean-Paul Sartres berufen konnte.

Das »Authentische« stand seit den 1960er-Jahren in der Hippie-Bewegung, im linksalternativen Milieu und den Neuen Sozialen Bewegungen, aber auch im New Age und der Esoterik, die ihrerseits an die Lebensreformbewegungen der Zeit um 1900 anschlossen, hoch im Kurs.[12] Verbunden war damit eine »Revolutionierung des Alltagslebens«, die »Selbstbestimmung, Selbsttätigkeit und Selbstverwirklichung« (Dieter Kunzelmann) ernst nahm und mit der eine »Unmittelbarkeit des Politischen«, »eine Politik der ersten Person« und »ganzheitliche und körperbewusste Politikvorstellungen« verknüpft waren.[13] Dabei hatte man im linksliberalen Milieu, in dem das Authentische als »Identitätsmarker« sowie als »Selbstführungstechnik der Subjekte« fungierte, »nicht nur das Recht, selbstverwirklicht zu leben, sondern geradezu die Pflicht, über sich Rechenschaft abzulegen und die Selbsterkenntnisse anderen mitzuteilen. Zum Bekenntnis für ein alternatives Leben gehörte das Geständnis vermeintlich persönlicher Mängel und die Enthüllung derselben. Die frei gewählte Selbstthematisierungskultur bedeutete keineswegs nur Freiheit, sondern auch den Zwang der Selbstverpflichtung – gegenüber sich selbst und den anderen.«[14]

In kritischer Auseinandersetzung mit den Neuen Sozialen Bewegungen profilierten sich in den 1970er- und 80er-Jahren zunehmend authentizitätsskeptische Stimmen, die gerade in den

12 Vgl. Sven Reichardt, Authentizität und Gemeinschaftsbindung. Politik und Lebensstil im linksalternativen Milieu vom Ende der 1960er bis zum Anfang der 1980er Jahre, in: Forschungsjournal Neue Soziale Bewegungen 21 (2008), H. 3, S. 118–130; ders., Inszenierung und Authentizität. Zirkulation visueller Vorstellungen über den Typus des linksalternativen Körpers, in: Habbo Knoch (Hrsg.), Bürgersinn mit Weltgefühl. Politische Moral und solidarischer Protest in den sechziger und siebziger Jahren, Göttingen 2007, S. 225–250; Detlef Siegfried, Authentizität und politische Moral in linken Subkulturen, in: Knoch (Hrsg.), Bürgersinn, S. 251–268; historisch breiter einordnend: Thomas Tripold, Die Kontinuität romantischer Ideen. Zu den Überzeugungen gegenkultureller Bewegungen. Eine Ideengeschichte, Bielefeld 2012.

13 Reichardt, Authentizität und Gemeinschaftsbildung, S. 121.

14 Ebd., S. 125.

trivialeren Formen des Authentizitätspathos, der Selbstverwirklichung und Selbsterfüllung die Tendenz zu Selbstabschottung, Ich-Bezogenheit und Narzissmus sahen. Während Christopher Lasch im kulturkonservativen Duktus die Konsumgesellschaft als eine *culture of narcissism* beschrieb, die auf Werte weitgehend verzichte, erkannte Lionel Trilling im zeitgenössischen Authentizitätsdiskurs einen dogmatischen »Moraljargon«, der anzeige, wie problematisch man die eigene Existenz einschätze.[15]

Richard Sennett sprach 1973 in »The Fall of Public Man« von der »Tyrannei« bzw. der »Ideologie der Intimität«, welche die politische Kultur des 20. Jahrhunderts zunehmend ausmache, und diagnostizierte einen »Verfall des öffentlichen und gesellschaftlichen Lebens«.[16] Der »Narzissmus und der Markt der Selbstoffenbarung« strukturieren »Verhältnisse, unter denen der intime Ausdruck von Gefühlen destruktiv« werde. Zunehmend spreche man über die »Authentizität von Beziehungen«, was insgesamt zu einer neuen »Sprache des Selbst« geführt und das Gefühl entstehen lassen habe, man müsse sich erst »einander als Personen kennen lernen, um miteinander handeln zu können«. Der »Prozess der gegenseitigen Selbstoffenbarung« rufe jedoch Immobilität im gesellschaftlichen Handeln hervor: »Wenn eine Person als authentisch beurteilt wird oder wenn eine ganze Gesellschaft als ganzer gesagt wird, sie schaffe Authentizitätsprobleme, dann enthüllt diese Redeweise, wie stark soziales Handeln abgewertet ist, wobei der psychologische Kontext immer größeres Gewicht erhält.«[17] In Gesellschaften, die dem Mythos aufsäßen, dass »sämtliche Mißstände der Gesellschaft auf deren Anonymität, Entfremdung, Kälte« zurückgeführt werden könnten, dominiere eine Anschauung, derzufolge Nähe ein »moralischer Wert« an sich sei und sich »Individualität im Erlebnis menschlicher Wärme und in der Nähe zu anderen« entfalte: Danach seien »soziale Beziehungen jeder Art [...] umso realer, glaubhafter und authentischer, je näher sie den

15 Lionel Trilling, Das Ende der Aufrichtigkeit, Frankfurt a. M. 1983, S. 91.

16 Christopher Lasch, The Culture of Narcissism. American Life in an Age of Diminishing Expectations, New York 1979; Richard Sennett, Verfall und Ende des öffentlichen Lebens. Die Tyrannei der Intimität, Frankfurt a. M. 1986.

17 Sennett, Verfall und Ende des öffentlichen Lebens, S. 24 ff.

inneren psychischen Bedürfnissen der einzelnen kommen«. Die Ideologie der Intimität verwandle dabei alle politischen Kategorien in psychologische, die Sprache der Authentizität ersetze den gesunden Menschenverstand.[18]

Gerade in neuester Zeit ist immer wieder diskutiert worden, inwieweit (inter-)subjektive »Verantwortung und Bindungen als Quelle authentischer Lebensverhältnisse zu begreifen« sind,[19] inwieweit das authentische Selbst als Grundvoraussetzung von positiver und negativer Freiheit angesehen werden muss und wie die mit dem Authentizitätsbegriff zusammenhängenden Ideen der »Selbstverwirklichung« und der »Selbsterfüllung« mit dem Gesellschaftlichen zusammengedacht werden müssen. So sieht Charles Taylor in seiner dem Kommunitarismus verpflichteten politischen Theorie das authentische Selbst als Ausgangspunkt menschlicher Würde und gegenseitiger Anerkennung. Das Authentische ist hier die Aufforderung, niemanden nachzuahmen, sondern selbst zu sein: »Wenn ich mir nicht treu bleibe, verfehle ich den Sinn meines Lebens; mir entgeht, was das Menschsein für *mich* bedeutet. [...] Sich selbst treu zu sein heißt nichts anderes als: der eigenen Originalität treu sein, und diese ist etwas, was nur ich selbst artikulieren und ausfindig machen kann. Indem ich sie artikuliere, definiere ich mich zugleich selbst.«[20] Das Authentizitätsideal ist bei Taylor mit Zielen der Selbsterfüllung, der Selbstverwirk-

18 Sennett, Verfall und Ende des öffentlichen Lebens, S. 425f. Vgl. hierzu auch Michel Foucaults ambivalente Position bezüglich des Authentischen: Einerseits kann mit Foucault das Authentizitätspostulat als eine Technik des Selbst, als Selbstkontrolle sowie als Machtstrategie beschrieben werden, andererseits beförderte er im Rahmen seiner Studien zur Selbstsorge wohl auch den Authentizitätsdiskurs. Vgl. insb. Michel Foucault, Der Wille zum Wissen. Sexualität und Wahrheit I, Frankfurt a.M. 1983; ders., Die Sorge um sich. Sexualität und Wahrheit III, Frankfurt a.M. 1989.

19 Sturma, Jean-Jacques Rousseau, S. 184.

20 Taylor, Das Unbehagen an der Moderne, S. 38f. (Hervorhebung im Original). Im Anschluss an Alessandro Ferrara hält Beate Rössler fest, dass Authentizität eine Eigenschaft ist, »die einem Subjekt mehr oder weniger zugesprochen werden kann, je nachdem, ob es ihm gelingt, sein ›wahres Selbst‹, seine tiefsten Bedürfnisse zum Ausdruck zu bringen, sich selbst zu verwirklichen, zu entfalten«, vgl. Rössler, Der Wert des Privaten, S. 111; Alessandro Ferrara, Modernity and Authenticity, Albany 1993; ders., Reflective Authenticity. Rethinking the Project of Modernity, London 1998.

lichung und der Selbstbestimmung verbunden – ein Hintergrund, der der Kultur der Authentizität auch noch »in den trivialsten Formen moralische Kraft verleiht« und dem Leben eine »eigene Aufgabe«, eine »eigene Erfüllung«, einen Sinn gibt. Taylor verbindet mit dem Authentizitätsbegriff einerseits eine kreative, konstruktive und schöpferische Dimension sowie Nonkonformismus und die Möglichkeit des Widerstands gegen gesellschaftliche Moralvorstellungen, andererseits aber auch die Offenheit für den Bedeutungshorizont des Selbst (die Anerkennung der anderen) und eine dialogische Selbstdefinition, womit er dem etwa von Sennett beklagten Verfall des Gesellschaftlichen entgegentreten will.[21]

Das authentische Selbst ist in der einen oder anderen Weise immer mit der Vorstellung der Identität und Autonomie von Personen, d.h. ihrer Möglichkeit zur Selbstbestimmung und Selbstverwirklichung, sowie der Sinnhaftigkeit, Konsistenz und Konsonanz der Existenz verbunden. Im Zeitalter des neuen Kapitalismus, der New Economy und des »flexiblen Menschen« (Sennett) stehen Selbstfindung und die Suche nach dem authentischen Selbst allerdings vor neuen Herausforderungen. Durch die Flexibilisierung der Arbeitswelt, die Beschleunigung der Arbeitsorganisation, die wachsenden Leistungsanforderungen (»lebenslanges Lernen«), die zunehmende Unsicherheit der Arbeitsverhältnisse sowie die Notwendigkeit, jederzeit aus beruflichen Gründen den Wohnort zu wechseln, verlieren Sennett zufolge Wertvorstellungen und Tugenden wie Treue, Verantwortungsbewusstsein und Arbeitsethos an Bedeutung, ebenso wie die Fähigkeit, auf die sofortige Befriedigung von Wünschen zu verzichten und Ziele langfristig zu verfolgen.[22] Die Einheit und Identität des Subjekts zeigen sich zunehmend fragmentiert bzw. als eine »biographische Illusion«,[23] was notwendigerweise auch zu einer Neubewertung des authentischen Selbst führen muss. Und schließlich muss die mit dem Authentizitätspathos oft verknüpfte Aufforderung, »zu werden, was man ist« (»Sei authentisch!«), als performativer Widerspruch aufgefasst werden.

21 Vgl. Taylor, Das Unbehagen an der Moderne, S. 77–81.
22 Richard Sennett, Der flexible Mensch, Frankfurt a.M. 1998.
23 Pierre Bourdieu, Die biographische Illusion, in: ders., Praktische Vernunft. Zur Theorie des Handelns, Frankfurt a.M. 1998, S. 75–82.

Freilich hat nicht nur die Entwicklung der modernen Arbeitsgesellschaft dazu beigetragen, den Gedanken der Originalität des Subjekts und damit auch des authentischen Selbst in Frage zu stellen. Im Zuge der vielstimmigen Kritik der Subjekt- und Identitätsphilosophie, der Kritik von Identitätspolitiken sowie durch den Diskurs der Postmoderne, der mit Schlagwörtern wie Simulation, Ambiguität, Entreferentialisierung und dem mittlerweile zum geflügelten Wort gewordenen »Tod des Subjekts« (Roland Barthes) verbunden werden kann, ist eine fundamentale Skepsis gegenüber dem Authentischen formuliert worden.

Die Forderung an das moderne Subjekt, authentisch zu sein, ist immer auch eine Antwort auf zeitkritische Diagnosen, die das Individuum als entfremdet ansehen oder in eine »verfallstheoretische Deutung der obdachlosen Moderne«[24] einbetten. Diese Entfremdung des Subjekts kann dabei auf die Konstitution der Moderne, den zivilisatorischen Prozess, die Herausforderungen des Gesellschaftlichen – die etwa bei Ferdinand Tönnies dazu führten, das Gesellschaftliche von traditionalen, »authentischen« Gemeinschaften abzugrenzen –, die Auflösung klassischer Milieus oder aber auf die Entwicklung der Massen- und Informationsgesellschaft zurückgeführt werden. Dabei werden Konflikte zwischen dem Einzelnen als »allgemeiner Mensch« in seiner Rolle als Teil von Gesellschaften, Gemeinschaften, Organisationen und Gruppen und dem Einzelnen als unvergleichliches, singuläres Individuum konstatiert. Insofern kann der Aufstieg des Authentizitätsbegriffs auch als »Ausdruck und zugleich Symptom einer Krise« verstanden werden, in der sich das Individuum auf paradoxe Weise gezwungen sieht, eine »unvergleichliche Vergleichbarkeit unvergleichlich darzustellen«.[25]

Die Ausweitung des Authentizitätsbegriffs auf gesellschaftliche Verhältnisse betrieb u. a. die strukturalistisch orientierte Anthropologie. Während sich die ältere Ethnologie für »primitive«, »schriftlose«, »nichtzivilisierte« oder »traditionelle« Volks- und

24 Jürgen Habermas, Glauben und Wissen. Friedenspreis des Deutschen Buchhandels 2001, Frankfurt a. M. 2001, S. 12.

25 Susanne Knaller/Harro Müller, Einleitung. Authentizität und kein Ende, in: dies. (Hrsg.), Authentizität. Diskussion eines ästhetischen Begriffs, München 2006, S. 7–16, hier S. 10 f.

Stammeskulturen interessierte, diagnostizierte Claude Lévi-Strauss, dass in modernen Gesellschaften eine unverstellte, authentische *face-to-face*-Kommunikation zunehmend verloren gehe.[26] Die Suche nach Authentizität wird auch hier meist in einen Begründungszusammenhang mit Entfremdungserfahrungen und Identitätsproblematiken (post-)industrieller Gesellschaften gestellt. In der Karriere des Authentizitätsbegriffs ist also eine »Sehnsucht nach Unmittelbarkeit, nach Ursprünglichkeit, nach Echtheit und Wahrhaftigkeit und nicht zuletzt nach Eigentlichkeit« zu spüren, die von einer »global betriebenen Authentizitätsindustrie betreut, kanalisiert und ausgenutzt« werden kann.[27]

Eines der einleuchtenden Beispiele einer solchen »Authentizitätsindustrie« ist sicherlich der Tourismus. So betonte Dean MacCannell schon 1976 in seiner Studie über den modernen Touristen, dass dessen Wunsch nach dem Blick »hinter die Kulissen«, nach dem Authentischen und nach authentischer Erfahrung letztlich eine *staged authenticity* schaffe.[28] Geboten wird ihm eine inszenierte Authentizität, etwa eine *guided tour*, Folkloreveranstaltungen oder Fischbrötchen, wo schon lange keine Fische mehr ins Netz gehen. Entgegen der ontologischen Differenz von authentisch/inauthentisch zeigt sich hier, dass Authentizität ebenso produziert wird wie in den Vorstellungen der Authentizitätssuchenden entsteht. Im Zeichen von *staged authenticity* erfindet man Traditionen und Erinnerungsorte, wie etwa die schottischen Highland Games, oder sucht das Authentische – im Zeitalter der Simulation hyperrealistisch gewendet – in Erlebnisparks. Im Gegensatz zu kulturkritischen Stimmen, die Authentizitätspilgern nur mit Achselzucken begegnen, betonte MacCannell allerdings, dass dem Touristen authentische Erfahrungen nicht abgesprochen werden dürften, und sei es etwa »nur« beim Anblick amerikanischer Highways.

26 Claude Lévi-Strauss, Strukturale Anthropologie, 2 Bde., Frankfurt a. M. 1975, hier Bd. 1, S. 391–394. Zum Authentizitätsdiskurs in der Volkskunde vgl. Regina Bendix, In Search of Authenticity: The Formation of Folklore Studies, Madison 1997.

27 Knaller/Müller, Einleitung. Authentizität und kein Ende, S. 8.

28 Dean MacCannell, The Tourist. A New Theory of the Leisure Class, London 1976; ders., Staged Authenticity: Arrangements of Social Space in Tourist Settings, in: American Journal of Sociology 79 (1973), S. 589–603.

Authentizität in der Medien- und Konsumgesellschaft

Im »Zeitalter der technischen Reproduzierbarkeit« (Walter Benjamin) ergibt sich eine Bedeutungsverschiebung in der Einzigartigkeit des Echten, des Originals. Benjamin bindet die originäre Bedeutung des Kunstwerks an seinen Kultwert, um dann zu behaupten, dass »mit der Säkularisierung der Kunst [...] die Authentizität an die Stelle des Kultwerts« trete und der Ausstellungswert den Kultwert ablöse.[29] Darüber hinaus erledigt sich für Benjamin allerdings die Frage nach dem Authentischen hinsichtlich des im Kunstsystem fetischisierten Originalitätscharakters, da »von der photographischen Platte [...] eine Vielheit von Abzügen möglich« ist und so »die Frage nach dem echten Abzug [...] keinen Sinn« ergibt. Damit wird aber die Frage nach dem Authentischen vorschnell eingehegt. Während sich durch die Reproduzierbarkeit die »Aura« des Kunstwerks sicherlich verändert, beginnt mit der Fotografie eine neue Sichtbarkeit des Authentischen – und zwar einerseits dadurch, dass das Licht einen »natürlichen« Abdruck auf dem fotochemischen Material hinterlässt und andererseits verstärkt durch die Porträtfotografie, die trotz aller Standardisierungen des Blicks immer auch das subjektive Moment zum Ausdruck bringen soll.

Das Fernsehen als das prädestinierte Medium von Authentizitätseffekten hat sicherlich ebenfalls zum Aufstieg des Authentischen beigetragen, da es einen unvermittelten Blick auf die Realität suggeriert und eine Illusion der Augenzeugenschaft herzustellen vermag. Das Fernsehen ist bei historischen Ereignissen dabei, es befragt am Ort des Geschehens die historischen Akteure, die über ihre Emotionen und Erlebnisse berichten dürfen – oder aber es produziert Pseudo-Ereignisse, die nur stattfinden, weil eine Kamera in der Nähe ist: Die Interviewten, eingeübt in die Spielregeln der Selbstdarstellung und ausgewählt von den Produzenten der Authentizitätsfiktion, schildern ihre Gefühle in einem Moment des Erhabenen, wobei es immer wieder um Formen nicht aufgesetzt wirkender Selbstdarstellung geht.

29 Walter Benjamin, Das Kunstwerk im Zeitalter seiner technischen Reproduzierbarkeit, in: ders., Gesammelte Schriften, Bd. 1, Frankfurt a. M. 1974, S. 471–507, hier S. 481.

Neuere Medienformate wie »Big Brother« oder die Enthüllungsgeschichten und intimen Einblicke der Talkshows, aber auch die Handykultur und andere Prozesse der Intimisierung der Öffentlichkeit verweisen auf neue Möglichkeiten der Selbstinszenierung, wenngleich sie auf ältere Traditionen der Bekenntnisliteratur und die neuere Geschichte der therapeutischen Gesprächskultur zurückgeführt werden können, in der es ebenfalls um die Suche nach dem Authentischen und seine Re-Narrativierung geht. Mit solchen Formaten einer neuen Gesprächs- und Beobachtungskultur geht die »Erweiterung und Einengung von Spielräumen autonom-authentischer Selbstdarstellung Hand in Hand«,[30] denn die Kultur der Intimität und der Selbstverwirklichung schafft ihre eigenen ritualisierten bzw. habituellen Ausdrucksformen des authentischen Selbst.

In allen Sparten der öffentlichen Medienarbeit versucht man heutzutage, Authentizitätseffekte herzustellen. Moderatoren, Nachrichtensprecher und Entertainer sind darauf angewiesen, ein Mittel zwischen Privatheit und Öffentlichkeit, zwischen Intimität und Distanz herzustellen, um Glaubwürdigkeit und Authentizität zu bewirken. Auch die Werbebranche setzt auf Authentizität zur Markenprofilierung, da heutige Märkte durch eine weitgehend als austauschbar wahrgenommene Produkt- und Markenlandschaft (*brand parity*) geprägt sind. Der Begriff der Marken-Authentizität lässt sich so als »wahrgenommene Wahrhaftigkeit des proklamierten Markennutzenversprechens (Markenpositionierung)« definieren, und die Wirkung einer authentisch wahrgenommenen Marke soll dabei »in einer Steigerung der Glaubwürdigkeit, dem Aufbau von Vertrauen sowie einer daraus resultierenden erhöhten Akzeptanz und Wertschätzung der Marke« liegen.[31] Eine der Strategien kann dabei sein, die Marken-Herkunft als Allein-

30 Rössler, Wert des Privaten, S. 320.

31 Christoph Burmann/Mike Schallehn, Die Bedeutung der Marken-Authentizität für die Marken-Positionierung, Bremen 2008, online unter http://www.brandauthenticity.org/brand-authenticity-authentische-marke.htm (15.6.2012). Vgl. auch Herbert Willems, Glaubwürdigkeit und Überzeugung als dramaturgische Probleme und Aufgaben der Werbung, in: Erika Fischer-Lichte/Isabel Pflug (Hrsg.), Inszenierung von Authentizität, Tübingen 2000, S. 209–232.

stellungsmerkmal zu definieren, die dann wiederum mit Faktoren wie »Echtheit« und »Ehrlichkeit« verbunden wird.

Authentizität und (Medien-)Politik

Schon Jean-Jacques Rousseau sprach von den »actes authentiques de la volonté general«[32] – von den authentischen Äußerungen des allgemeinen Willens hinsichtlich des politischen Allgemeinwohls. Während »das Authentische« in der Kultur des Politischen durch die Neuen Sozialen Bewegungen wiederentdeckt wurde, bahnt es sich heute seinen Weg in die politischen Institutionen. So ist etwa nach dem »Politiklexikon« von 2006 Authentizität »eine positiv konnotierte Eigenschaft demokratischer Institutionen und Verfahren, die subjektive Zustimmung erzeugt (z. B. aufgrund der Glaubwürdigkeit, Zuverlässigkeit)«. Da »moderne Demokratien auf die subjektive, individuelle Zustimmung ihrer Staatsbürger angewiesen sind«, sei »Authentizität ein wichtiges Gütekriterium« und werde als Gegenbegriff zu Entfremdung verstanden.[33] Ob diese Ausweitung des Authentizitätsbegriffs auf politische Institutionen und Verfahren sinnvoll ist, sei dahingestellt, doch wird kaum ein/e Politiker/in etwas dagegen haben, wenn die Weise, in der er oder sie seine politischen Vorstellungen präsentiert, als authentisch wahrgenommen wird.

Dabei dürfen freilich Politiker/innen nicht von sich behaupten, authentisch zu sein oder zugeben, authentisch wirken zu wollen, denn intendierte Kommunikation von Authentizität verwirkt den Kern authentischer Rezeptionserfahrung, der immer mit einem nicht-instrumentellen und intentionslosen Charakter verbunden ist.[34] Wenn Politiker/innen als authentisch wahrgenommen

32 Jean-Jacques Rousseau, Du contract social, ou principes du droit politique, Amsterdam 1762, S. 42. Vgl. auch Thomas Noetzel, Authentizität als politisches Problem. Ein Beitrag zur Theoriegeschichte der Legitimation politischer Ordnung, Berlin 1999.

33 Klaus Schubert/Martina Klein, Das Politiklexikon, 4. Aufl., Bonn 2006, S. 31.

34 Daniela Wentz, Authentizität als Darstellungsproblem in der Politik. Eine Untersuchung der Legitimation politischer Inszenierung, Stuttgart 2005; Thomas Meyer/Rüdiger Ontrup/Christian Schicha, Die Inszenierung des politischen Welt-Bildes. Politikinszenierungen zwischen medialem und

werden, geht dies über die Frage ihrer Glaubwürdigkeit weit hinaus, denn mit der Ausbildung der Mediendemokratie und der Inszenierungsgesellschaft kommt der Authentizität von Politiker/innen eine neue und immer wichtigere Rolle zu. Charisma erlangen Politiker/innen heute nicht allein durch politisches Handeln, sondern durch eine Persönlichkeitskultur, die auf Authentizität, d.h. Glaubwürdigkeit, Aufrichtigkeit, Überzeugungskraft sowie auf Empfindungen und Emotionen setzt. Authentizität kann insofern als ein modernes soziales Kommunikationsideal aufgefasst werden, das sowohl eine Moralisierung als auch eine Privatisierung von Kommunikation anzeigt.

Politische Kommunikation hat sich in der Mediengesellschaft mehreren Herausforderungen zu stellen: Sie soll Orientierungs-, Vorstellungs- und Deutungsmuster vermitteln und dabei Werte- und Konsensformen anbieten und die Öffentlichkeit mit Herausforderungen, Themen und alternativen politischen Gestaltungsmöglichkeiten konfrontieren sowie komplexe politische Prozesse vermitteln. Politische Kommunikation muss darüber hinaus Politik sichtbar und erfahrbar machen und emotional begründete Identifikationsangebote mit dem politischen System und mit den Kandidaten liefern. Dabei stehen die Sachlichkeit und Stringenz der Argumente in Beziehung zur wahrgenommenen Authentizität und moralischen Glaubwürdigkeit von Politiker/innen, womit die politische Sphäre mit der Privatsphäre der Politiker verbunden wird. Authentizität ist hier ein Zusammenspiel der Präsentation politischer Konzepte und Überzeugungen, wobei die öffentliche Inszenierung verstärkt einen Einblick in das Private als Ausdruck des Selbst-Seins gewähren muss und innere Regungen sowohl spontan gezeigt werden dürfen, aber auch der Selbstkontrolle unterliegen.

politischem Eigenwert, in: Fischer-Lichte/Pflug (Hrsg.), Inszenierung von Authentizität, S. 183–208; Christine Kugler/Ronald Kurt, Inszenierungsformen und Glaubwürdigkeit im Medium Fernsehen, in: Fischer-Lichte/Pflug (Hrsg.), Inszenierung von Authentizität, S. 149–162.

Authentizität im historiografischen Diskurs und in der historischen Forschung

Als authentisch werden gemeinhin Dokumente angesehen, deren Autorschaft eindeutig zu verifizieren ist. Im 17. und 18. Jahrhundert meinte der Begriff authentisch neben Glaubwürdigkeit insbesondere »autorisiert«. Die »authentica interpretatio« ist jene Deutung insbesondere juristischer und religiöser Texte, der nicht widersprochen werden kann, und so blieb es dem Gesetzgeber und Landesherren vorbehalten, die endgültige authentische Lesart festzulegen.[35] Diese Bedeutung ist in der Rechtswissenschaft erhalten geblieben, wenn der vom Gesetzgeber selbst veröffentlichte Wortlaut (wie etwa im »Bundesgesetzblatt«) »authentisch« genannt wird. Im Gegensatz dazu stehen andere Verlautbarungen oder Veröffentlichungen wie beispielsweise in juristischen Lehrbüchern oder Kommentaren, die nicht im Wortlaut rechtsverbindlich sind.

Ein Blick in traditionsbildende Historiken des 19. Jahrhunderts zeigt, dass die Termini Authentizität und authentisch trotz des Aufstiegs der historisch-kritischen Methode und der Quellenkritik nicht in prominenter Weise zu finden sind. So kennt Johann Gustav Droysen zwar den Ausdruck, ein Dokument »authentisch zu machen«, doch ist damit der traditionelle Sprachgebrauch der Beglaubigung eines amtlichen Dokuments durch den Gesetzgeber gemeint. Im 19. Jahrhundert taucht der Begriff der »authentischen Quelle« weitestgehend nicht auf – eine Quelle ist entweder echt oder eine Fälschung, aber nicht authentisch. Ausnahmen bestätigen hier die Regel: So führt etwa Friedrich Engels Bericht über »Die Lage der arbeitenden Klasse in England« von 1844 den Untertitel »Nach eigener Anschauung und authentischen Quellen«.[36]

35 Vgl. etwa das Stichwort »Authenticus« in: Johann Heinrich Zedler, Grosses vollständiges Universal-Lexicon aller Künste und Wissenschaften, Leipzig 1732–1754, hier Bd. 2, S. 1167.

36 Vgl. Johann Gustav Droysen, Historik. Hist.-krit. Ausgabe, hrsg. v. Peter Leyh, Stuttgart 1977, S. 113; Friedrich Engels, Die Lage der arbeitenden Klasse in England. Nach eigener Anschauung und authentischen Quellen, Leipzig 1844; zur Problematik von Authentizität und Zeugenschaft in der Geschichtstheorie des Historismus auch: Achim Saupe, Zur Kritik des Zeugen in der Konstitutionsphase der modernen Geschichtswissenschaft, in Sabrow/Frei (Hrsg.), Die Geburt des Zeitzeugen, S. 71–92.

Trotz der Orientierung des Historismus an historischen Persönlichkeiten und seiner Tendenz zur Biografisierung ganzer Geschichtsepochen blieb der Geschichtsschreibung jener Zeit die Bedeutung einer tieferen Subjektivität, die dem Begriff des Authentischen heute eingeschrieben ist, fremd. Das liegt nicht zuletzt an dem methodischen Zugriff der traditionellen historisch-kritischen Methode, die versucht, Tatsachen bzw. Tatbestände freizulegen und dabei Quellen, Überreste, Überlieferungen, Materialien oder aber – etwas avancierter – »Spuren« nutzt. Wo »Tatsachen aus Quellen geschöpft«[37] werden, bleibt für die Reflexion der subjektiven Authentizität des Berichteten – die den Akt des Bezeugens, der Innerlichkeit und der Betroffenheit signalisieren kann – kaum ein Spielraum.

Im heutigen Sprachgebrauch hat es sich jedoch durchgesetzt, von authentischen Dokumenten zu sprechen, womit einerseits ihr Echtheitscharakter benannt bzw. ihr Status als Original hervorgehoben wird. Dabei ist mit dem Sprechen über authentische Dokumente andererseits oft ein besonderer »Reiz des Echten«[38] verknüpft. Das authentische Dokument hat insofern seinen angestammten Ort in der Praxis des Ausstellens. Das Museum ist der Ausstellungsort authentischer Objekte *par excellence*, die durch ihre Präsentation eine Fetischisierung erfahren. Als zur Schau gestellter Fetisch beansprucht das originale Dokument oder Objekt nicht nur Echtheit, sondern »originäre Authentizität« – und befördert so eine Lesart der reinen Ursprünglichkeit und ein ursprungsmythisches Denken. Dabei hält die Präsentation des Objekts einerseits das Angebot einer Erfahrungsmöglichkeit für die Betrachter/innen bereit – andererseits wird es aber durch den Ausstellungscharakter eingehegt: Archiviert und im Museum ausgestellt, kann sich der Betrachter darauf verlassen, dass es kulturell-geschichtlich bedeutsam ist, ihn aber nicht unbedingt affizieren muss.

37 Wilhelm Wachsmuth, Entwurf einer Theorie der Geschichte, Halle 1820, S. 82.

38 Vgl. Martin Andree, Archäologie der Medienwirkung. Faszinationstypen von der Antike bis heute (Simulation, Spannung, Fiktionalität, Authentizität, Unmittelbarkeit, Geheimnis, Ursprung), München 2005, S. 422–515.

Historische Darstellung und Authentizität

Spricht man im Rahmen von historischen Repräsentationen von Authentizität, muss diese als Resultat und Effekt medial vermittelter Darstellung verstanden werden. Bei der Feststellung und Behauptung von Authentizität geht es immer um ein Verhältnis von Darstellung und Darstellungsunabhängigkeit, die den Eindruck der Unmittelbarkeit erweckt. Insofern lässt sich in einer paradoxen Begriffsbestimmung von Authentizität sprechen, wenn sich »das Dargestellte durch die Darstellung als nicht Dargestelltes präsentiert«.[39] Als »nicht Dargestelltes« wird das Authentische wahrgenommen, weil es mit Unmittelbarkeit verbunden wird, während durch diesen Effekt der konstitutive mediale Vermittlungs- sowie Rezeptionsprozess in den Hintergrund tritt.

Nach Matías Martínez lassen sich im Rahmen historischer Repräsentationen vier Bedeutungsaspekte ästhetischer Authentizität voneinander unterscheiden, die sich auf die Produktion eines Kunstwerks, seine Referenz, seine Gestaltung und seine Wirkung beziehen und damit auf unterschiedliche Aspekte ästhetischer Kommunikation aufmerksam machen.[40] Dabei schließt die ästhetische Begriffsverwendung erstens an die textphilologische und theologische Begrifflichkeit an. Demnach kann Kunstwerken hinsichtlich ihres Autors Authentizität zugesprochen werden, wenn ihr Urheber – der Autor oder die Autorin, die Künstlerin oder der Regisseur – als Person besonders qualifiziert erscheint. Somit kommt es zu einem »Legitimationszusammenhang zwischen Autorschaft, Autorität und Authentizität«. Zweitens können historische Darstellungen hinsichtlich ihrer Referenz als authentisch bezeichnet werden, insofern sie konkrete historische Personen oder Ereignisse darstellen. Dabei bietet es sich an, zwischen fiktionalen und nichtfiktionalen bzw. dokumentarischen historischen Reprä-

39 Christian Strub, Trockene Rede über mögliche Ordnungen der Authentizität, in: Jan Berg/Hans-Otto Hügel/Hajo Kurzenberger (Hrsg.), Authentizität als Darstellung, Hildesheim 1997, S. 7–17, S. 9.

40 Vgl. Matías Martínez, Zur Einführung: Authentizität und Medialität in künstlerischen Darstellungen des Holocaust, in: ders. (Hrsg.), Der Holocaust und die Künste. Medialität und Authentizität von Holocaust-Darstellungen in Literatur, Film, Video, Malerei, Denkmälern und Musik, Bielefeld 2004, S. 12–17.

sentationen zu unterscheiden, wobei jedoch prinzipiell alle Formen Effekte des Authentischen auslösen können. Drittens kann die interne Gestaltung einer historischen Darstellung authentisch genannt werden, wobei es nicht entscheidend ist, ob das Dargestellte tatsächlich auf konkrete historische Ereignisse referiert. Entscheidender ist es nach Martínez, inwieweit es einer Darstellung gelingt, Wirklichkeitseffekte auszulösen. Authentizität ist dabei immer an künstlerische Formen und Konventionen gebunden und ein Ergebnis ästhetischer Inszenierung und artistischer Wirkungsstrategie.[41] Viertens kann das Authentische pragmatisch hinsichtlich seiner Funktion und Kontexte in unterschiedlichen Praktiken analysiert werden: etwa als Kultwert (Reliquie) oder Ausstellungswert oder im Rahmen des Gedenkens im Mahnmal.

Gerade im Zuge der seit den 1990er-Jahren geführten Debatten über die Darstellbarkeit des Holocaust und die Darstellung des Holocaust in Memoiren, in der Literatur und den Künsten ist die Frage nach dem Authentischen besonders hervorgehoben und immer wieder problematisiert worden. Im Gegensatz zu den authentizitätsskeptischen Diskursen der Postmoderne bestimmt gerade die Rezeption von Repräsentationen des Holocaust, aber auch anderen Genoziden und verbrecherischen Regimen des 20. Jahrhunderts Postulate wie Authentizität, Wahrhaftigkeit, moralische Integrität und Beglaubigung durch die Autorschaft, die Produktion, die Gestaltung, die Rezeption und die Bewertung von Kunst. Während die Authentizität der Erinnerung immer an das persön-

41 Im Sinne dieser zweiten und dritten Bedeutung von Authentizität unterscheidet Rainer Wirtz zwischen »innerer« und »äußerer« Authentizität. Dabei versteht er die innere Authentizität als die Frage nach der Stimmigkeit eines historischen Films, während die äußere Authentizität alle Anstrengungen unternimmt, dass ein Film faktengerecht produziert wird. Um eine vergangene Realität bzw. eine »Illusion von Authentizität« zu inszenieren, bedarf es also des authentischen Orts, authentischer Requisiten sowie einer soziokulturellen Authentizität (Sprechweisen, Gesten, Tischsitten, Umgangsstile etc.), und es muss generell die Einbettung in den historischen Kontext stimmig sein. Dabei handelt es sich um Beglaubigungsstrategien, die letztlich noch nichts über den Gehalt solcher historischen Repräsentationen aussagen. Rainer Wirtz, Das Authentische und das Historische, in: Thomas Fischer/ders. (Hrsg.), Alles authentisch? Popularisierung der Geschichte im Fernsehen, Konstanz 2008, S. 187–203, hier S. 190.

liche Erleben und Erfahren angebunden bleibt, ist es gleichermaßen anerkannt, dass die Authentizität von Erinnerungsberichten und historischen Repräsentationen immer in ästhetische Darstellungs- bzw. Stilmittel eingebunden ist.[42]

So verweist etwa ein Sammelband zum Thema »Erlebnis, Gedächtnis, Sinn. Authentische und konstruierte Erinnerung« gleich im ersten Satz des Vorworts darauf hin: »Authentische Erinnerung gibt es nicht.« Vielmehr gebe es »authentische Erinnerung nur als Verfremdung des tatsächlichen Ereignisses, als Schmerz, als einen durchlebten Bruch, als fortwirkende Störung eines Diskurses, der vermeint, der Vergangenheit habhaft zu werden.«[43] Diese Rückkopplung des Authentischen an den Schmerz kann verallgemeinert werden, denn der Schmerz ist ein »sicherer Indikator« für Authentizität, weil im Ausdruck des Schmerzes der Mensch als »maskenloses Wesen« erscheint, was als Indiz für seine Echtheit gewertet wird.[44] Dort, wo man mit einer schmerzhaften Geschichte, mit einer Geschichte eines Leidens und eines Leidenden konfrontiert wird, stellt sich also ein Effekt des Authentischen ein. Derjenigen Stimme, die über ihre Leidenserfahrung spricht, wird dabei die authentische Erfahrung eines einschneidenden Erlebnisses zugesprochen – und in der zur Sprache gebrachten oder durch das Bild visualisierten und verkörperten Erfahrung erfährt die schmerzhafte Erinnerung eine bewältigende Narrativierung. Insofern ist auch hier der Aufstieg des Authentischen eng verbunden mit dem psychoanalytischen Diskurs und an traumatische Erfahrungen gekoppelt. Etwas verallgemeinernd kann man darüber hinaus sogar behaupten, dass Bilder, die berühren, Effekte des Authentischen auslösen.[45]

42 Vgl. James E. Young, Beschreiben des Holocaust, Frankfurt a. M. 1997.

43 Hanno Loewy/Berhard Moltmann, Vorwort, in: dies. (Hrsg.), Erlebnis – Gedächtnis – Sinn: Authentische und konstruierte Erinnerung, Frankfurt a. M. 1996, S. 7–11, hier S. 7.

44 Lethen, Versionen des Authentischen, S. 221.

45 Zu denken ist dabei auch an Roland Barthes' Lektüre der Fotografie, der festhält, dass es durch die Differenz von *punctum* und *studium*, von bestechendem Detail und erweitertem Kontext, zu einem »Reality-Effekt« kommen kann: Roland Barthes, Die helle Kammer, Frankfurt 1989; Roland Barthes, L'Effet de réel, in: ders., Le Bruissement de la langue. Essais critiques IV, Paris 1968, S. 167–174.

Authentizitätseffekte sind immer in bestimmte Realismuskonzepte eingebettet. Im Rahmen populärer fiktionaler Geschichtsdarstellungen bietet es sich an, von »Authentizitätsfiktionen«[46] zu sprechen. Beispiele wären hier etwa die Filme »Der Untergang« (2004) oder »Der Baader-Meinhof-Komplex« (2008) aus der Produktion Bernd Eichingers, die die Rhetorik des »es ist so gewesen« auf die Spitze treiben und über ihre Darstellung versuchen, ihr Gemachtsein zu verschleiern. Filme dieser Art inszenieren sich selbst als Quellen, sie beanspruchen selbst Originalitätscharakter, und in der Betonung ihrer Unmittelbarkeit verschleiern sie, dass sie immer eine Interpretation der Vergangenheit vornehmen.[47]

Zunehmend kommt es dabei zu einer Verschiebung des Authentizitätsbegriffs, die vor dem Hintergrund authentischer Erfahrungen »zweiter Ordnung« interpretiert werden muss, die in populären Reenactments gemacht werden können: Im Rahmen des »authentischen« Nachstellens und Nacherlebens von Geschehnissen der Vergangenheit sprechen die Protagonist/innen

46 Eva Ulrike Pirker u. a. (Hrsg.), Echte Geschichte. Authentizitätsfiktionen in populären Geschichtskulturen, Bielefeld 2010; Manfred Hattendorf, Dokumentarfilm und Authentizität. Ästhetik und Pragmatik einer Gattung, 2. Aufl., Konstanz 1999, S. 66.

47 Vgl. Michael Wildt, »Der Untergang«: Ein Film inszeniert sich als Quelle, in: Zeithistorische Forschungen/Studies in Contemporary History 2 (2005), H. 2, S. 131–142, online unter http://www.zeithistorische-forschungen.de/16126041-Wildt-1-2005 (15.6.2012). Ein besonderes Genre innerhalb der Authentizitätsfiktionen ist der historische Kriminalroman, in dem sich auch die Figur des Detektivs mit der Figur des Historikers überschneidet. Vgl. Achim Saupe, Der Historiker als Detektiv – der Detektiv als Historiker. Historik, Kriminalistik und der Nationalsozialismus als Kriminalroman, Bielefeld 2009; ders., Effekte des Authentischen im Geschichtskrimi, in: Pirker u. a. (Hrsg.), Echte Geschichte, S. 173–194; ders., Detektivische Narrative in Geschichtswissenschaft und populärer Geschichtskultur, in: Wolfgang Hardtwig/Alexander Schug (Hrsg.), History Sells! Angewandte Geschichte als Wissenschaft und Markt, Stuttgart 2009, S. 65–78, digitaler Reprint in: Materialien zum Thema des Hefts »Populäre Geschichtsschreibung«, Zeithistorische Forschungen/Studies in Contemporary History, Online-Ausgabe, 6 (2009), H. 3, online unter: http://zeithistorische-forschungen.de/Portals/_zf/documents/pdf/2009-3/Saupe%20Detektivische%20Narrative.pdf (15.6.2012).

dieses Historientheaters von authentischen Erfahrungen.[48] Solche Reenactments können als eine modernisierte, sowohl mit ernsthaftem Pathos vorgetragene als auch spielerische Momente aufgreifende Form der Identitätsvergewisserung gelten, wie sie früher etwa durch Traditionsvereine und Trachtengruppen in der Bewahrung von überlieferten Traditionen betrieben wurden.[49] Parallel zu solchen authentischen Erfahrungen der Teilnehmer/innen von Reenactmens werden heute sogar Schauspieler/innen darüber befragt, wie sie sich fühlten, als sie die Rolle einer historischen Figur spielten. Dadurch wird im Rahmen des Authentischen die schauspielerische Repräsentation mit dem Repräsentierten identifiziert und verwechselt.

Ausblick

Die Romanautorin und politische Aktivistin Juli Zeh hat im Anschluss an authentizitätsskeptische Stimmen den »Wirklichkeitswahn der Unterhaltungsindustrie« beklagt, der »an allen Ecken [...] dem Publikum die Lockstoffe der ›Echtheit‹ unter die Nase« reibe, »auf dass es sich an der Illusion von empathischem Miterleben und direktem Dabeisein berauschen möge«.[50]

Von Kritiken dieser Art sollte man sich jedoch nicht abschrecken lassen, denn aus einer zeithistorischen Perspektive, die die

48 Vgl. Vanessa Agnew, History's Affective Turn: Historical Reenactment and its Work in the Present, in: Rethinking History. The Journal of Theory and Practice 11 (2007), H. 3, S. 299–312; dies., Introduction: What Is Reenactment?, in: Criticism 46 (2004), H. 3, S. 327–339; vgl. auch Judith Schlehe u. a. (Hrsg.), Staging the Past. Themed Environments in Transcultural Perspectives, Bielefeld 2010.

49 Bei allen Vorbehalten gegenüber populären Reenactments gibt es sehr interessante Varianten, etwa die Arbeit »The English Civil War Part II: The Battle of Orgreave re-enactment« des britischen Künstlers Jeremy Deller, in der dieser 2001 die Bergarbeiterstreiks in Großbritannien aus dem Jahr 1984 mit Laiendarstellern und ehemaligen Protagonisten der Proteste nachstellte: Jeremy Deller, The English Civil War Part II. With CD-ROM and Personal Accounts of the 1984–85 Miners' Strike, London 2009.

50 Juli Zeh, Zur Hölle mit der Authentizität!, in: Zeit, 21.9.2006, online unter http://www.zeit.de/2006/39/L-Literatur (15.6.2012).

Konjunkturen der Authentizitätsemphase ebenso wie ihre pointierte Kritik historisiert, ergeben sich ertragreiche Forschungsfelder. Hinsichtlich der Erinnerungs- und Geschichtskultur liegen mögliche Fragestellungen etwa in der Rezeption und Wirkung von musealen Objekten, in der Inszenierung von Authentizität in populären Geschichtsrepräsentationen sowie in der Frage, ob in der Konjunktur von Reenactments ein neues Geschichtsbedürfnis abzulesen ist.

Darüber hinaus eröffnen gerade kultur-, alltags-, mentalitäts- und mediengeschichtliche Zugriffe ertragreiche Forschungsfragen. Die zeitgeschichtliche Analyse von Diskursen, Kulturen und Praktiken des Authentischen – etwa in den von Sven Reichardt und Detlev Siegfried angestoßenen Studien zur Authentizitätskultur des linksalternativen Milieus – oder aber die Authentizitätskonstruktionen im Bereich der politischen und ökonomischen Kommunikation sowie in den Authentizitätspostulaten der Mediengesellschaft eröffnen Perspektiven, die Auskunft über das Selbstverständnis des modernen Subjekts geben können. Und indem das Authentische immer an Vorstellungen von Selbstbestimmung und Praktiken der Selbstverwirklichung gebunden ist, ginge es dabei immer auch um die Verortung des Selbst im Gesellschaftlichen sowie um Fragen seiner Vergemeinschaftung und Selbstabgrenzung. Die Erforschung von Authentizitätsdiskursen und -praktiken kann somit insgesamt einen Beitrag zur Geschichte von grundsätzlichen Werten wie Freiheit und Privatheit und damit zur Kultur des Politischen leisten.

Christoph Cornelißen

Erinnerungskulturen

Obwohl der Begriff »Erinnerungskultur« erst seit den 1990er-Jahren Einzug in die Wissenschaftssprache gefunden hat, ist er inzwischen zu einem Leitbegriff der modernen Kulturgeschichtsschreibung geworden.[1] Während er in einem engen Begriffsverständnis als lockerer Sammelbegriff »für die Gesamtheit des nicht spezifisch wissenschaftlichen Gebrauchs der Geschichte in der Öffentlichkeit – mit den verschiedensten Mitteln und für die verschiedensten Zwecke« definiert wird,[2] erscheint es aufgrund der Forschungsentwicklung der vergangenen zwei Jahrzehnte insgesamt sinnvoller, »Erinnerungskultur« als einen formalen Oberbegriff für alle denkbaren Formen der bewussten Erinnerung an historische Ereignisse, Persönlichkeiten und Prozesse zu verstehen, seien sie ästhetischer, politischer oder kognitiver Natur. Der Begriff umschließt mithin neben Formen des ahistorischen oder sogar antihistorischen kollektiven Gedächtnisses alle anderen Repräsentationsmodi von Geschichte, darunter den geschichtswissenschaftlichen Diskurs sowie die nur »privaten« Erinnerungen, jedenfalls soweit sie in der Öffentlichkeit Spuren hinterlassen haben. Als Träger dieser Kultur treten Individuen, soziale Gruppen oder sogar Nationen in Erscheinung, teilweise in Übereinstimmung miteinander, teilweise aber auch in einem konfliktreichen Gegeneinander.

Versteht man den Begriff in diesem weiten Sinn, so ist er synonym mit dem Konzept der Geschichtskultur, aber er hebt stärker als dieses auf das Moment des funktionalen Gebrauchs der Ver-

1 Siehe zum Folgenden Christoph Cornelißen, Was heißt Erinnerungskultur? Begriff – Methoden – Perspektiven, in: Geschichte in Wissenschaft und Unterricht 54 (2003), S. 548–563.

2 Vgl. Hans Günter Hockerts, Zugänge zur Zeitgeschichte. Primärerfahrung, Erinnerungskultur, Geschichtswissenschaft, in: Konrad H. Jarausch/Martin Sabrow (Hrsg.), Verletztes Gedächtnis. Erinnerungskultur und Zeitgeschichte im Konflikt, Frankfurt a. M. 2002, S. 39–73, hier S. 41.

gangenheit für gegenwärtige Zwecke, für die Formierung einer historisch begründeten Identität ab. Sehr deutlich wird dies in den untergeordneten Begriffen der Erinnerungs-, Vergangenheits- oder Geschichtspolitik. Weiterhin signalisiert der Terminus Erinnerungskultur, dass alle Formen der Aneignung erinnerter Vergangenheit als gleichberechtigt betrachtet werden.[3] Folglich werden Textsorten aller Art, Bilder und Fotos, Denkmäler, Bauten, Feste, Rituale sowie symbolische und mythische Ausdrucksformen, aber auch gedankliche Ordnungen insoweit als Gegenstand der Erinnerungskulturgeschichte begriffen, als sie einen Beitrag zur Formierung kulturell begründeter Selbstbilder leisten.

Erinnerungskultur und kollektives Gedächtnis

Das Forschungskonzept Erinnerungskultur steht in einem engen begrifflichen und auch methodischen Verhältnis zur weiteren Diskussion über die Rolle »kollektiver Gedächtnisse«. Maßgebend hierfür ist die Theorie des französischen Soziologen Maurice Halbwachs. Sie basiert auf der Hypothese, wonach das Individuum in seiner Erinnerung auf Anhaltspunkte Bezug nehmen müsse, »die außerhalb seiner selbst liegen und von der Gesellschaft festgelegt worden sind«. Deswegen könne man von der sozialen Bedingtheit des Erinnerns sprechen. Das individuelle und das soziale Gedächtnis seien letztlich kaum unterscheidbar, denn erst über die Affekte wachse unseren Erinnerungen eine Relevanz in der gegebenen kulturellen Welt zu.[4]

Neben der Definition des kollektiven Gedächtnisses durch Maurice Halbwachs, das in seiner Interpretation regelmäßig eng

3 Vgl. Wolfgang Hardtwig, Vorwort, in: ders. (Hrsg.), Geschichtskultur und Wissenschaft, München 1990, S. 7–11, hier S. 8; Jörn Rüsen, Was ist Geschichtskultur? Überlegungen zu einer neuen Art, über Geschichte nachzudenken, in: Klaus Füßmann/Heinrich Theodor Grüttner/Jörn Rüsen (Hrsg.), Historische Faszination. Geschichtskultur heute, Köln 1994, S. 3–26; sowie zuletzt Bernd Mütter/Bernd Schönemann/Uwe Uffelmann (Hrsg.), Geschichtskultur. Theorie – Empirie – Pragmatik, Weinheim 2000.

4 Maurice Halbwachs, Das Kollektive Gedächtnis, Stuttgart 1967, S. 35; Harald Welzer (Hrsg.), Das soziale Gedächtnis. Geschichte, Erinnerung, Tradierung, Hamburg 2001.

an ein politisches Kollektiv angebunden wird, konzentrierte sich die Diskussion der letzten Jahre vor allem auf zwei weitere Schlüsselbegriffe. Hierbei handelt es sich zum einen um das »kommunikative« sowie zum anderen um das »kulturelle« Gedächtnis. Der erstgenannte Terminus bezieht sich auf die Erinnerung an tatsächliche beziehungsweise mündlich tradierte Erfahrungen, die Einzelne oder Gruppen von Menschen gemacht haben. Im Fall des kommunikativen Gedächtnisses ist die Rede von einem gesellschaftlichen »Kurzzeitgedächtnis«, dem in der Regel maximal drei aufeinanderfolgende Generationen zuzurechnen sind, die zusammen eine »Erfahrungs-, Erinnerungs- und Erzählgemeinschaft« bilden können.[5] Während diese im unaufhörlichen Rhythmus der Generationenabfolgen meist leise und unmerklich vergeht, wird das »kulturelle Gedächtnis« als ein epochenübergreifendes Konstrukt verstanden. Im Allgemeinen wird damit der in jeder Gesellschaft und jeder Epoche eigentümliche Bestand an Wiedergebrauchs-Texten, -Bildern und -Riten bezeichnet, »in deren ›Pflege‹ sie ihr Selbstbild stabilisiert und vermittelt«. Es ist »ein kollektiv geteiltes Wissen vorzugsweise (aber nicht ausschließlich) über die Vergangenheit, auf das eine Gruppe ihr Bewusstsein von Eigenheit und Eigenart stützt«.[6]

Obwohl diese Definitionen im Einklang mit einer weithin akzeptierten, dichotomischen Gegenüberstellung von »Geschichte als Wissenschaft« und »sozialem Gedächtnis« oder auch der von einem »bewohnten« Funktionsgedächtnis und einem »unbewohnten« Speichergedächtnis stehen, kommt eine gemäßigt relativistische Auffassung von Geschichte als Wissenschaft nicht umhin, die fließenden Grenzen stärker zu betonen.[7] Sicher, in-

5 Aleida Assmann/Jan Assmann, Das Gestern im Heute. Medien und soziales Gedächtnis, in: Klaus Merten u. a. (Hrsg.), Die Wirklichkeit der Medien. Eine Einführung in die Kommunikationswissenschaft, Opladen 1994, S. 114–140, hier S. 118 f.; Harald Welzer, Das kommunikative Gedächtnis. Eine Theorie der Erinnerung, München 2002.

6 Jan Assmann, Kollektives Gedächtnis und kulturelle Identität, in: Jan Assmann/Tonio Hölscher (Hrsg.), Kultur und Gedächtnis, Frankfurt a. M. 1988, S. 9–19, hier S. 15.

7 Aleida Assmann/Jan Assmann, Gestern, S. 114–140, hier S. 122 f. Siehe auch Aleida Assmann, Gedächtnis, Erinnerung, in: Klaus Bergmann u. a., Handbuch der Geschichtsdidaktik, 5. Aufl., Seelze-Veber 1997, S. 36 f.

dem sich die Geschichte seit der Aufklärung als forschende Wissenschaft konstituierte, stellte sie sich in einen Gegensatz zur Tradition, ja sie verstand sich ihr gegenüber als eine kritische Prüfungsinstanz. Gleichwohl haben zahlreiche Studien zur Geschichtskultur, aber auch Arbeiten zur Historiografiegeschichte wiederholt verdeutlicht, dass das fachwissenschaftliche Interesse, von praktischen Orientierungsbedürfnissen angeleitet, streckenweise sogar dominiert blieb.[8] Folglich müssen die Historiker/innen und ihre Werke als integraler Bestandteil der Erinnerungskultur moderner Gesellschaften begriffen werden, was keineswegs ihren Anspruch auf eine unabhängige Deutungshoheit beeinträchtigt. Dieser bleibt ein notwendiger Bestandteil ihres professionellen Selbstverständnisses, ungeachtet der Tatsache, dass sie in kollektive Deutungs- und Erinnerungshorizonte sowie prägende Zeitumstände eingebunden sind.

Dass das Konzept »Erinnerungskultur« tatsächlich erst im Laufe der 1990er-Jahre breiten Eingang in die Geschichtswissenschaft gefunden hat, sollte nicht die lange kulturhistorische Tradition der Beschäftigung mit Erinnern und Vergessen übersehen lassen.[9] Hierzu zählt neben vielem anderen Friedrich Nietzsches weithin bekannte Kritik an einem Übermaß an historischer Bildung ohne konkreten Lebensbezug. Seine Beobachtungen gipfelten 1874 in der Feststellung, dass es möglich sei, »fast ohne Erinnerung zu leben, ja glücklich zu leben, wie das Tier zeigt«. Ganz und gar unmöglich aber sei es, »ohne Vergessen überhaupt zu leben«. Der gleiche Denker hielt jedoch ebenso fest, dass »das Unhistorische und das Historische [...] gleichermaßen für die Gesundheit eines Einzelnen, eines Volkes und einer Kultur nötig [sind]«.[10]

8 Vgl. hierzu grundlegend das Konzept der »disziplinären Matrix«, in: Jörn Rüsen, Historische Vernunft. Grundzüge einer Historik, Bd. 1: Die Grundlagen der Geschichtswissenschaft, Göttingen 1983, S. 20–32. Zur Ausleuchtung einer »nationalen Schule« siehe Peter Novick, That Noble Dream. The »Objectivity Question« and the American Historical Profession, Cambridge 1989.

9 Siehe beispielsweise Karl Schmid/Joachim Wollasch (Hrsg.), Memoria. Der geschichtliche Zeugniswert des liturgischen Gedenkens im Mittelalter, München 1984.

10 Friedrich Nietzsche, Vom Nutzen und Nachteil der Historie für das Leben (1874), hier zit. nach: Gesammelte Werke, Bd. 6: Philosophenbuch. Un-

Aber auch schon lange vor Nietzsche bildete die Reflexion über das Erinnern in der Wirkungsgeschichte des platonischen Anamnesisbegriffs kontinuierlich einen Gegenstand der philosophisch-historischen Diskussion.[11]

Wenn man jedoch nur die engere Forschungsgeschichte meint, so richtet sich der Blick auf die drei Gründerväter (Jan Assmann) der sozialen Gedächtnisforschung, womit neben Friedrich Nietzsche Aby Warburg und Maurice Halbwachs gemeint sind.[12] Mit ihren Arbeiten setzt die Begriffsgeschichte von Erinnerungskultur im engeren Sinne ein, brachte Warburg doch erstmals in den 1920er-Jahren den Begriff der »Erinnerungsgemeinschaft« in die Diskussion ein. Er verstand darunter einen Orient und Okzident umspannenden Kulturkreis aus Bildern und Gesten, wobei der Mensch sich derartiger kultureller Objektivationen bediene, um sich mittels mythischer und rationaler Erklärungen vor irrationalen Ängsten zu schützen.[13] Während Warburg seine Überlegungen primär auf Bildbeobachtungen stützte, nahm Halbwachs die Gesellschaft ins Visier. In seiner Theorie des kollektiven Gedächtnisses hebt er darauf ab, dass das Individuum in seiner Erinnerung auf Anhaltspunkte Bezug nehmen müsse, »die außerhalb seiner selbst liegen und von der Gesellschaft festgelegt worden sind«. Das individuelle und das soziale Gedächtnis seien daher nicht unterscheidbar, denn erst über die Affekte wachse un-

zeitgemäße Betrachtungen. Erstes und Zweites Stück, 1872–1875, München 1922, S. 227–327, hier S. 234, 236.

11 Claus von Bormann, Erinnerung, in: Historisches Wörterbuch der Philosophie, hrsg. von Joachim Ritter, Bd. 2, Basel 1972, S. 635–644; Reinhardt Herzog, Zur Genealogie der Memoria, in: Anselm Haverkamp/Renate Lachmann (Hrsg.), Memoria. Vergessen und Erinnern, München 1993, S. 3–8.

12 Jan Assmann, Erinnern, um dazuzugehören. Kulturelles Gedächtnis, Zugehörigkeitsstruktur und normative Vergangenheit, in: Kristin Platt/Mihran Dabag (Hrsg.), Generation und Gedächtnis. Erinnerungen und kollektive Identitäten, Opladen 1995, S. 51–75, hier S. 60 f.; Oexle, Memoria, S. 22–29.

13 Aby Warburg, Der Bilderatlas Mnemosyne, hrsg. von Martin Warnke, Berlin 2000. Vgl. dazu Roland Kany, Mnemosyne als Programm. Geschichte, Erinnerung und die Andacht zum Unbedeutenden im Werk von Usener, Warburg und Benjamin, Tübingen 1987, S. 176; Ernst H. Gombrich, Aby Warburg. Eine intellektuelle Biographie, Frankfurt a. M. 1981, S. 382–384; Michael Diers, Mnemosyne oder das Gedächtnis der Bilder. Über Aby Warburg, in: Oexle, Memoria, S. 80–94.

seren Erinnerungen eine Relevanz in der gegebenen kulturellen Welt zu.[14]

Über einen langen Zeitraum wurden jedoch weder Warburgs verstreute Äußerungen noch die kohärentere Theorie Halbwachs' zum kollektiven Gedächtnis von den Historiker/innen im In- oder Ausland aufgegriffen.[15] Es bedurfte vielmehr erst der Wiederaneignung ihrer Schriften seit den 1980er-Jahren, wobei den Publikationen von Pierre Nora in Frankreich und – mit einiger Zeitverzögerung – auch in Deutschland eine Schlüsselfunktion zukam.[16]

Pierre Nora und die Lieux de mémoire

Die außerordentlich große Wirkung der Thesen Noras verdankte sich ausgesprochen günstiger Umstände, darunter nicht zuletzt der steigenden Nachfrage nach einer historischen Vergewisserung zeithistorischer Erfahrungen. Ein Ausdruck dafür war das damals in allen Industriestaaten des Westens gestiegene gesellschaftliche Bedürfnis nach einer dinglichen Vergegenwärtigung der Vergangenheit, kurz: der Trend zur »Musealisierung«.[17] Der internationale Erfolg der Erforschung von Erinnerungskulturen verdankte sich somit in einem ganz wesentlichen Maß außerwissenschaftlichen Rahmenbedingungen.[18] Weiterhin ist bemerkenswert, dass

14 Halbwachs, Das Kollektive Gedächtnis, S. 35. Vgl. Harald Welzer (Hrsg.), Das soziale Gedächtnis. Geschichte, Erinnerung, Tradierung, Hamburg 2001.

15 Vgl. dazu die zurückhaltenden Bemerkungen von Marc Bloch, Mémoire collective, tradition et coutume, in: Revue de Synthèses Historiques 40 (1925), S. 73–83.

16 Zu Nora siehe ders., Zwischen Geschichte und Gedächtnis. Die Gedächtnisorte, Berlin 1991, vor allem S. 7–33.

17 Vgl. hierzu Wolfgang Zacharias (Hrsg.), Zeitphänomen Musealisierung. Das Verschwinden der Gegenwart und die Konstitution der Erinnerung, Essen 1990; Ulrich Borsdorf/Heinrich Theodor Grütter/Jörn Rüsen (Hrsg.), Die Aneignung der Vergangenheit. Musealisierung und Geschichte, Bielefeld 2004.

18 Jay Winter, Die Generation der Erinnerung, in: Werkstatt Geschichte 30 (2001), S. 5–16. Dass Nora mit seiner Publikation der »Lieux de mémoire« den Geist der Zeit durchaus traf, zeigt der Erfolg: Die Sammlung verkaufte sich in Frankreich über eine Million Mal.

der Begriff »Erinnerungskultur« – darin ist er dem Terminus »Geschichtskultur« vergleichbar – seinen Weg aus dem öffentlichen Sprachgebrauch in die Sprache der Wissenschaft fand, was einer der Gründe für seine bis heute anhaltende Vagheit darstellen dürfte.[19]

Im Kern sind beide Termini, Pierre Nora hat darauf mit dem Blick auf die französische Entwicklung verwiesen, mit der grundlegenden mentalitätsgeschichtlichen Wende seit Mitte der 1970er-Jahre verbunden. Die zu diesem Zeitpunkt in den entwickelten Industriestaaten ausgebrochene Wirtschafts- und Energiekrise bewirkte die allmähliche Abkehr von jahrzehntelangen, optimistischen Aufstiegserwartungen und ihre Ablösung durch zunehmend düstere Zeitdiagnosen und Zukunftsprojektionen. Dahinter trat, soweit uns diese Entwicklungen bislang in den Umrissen überhaupt bewusst geworden sind, ein grundlegender Einstellungswandel zum Vorschein, auf den zunächst die Politik und danach die Wissenschaft reagierten, indem sie ein vielschichtiges Interesse an der Historisierung der Gegenwart sowie an Fragen der nationalen Identität entwickelten.[20] Selbst Noras Projekt der »Lieux de mémoire« weist eine unverkennbar nostalgische, wenn nicht sogar kulturpessimistische Note auf. Denn nicht ohne Bedauern konstatiert er für die Mitte der 1970er-Jahre das »Ende des Bauerntums als Gedächtniskollektivs par excellence«. Zusätzlich markierte aus seiner Sicht der schleichende intellektuelle Zusammenbruch des Marxismus eine wichtige Bruchstelle in der politischen Kultur Frankreichs, signalisierte er doch eine allgemeine

19 Der Begriff »Erinnerungskultur« ist mittlerweile ebenfalls in den politischen Diskurs unterschiedlichster politischer Gruppen von der äußersten Linken bis zur äußersten Rechten integriert worden, in der Regel als Kampfinstrument gegen den politischen Gegner, dem jeweils eine Unterdrückung von Erinnerung oder das Festhalten an »falschen« Erinnerungen vorgehalten wird. Das Suchwort »Erinnerungskultur« gibt dazu entsprechende Angaben im Internet.

20 Vgl. allgemein: Hermann Lübbe, Die Aufdringlichkeit der Geschichte, Graz 1989. Siehe auch Jens Hohensee, Der erste Ölpreisschock 1973/74. Die politischen und gesellschaftlichen Auswirkungen der arabischen Erdölpolitik auf die Bundesrepublik Deutschland und Westeuropa, Stuttgart 1996.

Abkehr von politischen Utopien und deren Ablösung durch eine Hinwendung zur Vergangenheit.[21]

Ähnliche Prozesse lassen sich in den anderen Ländern des westlichen und mittleren Europa ausmachen, vor allem aber in der Bundesrepublik, wo die Neigung zu einer vielschichtigen Historisierung der Gegenwart bis hin zu einer Welle der Nostalgie seit der zweiten Hälfte der 1970er-Jahre besonders ausgeprägte Züge annahm. Daneben zeigt sich bei dem Blick über die Grenzen Frankreichs hinaus, dass in den Jahren seit 1945 vor allem die internationale Reflexion über den Zweiten Weltkrieg und den Holocaust ein Dreh- und Angelpunkt für die Formierung öffentlicher Erinnerungskulturen sowohl in Europa als auch Nordamerika war, teilweise sogar über diese Räume hinaus. Das gilt in einem ungleich stärkeren Maße für Deutschland, wo die lange sogenannte Vergangenheitsbewältigung zunächst hauptsächlich das Schicksal der Deutschen im Zweiten Weltkrieg und im Gefolge der Teilung thematisierte, bevor endgültig seit den 1970er-Jahren die Auseinandersetzung mit der Geschichte des Holocaust zu einem wesentlichen Bestandteil der politischen Kultur der Bundesrepublik aufrückte.[22] Gleichzeitig weist der amerikanische Fall beeindruckende Parallelen auf, war doch auch hier zunächst das anhaltende Schweigen der Überlebenden des Holocaust nach 1945 in hohem Maße durch »Marktbedingungen« verursacht, wie Peter Novick detailliert aufzeigen kann. Kaum einer war in den 1950er- und 60er-Jahren an der Geschichte jüdischer Opfer des Holocaust interessiert. Drei bis vier Jahrzehnte danach stellte sich die Lage in einem ganz anderen Licht dar. Die Nachfrage nach Erinnerungsangeboten stieg rasant an und damit die entsprechenden Deutungsangebote.[23]

Die Hinwendung zu einer intensiven Beschäftigung mit Erinnerungskulturen erklärt sich jedoch zusätzlich mit einem innerwissenschaftlichen Wandel: mit der in den 1970er-Jahren in Gang

21 Nora, Gedächtniskultur, S. 19–23, sowie ders., Geschichte, S. 7.

22 Siehe hierzu zuletzt Peter Reichel, Vergangenheitsbewältigung in Deutschland. Die Auseinandersetzung mit der NS-Diktatur von 1945 bis heute, München 2001.

23 Peter Novick, Nach dem Holocaust. Der Umgang mit dem Massenmord, Stuttgart 2001.

gekommenen, sich danach rasch beschleunigenden kulturgeschichtlichen Erweiterung der Geschichtswissenschaft. Nachdem zunächst in den 1970er-Jahren Untersuchungen zur Geschichte der Denkmalsbewegung und der politischen Feste im 19. Jahrhundert im Vordergrund gestanden hatten, verlagerte sich der Fokus der entsprechenden historiografischen Untersuchungen auf eine immer breiter verstandene »Erinnerungskultur«.[24] Darüber hinaus schärften die »linguistische Wende« sowie der »iconic turn« in den Kulturwissenschaften grundsätzlich das Bewusstsein für die konstruktiven Seiten der Historiografie.[25] Weitere Anstöße vermittelte ein wissenschaftlicher Diskurs an der Grenze zwischen den Naturwissenschaften, der Medizin und der Sozialpsychologie über Formen, Inhalte sowie die Wirkungsmechanismen des Gedächtnisses.[26] Das wiederum fand sich im gleichen Zeitraum mit einer intensiven Debatte über kulturelle Formen der Erinnerung verkoppelt. Wegweisend hierfür waren zum einen die Forschungsarbeiten Pierre Noras, denen in der Zwischenzeit ähnliche Projekte in anderen Ländern gefolgt sind.[27] Darüber hinaus

24 Grundlegend hierzu war Thomas Nipperdey, Nationalidee und Nationaldenkmal in Deutschland im 19. Jahrhundert, in: Historische Zeitschrift 206 (1968), S. 529–585. Vgl. auch Wolfgang Hardtwig, Geschichtskultur und Wissenschaft, München 1990.

25 Vgl. Georg Iggers, Zur »Linguistischen Wende« im Geschichtsdenken und in der Geschichtsschreibung, in: Geschichte und Gesellschaft 21 (1995), S. 545–558; Gottfried Boehm, Die Wiederkehr der Bilder, in: ders. (Hrsg.), Was ist ein Bild?, 3. Aufl., München 2001, S. 11–38.

26 Maßgeblich war die Neuentdeckung von Maurice Halbwachs, Das kollektive Gedächtnis, Stuttgart 1967. Vgl. außerdem die Einträge zum Begriff »Gedächtnis« in Nicolas Pethes/Jens Ruchatz (Hrsg.), Gedächtnis und Erinnerung. Ein interdisziplinäres Lexikon, Reinbek bei Hamburg 2001; Lutz Niethammer, Gedächtnis und Geschichte. Erinnernde Historie und die Macht des kollektiven Gedächtnisses, in: Werkstatt Geschichte 30 (2001), S. 32–37.

27 Pierre Nora, Les Lieux de mémoire, 7 Bde., Paris 2001; Etienne Francois/Hagen Schulze (Hrsg.), Deutsche Erinnerungsorte, 3 Bde., München 2001; Mario Isnenghi (Hrsg.), I luoghi della memoria. 3 Bde., Rom 1996/1997; Pim de Boer/Willem Frijhoff (Hrsg.), Lieux de mémoire et identités nationales, Amsterdam 1993; Ole Feldbaek (Hrsg.), Dans identiteshistorie, Kopenhagen 1991/1992; Moritz Csáky (Hrsg.), Die Verortung des Gedächtnisses, Wien 2001; Martin Sabrow (Hrsg.), Erinnerungsorte der DDR, München 2009.

förderten die Arbeiten von Jan und Aleida Assmann den Übergang zu einer disziplinübergreifenden Erforschung kultureller Gedächtnisformen in Deutschland, von der zuletzt insbesondere die Zeitgeschichtsschreibung profitieren konnte.[28]

Bei der bisherigen Übertragung der definitorischen Vorgaben auf konkrete Untersuchungsfelder hat sich allerdings gezeigt, dass in der Praxis oft weniger klare Grenzziehungen möglich sind und dass gerade bei modernen Gesellschaftsformationen die Unterscheidung zwischen einem kommunikativen und einem kulturellen Gedächtnis nur bedingt hilfreich ist.[29] Weiterhin fällt bei dem Blick auf die bislang vorgelegten Studien zum Thema »Erinnerungskultur« ein oftmals geradezu unbekümmert wirkender Umgang mit dem Begriff ins Auge. Denn selbst in der Phase des entwickelten Nationalstaats bildeten Völker und Nationen zu keinem Zeitpunkt einheitliche Erfahrungs- und Erinnerungskohorten aus, sondern sie blieben plurale bzw. wurden überhaupt erst jetzt zu pluralen Handlungsgruppen mit vielfältigen, sich überschneidenden diskursiven, symbolischen und zeremoniellen Formen der Erinnerung.[30]

28 Jan Assmann, Das kulturelle Gedächtnis. Schrift, Erinnerung und politische Identität in frühen Hochkulturen, 3. Aufl., München 2000; ders., Kollektives und kulturelles Gedächtnis. Zur Phänomenologie und Funktionalität von Gegen-Erinnerung, in: Ulrich Borsdorf/Heinrich Th. Grüttner (Hrsg.), Orte der Erinnerung. Denkmal, Gedenkstätte, Museum, Frankfurt a. M. 1999, S. 13–32; Aleida Assmann/Ute Frevert, Geschichtsvergessenheit – Geschichtsversessenheit. Vom Umgang mit deutschen Vergangenheiten nach 1945, Stuttgart 1999, bes. S. 35–50.

29 So Andreas Langenohl, Erinnerung und Modernisierung. Die öffentliche Konstruktion politischer Kollektivität am Beispiel des Neuen Russland, Göttingen 2000, S. 24 f.

30 Vgl. Burke, Geschichte, S. 297. Zu einem Beispiel für das Aufeinanderprallen konfessioneller Erinnerungskulturen im Deutschen Kaiserreich siehe Peter Schellack, Sedan- und Kaisergeburtstagsfeste, in: Dieter Düding/Peter Friedemann/Paul Münch (Hrsg.), Öffentliche Festkultur. Politische Feste in Deutschland von der Aufklärung bis zum Ersten Weltkrieg, Reinbek bei Hamburg 1988, S. 278–297.

Zeitgeschichtsforschung und Erinnerungskultur

Zu den bevorzugten Forschungsfeldern der Zeitgeschichtsforschung über Erinnerungskulturen im 20. Jahrhundert gehören die beiden Weltkriege mit ihren tiefreichenden Folgen, nicht nur im Hinblick auf die Formierung von Politik und Gesellschaft, sondern ebenso auf die Prägung von sozialen Erwartungen und Mentalitäten.[31] Dass den »totalen« Kriegen und ihren Nachwirkungen ein derart großes Augenmerk geschenkt wird, hängt vor allem mit den »harten Gegensätzen« zusammen, die sowohl nach 1918 als auch nach 1945 in ihrer Auseinandersetzung mit der unmittelbaren Vergangenheit zwischen den Angehörigen der Siegermächte und denen der Besiegten zutage traten, ohne hier die Risse innerhalb beider Lager übersehen zu wollen.[32] Gleichzeitig zeichnen sich bei einem Vergleich der ersten und zweiten Nachkriegszeit bei allen Unterschieden im Einzelnen wie auch im Grundsätzlichen bemerkenswerte Parallelen ab. Dazu gehört, um nur wenige Beispiele zu nennen, das Schweigen über die konkreten Kriegserfahrungen sowie, eng damit verbunden, die Mythisierung des konkreten Kriegserlebnisses. Gleichermaßen sticht die starke Konzentration auf die jeweils »eigenen« Opfer ins Auge. So sprach Marc Bloch schon in den 1920er-Jahren von einem »Diskurs der Schwerhörigen«.

Neben den Parallelen und Unterschieden vermag die zeithistorische Beschäftigung mit nationalen Erinnerungskulturen jedoch ebenfalls die transnationalen Perspektiven und Verflechtungen aufzudecken.[33] Obwohl Pierre Nora bereits früh das Ziel einer

31 Vgl. Reichel, Vergangenheitsbewältigung, S. 22–27; Volkhardt Knigge/Norbert Frei (Hrsg.), Verbrechen erinnern. Die Auseinandersetzung mit Holocaust und Völkermord, München 2002; Jan Werner Müller (Hrsg.), Memory & Power in Post-War Europe. Studies in the Present of the Past, Cambridge 2002.

32 Vgl. Kerstin von Lingen (Hrsg.), Kriegserfahrung und nationale Identität in Europa nach 1945. Erinnerung, Säuberungsprozesse und nationales Gedächtnis, Paderborn 2009, vor allem auch die weiterführende Auswahlbibliografie sowie Richard Ned Lebow/Wulf Kansteiner, Claudio Fogu (Hrsg), The Politics of Memory in Postwar Europe, Durham 2006.

33 Siehe Jacques Le Rider/Moritz Csáky/Monika Sommer (Hrsg.), Transnationale Gedächtnisorte in Zentraleuropa, Innsbruck 2002; Andrei Corbea-Hoisie/Rudolf Jaworski/Monika Sommer (Hrsg.), Umbruch in Osteuropa. Die nationale Wende und das kollektive Gedächtnis, Innsbruck 2004.

vergleichenden Geschichte der Erinnerungen nationaler Gemeinschaften ausgegeben hatte, stand in den 1980er-Jahren, teilweise auch noch danach, zunächst fast ausschließlich die Erforschung nationaler Erinnerungsorte im Vordergrund des Interesses.[34] Nur allmählich fanden sich diese in breiter angelegte internationale Vergleiche eingebettet, die nicht nur die Entwicklungen in Europa zu ihrem Gegenstand machten, sondern zusätzlich den Vergleich der diktatorischen Kriegsregime in einem weiteren globalen Rahmen anstrebten. Der Vergleich der Diktaturregime Deutschlands, Italiens und Japans bot hierfür einen ersten Anstoß, dem weitere Arbeiten gefolgt sind.[35] Insgesamt deutet sich inzwischen die Tendenz zu einem zeitlich, räumlich und inhaltlich weit ausgreifenden Verständnis von Erinnerungskulturen an. Das gilt auch für die methodischen Zugriffe, findet sich doch die frühe Konzentration auf die Kommemoration der Gefallenen und andere Varianten des Totenkults nach den beiden Weltkriegen inzwischen von zahlreichen anderen Ansätzen ergänzt.[36] Hierzu gehören beispielsweise Untersuchungen, welche den Überwölbungen der öffentlichen Diskurse durch die »vergifteten« Nachkriegserinnerungen nachgegangen sind, aber auch Arbeiten, die stärker den Medien und den Orten der Erinnerung eine eingehende Beachtung geschenkt haben.[37]

34 Pierre Nora, Mémoires comparées, in: Le débat 78 (1994), S. 3f.

35 Hierzu und für das Folgende siehe die Beiträge in: Christoph Cornelißen/Lutz Klinkhammer/Wolfgang Schwentker (Hrsg.), Erinnerungskulturen. Deutschland, Italien und Japan seit 1945, 2. Aufl., Frankfurt a.M. 2004; Robert Bohn/Christoph Cornelißen/Karl Christian Lammers (Hrsg.), Vergangenheitspolitik und Erinnerungskulturen im Schatten des Zweiten Weltkrieges. Deutschland und Skandinavien seit 1945, Essen 2008; Jürgen Zimmerer (Hrsg.), Verschweigen – Erinnern – Bewältigen: Vergangenheitspolitik nach 1945 in globaler Perspektive, Leipzig 2004.

36 Reinhart Koselleck/Michael Jeismann (Hrsg.), Der politische Totenkult. Kriegerdenkmäler in der Moderne, München 1994; Helmut Berding/Klaus Heller/Winfried Speitkamp (Hrsg.), Krieg und Erinnerung. Fallstudien zum 19. und 20. Jahrhundert, Göttingen 2000.

37 Siehe hiezu jetzt Barbara Korte/Sylvia Paletschek/Wolfgang Hochbruck (Hrsg), Der Erste Weltkrieg in der populären Erinnerungskultur, Essen 2008; Jost Dülffer/Gerd Krumeich (Hrsg.), Der verlorene Frieden. Politik und Kriegskultur nach 1918, Essen 2002; Jörg Duppler/Gerhard P. Groß (Hrsg.), Kriegsende 1918. Ereignis, Wirkung, Nachwirkung, Mün-

In einer breiteren europäischen Perspektive erweisen sich heute insbesondere die Länder und Gesellschaften Ost- und Ostmitteleuropas als fruchtbare Forschungsfelder für die Untersuchung von Erinnerungskulturen, weil hier nach dem Untergang des Kommunismus viele zeitweilig verschüttete »Gedächtnisse« gleichsam neu »erwacht« sind.[38] Dass sich neben der thematischen Breite jedoch ebenso die methodischen Ansätze weiter ausdifferenzierten, war in den letzten Jahren Anstößen aus verschiedenen Teilfächern der Geschichtswissenschaft sowie ihren Nachbarwissenschaften zu verdanken. Insbesondere von der Denkmals- und Kunstgeschichte, aber auch der Geschlechtergeschichte, der Kulturanthropologie oder auch der Landesgeschichte sind wichtige Impulse ausgegangen, welche unser Verständnis von Erinnerungskulturen weiter vertiefen konnten.[39] Bedingt durch die gestiegene Bedeu-

chen 1999; Jay Winter, Sites of Memory. Sites of Mourning. The Great War in European Cultural History, Cambridge 1995; Bruno Thoß/Hans-Erich Volkmann (Hrsg.), Erster Weltkrieg – Zweiter Weltkrieg. Ein Vergleich. Krieg, Kriegserlebnisse, Kriegserfahrung in Deutschland, Paderborn 2002.

38 Ein eindrucksvolles Beispiel hierfür ist: Anna Kaminsky/Dietmar Müller/Stefan Troebst (Hrsg.), Der Hitler-Stalin-Pakt 1939 in den Erinnerungskulturen der Europäer, Göttingen 2011.Vgl. im Überblick: Peter Haslinger, Erinnerungskultur und Geschichtspolitik in der historischen Forschung zum östlichen Europa, in: zeitenblicke 6 (2007), Nr. 2. Siehe auch Christoph Cornelißen/Roman Holec/Jiři Pešek (Hrsg.), Diktatur – Krieg – Vertreibungen. Erinnerungskulturen in Tschechien, der Slowakei und Deutschland seit 1945, Essen 2005.

39 Winfried Speitkamp, Die Verwaltung der Geschichte. Denkmalpflege und Staat in Deutschland 1871–1933, Göttingen 1996; Ekkehard Mai (Hrsg.), Denkmal – Zeichen – Monument. Skulptur und öffentlicher Raum heute, München 1989; Ulrich Schlie, Die Nation erinnert sich. Die Denkmäler der Deutschen, München 2002; Hans-Rudolf Meier/Marion Wohlleben (Hrsg.), Bauten und Orte als Träger von Erinnerung. Die Erinnerungsdebatte und die Denkmalpflege, Zürich 2000; Habbo Knoch (Hrsg.), Das Erbe der Provinz. Heimatkultur und Geschichtspolitik nach 1945, Göttingen 2001, S. 9–26. Siehe außerdem: Christoph Cornelißen, Der lange Weg zur historischen Identität. Geschichtspolitik in Nordrhein-Westfalen seit 1946, in: Thomas Schlemmer/Hans Woller (Hrsg.), Bayern im Bund, Bd. 3, München 2003, S. 411–484; Malte Thießen, Das kollektive als lokales Gedächtnis. Plädoyer für eine Lokalisierung von Geschichtspolitik, in: Harald Schmid (Hrsg.), Geschichtspolitik und kollektives Gedächtnis. Erinnerungskulturen in Theorie und Praxis, Göttingen 2009, S. 159–180.

tung der elektronischen Medien wird in der Zeitgeschichte mittlerweile Fragen der Visualisierung von Erinnerungen ebenfalls besondere Aufmerksamkeit geschenkt.[40]

Erinnerung an den Holocaust

Der Schwerpunkt des zeithistorischen Interesses an Erinnerungskulturen liegt in Deutschland weiterhin auf der Geschichte des Holocaust.[41] Ein Anstoß hierfür war die seit 1989/90 begonnene Neu- bzw. Umgestaltung der Erinnerungs- und Gedenkstätten.[42] Im Grunde aber ging es um weit mehr, nämlich um die Universalisierung des Gedenkens an den Holocaust.[43] Zwar können wir die Anfänge dieses Prozesses in Westdeutschland bis in die 1970er-Jahre zurückverfolgen, aber erst seit dem Untergang der kommunistisch beherrschten Volksdemokratien wurde der Holocaust hier wie auch im weiteren europäischen Raum in den Mittelpunkt einer transnationalen Erinnerungskultur gestellt. Damit ging ein grundlegender Perspektivenwandel einher, der als ein sich beschleunigender Prozess einer Geschichtsbetrachtung aus der Opferperspektive begriffen werden kann. Ob in Gedenkfeiern, me-

40 Methodisch grundlegend: Jens Jäger, Photographie: Bilder der Neuzeit. Einführung in die Historische Bildforschung, Tübingen 2000. Siehe ansonsten mit weiterführenden Hinweisen Frank Bösch/Constantin Goschler (Hrsg.), Public History. Öffentliche Darstellungen des Nationalsozialismus jenseits der Geschichtswissenschaft, Frankfurt a. M. 2009.

41 Ulrich Baer (Hrsg.), »Niemand zeugt für den Zeugen«. Erinnerungskultur und historische Verantwortung nach der Shoa, Frankfurt a. M. 2000; Hermann-Josef Rupieper, Der Holocaust in der deutschen und israelischen Erinnerungskultur, Halle 2000; Habbo Knoch, Die Tat als Bild. Fotografien des Holocaust in der deutschen Erinnerungskultur, Hamburg 2001; Dörte Hein, Erinnerungskulturen online. Angebote, Kommunikatoren und Nutzer von Websites zu Nationalsozialismus und Holocaust, Konstanz 2009.

42 Vgl. Wolfgang Benz (Hrsg.), Orte der Erinnerung 1945 bis 1995, Dachau 1995; Petra Haustein/Rolf Schmolling/Jörg Skriebeleit (Hrsg.), Konzentrationslager. Geschichte und Erinnerung. Neue Studien zum KZ-System und zur Gedenkkultur, Ulm 2001.

43 Jan Eckel/Claudia Moisel (Hrsg.), Universalisierung des Holocaust? Erinnerungskultur und Geschichtspolitik in internationaler Perspektive, Göttingen 2008.

dialen oder auch historiografischen Darstellungen: Zunehmend werden mittlerweile die Opfer in das Zentrum der Erinnerungskulturen gerückt, während in der Vergangenheit die nationalen Narrative meist die Figur des Helden bevorzugt hatten.[44]

Erste Anzeichen dafür lassen sich bis zu den internationalen Feiern zum 50. Jahrestag des Kriegsendes in Europa zurückverfolgen, aber erst mit der Stockholmer Internationalen Holocaust-Konferenz vom Januar 2000 rückte das Bemühen vieler Regierungen endgültig in den Vordergrund, den Völkermord an den Juden zu einem gemeinsamen, wenn auch negativen Hauptbezugspunkt der europäischen Erinnerungskultur zu bestimmen. Seit dieser Zeit haben viele Staaten der Europäischen Union den Tag der Befreiung des Lagers Auschwitz am 27. Januar in ihren offiziellen Gedenkkalender aufgenommen und zelebrieren alljährlich entsprechende Gedächtnisfeiern.[45] Freilich hat sich bislang gezeigt, dass die Intensität dieses öffentlichen Gedenkens in den einzelnen Staaten sehr schwankt. Zwar sind in den letzten Jahren weitere Initiativen zur Europäisierung der Erinnerung hinzugekommen, so etwa der Rahmenbeschluss des Europarats vom November 2008 zur strafrechtlichen Bekämpfung bestimmter Formen und Ausdrucksweisen von Rassismus und Fremdenfeindlichkeit, aber dieser Vorschlag zog – wie auch seine Nachfolger – jeweils scharfe Proteste nach sich. Im Grunde reproduzieren diese Auseinandersetzungen die nationalstaatlichen Erinnerungskonflikte auf europäischer oder auch supranationaler Ebene, zum Teil werden sie sogar noch schärfer ausgetragen, weil Europa als Forum missbraucht wird, um »offene Rechnungen« zu begleichen.

44 Henry Rousso, Eine neue Sicht des Krieges, in: Jörg Echternkamp/Stefan Martens (Hrsg.), Der Zweite Weltkrieg in Europa: Erfahrungen und Erinnerungen, Paderborn 2007, S. 269–276, hier S. 275 f.

45 Vgl. Harald Schmid, Europäisierung des Auschwitzgedenkens? Zum Aufstieg des 27. Januar 1945 als »Holocaustgedenktag« in Europa, in: Eckel/Moisel (Hrsg.), Universalisierung des Holocaust?, S. 174–202.

Tendenzen zur Europäisierung und Universalisierung

Ob daher, wie zuletzt von vielen Seiten gefordert worden ist, die Erinnerung an den Holocaust tatsächlich zu einem herausragenden Bezugspunkt eines im Entstehen begriffenen, transnationalen europäischen Gedächtnisses werden kann, bleibt abzuwarten. Mehrere Gründe sprechen dagegen. Zunächst einmal stoßen die Bemühungen zur Europäisierung, ja Universalisierung der Holocaust-Erinnerung deswegen an ihre Grenzen, weil die konkreten Erfahrungen im Zweiten Weltkrieg von Land zu Land, aber auch von Region zu Region, wie auch von sozialen Gruppen, Generationen oder auch Geschlechtern tatsächlich ausgesprochen unterschiedlich gewesen sind und langfristig die Erinnerungen prägten. Die Unterschiede wirken bis heute nach, und sie lassen sich auch nicht im Rahmen eines »verordneten« kulturellen Gedächtnisses nivellieren. Überdies zeigen kritische Blicke auf die Transnationalisierung der Erinnerung, dass sich in ihrem Windschatten inzwischen verschiedenste Gruppen lautstark zu Wort gemeldet haben, die den herausgehobenen Opferstatus der Juden in den europäischen Erinnerungskulturen vehement bestreiten. Kurz: Transnationalisierung kann eine Renationalisierung hervorrufen, wie der Sozialwissenschaftler Natan Sznaider betont.[46]

Außerdem wohnt den Bestrebungen zur Europäisierung der Erinnerungskulturen die Tendenz inne, eine ältere Fassung der europäischen Meistererzählung neu zu beleben. Europa wird hier als ein Kontinent der noblen Traditionen gezeichnet, als das Europa der Menschenrechte und der Demokratie, kurz: das Europa der westlichen Zivilisation. Damit aber werden zentrale Konfliktlinien in der Geschichte Europas im 20. Jahrhundert und auch der vorangegangenen Jahrhunderte ausgeblendet, zumal sich die Frage stellt, inwiefern eine solchermaßen verstandene Erinnerungskultur in Beziehung zu den gelebten Erinnerungen steht.

46 Natan Sznaider, Gedächtnisraum Europa. Die Visionen des europäischen Kosmopolitismus. Eine jüdische Perspektive, Bielefeld 2008. Siehe jetzt auch: Claus Leggewie/Anne-Katrin Lang, Der Kampf um die europäische Erinnerung. Ein Schlachtfeld wird besichtigt, München 2011 sowie Pim den Boer/Heinz Duchhardt/Georg Kreis/Wolfgang Schmale (Hrsg.), Europäische Erinnerungsorte, 3 Bde., München 2012.

Noch mehr als in dem Bestreben zur Europäisierung der Erinnerungskulturen ist in der Universalisierung des Erinnerns an den Holocaust unserer Tage die Tendenz angelegt, von den realen Geschehnissen zu abstrahieren. Noch ein Letztes in diesem Zusammenhang: In der Konzentration auf Typen gemeinschaftlicher Großgedächtnisse von Völkern, Nationen oder Religionsgemeinschaften werden die differierenden Gedächtniskonstruktionen auf regionaler Ebene oder die noch tiefer anzusiedelnden Erinnerungsgemeinschaften von kleinen gesellschaftlichen Gruppen oder gar Individuen oftmals ausgeblendet beziehungsweise allzu rasch für die »Nation« vereinnahmt. Nicht nur die deutsche Geschichte bietet jedoch sowohl für die Jahre vor als auch nach 1945 vielfältige Beispiele dafür, dass die Regionalität oder Lokalität spezifischer Erinnerungskulturen jederzeit scheinbar homogene Gedächtnisnationen aufbrechen konnte.[47]

Erinnerungskulturelle Divergenzen zwischen Ost- und Westeuropa

In einer weiteren europäischen Perspektive ist in den letzten beiden Jahrzehnten eine wichtige erinnerungskulturelle Differenz von erheblichem Gewicht zum Vorschein getreten, die für die weiteren Diskussionen von großer Bedeutung sein dürfte. Denn ungeachtet des Zusammenwachsens von Ost- und Westeuropa lassen sich seit 1989/90 in beiden politischen Makroräumen starke Divergenzen darüber ausmachen, was öffentlich erinnert werden soll – und wenn ja, wo und wie dies geschehen soll. Es handelt sich daher um alles andere als einen Zufall, wenn im früheren östlichen Herrschaftsbereich die Konfrontation um den politisch-kulturellen Stellenwert der Erinnerung an die sowjetische Ära im Vergleich zum Gedenken an die deutsche Besatzungsherrschaft weit heftiger ausgetragen wird, als dies für das frühere Westeuropa gesagt werden kann. Insbesondere aus den Ländern Ostmitteleuropas ist immer wieder der mahnende Appell zu hören, den

47 Clemens Wischermann, Wettstreit um Gedächtnis und Erinnerung, in: Westfälische Forschungen 51 (2001), S. 1–18, hier S. 3, 12; Harald Schmid (Hrsg.), Erinnerungskultur und Regionalgeschichte, München 2009.

Opfern des sowjetisch geführten Kommunismus im öffentlichen Gedenken einen ebenso würdigen Platz einzuräumen wie den Opfern der NS-Diktatur und -Besatzungsherrschaft.[48]

Obwohl die Themen nur unwesentlich voneinander abwichen, entwickelte sich der Umgang mit der »Erinnerung« in den meisten postkommunistischen Gesellschaften zu einem hochpolitisierten Streitobjekt (Peter Haslinger). Diese Diskussionen sind noch keineswegs an ein Ende gelangt, und immer wieder erreichen sie eine große Siedehitze. In der eng damit verbundenen Konkurrenz um staatliche Mittel für Gedenkstätten und Maßnahmen der politisch-historischen Bildungsarbeit – das sei als Prognose gewagt – ist vorläufig kein Ende abzusehen, zumal sich kaum ein anderes Thema so sehr für ideologische Positionsnahmen eignet wie der Kampf um die Deutungshoheit auf diesem Feld.

Ohne Zweifel ist aber schon heute deutlich zu erkennen, dass die hermetischen und meist nur auf die eigene Gemeinschaft bezogenen Metanarrative nationaler Erinnerungskulturen ihre Existenzberechtigung verloren haben. Gleichermaßen ist inzwischen für viele sichtbar geworden, dass keine Erinnerungskultur, die auf einem tiefreichenden Gegensatz von privaten Erfahrungen und historiografisch-politischer Interpretation beruht, auf Dauer überleben kann. Überall stellt sich mehr als 60 Jahre nach Kriegsende im Zuge des laufenden Generationenwandels sehr konkret die Frage danach, welche Erinnerungen an die Diktaturregime und an den Zweiten Weltkrieg langfristig in den politisch-historischen Erinnerungshaushalt der Nationen eingehen sollen. Für Kinder, die im Zeichen des Jugoslawienkriegs aufgewachsen sind, oder für die noch Jüngeren bildet der Zweite Weltkrieg letztlich nicht länger Teil des verpflichtenden kollektiven Generationengedächtnisses, sondern allenfalls noch ein Ereignis aus einer fernen Vergangenheit. Diese sich abzeichnende Kluft gilt es ernst zu nehmen, und aus einer fachlichen Sicht darf sie sicherlich nicht in einer simplen Engführung von Wissenschaft, Moral und Politik aufgehen.[49]

48 Ulf Brunnbauer/Stefan Troebst (Hrsg.), Zwischen Nostalgie und Amnesie. Die Erinnerung an den Kommunismus in Südosteuropa, Köln 2007.

49 Vgl. Martin Sabrow, Das Unbehagen an der Aufarbeitung. Zur Engführung von Wissenschaft, Moral und Politik in der Zeitgeschichte, in: Thomas Schaarschmidt (Hrsg.), Historisches Erinnern und Gedenken im Übergang vom 20. zum 21. Jahrhundert, Frankfurt a. M. 2008, S. 11–20.

Für die Zeithistoriker/innen in allen Ländern stellt all dies eine große Herausforderung dar. Denn es geht darum, dem Willen zum politischen Gedenken und den Ansprüchen diverser gesellschaftlicher Gruppen auf ihr Recht zur öffentlichen Kommemoration ein kritisches Medium mit selbstreflexiver Kompetenz an die Seite zu stellen. Das könnte ein verbindendes Element einer gemeinsamen europäischen Erinnerungskultur sein, was aber voraussetzt, dass sich die Zeitgeschichtsschreibung zunächst selbst aus ihren nationalen Deutungsnetzen löst.

Forschungsfelder

Thomas Mergel

Kulturgeschichte der Politik

In einem Sammelband, der eine Zwischenbilanz der Diskussion um eine erneuerte Sozial- bzw. eine Neue Kulturgeschichte zog, kritisierte Hans-Ulrich Wehler 1997, dass die Neue Kulturgeschichte, der er ohnehin wolkige Unbestimmtheit vorwarf, um die »harten« Themen von Politik, Wirtschaft oder der sozialen Ungleichheit einen weiten Bogen machte. Gerade diese Felder bedürften aber einer kulturgeschichtlichen Erweiterung.[1] Wie sehr der Chefkritiker der Neuen Kulturgeschichte damit eine aktuelle Stimmung traf, zeigte sich an der Lebendigkeit, mit der wenige Jahre später eine Debatte über die Verwendung kulturgeschichtlicher Ansätze auch in diesen Themenfeldern begann. Unter verschiedenen Leitbegriffen, die teilweise selbst programmatische Bedeutung haben, wogte eine breite Diskussion um einen neuen politikgeschichtlichen Ansatz, die die Unzufriedenheit mit herkömmlichen Zugängen zur Politikgeschichte deutlich machte.[2] Neu war die Anwendung von ethnologisch und semiologisch inspirierten Ansätzen, die das Programm der Neuen Kulturgeschichte bestimmten, auf das thematische Feld der Politik.[3] Wie schnell die Kulturgeschichte der Poli-

1 Hans-Ulrich Wehler, Kommentar, in: Thomas Mergel/Thomas Welskopp (Hrsg.), Geschichte zwischen Kultur und Gesellschaft. Beiträge zur Theoriedebatte, München 1997, S. 351–366, hier besonders S. 353.

2 Thomas Mergel, Überlegungen zu einer Kulturgeschichte der Politik, in: Geschichte und Gesellschaft 28 (2002), S. 574–606; Ute Frevert, Neue Politikgeschichte, in: Joachim Eibach/Günther Lottes (Hrsg.), Kompass der Geschichtswissenschaft, Göttingen 2002, S. 152–164; Achim Landwehr, Diskurs – Macht – Wissen. Perspektiven einer Kulturgeschichte des Politischen, in: Archiv für Kulturgeschichte 85 (2003), H. 1, S. 71–117; Barbara Stollberg-Rilinger, Was heißt Kulturgeschichte des Politischen? Einleitung, in: dies. (Hrsg.), Was heißt Kulturgeschichte des Politischen? (= Zeitschrift für Historische Forschung, Beiheft 35), Berlin 2005, S. 9–24.

3 Vgl. Martin Dinges, Neue Kulturgeschichte, in: Eibach/Lottes (Hrsg.), Kompass der Geschichtswissenschaft, S. 179–192; Roger Chartier, New Cultural History, in: ebd., S. 193–205.

tik an Bedeutung gewonnen hat, lässt sich daran erkennen, dass inzwischen zusammenfassende Darstellungen erschienen sind, die sowohl die Diskussion nachzeichnen wie auch kompendienartige Einführungen darstellen.[4]

Wie andere Ansätze der Neuen Kulturgeschichte fand auch dieser vor allem unter Historikern der Frühen Neuzeit engagierte Verfechter. Darüber hinaus haben sich aber besonders Vertreter der Geschichte des 19. und 20. Jahrhunderts zu Wort gemeldet. In der historiografischen Beschäftigung mit Antike und Mittelalter fand die Diskussion bisher kaum Resonanz – ein Hinweis darauf, dass es hauptsächlich politische Institutionen wie der Staat oder Parteien sind, die bei dieser Diskussion im Mittelpunkt stehen.[5]

Die allermeisten der Beiträge betonten dabei, dass es nicht um eine Implementierung des Konzepts der *Politischen Kultur* in die Geschichtswissenschaft gehen könne.[6] Damit ist ein anderer Diskussionszusammenhang gemeint, der häufig mit der kulturhistorischen Debatte verwechselt wird. Der Begriff der *Political Culture* kommt aus dem Zusammenhang der amerikanischen »Comparative Politics«-Forschung und ist besonders mit den Namen Sidney Verba und Gabriel Almond verbunden, die in den frühen 1960er-Jahren unter Verwendung von Massendaten national differenzierte politische Einstellungen abfragten und gewissermaßen die mentale, habituelle Seite des politischen Prozesses und der politischen Strukturen zu benennen suchten.[7] In Deutschland dauerte

4 Luise Schorn-Schütte, Historische Politikforschung. Eine Einführung, München 2006; Tobias Weidner, Die Geschichte des Politischen in der Diskussion, Göttingen 2012.

5 Vgl. etwa Ronald G. Asch/Dagmar Freist (Hrsg.), Staatsbildung als kultureller Prozess. Strukturwandel und Legitimation von Herrschaft in der Frühen Neuzeit, Köln 2005.

6 Ausnahmen gibt es allerdings: Besonders aus dem Umkreis des Freiburger Frühneuzeithistorikers Wolfgang Reinhard wird nach wie vor »Politische Kultur« als nutzbarer Ansatz verfolgt. Vgl. Wolfgang Reinhard, Was ist europäische politische Kultur? Versuch zur Begründung einer politischen Historischen Anthropologie, in: Geschichte und Gesellschaft 27 (2001), S. 593–616.

7 Gabriel A. Almond/Sidney Verba, The Civic Culture. Political Attitudes and Democracy in Five Nations, Princeton 1963.

es fast 20 Jahre, bis dieses Konzept auch hier heimisch wurde.[8] Es hatte oft einen normativen Ansatz und schien häufiger »kultivierte Politik« zu meinen.

Diese Politische-Kultur-Forschung, die von Max Kaase in einem viel rezipierten Aufsatz als der »Versuch, einen Pudding an die Wand zu nageln«, scharf kritisiert wurde,[9] hatte mit der epistemologischen und methodologischen Stoßrichtung der Neuen Kulturgeschichte indes wenig gemein, sondern fragte schlicht nach Mentalitäten und Einstellungen.[10] Ohne dass er den Kulturbegriff explizit bemüht hätte, war daneben der amerikanische Politikwissenschaftler Murray Edelman einflussreich, weil er die symbolische Seite der Politik in den Mittelpunkt rückte. In seinem 1964 erschienenen Buch »The Symbolic Uses of Politics« verstand er Symbolisierungen als ein Mittel der Manipulation. Symbole sind in Edelmans Diktion »Rationalitätsersatz« und führen zu politischem Quietismus.[11] Politik wird als »Spektakel« konstruiert, um die Massen von den eigentlichen Machtverhältnissen abzulenken.[12] Dieser Ansatz, der theoretisch einerseits hochgradig

8 Vgl. v. a. Wolf Michael Iwand, Paradigma Politische Kultur. Konzept, Methoden, Ergebnisse der Political Culture-Forschung in der Bundesrepublik. Ein Forschungsbericht, Aachen 1983; Dirk Berg-Schlosser/Jakob Schissler (Hrsg.), Politische Kultur in Deutschland. Bilanz und Perspektiven der Forschung, Opladen 1987.

9 Max Kaase, Sinn oder Unsinn des Konzepts Politische Kultur für die Vergleichende Politikforschung, oder auch: Der Versuch, einen Pudding an die Wand zu nageln, in: ders./Hans-Dieter Klingemann (Hrsg.), Wahlen und politisches System, Opladen 1983, S. 144–172.

10 Man muss allerdings zugestehen, dass auch in der Politikwissenschaft früh Versuche zu verzeichnen sind, Fragen des symbolischen und sprachlichen Handelns in die Untersuchung von Politik einzubeziehen. Vgl. etwa Ulrich Sarcinelli, Symbolische Politik. Zur Bedeutung symbolischen Handelns in der Wahlkampfkommunikation der Bundesrepublik, Opladen 1987. Als Überblick über Ansätze in der Politikwissenschaft: Thomas Mergel, Kulturwissenschaft der Politik: Perspektiven und Trends, in: Friedrich Jaeger u. a. (Hrsg.), Handbuch der Kulturwissenschaften, Bd. 3: Themen und Tendenzen, Stuttgart 2004, S. 413–425.

11 Murray Edelman, The Symbolic Uses of Politics, Urbana 1964 (auf Deutsch teilweise in: ders., Politik als Ritual. Die symbolische Funktion staatlicher Institutionen und politischen Handelns, Frankfurt a. M. 1976).

12 Murray Edelman, Constructing the Political Spectacle, Chicago 1988.

normativ, methodisch andererseits durchaus aktuell war – so untersuchte Edelman verschiedene politische »Sprachen« in ihrer kommunikativen Funktion –, hat die Politikforschung lange Zeit intensiv beeinflusst. In seinem Gefolge wurde »symbolische Politik« zu einem Synonym für »unechte Politik«. Die Untersuchung der Politik geriet hier zur Kulturkritik.[13]

Für die Rezeption des Konzepts der *Politischen Kultur* in der deutschen Geschichtswissenschaft ist vor allem Karl Rohes Übersetzungsversuch wichtig geworden. Rohe versteht »Politische Kultur« als einen »mit Sinnbezügen gefüllten Rahmen, innerhalb dessen sich die durch Interessen geleitete politische Lebenspraxis handelnder, denkender, fühlender Akteure vollzieht«.[14] Das Studium der Politischen Kultur, wenn sie so verstanden wird, meint also nicht »kultivierte Politik«, sondern zielt auf das Verständnis der Bedingungen politischen Handelns. Es fragt nach einem spezifischen Themenrepertoire: politische Traditionen und Mentalitäten, langdauernde Zugehörigkeiten und eingeübte Handlungsroutinen.

Das zeichnet die meisten älteren Ansätze aus: Sie interessieren sich für spezifische *Themen*, die von der herkömmlichen Politikgeschichte bisher außer Acht gelassen wurden. Im Unterschied dazu versteht sich die *Kulturgeschichte der Politik*, wie sie sich seit dem Ende der 1990er-Jahre entwickelt hat, als *Methode*: Ausgehend von einem spezifischen Wirklichkeitsverständnis und mit einem bestimmten Set an Herangehensweisen beansprucht sie, alle Felder des Politischen zu erfassen, also nicht nur den Rahmen, sondern auch das eigentlich politische Handeln in seinen Vollzügen, politische Institutionen in ihrem Funktionieren, die Konstruktionen politischer Strukturen und Prozesse, aber auch den permanenten Konflikt darum, was eigentlich als »politisch« (also: wichtig) gelten kann. Dies ist wohl der eigentliche Unterschied zur »Politischen Kultur«: Kulturgeschichte der Politik beansprucht, mit ihrem Ansatz die Differenz zwischen dem »Rah-

13 Vgl. etwa Rüdiger Voigt (Hrsg.), Politik der Symbole, Symbole der Politik, Opladen 1989.

14 Karl Rohe, Politische Kultur und ihre Analyse. Probleme und Perspektiven in der Politischen Kulturforschung, in: Historische Zeitschrift 250 (1990), S. 321–346, hier S. 333.

men« und der »eigentlichen« Politik aufzulösen und die gesamte Politik als integrales Themenfeld zu untersuchen. Die Frage nach den Traditionen von politischen Einstellungen und Vergemeinschaftungen, die etwa Rohes Historische Wahlforschung antreibt, ist allerdings auch in der Kulturgeschichte der Politik einflussreich geworden, die sich seit dem Beginn des neuen Jahrtausends in Deutschland - vor allem hier - entwickelte. Der neue Zugang zur Politikgeschichte, der sich seit dem Beginn des Jahrtausends zunächst in lebhaften theoretischen Diskussionen zeigte, birgt in sich viele Differenzen, umreißt im Einzelnen aber trotzdem eine neue Politikgeschichte, die in den letzten Jahren auch empirisch höchst produktiv geworden ist.

Zentrale Annahmen der Kulturgeschichte der Politik

Gemeinsam ist allen theoretischen Überlegungen, dass sie im Einklang mit den anderen Strömungen der Kulturgeschichte den Menschen als ein symbolerzeugendes und symboldeutendes Wesen fassen. Alles Handeln, das bezeichnet, das sich auf ein Gegenüber richtet, also *soziales Handeln*, welcher Art auch immer, ist deshalb *symbolisches Handeln*. Symbole sind uneindeutige Zeichen und haben also immer mehrdeutige Verweisungszusammenhänge. Symbolische »Dinge« ebenso wie symbolisches Handeln müssen deshalb interpretiert werden. Dies ist die Grundlage für den Kommunikationsbegriff der Kulturgeschichte: Kommunikation ist immer deutendes Handeln, dem – eben deshalb – Mehrdeutigkeit eingeschrieben ist. Institutionen sind nichts anderes als durch Wiederholung auf Dauer gestelltes kommunikatives Handeln.[15] Die Polizei etwa stellt Obrigkeit und »Ordnung« her, indem sie sich wiederholende, von den Bürgern erwartete Handlungen vollführt und Aussagen macht, die von diesen als Herstellung von Obrigkeit auch verstanden werden. Sie symbolisiert staatliche Ordnung, und in ihren Handlungsformen lässt sich auch ablesen, wie demokratisch oder bürgernah diese staatliche Ordnung ist.

15 Karl-Siegbert Rehberg, Institutionen als symbolische Ordnungen, in: Gerhard Göhler (Hrsg.), Die Eigenart der Institutionen, Baden-Baden 1994, S. 47–84.

Was bedeutet dies für die Politikgeschichte? Zunächst, dass politisches Handeln soziales Handeln wie jedes andere auch ist. Es ist kommunikatives Handeln, und als solches ist es zugleich uneindeutig und deutend. Kulturhistoriker untersuchen politisches Handeln demzufolge vor allem dahingehend, ob und wie es als symbolisches Handeln Ordnungen produziert, sie verändert, erhält oder umstürzt. Im Unterschied zu herkömmlichen Ansätzen unterstellen Kulturhistoriker auch im Feld der Politik, dass Bedeutungen nicht schon »vorher da« sind, sondern im kommunikativen Prozess je produziert und erst durch die Wiederholung (und die Erwartung der Wiederholung) zu geteilten Tatbeständen werden.[16] Ähnlich verhält es sich mit politischen Institutionen und Strukturen, deren Realität sich aus Kommunikationserwartungen und -routinen ergibt. Dieser Zugriff unterscheidet kulturhistorische von herkömmlichen Ansätzen der Politikgeschichte, die von vorgegebenen, gewissermaßen objektiven Bedingungen politischen Handelns ausgehen. Als solche mögen Geografie oder wirtschaftliche Leistungskraft figurieren. Demgegenüber betont die Kulturgeschichte den Konstruktionscharakter von politischen Handlungsressourcen wie Macht oder Herrschaft.

In der Perspektive dieser neueren Diskussionen hat der Begriff der symbolischen Politik, anders als bei Edelman, keinen pejorativen Beigeschmack in dem Sinne, dass sich damit der Ruch der Manipulation verbände. Vielmehr ist Politik gar nicht anders zu denken als im Sinne von Semantiken, Handlungsformen und Strukturbildungen, die Uneindeutiges fassen wollen. Auch politische Sprache ist symbolisch und transportiert immer mehr Bedeutungen, als vom Rezipienten aktualisierbar sind.[17] Einen Gegensatz zwischen Sprechen und Handeln gibt es nur scheinbar: Politisches Handeln ist zumeist nichts anderes als Sprechen, genauer: die Fas-

16 Berger und Luckmann sprechen von Objektivationen: Peter L. Berger/Thomas Luckmann, Die gesellschaftliche Konstruktion der Wirklichkeit. Eine Theorie der Wissenssoziologie, 2. Aufl., Frankfurt a. M. 1980 (1. Aufl. 1966), S. 36 ff.

17 Thomas Mergel, »Sehr verehrter Herr Kollege«. Zur Symbolik der Sprache im Reichstag der Weimarer Republik, in: Rudolf Schlögl/Bernhard Giesen/Jürgen Osterhammel (Hrsg.), Die Wirklichkeit der Symbole. Grundlagen der Kommunikation in historischen und gegenwärtigen Gesellschaften, Konstanz 2004, S. 369–394.

sung von (seienden und sein sollenden) politischen Wirklichkeiten mit Mitteln der Sprache.[18] Deshalb hat die Untersuchung politischer Diskurse in der Kulturgeschichte der Politik besondere Bedeutung. Politische Sprachen als langdauernde Ausdruckssysteme ebenso wie im Kommunikationsprozess aktuell stattfindende semantische Kämpfe ermöglichen direkte Zugänge zu politischen Konflikten und Parteinahmen, zu vorgängigen Annahmen über die Bedingungen von Politik ebenso wie über politische Ziele und Utopien. Auch die alltägliche Verwaltung politischer Zwecksetzungen findet zumeist als Sprache statt. Die in Deutschland besonders gepflegte Begriffsgeschichte hat in dieser Hinsicht einen wichtigen Beitrag zur Kulturgeschichte der Politik geleistet.

Allerdings besteht Kommunikation nicht nur aus Worten. Die Tradition der politischen Kulturforschung hat in Verbindung mit dem *iconic turn* und dem *performative turn* zu einer stärkeren Beobachtung der Bilder, der Darstellungsformen und des Sehens in der Politik geführt. Hier zeigen sich die mehrdeutigen Verweiszusammenhänge am klarsten; die Mobilisierungsfähigkeit der Bilder resultiert aus ihrer Uneindeutigkeit – weil die Menschen je verschiedene Imaginationen mit den Bildern verbinden, können sie sich zusammenschließen. Besonders für Umbruchsituationen wie die Französische Revolution oder den Aufstieg des Nationalsozialismus haben sich die Politische Ikonografie und in den letzten Jahren auch die Untersuchung performativer Phänomene als wichtige Felder einer Kulturgeschichte der Politik etabliert.[19] Zeremoniell und Ritual sind in diesem Zusammenhang als praktisches Machthandeln gedeutet worden.[20] Umgekehrt zeigt sich bei den Bildern besonders deutlich, dass, wer über die Definitions-

18 Willibald Steinmetz, »Sprechen ist eine Tat bei euch«. Die Wörter und das Handeln in der Revolution von 1848, in: Dieter Dowe/Heinz-Gerhard Haupt/Dieter Langewiesche (Hrsg.), Europa 1848. Revolution und Reform, Bonn 1998, S. 1089–1138.

19 Vgl. als frühe, stilprägende Beispiele: Klaus Herding/Rolf Reichardt, Bildpublizistik der Französischen Revolution. Die politische Symbolik in der revolutionären Bildpublizistik, Frankfurt a. M. 1989; Gerhard Paul, Aufstand der Bilder. Die NS-Propaganda vor 1933, Bonn 1990.

20 Beispiele in: Jan Andres/Alexa Geisthövel/Matthias Schwengelbeck (Hrsg.), Die Sinnlichkeit der Macht. Herrschaft und Repräsentation seit der Frühen Neuzeit, Frankfurt a. M. 2005.

macht der Symbole verfügt, auch die Beschreibung der Realität bestimmt.[21] Wegen dieser Betonung der sinnlichen Dimension von Politik ist die Politikgeschichte mittlerweile auch als Mediengeschichte profiliert worden.[22] Es ist nicht zu übersehen, dass die Bilder bislang wesentlich weniger Aufmerksamkeit gefunden haben als die Wörter; aber es herrscht mittlerweile ein breit geteiltes Problembewusstsein, dass man ohne die Bilder keine Politikgeschichte schreiben kann. Besonders aus der Kunstgeschichte kommen viele Anregungen für methodische Innovationen.[23]

Die Betonung politischen Handelns und politischer Strukturen als symbolischer, hergestellter, uneindeutiger Phänomene hat besonders in der Geschichte politischer Kommunikationsräume empirische Ergebnisse zutage gefördert. In der Diplomatiegeschichte sind die symbolischen und ritualisierten Ordnungen untersucht worden, die nur scheinbar die Machtordnungen der Staaten lediglich abbilden. In Wahrheit erzeugen sie diese ganz manifest mit.[24] Parlamentarische Strukturen und Handlungsformen wurden als kommunikative Cluster untersucht, mit unterschiedlichen Methoden und theoretischen Vorannahmen ist das politische Sprechen als Form politischen Handelns gedeutet worden.[25] So

21 Vgl. hier besonders die große Anthologie von Gerhard Paul (Hrsg.), Das Jahrhundert der Bilder, 2 Bde., Göttingen 2008, 2009.

22 Vgl. etwa Ute Frevert/Wolfgang Braungart (Hrsg.), Sprachen des Politischen. Medien und Medialität in der Geschichte, Göttingen 2004; Frank Bösch/Norbert Frei (Hrsg.), Medialisierung und Demokratie im 20. Jahrhundert, Göttingen 2006.

23 Vgl. etwa Barbara Stollberg-Rilinger/Thomas Weißbrich (Hrsg.), Die Bildlichkeit symbolischer Akte, Münster 2010.

24 Johannes Paulmann, Pomp und Politik. Monarchenbegegnungen in Europa zwischen Ancien Régime und Erstem Weltkrieg, Paderborn 2000; Verena Steller, Diplomatie von Angesicht zu Angesicht. Diplomatische Handlungsformen in den deutsch-französischen Beziehungen 1870–1919, Paderborn 2011.

25 Willibald Steinmetz, Das Sagbare und das Machbare. Zum Wandel politischer Entscheidungsspielräume: England 1780–1867, Stuttgart 1993; Thomas Mergel, Parlamentarische Kultur in der Weimarer Republik. Politische Kommunikation, symbolische Politik und Öffentlichkeit im Reichstag, 3. Aufl., Düsseldorf 2012 (zuerst 2002); Heiko Bollmeyer, Der steinige Weg zur Demokratie. Die Weimarer Nationalversammlung zwischen Kaiserreich und Republik, Frankfurt a. M. 2007.

ist etwa auch die kommunikative Ordnung im CDU-Parteivorstand unter Adenauer als ein Ort untersucht worden, an dem sich die Macht des alten Kanzlers in einem sehr pragmatischen Sinn produzierte.[26]

Die Annahme einer im Handlungsvollzug realisierten Produktion und Reproduktion sozialer Strukturen – statt der Vorstellung ihrer Präexistenz – führt zu einer weiteren zentralen Annahme, die eine lange Tradition im deutschen Historismus hat, in der strukturorientierten Geschichtswissenschaft jedoch etwas in Vergessenheit geraten war: dass nämlich alles, auch das scheinbar Feststehende, historisch ist und deshalb historisiert werden muss. Dies gilt zunächst für den Begriff der Politik selbst. Besonders im Umfeld des Bielefelder DFG-Sonderforschungsbereichs »Das Politische als Kommunikationsraum in der Geschichte« (2001–2012) wurde die Strategie verfolgt, die begriffliche Zuspitzung von Gegenständen als »politisch« selbst als eine politische Strategie des Wichtigmachens von Themen und Entscheidungen zu analysieren. Historisch lässt sich in der Tat zeigen, dass die Bedeutungen von »Politik« sowohl diachron als auch synchron weit auseinanderliegen können und der Begriff seit der Französischen Revolution einer beständigen Ausweitung unterlag.[27]

Eine transhistorische Definition von Politik ist deshalb nur dann möglich, wenn man sie so allgemein fasst, wie Karl Rohe dies vorgeschlagen hat: als die Dimension, »in der die fundamentale Ordnungsproblematik verhandelt wird, die allen sozialen Verbänden zu eigen ist«.[28] Politische Ideen und Handlungsformen

26 Frank Bösch, Politik als kommunikativer Akt. Formen und Wandel der Gesprächsführung im Parteivorstand der fünfziger und sechziger Jahre, in: Moritz Föllmer (Hrsg.), Sehnsucht nach Nähe. Interpersonale Kommunikation in Deutschland seit dem 19. Jahrhundert, Stuttgart 2004, S. 197–214.

27 Willibald Steinmetz (Hrsg.), »Politik«. Situationen eines Wortgebrauchs im Europa der Neuzeit, Frankfurt a. M. 2007.

28 Andreas Dörner/Karl Rohe, Politikbegriffe, in: Dieter Nohlen (Hrsg.), Lexikon der Politik, Bd. 1, München 1995, S. 453–458, hier S. 457. In Deutschland hat eine antagonistische Definition eine lange Tradition, die in Semantiken des Oben-Unten, Freund-Feind, Wir-Sie ihren Ausdruck findet und die von Carl Schmitt zum unumstößlichen Politikbegriff erho-

müssen deshalb in ihrem historischen Bedeutungswandel untersucht werden. So unterlag beispielsweise die Idee der Demokratie seit dem 19. Jahrhundert einem ständigen Wandel: von einer homogenisierenden Vorstellung aller Gleichen hin zu einem konfliktorientierten politischen Systemmodell. Begriffe wie »Gleichheit« oder »Gerechtigkeit« sind in ihrem Wandel ebenso Teil einer Politikgeschichte wie die konkrete Ausgestaltung von Partizipationsrechten.[29] Die aktive Politisierung (also die wirksame Herstellung von kollektiver Bedeutung und Handlungsbedarf) von Themen kann dazu führen, dass Gegenstände, die vorher dem Reich des Privaten zugerechnet wurden, nun dem Bereich des kollektiv Wichtigen, also der Politik zugerechnet werden. Das lässt sich etwa für Geschlechterpolitik, das Alter oder die Religion zeigen.[30] Taxonomien und Ordnungskategorien haben selbst politische Valenz; die Empirische Sozialwissenschaft produziert mit Hilfe von Statistiken und Skalen objektiv erscheinende Bilder von

ben wurde; vgl. die harsche Kritik daran bei Dirk Kaesler, Freund versus Feind, Oben versus Unten, Innen versus Außen. Antagonismus und Zweiwertigkeit bei der gegenwärtigen soziologischen Bestimmung des Politischen, in: Dirk Berg-Schlosser u. a. (Hrsg.), Politikwissenschaftliche Spiegelungen. Ideendiskurs – institutionelle Fragen – Politische Kultur und Sprache (Festschrift für Theo Stammen), Opladen 1998, S. 174–189. Sie muss indes in einer spezifisch deutschen Politikerfahrung situiert werden. Andere Verständnisse von Politik, wie sie etwa bei Hannah Arendt aufscheinen, oder wie sie J. G. A. Pocock in der atlantischen Politiktradition seit der Frühen Neuzeit aufgewiesen hat, umfassen gänzlich andere Felder und Handlungsformen des Politischen und sind sehr viel mehr auf *common sense*-Teloi hin angelegt. Vgl. zu international vergleichenden Perspektiven vor allem: Jörn Leonhard, Politik – ein symptomatischer Aufriss der historischen Semantik im europäischen Vergleich, in: Steinmetz (Hrsg.), »Politik«, S. 75–133.

29 Dies hat besonders die Geschichte der Praxis des Wählens gezeigt. Vgl. hierzu Thomas Kühne, Dreiklassenwahlrecht und Wahlkultur in Preußen 1867–1914. Landtagswahlen zwischen korporativer Tradition und politischem Massenmarkt, Düsseldorf 1994; Margaret Lavinia Anderson, Lehrjahre der Demokratie. Wahlen und politische Kultur im Deutschen Kaiserreich, Stuttgart 2009.

30 Beispiele in: Ute Frevert/Heinz-Gerhard Haupt (Hrsg.), Neue Politikgeschichte. Perspektiven einer historischen Politikforschung, Frankfurt a. M. 2005.

Gesellschaft, die ihre Bedeutung erst im politischen Verwertungszusammenhang erlangen.[31]

Interne Differenzierungen und Kritik

Die Kulturgeschichte der Politik ist nicht ohne Kritik geblieben. Dabei ist mitunter der Eindruck entstanden, es gebe zwei säuberlich voneinander geschiedene Lager. Das ist mitnichten der Fall. Zum einen kann man auch innerhalb des Paradigmas durchaus divergierende Ansätze feststellen, wofür die unterschiedlichen Nomenklaturen Ausdruck sind. Den Begriff »Kulturgeschichte *des Politischen*« bevorzugen diejenigen, die unter »Politik« je unterschiedliche zu historisierende Gegenstände verstehen und die Dekonstruktion dieser begrifflichen Masse zum Programm erheben.[32] Dagegen ist eingewandt worden, dass »das Politische« ein seltsam vager und schillernder Ausdruck sei, der von Carl Schmitt eine nicht leicht abzustreifende Bedeutung erhalten habe. Die Wortform des substantivierten Adjektivs verleihe dem Gegenstand eine gewisse Emphase: »›Das Politische‹ erhält so eine Wichtigkeit, die semantisch solchen Konstrukten wie ›das Gute, Wahre, Schöne‹, oder ›das Soziale‹ ähnelt.«[33] Den Begriff »Kulturgeschichte des Politischen« kann man kritisieren als eine Strategie, neue Themen zu definieren, dabei aber die herkömmlichen Themen der »alten« Politikgeschichte zu überlassen. Da mit diesem Zugang tendenziell alles als »politisch« zu qualifizieren sei, verschwinde das Besondere des kulturhistorischen Ansatzes hin-

31 Vgl. Alain Desrosières, Die Politik der großen Zahlen. Eine Geschichte der statistischen Denkweise, Berlin 2005 (zuerst 1993); Sarah E. Igo, The Averaged American. Surveys, Citizens, and the Making of a Mass Public, Cambridge MA 2007.

32 Vgl. Landwehr, Diskurs, sowie die unterschiedlichen Beiträge in Stollberg-Rilinger (Hrsg.), Kulturgeschichte des Politischen. Hierzu zählen auch diejenigen, die als Label »Neue Politikgeschichte« bevorzugen, vgl. Ute Frevert, Neue Politikgeschichte. Konzepte und Herausforderungen, in: dies./Heinz-Gerhard Haupt (Hrsg.), Neue Politikgeschichte, S. 7–26.

33 Thomas Mergel, Wahlkampfgeschichte als Kulturgeschichte. Konzeptionelle Überlegungen und empirische Beispiele, in: Barbara Stollberg-Rilinger, Was heißt Kulturgeschichte des Politischen?, Münster 2005, S. 255–276.

ter der Geschichte von allerlei Kommunikation und Symbolik, die aus der Selbstbezeichnung »politisch« selbst eine besondere Wichtigkeit ihrer Gegenstände ableite.[34]

Die »Kulturgeschichte *der Politik*« setzt dagegen stärker auf das Verständnis von Kulturgeschichte als Methode. Sie will nicht nur neue Geschichten auffinden, sondern auch die alten Geschichten neu erzählen. Dabei bezieht sie sich absichtlich auf vorgängige Verständnisse dessen, was als politisch gelten möchte; hier sollen neue Perspektiven eröffnet werden. Sie hat eher hergebrachtes politisches Handeln und politische Institutionen vor Augen und möchte diese mit kulturhistorischen Fragen in neuem Licht erscheinen lassen. Kritisch lässt sich dagegen einwenden, dass ein solcher Ansatz die je gegebenen Politikverständnisse übernimmt und so ein unhistorisches Verständnis von Politik affirmiert. In der Forschungspraxis sind solche Kontroversen um Labels jedoch im Allgemeinen weniger wichtig.

Zum anderen aber werden auch im Kreise derer, die man eher der herkömmlichen Politikgeschichte zurechnen kann, Methoden und Fragen eines kulturgeschichtlichen Zugangs genutzt. So hat Bernhard Löffler seine eigene Institutionengeschichte des Wirtschaftsministeriums unter Ludwig Erhard einer fruchtbaren, kulturhistorisch inspirierten Neulektüre unterzogen.[35] Die Untersuchung politischer Sprachen hat in Deutschland eine lange Tradition, und auch Historiker, die sich dem kulturhistorischen Paradigma nicht ohne Weiteres zurechnen, arbeiten damit.[36] Andreas Rödder hat darauf hingewiesen, dass gerade die Betonung des (kontingenten) Sinnverstehens, des Deutens, eine lange Tradition habe, für die in Deutschland besonders der

34 »We all are political historians today«, meinte Susan Pedersen vor einigen Jahren enthusiastisch. Genau darin mag das Problem liegen. Susan Pedersen, What is Political History Now?, in: David Cannadine (Hrsg.), What is History Now?, New York 2002, S. 36–56, hier S. 38.

35 Bernhard Löffler, Moderne Institutionengeschichte in kulturhistorischer Erweiterung. Thesen und Beispiele aus der Geschichte der Bundesrepublik Deutschland, in: Hans-Christof Kraus/Thomas Nicklas (Hrsg.), Geschichte der Politik. Alte und neue Wege (= Historische Zeitschrift, Beiheft 44), München 2007, S. 155–180.

36 Thomas Nicklas/Matthias Schnettger (Hrsg.), Politik und Sprache im frühneuzeitlichen Europa, Mainz 2007.

Name Hans-Georg Gadamers stehe.[37] Im gleichen Band plädiert Eckart Conze für die Historisierung von Begriffen wie »Staat« und »Staatensystem«.[38]

Diese Überlappungen bedingen, dass eine grundlegende Kritik auch aus den Kreisen, welche die herkömmliche Politikgeschichte hochhalten, selten zu hören ist. Wenn, dann beharrt sie darauf, dass Macht und die hinter ihr stehende Gewalt sich einem ausschließlich kulturwissenschaftlichen Zugriff entzögen.[39] Es gebe sozusagen »hinter« der Geschichte stehende Dinge, die nicht historisierbar und deshalb einem symbolischen Zugriff nicht zugänglich seien. Solche essenzialistischen Zugriffe scheinen inzwischen aber selbst in methodisch konservativeren Kreisen nicht mehr ohne Weiteres überzeugend.

Von den Vertretern der Sozialgeschichte, die der Alltagsgeschichte und der Historischen Anthropologie mit gepflegter Polemik begegnet waren, wurden die kulturhistorischen Ansätze im Feld der Politik dagegen lange geflissentlich übersehen, zumal Hans-Ulrich Wehler – nicht überraschend – die »weiche« Kulturgeschichte generell der »harten« Sozialgeschichte, besonders im Gewand der Gesellschaftsgeschichte, für unterlegen hielt.[40] Das mochte auch damit in Zusammenhang stehen, dass der Sozialgeschichte selbst seinerzeit vorgeworfen worden war, sie sei »history [...] with the politics left out«.[41] Man kann aber die Zurückhaltung der Sozialhistoriker umgekehrt auch darauf zurückführen, dass, so Andreas Fahrmeir, die Sozialgeschichte vor allem Bielefelder Provenienz selbst ein explizit politikgeschichtliches Programm hatte und sozialgeschichtliche Befunde als Erklärungs-

37 Andreas Rödder, Sicherheitspolitik und Sozialkultur. Überlegungen zum Gegenstandsbereich der Geschichtsschreibung des Politischen, in: Kraus/Nicklas (Hrsg.), Geschichte der Politik, S. 95–125, hier S. 106 ff.

38 Eckart Conze, Jenseits von Männern und Mächten. Geschichte der internationalen Politik als Systemgeschichte, in: ebd., S. 41–66.

39 So Hans-Christof Kraus/Thomas Nicklas, Einleitung, in: dies. (Hrsg.), Geschichte der Politik, S. 1–12, hier S. 4.

40 Hans-Ulrich Wehler, Das Duell zwischen Sozialgeschichte und Kulturgeschichte, in: Francia 28 (2001), S. 103–110.

41 George M. Trevelyan, English Social History. A Survey of Six Centuries from Chaucer to Queen Victoria, London 1942, S. VII.

reservoir für politische Zäsuren und Prozesse benutzte:[42] Politik war am Ende doch auch für die Sozialhistoriker die Dimension, in der sich das eigentlich Wichtige abspielte, und sie hatten eine gänzlich andere Vorstellung davon, wie etwas »politisch« werden konnte.

Was blieb, war eine – allerdings selten explizit thematisierte – Unterströmung, die der Kulturgeschichte die eher »weichen« Themen zusprach und die »härteren« Themen wie Entscheidungsprozesse, Interessenkonflikte oder Gewalt eher in konventionelleren Zugriffen verortete, die etwa die Interessen »hinter« der Politik genauer in den Blick zu nehmen hätten. Der Gewalt scheint hier häufig eine ähnlich essenzialistische Funktion zugemessen zu werden, wie dies bei den konservativen Politikhistorikern und ihrem Begriff der Macht der Fall war. Bernd Weisbrod betonte, dass es bei der Gewalt Grenzen der Kommunikation gebe, die auch die Frage nach den Grenzen des Politischen nach sich zögen.[43] In dieser Kritik scheint eine implizite Vorannahme auf, die unter kommunikativem Handeln *gelingende* Kommunikation versteht und bei der Kulturgeschichte der Politik ein gewissermaßen optimistisches Vorverständnis von Politik aufzufinden meint – eine Unterschätzung der antagonistischen Verhältnisse, des aggressiven und gewalthaften Charakters, den Politik häufig (die Schmittianer würden sagen: immer) annimmt.

Das ist indes ein Missverständnis. Denn auch misslingende oder nicht auf Verständigung zielende Kommunikation bedarf eines Gegenübers, und insofern sind auch Hass und Gewalt Formen von Kommunikation.[44] Die Kulturgeschichte der Politik fragt nicht nach »guter« Politik und lässt die bösen Seiten außer Acht, sondern sie fragt mehr als andere Ansätze nach der Herstellung

42 Andreas Fahrmeir, Von der Sozialgeschichte des Politischen zur Politikgeschichte des Sozialen? Trends und Kontexte der Politikgeschichte, in: Gisela Müller-Kipp/Bernd Zymek (Hrsg.), Politik in der Bildungsgeschichte – Befunde, Prozesse, Diskurse, Bad Heilbrunn 2006, S. 19–34.

43 Bernd Weisbrod, Das Politische und die Grenzen der Kommunikation, in: Daniela Münkel/Jutta Schwarzkopf (Hrsg.), Geschichte als Experiment. Studien zu Politik, Kultur und Alltag im 19. und 20. Jahrhundert. Festschrift für Adelheid von Saldern, Frankfurt a. M. 2004, S. 99–112.

44 Vgl. Heinz-Gerhard Haupt (Hrsg.), Gewalt und Politik im Europa des 19. und 20. Jahrhunderts, Göttingen 2012.

und den Funktionsweisen politischen Handelns und politischer Strukturen.

Allerdings scheint hier in der Tat eine Frage nach den systematischen Grenzen des Ansatzes auf, die mit seinen eigenen Voran-nahmen zusammenhängt: Denn man könnte ja auch die Ansicht vertreten, dass »Gewalt nicht spricht« (Jan Philipp Reemtsma), dass sie die Verweigerung oder den Abbruch der Kommunikation bedeutet. Ist denn tatsächlich alles Kommunikation, im Sinne von Paul Watzlawicks These von der »Unmöglichkeit, *nicht* zu kommunizieren«?[45] Bedeutet nicht jedenfalls die unmittelbare Gewaltausübung, die in der Ratio von Politik liegt, eine Grenze der kulturhistorischen Fragen nach Symbolen und Semantiken? Die Antwort der Kulturhistoriker ist eine doppelte: *Erstens* sind wir selbstverständlich umgeben von Handlungen und Dingen, die nicht sprachlich verfasst sind. Wie sonst aber sollen diese Bedeutung erlangen, also für andere einen Sinn ergeben, wenn ihnen nicht diskursiv ein solcher zugeschrieben wird?[46] Die Gewalt kann also – natürlich! – jenseits von Diskursen ausgeübt werden. Sinnhaftigkeit, gerade im politischen Sinn, kann sie aber nur erlangen, wenn sie in irgendeinen deutenden Rahmen eingespannt wird, der erklärt, wozu sie notwendig oder nützlich ist. Ein solcher Rahmen kann auch sein, dass Gewalt Aufmerksamkeit erzeugt oder Handlungsfähigkeit dokumentiert. Wer tätlich wird, schreit oder zu den Waffen greift, dem kann man schlecht vorwerfen, er habe nicht gehandelt.[47]

Nun wird aber gerade über Gewalt häufig geschwiegen, sei es, um zu vertuschen, sei es, weil die Angst oder die traumatische Erfahrung zum Schweigen zwingt. Die Grenzen des Sagbaren sind aber keine Eigenheit der Gewalt, sondern gehören systematisch zur Kommunikation. Die Frage, worüber gesprochen wird, impli-

45 Paul Watzlawick u. a., Menschliche Kommunikation. Formen, Störungen, Paradoxien (zuerst 1969), 10. Aufl., Bern 2000, S. 50 f.

46 Philipp Sarasin, Geschichtswissenschaft und Diskursanalyse, in: ders., Geschichtswissenschaft und Diskursanalyse, Frankfurt a. M. 2003, S. 10–60, hier S. 35 f.

47 Vgl. Jörg Baberowski, Gewalt verstehen, in: Zeithistorische Forschungen/Studies in Contemporary History, Online-Ausgabe 5 (2008), H. 1, online unter http://www.zeithistorische-forschungen.de/site/40208820/Default.aspx (3.6.2012).

ziert von sich aus die Frage, worüber *nicht* gesprochen wird oder werden kann, was übergangen wird. Auch das Beschwiegene, auch das Vergessene, Verdrängte kann Teil des kommunikativen Kosmos sein und eben durch das Nicht-Sprechen Bedeutung haben.[48] Selbstverständlich gibt es Myriaden von namenlosen, niemals angesprochenen Ermordeten des Stalinismus und anderer Gewaltregimes, Ermordete, die in Gesellschaften nicht mehr anwesend, aber genau insofern real sind. Zu politischen Phänomenen können sie aber nur dann werden, wenn sie als Ermordete, Fehlende, Opfer in Diskurse eingebaut werden.

Zweitens ist Gewalt selbst historisch. Wie auch der Schmerz ist sie kein unhintergehbares Phänomen, das immer gleich wirkt und immer gleich empfunden wird. Lange Epochen der Geschichte zeichnen sich durch eine Normalität der Gewalt aus, und ebenso gibt es Gesellschaften, in denen Gewalt ein selbstverständlicheres Mittel ist als in anderen. Auch die Moderne ist eben, wie aktuell vor allem die vielfältigen Forschungen zu Kolonialismus und zu Völkermord zeigen, alles andere als gewaltfrei.[49] Besonders die Theorie der modernen Revolution kommt ohne Gewalt schlechterdings nicht aus. Allerdings scheint es doch, als ob die westliche Gegenwart sich durch eine zunehmende Stigmatisierung der Gewalt auszeichnet, die sich politisch in der Debatte um jeden Afghanistan-Einsatz ebenso äußert wie in der Verurteilung prügelnder Lehrer. Dass die Revolutionen in Osteuropa 1989 ff. weitgehend gewaltfrei verlaufen sind und dass die Revolutionäre in der arabischen Welt der letzten Jahre es ihnen gleichzutun suchten, mag ebenso auf ein verändertes Verhältnis zur Gewalt als legitimes Mittel von Politik

48 Man denke nur an die von Hermann Lübbe als »kommunikatives Beschweigen« gekennzeichnete Leerstelle der NS-Erinnerung nach 1945: Hermann Lübbe, Der Nationalsozialismus im deutschen Nachkriegsbewußtsein, in: Historische Zeitschrift 236 (1983), S. 579–599.

49 Vgl. etwa Mihran Dabag/Horst Gründer/Uwe-K. Ketelsen (Hrsg.), Kolonialismus. Kolonialdiskurs und Genozid, Paderborn 2004; auf die europäischen Gesellschaften bezogen: Thomas Lindenberger/Alf Lüdtke (Hrsg.), Physische Gewalt. Studien zur Geschichte der Neuzeit, Frankfurt a. M. 1995. Zur theoretischen Reflexion Habbo Knoch, Einleitung. Vier Paradigmen des Gewaltdiskurses, in: Uffa Jensen u. a. (Hrsg.), Gewalt und Gesellschaft. Klassiker modernen Denkens neu gelesen, Göttingen 2011, S. 11–45.

hindeuten.[50] Das Verhältnis von Politik und Gewalt ist, darum geht es, historisch wandelbar, und dieses zu untersuchen ist folglich eine Aufgabe einer Kulturgeschichte der Politik.

Zwar begann mit der Diskussion um eine Kulturgeschichte der Politik kein völlig neues Zeitalter; auch davor gab es Untersuchungen, die ähnliche Fragen stellten und vergleichbare Erklärungshorizonte hatten.[51] Die theoretische und methodische Diskussion der letzten zehn Jahre hat aber eine Schärfung des methodischen Arsenals und ein klareres Bewusstsein von Kontinuität und Bruch im Verhältnis zu den älteren Ansätzen der Politikgeschichte erzeugt. Kulturgeschichte der Politik kann sich heute, soweit sie sich als Methode versteht, als eine Alternative zu herkömmlichen Politikgeschichten präsentieren. Dabei wird sowohl die Entdeckung neuer Themen als auch die Erzählung der alten Geschichten auf neue Weise fruchtbar sein. Es wird vermutlich auch Ansätzen, die sich mit Überzeugung als (methodisch) konservativ verstehen, nicht mehr leicht möglich sein, ohne Fragen aus dem Arsenal der Kulturgeschichte auszukommen.

Dies ist im Übrigen ein Prozess, der ganz ähnlich dem der Amalgamierung der sozialgeschichtlichen Ansätze verläuft. Die Sozialgeschichte war auch anfangs als ein Alternativentwurf entstanden, hatte sich dann aber doch geschmeidig in herkömmliche Ansätze eingefügt und diese ihrerseits modernisiert. Es fällt indes auf, dass, anders als in der Auseinandersetzung um die Sozialgeschichte, die kulturhistorische Diskussion heute weitgehend ohne politische Lagerbildungen auskommt. Das stimmt froh, zeigt es doch, dass es sich um eine erkenntnistheoretische und methodologische Diskussion handelt und nicht um eine politische Diskussion im theoretischen Gewande.

50 Vgl. Martin Sabrow (Hrsg.), 1989 und die Rolle der Gewalt, Göttingen 2012. Vor allem fällt eine Inkongruenz der Gewaltbereitschaft zwischen Herrschenden und Aufbegehrenden auf: Während erstere häufig weiterhin auf die Gewalt als Mittel der Herrschaftssicherung vertrauen, setzen letztere eher auf die Macht der Medien – wo diese keine Transparenz herstellen können (wie etwa in Libyen oder Syrien), kommt ebenfalls die Gewalt als Option wieder ins Spiel.

51 Etwa Andreas Dörner, Politischer Mythos und symbolische Politik. Der Hermann-Mythos. Zur Entstehung des Nationalbewusstseins im Deutschen Reich, Reinbek 1996; Willibald Steinmetz, Das Sagbare und das Machbare.

Klaus Nathaus

Sozialgeschichte und Historische Sozialwissenschaft

Bereits ein kurzer Blick in die reiche programmatische Literatur und in die nicht zu überschauende Zahl von empirischen Studien, die im Bereich der Sozialgeschichte bzw. Historischen Sozialwissenschaft zu verorten sind, verdeutlicht, dass eine genaue Definition des damit verbundenen Forschungsansatzes schwerfallen muss. Zudem haben sich Gegenstandsbereich, Leitfragen, Theorien und Methoden der Sozialgeschichte – fortan soll der prominentere der beiden Termini als Oberbegriff verwendet werden – in den gut fünfzig Jahren, in denen sie einen in der Disziplin mal mehr, mal weniger einflussreichen Diskussionszusammenhang stiftet, verändert. Verlagert haben sich zudem die Positionen in der historiografischen Debatte. Profilierte sich die neue Sozialgeschichte der 1970er-Jahre erfolgreich gegenüber der etablierten Politikgeschichte, geriet sie in den 1980er- und 1990er-Jahren selbst in die Kritik einer aufsteigenden Kulturgeschichte. Das Interesse an dieser zeitweilig heftig geführten Auseinandersetzung hat mittlerweile stark nachgelassen und die Balance sich so weit zugunsten kulturgeschichtlicher Themen und Herangehensweisen verschoben, dass eine Neuerscheinung zum Thema die Frage im Titel trägt: »Wozu noch Sozialgeschichte?«[1] Vor diesem Hintergrund lohnt ein Rückblick auf die Entwicklung dieses Ansatzes, um Leitfragen und Themen, Vorannahmen und Methoden zu identifizieren, an die eine selbstreflexive, multiperspektivische Forschung von Gesellschaft im Wandel heute anknüpfen kann.

Zur ersten Orientierung auf dem Feld sozialhistorischer Forschung kann eine grobe Unterteilung entlang zweier Achsen vorangestellt werden, auf die im Folgenden wiederholt Bezug genom-

1 Pascal Maeder/Barbara Lüthi/Thomas Mergel (Hrsg.), Wozu noch Sozialgeschichte? Eine Disziplin im Umbau, Göttingen 2012.

men wird. Zum einen kann man nach dem Gegenstandsbereich unterscheiden zwischen einer Sozialgeschichte als Geschichte der gesellschaftlichen Beziehungen im Raum jenseits von Staat und Wirtschaft (»Sektorwissenschaft«) und einer Sozialgeschichte als Gesellschaftsgeschichte.[2] Erstere untersucht die Entstehung, den Wandel und das Verhältnis zwischen sozialen Gruppen, Klassen, Schichten, Milieus, Generationen, Geschlechtern etc., die Geschichte vergangener Lebensbedingungen und Lebensweisen (Demografieentwicklung, Ernährung, Familie, Wohnen, Mobilität, Erziehung, Professionalisierung, Arbeitsverhältnisse, Freizeitverhalten etc.) sowie Formen gesellschaftlicher Selbstorganisation (Vereine, Verbände, Gewerk- und Genossenschaften, soziale Bewegungen, Parteien). Sozialgeschichte als Gesellschaftsgeschichte betrachtet die Geschichte ganzer Gesellschaften und beansprucht die Synthese von Entwicklungen in Politik, Wirtschaft, Gesellschaft und Kultur. Historischer Wandel wird aus dem Wechselspiel dieser gesellschaftlichen Teilbereiche heraus erklärt, wobei sozioökonomischen »Basisprozessen« wie Industrialisierung oder Klassenkampf eine wichtige, aber durchaus nicht für jede historische Zeit vorrangige Bedeutung beigemessen wird.

Zum anderen kann man im Feld der Sozialgeschichte differenzieren nach dem Grad der Intensität, mit der sich die historische Forschung mit Theorien und Methoden der benachbarten Sozialwissenschaften auseinandersetzt. Das Spektrum reicht dabei von Studien, die einzelne, aus dem größeren Theoriezusammenhang herausgelöste Konzepte aus Soziologie, Ökonomie oder Politikwissenschaft zur Erschließung historischer Phänomene nutzen, bis hin zu Arbeiten der Historischen Soziologie und Historischen Sozialforschung (Kliometrie), die selbst Theoriebildung betreiben und häufig disziplinär in den Sozialwissenschaften verortet sind.[3]

Welchen Gegenstandsbereich Sozialgeschichte jeweils für sich beanspruchte, wie intensiv der Austausch mit den Sozialwissen-

2 Diese Unterscheidung trifft Jürgen Kocka, Sozialgeschichte. Begriff – Entwicklung – Probleme, 2., erweiterte Aufl., Göttingen 1986.

3 Klaus Nathaus/Hendrik Vollmer, Moving Inter Disciplines: What Kind of Cooperation are Interdisciplinary Historians and Sociologists Aiming for?, in: InterDisciplines 1 (2010), H. 1, S. 64–111, online unter http://www.inter-disciplines.de/bghs/index.php/indi/article/viewFile/7/4.

schaften war und was Sozialgeschichte über diese grobe Einteilung hinaus jeweils ausmachte, zeichnet sich in innerdisziplinären Auseinandersetzungen mit konkurrierenden Ansätzen ab. Deshalb wird im ersten Teil des Artikels die Entwicklung der historiografischen Debatte um Sozialgeschichte skizziert. Der Fokus liegt auf der westdeutschen Sozialgeschichte der 1970er-Jahre, die als Minderheitenposition nachhaltigen Einfluss auf die gesamte Geschichtswissenschaft hierzulande ausgeübt hat und nach wie vor für diese Forschungsrichtung steht. Nur ganz am Rande wird auf Einflüsse insbesondere der US-amerikanischen, britischen und französischen Sozialgeschichte verwiesen, obwohl sich ohne sie die deutsche Entwicklung kaum angemessen verstehen lässt. Im Rahmen dieses Artikels kann jedoch diesem Aspekt nicht weiter nachgegangen werden.[4] Betrachtet wird ausschließlich die Forschung zur Sozialgeschichte des 19. und 20. Jahrhunderts. Der zweite Teil des Artikels zieht Bilanz und verweist auf Bemühungen in jüngerer Zeit, über die Hinwendung zu Themen wie Globalgeschichte, soziale Ungleichheit und Kapitalismus sowie durch einen neuerlichen Austausch mit den Sozialwissenschaften die Sozialgeschichte neu zu beleben.

Sozialgeschichte im innerdisziplinären Disput und interdisziplinären Dialog

Die Vorläufer und die Ausgangslage nach 1945: Fachwissenschaftliche Differenzierung und Diskontinuität der Sozialgeschichte

Sozialgeschichte ist keine Erfindung der 1960er-Jahre, weder in Deutschland noch andernorts. Wer nach Ursprüngen und Vorläu-

4 Näheres dazu bei William H. Sewell Jr., The Political Unconscious of Social and Cultural History, or, Confessions of a Former Quantitative Historian, in: ders., Logics of History. Social Theory and Social Transformation, Chicago 2005, S. 22–80; Geoff Eley, The Generations of Social History, in: Peter N. Stearns (Hrsg.), Encyclopedia of European Social History from 1350 to 2000, Bd. 1, New York 2001, S. 3–29; Jürgen Kocka (Hrsg.), Sozialgeschichte im internationalen Überblick. Ergebnisse und Tendenzen der Forschung, Darmstadt 1989.

fern der zuweilen als »neu« oder »modern« bezeichneten Sozialgeschichte sucht, wird in das 19. Jahrhundert zurückgehen müssen. Dort findet man zum einen Arbeiten, die sich haupt- oder nebensächlich mit den Lebensbedingungen, Sitten, Gebräuchen, dem Glauben und den Protestformen »einfacher Leute« beschäftigen. Zum anderen, und dieser Strang erwies sich als folgenreicher, stößt man auf Autoren wie Karl Marx, Émile Durkheim, Max Weber und Georg Simmel, die aus der vom Historismus geprägten Geisteswissenschaft heraus eine eigene Disziplin begründeten, welche die wissenschaftliche Zuständigkeit für den Gegenstandsbereich »Gesellschaft« beanspruchte. Diese frühen Soziologen, aber auch Vertreter der Historischen Schule der Nationalökonomie wie Werner Sombart, betrachteten soziale Phänomene in historischer Perspektive und beschäftigten sich mit Themen vom Vereinswesen über den Kapitalismus bis zu den sozialen Klassen, die auch für die jüngere Sozialgeschichte von hohem Interesse sind. Mit der Etablierung der Soziologie, dem Sieg der klassischen Ökonomie über die Historische Schule sowie der Institutionalisierung der Politikwissenschaft in der Zwischenkriegszeit differenzierte sich die anfängliche Gemengelage aus. Die sozialwissenschaftlichen Disziplinen schärften ihre jeweils eigenen analytischen Instrumentarien und Theorien und bildeten eigene Fachidentitäten aus, notwendigerweise in Abgrenzung zu den Nachbarwissenschaften.[5]

Für die Sozialgeschichte nach dem Zweiten Weltkrieg folgte aus der bis dahin abgeschlossenen fachwissenschaftlichen Differenzierung, dass sie sich im interdisziplinären Dialog neu konstituierte. Das gilt für Deutschland in besonderem Maße. Denn anders als etwa in Frankreich – wo die »Annales«-Schule, die sich verstärkt mit der Wirtschaftsgeschichte und mit langfristigen Strukturentwicklungen befasste, die gesamte Zwischenkriegszeit hin-

5 Auf dieses Stadium der Sozialgeschichte vor der disziplinären Differenzierung gehen ein: Josef Mooser, Sozial- und Wirtschaftsgeschichte, Historische Sozialwissenschaft, Gesellschaftsgeschichte, in: Hans-Jürgen Goertz (Hrsg.), Geschichte. Ein Grundkurs, 3., revidierte und erweiterte Aufl., Reinbek 2007, S. 568–591; Gerhard A. Ritter, Die neuere Sozialgeschichte in der Bundesrepublik Deutschland, in: Kocka (Hrsg.), Sozialgeschichte im internationalen Überblick, S. 19–88.

durch methodisch innovativ wirkte und großen Einfluss auf die Disziplin ausübte – hatten hierzulande sozialgeschichtliche Ansätze in der politikgeschichtlich geprägten Fachwissenschaft ohnehin nur eine Randstellung eingenommen. Sofern ihre Vertreter nach 1933 nicht ins Exil gingen, mündete die deutsche Sozialgeschichte in die »Volksgeschichte«.

Neubelebung der Sozialgeschichte in der Strukturgeschichte

Ungeachtet der strittigen Frage, inwieweit die Sozialgeschichte nach 1945 methodisch und theoretisch an die »Volksgeschichte« anschloss,[6] gab es personelle Kontinuitäten. So war es Werner Conze, ein Historiker, der im »Dritten Reich« Beiträge zur »Volksgeschichte« veröffentlicht hatte, der nach dem Krieg als einer der Ersten seiner Zunft Schritte zur Etablierung einer neueren Sozialgeschichte unternahm. Die von ihm, Theodor Schieder und Otto Brunner vertretene Strukturgeschichte (eine Übersetzung von Fernand Braudels »histoire des structures«[7]) machte Themen wie etwa die Arbeitergeschichte hoffähig, die von der dominierenden Politikgeschichte vernachlässigt wurden. In konzeptionellen Schriften bzw. Vorträgen plädierte man für eine integrative Sozialgeschichte, welche die durch Wirtschaft und Technik ausgelösten, die Gesellschaft prägenden Tendenzen in den Mittelpunkt der Betrachtung stellen und den Austausch mit den Sozialwissenschaften suchen sollte.

6 Friedrich Lenger, Eine Wurzel fachlicher Innovation? Die Niederlage im Ersten Weltkrieg und die Volksgeschichte in Deutschland – Anmerkungen zu einer aktuellen Debatte, in: Horst Carl u.a. (Hrsg.), Kriegsniederlagen. Erfahrungen und Erinnerungen, Berlin 2004, S. 41–55; Lutz Raphael, Von der Volksgeschichte zur Strukturgeschichte (= Comparativ 12, H. 1), Leipzig 2002; Benjamin Ziemann, Sozialgeschichte jenseits des Produktionsparadigmas. Überlegungen zu Geschichte und Perspektiven eines Forschungsfeldes, in: Mitteilungsblatt des Instituts für soziale Bewegungen 28 (2003), S. 5–37.

7 Thomas Etzemüller, Sozialgeschichte als politische Geschichte. Werner Conze und die Neuorientierung der westdeutschen Geschichtswissenschaft nach 1945 (= Ordnungssysteme; 9), München 2001, S. 58.

Die Strukturgeschichte nahm damit bereits einige Punkte des sozialgeschichtlichen Programms der 1960/70er-Jahre vorweg, blieb aber die Umsetzung in empirische Forschungen weitgehend schuldig. Größere Bedeutung für die weitere Entwicklung der Sozialgeschichte dürfte die Strukturgeschichte in institutioneller Hinsicht gehabt haben. Conze gründete das Institut für Sozial- und Wirtschaftsgeschichte sowie 1957 den damit eng verbundenen Arbeitskreis für moderne Sozialgeschichte, der wiederum die Schriftenreihe »Industrielle Welt« herausgab. Diese Gründungen boten Gelegenheitsstrukturen für Historiker, die sich abseits des politikgeschichtlichen »mainstream« bewegten. Conzes und Schieders förderlicher Einfluss auf die Sozialgeschichte lässt sich ferner daran ablesen, dass sie eine Vielzahl von Doktoranden auf den Weg brachten, die später Lehrstühle besetzen sollten. Zu Schieders Schülern gehörte Hans-Ulrich Wehler, der ab Mitte der 1960er-Jahre die Weiterentwicklung der Sozialgeschichte in Richtung einer »Historischen Sozialwissenschaft« vorantrieb.[8]

Kritische Sozialgeschichte, Historische Sozialwissenschaft, Gesellschaftsgeschichte: Die Hochzeit der neuen Sozialgeschichte von Mitte der 1960er- bis in die frühen 1980er-Jahre

Der von Wehler 1966 in der »Neuen Wissenschaftlichen Bibliothek« herausgegebene Band »Moderne deutsche Sozialgeschichte« reflektiert den allmählichen Übergang von der Struktur- zur neuen Sozialgeschichte. Auf der einen Seite ist Conze, den der Herausgeber in seiner Einleitung als frühen Förderer der sozialgeschichtlichen Diskussion würdigt, gleich mit zwei Beiträgen vertreten, darunter ein programmatischer mit dem Titel »Sozialgeschichte«. Auf der anderen Seite fällt die Bemühung Wehlers auf, Sozialgeschichte als »kritische« und »politische […] Wissen-

8 Zur Strukturgeschichte vgl. ebd.; Thomas Welskopp, Art. »Strukturgeschichte«, in: Stefan Jordan (Hrsg.), Lexikon Geschichtswissenschaft. Hundert Grundbegriffe, Stuttgart 2002, S. 270–273; Jan Eike Dunkhase, Werner Conze. Ein deutscher Historiker im 20. Jahrhundert, Göttingen 2010.

schaft« zu definieren, die eine »wichtige Funktion in der geistigen Ökonomie der gegenwärtigen Gesellschaft« erfülle.[9] In der zweiten Hälfte der 1960er-Jahre war das Feld mithin noch relativ ungeordnet. Das zeigt auch Hans Rosenbergs Einschätzung aus dem Jahr 1969, der – durchaus als ein Befürworter des sozialgeschichtlichen Trends – feststellte, dass »die sog. Sozialgeschichte für viele ein nebuloser Sammelname für alles« geworden sei, »was in der Geschichtswissenschaft der Bundesrepublik als wünschenswert und fortschrittlich angesehen wird«.[10]

1971 wurde Wehler als Gründungsdekan der Fakultät für Geschichtswissenschaft an die Universität Bielefeld berufen, die zwei Jahre zuvor ihren Betrieb aufgenommen hatte. Gemeinsam mit Jürgen Kocka, aber auch Reinhart Koselleck, dessen Begriffsgeschichte sich der Sozialgeschichte verbunden fühlte, betrieb er von dort aus die Weiterentwicklung der Sozialgeschichte, die neben Bielefeld in Münster, Bochum, Konstanz, Berlin und andernorts ausgebaut wurde.[11] Wehler und Kocka galten bald als Häupter der zuerst von amerikanischen Historikern so bezeichneten »Bielefelder Schule«. Neben ihnen zählten Hans und Wolfgang J. Mommsen, Heinrich August Winkler, Reinhard Rürup, Hans-Jürgen Puhle, Karin Hausen und Hartmut Kaelble zu den prominenteren Vertretern der neuen Sozialgeschichte.

Die forcierte Profilbildung der neuen Sozialgeschichte erfolgte nicht nur in der Absetzung von der älteren Strukturgeschichte, sondern vor allem als »Geschichtswissenschaft jenseits des Historismus« gegen die weiterhin dominante Politikgeschichte.[12] Ging sie von dem Verständnis aus, dass Geschichte vorangetrieben

9 Hans-Ulrich Wehler, Einleitung, in: ders. (Hrsg.), Moderne deutsche Sozialgeschichte, Köln 1966, S. 9–16, hier S. 14f.

10 Hans Rosenberg, Probleme der deutschen Sozialgeschichte, Frankfurt a.M. 1969, S. 147.

11 Zur Sozialgeschichte in Berlin im Detail: Jürgen Kocka, Wandlungen der Sozial- und Gesellschaftsgeschichte am Beispiel Berlins 1949 bis 2005, in: Jürgen Osterhammel/Dieter Langewiesche/Paul Nolte (Hrsg.), Wege der Gesellschaftsgeschichte (= Geschichte und Gesellschaft, Sonderheft 22), Göttingen 2006, S. 11–31.

12 Wolfgang J. Mommsen, Die Geschichtswissenschaft jenseits des Historismus, 2. revidierte Aufl., Düsseldorf 1972.

werde durch »bahnbrechende Ideen« und die Absichten »großer Männer«, hielten Sozialhistoriker/innen die geschichtsmächtige Kraft überindividueller Strukturen entgegen, die langfristig und gleichsam im Rücken der zeitgenössischen Akteure ihre Wirkung entfalteten, indem sie deren Handlungsmöglichkeiten einschränkten. Statt die Abfolge »wichtiger Ereignisse« nachzuerzählen, identifizierte die neue Sozialgeschichte »Prozesse«, deren Dynamik sich aus der Konstellation vornehmlich der sozialen und ökonomischen Strukturbedingungen ergab. Dem »Primat der Außenpolitik« hielt man polemisch zugespitzt den »Primat der Innenpolitik« entgegen, nach dem beispielsweise die Kolonialpolitik des Kaiserreichs nicht als Ergebnis eines »Kräftespiels der Mächte«, sondern als innenpolitisch motivierte Herrschaftsstrategie gedeutet werden müsse. Gegen ein gewissermaßen freihändiges hermeneutisches Verstehen führte man theoriegeleitetes Erklären ins Feld. In dezidierter Abgrenzung zu einer affirmativen Politikgeschichte verstand sich die neue Sozialgeschichte von vornherein als kritisch. Sie stellte sich in den Dienst gesellschaftspolitischer Aufklärung in der Absicht, Fehlentwicklungen der Vergangenheit aufzuzeigen und Orientierungswissen für künftiges Handeln zu schaffen.[13]

Der Mangel an Theorie, den sie der (historistisch geprägten) Geschichtswissenschaft bescheinigte, kompensierte die neue Sozialgeschichte, indem sie Konzepte und Methoden der benachbarten Sozialwissenschaften adaptierte. Zu den bevorzugten Methoden gehörte die Bildung von »Idealtypen«, aus denen man Hypothesen zu historischen Verläufen entwickelte, an denen sich dann empirische Arbeiten orientierten, durchaus auch mit dem

13 Zur Programmatik der neuen Sozialgeschichte siehe die Einleitung und Einführung von Bettina Hitzer und Thomas Welskopp ihres Bandes zur »Bielefelder Sozialgeschichte« und die darin ausgewählten Texte von Hans-Ulrich Wehler und Jürgen Kocka: Bettina Hitzer/Thomas Welskopp (Hrsg.), Die Bielefelder Sozialgeschichte. Klassische Texte zu einem geschichtswissenschaftlichen Programm und seinen Kontroversen, Bielefeld 2011. Als neueren Überblick siehe auch Friedrich Lenger, »Historische Sozialwissenschaft«: Aufbruch oder Sackgasse?, in: Christoph Cornelißen (Hrsg.), Geschichtswissenschaft im Geist der Demokratie. Wolfgang J. Mommsen und seine Generation, Berlin 2010, S. 115–132.

Ergebnis, sie zu falsifizieren.[14] Einem ähnlichen Zweck sollte der ebenfalls aus den Sozialwissenschaften übernommene historische Vergleich dienen, den Wehler bereits 1972 zum »Königsweg« der Geschichtswissenschaft erklärte, der jedoch erst Mitte der 1980er-Jahre mit empirischen Arbeiten beschritten wurde.[15] In geringerem Maße fanden quantifizierende Methoden Aufnahme in der deutschen Sozialgeschichte. 1975 wurde die Arbeitsgemeinschaft QUANTUM gegründet, die im Jahr darauf erstmals die Zeitschrift »Historical Social Research/Historische Sozialforschung« (HSR) herausgab, in der seither regelmäßig Beiträge zur Kliometrie erscheinen.[16]

Aus der US-amerikanischen Soziologie übernahm die hiesige Sozialgeschichte eine bestimmte Modernisierungstheorie, welche von allen Theorieimporten die deutlichste Spur hinterließ. Diese Theorie postuliert einen direkten Zusammenhang zwischen dem wirtschaftlichen Fortschritt eines Landes und dessen politischer Liberalisierung. Im deutschen Fall ließ sie sich als Folie verwenden, um nach langfristigen Ursachen für den Aufstieg des Nationalsozialismus zu suchen, der nicht zuletzt wegen des kritischen Selbstverständnisses der Sozialgeschichte den Fluchtpunkt ihrer Forschungen darstellte. Die Beschäftigung mit der Geschichte des 19. Jahrhunderts, der bevorzugten Periode der neuen Sozialgeschichte, als Vorgeschichte des Nationalsozialismus führte zur »Sonderwegsthese«. Nach ihr erfuhr Deutschland im 19. Jahrhundert »eine ökonomisch erfolgreiche Modernisierung ohne die Ausbildung einer freiheitlichen Sozial- und Staatsverfassung«. Dies habe innere Spannungen zwischen agrarischer und industrieller Elite sowie zwischen der Staatsführung und einer durch sozio-ökonomische Prozesse mobilisierten Bevölkerung erzeugt, die in aggressive Außenpolitik abgeleitet worden seien. Deren Folgen, insbesondere die Niederlage im von Deutschland ausgelösten

14 Siehe etwa Jürgen Kocka, Klassengesellschaft im Krieg. Deutsche Sozialgeschichte 1914–1918, Göttingen 1973.

15 Christiane Eisenberg, Deutsche und englische Gewerkschaften. Entstehung und Entwicklung bis 1878 im Vergleich (= Kritische Studien zur Geschichtswissenschaft; 72), Göttingen 1986.

16 Heinrich Best/Wilhelm Schröder, Quantitative historische Sozialforschung, in: Christian Meier/Jörn Rüsen (Hrsg.), Historische Methode, München 1988, S. 235–266.

Ersten Weltkrieg, hätten der nationalsozialistischen Diktatur den Boden bereitet.[17]

Unter dem Strich geschah die Theorie- und Methodenrezeption aus den benachbarten Fächern eklektisch und selektiv. Konzepte und Methoden wurden dem heuristischen Zweck untergeordnet; sie dienten dazu, Fragestellungen zu schärfen, Untersuchungseinheiten auszuwählen und zu definieren, die Standortgebundenheit des Historikers zu explizieren und Hypothesen über Kausalzusammenhänge zu formulieren. Die Sozialgeschichte dieser Zeit verlangte nach anwendbaren Theorien »mittlerer Reichweite« (man berief sich dabei auf Robert Merton); eigene Theoriebildung wurde in aller Regel nicht angestrebt. Über diesen instrumentellen Theorie-Import darf die in den 1970er-Jahren häufig verwendete Selbstbezeichnung der Sozialgeschichte als »Historische Sozialwissenschaft« nicht hinwegtäuschen. Sieht man einmal ab von einigen Veröffentlichungen dieser Zeit, die das Verhältnis der Geschichtswissenschaft zu den Nachbardisziplinen noch vorläufig und zum Teil recht allgemein erörtern,[18] blieben größere Anstrengungen aus, den Begriff der »Historischen Sozialwissenschaft« zu definieren.[19] Seine Neuerfindung (Werner Sombart hatte ihn bereits 1916 in der zweiten Auflage seines »Modernen Kapitalismus« verwendet) unterstrich daher in erster Linie den Anspruch der Sozialgeschichte auf einen höheren Grad an Wissenschaftlichkeit und markierte vor allem den Gegensatz zur Politikgeschichte.

Keineswegs ist »Historische Sozialwissenschaft« gleichbedeutend mit »Historical Sociology«, die sich in den USA und Großbritannien in den 1970er-Jahren als Subdisziplin der Soziologie etablierte. Historische Soziologie befasst sich, stark vereinfachend gesagt, mit der Frage nach Erklärungen für das So-und-nicht-anders-Gewordensein moderner Gesellschaften. Auch dieses Forschungsfeld ist heterogen und hat sich im Laufe der Zeit ver-

17 Besonders pointiert formuliert in Hans-Ulrich Wehler, Das deutsche Kaiserreich 1871–1918, Göttingen 1973.

18 Hans-Ulrich Wehler, Geschichte als Historische Sozialwissenschaft, Frankfurt a. M. 1973; Winfried Schulze, Soziologie und Geschichtswissenschaft. Einführung in die Probleme der Kooperation beider Wissenschaften, München 1974; Peter Christian Ludz (Hrsg.), Soziologie und Sozialgeschichte. Aspekte und Probleme (= KZfSS, Sonderheft 16), Opladen 1972.

19 Ritter, Neuere Sozialgeschichte in der Bundesrepublik, S. 41 f.

ändert.[20] Geläufig und für die erste Orientierung hilfreich ist die Unterscheidung von drei »Wellen« Historischer Soziologie.[21] Die erste »Welle« besteht demnach aus den Arbeiten der europäischen Klassiker von Alexis de Tocqueville bis Max Weber, die sich mit der Herausbildung einer europäischen Moderne befassten und darunter die Durchsetzung bestimmter neuartiger Erscheinungen wie Zweckrationalität, Bürokratisierung, Säkularisierung oder die allgemeine »Verflüssigung« bestehender Verhältnisse verstanden. Die zweite »Welle« begann in den 1970er-Jahren mit Forscher/innen wie Charles Tilly und Theda Skocpol, die Fragen nach den Ursachen von Revolutionen, Prozessen der Staatsbildung oder Strukturbedingungen sozialer Ungleichheit nicht selten in sehr langen Zeiträumen und im Mehrländervergleich untersuchten. Die dritte »Welle« der Historischen Soziologie, beginnend in den 1990er-Jahren und repräsentiert u.a. von William H. Sewell Jr., Julia Adams, Elisabeth S. Clemens und George Steinmetz, gab die Ausrichtung an einem vorab definierten Modernekonzept auf und verlegte sich von der Erforschung bestimmter moderner Phänomene auf die Analyse von Kontinuität und Wandel sozialer Ordnungen. Im Vordergrund stehen nunmehr kausale Mechanismen, Prozessverläufe und Geschwindigkeiten, die oft in Mikroperspektive an Ereignissen nachvollzogen werden.

Während Historische Soziologie in den Vereinigten Staaten in der Soziologie etabliert ist, ist sie hierzulande selten rezipiert worden, und zwar sowohl in der Soziologie als auch in der Geschichtswissenschaft, obwohl ihr Ausgangspunkt, wie erwähnt, in den Arbeiten vor allem deutscher Frühsoziologen liegt. Die Ursachen dafür sind zum einen bei der heimischen Soziologie zu suchen. Deren empirisch-historisch arbeitende Klassiker waren teils in die Emigration gegangen, teils wegen ihrer relativen Nähe zum

20 Zur Einführung vgl. Rainer Schützeichel, Historische Soziologie, Bielefeld 2004; Gerard Delanty/Engin F. Isin (Hrsg.), Handbook of Historical Sociology, London 2003; Elisabeth S. Clemens, Toward a Historicized Sociology: Theorizing Events, Processes, and Emergence, in: Annual Review of Sociology 33 (2007), S. 527–549.

21 Julia Adams/Elisabeth S. Clemens/Ann Shola Orloff, Introduction: Social Theory, Modernity, and the Three Waves of Historical Sociology, in: dies. (Hrsg.), Remaking Modernity. Politics, History, and Sociology, Durham 2005, S. 1–72.

Nationalsozialismus politisch korrumpiert, sodass die Nachkriegssoziologie als »Gegenwartswissenschaft« (René König) entweder die ahistorische Theoriebildung vorantrieb oder sich der empirischen Sozialforschung verschrieb.[22] Zum anderen bewegte sich auch die neue Sozialgeschichte nach einer kurzen Phase der konzeptionellen Diskussion um eine Historische Sozialwissenschaft wieder weg von den »big structures«, »large processes« und »huge comparisons« (Charles Tilly), an denen die Historische Soziologie interessiert gewesen war, hin zu einer enger konzeptionalisierten Gesellschaftsgeschichte als einer nationalzentrierten, politischen Sozialgeschichte, deren oberste Leitfrage auf die Ursachen des Nationalsozialismus zielte.[23]

Gemessen daran, dass sie stets nur von einer Minderheit von Historikern betrieben wurde, gewann die neue Sozialgeschichte einen überaus großen Einfluss auf die gesamte Zunft. Zum Teil ist dieser Erfolg auf günstige Rahmenbedingungen, etwa die Einrichtung sozial- und wirtschaftsgeschichtlicher Lehrstühle im Zuge der Hochschulexpansion, zurückzuführen. Vor allem aber liegt er in forschungspolitischen und programmatischen Initiativen der Sozialhistoriker/innen begründet. So bot die Sozialgeschichte Antworten auf politische Zeitfragen, verkörperte eine fortschrittlich-kritische Haltung auf fachwissenschaftlichem Boden und ließ die Beschäftigung mit Geschichte für die gesellschaftspolitische Orientierung, für die seit den späten 1960er-Jahren großer Bedarf herrschte, relevant erscheinen.

Dies sorgte für Aufmerksamkeit im Fach ebenso wie für motivierten Nachwuchs. Letzterer dürfte nicht unwesentlich angezogen worden sein von der von manchem Sozialhistoriker gepflegten Art, Aussagen in Opposition gegen das geschichtswissenschaftliche Establishment zuzuspitzen und große programmatische Ansprüche zu formulieren – eine Form identitätsstiftender Rekrutierung, die in den disziplinären Auseinandersetzungen

22 Wilfried Spohn, Historische Soziologie zwischen Sozialtheorie und Sozialgeschichte, in: Frank Welz/Uwe Weisenbacher (Hrsg.), Soziologische Theorie und Geschichte, Opladen 1998, S. 289–318, hier S. 291 f.

23 Jürgen Osterhammel, Gesellschaftsgeschichte und Historische Soziologie, in: ders./Langewiesche/Nolte (Hrsg.), Wege der Gesellschaftsgeschichte, S. 81–102, hier S. 82.

der 1990er-Jahre von Vertretern der Kulturgeschichte betrieben wurde und die Sozialgeschichte zum Besitzstand wahrenden Gegner erklärte. Zu den forschungspolitischen Maßnahmen zählt ferner die Schaffung von Institutionen und Netzwerken. Dazu gehören die Schriftenreihe der »Kritischen Studien zur Geschichtswissenschaft« (seit 1972) und die Zeitschrift »Geschichte und Gesellschaft« (seit 1975) ebenso wie der Aufbau und die Pflege internationaler Kontakte.

Kritik an der neuen Sozialgeschichte: Die 1980/90er-Jahre

In den 1980er- und 1990er-Jahren geriet die neue Sozialgeschichte in die Kritik von Vertreter/innen der Geschlechtergeschichte, der Alltagsgeschichte und der Neuen Kulturgeschichte. Diese Kritik, auf die hier nicht im Einzelnen eingegangen werden kann, zielte insbesondere auf die Überbetonung der Macht sozio-ökonomischer Strukturen und die damit verbundene Vernachlässigung der »agency« historischer Akteure, auf die Ausblendung der Erfahrungsdimension, der Wahrnehmungs- und Deutungsmuster sowie der handlungsleitenden Kraft von Kultur und die Nicht-Beachtung von Geschlecht als zentraler historisch-sozialer Kategorie.[24] Mit ähnlichen Vorwürfen wurde Sozialgeschichte auch in anderen Ländern konfrontiert, doch scheint dort die Auseinandersetzung weniger scharf geführt worden zu sein als hierzulande. Es ist bemerkt worden, dass führende Sozialhistoriker häufig auf die Herausforderungen der Alltags-, Geschlechter- und Kulturgeschichte reagierten, indem sie, anstatt stichhaltige Kernpunkte der Kritik anzunehmen und produktiv zu verarbeiten, sich weitgehend damit zufriedengaben, Defizite »gegnerischer« Standpunkte zu exponieren, um daraus die »Überlegenheit« der eigenen Position abzuleiten. Auf kulturgeschichtliche Einwände reagierte man mit »Erweiterungen«, welche die strukturlastige

24 Eine nuancierte Zusammenfassung der Kritik formuliert Thomas Welskopp, Die Sozialgeschichte der Väter. Grenzen und Perspektiven der Historischen Sozialwissenschaft, in: Geschichte und Gesellschaft 24 (1998), S. 173–198.

Grundausrichtung unverändert ließen.[25] Diese kampfbereite Verteidigungshaltung mag zum Teil dem persönlichen Temperament einzelner Protagonisten entsprungen sein. Sie hängt aber wohl auch damit zusammen, dass die hierzulande starke Gesellschaftsgeschichte die kulturgeschichtliche Kritik als Angriff auf zentrale Bestände empfinden musste, während Sozialgeschichte als »Sektorwissenschaft«, wie sie etwa in Großbritannien dominiert, kulturhistorische Impulse leichter aufnehmen konnte, wenngleich dies auch dort nicht reibungsfrei geschah.[26]

In jedem Fall führte der harte Konflikt eher zu einer Radikalisierung der Kritik als zur Schärfung der Argumente und ließ Sozialgeschichte als neue Orthodoxie erscheinen, die in den Folgejahren an Strahlkraft einbüßte. Zwar ging die empirische Forschung weiter, und die Sozialgeschichte konnte in neue Themenbereiche vordringen.[27] Doch theoretische, methodologische und thematische Neuerungen kamen nunmehr vornehmlich aus der Kulturgeschichte, die, wie zuvor die Sozialgeschichte, dazu interdisziplinäres Potenzial mobilisierte. Die bevorzugten Gesprächspartner der Geschichtswissenschaft waren jetzt Ethnolog/innen, Kulturanthropolog/innen und Literatur- und Sprachwissenschaftler/innen. Der Dialog mit den benachbarten Sozialwissenschaften schlief währenddessen ein.

Anknüpfungspunkte und Initiativen für eine Neubelebung der Sozialgeschichte

Die neue Sozialgeschichte hat innerhalb der Geschichtswissenschaft einen Grad an analytischer Reflektiertheit etabliert, an dem sich auch ihre Kritiker messen lassen müssen. Damit verbunden ist die hohe Bereitschaft, von anderen wissenschaftlichen Diszipli-

25 Bettina Hitzer/Thomas Welskopp, Einführung in die Texte der Edition, in: dies. (Hrsg.), Bielefelder Sozialgeschichte, S. 33–62, hier S. 42–53. Zur Illustration dieser Haltung vgl. Hans-Ulrich Wehler, Historische Sozialwissenschaft. Eine Zwischenbilanz nach dreißig Jahren (1998), in: ebd., S. 433–441.

26 Vgl. Richard J. Evans, In Defense of History, New York 1999.

27 Jürgen Kocka, Losses, Gains and Opportunities. Social History Today, in: Journal of Social History 37 (2003), H. 1, S. 21–28.

nen zu lernen. Auch in diesem Punkt sind die Kritiker der Sozialgeschichte gefolgt, wenngleich mit anderen Gesprächspartnern. Des Weiteren hat die neue Sozialgeschichte die internationale Öffnung der deutschen Geschichtswissenschaft vorangetrieben. Eine wichtige Rolle spielte dabei die Methode des historischen Vergleichs, der in den vergangenen Jahren seltener zur Analyse isolierter Einheiten denn als erster, notwendiger Schritt zu Transfers und Verflechtungen betrieben wurde. Vergleiche erfordern stets die Auseinandersetzung mit der Historiografie der jeweiligen Vergleichsobjekte, bahnen Kontakte zu ausländischen Wissenschaftlern an und führen dazu, vertraute Phänomene in neuem Licht zu sehen.[28] Ein gleichermaßen produktiver Verfremdungseffekt lässt sich durch das Herantragen von »Idealtypen« an historische Gegenstände erzielen – ein Verfahren, das ebenfalls die Sozialgeschichte in die Historiografie eingebracht hat. Zu den Errungenschaften ist schließlich zu zählen, dass die Sozialgeschichte es geschafft hat, einen riesigen Themenbereich für die Geschichtswissenschaft zu erschließen, wenngleich man feststellen muss, dass Kernthemen der Sozialgeschichte wie die Ökonomie der »kleinen Leute« in den Hintergrund geraten sind.

Diesen Errungenschaften steht als substanzieller Verlust das Versiegen der sozialwissenschaftlichen Inspiration gegenüber, die erheblich zur Blüte der Sozialgeschichte in den 1970er-Jahren beigetragen hatte. Diese Schnittstelle zwischen Geschichts- und Sozialwissenschaften müssten Initiativen zur Neubelebung der Sozialgeschichte als theoretisch-methodologisch fruchtbarer Diskussionszusammenhang wieder weiter öffnen. Ansätze dazu lassen sich in jüngerer Zeit beobachten.

28 Vgl. Hartmut Kaelble, Der historische Vergleich. Eine Einführung zum 19. und 20. Jahrhundert, Frankfurt a. M. 2009; Heinz-Gerhard Haupt/Jürgen Kocka (Hrsg.), Geschichte im Vergleich. Ansätze und Ergebnisse international vergleichender Geschichtsschreibung, Frankfurt a. M. 1996; Agnes Arndt/Joachim C. Häberlein/Christiane Reinecke (Hrsg.), Vergleichen, verflechten, verwirren? Europäische Geschichtsschreibung zwischen Theorie und Praxis, Göttingen 2011. Zur vergleichenden Forschung zu Deutschland und Großbritannien siehe Christiane Eisenberg, British History Compared. A Bibliography (May 2010), online unter http://www.gbz.hu-berlin.de/staff/staff/publications/bibliographien (5.2.2012).

1. Ein erster Impuls geht aus von einer Wiederentdeckung »großer« Themen wie »Ungleichheiten« (Thema des Dresdner Historikertags 2008), Globalisierung bzw. Globalgeschichte,[29] Arbeit,[30] Märkte oder Kapitalismus,[31] die im Zuge des Cultural Turn eher vernachlässigt worden sind, was mittlerweile auch von Historiker/innen als Problem benannt wird, die aus der Sozialgeschichte heraus den »turn« befürwortet und vorangetrieben haben.[32] Die ökonomische Dimension dieser Gegenstände legt es nahe, dass Historiker/innen Expertise aus den Sozialwissenschaften nachfragen, und die historische Gewordenheit dieser Phänomene sollte Sozialwissenschaftler/innen motivieren, ihrerseits den fächerübergreifenden Dialog zu suchen. Eine solche Verständigung hat vergleichsweise hohe Hürden zu überwinden, wenn sie mit der von der Neoklassik dominierten Ökonomie stattfinden soll,[33] scheint aber umso aussichtsreicher mit Vertretern der Neuen Wirtschaftssoziologie. Diese Forschungsrichtung fragt nach »Koordinationsproblemen« und sozialen »Einbettungen« ökonomischen Handelns,

29 Jürgen Osterhammel, Die Verwandlung der Welt. Eine Geschichte des 19. Jahrhunderts, München 2009.

30 Vgl. etwa die Programme der letzten Tagungen des Arbeitskreises für moderne Sozialgeschichte, online unter http://www-hgr.isb.ruhr-uni-bochum.de/isb/hpakmodsoz/tagungen.html, und die Forschungsprojekte am International Institute of Social History, Amsterdam, online unter http://socialhistory.org/en/research/current-research-projects (25.4.2012).

31 Gunilla Budde (Hrsg.), Kapitalismus. Historische Annäherungen, Göttingen 2011; Paul Johnson, Making the Market. Victorian Origins of Corporate Capitalism, Cambridge 2010.

32 Geoff Eley, A Crooked Line: From Cultural History to the History of Society, Ann Arbor 2005, S. 198; ders./Keith Nield, The Future of Class in History: What's Left of the Social?, Ann Arbor 2007; Sewell, Political Unconscious, S. 79f. Zuletzt Catherine Hall, On Being a Historian in 2012. Plenary Lecture at the Social History Society Annual Conference, University of Brighton, 4.4.2012, vgl. dazu die Zusammenfassung von Katrina Navickas, online unter http://www.socialhistory.org.uk/annualconference.php.

33 Zu einigen Anknüpfungspunkten vgl. aber Jürgen Kocka, History, the Social Sciences and Potentials for Cooperation. With Particular Attention to Economic History, in: InterDisciplines 1 (2010), H. 1, S. 43–63, online unter http://www.inter-disciplines.de/bghs/index.php/indi/article/viewFile/6/3.

durchaus in historischer Perspektive.[34] Dies sorgt für Gemeinsamkeiten und gewährleistet die Anwendbarkeit wirtschaftssoziologischer Konzepte für historisch-empirische Studien.[35] Bemühungen, die Wirtschaftssoziologie gesellschaftstheoretisch weiter zu entwickeln, stehen noch am Anfang, sodass eine gemeinsame gesellschaftsgeschichtliche Perspektive (noch) nicht gegeben ist.[36]

2. Möglichkeiten für die Wiederbelebung des sozialgeschichtlichen Innovationspotenzials liegen ferner in einer neuerlichen Hinwendung zur Historischen Soziologie. Diese hat bereits Vorarbeiten geleistet zur Erschließung der oben genannten Themen. Darüber hinaus empfiehlt es sich, die Überlegungen der »historical sociology« zu Temporalität, Prozessen, historischem Wandel und Kontinuität zur Kenntnis zu nehmen.[37] Das Nachdenken darüber, wie soziale Strukturen (etwa Netzwerkbeziehungen, Verhaltensregeln oder Deutungsmuster) in der Praxis von Akteu-

34 Jens Beckert, How Do Fields Change? The Interrelations of Institutions, Networks, and Cognition in the Dynamics of Markets, in: Organization Studies 31 (2010), S. 605–627; ders./Rainer Diaz-Bone/Heiner Ganßmann (Hrsg.), Märkte als soziale Strukturen, Frankfurt a. M. 2007; Neil Smelser/Richard Swedberg (Hrsg.), The Handbook of Economic Sociology, 2. Ausg., Princeton 2005.

35 Vgl. etwa die Fallstudien in Klaus Nathaus/David Gilgen (Hrsg.), Change of Markets and Market Societies: Concepts and Case Studies, in: Historical Social Research 36 (2011), H. 3, sowie den Bericht zur Konferenz » Risk and Uncertainty in the Economy: Historical, Sociological and Anthropological Perspectives«, veranstaltet von Jens Beckert u. Hartmut Berghoff, Villa Vigoni (Como), 19.–22.6.2011, in: Bulletin of the German Historical Institute (Washington DC) 49/2011, S. 205–210, online unter http://www.ghi-dc.org/files/publications/bulletin/bu049/bu49_205.pdf.

36 Jens Beckert, Wirtschaftssoziologie als Gesellschaftstheorie, in: Zeitschrift für Soziologie 38 (2009), H. 3, S. 182–197. Eine historisch-soziologische Geschichte Englands als »Marktgesellschaft« liegt vor mit Christiane Eisenberg, Englands Weg in die Marktgesellschaft, Göttingen 2009.

37 Thomas Welskopp, Bewegungsdrang. Prozess und Dynamik in der Geschichte (Manuskript, Bielefeld 2012); Clemens, Toward a Historicized Sociology; William H. Sewell Jr., Logics of History. Social Theory and Social Transformation, Chicago 2005; James Mahoney/Kathleen Thelen, A Theory of Gradual Institutional Change, in: dies. (Hrsg.), Explaining Institutional Change. Ambiguity, Agency, and Power, Cambridge 2010, S. 1–37.

ren reproduziert und unter welchen Bedingungen in welcher Form rekonfiguriert werden, liefert nicht nur gute Argumente gegen den in der Geschichtswissenschaft nach wie vor verbreiteten Gebrauch narrativer »Taschenspielertricks« zur Erklärung von Kontinuität (durch den Verweis auf »Tradition« beispielsweise) und Wandel (etwa durch den Verweis auf einen »Zeitgeist«) und die daraus resultierenden Zirkelschlüsse. Abgesehen von dieser Selbstaufklärung über die zentralen Gegenstände historischer Forschung erscheint die intensive Beschäftigung mit Kontinuität und Wandel auch deshalb notwendig, weil sich sozialhistorische Themen, zumal wenn sie in transnationaler Perspektive betrachtet werden, kaum innerhalb der Chronologie der politischen Systemwechsel in Deutschland untersuchen lassen. Über diese gängige Periodisierung hat die Gesellschaftsgeschichte nicht hinausweisen können. Die neue Kulturgeschichte hat zum Thema »Wandel« noch weniger zu sagen.

3. Eine weitere Aufgabenstellung, welche die Sozialgeschichte über das Erreichte hinausführen könnte, liegt in der Analyse von Vergesellschaftungen als Entstehung und Wandel sozialer Beziehungen. In diesem Bereich kann die deutsche Sozialgeschichte insbesondere von der britischen lernen. Diese hat sich im Unterschied zur deutschen Gesellschaftsgeschichte, die ebenso wie die Kulturgeschichte ihre Relevanz aus der Orientierung an »politischen« Fragen bezieht, vornehmlich mit »social relations« im Allgemeinen und Klassenbeziehungen im Besonderen beschäftigt. Ein Beispiel ist die Geschichte des Vereinswesens, das hierzulande fast immer unter dem Aspekt politischer Sozialisation erforscht wird, während es in der britischen Geschichtswissenschaft vornehmlich als Mechanismus des sozialen Ein- und Ausschlusses gilt.[38] Soziale Beziehungen wurden in der britischen Sozialgeschichte schon sehr früh, durchaus unter Einbeziehung wechselseitiger Wahrnehmung und der Erfahrungsdimension sowie in zunehmendem Maß im Gegenstandsbereich von Alltag und Frei-

38 Klaus Nathaus, Organisierte Geselligkeit. Deutsche und britische Vereine im 19. und 20. Jahrhundert (= Kritische Studien zur Geschichtswissenschaft; 181), Göttingen 2009.

zeit untersucht.[39] An solchen Studien, die nicht wie in der deutschen Historiografie üblich politikferne Gegenstände wie Sport und Populärkultur als Manifestation politischer Kultur deuten, sondern die damit verbundenen eigengesetzlichen Vergesellschaftungen betrachten, mangelt es noch in der deutschen Sozialgeschichte.

4. Ein vierter Bereich, aus dem Sozialgeschichte in jüngerer Zeit neue Impulse bezieht, hat sich durch die Forderung eröffnet, Aspekte der Medialisierung und der Selbstbeobachtung von Gesellschaft in sozialgeschichtliche Analysen einzubeziehen. Dies geschieht beispielsweise in Anja Krukes Arbeiten zur Demoskopie in der bundesrepublikanischen Politik und Öffentlichkeit sowie in Benjamin Ziemanns Studien zur Rolle der empirischen Sozialforschung in der Katholischen Kirche nach dem Zweiten Weltkrieg.[40] Solche Forschungen haben *auch* einen hohen quellenkritischen Wert, weil sie verdeutlichen, dass Wissensbestände wie beispielsweise Statistiken zu Kirchenbesuchen nicht unmittelbar das Verhalten der beobachteten Akteure abbilden.[41] Vor allem

39 Grundlegend E. P. Thompson, The Making of the English Working Class, London 1966 (zuerst 1963). Als Beispiele seien genannt: Paul Johnson, Saving and Spending. The Working-Class Economy in Britain, Oxford 1985; Ross McKibbin, Classes and Cultures. England 1918–1951, Oxford 1998; Craig Muldrew, The Economy of Obligation. The Culture of Credit and Social Relations in Early Modern England, Houndmills 1998; Christiane Eisenberg, ›English Sports‹ und deutsche Bürger. Eine Gesellschaftsgeschichte 1800–1939, Paderborn 1999.

40 Anja Kruke, Demoskopie in der Bundesrepublik Deutschland. Meinungsforschung, Parteien und Medien 1949–1990 (= Beiträge zur Geschichte des Parlamentarismus und der politischen Parteien; 149), Düsseldorf 2007; Benjamin Ziemann, Katholische Kirche und Sozialwissenschaften 1945–1975 (= Kritische Studien zur Geschichtswissenschaft; 175), Göttingen 2007. Ferner Benjamin Ziemann u. a. (Hrsg.), Engineering Society. The Scientization of the Social in Comparative Perspective, 1880–2000, Basingstoke 2012 (im Druck); Klaus Nathaus, Turning Values into Revenue: The Markets and the Field of Popular Music in the US, the UK and West Germany (1940s to 1980s), in: Historical Social Research 36 (2011), H. 3, S. 136–163.

41 Rüdiger Graf/Kim-Christian Priemel, Zeitgeschichte in der Welt der Sozialwissenschaften. Legitimität und Originalität einer Disziplin, in: Vierteljahrshefte für Zeitgeschichte 59 (2011), S. 479–508.

aber belegen sie, wie folgenreich medial vermitteltes Wissen über Gesellschaft für das Handeln in Funktionssystemen wie Politik, Wirtschaft oder Religion im Verlauf des 20. Jahrhunderts wurde. Zunächst einmal orientierten sich in zunehmendem Maß die »Anbieter« von Politik, Religion, Konsumgütern und Dienstleistungen an letztlich imaginären Wählern, Staatsbürgern, Gläubigen und Konsumenten, da ihnen die tatsächlichen Bedürfnisse der »leibhaftigen« Adressaten unbekannt blieben. Von sozialen Gruppen wie »Lebensstilmilieus«, »Protestwählern« oder »gestressten Katholiken« erfuhren die Anbieter nicht aus der Kommunikation mit Präsenzpublika, sondern aus »den Medien« und von den Experten der Markt- und Meinungsforschung. Deren Beobachtungskategorien und Erkenntnisse beeinflussten zum einen Entscheidungen in Wirtschaft, Kultur und Politik, indem sie die Akteure auf der Anbieterseite herausforderten, Anpassungen an eine veränderte Bedarfslage vorzunehmen, oder ihnen als Ressource für die Durchsetzung eigener Interessen dienten. Zum anderen bezogen auch die »Nachfrager« sehr viel Wissen über gesellschaftliche Verhältnisse aus den Massenmedien, und auch sie verarbeiteten es, indem sie ihr eigenes Verhalten in Bezug auf diese Kategorien beobachteten und steuerten. Das veröffentlichte Wissen darüber, wie sich Angehörige bestimmter sozialer Gruppen verhalten, strukturierte soziale Situationen durch Erwartungen und stellte den Beteiligten ein Repertoire an möglichen Handlungsweisen bereit.[42]

Grundlegend für Forschung in diese Richtung ist Lutz Raphaels Skizze von der »Verwissenschaftlichung des Sozialen«, die er als »dauerhafte Präsenz humanwissenschaftlicher Experten, ihrer Argumente und Forschungsergebnisse in Verwaltungen und Betrieben, in Parteien und Parlamenten, bis hin zu den alltäglichen Sinnwelten sozialer Gruppen, Klassen oder Milieus« definiert und als »Basisprozess« des 20. Jahrhunderts benennt.[43] Die »Ver-

42 Zu Kultur als »toolkit« oder »Repertoire« für situatives Handeln soziologisch einschlägig: Ann Swidler, Talk of Love: How Culture Matters, Chicago 2003, und Paul DiMaggio, Culture and Cognition, in: Annual Review of Sociology 23 (1997), S. 263–287.

43 Lutz Raphael, Die Verwissenschaftlichung des Sozialen als methodische und konzeptionelle Herausforderung für eine Geschichte des 20. Jahrhunderts, in: Geschichte und Gesellschaft 22 (1996), S. 165–193, hier S. 166.

wissenschaftlichung« oder, um es allgemeiner zu formulieren, »Medialisierung des Sozialen« zeigt Auswirkungen auf den Ebenen von Organisation und Interaktion. Dies macht sie für sozialhistorische Arbeiten höchst relevant. Wird sie in die Analyse einbezogen, bedeutet das zunächst einmal, die perzeptive Dimension als handlungsleitend anzuerkennen, ganz im Sinne von Kultur- oder Diskursgeschichte. Doch werden die Vorstellungen des Sozialen nicht einfach als gegeben und dem instrumentellen Zugriff von Akteuren entzogen betrachtet. Vielmehr gerät gerade in den Studien zur Rolle sozialwissenschaftlichen Wissens in Organisationen in den Blick, dass das Wissen vom Sozialen oft arbeitsteilig von Spezialisten hergestellt und absichtsvoll verwendet wird. Auf diese Weise werden Gesellschaftsdiskurse in soziales Handeln eingebettet und ihre Veränderung erklärbar. Deutlich wird, wie Menschen ihre Geschichte machen: im Zusammenspiel mit anderen Akteuren, deren Erwartungen an das eigene Handeln sie einbeziehen, und in Auseinandersetzung mit institutionellen und kognitiven Strukturen, die ihren Handlungsspielraum begrenzen, aber zugleich als Ressourcen zu dessen Transformation dienen können.

André Steiner

Wirtschaftsgeschichte

Die Wirtschaftsgeschichte befasst sich mit der historischen Entwicklung sowohl des wirtschaftlichen Handelns der Menschen als auch der materiellen Grundlagen der Gesellschaft. Sie ist disziplinär und methodisch zwischen den Wirtschafts- und Geschichtswissenschaften angesiedelt und nimmt zwischen diesen eine Brückenfunktion wahr.[1] Da diese beiden Fächer in ihren theoretischen Grundlagen sehr heterogen sind, ergeben sich – vereinfacht – drei Zugangsweisen zur Wirtschaftgeschichte: Eine ist einem engeren ökonomischen Paradigma verpflichtet, eine weitere versteht sich sozialwissenschaftlich-evolutorisch und die letzte folgt einem strikt historischen Ansatz. Dabei scheinen erstere – die nach generalisierbaren theoretischen Aussagen strebt, ohne deren historischen Platz hinreichend zu reflektieren – und letztere – die in ihrer hermeneutisch-narrativen Vorgehensweise mehr oder weniger theoriefern arbeitet – kaum miteinander kompatibel zu sein. Die mittlere Vorgehensweise dagegen greift Anregungen von beiden Seiten auf, indem sie »einerseits Gegenstand und Theoriebildung selbst historisiert, in diesem Rahmen aber wiederum ökonomisch-theoretische Aussagen durchaus für möglich und für sinnvoll hält«.[2] Das heißt, dass hier die ökonomische Theorie selbst als ein historisches Phänomen verstanden wird, deren Aussagen an spezifische historische Bedingungen gebunden sind und die somit keinen Anspruch auf Allgemeingültigkeit erheben kann. Dabei erwuchs die heutige Wirtschaftstheorie aus dem

1 Siehe dazu Toni Pierenkemper, Gebunden an zwei Kulturen. Zum Standort der modernen Wirtschaftsgeschichte im Spektrum der Wissenschaften, in: Jahrbuch für Wirtschaftsgeschichte 1995/2, S. 163–176, hier S. 173. Auf die Verbindungen zur Sozialgeschichte und die Probleme des Bindestrich-Fachs Wirtschafts- und Sozialgeschichte wird hier nicht eingegangen.

2 Hier und zum Folgenden Werner Plumpe, Wirtschaftsgeschichte zwischen Ökonomie und Geschichte. Ein historischer Abriß, in: ders. (Hrsg.), Wirtschaftsgeschichte. Basistexte Geschichte, Stuttgart 2008, S. 7–39, hier S. 36f.

modernen Kapitalismus und seiner historischen Entwicklung und ist damit auch an diesen gebunden. So gesehen haben wirtschaftswissenschaftliche und historiografische Methoden bei der Analyse wirtschaftshistorischer Phänomene den gleichen Stellenwert. Letztlich hängt es jedoch von der Fragestellung ab, zu welcher Verfahrensweise gegriffen wird.

Zur Genese des Fachs

Die drei benannten Richtungen finden sich nicht nur bei den heutigen Vertretern des Fachs, sondern auch in seiner historischen Genese.[3] Die Wirtschaftsgeschichte hat als eigenständiges Fach ihre Wurzeln im 19. Jahrhundert. Es waren – zumindest in Deutschland – vor allem die Vertreter der jüngeren Historischen Schule (Gustav Schmoller, Lujo Brentano, Karl Bücher, Georg Friedrich Knapp), die nach unserem heutigen Verständnis wirtschaftshistorische Untersuchungen vorlegten, obwohl sie sich selbst als Nationalökonomen verstanden. Sie wollten mit ihren Forschungen empirische Grundlagen für die Wirtschaftstheorie schaffen, woran sie aber – zum einen wegen der historischen Komplexität und zum anderen wegen ihres Misstrauens gegenüber der reinen Theorie – letztlich scheiterten. In ähnliche Richtung arbeiteten jedoch auch Wirtschaftswissenschaftler in anderen Ländern, wie beispielsweise die Studien des amerikanischen Institutionalismus des beginnenden 20. Jahrhunderts belegen (u.a. Thorstein Veblen). Auf der Grundlage dieser unterschiedlichen Ansätze konnte sich die Wirtschaftsgeschichte gerade in Deutschland, den USA, aber auch in Großbritannien um

3 Die folgende kurze Darstellung zur Geschichte des Fachs beruht in wesentlichen Teilen auf Gerold Ambrosius/Werner Plumpe/Richard Tilly, Wirtschaftsgeschichte als interdisziplinäres Fach, in: Gerold Ambrosius/Dietmar Petzina/Werner Plumpe (Hrsg.), Moderne Wirtschaftsgeschichte. Eine Einführung für Historiker und Ökonomen, 2. Aufl., München 2006, S. 9–37, hier S. 10–18, sowie Plumpe, Wirtschaftsgeschichte zwischen Ökonomie und Geschichte, S. 7–19 mit weiteren Literaturverweisen. Aus marxistischer Sicht siehe Jürgen Kuczynski, Zur Geschichte der Wirtschaftsgeschichtsschreibung, Berlin (Ost) 1978.

die Wende vom 19. zum 20. Jahrhundert herum erstmals institutionalisieren.

Zugleich legte auch der »Methodenstreit« zwischen einem deduktiven und induktiven Theorieverständnis in den 1880er-Jahren den Grundstein zu der sich im 20. Jahrhundert immer stärker manifestierenden Trennung zwischen der Wirtschaftsgeschichte und den Wirtschaftswissenschaften, die nach 1945 noch einmal an Dynamik gewann. Letztere entwickelte sich immer stärker zu einer Disziplin formalisierter Modelle und mathematisierter Theorien und damit immer mehr weg von der Wirtschaftsgeschichte. Diese wiederum konstituierte sich in diesem Prozess als eigenes Fach. Während also in der zweiten Hälfte des 19. Jahrhunderts eine Historisierung der Nationalökonomie (zumindest in Deutschland) erfolgte, erlebte die zweite Hälfte des 20. Jahrhunderts dann auch international die Enthistorisierung der Wirtschaftswissenschaft und damit eine Trennung von der Wirtschaftsgeschichte.[4]

Diese bildete wiederum einen Ausgangspunkt für den Ausbau der Wirtschaftsgeschichte zu einem eigenständigen Fach in den 1950er- und 1960er-Jahren. Außerdem war die Wirtschaftsgeschichte in Großbritannien, den USA (insbesondere mit der Cliometrie) und in den romanischen Ländern (mit der Schule der Annales) stärker expandiert, sodass in der Bundesrepublik ein Nachholbedarf entstanden war. Zugleich öffnete sich die Geschichtswissenschaft für Fragen des gesellschaftlichen Strukturwandels, was die stärkere Aufmerksamkeit gegenüber der Wirtschaftsgeschichte ebenso begünstigte wie die historischen Umstände dieser Zeit. Das *golden age* – der wirtschaftliche Boom der Nachkriegszeit – evozierte den »Traum immerwährender Prosperität« (Burkhard Lutz) und lenkte damit auch den Blick auf längerfristige Entwicklungs- und Wachstumsprozesse. Dieser Nachkriegsaufschwung vermittelte den handelnden Akteuren zudem ein wachsendes Machbarkeitsgefühl, weshalb staatliche Wirtschaftspolitik, Elemente des Keynesianismus aufgreifend, auch makroökonomische Steuerungsinstrumente meinte einsetzen zu können, was wiederum zu einem Aufschwung der Volkswirtschaftslehre als beratender Wissenschaftsdisziplin führte. Trotz

4 So zugespitzt: Ambrosius/Plumpe/Tilly, Wirtschaftsgeschichte als interdisziplinäres Fach, S. 18.

der Entfremdung der Wirtschaftstheorie von der Wirtschaftsgeschichte ebnete das auch letzterer manchen Weg, da sie schließlich ebenfalls – wenn auch vergangenes – wirtschaftliches Geschehen untersuchte. Die Idee, wirtschaftliche und soziale Prozesse steuern zu können, setzte einerseits die Vorstellung voraus, deren zugrunde liegenden Strukturen und Bewegungsabläufe zu kennen, und andererseits, dass diese sozioökonomischen Strukturen die gesellschaftlichen Entwicklungsprozesse dominieren würden.

Zugleich räumte die im Ostblock zur Wissenschaft erhobene Ideologie des Marxismus-Leninismus der Ökonomie als Basis der Gesellschaft einen besonderen Stellenwert ein. Kombiniert mit der Auffassung, begründet durch historische Gesetzmäßigkeiten arbeite man selbst auf einen eschatologischen Gesellschaftszustand hin, verschaffte dies der Wirtschaftsgeschichte eine hohe Bedeutung und wurde in der Systemkonkurrenz im Westen durchaus als Herausforderung gesehen. Die dort vertretenen Gegenauffassungen waren sich mit dem Marxismus zumindest insofern einig, dass es sich bei der Geschichte um einen fortlaufenden Modernisierungsprozess handeln würde, in dem ein enger Zusammenhang zwischen den sozioökonomischen Basisprozessen und dem gesellschaftlichen Fortschritt im weiteren Sinne bestehen würde.[5] Außerdem wirkte die Dekolonisierung darauf hin, dass dem Thema der wirtschaftlichen Entwicklung und den dafür notwendigen Rahmenbedingungen steigende Aufmerksamkeit zukam. All dies zusammengenommen rückte Fragen nach der Industrialisierung, nach Wirtschaftswachstum und Modernisierung in den Mittelpunkt.

Vor diesem Hintergrund wurde die Wirtschaftsgeschichte der Moderne in den 1950er- und 1960er-Jahren mit einem starken Bezug zu den Teilen der Wirtschaftswissenschaften untersucht, die sich nicht wegen ihrer realitätsfernen Vorannahmen einer Operationalisierung für die historische Betrachtung von vornherein entzogen. In der wirtschaftshistorischen Forschung nutzte man nun nicht nur statistische Daten – wie bereits im 19. Jahrhundert –, sondern wandte auch ausformulierte Modelle, oft in ökonometrischer Form, an. Diese als Cliometrie bezeichnete Forschungs-

5 Siehe dazu Dieter Ziegler, Die Zukunft der Wirtschaftsgeschichte. Versäumnisse und Chancen, in: Geschichte und Gesellschaft 23 (1997), H. 3, S. 405–422, hier S. 409 ff.

richtung fand allerdings in Deutschland zunächst wenig Anhänger und verbreitete sich mehr in den USA, wo sie auch als »New Economic History« bezeichnet wurde. Im besten Fall nutzte sie deduktive Ableitungen zur Interpretation induktiv gewonnener Erkenntnisse, wodurch wirtschafts- und geschichtswissenschaftliche Methoden symbiotisch verbunden wurden. Größtenteils arbeiteten die Wirtschaftshistoriker aber weiter vor allem mit traditionell geschichtswissenschaftlichen Methoden. Gerade in Deutschland entstand vor dem Hintergrund der Sonderwegsdebatte mit der Herausbildung der kritischen Historischen Sozialwissenschaft (u. a. Hans-Ulrich Wehler) »eine Art politischer Wirtschaftsgeschichte«:[6] In dem Versuch, die Verwerfungen der deutschen Geschichte zu erklären, wurde die Ökonomie als zentraler Faktor des historischen Wandels gesehen; die politischen Motive der wirtschaftlichen Akteure rückten dabei in den Vordergrund.

Die bis in die 1970er-Jahre dominierende strukturalistisch und politisch orientierte Wirtschaftsgeschichtsschreibung geriet aber mit dem Keynesianismus und der Modernisierungstheorie in die Krise. Ab den 1980er- und 1990er-Jahren befand sich die Wirtschaftsgeschichte schließlich immer mehr in schwerem Fahrwasser:[7] Die Expansionsphase des westdeutschen Hochschulwesens, in der auch dieses Fach einen Ausbau erfahren hatte, kam an ihr Ende, und damit wuchsen die finanziellen Restriktionen. Sie nährten wiederum in den »Mutterfächern« der Wirtschafts- und Geschichtswissenschaften – jeweils mit disziplinär unterschiedlich gelagerten Gründen – die Zweifel daran, inwieweit dieses eher kleine interdisziplinäre Fach für sie jeweils erforderlich wäre. In den Wirtschaftswissenschaften führte zudem die neoliberale Wende dazu, dass sich der Blick verstärkt vom Staat auf den Markt richtete, was einer ökonomistischen Perspektive Vorschub leistete: Die theoretisch ausgerichteten Teile der Disziplin beschränkten sich immer stärker auf die Entwicklung mathema-

6 Plumpe, Wirtschaftsgeschichte zwischen Ökonomie und Geschichte, S. 18.
7 Die Wahrnehmung der schwierigen Situation innerhalb des Fachs spiegelt sich in den Beiträgen einer Diskussion »Wirtschafts- und Sozialgeschichte – Neue Wege? Zum wissenschaftlichen Standort des Faches« wider; vgl. Vierteljahrschrift für Sozial- und Wirtschaftsgeschichte 82 (1995), H. 3/4, S. 387–422, 497–510; Ziegler, Die Zukunft der Wirtschaftsgeschichte.

tisch formulierter Gleichgewichtsmodelle und blendeten die politische und historische Dimension der Wirtschaft praktisch aus.

In den Geschichtswissenschaften hatte der Zusammenbruch des Ostblocks auch zur Folge, dass strukturalistisch argumentierende Theorien, wie u. a. der Historische Materialismus, die bereits seit den 1970er-Jahren deutlich an Strahlkraft verloren hatten, nun endgültig diskreditiert erschienen. Zugleich wandte sich das Interesse seit den 1980er-Jahren verstärkt der Kulturgeschichte zu, mit der die Wirtschaft zunehmend aus dem Fokus historiografischer Arbeiten rückte. In diesem Umfeld gelang es der Wirtschaftsgeschichte nicht, sich mit ihrem Gegenstand erfolgreich zu behaupten.[8] Das war umso erstaunlicher, als die Forderungen des neuen kulturhistorischen Zugangs, den Blick auf die historischen Akteure und deren Wahrnehmungs- und Handlungsmuster, ihre Praktiken der Wirklichkeitsdeutung und Selbst- und Fremderklärung sowie auf ihre kommunikativen Strukturen zu lenken, den methodisch avancierteren Arbeiten der Wirtschaftsgeschichte nicht fremd waren.[9] Wenn man die fehlende Rezeption dieser methodischen Bandbreite nicht nur auf ein mangelhaftes »Marketing« zurückführen will, lässt dies nur den Schluss zu, dass es vor allem an dem Gegenstand lag, der in seiner Eigenlogik vielen Historikern nach dem *cultural turn* unzugänglich erschien.

Als Reaktion auf diese Entwicklungen in den Wirtschafts- und Geschichtswissenschaften gewannen in der Wirtschaftsgeschichte einerseits auch in Deutschland zunehmend wirtschaftstheoretisch reflektierte Arbeiten an Gewicht, die sich vor allem auf cliometrische und institutionenökonomische Ansätze stützten. Andererseits wurde die Verbindung von Kultur- und Wirtschafts-

8 Vgl. Werner Plumpe, »Moden und Mythen«. Die Wirtschaft als Thema der Geschichtsschreibung im Umbruch 1960 bis 1980, in: Dieter Hein/Klaus Hildebrand/Andreas Schulz (Hrsg.), Historie und Leben. Der Historiker als Wissenschaftler und Zeitgenosse. Festschrift für Lothar Gall zum 70. Geburtstag, München 2006, S. 209–234, hier S. 211.

9 Siehe beispielsweise Knut Borchardt, Zwangslagen und Handlungsspielräume in der großen Weltwirtschaftskrise der frühen dreißiger Jahre. Zur Revision des überlieferten Geschichtsbildes, wieder abgedruckt in: ders., Wachstum, Krisen, Handlungsspielräume der Wirtschaftspolitik. Studien zur Wirtschaftsgeschichte des 19. und 20. Jahrhunderts, Göttingen 1982, S. 165–182; aus heutiger Perspektive Plumpe, »Moden und Mythen«, S. 228 f.

geschichte gerade darin gesucht, das Verhalten der Akteure zu rekonstruieren. Mitunter wird dieser Zugriff als ein »Bündnis aus methodischem Individualismus der Neoklassik und akteursbezogenen Vorstellungen der neueren Kulturgeschichtsschreibung« verstanden.[10] Allerdings fallen zumindest die mit programmatischem Anspruch auftretenden Versuche, Wirtschafts- und Kulturgeschichte zu verbinden, bisher nicht immer überzeugend aus.[11]

In der jüngeren Zeit hätten Prozesse wie die weltweite Wachstumsschwäche, der Zusammenbruch des Ostblocks und eine neue Dimension der Globalisierung, denen eine eminent wirtschaftliche Dimension eigen ist und die einer historischen Erklärung bedürfen, das Interesse an der Wirtschaftsgeschichte beflügeln müssen. Das geschah aber erst mit Verzögerung, nachdem die Ökonomie mit der Finanz- und Schuldenkrise seit 2007/2008 wieder massiv ins Bewusstsein vieler Menschen rückte. Zur Erklärung dieser Phänomene wandten sich sowohl die Wirtschaftswissenschaften auf der einen Seite als auch die Geschichtswissenschaft auf der anderen Seite wieder der Wirtschaftsgeschichte zu.

Perspektiven der Wirtschaftsgeschichte

Der Wirtschaft und dem wirtschaftlichen Handeln kann man sich also aus verschiedenen Perspektiven historisch nähern: Die Betrachtungsweisen reichen von der klassisch politikhistorischen bis zur kulturhistorischen. Zwar können und sollten solche Perspektiven Teil wirtschaftshistorischer Analyse sein, aber sie sind es nicht schon allein deshalb, weil sie sich »die« Wirtschaft oder wirtschaftliche Prozesse zum Gegenstand genommen haben. Um eine Untersuchung der Wirtschaftsgeschichte zuzurechnen, ist

10 Plumpe, Wirtschaftsgeschichte, S. 19. Siehe die Ausarbeitung dieser Position bei Hansjörg Siegenthaler, Geschichte und Ökonomie nach der kulturalistischen Wende, in: Geschichte und Gesellschaft 25 (1999), S. 276–301.

11 Siehe zur Programmatik die Einleitung und zur Umsetzung die verschiedenen Beiträge in Hartmut Berghoff/Jakob Vogel (Hrsg.), Wirtschaftsgeschichte als Kulturgeschichte. Dimensionen eines Perspektivenwechsels, Frankfurt a. M. 2004; vgl. dazu die Rezension von Mark Spoerer auf H-Soz-u-Kult vom 20.12.2004, online unter http://hsozkult.geschichte.hu-berlin.de/rezensionen/2004-4-198.

die Conditio sine qua non, inwieweit sich diese auf die Logik wirtschaftlichen Handelns – in ihrem jeweiligen historischen Kontext und Entstehungszusammenhang – einlässt. Die Rationalität des Wirtschaftens stellt also nichts für ewig Gegebenes dar, sondern ist selbst Gegenstand historischer Entwicklung und schließt damit (unter dem Blickwinkel anderer historischer Gegebenheiten) auch vermeintlich irrationales Handeln ein. So gesehen, ist aber sowohl eine Kulturgeschichte des Wirtschaftens denkbar, die beispielsweise einer begriffsgeschichtlichen Perspektive folgt, als auch eine Wirtschaftsgeschichte der Familie, die sich anknüpfend an Gary Becker der wirtschaftlichen Logik der Gründung und Entwicklung von Familien widmet.[12]

Die im Fach mitunter vertretene Position, dass erst die explizite Anwendung ökonomischer Modellvorstellungen eine Arbeit zu einer wirtschaftshistorischen mache, erscheint deshalb zu eng.[13] So sehr die Nutzung wirtschaftswissenschaftlicher Theorieangebote zu begrüßen ist, kann sie nicht zum alleinigen oder entscheidenden Kriterium gemacht werden, ob eine Untersuchung als genuin wirtschaftshistorisch gelten kann. Vielmehr hängt die Wahl der Methode von der Fragestellung ab, und maßgeblich ist, inwieweit dabei die Untersuchung ökonomischer Rationalitäten forschungsleitend ist. Deshalb und wegen der Vielzahl miteinander konkurrierender Theorieangebote, aus denen die »passende« Theorie auszusuchen ist, hat sich in der Praxis der wirtschaftshistorischen Forschung gezeigt, dass man »mit einem gesunden Theorieneklektizismus kombiniert mit der klassischen historischen Methode der Quellenauswahl und -kritik« am weitesten kommt.[14]

In einer akteurszentrierten Vorgehensweise in der Wirtschaftsgeschichte bieten sich vier Untersuchungsdimensionen an, die in engen Wechselbeziehungen zueinander stehen: *Erstens* sind die Wahrnehmungen und Reflexionen von wirtschaftlichen Hand-

12 Vgl. Gary S. Becker, Familie, Gesellschaft und Politik – die ökonomische Perspektive, Tübingen 1996.

13 So verschiedentlich Pierenkemper, der darüber hinaus auch eine weitgehende Quantifizierung sowie bewußte Methodenreflexion forderte: Pierenkemper, Gebunden an zwei Kulturen, S. 169 ff.

14 Vgl. Christoph Buchheim, Die Sicherung der Interdisziplinarität als Kernbestandteil des Faches Wirtschafts- und Sozialgeschichte, in: Vierteljahrschrift für Sozial- und Wirtschaftsgeschichte 82 (1995), S. 390–391.

lungen, Prozessen und Strukturen durch die Akteure in Öffentlichkeit, Politik, Wirtschaft und Wissenschaft zu analysieren. *Zweitens* sollten die sich daraus ergebenden normativen Vorstellungen zum wirtschaftlichen Handeln sowie die darauf aufbauenden Institutionen in den Blick genommen werden. *Drittens* können die dabei verfolgten Praktiken der Akteure bei der Sicherung der materiellen Reproduktion betrachtet werden. Schließlich geht es *viertens* darum, die Ergebnisse, Konsequenzen und Strukturen des wirtschaftlichen Handelns aufzuzeigen. Dabei sind die Zusammenhänge und Rückwirkungen zwischen den vier Dimensionen im Auge zu behalten und diese ebenso wie die »Wirtschaft« und die ihr zugrunde liegende Rationalität immer als historische Phänomene zu behandeln.

Mit einer in solcherweise dimensionierten akteurszentrierten Perspektive kommen auch die verschiedenen klassischen Untersuchungsfelder der Wirtschaftsgeschichte in den Blick:[15] Neben den herkömmlich als Wirtschaftsakteuren betrachteten privaten Haushalten und Unternehmen finden politische Institutionen als Gestalter von Wirtschaftspolitik und damit des politischen Rahmens wirtschaftlichen Handelns Beachtung. Ebenso werden die konstitutiven Rahmenbedingungen des Wirtschaftens in Gestalt von Bevölkerung, Raum und Technik und der ökonomische Prozess selbst behandelt, wie er sich in Wachstum und Konjunktur, im Strukturwandel, auf verschiedenen Märkten (Arbeits-, Geld- und Kreditmärkte, Rohstoff- und Warenmärkte), in der Einkommensverteilung oder den internationalen Wirtschaftsbeziehungen niederschlägt. Zugleich schließt dieser Zugang sowohl die Makro- als auch die Mikroperspektive ein. In dieser Perspektive bildet die Unternehmensgeschichte auch einen Teil der Wirtschaftsgeschichte, selbst wenn es in jüngerer Zeit Versuche gibt, diese als eigenständige Disziplin zu verankern. Die benannten Untersuchungsfelder der Wirtschaftsgeschichte sollen aber lediglich deren Breite verdeutlichen, ohne Anspruch auf Vollständigkeit zu erheben. Ebenso zeigt diese Aufstellung aber, dass die Wirtschaftsgeschichte wiederum erhebliche Schnittmengen mit der Sozial-, Konsum-, Technik- oder der Umweltgeschichte aufweist.

15 Einen Zugang über solche Untersuchungsfelder bietet: Ambrosius/Plumpe/Tilly, Moderne Wirtschaftsgeschichte.

Wirtschaftsgeschichte als Zeitgeschichte und Zeitgeschichte als Wirtschaftsgeschichte

Für die Zeitgeschichte als jüngsten Epochenabschnitt historischer Betrachtung gilt wohl das, was für die Geschichte der Moderne insgesamt zu sagen ist: Ist die Wirtschaftsgeschichte bei der Untersuchung vormoderner Epochen bis heute in hohem Maße integraler Bestandteil der betreffenden Historiografie, so hat sie bei der Betrachtung der modernen Zeitabschnitte ihren eigenen Stellenwert. Das entspricht der stärkeren Ausdifferenzierung der verschiedenen Lebenssphären, wie sie seit dem 19. Jahrhundert erfolgte.

In programmatischen Erklärungen zur Zeitgeschichte aus den frühen 1990er-Jahren spielte zwar die Wirtschaftsgeschichte – auch in den aufgezeigten Perspektiven – eine Rolle, aber sie blieb eher am Rande als eine begleitende Teildisziplin.[16] In den aktuellen Diskussionen zeigt sich inzwischen eine gewisse Veränderung: In der überwiegenden Zahl der nach der Jahrtausendwende erschienenen Einführungen in die Zeitgeschichte wird wirtschaftlichen Perspektiven wieder deutlich mehr Raum gegeben. Die ökonomische Entwicklung wird als Themenfeld der Zeitgeschichte ebenso behandelt wie die wirtschaftshistorische Fragestellung als methodischer Ansatz.[17] Hier schlägt sich der Trend nieder, dass der Wirtschaftsgeschichte angesichts der aktuellen Entwicklungen zumindest in der Wahrnehmung und der ihr entgegengebrachten Aufmerksamkeit, wenngleich auch noch nicht bei den für sie aufgewendeten materiellen Ressourcen, inzwischen wieder mehr Bedeutung zugemessen wird.

16 Hans Günther Hockerts, Zeitgeschichte in Deutschland. Begriff, Methoden, Themenfelder, in: Historisches Jahrbuch 113 (1993), S. 98–127; Anselm Doering-Manteuffel, Deutsche Zeitgeschichte nach 1945. Entwicklung und Problemlagen der historischen Forschung zur Nachkriegszeit, in: Vierteljahrshefte für Zeitgeschichte 41 (1993), S. 1–21.

17 Constantin Goschler/Rüdiger Graf, Europäische Zeitgeschichte seit 1945, Berlin 2010; Gabriele Metzler, Einführung in das Studium der Zeitgeschichte, Paderborn 2004; Andreas Rödder, Die Bundesrepublik Deutschland 1969–1990 (= Oldenbourg Grundriss der Geschichte; 19a), München 2003; Andreas Wirsching, Abschied vom Provisorium 1982–1990 (= Geschichte der Bundesrepublik Deutschland; 6), München 2006.

Zugleich ist nicht zu übersehen, dass gerade die wirtschaftshistorischen Kontroversen über den engeren Bereich der Wirtschaftsgeschichte hinaus in die Geschichtswissenschaft insgesamt oder gar in die Öffentlichkeit wirkten, die auch eminent politisch waren, so bei der sogenannten Borchardt-Debatte um die Probleme der Weimarer Wirtschaft oder bei der bis heute anhaltenden Diskussion um die Rolle der Unternehmen im »Dritten Reich«.[18] Insofern gehört nicht viel Fantasie zu der Vorhersage, dass in absehbarer Zukunft wirtschaftshistorische Untersuchungen zur Schulden- und Krisenproblematik verstärkt öffentliche Aufmerksamkeit finden werden.

Dies führt zu der Frage, welchen Stellenwert die Zeitgeschichte in der Wirtschaftsgeschichtsschreibung einnimmt. In den letzten zwanzig Jahren ließ sich diesbezüglich ein grundlegender Paradigmenwechsel beobachten: Standen noch bis Anfang der 1990er-Jahre die Industrialisierung und das 19. Jahrhundert eindeutig im Mittelpunkt wirtschaftshistorischen Forschens, so dominiert – ausgehend von der verstärkten Beschäftigung der Wirtschaftshistoriker mit den beiden deutschen Diktaturen – inzwischen die Zeitgeschichte auch die Wirtschaftsgeschichtsschreibung.[19]

Die Weimarer Republik bildete bereits seit den 1970er-Jahren einen der Schwerpunkte der Zeitgeschichtsschreibung, wobei wirtschaftshistorische Aspekte eine tragende Rolle spielten. Aus der Sicht der Zeitgeschichte ging es vor allem darum, die »Machtergreifung« der Nationalsozialisten zu erklären, deren Ursachen und Hintergründe gerade in den ökonomischen und sozialen Problemen der Zeit gesehen wurden.[20] Aus wirtschaftshistorischer

18 Mit Bezug auf die »Borchardt-Debatte« verwies darauf: Ziegler, Zukunft der Wirtschaftsgeschichte, S. 414ff. Zu der Diskussion selbst siehe Albrecht Ritschl, Knut Borchardts Interpretation der Weimarer Wirtschaft. Zur Geschichte und Wirkung einer wirtschaftsgeschichtlichen Kontroverse, in: Jürgen Elvert/Susanne Krauß (Hrsg.), Historische Debatten und Kontroversen im 19. und 20. Jahrhundert (= Historische Mitteilungen, Beiheft 26), Stuttgart 2003, S. 234–244.

19 Der folgende kurze und keinesfalls vollständige Überblick konzentriert sich auf Deutschland. Auch die Literaturverweise können bestenfalls exemplarisch gelten.

20 Ein wesentlicher Ausgangspunkt dafür war: Hans Mommsen/Dietmar Petzina/Bernd Weisbrod (Hrsg.), Industrielles System und politische Entwicklung in der Weimarer Republik, Düsseldorf 1974.

Perspektive standen und stehen dagegen die Inflation[21] und – mit internationalem Blick – die Weltwirtschaftskrise 1929–1932,[22] ihre Ursachen und Folgen im Mittelpunkt der Untersuchungen zu diesem Zeitabschnitt, was für den deutschen Fall auch den Brückenschlag zur Zeit des Nationalsozialismus herstellt. Dabei bildet die Frage nach dem Verhältnis der Wirtschaft zum nationalsozialistischen Regime immer einen Schwerpunkt. Galt zunächst nicht nur in der DDR die Vorstellung, dass das »Dritte Reich« im Interesse des Kapitals errichtet worden sei und entsprechend agierte, fand diese Position schon sehr früh Widerspruch, und empirische Forschungen brachten auch die entsprechenden Belege.[23] Aber gerade die seit den 1990er-Jahren im Zuge der Diskussion über Entschädigungszahlungen deutscher Unternehmen an die Opfer der NS-Diktatur angestoßenen Forschungen zur Rolle einzelner Unternehmen in diesem System erbrachten ein weitaus differenziertes Bild, das nicht leicht auf den Punkt zu bringen ist[24] und immer wieder für Kontroversen sorgt.[25]

Die Nachkriegsgeschichte wurde vereinzelt bereits in den 1970er-Jahren zum Gegenstand wirtschaftshistorischer Untersuchungen,[26] woraus eine Debatte über Entstehung und Bedin-

21 Gerald D. Feldman, The Great Disorder. Politics, Economics and Society in the German Inflation, 1914–1924, New York 1993.

22 Theo Balderston, The Origins and Course of the German Economic Crisis: November 1923 to May 1932, Berlin 1993; Barry Eichengreen, Golden Fetters. The Gold Standard and the Great Depression 1919–1939, New York u. a. 1992; Charles P. Kindleberger, The World in Depression 1929–1939 (zuerst 1973), 5. Aufl., London 1986.

23 Vgl. vor allem Henry Ashby Turner, Die Großunternehmer und der Aufstieg Hitlers, Berlin (West) 1985.

24 Siehe beispielsweise Christoph Buchheim, Unternehmen in Deutschland und NS-Regime 1933–1945. Versuch einer Synthese, in: Historische Zeitschrift 282 (2006), S. 351–390.

25 Siehe zuletzt Peter Hayes, Corporate Freedom of Action in Nazi Germany; Christoph Buchheim/Jonas Scherner, Corporate Freedom of Action in Nazi Germany: A Response to Peter Hayes; Peter Hayes, Rejoinder: A Reply to Buchheim and Scherner, alle Beiträge in: Bulletin of the German Historical Institute (Washington, D. C.), No. 45, Fall 2009, S. 29–51.

26 Werner Abelshauser, Wirtschaft in Westdeutschland 1945–1948. Rekonstruktion und Wachstumsbedingungen in der amerikanischen und britischen Zone, Stuttgart 1975.

gungsfaktoren des westdeutschen Wirtschaftswunders erwuchs.[27] Aber auch die SBZ/DDR fand bereits – neben den in der DDR selbst entstandenen, teilweise materialreichen Arbeiten[28] – in der westlichen Wirtschaftsgeschichtsschreibung Aufmerksamkeit.[29] Mit dem Zusammenbruch des ostdeutschen Teilstaats und der Öffnung der dortigen Archive erlebte die Untersuchung der DDR-Wirtschaft vor allem auch im Vergleich zur Bundesrepublik einen Boom. Diese Arbeiten hatten ihren Schwerpunkt in der Untersuchung von Innovationsprozessen und der ihnen zugrunde liegenden Konkurrenz der verschiedenen Systementwürfe.[30] Inzwischen liegen auch Gesamtdarstellungen zur Wirtschaftsgeschichte der beiden deutschen Staaten vor.[31] Ebenso wurde die Langfristentwicklung der deutschen Wirtschaftsgeschichte im 20. Jahrhundert systematisch zusammengefasst.[32] Solche langfristigen Perspektiven werden auch in diversen Handbüchern zur europäischen Geschichte und darüber hinaus aufgezeigt.[33] In den Anfängen befin-

27 Vgl. u.a. Albrecht Ritschl, Die Währungsreform von 1948 und der Wiederaufstieg der westdeutschen Industrie, in: Vierteljahrshefte für Zeitgeschichte 33 (1985), S. 136–165.

28 Beispielsweise Horst Barthel, Die wirtschaftlichen Ausgangsbedingungen der DDR. Zur Wirtschaftsentwicklung auf dem Gebiet der DDR 1945–1949/50, Berlin (Ost) 1979.

29 Wolfgang Zank, Wirtschaft und Arbeit in Ostdeutschland 1945–1949. Probleme des Wiederaufbaus in der Sowjetischen Besatzungszone Deutschlands, München 1987.

30 Vgl. Johannes Bähr/Dietmar Petzina (Hrsg.), Innovationsverhalten und Entscheidungsstrukturen. Vergleichende Studien zur wirtschaftlichen Entwicklung im geteilten Deutschland, Berlin 1996.

31 Werner Abelshauser, Deutsche Wirtschaftsgeschichte seit 1945, München 2004; Herbert Giersch/Karl-Heinz Paqué/Holger Schmieding, The Fading Miracle. Four Decades of Market Economy in Germany, Cambridge 1992; André Steiner, Von Plan zu Plan. Eine Wirtschaftsgeschichte der DDR, München 2004.

32 Reinhard Spree (Hrsg.), Geschichte der deutschen Wirtschaft im 20. Jahrhundert, München 2001.

33 Vgl. Stephen Broadberry/Kevin H. O'Rourke (Hrsg.), The Cambridge Economic History of Modern Europe, Vol. 1: 1700–1870, Vol. 2: 1870 to the Present, Cambridge 2010; Carlo M. Cipolla (Hrsg.), Europäische Wirtschaftsgeschichte (= The Fontana Economic History of Europe, 5 Bde.); dt. Ausgabe hrsg. v. Knut Borchardt, Stuttgart u.a. 1976ff.; Wolfram Fischer

den sich bisher Forschungen zur Wirtschaftsgeschichte der (west-) europäischen Integration[34] und der Globalisierung.[35]

Die verstärkte Aufmerksamkeit gegenüber der Wirtschaftsgeschichte hängt auch mit der in der Zeitgeschichte angestoßenen Debatte um die Umbrüche im letzten Drittel des 20. Jahrhunderts zusammen, die einen starken Schwerpunkt auf die sozioökonomischen Prozesse legt.[36] Die in diesem Umfeld erfolgenden Untersuchungen führen mehr und mehr über die Epochenschwelle von 1989/91 hinaus und erfassen damit auch die Transformation der ehemaligen Ostblockländer. Auf diesen Gebieten werden sich wohl mittelfristig die Arbeiten in der Wirtschaftszeitgeschichte konzentrieren.

Die Zukunft der Wirtschaftsgeschichte liegt – darauf hat Werner Plumpe hingewiesen – in der Analyse des wirtschaftlichen Strukturwandels in seiner Einbettung in den gesellschaftlichen Wandel mit verschiedenen theoretisch-methodischen Zugängen. Dieser Wandel hängt von den Entscheidungen ab, die »die Wirtschaftssubjekte (Unternehmen, Haushalte, Konsumenten) in einem für sie grundsätzlich zukunftsoffenen Horizont in kulturell ermöglichter und vermittelter Weise treffen«. Auf diese Weise steht die Wirtschaftsgeschichte in einem engen Zusammenhang mit der Geschichtswissenschaft im Allgemeinen und der Zeitgeschichte im Besonderen, und sie wird trotz des notwendigen Bezugs auf die moderne ökonomische Theorie auf ihre historischen Grundlagen verwiesen.[37]

u. a. (Hrsg.), Handbuch der europäischen Wirtschafts- und Sozialgeschichte, 6 Bde., Stuttgart 1980 ff.; Joel Mokyr (Hrsg.), The Oxford Encyclopedia of Economic History (5 Bde.), Oxford 2003.

34 Wendy Asbeek Brusse, Tariffs, Trade and European Integration 1947–1957: From Study Group to Common Market, New York 1997.

35 Michael D. Bordo/Alan M. Taylor/Jeffrey G. Williamson (Hrsg.), Globalization in Historical Perspective, Chicago 2003; Barry J. Eichengreen, Vom Goldstandard zum Euro. Die Geschichte des internationalen Währungssystems, Berlin 2000.

36 Anselm Doering-Manteuffel/Lutz Raphael, Nach dem Boom. Perspektiven auf die Zeitgeschichte seit 1970, Göttingen 2008.

37 Plumpe, »Moden und Mythen«, S. 233 f., Zitat S. 234.

Manuel Schramm

Konsumgeschichte

Die Konsumgeschichte ist ein immer noch relativ junges, aber gegenwärtig stark expandierendes Teilgebiet der Geschichtswissenschaft. Ihre anhaltende Popularität hat wissenschaftsinterne wie wissenschaftsexterne Gründe. Den gesellschaftlichen Hintergrund bildet der seit den 1980er-Jahren verstärkt zu beobachtende Trend zur post-industriellen Gesellschaft, zur Dienstleistungs-, Freizeit- und Spaßgesellschaft, was eine Aufwertung der Freizeit gegenüber der Arbeit, des Konsums gegenüber der Produktion und der postmaterialistischen Werte gegenüber den materialistischen Werten mit sich brachte. Dieser Trend wurde zunächst von den Sozialwissenschaften aufgenommen, die seit den 1970er-Jahren eine unüberschaubare Zahl an Deutungsangeboten für die Selbstbeschreibung gegenwärtiger Gesellschaften zur Verfügung stellten. Mit einiger Verzögerung griff die Geschichtswissenschaft in den 1980er-Jahren diese Debatten auf und verband sie mit eigenen Fragestellungen und Herangehensweisen. So wurde zum Beispiel recht schnell deutlich, dass Konsumgeschichte nicht auf populäre Aspekte des Konsums wie Überfluss, Spaß, Genuss oder Freizeit beschränkt bleiben konnte, sondern dass sich soziale Probleme im Konsum zwar in anderer Weise, aber nicht minder bedeutsam als in der traditionellen Sozialgeschichte bemerkbar machen. Konsumgeschichte thematisiert mithin nicht nur den Überfluss und den schönen Schein der Warenwelt, sondern auch den Mangel, die Entbehrungen und unbefriedigten Wünsche von Konsumenten.

Wissenschaftsintern stellt sich die Konsumgeschichte als Verbindung bis dato getrennter Teilgebiete der Geschichtswissenschaft und anderer Disziplinen dar. So kann sie aufbauen auf Teilen der traditionellen Wirtschafts- und Sozialgeschichte (Geschichte der Konsumgüterindustrie, des Einzelhandels, der Landwirtschaft, des Lebensstandards, Protestforschung etc.), der älteren Kulturgeschichte, Volkskunde und Alltagsgeschichte (Geschichte der Ernährung, einzelner Güter, der materiellen Kultur, Feste und

Feiern etc.) sowie der Kunstgeschichte (Design, Werbekunst). Der Durchbruch zur modernen Konsumgeschichte erfolgte in den frühen 1980er-Jahren mit der These von der englischen Konsumrevolution des 18. Jahrhunderts, die von drei englischen Frühneuzeithistorikern aufgestellt wurde.[1] Obwohl dies nicht das erste Buch zur Konsumgeschichte war, hatte es enormen Einfluss auf die weitere konsumhistorische Forschung und kann somit legitimerweise als Beginn derselben gelten. Dieser Durchbruch wurde nicht nur durch die oben beschriebenen, gesellschaftlichen Veränderungen begünstigt, sondern war gleichfalls Teil eines wissenschaftsinternen Paradigmenwechsels von der Sozial- und Gesellschaftsgeschichte zur neuen Kulturgeschichte. Im Gegensatz zur sozialhistorischen Lebensstandardforschung, die versuchte, den Lebensstandard einer Bevölkerung oder Schicht möglichst exakt zu erfassen und objektiv messbar zu machen, erkannte die Konsumgeschichte von Anfang an die Bedeutung subjektiver Wahrnehmungen, Wünsche und Traumwelten, die von Konsumenten, Händlern und Produzenten aufgebaut wurden.[2] Der dadurch mögliche Brückenschlag zwischen »harten« sozialhistorischen und »weichen« kulturhistorischen Themen macht bis heute die Faszination der Konsumgeschichte aus.

Die folgenden Ausführungen sollen einen kurzen Überblick über zentrale Problemfelder und Themen der Konsumgeschichte geben. Nach einer Einführung in Begriff und Theorien des Konsums werden Fragen der Periodisierung in der Konsumgeschichte diskutiert. Nach einer Erörterung des Verhältnisses von Konsum zu zentralen Themen der Sozialgeschichte, nämlich soziale Ungleichheit und Geschlechterverhältnisse, wird auf die vielfältigen Verbindungen zwischen Konsum und Politik sowie auf die Globalisierung und Regionalisierung des Konsums eingegangen. Nach einem Blick auf neuere Ergebnisse der deutschsprachigen zeithistorischen Forschung werden die Ergebnisse unter der Fragestellung zusammengefasst, ob es sich bei der Konsumgeschichte um ein neues Paradigma der Gesellschaftsgeschichte handelt.

1 Neil McKendrick/John Brewer/John Plumb, The Birth of a Consumer Society. The Commercialization of Eighteenth-Century England, London 1982.

2 Vgl. Heinz-Gerhard Haupt, Konsum und Handel. Europa im 19. und 20. Jahrhundert, Göttingen 2003, S. 11, 27 f.

Begriff und Theorien des Konsums

Konsum war lange Zeit kein wissenschaftlich definierter Begriff. In der Frühen Neuzeit wurde er wenig verwendet, vorwiegend jedoch im Zusammenhang mit Verbrauchssteuern, der sogenannten Consumptions-Accise. In der volkswirtschaftlichen Literatur des 19. Jahrhunderts bedeutete Konsum so viel wie Verzehr, Verbrauch bis hin zu Zerstörung und Wertminderung. Mit der Verbreitung von Konsumgenossenschaften im späten 19. Jahrhundert bürgerte sich im allgemeinen Sprachgebrauch Konsum als Kurzform für Konsumgenossenschaft ein. Erst im 20. Jahrhundert setzte sich in den Wirtschaftswissenschaften das moderne Verständnis von Konsum als Befriedigung von Bedürfnissen mit wirtschaftlichen Mitteln durch. Ab Mitte des 20. Jahrhunderts kam auch der Begriff »Konsumgesellschaft« als Bezeichnung für eine durch Massenkonsum gekennzeichnete Gesellschaft auf. Er bezog sich nicht zufällig auf die US-amerikanische Gesellschaft – für manche Historiker die erste moderne Konsumgesellschaft überhaupt.[3]

Die heutige Konsumgeschichtsschreibung tendiert zu einer weiten Definition von Konsum, die nicht nur den Erwerb, sondern auch den Gebrauch von Gütern und Dienstleistungen durch die Konsumenten sowie gesellschaftliche Diskurse über Konsum (z. B. Werbung, Konsumkritik) mit einbezieht. Eine gängige Definition von Konsum lautet: »Das Kaufen, Gebrauchen und Verbrauchen/Verzehren von Waren eingeschlossen die damit in Zusammenhang stehenden Diskurse, Emotionen, Beziehungen, Rituale und Formen der Geselligkeit und Vergesellschaftung.«[4] Kennzeichnend für die Konsumgeschichte wie für die neuere Konsumforschung generell ist darüber hinaus, dass im Gegensatz zu älteren konsumkritischen Ansätzen Konsum nicht mehr als passiver Vorgang erscheint, der von Produzenten und Werbe-

3 Ulrich Wyrwa, Consumption, Konsum, Konsumgesellschaft. Ein Beitrag zur Begriffsgeschichte, in: Hannes Siegrist/Hartmut Kaelble/Jürgen Kocka (Hrsg.), Europäische Konsumgeschichte. Zur Gesellschafts- und Kulturgeschichte des Konsums (18.–20. Jahrhundert), Frankfurt a. M. 1997, S. 747–762.

4 Hannes Siegrist, Konsum, Kultur und Gesellschaft im modernen Europa, in: Siegrist/Kaelble/Kocka (Hrsg.), Europäische Konsumgeschichte, S. 13–48, hier S. 16.

treibenden durch Manipulation des Konsumenten weitgehend gesteuert wird. Vielmehr geht die neuere Forschung davon aus, dass Konsum immer auch aktive Anpassungsleistungen durch den Konsumenten beinhaltet und der Konsument weit eigensinniger ist, als dies den Produzenten lieb ist.

Als Fluchtpunkt der historischen Entwicklung des Konsums erscheint in der Regel die »Konsumgesellschaft« als Gesellschaft, in der Konsum eine strukturbestimmende Rolle spielt. Über die Definition einer Konsumgesellschaft existiert ebenso wenig ein Konsens wie über die Frage, ob es nur eine Konsumgesellschaft mit überall prinzipiell gleichen Merkmalen geben kann oder aber verschiedene Typen von Konsumgesellschaften bzw. Konsumkulturen. Manche Historiker verwenden deshalb Merkmalskataloge, um möglichst viele wichtige Dimensionen zu erfassen, wie im folgenden Beispiel Michael Prinz: 1. Moderner Konsum ist Kaufkonsum; 2. Erwerb und Verbrauch von Konsumgütern ist frei, d.h. nur durch die Menge finanzieller Mittel beschränkt; 3. Das feste Ladengeschäft sichert eine permanente Versorgung; 4. Konsum ist ein dynamisches Phänomen, wie z.B. in der Mode; 5. Konsum tendiert zur Kolonisierung neuerer Sphären wie sozialer Gruppen, Regionen oder Bedürfnisse; 6. Die Figur des Konsumenten entsteht als neue Rollenzuschreibung.[5]

Das Beispiel zeigt die Offenheit, aber auch die Problematik solcher Merkmalskataloge. Die einzelnen Merkmale können zu sehr unterschiedlichen Zeitpunkten auftreten und sind häufig gar nicht eindeutig einem bestimmten Zeitraum zuzuordnen (z.B. ist die Mode als Phänomen schon im Mittelalter bekannt). Fraglich ist auch, ob einzelne Merkmale durch funktionale Äquivalente ersetzt werden können (z.B. das Ladengeschäft durch Märkte, Hausierer oder Versandhandel). Insofern ist es wohl sinnvoll, den Begriff Konsumgesellschaft als Tendenzbegriff aufzufassen, d.h. eine Gesellschaft ist immer nur mehr oder weniger eine Konsumgesellschaft, kaum aber absolut oder gar nicht.

5 Michael Prinz, Aufbruch in den Überfluss? Die englische »Konsumrevolution« des 18. Jahrhunderts im Lichte der neueren Forschung, in: ders. (Hrsg.), Der lange Weg in den Überfluss. Anfänge und Entwicklung der Konsumgesellschaft seit der Vormoderne, Paderborn 2003, S. 191–217, hier S. 192f.

Auch über Theorien des Konsums herrscht keine Einigkeit. Die Vielzahl der verschiedenen Ansätze lässt sich in zwei große Gruppen einteilen, die den Konsum entweder primär als selbstbezogen (innen-geleitet) oder primär als repräsentationsorientiert (außengeleitet) deuten.[6] Beide Hauptgruppen lassen sich noch weiter unterteilen, je nach den Momenten, die in den jeweiligen Theorien besonders betont werden. So kann der selbstbezogene Konsum u. a. folgende Funktionen erfüllen: Kontemplation, Lust durch Beherrschung, Begierde nach Aneignung, Begierde nach Selbsterweiterung, Verlangen nach Konsistenz, Erfüllung von Träumen und Persönlichkeitsformung. Den repräsentationsorientierten Konsum kann man weiter unterteilen in Protzverhalten, Statussicherung, Gruppenzugehörigkeit und Kompetenzdemonstration.

Die bekannte Konsum- und Gesellschaftstheorie des französischen Soziologen Pierre Bourdieu lässt sich dabei den repräsentationsorientierten Ansätzen zurechnen.[7] Nach Bourdieu dient Konsum vor allem der Distinktion im sozialen Feld, also der Abgrenzung von anderen Gruppen. Er unterscheidet dabei zwischen ökonomischem und kulturellem Kapital. Konsum hat somit nicht nur die Funktion, mit Hilfe von Statussymbolen ein hohes Einkommen oder Vermögen zu zeigen, sondern es geht auch darum, kulturelle Kompetenz zu demonstrieren und sich somit von anderen abzugrenzen, die genauso viel oder mehr ökonomisches Kapital besitzen. Diese Theorie ist für die Erklärung sozialer Unterschiede im Konsum in der zweiten Hälfte des 20. Jahrhunderts gut geeignet. Letztlich muss man sich aber immer bewusst machen, dass jede Konsumtheorie nur Teilaspekte des umfassenderen Phänomens thematisiert. Konsum ist immer nach außen und innen gerichtet.

Kaum zu trennen von den Konsumtheorien ist die intellektuelle Konsumkritik, da viele Theorien in kritischer Absicht verfasst wurden. Sie hat ihre Wurzeln letztlich in der traditionellen christlichen Luxuskritik, die den frühneuzeitlichen Luxusordnun-

6 Andreas Knapp, Über den Erwerb und Konsum von materiellen Gütern – eine Theorienübersicht, in: Zeitschrift für Sozialpsychologie 27 (1996), S. 193–206.

7 Pierre Bourdieu, Die feinen Unterschiede. Zur Kritik der gesellschaftlichen Urteilskraft, Frankfurt a. M. 2007.

gen zugrunde lag. Sie verurteilte zum einen die dem Konsumstreben zugeschriebene Betonung von Äußerlichkeiten, die von wichtigeren Dingen wie der Sorge um das Seelenheil ablenken würde. Zum anderen wandte sie sich gegen die vermeintliche Aufhebung traditioneller Standesunterschiede durch Konsum. Ihre Fortsetzung fand sie in der konservativen Kulturkritik des 19. und 20. Jahrhunderts, die ebenfalls den inneren Werten Priorität einräumte und im modernen Konsum eine Tendenz zur Entindividualisierung und Nivellierung sah. Sie richtete sich besonders gegen neue Konsumformen wie das Warenhaus und verband sich im späten 19. und frühen 20. Jahrhundert mit antisemitischen Strömungen. Eine dezidiert linke Konsumkritik entstand erst im 20. Jahrhundert. Sie verurteilte das Konsumstreben großer Teile der Bevölkerung als Ergebnis falscher Bedürfnisse, die nur durch die Manipulation der Kulturindustrie (v. a. Werbung) zustande kämen.[8]

Die Nachwirkungen der konservativen wie linken Konsumkritik sind nach wie vor präsent. Jedoch ist die heutige Konsumkritik weitaus häufiger ökologisch motiviert und kritisiert vor allem den hohen Ressourcenverbrauch, den der moderne Konsum bedingt. Damit einher geht die Kritik an der verbreiteten Wegwerfmentalität, die durch häufig wechselnde Moden verstärkt wurde.

Dennoch ist auch die ältere Konsumkritik noch nicht völlig verschwunden und lebt zum Teil in der globalisierungskritischen Bewegung weiter. So beklagt die kanadische Journalistin Naomi Klein in ihrem Bestseller »No Logo« den Fetischcharakter der Ware, die Privatisierung des öffentlichen Raums, den Verlust kultureller Vielfalt und die Ausweitung des Niedriglohnsektors durch die Globalisierung und die damit verbundene Macht multinationaler Konzerne.[9] Auch bei Klein erscheint der Konsument letztlich als manipulierbares und manipuliertes Wesen, das durch geschickte Markenpolitik der Konzerne betrogen wird. Authentizität existiert nur außerhalb, nie innerhalb der Konsumsphäre. Das Unbehagen am Konsum ist, so scheint es, so alt wie die Konsumgesellschaft selbst und offensichtlich immer noch aktuell.

8 Zum Beispiel Wolfgang Fritz Haug, Kritik der Warenästhetik, Frankfurt a. M. 1971.

9 Naomi Klein, No Logo, München 2001.

Periodisierung

Wie schon erwähnt, stand die These von der englischen Konsumrevolution des 18. Jahrhunderts am Beginn der neueren Konsumgeschichtsschreibung. Kern dieser These ist die Behauptung, England habe sich schon im 18. Jahrhundert zu einer modernen Konsumgesellschaft gewandelt.[10] Diese beschriebene Konsumrevolution stellte ältere Einteilungen der Geschichte in Frage, da sie entscheidende soziale und wirtschaftliche Wandlungsprozesse vor der Industriellen Revolution verortete. Während ältere Darstellungen die Ausweitung des Konsums, sofern dies überhaupt thematisiert wurde, als mehr oder weniger zwangsläufige Folge der Industrialisierung ansahen, erschien nun umgekehrt die Industrialisierung eher als Folge des Aufschwungs des frühneuzeitlichen Gewerbes und der Entstehung einer starken Nachfrage nach immer neuen Konsumgütern.

Wichtige Entwicklungen fanden dennoch erst im 19. Jahrhundert statt. So kann man von einer durchgreifenden Modernisierung des Einzelhandels tatsächlich erst in der zweiten Hälfte des 19. Jahrhunderts sprechen (»Einzelhandelsrevolution«). In dieser Zeit entstanden neue Formen des Einzelhandels wie Ladenketten, Warenhäuser, Konsumgenossenschaften und Versandhäuser, die den Warenabsatz rationalisierten, auch wenn ihr Marktanteil zunächst gering blieb. Gerade die Warenhäuser wurden im späten 19. und frühen 20. Jahrhundert zum Symbol der neuen Konsummöglichkeiten und zogen dementsprechend viel Bewunderung, aber auch Kritik auf sich.[11]

Durch Eisenbahnen und Dampfschiffe wurde der Transport auch von Konsumgütern bedeutend schneller und billiger als vorher. Gleichzeitig begann die Industrialisierung der Konsumgüterproduktion. Durchgreifende Veränderungen gab es im Bereich der Nahrungsmittelverarbeitung und natürlich der Textilindustrie. Im späten 19. Jahrhundert kamen dazu verstärkt die Markenartikel auf, die auf einer symbolischen Ebene eine direkte Be-

10 Neil McKendrick, The Consumer Revolution of Eighteenth-Century England, in: McKendrick/Brewer/Plumb, Birth, S. 9–33.

11 Detlef Briesen, Warenhaus, Massenkonsum und Sozialmoral. Zur Geschichte der Konsumkritik im 20. Jahrhundert, Frankfurt a. M. 2001.

ziehung zwischen Ware und Konsument herstellen sollten. Dazu gehörte eine entsprechende Werbung, die sich gleichfalls im späten 19. Jahrhundert verbreitete und zunehmend professionalisierte. Ihren Abschluss fand diese Entwicklung aber erst mit der Einführung der Selbstbedienung im Einzelhandel nach dem Zweiten Weltkrieg.

Das verweist auf die Entwicklungen des 20. Jahrhunderts, in dem manche Historiker erst den eigentlichen Durchbruch zur Konsumgesellschaft sehen. In der Tat sorgten der lang anhaltende Wirtschaftsaufschwung und die steigenden Einkommen in Westeuropa nach dem Zweiten Weltkrieg dafür, dass immer mehr Konsumgüter in die Reichweite von immer mehr Konsumenten kamen. Die Haushaltsbudgets der Verbraucher erfuhren eine deutliche Umschichtung von den Ausgaben für Nahrungs- und Genussmittel hin zu langlebigen Konsumgütern, die zum Teil nun erst für die Masse der Bevölkerung verfügbar wurden (Autos, Waschmaschinen, Kühlschränke, Fernseher etc.).

Dazu kamen weitere Rationalisierungen in der Industrie (Übergang zur Massenproduktion), im Handel (Einführung der Selbstbedienung) und die durchgreifende Modernisierung der Landwirtschaft. Die Verbreitung neuer Medien wie Radio und Fernsehen brachte eine Ausweitung der Werbung mit sich. Die dauerhafte Einbeziehung unterer Schichten in die Konsumgesellschaft machte traditionelle Klassen- und Schichtzuschreibungen fragwürdig. Vorreiter in dieser Phase waren die USA, in denen viele der hier geschilderten neuen Entwicklungen bereits in der Zwischenkriegszeit auftraten.

Fasst man die bisherigen Überlegungen zu Fragen der Periodisierung zusammen, so liegt es nahe, ein Stufenmodell zu verwenden, das zwischen drei Stufen oder Phasen in der Entwicklung der modernen Konsumgesellschaft unterscheidet: die erste im 17. und 18. Jahrhundert, die zweite in der zweiten Hälfte des 19. Jahrhunderts und die dritte nach 1945.[12] Allerdings muss zur Verwendung eines solchen Modells einschränkend bemerkt werden, dass die einzelnen Stufen nicht immer klar voneinander abzugrenzen sind und es nicht dahingehend missverstanden werden

12 Peter N. Stearns, Stages of Consumerism. Recent Work on the Issues of Periodization, in: The Journal of Modern History 69 (1997), S. 102–117.

sollte, dass eine Phase zwangsläufig auf die andere folge oder eine Voraussetzung für die nächste Stufe sei.

Diese Periodisierung gilt außerdem nur für Westeuropa und Nordamerika, schon die Übertragung auf Osteuropa bereitet einige Schwierigkeiten. Der moderne Konsum entstand zwar, wie insbesondere die Geschichte der Genussmittel zeigt, in intensiver Auseinandersetzung mit anderen Gesellschaften. Dennoch lässt sich die Periodisierung nicht einfach auf andere Erdteile übertragen. Nordamerikanische und westeuropäische Konsumgüter, -formen und -leitbilder verbreiteten sich zwar im 19. und 20. Jahrhundert über die ganze Welt, trafen aber in den einzelnen Gesellschaften auf sehr unterschiedliche Voraussetzungen. Konsum ist jedenfalls keine rein europäische Erfindung, verfügten doch etwa auch ostasiatische Gesellschaften in der Frühen Neuzeit bereits über ausgeprägte Konsumkulturen.[13]

Konsum und soziale Ungleichheit

Konsum und soziale Schichtung stehen in einem engen Zusammenhang und komplexen Wechselverhältnis. Einerseits dient Konsum immer wieder dazu, bestehende soziale Unterschiede sichtbar zu machen (demonstrativer Konsum). Andererseits imitieren soziale Gruppen häufig den Konsum der ihnen übergeordneten sozialen Schichten und stellen diese Abgrenzungen somit in Frage. Schon die spätmittelalterlichen und frühneuzeitlichen Kleider- und Luxusordnungen waren ein Versuch, dieser Dynamik Herr zu werden, indem der Konsum bestimmter Güter je nach sozialem Stand beschränkt wurde.

Angesichts dieser Dynamik des Konsums überrascht es nicht, dass Historiker je nach untersuchtem Raum, Zeitabschnitt und Konsumgut zu ganz unterschiedlichen Resultaten hinsichtlich der sozialen Abgrenzung durch Konsum gelangen. Zudem ist die so-

13 Vgl. zusammenfassend Manuel Schramm, Die Entstehung der Konsumgesellschaft, in: Reinhard Sieder/Ernst Langthaler (Hrsg.), Globalgeschichte 1800–2010, Wien 2010, S. 363–383; zu China: Craig Clunas, Superfluous Things. Material Culture and Social Status in Early Modern China, Honolulu 2006.

ziale Ungleichheit zwar ein wichtiger, aber keineswegs immer der wichtigste Faktor im Konsumverhalten. Häufig wurde er überlagert von anderen Faktoren wie Geschlecht, Region, Alters- und Stadt/Land-Unterschieden. Auch die Verbreitung neuer Konsumgüter erfolgt längst nicht immer von oben nach unten entlang der sozialen Stufenleiter.

Noch im 19. Jahrhundert unterschieden sich die gesellschaftlichen Gruppen oder Klassen wie Adel, Bürgertum und Arbeiter in ihren Konsummöglichkeiten und Konsummustern, auch wenn die Binnendifferenzierung teilweise erheblich war – etwa zwischen gelernten und ungelernten Arbeitern oder dem Bildungs- und Wirtschaftsbürgertum. Bereits im späten 19. Jahrhundert setzten jedoch verstärkt Imitationsprozesse ein, die eine Orientierung eines Teils der Arbeiter am Lebensstil des Bürgertums und eines Teils des Bürgertums am Lebensstil des Adels beinhalteten. Ob es daher berechtigt ist, von einer »Verbürgerlichung« der Arbeiter oder »Feudalisierung« des Bürgertums zu sprechen, ist umstritten. Eine entsprechende Analyse muss jedenfalls nicht nur die Verbreitung einzelner Güter und Praktiken, sondern ebenso deren Aneignung untersuchen, die schichtenspezifisch durchaus differierte. Das gilt auch für die Entstehung oder Verbreitung einer kommerziellen Populärkultur im späten 19. Jahrhundert, die Klassengrenzen transzendierte und damit durchlässiger machte.[14]

Für das 20. Jahrhundert fällt die Einschätzung zumeist eindeutiger aus. Schon die zeitgenössischen Beobachter identifizierten den Konsum als einen wichtigen, wenn nicht den wichtigsten Faktor im Prozess der Auflösung der traditionellen Klassen nach dem Zweiten Weltkrieg. Exemplarisch lässt sich das am Verschwinden des traditionellen Arbeitermilieus beobachten. Schon Ende der 1950er-Jahre hatten englische Untersuchungen ergeben, dass die wohlhabenden Arbeiter, die in die neuen Vororte gezogen waren,

14 John Benson, The Rise of Consumer Society in Britain, 1880–1980, London 1994, S. 204–227; Heinz-Gerhard Haupt, Der Konsum von Arbeitern und Angestellten, in: ders./Claudius Torp (Hrsg.), Die Konsumgesellschaft in Deutschland 1890–1990. Ein Handbuch, Frankfurt a.M. 2009, S. 145–153; Gunilla Budde, Bürgertum und Konsum: Von der repräsentativen Bescheidenheit zu den »feinen Unterschieden«, in: Haupt/Torp (Hrsg.), Konsumgesellschaft, S. 131–144.

überwiegend für die Konservativen und nicht für die Labour Party stimmten. Der Niedergang der Arbeiter-Konsumgenossenschaften war letztlich Ausdruck des Verschwindens dieser älteren klassenbasierten Kultur.

Die an die Stelle der Klasse tretenden Lebensstile oder Milieus, deren Abgrenzung häufig etwas unscharf bleibt, definieren sich nicht nur, aber doch zu einem wesentlichen Teil über gemeinsame Konsumformen. Gerhard Schulze beschreibt deshalb in seiner Untersuchung über die »Erlebnisgesellschaft« fünf verschiedene Milieus (Niveaumilieu, Integrationsmilieu, Harmoniemilieu, Selbstverwirklichungsmilieu und Unterhaltungsmilieu), die sich durch »alltagsästhetische Schemata« und entsprechende Konsumpräferenzen – etwa in Freizeitgestaltung oder Wohnungseinrichtung – voneinander unterscheiden.[15] Der Wert dieser und anderer Lebensstil- und Milieutypologien ist in der Soziologie jedoch umstritten.

Konsum und Geschlecht

Nicht nur für die soziale Abgrenzung, auch für die Markierung von Geschlechterunterschieden spielt Konsum eine wichtige Rolle. Das geht so weit, dass im bürgerlichen Familienideal des 19. Jahrhunderts der Konsum pauschal als Aufgabe der Hausfrau erschien, während der Mann durch seine Erwerbstätigkeit das dafür notwendige Einkommen zu sichern hatte. In der Praxis freilich war die Lage komplizierter. Konsum war nie nur Aufgabe der Frau oder des Mannes, wohl aber gab es Konsumgüter und -formen, die dem einen oder anderen Geschlecht vorbehalten waren.

Geschlechterunterschiede im Konsum sind zwar sehr alt, unterliegen aber gleichwohl dem historischen Wandel. Welche Güter als typisch für Männer oder Frauen oder als geschlechtsneutral galten, variierte je nach betrachtetem Zeitabschnitt und von Region zu Region erheblich. Dass dabei der Konsum auch zur Ausdifferenzierung der Geschlechterverhältnisse beitrug, wird beispiels-

15 Gerhard Schulze, Die Erlebnisgesellschaft. Kultursoziologie der Gegenwart, 9. Aufl., Frankfurt a. M. 2005, S. 277 ff.

weise am Kleidungskonsum sichtbar.[16] Während um 1700 Männer und Frauen ungefähr gleich viel für Kleidung ausgaben, expandierte der Kleidungskonsum der Frauen im 18. Jahrhundert ungleich stärker als derjenige der Männer. Für diese setzte sich im 19. Jahrhundert der obligatorische dunkle Anzug durch, der dem Modewandel weitgehend entzogen war und durch seine Einfachheit eine asketische Grundhaltung symbolisieren sollte. Die Demonstration bürgerlichen Wohlstands fiel damit der Frau zu, deren Kleidung weitaus stärker dem Diktat der Mode unterworfen war. Im 20. Jahrhundert, insbesondere in dessen zweiter Hälfte, schwächte sich dieser Gegensatz wieder ab, da nunmehr der modische Wandel zunehmend auch die Männerkleidung erfasste.

Die striktere Trennung in männliche und weibliche Konsumsphären, die vom späten 18. bis in das 20. Jahrhundert hinein existierte, brachte für die Frauen paradoxerweise auch erweiterte Handlungsspielräume. So war das Einkaufen eine der wenigen Aktivitäten, bei der sich Frauen im öffentlichen Raum frei bewegen durften. Zudem erhielten sie in stärkerem Maß als vorher die Kontrolle über die Haushaltsführung.

Das Aufkommen und die Verbreitung neuer Geschlechterrollen waren im 20. Jahrhundert aufs Engste mit Fragen des Konsums verknüpft. So entstand schon in den USA der 1920er-Jahre die sogenannte Neue Frau, die sich durch größere Unabhängigkeit und Selbstständigkeit gegenüber dem Mann, aber auch durch eine größere Konsumorientierung gegenüber der traditionellen Hausfrau auszeichnete. Dieser »kommerzialisierte Feminismus«[17] verbreitete sich nach dem Zweiten Weltkrieg auch in Westeuropa, verband sich aber nun mit dem Prozess der Haushaltstechnisierung und der Verbreitung moderner elektrischer Haushaltsgeräte, die die Hausarbeit zwar erleichterten und potenziell neue Freiräume für Frauen eröffneten – an der geschlechterspezifischen Auftei-

16 Vgl. zum Folgenden: Daniel Roche, The Culture of Clothing. Dress and Fashion in the Ancien Regime, Cambridge 1994; Sabina Brändli, »Der herrlich biedere Mann«. Vom Siegeszug des bürgerlichen Herrenanzuges im 19. Jahrhundert; Zürich 1998; David Kuchta, The Three-Piece Suit and Modern Masculinity. England 1550–1850, Berkeley 2002.

17 Stuart Ewen, Captains of Consciousness. Advertising and the Social Roots of the Consumer Culture, New York 1977, S. 160.

lung der Hausarbeit jedoch wenig änderten. Sowohl das Leitbild der »Neuen Frau« als auch die »Restauration der Geschlechterrollen«[18] in den 1950er-Jahren gerieten aber spätestens durch die neue Frauenbewegung der 1970er-Jahre zunehmend in die Kritik.

Konsum und Politik

Vielfache Wechselwirkungen bestehen ebenso zwischen Konsum und Politik. Heutzutage gelten zwar Konsumentscheidungen weitgehend als Privatsache, aber das war nicht immer so. Und selbst heute beziehen Regierungen aus den Konsummöglichkeiten ihrer Bürger einen Teil ihrer Legitimation. Umgekehrt haben auch heute politische Entscheidungen in der Steuer-, Wirtschafts- oder Gesundheitspolitik weitreichende Auswirkungen auf den privaten Konsum. Regierungen stand auch im 19. und 20. Jahrhundert prinzipiell ein vielfältiges Instrumentarium zur Beeinflussung des Konsums zur Verfügung, wie Zölle, Steuern, Preisbindung, Kontingentierungen, Einfuhr- und Verkaufsverbote, Subventionen, Verwendung von Herkunftsbezeichnungen oder Werbung für oder gegen den Konsum bestimmter Güter oder ganzer Gruppen von Gütern.

Diese Mittel sind freilich in ganz unterschiedlichem Maße angewendet worden. Während im 18. Jahrhundert die meisten Regierungen versuchten, teure Importe durch Zölle oder Steuern zu vermeiden, wurde dieses Motiv seit der Durchsetzung des Freihandels Mitte des 19. Jahrhunderts zunehmend diskreditiert. Die Schutzzollmaßnahmen gegen Ende des 19. Jahrhunderts waren nicht konsumpolitisch motiviert, sondern bezweckten den Schutz der einheimischen Erzeuger. Mit dem Aufstieg des Wohlfahrtsstaats im 20. Jahrhundert gewann der Konsum als Legitimationsgrundlage von diktatorischen wie demokratischen Regierungen zunehmend an Bedeutung. Letztlich konnten weder das deutsche nationalsozialistische oder das italienische faschistische Regime noch die sozialistischen Staaten Mittel- und Osteuropas

18 Gabriele Huster, Wilde Frische – Zarte Versuchung: Männer- und Frauenbild auf Werbeplakaten der fünfziger bis neunziger Jahre, Marburg 2001, S. 23.

eine glaubwürdige Alternative zum westlichen, liberalen Konsummodell entwickeln.

Zur Konsumpolitik gehören aber nicht nur die Maßnahmen von Regierungen, sondern auch die Proteste von Konsumenten gegen die als unzureichend empfundene Quantität und Qualität des Konsums.[19] In der Frühen Neuzeit richteten sich solche Proteste zumeist auf die Versorgung mit lebensnotwendigen Gütern wie Brot oder Getreide. Das änderte sich im späten 19. und frühen 20. Jahrhundert, als zum Beispiel die hohen Fleischpreise oder die schlechte Milchqualität Anlässe für soziale Proteste darstellten. Die Nahrungsmittelproteste waren nicht nur ein vorübergehendes Phänomen des Modernisierungsprozesses, sondern traten auch in Europa bis in das späte 20. Jahrhundert immer wieder auf, so in den beiden Weltkriegen und Nachkriegszeiten oder noch Anfang der 1980er-Jahre in manchen sozialistischen Ländern.

Zudem betrieben auch Konsumentenorganisationen Konsumpolitik. Zwischen der Mitte des 19. und der Mitte des 20. Jahrhunderts waren insbesondere die zuerst in England gegründeten Konsumgenossenschaften ein attraktives Modell zur Organisation des Einzelhandels durch die Konsumenten selbst.[20] Getragen wurden sie von Konsumenten, die mit dem bestehenden Einzelhandel unzufrieden waren, sich politisch engagieren oder einfach nur Geld sparen wollten. Die soziale Basis stellten häufig, aber nicht immer, die Arbeiter, doch gab es auch Beamten- und andere, eher kleinbürgerliche, Genossenschaften. Bei den Arbeitergenossenschaften verknüpften sich mit der Organisation ursprünglich weitergehende politische und gesellschaftliche Ziele. Manche wollten innerhalb des abgelehnten kapitalistischen Systems ein Beispiel für nicht-kapitalistische Wirtschaftsformen geben, ähnlich wie später die »Dritte Welt«-Läden oder die »Fair Trade«-Initiativen.

Nach dem Zweiten Weltkrieg verschwanden viele Genossenschaften, andere passten sich an und ähnelten mehr und mehr

19 Vgl. Manfred Gailus/Heinrich Volkmann (Hrsg.), Der Kampf um das tägliche Brot. Nahrungsmangel, Versorgungspolitik und Protest 1770–1990, Opladen 1994; Frank Trentmann (Hrsg.), The Making of the Consumer. Knowledge, Power and Identity in the Modern World, Oxford 2006.

20 Brett Fairbairn, Konsumgenossenschaften in internationaler Perspektive: Ein historischer Überblick, in: Prinz (Hrsg.), Überfluss, S. 437–461.

»normalen« Handelsunternehmen. Zur Vertretung der Konsumenteninteressen entstanden andere Organisationen, die sich vor allem dem Test von Produkten, der Aufklärung der Verbraucher und politischer Lobbyarbeit widmeten (Stiftung Warentest, Consumers International, Union Fédérale des Consommateurs). Die wohl älteste dieser Organisationen ist die 1935 in den USA gegründete Consumers Union. Diese neueren Organisationen unterschieden sich in wesentlichen Punkten von den Genossenschaften. Ihre meist aus der Mittelklasse stammenden Mitglieder versuchten weder, den Handel selbst zu organisieren, noch verfolgten sie gesellschaftspolitische Ziele, und anstelle von politischer Agitation setzten sie auf wissenschaftliche Expertise.

Die Geschichte der politischen Revolutionen hat ebenfalls neue Impulse durch die Berücksichtigung der Konsumgeschichte gewonnen. Glaubt man neueren Forschungen, so war die amerikanische Revolution von 1776 gleichzeitig eine Konsum-Revolution.[21] Der Protest der relativ wohlhabenden nordamerikanischen Kolonien entzündete sich an tatsächlicher oder vermeintlicher Benachteiligung gegenüber dem Mutterland. Die Abwehr von Steuern und Zöllen, die den Konsum trafen, schweißte die an sich durchaus heterogene Kolonialgesellschaft zusammen.

Aus dieser Perspektive lässt sich auch für die deutsche Zeitgeschichte fragen, ob nicht die friedliche Revolution von 1989 eine Konsum-Revolution war, in der sich der Ruf nach bürgerlichen Freiheitsrechten unauflöslich mit der Forderung nach Teilhabe an den Konsummöglichkeiten des Westens verband. Aus westdeutscher Perspektive ist dieser Aspekt der demokratischen Revolution häufig lächerlich gemacht worden. Bekanntestes Beispiel dafür ist Otto Schily, der am Tag der Volkskammerwahl 1990 als Antwort auf die Frage nach dem schlechten Abschneiden seiner Partei eine Banane präsentierte.[22] Aber in einer Gesellschaft, die sich weitgehend über Konsum definiert, drückt sich die Forderung nach Gleichberechtigung eben auch in der Forderung nach gleichen Konsummöglichkeiten aus.

21 Timothy Breen, The Marketplace of Revolution. How Consumer Politics Shaped American Independence, Oxford 2004.

22 Vgl. Anna Kaminsky, Einkaufsbeutel und Bückware, in: Martin Sabrow (Hrsg.), Erinnerungsorte der DDR, München 2009, S. 248–258, hier S. 256.

Eine weitere Möglichkeit für die Zeitgeschichte besteht darin, die Blickrichtung umzukehren und danach zu fragen, welche Elemente des Konsums in die Sphäre des Politischen Eingang gefunden haben. So ist etwa der Aufstieg der Allegorie des »Kundenbürgers« untersucht worden:[23] Der Bürger wird mehr und mehr als Kunde betrachtet, der seine Wahlentscheidung ähnlich wie Kaufentscheidungen fällt und ebenso umworben sein will. Daraus resultiert die Übernahme von professionellen Werbe- und Marketingstrategien durch die politischen Parteien nach dem Zweiten Weltkrieg.[24]

Insgesamt kann die Betrachtung der Wechselwirkungen zwischen Konsum und Politik der Politikgeschichte wichtige Anregungen geben. Die Betrachtung des Konsums erlaubt die Reintegration der materiellen Dimension in die Kulturgeschichte der Politik, ohne die symbolische Ebene aus dem Blick zu verlieren.

Globalisierung und Regionalisierung des Konsums

Moderner Konsum ist Kaufkonsum und impliziert somit *per definitionem* das Auseinandertreten von Produzenten und Konsumenten sowie die Existenz von Märkten. Über die geografische Reichweite der Märkte ist damit noch nichts gesagt, sie können regional, national, kontinental oder global sein. Ferner muss in der historischen Analyse zwischen der Herkunft von Gütern und den ihnen von Konsumenten, Händlern oder Produzenten zugewiesenen Bedeutungen unterschieden werden.

Eine erste Phase der Globalisierung oder Transnationalisierung des Konsums setzte mit der Verbreitung neuer Genussmittel wie Kaffee, Tee, Kakao in Europa im späten 17. Jahrhundert ein. Schon diese erste Phase rief Kritiker auf den Plan, die den Konsum mit gesundheitlichen, moralischen oder wirtschaftsnationalistischen Argumenten bekämpften und einheimische Alternativen wie Getreidekaffee propagierten.

23 Sheryl Kroen, Der Aufstieg des Kundenbürgers. Eine politische Allegorie für unsere Zeit, in: Prinz (Hrsg.), Überfluss, S. 533–564.

24 Vgl. Thomas Mergel, Propaganda nach Hitler. Eine Kulturgeschichte des Wahlkampfs in der Bundesrepublik 1949–1990, Göttingen 2010, S. 372–399.

Eine zweite Phase der Globalisierung des Konsums, bedingt durch steigenden Wohlstand, zunehmende Weltmarktintegration und die »Transportrevolution«, fiel in die Jahre zwischen 1870 und dem Ersten Weltkrieg. Auch sie führte um die Jahrhundertwende zu einer teils regionalistischen, teils nationalistischen Reaktion in Form der überwiegend bürgerlichen Heimatbewegung und anderer Gruppen, die auf der Suche nach einer vermeintlich authentischen Volkskultur waren. Auch der in dieser Zeit wieder zunehmende Agrarprotektionismus ist in diesem Zusammenhang zu sehen. Unterbürgerlichen Schichten ging dagegen die Globalisierung nicht weit genug. Sie forderten in den Teuerungsprotesten vor dem Ersten Weltkrieg eine weitergehende Liberalisierung des Nahrungsmittelmarktes, von der sie sich eine Senkung der Lebenshaltungskosten versprachen.

Regionalisierungs- und Nationalisierungstendenzen waren freilich nicht nur Reaktionen auf Globalisierungsprozesse, wie das Beispiel der Weltwirtschaftskrise der frühen 1930er-Jahre belegt, die zu einer Fragmentierung bisher bestehender transnationaler Märkte führte. In dieser Zeit entstanden in vielen Ländern starke konsumnationalistische Bewegungen (»Buy British«), die sich vom bewussten Konsum einheimischer Produkte einen Ausweg aus der Wirtschaftskrise erhofften. Ähnliche Bewegungen findet man auch in den mittel- und osteuropäischen Transformationsgesellschaften der 1990er-Jahre.

Mit den Deregulierungen seit den 1970er-Jahren erreichte auch die wirtschaftliche Globalisierung eine neue Qualität. Während die meisten europäischen Konsumenten die erweiterten Konsummöglichkeiten ausländischer Produkte in den 1950er- und 1960er-Jahren teilweise euphorisch begrüßten, kam es bereits in den 1970er-, verstärkt in den 1980er-Jahren zu einer (vermeintlichen) Rückbesinnung auf regionale Spezialitäten, besonders im Bereich der Ernährung. Diese Bewegung verband sich zum Teil mit ökologischen Zielen und Motiven.[25]

25 Hannes Siegrist/Manuel Schramm, Einleitung, Die Regionalisierung der Konsumkultur in Europa, in: dies. (Hrsg.), Regionalisierung europäischer Konsumkulturen im 20. Jahrhundert (= Leipziger Studien zur Erforschung von regionenbezogenen Identifikationsprozessen; 9), Leipzig 2003, S. 9–33.

Die Globalisierung des 20. Jahrhunderts wurde von vielen Beobachtern vorwiegend als Import US-amerikanischer Produkte und Konsumformen (Selbstbedienung, Fast Food, Shopping Mall) verstanden und daher nicht zu Unrecht, aber etwas einseitig mit dem Etikett der Amerikanisierung belegt.[26] Man sollte nicht übersehen, dass erstens in Teilbereichen des Konsums europäische Vorbilder wichtig blieben (französische Küche, Kleidermode aus Paris, Mailand oder London) und zweitens die Amerikanisierung Teil eines intensiven wechselseitigen Kulturaustauschs zwischen Europa und Nordamerika seit dem 18. Jahrhundert war. Die Globalisierung des Konsums erreichte im 20. Jahrhundert neue Ausmaße, auch wenn sie an sich kein völlig neues Phänomen darstellte. Die Amerikanisierung oder »Verwestlichung« ist nur ein Teil der Realität. Tatsächlich entstehen mehr und mehr transnationale Verflechtungen, die nicht allein vom westlichen Zentrum in die Peripherie reichen, sondern auch umgekehrt oder zwischen Ländern der Peripherie stattfinden.[27]

Das heißt nicht, dass die Globalisierung nicht auch Probleme mit sich bringt. Das westliche Konsummodell ist primär auf die Konsumentensouveränität ausgerichtet und kennt nur noch wenige Vorschriften und Verbote des Konsums (etwa von Drogen oder zum Schutz der Jugend). Es tendiert dazu, Kategorien wie Rasse, Geschlecht oder Religion gegenüber Unterschieden in der Kaufkraft als zweitrangig erscheinen zu lassen: Kaufen kann prinzipiell jeder, der das nötige Geld hat. Gerade dieses scheinbar universalistische Konsummodell besitzt weltweit eine große Anziehungskraft, ruft aber immer wieder kulturell oder religiös motivierte Abwehrreaktionen hervor.[28] Gleichzeitig jedoch erfolgt gerade durch die Werbung ein Transfer westlicher Schönheitsideale und geschlechtsspezifischer Rollenmuster, die alles andere

26 Victoria de Grazia, Das unwiderstehliche Imperium. Amerikas Siegeszug im Europa des 20. Jahrhunderts, Stuttgart 2010.

27 Zu denken ist an die Verbreitung von exotischen Küchen, indischen Bollywood-Filmen oder asiatischen Kampfsportarten, um nur wenige Beispiele zu nennen. Vgl. Ulf Hannerz, Transnational Connections. Culture, People, Places, London 1996.

28 Benjamin R. Barber, Coca Cola und Heiliger Krieg. Wie Kapitalismus und Fundamentalismus Demokratie und Freiheit abschaffen, München 1996.

als universell sind. Wie sie sich auswirken, hängt allerdings von ihrer Aneignung durch die Konsumenten ab und ist schwer vorherzusagen.

Konsumgeschichte und Zeitgeschichte

Abschließend soll der Blick auf einige Forschungsdiskussionen in der deutschen Zeitgeschichte geworfen werden. Der komplette Forschungsstand eines mittlerweile weit verzweigten Forschungsfelds kann hier nicht diskutiert werden.[29] Während über die Bedeutung des späten 19. Jahrhunderts und der Nachkriegszeit für die Durchsetzung der modernen Konsumgesellschaft und des Massenkonsums Einigkeit herrscht, ist insbesondere die erste Hälfte des 20. Jahrhunderts eine Herausforderung für konsumhistorische Forschungen, da sich hier wirtschaftliche Krisen und Konjunkturen in rascher Folge abwechselten. Diskutiert wird etwa, ob und inwieweit in der Zwischenkriegszeit oder bereits vor dem Ersten Weltkrieg schichtenübergreifende Formen des Massenkonsums bzw. der Massenkultur entstanden.[30] Die Weimarer Republik war laut einer neueren Studie durch eine »zunehmende Kluft von Mangelerfahrung und Wohlstandserwartung« gekennzeichnet, die möglicherweise zu ihrem Scheitern beitrug.[31]

Strittig ist vor diesem Hintergrund auch die Einordnung des Nationalsozialismus, der einerseits neue Einschnitte und Restriktionen des Konsums im Gefolge von Vierjahresplan und Kriegswirtschaft mit sich brachte,[32] andererseits mit den sogenannten Volksprodukten eine (rassistisch gefärbte) eigene konsumpolitische Vision anbot. Die meisten dieser »Volksprodukte« (außer

29 Siehe dazu: Haupt/Torp (Hrsg.), Konsumgesellschaft, S. 239 f.

30 Vgl. Kaspar Maase, Grenzenloses Vergnügen. Der Aufstieg der Massenkultur 1850–1970, Frankfurt a. M. 1997; kritisch: Karl Christian Führer, Auf dem Weg zur »Massenkultur«? Kino und Rundfunk in der Weimarer Republik, in: Historische Zeitschrift 262 (1996), S. 739–781.

31 Claudius Torp, Konsum und Politik in der Weimarer Republik, Göttingen 2011, S. 23.

32 Gustavo Corni/Horst Gies, Brot, Butter, Kanonen. Die Ernährungswirtschaft in Deutschland unter der Diktatur Hitlers, Berlin 1997.

dem »Volksempfänger«) blieben jedoch uneingelöste Versprechen und wurden bis zum Ende des Regimes nicht in größeren Stückzahlen produziert. Inwieweit eine solche Politik der Versprechungen und des Verzichts wirklich integrativ im Sinne des Regimes wirken konnte, bleibt offen. Einzig hinsichtlich der organisierten Urlaubsreisen kommt eine neuere Studie zu einem positiven Fazit. Die Organisation »Kraft durch Freude« habe zur Integration der Arbeiter in das nationalsozialistische Regime beigetragen, indem sie Arbeitern Urlaubsreisen zugänglich machte, die vorher den mittleren und oberen Schichten vorbehalten gewesen seien.[33] Von einer »Gefälligkeitsdiktatur«[34] wird man aber kaum sprechen können.

Unstrittig ist weiter, dass der nach 1948 einsetzende Massenkonsum die junge Bundesrepublik politisch stabilisierte. Die neuere Forschung hat allerdings darauf aufmerksam gemacht, dass die unteren Schichten der Gesellschaft erst gegen Ende der 1950er-Jahre an dem neuen Wohlstand partizipierten, sodass eine allzu rosige Sicht dieser Zeit vermieden werden muss.[35] Nichtsdestotrotz bleibt es bemerkenswert, dass innerhalb kurzer Zeit frühere Luxusgüter wie Autos in die Reichweite breiter Massen der Bevölkerung gelangten, auch der Arbeiter. Die problematischen ökologischen Konsequenzen des ungebremsten Ressourcenverbrauchs (»1950er-Syndrom«[36]) wurden entweder erst später sichtbar oder billigend in Kauf genommen. Die sozialen und regionalen Gegensätze schliffen sich durch den Massenkonsum ab; seit den späten 1960er-Jahren erfolgte auch eine neue Welle der Globalisierung des Konsums, während die 1950er- und 1960er-Jahre trotz US-amerikanischer Aufbauhilfe noch weitgehend von nationalen Konsumgütern und -mustern (z. B. Volkswagen) geprägt gewesen

33 Shelley Baranowski, Strength through Joy. Consumerism and Mass Tourism in the Third Reich, Cambridge 2004, S. 8.

34 So Götz Aly, Hitlers Volksstaat. Raub, Rassenkrieg und nationaler Sozialismus, Frankfurt a. M. 2006, S. 2.

35 Michael Wildt, Am Beginn der »Konsumgesellschaft«. Mangelerfahrung, Lebenshaltung, Wohlstandshoffnung in Westdeutschland in den fünfziger Jahren, Hamburg 1994.

36 Christian Pfister (Hrsg.), Das 1950er Syndrom. Der Weg in die Konsumgesellschaft, Bern 1995.

waren.[37] Kontrovers diskutiert wird allerdings der italienische Einfluss auf die bundesdeutsche Konsumkultur.[38]

Die DDR schließlich wird nicht zu Unrecht als Mangelwirtschaft charakterisiert. In der Tat blieb der Konsum bereits in den 1950er-Jahren deutlich hinter dem westdeutschen zurück, was vor allem deswegen politische Probleme bereitete, da der Vergleich mit dem anderen deutschen Staat immer präsent war. Dass der Lebensstandard in der DDR höher war als in manch anderem sozialistischen Land (z.B. der Sowjetunion), zählte daher kaum als Erfolg. Nach 1953 war jedenfalls ein durch Terror erzwungener Konsumverzicht (wie unter Stalin in den dreißiger Jahren) keine ernsthafte Option mehr.[39] Vielmehr bemühte sich die DDR-Führung, besonders seit dem Machtwechsel von Walter Ulbricht zu Erich Honecker, ihre Herrschaft durch einen steigenden Lebensstandard der Bevölkerung zu legitimieren.[40] Angesichts der beschränkten Leistungsfähigkeit der Wirtschaft konnte das Wettrennen mit der Bundesrepublik auf diesem Feld nicht gewonnen werden. Laut Ina Merkel war das auch gar nicht das Ziel. Vielmehr habe sich in der DDR keine Konsumgesellschaft nach westlichem Muster entwickelt, sondern eine Konsumkultur mit durchaus eigenständigen Zügen, wie z.B. der stärkeren Betonung des

37 Manuel Schramm, Nationale Unterschiede im westeuropäischen Massenkonsum. Großbritannien, Frankreich, Deutschland und Italien 1950–1970, in: ders. (Hrsg.), Vergleich und Transfer in der Konsumgeschichte (= Comparativ. Zeitschrift für Globalgeschichte und Vergleichende Gesellschaftsforschung 6/2009), Leipzig 2010, S. 68–85.

38 Till Manning sieht den Italienurlaub der 1950er- und 1960er-Jahre als stilbildend für eine ganze Generation an: Till Manning, Die Italiengeneration. Stilbildung durch Massentourismus, Göttingen 2011. Dagegen betont Patrick Bernhard die mentalen Vorbehalte gegenüber italienischer Lebensweise bis in die 1970er-Jahre. Patrick Bernhard, »Dolce Vita«, »Made in Italy« und Globalisierung, in: Oliver Janz/Roberto Sala (Hrsg.), Dolce Vita. Das Bild der italienischen Migranten in Deutschland, Frankfurt/New York 2011, S. 62–81.

39 Vgl. Stephan Merl, Staat und Konsum in der Zentralverwaltungswirtschaft. Rußland und die ostmitteleuropäischen Länder, in: Siegrist/Kaelble/Kocka (Hrsg.), Europäische Konsumgeschichte, S. 205–241.

40 Christoph Boyer/Peter Skyba (Hrsg.), Repression und Wohlstandsversprechen. Zur Stabilisierung von Parteiherrschaft in der DDR und der ČSSR, Dresden 1999.

gemeinschaftlichen statt privaten Konsums.[41] Das mag zutreffen; dennoch blieb der (häufig verklärte) Westen als Bezugsrahmen omnipräsent.

Mit der Zäsur von 1989/91 setzte sich das westliche Konsummodell vorerst auch in Mittel- und Osteuropa durch. Aus längerfristiger Perspektive wird es jedoch kaum aufrechtzuerhalten sein, zumal wenn es sich zunehmend über die ganze Welt verbreitet.[42] Denn eine der wichtigsten Aufgaben des 21. Jahrhunderts wird darin bestehen, ein umweltverträgliches Konsummodell zu entwerfen und damit eine nachhaltige Entwicklung zu ermöglichen.

Ein Paradigmenwechsel in der Gesellschaftsgeschichte?

Im Gegensatz zu anderen Ansätzen kann sich die Konsumgeschichte nicht über eine Vernachlässigung beklagen. Zahlreiche Monografien, Aufsätze und Sammelbände sind in den letzten 10 bis 15 Jahren zu diversen Themen der Konsumgeschichte erschienen. Kaum eine Geschichte der Bundesrepublik Deutschland verzichtet auf die Schilderung, wie sich Massenmotorisierung oder Selbstbedienung im Einzelhandel durchsetzten. Kaum eine Geschichte der DDR kommt ohne den Verweis auf die sozialistische Mangelwirtschaft aus. Das ist durchaus ein Erfolg, ist es damit doch gelungen, die allgemeine Geschichte näher an die Lebensrealität der »kleinen Leute« und des Alltags zu bringen. Allerdings überschreitet die Behandlung des Konsums eine bestimmte Grenze meistens nicht: Der Konsum wird nicht zum Leitmotiv der Erzählung gemacht, sondern dient als Ergänzung und Illustration anderer Erzählungen (der »geglückten«[43] Demokratie im Westen, der gescheiterten Diktatur im Osten). Anders verhält es

41 Ina Merkel, Utopie und Bedürfnis. Die Geschichte der Konsumkultur in der DDR, Köln 1999, S. 24–29.

42 Richard P. Tucker, Insatiable Appetite. The United States and the Ecological Degradation of the Tropical World, Lanham 2007; Norman Myers/Jennifer Kent, The New Consumers. The Influence of Affluence on the Environment, Washington 2004; Peter Dauvergne, The Shadows of Consumption. Consequences for the Global Environment, Cambridge/Mass 2008.

43 Vgl. Edgar Wolfrum, Die geglückte Demokratie. Geschichte der Bundesrepublik Deutschland von ihren Anfängen bis zur Gegenwart, Stuttgart 2006.

sich dagegen in Großbritannien oder den USA, wo die Konsumgeschichte bereits einen paradigmatischen Status erreicht hat.[44]

Mit dem Aufstieg der Konsumgeschichte in den letzten Jahren haben innerhalb der Gesellschaftsgeschichte wesentliche Veränderungen stattgefunden, die alle Merkmale eines Paradigmenwechsels tragen.[45] Im Kern besteht er in der Abwendung vom produktionszentrierten Paradigma der älteren Sozial- und Gesellschaftsgeschichte hin zur Betonung von Kommerzialisierungsprozessen, von Märkten und schließlich von Konsum. Die ältere Sozial- und Gesellschaftsgeschichte hat, einer verbreiteten Kritik zufolge, Produktionsprozesse ins Zentrum der Analyse gestellt.[46] Die neuere Kultur- und Gesellschaftsgeschichte dagegen stellt Märkte, Handel und Konsum in den Mittelpunkt. Das führt nicht nur zur Ergänzung der herkömmlichen Geschichtsschreibung. Vielmehr müssen wesentliche Kategorien der Gesellschaftsgeschichte wie soziale Ungleichheit, wirtschaftliches Wachstum und Politik neu überdacht und gegebenenfalls revidiert werden. Ältere Ansätze erscheinen in einem neuen Licht. Die Konsumgeschichte behandelt eben nicht nur die »zweitrangige Folge anderer, fundamentaler Kräfte«, wie der niederländische Wirtschaftshistoriker Jan de Vries zu Recht bemerkte.[47]

Freilich ist die Erkenntnis, dass es sich hierbei um einen fundamentalen Wandel, um einen Paradigmenwechsel in der Gesellschaftsgeschichte handelt, noch nicht sehr weit verbreitet.[48]

44 Vgl. Christiane Eisenberg, Englands Weg in die Marktgesellschaft, Göttingen 2009; Paul Nolte, Der Markt und seine Kultur – ein neues Paradigma der amerikanischen Geschichte?, in: Historische Zeitschrift 264 (1997), S. 329–360; John Benson, Affluence and Authority. A Social History of Twentieth-Century Britain, London 2005.

45 Vgl. Thomas S. Kuhn, Die Struktur wissenschaftlicher Revolutionen, 2. Aufl., Frankfurt a. M. 1976.

46 Benjamin Ziemann, Sozialgeschichte jenseits des Produktionsparadigmas. Überlegungen zu Geschichte und Perspektiven eines Forschungsfeldes, in: Mitteilungsblatt des Instituts für soziale Bewegungen 28 (2003), S. 5–37.

47 Jan de Vries, The Industrious Revolution. Consumer Behaviour and the Household Economy, 1650 to the Present, Cambridge 2008, S. IX.

48 Vgl. zum schwierigen Verhältnis von Konsum- und Gesellschaftsgeschichte auch: Claudius Torp/Heinz-Gerhart Haupt, Einleitung: Die vielen Wege der deutschen Konsumgesellschaft, in: Haupt/Torp (Hrsg.), Die Konsumgesellschaft, S. 9–25.

Zumeist werden die neuen Formen des Konsums aus anderen Prozessen wie Industrialisierung, Urbanisierung, Rationalisierung etc. abgeleitet. Damit wird nicht nur die Bedeutung des Themas unterschätzt, sondern ein wichtiger analytischer Zugriff ohne Not verschenkt. Die Bedeutung des nach wie vor zählebigen Produktionsparadigmas in Deutschland kann zu einem Teil dadurch erklärt werden, dass im Vergleich zu Großbritannien oder den USA in Deutschland der industrielle Sektor weiterhin als stärker eingeschätzt wird.[49] Zudem fällt den Deutschen der Abschied von der Industriegesellschaft auch mental schwer: »Wir können doch nicht dauerhaft davon leben, dass wir uns gegenseitig die Haare schneiden«, erklärte der BDI-Präsident Hans-Olaf Henkel 1995.[50] Trotz dieser Vorbehalte ist auch in Deutschland die Konsumgeschichte mittlerweile ein etabliertes Forschungsfeld mit großem Potenzial für die Zukunft.

49 Rainer Geißler, Die Sozialstruktur Deutschlands, 5. Aufl., Wiesbaden 2008, S. 164.

50 Mehr Verlierer als Gewinner?, in: Die Zeit 22/1995, online unter http://www.zeit.de/1995/22/Mehr_Verlierer_als_Gewinner.

Melanie Arndt

Umweltgeschichte

Umweltgeschichte ist die Geschichte der Wechselbeziehungen zwischen Mensch und Natur – auf diesen kurzen und allgemeinen Nenner lassen sich die verschiedenen, mehr oder weniger konkreten Definitionsversuche dieses historischen Teilbereichs bringen.[1] Dabei wird beiden Seiten dieses Wechselverhältnisses, sowohl dem Menschen als auch der Natur, ein eigener Stellenwert eingeräumt, auch wenn sie als unauflöslich verschränkt gedacht werden. Das Interesse der umwelthistorischen Forschung richtet sich auf die von Seiten der Menschen beabsichtigten, insbesondere aber auch auf die unbeabsichtigten und langfristigen Folgewirkungen[2] ihrer Beziehungskonstellation mit der Natur. Die »dialektische Spannung«[3] zwischen dem Bestreben, die Natur zu beherrschen, und der gleichzeitigen unabänderlichen Abhängigkeit menschlicher Individuen und Gesellschaften von der Natur ist die Grundlage der Umwelthistorie. Umwelt und Geschichte sind ihr zufolge auf sehr komplexe Weise miteinander verbunden, und jede Umweltgeschichte ist deshalb letztlich zugleich auch eine Geschichte über Macht und Herrschaft.

Eine Besonderheit der noch relativ jungen historischen Subdisziplin besteht in ihrer Verbindung von Mikro- und Makroebenen. Ihre Beschäftigung mit regionalen Fragestellungen oder kurzen Zeitspannen schließt nicht selten auch Perspektiven der mittleren oder der langen Dauer sowie überregionale oder globale

1 Ich danke Scott Moranda für die vielen einführenden Hinweise, die mir sehr geholfen haben, mich mit dem Feld der Umweltgeschichte vertraut zu machen.

2 Vgl. Wolfram Siemann/Nils Freytag, Umwelt – eine geschichtswissenschaftliche Grundkategorie, in: Wolfram Siemann (Hrsg.), Umweltgeschichte. Themen und Perspektiven, München 2003, S. 7–19, hier S. 8.

3 Frank Uekötter, Umweltgeschichte im 19. und 20. Jahrhundert, München 2007, S. 6.

Zusammenhänge mit ein.[4] Die Umweltgeschichte bietet damit auch beste Voraussetzungen für transnationale Herangehensweisen. Zugleich birgt die Untersuchung konkreter Phänomene immer auch die Möglichkeit, »universale« Aussagen über die konstitutive Beziehungskonstellation der Umweltgeschichte zu treffen: Die Staubstürme der 1930er-Jahre in den Great Plains[5] lassen genauso verallgemeinernde Überlegungen über die Wechselwirkungen von Natur und Gesellschaft zu wie der Gummi-Boom in Brasilien[6] oder die Entwicklung des Ruhrgebiets.[7]

So prägnant die Formel von den Wechselwirkungen zwischen Mensch und Natur zunächst klingen mag, so ungenau ist sie bei näherer Betrachtung jedoch. Es besteht weder ein Konsens darüber, wie die Grenzen der historischen Subdisziplin zu ziehen sind, ob es sich überhaupt um eine »Subdisziplin« im klassischen Sinne handelt[8], noch ist klar, was genau unter »Natur« oder »Umwelt« zu verstehen ist. Selbst »todesmutige« Versuche, eine kohä-

4 Vgl. Siemann/Freytag, Umwelt, S. 11 f.

5 Siehe dazu einen der Klassiker der Umweltgeschichte, verfasst von einem ihrer maßgeblichen Begründer: Donald Worster, Dust Bowl. The Southern Plains in the 1930s, New York 1979.

6 Vgl. beispielsweise: Warren Dean, Brazil and the Struggle for Rubber: A Study in Environmental History, Cambridge 1987; Margaret E. Keck, Social Equity and Environmental Politics in Brazil: Lessons from the Rubber Tappers in Acre, in: Comparative Politics 27 (1995), H. 4, S. 409–424; Barbara Weinstein, The Amazon Rubber Boom 1850–1920, Stanford 1983.

7 Einschlägig: Franz-Josef Brüggemeier/Thomas Rommelspacher, Blauer Himmel über der Ruhr. Geschichte der Umwelt im Ruhrgebiet 1840–1990, Essen 1992.

8 Die Mehrheit der (deutschen) umwelthistorischen Community scheint mittlerweile nicht mehr den Anspruch zu erheben, die Umweltgeschichte als selbstständige historische Subdisziplin zu etablieren, sondern sieht in der Integration des »Faktors Umwelt« in die jeweiligen Teildisziplinen größere Chancen für die Etablierung umwelthistorischer Herangehensweisen. Vgl. den Tagungsbericht: Von der Konflikt- zur Verflechtungsgeschichte? Wirtschaft und Umwelt in der zweiten Hälfte des 20. Jahrhunderts, 29.9.2011–30.9.2011, Potsdam, in: H-Soz-u-Kult, 9.12.2011, online unter http://hsozkult.geschichte.hu-berlin.de/tagungsberichte/id=3944 (13.6.2012); »Ich wollte meine eigenen Wege gehen«. Ein Gespräch mit Joachim Radkau, in: Zeithistorische Forschungen/Studies in Contemporary History, Online-Ausgabe, 9 (2012), H. 1, online unter http://www.zeithistorische-forschungen.de/16126041-Radkau-1-2012 (13.6.2012).

rente Definition zu formulieren, wie sie Douglas R. Weiner 2005[9] unternahm, können letztlich nur verbuchen, dass die Umweltgeschichte einem »sehr großen Zelt«[10] ähnele. Andere Vertreter/innen sprechen von der Umweltgeschichte als »product of collective imagination«[11] oder einem »unevenly spreading blob«.[12] Zu Recht konstatieren sie jedoch, dass eben genau in dieser bewussten Offenheit der Reiz der Umwelthistorie liegt, die in ihrer Struktur damit auch näher an die komplexen Erklärungszusammenhänge der Geschichte als »Gesamtwissenschaft« heranreicht. So umfasst die umwelthistorische Forschung ein breites Spektrum an Themen, angefangen bei sehr naheliegenden Feldern wie (Verschmutzungs-)Geschichten des Wassers, des Bodens und der Luft, der Wald- und Forstgeschichte, der Geschichte der Verwendung und Ausbeutung von Ressourcen, von Umweltgefahren und -katastrophen, dem Verhältnis von Mensch und Tier bis hin zu Ideengeschichten all dessen, was in verschiedenen Epochen unter »Natur« und »Umwelt« gefasst wurde, um vorerst nur einige Bespiele zu nennen. Gleichzeitig kreist die Umweltgeschichte immer wieder um Grenzen und Begrenztheit, in deren Wahrnehmung sie in vielerlei Hinsicht ihren Ursprung hat. Diese Wahrnehmung reicht mindestens bis zu Adam Smiths Hauptwerk »An Inquiry into the Nature and Causes of the Wealth of Nations« (1776) zurück, in dem er bereits die Grenzen der Bodennutzung aufzeigte.

9 Douglas R. Weiner, A Death-Defying Attempt to Articulate a Coherent Definition of Environmental History, in: Evironmental History 10 (2005), H. 3, S. 404–420.
10 Weiner, Death-Defying Attempt, S. 415.
11 J. M. Powell, zit. n. Weiner, Death-Defying Attempt, S. 404. Das Zitat ist aus einem eher groben (und in der Community mittlerweile recht abgegriffenen) Scherz extrahiert, der danach fragt, was die Gemeinsamkeit zwischen Belgien und Umweltgeschichte sei. Antwort: Beide seien komplett Produkte kollektiver Vorstellung.
12 Harriet Ritvo, zit. n. Weiner, Death-Defying Attempt, S. 404.

Das Jahrhundert der Umwelt

Das 20. Jahrhundert ist mit einer Reihe von Metaphern belegt worden, in jedem Fall ist es aber auch das »Umweltzeitalter«.[13] Aller Voraussicht nach wird auch das 21. Jahrhundert dieses Signum tragen können. Das vergangene jedenfalls war ein »verschwenderisches Jahrhundert«,[14] das gekennzeichnet war von einer bisher unbekannten Beschleunigung von Entwicklungen in mehreren umweltrelevanten Bereichen, insbesondere im Verbrauch von fossilen Energieträgern, im Bevölkerungswachstum, im Einsatz von technologischen Neuerungen und schließlich auch der Urbanisierung. Gleichzeitig riefen diese Entwicklungen – ebenfalls zum ersten Mal in diesem Ausmaß – Akteure auf den Plan, die sich für die Umwelt bzw. für deren Wahrnehmung und Behandlung als schützenswertes Gut engagierten. Auch und vor allem aus umwelthistorischer Sicht muss deshalb von einem »Zeitalter der Extreme« (Eric Hobsbawm) gesprochen werden.

Entstehung und Relevanz der umwelthistorischen Forschung sind ohne diesen hier angesprochenen Zusammenhang nicht denkbar. Verknüpfungen der akademischen Forschung zu umweltpolitischen Debatten schienen zumindest in der Entstehungszeit der Subdisziplin unausweichlich und sind für die meisten Autorinnen und Autoren auch heute noch wünschenswert. Umwelthistoriker/innen sehen sich als »concerned scientists«,[15] die den Anspruch haben, »nicht nur die Vergangenheit besser zu verstehen, sondern auch die Zukunft zu gestalten«.[16] In der Umweltgeschichte sind also deutlich normative und politikbezogene Züge

13 Uekötter, Umweltgeschichte, S. 1.

14 So die Überschrift des Prologs in: John R. McNeill, Blue Planet. Die Geschichte der Umwelt im 20. Jahrhundert. Aus dem Engl. v. Frank Elstner, Frankfurt a. M. 2003 (engl. Original: Something New Under the Sun, New York 2000).

15 So die österreichische Umwelthistorikerin Verena Winiwarter während der Eröffnungsveranstaltung des 1. Weltkongresses der Umweltgeschichte in Kopenhagen, 4. August 2009.

16 So die dänische Umwelthistorikerin Valery Forbes während der Eröffnungsveranstaltung des 1. Weltkongresses der Umweltgeschichte in Kopenhagen, 4. August 2009.

erkennbar – in der eigentlichen Forschungsarbeit schlagen sie sich aber nicht mehr oder weniger nieder als in anderen historischen Ansätzen.

Als wichtigste Aufgabe der Umweltgeschichte gilt, der Natur als einem basalen historischen Faktor neben allen anderen Forschungsinteressen in der Geschichtswissenschaft Geltung zu verschaffen.[17] Die Frage danach, ob es dieses weiteren Komplexitätsniveaus in der Analyse geschichtlicher Phänomene tatsächlich bedarf, ob also die umweltgeschichtliche Betonung der Natur als Konstituens aller in der Geschichtswissenschaft untersuchten historischen Handlungsräume weiterführend und notwendig sei, kann nur bejaht werden.[18]

Die Umweltgeschichte ist nicht nur ein sehr weites, sondern auch ein ausgesprochen dynamisches und buntes Forschungsfeld mit wenig Platz für disziplinäre Monokulturen. Anleihen aus verschiedenen Disziplinen ergeben sich geradezu zwangsläufig, denn die Herkunft vieler Umwelthistoriker/innen ist interdisziplinär.[19] Neben historischen Teildisziplinen gaben und geben vor allem Verknüpfungen mit der Historischen Geografie, der Geobotanik, der Forstwirtschaft, der Klimaforschung, der Soziologie, der Kartografie, der Landschaftsökologie, der (Ökologischen) bzw. (Historischen) Anthropologie und der Ethnologie wesentliche Impulse. Dabei fällt es mitunter schwer, sich deutlich gegenüber anderen Disziplinen abzugrenzen, was auch Konfliktstoff

17 Fiona Watson/Jens Ivo Engels, Einleitung, in: Franz Bosbach/Jens Ivo Engels/Fiona Watson (Hrsg.), Environment and History in Britain and Germany – Umwelt und Geschichte in Großbritannien und Deutschland, München 2006.

18 Vgl. das Plädoyer für eine wechselseitige Bereicherung von Sozial- und Umweltgeschichte des Sozialhistorikers Alan Taylor, Unnatural Inequalities: Social and Environmental Histories, in: Environmental History 1 (1996), H. 4, S. 6–19.

19 Dabei lassen sich regionale Unterschiede ausmachen: In Deutschland entwickelte sich die Umwelthistorie vornehmlich aus anderen Teildisziplinen der Geschichtswissenschaft, während beispielsweise in Großbritannien die Natur- und Sozialwissenschaften großen Einfluss hatten. Vgl. ausführlicher dazu: Verena Winiwarter/Martin Knoll, Umweltgeschichte. Eine Einführung, Köln 2007; Bosbach/Engels/Watson (Hrsg.), Umwelt und Geschichte.

birgt.[20] Alles in allem ist diese »Undiszipliniertheit«[21] jedoch von großem Gewinn für die Umweltgeschichte und zeichnet sie immer noch gegenüber den meisten anderen historischen Subdisziplinen aus.

In den letzten Jahren sind einige Überblicksdarstellungen zur Umweltgeschichte erschienen.[22] Im deutschsprachigen Raum besonders hervorzuheben sind die 2007 von Frank Uekötter in der Reihe »Enzyklopädie deutscher Geschichte« herausgegebene, hervorragend strukturierte »Umweltgeschichte im 19. und 20. Jahrhundert«[23] sowie die im gleichen Jahr erschienene, lehrbuchartige »Umweltgeschichte« der Umwelthistoriker/innen Verena Winiwarter und Martin Knoll.[24] Beide sind als übersichtliche Einführungen in die komplexen Fragen der Umweltgeschichte bestens geeignet. Darüber hinaus bieten der 2003 erschienene

20 Besonders schwierig, insbesondere in der Anfangszeit, war das Verhältnis zur Historischen Geografie, auf deren Verdienste die Umweltgeschichte beispielsweise beim Konzept der »Kulturlandschaft« freimütig zurückgreift. Das forderte den britischen Umwelthistoriker Richard Grove zu einer spitzen Bemerkung heraus: »In somewhat arrogantly arrogating to themselves a term already being used by at least two other disciplines, the historians managed to upset the self-esteem of a very particular group of scholars, the historical geographers.« Richard H. Grove, Environmental History, in: Peter Burke (Hrsg.), New Perspectives on Historical Writing, Second Edition, Oxford 2001, S. 261–282, hier S. 261.

21 Uwe Luebken, Undiszipliniert: Ein Forschungsbericht zur Umweltgeschichte, in: H-Soz-u-Kult 14.7.2010, online unter http://hsozkult.geschichte.hu-berlin.de/forum/2010-07-001 (13.6.2012).

22 Vgl. für jüngere Forschungsberichte in Aufsatzform auch: Sverker Sörlin, The Contemporaneity of Environmental History: Negotiating Scholarship, Useful History, and the New Human Condition, in: Journal of Contemporary History 46 (2011), H. 3, S. 610–630; John R. McNeill, Observations on the Nature and Culture of Environmental History, in: History and Theory 4 (2003), S. 5–43; Forum. The Nature of German Environmental History, in: German History 1 (2009), S. 113–130; Reinhold Reith, Umweltgeschichte und Technikgeschichte am Beginn des 21. Jahrhunderts. Konvergenzen und Divergenzen, in: Technikgeschichte 75 (2008), H. 4, S. 337–356; Luebken, Undiszipliniert; Kimberly Coulter/Christof Mauch (Hrsg.), The Future of Environmental History. Needs and Opportunites, in: RCC Perspectives, 2011, H. 3.

23 Uekötter, Umweltgeschichte.

24 Winiwarter/Knoll, Umweltgeschichte.

Sammelband von Wolfram Siemann[25] und die im Titel etwas irreführende Monografie Franz-Josef Brüggemeiers aus dem Jahr 1998[26] sehr gute Einblicke in die Materie. Nach wie vor aufschlussreich sind der Sammelband von Brüggemeier und Thomas Rommelspacher,[27] bereits 1987 erschienen, sowie das von Werner Abelshauser herausgegebene Sonderheft der Zeitschrift »Geschichte und Gesellschaft«.[28] Die globalen Zusammenhänge sind besonders umfassend, aufschlussreich, provokativ und lesenswert von Joachim Radkau[29] und – nun auch in deutscher Übersetzung – von John R. McNeill[30] zusammengestellt worden. Einen sehr guten Einstieg in eine globale Umweltgeschichte ermöglichen außerdem J. Donald Hughes' 2006 und 2009 erschienene Überblicksdarstellungen[31] sowie der Sammelband, den Sverker Sörlin und Paul Warde ebenfalls 2009 publizierten.[32]

25 Siemann (Hrsg.), Umweltgeschichte.

26 Anders als der Titel vermuten lässt, handelt es sich nicht um eine umfassende Historisierung der Reaktorkatastrophe von Tschernobyl, sondern um eine sehr gute Einführung in die deutsche Umweltgeschichte: Franz-Josef Brüggemeier, Tschernobyl, 26. April 1986. Die ökologische Herausforderung, München 1998.

27 Franz-Josef Brüggemeier/Thomas Rommelspacher (Hrsg.), Besiegte Natur. Geschichte der Umwelt im 19. und 20. Jahrhundert, München 1987.

28 Werner Abelshauser (Hrsg.), Umweltgeschichte. Umweltverträgliches Wirtschaften in historischer Perspektive. Geschichte und Gesellschaft, Sonderheft 15, Göttingen 1994.

29 Joachim Radkau, Die Ära der Ökologie. Eine Weltgeschichte, München 2011; ders. Natur und Macht. Eine Weltgeschichte der Umwelt, München 2002.

30 John R. McNeill, Blue Planet. Zu nennen sind ebenfalls: Ian G. Simmons, Global Environmental History 1000 BC to AD 2000, Edinburgh 2006, und der jüngst erschienene Sammelband von Edmund Burke III./Kenneth Pomeranz (Hrsg.), The Environment and World History, Berkeley 2009.

31 J. Donald Hughes, An Environmental History of the World. Humankind's Changing Role in the Community of Life, Second Edition, New York 2009; ders., What is Environmental History, Cambridge 2006.

32 Sverker Sörlin/Paul Warde, Nature's End: Environment and History, London 2009. Leider noch nicht übersetzt: Sverker Sörlin/Anders Öckerman, Jorden en ö. En global miljöhistoria [Die Welt eine Insel. Eine globale Umweltgeschichte], Stockholm 1998.

Geschichte der Umweltgeschichte

Die Ursprünge der Umweltgeschichte liegen buchstäblich im wilden Westen der USA und in Australien und reichen etwa 30 Jahre zurück.[33] Im Mittelpunkt des Interesses stand damals das eng mit der Geschichte der USA und Australiens verknüpfte Konzept der »wilderness« und der »frontier«.[34] Zwar entstanden auch schon lange davor Arbeiten, die unter »Umweltgeschichte« subsumiert werden könnten oder zumindest umwelthistorische Blickwinkel in sich trugen. Als historische Subdisziplin ist die Umweltgeschichte allerdings erst ab den 1970er-Jahren des letzten Jahrhunderts am Horizont der Geschichtswissenschaften auszumachen. Dabei entstand sie im engen Zusammenhang mit der Umweltbewegung, und nicht wenige ihrer Protagonisten gehörten selbst zu deren Akteuren, darunter der US-Amerikaner Donald Worster. Die American Society for Environmental History (ASEH) wurde 1976 gegründet – fünf Jahre nach dem ersten Bericht des »Club of Rome«, der zum ersten Mal die »Grenzen des Wachstums«[35] anmahnte und noch heute umweltpolitisch wirksam ist.[36] Die Entwicklung der Umweltgeschichte in Europa und speziell in Deutschland setzte erst eine Dekade später ein. Zur Gründung

33 Für einen ausführlicheren Überblick über die Entstehungsgeschichte vgl. beispielsweise Winiwarter/Knoll, Umweltgeschichte, S. 30 ff., und speziell für den nordamerikanischen Fall das quellenreiche Studienbuch von Louis S. Warren (Hrsg.), American Environmental History, Malden (MA) 2003 sowie Richard White, Historiographical Essay: American Environmental History: The Development of a New Field, in: Pacific Historical Review 54 (1985), S. 297–335.

34 Der Klassiker für Nordamerika: Roderick Nash, Wilderness and the American Mind, Yale 1967.

35 Dennis L. Meadows u. a., Die Grenzen des Wachstums. Berichte des Club of Rome zur Lage der Menschheit, München 1972.

36 Die Grundtendenz der Thesen des Berichts war indes nicht neu – bereits gute 200 Jahre zuvor hatte Robert Malthus 1798 in London seinen »Essay on the Principles of Population« veröffentlicht. Der Kern des Malthus'schen Essays und des Berichts des »Club of Rome« ähneln sich frappierend. Vgl. dazu ausführlicher Brüggemeier, Tschernobyl, S. 34 ff., und Thomas R. Malthus, An Inquiry into the Principle of Population, repr. of the 1816 ed., London 1994.

eines europäischen Äquivalents zur ASEH kam es sogar erst 1999 mit der European Society for Environmental History (ESEH).

Im Folgenden werden zunächst die umwelthistorischen Grundbegriffe »Natur«, »Wildnis«, »Kultur« und »Umwelt« thematisiert. Daran schließt sich ein Plädoyer an, Umweltgeschichte als geschichtswissenschaftliche Grundkategorie zu etablieren, wie es Wolfram Siemann und Nils Freytag fordern. Zwei grundlegende Debatten der frühen Umweltgeschichte leiten danach über zu Periodisierungsvorschlägen. Anschließend werden umwelthistorische Methoden und Quellen vorgestellt und schließlich weitere Beispiele für thematische Schwerpunkte gegeben. Der Referenzrahmen für die Ausführungen ist in der Regel die deutschsprachige Umweltgeschichte, auch wenn hin und wieder (und viel zu selten) auf andere Entwicklungen verwiesen wird.

Zurück zur Natur? Grundbegriffe der Umweltgeschichte

Während im populären (und teilweise auch im wissenschaftlichen) Öko-Diskurs Bilder und Semantiken der Zerstörung und des Niedergangs dominieren, geht es der Umweltgeschichte nicht darum, eine »Verfalls- oder Dekadenzgeschichte«[37] zu schreiben, die im Menschen allein den »Schänder« einer einst unberührten Natur sieht. Indes ist es das Ansinnen der umwelthistorischen Forschung, das Verhältnis zwischen Mensch und Natur, das keinen idealen Urzustand kennt, zu historisieren. Damit wird der jahrhundertealte Ruf »Zurück zur Natur!« nicht bloß in Frage gestellt, sondern seine Absurdität enthüllt – gleichzeitig wird er somit selbst zum Forschungsgegenstand. Die »unberührte Natur« ist ein menschliches Konstrukt.[38]

Es geht demzufolge nicht nur darum, Umweltbedingungen der Vergangenheit zu rekonstruieren, sondern auch darum, wie sie

37 Siemann/Freytag, Umwelt, S. 15.

38 Darüber sind sich die Umwelthistoriker/innen weitestgehend einig, auch wenn es hin und wieder Aussagen gibt, die eine andere Tendenz aufweisen. Brüggemeier beispielsweise schreibt: »[…] um 1800 gab es kaum noch von Menschen unberührte Natur«, was im Umkehrschluss bedeutet, dass sie vor 1800 noch existiert habe. Vgl. Brüggemeier, Tschernobyl, S. 38.

die Zeitgenossen perzipierten und interpretierten, wie sich Wahrnehmungen – beispielsweise von »Natur« oder »Umwelt« – wandelten und anhand verschiedener Interessen instrumentalisiert wurden. Die Umweltgeschichte räumt auf mit vielerorts und durchaus auch in der Geschichtswissenschaft verbreiteten Fehlannahmen, Klischees, Unkenntnis oder schlichter Bequemlichkeit. Umweltgeschichte bewirkt, so Wolfram Siemann und Nils Freytag provozierend, eine »Historisierung in Wirklichkeitsbereichen, welche dem traditionellen Historiker als zeit- und wandlungsresistent erschienen«.[39] Die romantisch anmutende Zielsetzung, in Landschaften und dem Boden zu lesen, sie – ähnlich eines immer wieder beschriebenen Palimpsests – als Archivalien zu begreifen, die eigene »Gedächtnisse« haben,[40] wird von Umwelthistoriker/innen ernst und damit das scheinbar Triviale und Unverrückbare unter die Lupe genommen. Das statische Naturideal der Menschen hat in ihrer Umwelt keine reale Entsprechung; ebenso wenig gibt es der Natur inhärente Werte, vielmehr ist eine der Grundannahmen der Umweltgeschichte, dass die natürliche Umwelt sich fortlaufend und auch vom Menschen unabhängig verändert. Die Wahrnehmung eines Niedergangs beruht allein auf menschlichen Wertvorstellungen.[41]

Die Rolle des Menschen als *Teil* der Natur wird von einigen Autoren besonders stark herausgehoben, etwa von William Beinart und Peter Coates, die Umweltgeschichte als Untersuchung der Wechselbeziehungen zwischen Menschen »und dem Rest der Natur« in der Vergangenheit definieren.[42] Joachim Radkau bricht diesen Gedanken bis auf den »Intimzusammenhang zwischen äußerer und innerer Natur« des Menschen herunter.[43] Er beschreibt die Mensch-Umwelt-Beziehung als ein in seinen Grundzügen sehr intimes Verhältnis, das eng verbunden ist mit körperlichem (hinzuzufügen wäre: psychischem) Wohlergehen und der Reproduktion. Radkau bezeichnet diese Relation, die bisweilen fälschlicherweise

39 Siemann/Freytag, Umwelt, S. 12.

40 Vgl. ebd.

41 Vgl. Uekötter, Umweltgeschichte, S. 5.

42 William Beinart/Peter Coates, Environment and History. The Taming of Nature in the USA and South Africa, London 1995, S. 1.

43 Radkau, Natur und Macht, S. 16.

als »Biologismus« kritisiert wird, treffend als »primären Elementarzusammenhang zwischen Mensch und Umwelt«.[44] Damit wird weder die Bedeutung von »Gesellschaft« noch von »Kultur« negiert, sondern darauf hingewiesen, dass diese als Teil eines Zusammenhangs materieller Lebensgrundlagen und der Fortpflanzung des biologischen Organismus »Mensch« aufzufassen sind. Sehr verschiedene Entwicklungen sind deshalb in umwelthistorischer Perspektive als Mensch-Umwelt-relevante Schlüsselinnovationen erkennbar: sowohl das aus Lateinamerika eingeführte Grundnahrungsmittel Kartoffel, dessen Anbau gleichzeitig die landwirtschaftliche Produktion veränderte, als auch Methoden der Empfängnisverhütung wie der Coitus interruptus. Diese elementaren Zusammenhänge zwischen Mensch und Umwelt sind vom Menschen immer wahrgenommen worden. »Umweltbewusstsein« ist laut Radkau im Wesentlichen auch ein Gesundheitsbewusstsein und damit alles andere als eine Erfindung des 20. Jahrhunderts.[45]

Kult der Wildnis

Im Spannungsfeld der »Wechselbeziehungen zwischen Mensch und Natur« wird neben den beiden Polen (so man sie denn als unterschiedliche Pole betrachtet) »Mensch« und »Natur« mit Begriffen wie »Kultur« und »Umwelt« hantiert. Insbesondere in der nordamerikanischen und australischen Umweltgeschichte kommt das Konzept der »Wildheit« bzw. »Wildnis« (»wilderness«) dazu. Dabei bleiben die Differenzierungen nicht selten vage. Die Gleichsetzung von Begriffen wie »Wildnis« und »Natur« hat eine lange Tradition, die besonders stark seit der Aufklärung zutage trat.[46] Der Kult der (natürlichen) »Wildnis«, der das

44 Ebd.

45 Ebd.

46 Als Beispiel sei ein quasi Wegbereiter von Gender-Diskursen genannt: William Alexander, der schon sehr früh »Geschlecht« als sozial konstruiert beschrieb: »Dass der Unterschied zwischen beiden Geschlechtern im Zustande der Wildheit, in Rücksicht auf körperliche Stärke und Tätigkeit, nicht sehr groß gewesen ist, haben wir bemerkt. Aber, so wie der Zustand des geselligen Lebens weiter rückt, wird dieser Unterschied immer größer …« William Alexander, Geschichte des weiblichen Geschlechts von

»Wilde« einerseits als das »wahre, natürlich Gute«, andererseits als etwas Bedrohliches, Barbarisches darstellt, ist tief verankert in der westlichen Ideenwelt. Er ist zu finden in frühen und schaurig aufregenden Darstellungen der »wilden, nackten, grimmigen Menschenfresser-Leute«[47] über die Glorifizierung des Indianerhäuptlings Seattle als ökologischen Visionär bis hin zu Fernsehdokumentationen über die »russische Seele« in den unberührten Weiten Sibiriens. Umso ernüchternder, im Sinne umwelthistorischer Erkenntnisinteressen und -perspektiven, aber auch weiterführend und charakteristisch wirkt dann die Tatsache, dass die vermeintliche Häuptlingsrede von 1854, deren »Erst wenn der letzte Baum gerodet […]« vor allem in den 1980er-Jahren leitmotivartig an den Wohnküchenwänden alternativer Gruppierungen prangte und Kultstatus erlangte, tatsächlich aus der Feder eines Drehbuchautors stammt.[48]

Dass sich das »so sinnlose Konzept«[49] »Wildnis« beharrlich halten konnte, wurde von Joachim Radkau mit einem tief verwurzelten »Kult der Virginität« erklärt, der auf den menschlichen Grundbedürfnissen nach Sicherheit und Geborgenheit beruht.[50] Es ließe sich aber auch mit der weit verbreiteten Sehnsucht nach »Urzuständen« und historischer Authentizität erklären, die sowohl im 19. Jahrhundert als auch Ende der 1970er-Jahre an

dem frühesten Alterthum an bis auf gegenwärtige Zeiten, 2 Bde. Aus dem Englischen übersetzt und mit einigen Anmerkungen versehen (von Friedrich von Blankenburg), Leipzig 1780–81.

47 So der Untertitel des bekannten Reiseberichts des deutschen Landsknechts Hans Staden, der im 16. Jahrhundert im Dienste Portugals nach Brasilien reiste. Hans Staden, Brasilien. Die wahrhaftige Historie der wilden, nackten, grimmigen Menschenfresser-Leute 1548–1555, hrsg. und eingeleitet von Gustav Faber, Stuttgart 1984.

48 Es kursieren verschiedenste Versionen der angeblichen Rede. Die bekannteste »Meine Worte sind wie Sterne« stammt vom Drehbuchautor Ted Perry, der sich 1983 Rudolf Kaiser offenbarte. Vgl. Rudolf Kaiser, Die Erde ist uns heilig. Die Reden des Chief Seattle und anderer indianischer Häuptlinge, Freiburg i. B. 1992; weiterführend: Sonja Probst/Ernst Probst (Hrsg.), Meine Worte sind wie Sterne. Die Rede des Häuptlings Seattle und andere indianische Weisheiten, Norderstedt 2001.

49 Radkau, Natur und Macht, S. 15.

50 Ebd., S. 14ff.

Bedeutung gewann.[51] Dabei war der Kult der Wildnis nicht nur ein ideengeschichtliches Phänomen, sondern hatte durchaus praktische Auswirkungen auf die Natur. Er war es schließlich, der Entscheidungen wie der Gründung des ersten Nationalparks in den USA 1872, des Yellowstone National Park, zugrunde lag. Dabei zeigte sich die ganze Widersinnigkeit des Konzepts: Zum einen war das, was als »natürliche«, schützenswerte Natur galt, tatsächlich unter dem Einfluss indianischer Brandwirtschaft entstanden. Zum anderen wurden die »Wilden«, Angehörige indigener Bevölkerung, aus den Parks verdrängt.[52]

Natur versus Kultur

Im Gegensatz zur »Natur« wird traditionell das »Künstliche, Technische, durch Verabredungen und Vereinbarungen Geordnete, das Gemachte und Erzwungene, das Gestaltete und Kultivierte« gedacht,[53] kurzum das, was gemeinhin unter dem Begriff der Kultur zusammengefasst wird. Dabei lässt sich in der Geschichte der Kulturdeutung zwischen einem Fortschrittsmodell und einer Entfremdungs- und Degenerationsgeschichte unterscheiden. Am Anfang des Fortschrittsmodells steht der chaotische und entbehrungsvolle Naturzustand, der durch ein Aufklärungs- und Zähmungsprogramm erst kultiviert wird. Der Zustand der »höchsten Kultur« ist das Ziel dieses Modells, in dem die Kräfte der Natur entschlüsselt und zum Wohle des Menschen genutzt werden. Dem entgegengesetzt ist die Entfremdungs- und Degenerationsgeschichte, die von der (selbstverschuldeten) Vertreibung des Menschen aus dem (natürlichen) Paradies erzählt. Dabei handelt es sich um ein paradoxes Problem; schließlich ist es die menschliche Kultur selbst, welche auf die Natur wirkt (sie also »gefährdet« etc.), während gleichzeitig von dieser Kultur erwartet wird, die

51 Vgl. dazu den Beitrag von Achim Saupe in diesem Band.

52 Vgl. Radkau, Natur und Macht, S. 14; William Cronon, The Trouble with Wilderness or, Getting Back to the Wrong Nature, in: Warren (Hrsg.), American Environmental History, S. 213–235.

53 Rolf Peter Sieferle, Rückblick auf die Natur. Eine Geschichte des Menschen und seiner Umwelt, München 1997, S. 18.

Natur zu schützen.[54] Rolf Peter Sieferle schlussfolgert also ganz konsequent, wenn er schreibt, dass bereits in der Forderung nach Naturschutz sich ein »vollständiger Sieg der Kultur« ankündigt.[55]

Der dritte Begriff, »Umwelt«, ist – obgleich er für die Umweltgeschichte namensgebend ist – nicht weniger eine Metonymie als alle anderen grundlegenden Konzepte. Siemann und Freytag definieren »Umwelt« als jenen Bereich der Natur, der durch die Existenz und Einwirkung des Menschen zur Umwelt wird, die ihn umgibt und die ihn wiederum formt.[56] Bereits der Schöpfer des Begriffs, Jakob von Uexküll (1864–1944), unterstrich, dass jedes Lebewesen seine eigene Umwelt hat. So hängt es auch hier vom Sprechenden ab, womit dieser Begriff gefüllt wird. Um zu erfassen, wie breit die Spannweite des Terminus ist – von Umwelt als Natur bis hin zum sozialen Milieu –, reicht ein Blick in eine Zeitung oder auch eine umwelthistorische Abhandlung.

Umweltgeschichte als geschichtswissenschaftliche Grundkategorie

Wolfram Siemann und Nils Freytag fordern, Umwelt als vierte geschichtswissenschaftliche Grundkategorie neben Herrschaft, Wirtschaft und Kultur zu etablieren.[57] Sie untermauern ihr Ansinnen mit vier Argumenten, die einen Großteil der umwelthistorischen Grundannahmen aufgreifen. Erstens ist Umwelt demzufolge mehr als das Ergebnis des Zusammenspiels der drei anderen Grundkategorien Herrschaft, Wirtschaft und Kultur. Vielmehr sei die Umwelt, so die Autoren, eine biologische Grundkonstante des Menschen, wenngleich sie immer wieder neu kulturell konstruiert werde.[58] Jedes menschliche Handeln ist demzufolge substanziell

54 Vgl. Sieferle, Rückblick, S. 18ff.

55 Ebd., S. 24.

56 Siemann/Freytag, Umwelt, S. 13.

57 Vgl. ebd., S. 13ff.

58 Dabei gibt es durchaus Überschneidungen mit anderen (neuen) geistes- und geschichtswissenschaftlichen Methoden, die ebenfalls biologische Dimensionen betonen, beispielsweise in der Geschlechtergeschichte (vgl. dazu den Beitrag von Kirsten Heinsohn und Claudia Kemper in diesem Band) oder den Ansätzen des *spatial turn*.

von der Umwelt abhängig. Zweitens sind, wie nicht zuletzt auch Radkau[59] eindrücklich beschrieb, Herrschaft und Umwelt untrennbar miteinander verwoben. Ökologische Effekte lassen sich kaum von historisch-politischen Konstellationen trennen. Natürliche Gegebenheiten setzen den Rahmen für den Auf- und Abstieg von Herrschaft. Die Verflechtung von Macht und Natur hat bis heute nichts von ihrer Gültigkeit verloren, selbst in Zeiten der – zumindest scheinbaren – Verflüchtigung von Nationalstaaten spielen Zugänge zu Ressourcen, sowohl bezogen auf Transportwege als auch Rohstoffe, eine entscheidende, konfliktträchtige Rolle. Dass sich dieses Verhältnis in der Zukunft zuspitzen wird, insbesondere in Bezug auf die knapper werdenden Ressourcen Wasser, Boden und Wald, gehört mittlerweile zum Allgemeinwissen. Gleichzeitig führte und führt diese Entwicklung zu einer verschärften Problemwahrnehmung, die nicht nur »grüne« Bewegungen, Parteien und andere Organisationen entstehen lässt, sondern auch vor Regierungen nicht Halt macht. Der Einfluss von ökologischem Expertenwissen auf Politikentscheidungen ist mittlerweile auf allen Ebenen ebenso identifizierbar wie der Einfluss von Nichtregierungsorganisationen auf gesellschaftliche Willensbildungsprozesse. Dabei wird eine trennscharfe Unterscheidung zwischen Zivilgesellschaft und Staat, noch dazu eine darauf beruhende, klare Rollenzuweisung in »Umweltschützer« und »Umweltzerstörer« zunehmend erschwert, wie Radkau jüngst anhand zahlreicher Beispiele vorführte.[60]

Als dritten Argumentationsstrang führen Siemann und Freytag die engen Wechselwirkungen mit wirtschaftlichen Prozessen an. Am sichtbarsten ist diese Verquickung in der Energieversorgung. Während die Umwelt bis in die jüngste Vergangenheit als »freies Gut« galt, als Ressource, die im Produktionsprozess keine oder nur geringe Kosten verursacht, müssen nun die enormen Kosten mitgerechnet werden, die durch die Nutzung dieser Ressourcen entstehen. Wie eng Wirtschaft und Umwelt zusammenhängen, ist insbesondere von Christian Pfister[61] am Beispiel der

59 Radkau, Natur und Macht.
60 Radkau, Ära der Ökologie.
61 Christian Pfister (Hrsg.), Das 1950er Syndrom. Der Weg in die Konsumgesellschaft, Bern 1995.

Schweiz hervorgehoben worden. Wenn auch die Bezeichnung »1950er Syndrom« – siehe dazu weiter unten – nicht unumstritten ist, so sind die Grundaussagen, die Pfister unter diesem Titel trifft, sehr überzeugend.

Die Verbindung von Umwelt und kulturellen Aspekten nennen Siemann und Freytag als letzten Grund für die Etablierung der Umweltgeschichte als geschichtswissenschaftliche Grundkategorie. Die menschliche Naturwahrnehmung ist immer kulturell geprägt. Als Paradebeispiel für diesen Zusammenhang zitiert die deutsche Umweltgeschichte gern die Lüneburger Heide. Erst die jahrhundertelange Nutzung des Lüneburger Waldes durch Mensch und Tier ließ die Kulturlandschaft Lüneburger Heide entstehen, die heute ein Naturschutzpark ist. Sie ist ein eindrückliches Beispiel dafür, dass Naturschutz heute genau genommen Kulturlandschaftsschutz ist.

Periodisierungen in der Umweltgeschichte

Selbst wenn Frank Uekötter mit einigem Recht einwendet, dass eine Periodisierung aus umwelthistorischer Sichtweise schwierig sei, weil es aufgrund der zeitlichen Divergenz zwischen Entwicklungen der natürlichen Umwelt (sehr langsam) und der menschlichen Geschichte (viel schneller) an markanten Zäsuren mangelt,[62] können doch einige immer wiederkehrende Eckpunkte in der auf die westliche Welt bezogenen Forschung ausgemacht werden, die sich als eine Periodisierung lesen lassen. Durchgesetzt hat sich eine grobe Einteilung in mindestens vier Phasen, wovon zwei zeithistorisch relevant sind, die wiederum noch einmal unterteilt werden können.[63] Der groben Struktur von Franz-Josef Brüggemeier[64] folgend, sind das: »Vor dem Umbruch«, »Der Um-

62 Uekötter, Umweltgeschichte, S. 4.

63 Zu einer Auseinandersetzung mit unterschiedlichen Periodisierungsangeboten vgl. Jens Ivo Engels, Umweltgeschichte als Zeitgeschichte, in: Aus Politik und Zeitgeschichte 13 (2006), S. 32–38. Für einen Überblick über verschiedene Periodisierungsansätze: Joachim Radkau/Frank Uekötter (Hrsg.), The Turning Points of Environmental History, Lanham 2006.

64 Brüggemeier, Tschernobyl.

bruch im 19. Jahrhundert«, »Weimarer Republik und Nationalsozialismus« und die »Welt nach 1945«. Damit folgt zumindest ein Teil der Umwelthistoriker/innen noch immer stark politischen Zäsuren.

Die Zeit »vor dem Umbruch« umfasst die vorindustrielle Agrargesellschaft, die fast vollständig auf nachwachsenden Rohstoffen beruhte, wobei Holz als Zentralressource eine entscheidende Rolle spielte.[65] Im 19. Jahrhundert vollzog sich die Entwicklung vom umwelthistorischen Ancien Régime zur Industriemoderne. Das Jahrhundert war gekennzeichnet von einer Vielzahl umweltrelevanter Umbrüche. Fossile Energieträger ersetzten zunehmend das Holz. Mit der Bauernbefreiung, der Auflösung der Allmenden, der Intensivierung der landwirtschaftlichen Produktion und der Ödlandkultivierung wandelte sich die Landwirtschaft tiefgreifend. Der Wald wurde zunehmend vermarktet und kapitalisiert. Die akademische Forstwirtschaftslehre entstand. In den wachsenden Städten verursachten mangelhafte hygienische Zustände die schnelle Ausbreitung von Epidemien, allen voran die Cholera. Schädigende Einflüsse des Menschen auf die Umwelt nahmen zu. Gleichzeitig wurden sie insbesondere durch Luftverschmutzung und Lärmbelästigung immer wahrnehmbarer, was schließlich auch dazu führte, dass erste Gegenkräfte aktiv und erste Gegenmaßnahmen ergriffen wurden, beispielsweise durch den Bau zentraler Wasserversorgungssysteme in Berlin 1852 oder Magdeburg 1858. Die widersprüchlichen Erfahrungen und negativen (Umwelt-)Auswirkungen der Industrialisierung und Verstädterung waren zu Beginn des 20. Jahrhunderts ein viel diskutiertes Thema. Obwohl der Kreis der Kritiker dieser Entwicklungen verhältnismäßig klein war und auch für sie nicht immer Natur und Umwelt im Vordergrund standen, weist Brüggemeier zu Recht darauf hin, dass von einer »allgemeinen, ungebrochenen Fortschrittsbegeisterung« keine Rede sein kann.[66] Insgesamt herrschte

65 Die Chiffre »hölzernes Zeitalter«, die Werner Sombart prägte, ist also durchaus auch aus umwelthistorischer Perspektive sinnvoll, auch wenn die Schlüsse, die Sombart im »Kampf um den Wald« zieht, von umweltgeschichtlichen Forschungen widerlegt werden. Vgl. Werner Sombart, Der moderne Kapitalismus, 2. Aufl., München/Leipzig 1921, Bd. II/2, S. 1138.

66 Brüggemeier, Tschernobyl, S. 126.

jedoch ein breiter Konsens darüber, dass das wirtschaftliche Wachstum und damit auch die Förderung der Industrie vorrangig seien. Mit der Blütezeit der Sozialhygiene in der Weimarer Republik rückten die Umweltbedingungen immer mehr ins Blickfeld des medizinischen und sozialpolitischen Interesses. Gleichzeitig wandten sich immer mehr Menschen der noch im Kaiserreich entstandenen Heimat- und Naturschutzbewegung zu. Damit einher ging eine zunehmende Wahrnehmung der »Natur« als schützenswertes Gut.

Die Nationalsozialisten setzten einen Teil der Naturschutztraditionen der Weimarer Republik fort und stellten die Natur- und Bodenbindung des Menschen ideologisch in den Mittelpunkt.[67] Als »Stachel für die historische Reflexion«[68] bezeichnete Radkau umwelthistorische Aspekte der Zeit des Nationalsozialismus. Insbesondere im Bereich des Naturschutzes schufen die Nationalsozialisten zumindest auf gesetzlicher Ebene epochale Veränderungen. Das Reichsnaturschutzgesetz vom 26. Juni 1935 war ein für die damalige Zeit beispielloses Regelinstrument, das über den Schutz von Naturdenkmälern und Reservaten hinausging. Es sah vor, Naturschutzaspekte bei sämtlichen landschaftsverändernden Planungen zu prüfen. Selbst beim NS-Lieblingsobjekt Autobahnbau favorisierten die Planer »naturgemäße« Kriterien, allen voran die geschwungene Linienführung, die sich – anders als die geraden Eisenbahnstrecken – dem Gelände anpassen sollte. In Fragen des Landschaftsschutzes und umweltverträglicher Technikgestaltung waren selbst im Nationalsozialismus kontroverse öffentliche Debatten zugelassen, eine verbindliche Parteilinie gab es nicht. Gleichzeitig boomten die Verwertung insbesondere industriellen Abfalls und die Rohstoffrückgewinnung. Insgesamt lässt sich dennoch keine positive Umweltbilanz der NS-Autarkiepolitik ziehen. Es mangelte nicht nur an einer breiten Umweltschutzallianz; viele Ansätze kamen auch über das Regelwerkstadium nicht hinaus. Die Nationalsozialisten verstießen selbst gegen ihre Umweltgesetze, und ein Großteil der Entwicklungen ist nicht

67 Radkau, Natur und Macht, S. 294; Joachim Radkau/Frank Uekötter (Hrsg.), Naturschutz und Nationalsozialismus, Frankfurt a. M. 2003.

68 Radkau, Natur und Macht, S. 294.

von deutschen Kriegsvorbereitungen und Rechtfertigungsstrategien für die Erschließung neuen »Lebensraums« zu trennen.[69]

Nach dem Zweiten Weltkrieg begann ein bis dato beispielloses wirtschaftliches Wachstum, das aufgrund des einsetzenden Schubs des globalen Energieverbrauchs als welthistorisch einzigartiges Phänomen angesehen werden kann. Pfister prägte für diese Zeit den Begriff des »1950er Syndroms«.[70] Als Ursache machte Pfister die billigen Preise für fossile Energieträger, insbesondere Erdöl, aus. Er plädiert dafür, die beiden Produktionsfaktoren Arbeit und Kapital als geschichtsrelevante Erklärungsfaktoren um Energie zu erweitern. Pfister verknüpft wirtschafts-, sozial- und umwelthistorische Aspekte. Der drastisch gestiegene Energieverbrauch änderte die Lebensweise der Mehrheit der westeuropäischen Bevölkerung grundlegend und eröffnete ganz neue Handlungsspielräume, die auch aus mentalitätsgeschichtlichem Blickwinkel interessant sind, weil sich Werteprioritäten zu verschieben begannen. Die 1950er-Jahre stellen für Pfister die »Sattelzeit« zwischen der Industriegesellschaft und der Konsumgesellschaft dar, die eng mit einer zunehmenden Massenproduktion verbunden war. Gleichzeitig nahm die Umweltbelastung rasant zu, die nun vermehrt auch durch die Verbraucher/innen selbst verursacht wurde.

In die aktuelle Zeitgeschichtsdiskussion um die Epochenschwelle der 1970er-Jahre reiht sich die Kritik Patrick Kuppers an Pfisters These des »1950er Syndrom« ein.[71] Er stellt die »Diagnose«, dass eine umfassende Neudefinition der Mensch-Umwelt-Beziehungen erst nach 1970 einsetzte – und nicht wie von Pfister veranschlagt bereits seit den 1950er-Jahren. Statt einer »Wachstumsbeschleunigung« macht Kupper ein »exponentielles Wachstum« aus. Der von Pfister verwendete Begriff »Syndrom« verfehle

69 Ebd., S. 294 ff.

70 Zu einer aktuelleren Auseinandersetzung vgl. André Kirchhofer u. a. (Hrsg.), Nachhaltige Geschichte. Festschrift für Christian Pfister, Zürich 2009; Ich danke Jan-Holger Kirsch für den Hinweis; sowie Christian Pfister, Energiepreis und Umweltbelastung. Zum Stand der Diskussion über das 1950er Syndrom, in: Siemann/Freytag, Umwelt, S. 61–86.

71 Patrick Kupper, Die 1970er Diagnose. Grundsätzliche Überlegungen zu einem Wendepunkt in der Umweltgeschichte, in: Archiv für Sozialgeschichte 43 (2003), S. 325–348.

die hohe Stabilität in den »langen 1950er Jahren«,[72] die die »Patienten«, das heißt die Zeitgenossinnen und Zeitgenossen, kaum als »krankhaft« erlebt hätten. Die Interpretation der Umweltverschmutzung als gesellschaftliches Syndrom begann seiner Meinung nach erst 20 Jahre später mit dem Aufkommen eines neuartigen Umweltbewusstseins.[73] Kuppers Argumentation folgend, schlägt Jens Ivo Engels vor, von den 1970er-Jahren als »ökologischer Wende« zu sprechen.[74] Radkau erweiterte diese Periodisierung unlängst um die beiden darauffolgenden »ökologischen Dekaden«, die er als »neue Ära der Ökologie«, als »Umweltkonjunktur« und formative Phase der Umweltpolitik, von der der Umweltschutz bis heute zehrt, beschreibt.[75] Noch viel deutlicher als in den 1970er-Jahren spielten in den 1980er- und 1990er-Jahren Katastrophen, allen voran Tschernobyl, eine entscheidende Auslöserfunktion für die Wandlungsprozesse im Verständnis des Mensch-Natur-Verhältnisses. Auf die Worte der 1970er-Jahre folgten nun die Taten, so Radkau. Darüber hinaus hatten sowohl staatliche als auch nicht-staatliche Akteure immer stärker den globalen Horizont im Blick. Nirgends offenbarte sich dies so sehr wie in der ökologischen Kommunikation, die sehr viel nachhaltiger als noch in den 1970er-Jahren global betrieben wurde.[76]

Methoden und Quellen der Umweltgeschichte

Die große Attraktivität der Umweltgeschichte und ihr Innovationspotenzial basieren auf ihrem Methodenpluralismus. Ein Spezifikum der Umwelthistorie ist dabei die Kombination von historischen Methoden und Befunden der Naturwissenschaften,[77] zumindest dann, wenn es nicht nur um eine reine Perzeptionsgeschichte geht. Naturwissenschaftliche Grundkenntnisse sind in

72 Werner Abelshauser, Die langen 50er Jahre. Wirtschaft und Gesellschaft in der BRD 1949–1966, Düsseldorf 1987.
73 Kupper, 1970er Diagnose, S. 327 ff.
74 Engels, Umweltgeschichte als Zeitgeschichte, S. 35.
75 Radkau, Ära der Ökologie, S. 504, 506.
76 Ebd., S. 504.
77 Vgl. ausführlich dazu Winiwarter/Knoll, Umweltgeschichte, S. 71 ff.

jedem Falle hilfreich. Dieser Pluralismus und die unterschiedlichen Versuche der Integration machen die Umweltgeschichte aber auch zu einer »prekären Disziplin«,[78] der es zwangsläufig an einem klaren thematischen und methodischen Profil mangelt. Die Methodenvielfalt – von »klassischen« historischen bis hin zum Einbezug naturwissenschaftlicher Methoden – offeriert einen bunten Fundus an mehr oder weniger außergewöhnlichen Quellen. Neben den klassischen Archivbeständen rücken beispielsweise Forstunterlagen in den Blickpunkt. Aber auch andere »konventionelle« Quellen, wie Behördenschrifttum und Reiseberichte, können neu gelesen werden. Neue oder zuvor kaum beachtete Quellen, die teils nur mit naturwissenschaftlichen Methoden lesbar werden und klassisch ausgebildeten Historiker/innen zunächst wie eine fremde Sprache erscheinen mögen (und für Zeithistoriker/innen nur bedingt von Interesse sind), können für Langzeitstudien gewinnbringend herangezogen werden – etwa die Analyse erhaltener Pollen, des Holzes (Dendrochronologie), von Knochen (biologische Anthropologie), versteinerten Fossilien (Paläontologie), organischen Überresten (Radiokohlenstoffdatierung) oder im ewigen Eis eingeschlossener Luft (Paläoklimatologie).

Themen der Umweltzeitgeschichte

Jens Ivo Engels bemängelte 2006 die geringe Bedeutung umwelthistorischer Fragestellungen in den Leitdebatten der Zeitgeschichte.[79] Daran hat sich bis heute nicht viel geändert. Gerade im »Umweltzeitalter« und in Anbetracht der bereits geleisteten Arbeit ist das kaum erklärlich. In einem so dynamischen Feld wie der Umweltgeschichte ist es schlichtweg unmöglich, einen umfassenden Themen- und Literaturüberblick zu geben. Deshalb werden im Folgenden nur Tendenzen und wenige Beispiele genannt, wobei der Schwerpunkt auf der deutschen, europäischen und (nord-)amerikanischen Umweltgeschichte liegt. Das ist eine kaum entschuldbare Unzulänglichkeit, weil auch viele aufschluss-

78 Uekötter, Umweltgeschichte, S. 3.
79 Engels, Umweltgeschichte als Zeitgeschichte.

reiche Studien über Asien, Afrika, Australien und nicht zuletzt Lateinamerika vorliegen, die hier aber aus Platzgründen vernachlässigt werden müssen.[80]

Neben den bereits erwähnten Themen hat sich die Umweltzeitgeschichte bisher am intensivsten mit der Geschichte des Natur- und Umweltschutzes in allen seinen Facetten auseinandergesetzt.[81] Dabei spielen Umweltpolitik und Umweltbewegungen eine besondere Rolle.[82] Erst seit der Jahrtausendwende und vor dem Hintergrund der allgegenwärtigen Debatte um die globale Erwärmung ist die Klimageschichte zu einem festen Bestandteil der

80 Für einen breiteren Themen- und Literaturüberblick lohnt sich die Konsultation der Datenbanken der ASEH http://www.aseh.net, der ESEH http://www.eseh.org, der Forest History Society http://www.foresthistory.org oder von H-Environment http://www2.h-net.msu.edu/~environ (alle 13.6.2012).

81 Besonders hervorzuheben: Franz-Josef Brüggemeier/Jens Ivo Engels (Hrsg.), Natur- und Umweltschutz nach 1945. Konzepte, Konflikte, Kompetenzen, Frankfurt a. M. 2005; Friedemann Schmoll/Hans-Werner Frohn (Hrsg.), Natur und Staat. Staatlicher Naturschutz 1906–2006, Bad Godesberg 2006; Jost Hermand, Grüne Utopien in Deutschland. Zur Geschichte des ökologischen Bewusstseins, Frankfurt a. M. 1991.

82 Exemplarisch: Jens Ivo Engels, Naturpolitik in der Bundesrepublik. Ideenwelt und politische Verhaltensstile in Naturschutz und Umweltbewegung 1950–1980, Paderborn 2006; ders., Geschichte und Heimat. Der Widerstand gegen das Kernkraftwerk Wyhl, in: Kerstin Kretschmer/Norman Fuchsloch (Hrsg.), Wahrnehmung, Bewusstsein, Identifikation. Umweltprobleme und Umweltschutz als Triebfedern regionaler Entwicklung, Freiburg i. B. 2003, S. 103–130; Joachim Radkau, Die Ära der Ökologie. Eine Weltgeschichte, München 2011; Frank Uekötter, Am Ende der Gewissheiten. Die ökologische Frage im 21. Jahrhundert, Frankfurt a. M. 2011; ders., Eine ökologische Ära? Perspektiven einer neuen Geschichte der Umweltbewegungen, in: Zeithistorische Forschungen/Studies in Contemporary History, Online-Ausgabe 9 (2012), H. 1, online unter http://www.zeithistorische-forschungen.de/16126041-Uekoetter-1-2012 (13.6.2012); Axel Goodbody (Hrsg.), The Culture of German Environmentalism. Anxieties, Visions, Realities, New York 2002; Christof Mauch/Douglas Weiner/Nathan Stoltzfus (Hrsg.), Shades of Green: Environment Activism Around the Globe, Lanham (MD) 2006; Ute Hasenöhrl, Zivilgesellschaft und Protest. Eine Geschichte der Naturschutz- und Umweltbewegung in Bayern 1945–1980, Göttingen 2010; Michael Bess, The Light-Green Society. Ecology and Technological Modernity in France, 1960–2000, Chicago 2003.

Umweltzeitgeschichte geworden.[83] Sie prägte die Beschreibung des 20. Jahrhunderts als »Anthropozän«.[84]

Langsam rückt auch der (post-)kommunistische Raum in das umwelthistorische Blickfeld, wobei im Gegensatz zu Ostmitteleuropa für Osteuropa fast ausschließlich Außenansichten existieren.[85] Eine »genuin« osteuropäische Umwelt(zeit)geschichte ist

83 Christian Pfister/Jürg Luterbacher/Daniel Brändli, Wetternachhersage. 500 Jahre Klimavariationen und Naturkatastrophen 1496–1995, Bern 1999; Rüdiger Glaser, Klimageschichte Mitteleuropas. 1200 Jahre Wetter, Klima, Katastrophen, 2. Aufl., Darmstadt 2008; Wolfgang Behringer, Kulturgeschichte des Klimas. Von der Eiszeit bis zur globalen Erwärmung, München 2007; Harald Welzer/Hans-Georg Soeffner/Dana Giesecke (Hrsg.), KlimaKulturen. Soziale Wirklichkeiten im Klimawandel, Frankfurt a. M./New York 2010; Dipesh Chakrabarty, Verändert der Klimawandel die Geschichtsschreibung?, in: Transit 41 (2011), S. 143–163; Franz Mauelshagen, Keine Geschichte ohne Menschen: Die Erneuerung der historischen Klimawirkungsforschung aus der Klimakatastrophe, in: André Kirchhofer u. a. (Hrsg.), Nachhaltige Geschichte. Festschrift für Christian Pfister, Zürich 2009, S. 169–193.

84 Jüngst: Franz Mauelshagen, »Anthropozän«. Plädoyer für eine Klimageschichte des 19. und 20. Jahrhunderts, in: Zeithistorische Forschungen/Studies in Contemporary History, Online-Ausgabe, 9 (2012), H. 1, online unter http://www.zeithistorische-forschungen.de/16126041-Mauelshagen-1-2012 (13.6.2012); Will Steffen u. a., The Anthropocene: Conceptual and Historical Perspectives, in: Philosophical Transactions, Series A: Mathematical, Physical, and Engineering Sciences 1938 (2011), S. 1056–1084.

85 Für die Sowjetunion und deren Nachfolgestaaten: Klaus Gestwa, Die Stalinschen Großbauten des Kommunismus. Sowjetische Technik- und Umweltgeschichte 1948–1967, München 2010; ders., Ökologischer Notstand und sozialer Protest. Ein umwelthistorischer Blick auf die Reformunfähigkeit und den Zerfall der Sowjetunion, in: Archiv für Sozialgeschichte 43 (2003), S. 349–383; Murray Feshbach/Alfred Jr. Friendly, Ecocide in the USSR. Health and Nature under Siege, New York 1992; Douglas R. Weiner, A Little Corner of Freedom. Russian Nature Protection from Stalin to Gorbachëv, Berkeley 1999; ders., Models of Nature. Ecology, Conservation and Cultural Revolution in Soviet Russia, Bloomington 1988; Julia Obertreis, Der »Angriff auf die Wüste« in Zentralasien. Zur Umweltgeschichte der Sowjetunion, in: Osteuropa 58 (2008), H. 4–5, S. 37–56; dies., Von der Naturbeherrschung zum Ökozid? Aktuelle Fragen einer Umweltzeitgeschichte Ost- und Ostmitteleuropas, in: Zeithistorische Forschungen/Studies in Contemporary History, Online-Ausgabe, 9 (2012), H. 1, online unter http://www.zeithistorische-forschungen.de/16126041-

erst im Entstehen. Wünschenswert wären mehr systemübergreifende Arbeiten, die über den deutsch-deutschen Fall hinausgehen und die sich in der Umweltgeschichte besonders anbieten.[86]

Das trifft insbesondere auf den Umgang mit Katastrophen zu, die selbst vor dem Eisernen Vorhang keinen Halt mehr machten und eine immer größere Rolle nicht nur in der Wahrnehmung der Öffentlichkeit, sondern damit auch für die Umweltgeschichte selbst spielten. Während in der Gesamtumweltgeschichte Naturkatastrophen schon eher ein Klassiker sind, widmen sich Studien nun zumindest teilweise auch zeithistorischen Katastrophenprozessen und Risikowahrnehmungen.[87] Nicht zuletzt hat die

Obertreis-1-2012 (13.6.2012); Paul R. Josephson, Red Atom. Russia's Nuclear Power Program from Stalin to Today, Pittsburgh 2000; ders., Would Trotzky Wear a Bluetooth? Technological Utopianism Under Socialism 1917–1989, Baltimore 2010; Laura A. Henry, Red to Green. Environmental Activism in Post-Soviet Russia, Ithaca/London 2010; Melanie Arndt, Grün nach der Katastrophe? Die Entwicklung der Umweltbewegungen in Litauen und Belarus nach Tschernobyl, in: Martin Sabrow (Hrsg.), ZeitRäume. Potsdamer Almanach des Zentrums für Zeithistorische Forschung 2009, Göttingen 2010, S. 8–21. Für Ostmitteleuropa und die DDR: Edward Snajdr, Nature Protests. The End of Ecology in Slovakia, Washington 2008; Arvid Nelson, Cold War Ecology. Forrests, Farms, and People in the East German Landscape, 1945–1989, New Haven 2005; Institut für Umweltgeschichte und Regionalentwicklung e. V. (Hrsg.), Hermann Behrens/Jens Hoffmann (Bearb.), Umweltschutz in der DDR, 3 Bde., München 2007; Michael Heinz, Von Mähdreschern und Musterdörfern. Industrialisierung der DDR-Landwirtschaft und die Wandlung des ländlichen Lebens am Beispiel der Nordbezirke, Berlin 2011; Melanie Arndt, Tschernobyl. Auswirkungen des Reaktorunfalls auf die Bundesrepublik Deutschland und die DDR, Erfurt 2011.

86 Bisher am gelungensten: Radkau, Ära der Ökologie. Der Sammelband von Mauch/Weiner/Stoltzfus, Shades of Green, bietet viele lohnenswerte Anknüpfungspunkte, stellt die Beiträge aus unterschiedlichen Systemen vor allem aber nebeneinander. Ähnlich das schon 2004 von Frank Uekötter herausgegebene Themenheft »The Frontiers of Environmental History. Umweltgeschichte in der Erweiterung« der Zeitschrift Historical Social Research 29 (2004), H. 3.

87 Dieter Groh/Michael Kempe/Franz Mauelshagen (Hrsg.), Naturkatastrophen. Beiträge zu ihrer Deutung, Wahrnehmung und Darstellung in Text und Bild von der Antike bis ins 20. Jahrhundert, Tübingen 2003; Stefan Gloger/Andreas Klinke/Ortwin Renn (Red.), Kommunikation über Umweltrisiken zwischen Verharmlosung und Dramatisierung, Stuttgart 2002.

Reaktorkatastrophe von Tschernobyl[88] dazu geführt, die Ausbildung einer (»Welt-«)»Risikogesellschaft« (Ulrich Beck) zu diagnostizieren. Dabei ist neben systemvergleichenden Studien allerdings auch ein Manko an Arbeiten zu technischen oder sogenannten *man made*-Katastrophen zu verzeichnen.[89] Ein noch relativ junges, längst überfälliges Interesse der Umwelthistorie richtet sich auf die sogenannte Umweltgerechtigkeit (*equity*). Dabei rücken Kategorien wie Gender, Klasse und »Rasse« in den Mittelpunkt.[90] Fünfzig Jahre nach Erscheinen von Rachel Carsons Umweltgeschichte-Klassiker »Silent Spring«[91] lässt sich insgesamt wieder

Sehr aufschlussreich für den Westen Europas: François Walter, Katastrophen. Eine Kulturgeschichte vom 16. bis ins 21. Jahrhundert, Stuttgart 2010. Vgl. auch das Habilitationsprojekt von Nicolai Hannig (LMU München), Das Trauma der Umwelt. Schutz vor Naturgefahren im 19. und 20. Jahrhundert, online unter http://www.ngzg.geschichte.uni-muenchen.de/personen/ls_szoelloesi/hannig/habilprojekt/index.html (13.6.2012).

88 Zur aktuellen Tschernobylforschung vgl. das internationale Forschungsprojekt »Politik und Gesellschaft nach Tschernobyl«, online unter http://www.after-chernobyl.de (13.6.2012).

89 Ausnahmen sind der lehrbuchartige Überblick von Andrew L. Jenks, Perils of Progress. Environmental Disasters in the Twentieth Century, Boston u.a. 2011; der kulturwissenschaftliche Band von Ann Larabee, Decade of Disaster, Champaign (IL) 2000; sowie die sozialwissenschaftliche Dissertation von Matthias Hofmann, Lernen aus Katastrophen. Nach den Unfällen von Harrisburg, Seveso und Sandoz, Berlin 2008.

90 Jens Ivo Engels, Gender Roles and German Anti-Nuclear Protest. The Women of Wyhl, in: Christoph Bernhardt/Geneviève Massard-Guilbaud (Hrsg.), The Modern Demon. Pollution in Urban and Industrial European Societies, Clermont-Ferrand 2002, S. 407–424; Andrew Hurley, Environmental Inequalities: Class, Race, and Industrial Pollution in Gary, Indiana, 1945–1980, Chapel Hill 1995; Carolyn Merchant, Shades of Darkness: Race and Environmental History, in: Environmental History 8 (2003), H. 3, S. 380–394; dies., Gender and Environmental History, in: The Journal of American History 76 (1990), H. 4, S. 1117–1121; Judy Pasternak, An American Story of a Poisoned Land and a Betrayed People, New York 2010; Julian Agyeman/Yelena Ogneva-Himmelberger (Hrsg.), Environmental Justice and Sustainability in the Former Soviet Union, Cambridge (MA) 2009.

91 Rachel L. Carson, Silent Spring, Boston 1962. Vgl. auch: Christof Mauch, Blick durchs Ökoskop. Rachel Carsons Klassiker und die Anfänge des modernen Umweltbewusstseins, in: Zeithistorische Forschungen/Studies in Contemporary History, Online-Ausgabe, 9 (2012), H. 1, online unter http://www.zeithistorische-forschungen.de/16126041-Mauch-1-2012 (14.6.2012).

ein stärkeres Interesse am menschlichen Körper, dessen Gesundheit und insbesondere Bedrohungen seiner Unversehrtheit in Form von Giften oder »bio-threats« ausmachen.[92]

Neben den reinen Mensch-Natur-Beziehungen hat sich die Umweltzeitgeschichte jetzt auch den Tier-Mensch-(Natur-)Beziehungen zugewandt.[93] Im Zuge der schwindelerregenden »*turn*«-Manie der letzten Jahre wurde nun auch der »Animal Turn«[94] ausgerufen. Umstritten bleibt, ob es sich bei der Erforschung der Mensch-Tier-Beziehungen um einen Teil der Umweltgeschichte handelt oder ob sie einen eigenständigen Bereich darstellt.[95]

Zwei Debatten, die die Anfangszeit der Umweltgeschichte im engeren Sinne prägten – erstens die Kontroverse zwischen den sogenannten Anthropozentristen und den sogenannten Nicht-Anthropo- oder Biozentristen sowie zweitens die sogenannte Holznot-Debatte – scheinen mittlerweile größtenteils ausgefoch-

92 Nancy Langston, Toxic Bodies: Hormone Disruptors and the Legacy of DES, New Haven 2010; Brett L. Walker, Toxic Archipelago. A History of Industrial Disease in Japan, Seattle/London 2010; Robert Gottlieb/Anupama Joshi, Food Justice, Cambridge/London 2010; Patrick Zylberman, Neither Certitude nor Peace. How Worst-case Scenarios Reframed Microbial Threats, 1989–2006, in: The Munk Centre for International Studies Briefings Series (2010), S. 1–21; Andrew Lakoff, The Generic Biothreat, or, How We Became Unprepared, in: Cultural Anthropoplogy 23 (2008), H. 3, S. 399–428. Ich danke Marc Elie für den Hinweis auf die beiden letzten Texte.

93 Exemplarisch: Harriet Ritvo, Noble Cows and Hybrid Zebras: Essays on Animals and History, Charlottesville 2010; Susan D. Jones, Valuing Animals. Veterinarians and Their Patients in Modern America, Baltimore 2003; Dorothee Brantz/Christof Mauch (Hrsg.), Tierische Geschichte. Die Beziehung von Mensch und Tier in der Kultur der Moderne, Paderborn 2010; Jane Costlow/Amy Nelson (Hrsg.), Other Animals: Beyond the Human in Russian Culture and History, Pittsburgh 2010, vgl. auch den Themenschwerpunkt »Fifty Years of Wildlife in America« der Zeitschrift »Environmental History« 16 (2011), H. 3; Mieke Roscher, Ein Königreich für Tiere. Die Geschichte der britischen Tierrechtsbewegung, Marburg 2009.

94 Harriet Ritvo, On the Animal Turn, in: Daedalus (2007), H. 4, S. 118–122.

95 Vgl. dazu den Beitrag von Mieke Roscher, Human-Animal Studies, Version: 1.0, in: Docupedia-Zeitgeschichte, 25.1.2012, online unter https://docupedia.de/zg/Human-Animal_Studies?oldid=81479 (14.6.2012).

ten zu sein.[96] Im Mittelpunkt der Auseinandersetzung zwischen den »Anthropozentristen« und den »Nicht-Anthropozentristen« stand die Festlegung des umwelthistorischen Forschungsgegenstands – Mensch oder Natur? Die Frage, ob die Natur ein Eigenrecht habe, wuchs sich quasi zur Gretchenfrage der Umweltgeschichte aus, war aber im Grunde genommen lediglich ein »Schaukampf«.[97] Heute herrscht weitestgehend Einigkeit darüber, dass alle Herangehensweisen und Fragestellungen sozusagen »naturgemäß« anthropozentrisch begründet sind. Eine Geschichte der »Natur als solcher« kann nicht geschrieben werden.

Die enge Verknüpfung aktueller Umweltthemen mit umwelthistorischen Fragestellungen vor allem in der Frühphase der Disziplin äußerte sich in all ihrer Brisanz in der sogenannten Holznot-Debatte der 1980er-Jahre. Das medial angefeuerte »Waldsterben«[98] und die Diskussion um Energieressourcen in Deutschland lösten eine Kontroverse um die angebliche Holznot im 18. Jahrhundert aus. Vor allem Radkau war es, der die in der Forstgeschichte als unumstritten geltende Holzknappheit des 18. Jahrhunderts in Frage stellte.[99] Er wies auf die machtpolitische Instrumentalisierung des Waldes und des Holznotalarms hin und machte damit

96 Hin und wieder scheint es jedoch, als würde die alte Anthro- versus Bio-Debatte wieder aufbrechen, so beispielsweise in den Diskussionen um die Mensch-Tier-Beziehungen zu beobachten.

97 Radkau, Natur und Macht, S. 14.

98 Vgl. zum sogenannten Waldsterben beispielsweise Kenneth Anders/Frank Uekötter, Viel Lärm ums stille Sterben. Die Debatte um das Waldsterben in Deutschland, in: Frank Uekötter/Jens Hohensee (Hrsg.), Wird Kassandra heiser? Die Geschichte falscher Ökoalarme, Stuttgart 2004, S. 112–138; Franz-Josef Brüggemeier, Waldsterben. The Construction and Deconstruction of an Environmental Problem, in: Christof Mauch (Hrsg.), Nature in German History, New York 2004, S. 119–131; Rudi Holzberger, Das sogenannte Waldsterben. Zur Karriere eines Klischees. Das Thema Wald im journalistischen Diskurs, Bergatreute 1995.

99 Vgl. beispielsweise: Joachim Radkau, Zur angeblichen Energiekrise des 18. Jahrhunderts. Revisionistische Betrachtungen über die »Holznot«, in: Vierteljahrschrift für Sozial- und Wirtschaftsgeschichte 73 (1986), S. 1–37. Für eine jüngere Auseinandersetzung: Christoph Ernst, Den Wald entwickeln. Ein Politik- und Konfliktfeld in Hunsrück und Eifel im 18. Jahrhundert, München 2000.

erstmals in dieser Deutlichkeit auf die Verbindung von Natur und Macht aufmerksam.

Ein Konzept, das im Zuge der ursprünglichen »Holznot-Debatte« in der deutschen Forstwirtschaft entstand und sich ursprünglich nur auf den Wald bezog, ist das der Nachhaltigkeit. Aus der nordamerikanischen Umweltgeschichte, wo »sustainability« seit mindestens 20 Jahren einen festen Platz einnimmt, wurde das Konzept schließlich wieder nach Deutschland reimportiert.[100] Spätestens seit der ersten Umweltkonferenz in Rio de Janeiro 1992 ist es in (nahezu) aller Munde.

Auch Umweltgeschichte in der Praxis, etwa in Industriemuseen, spielt in der zeithistorischen Umweltforschung eine Rolle, wenn auch bisher nur am Rande.[101] Zunehmend wird auch das Feld der Unternehmensgeschichte umwelthistorisch ausgeleuchtet.[102] Während Verbindungen zu den Literaturwissenschaften vor allem über den Weg des boomenden »ecocriticism«[103] verlaufen, ist die Analyse der Medien in der Umweltgeschichte bisher noch unterentwickelt, stellt aber durchaus ein sehr lohnenswertes Feld dar.[104]

100 Vgl. Brüggemeier, Tschernobyl, S. 41.

101 Vgl. beispielsweise: Ulrike Gilhaus, Umweltgeschichte in der Praxis: Das Westfälische Industriemuseum, in: Siemann (Hrsg.), Umweltgeschichte, S. 114–128.

102 Für einen aktuellen Einblick: Jahrbuch für Wirtschaftsgeschichte 2009, H. 2, Nature Incorporated: Unternehmensgeschichte und ökologischer Wandel/Business History and Environmental Change. Vgl. auch den Tagungsbericht »Von der Konflikt- zur Verflechtungsgeschichte?«.

103 Dieser interdisziplinäre, von den Literaturwissenschaften ausgehende Ansatz untersucht literarische Texte in Hinblick auf ökologische Themen. Vgl. Cherryl Glotfelty/Harold Fromm (Hrsg.), The Ecocriticism Reader: Landmarks in Literary Ecology, Athens (GA) 1996; Axel Goodbody, Nature, Technology and Cultural Change in Twentieth Century German Literature: The Challenge of Ecocriticism, Basingstoke 2007; Hubert Zapf (Hrsg.), Kulturökologie und Literatur: Beiträge zu einem transdisziplinären Paradigma der Literaturwissenschaft, Heidelberg 2008; Michael P. Cohen, Blues in the Green: Ecocriticism Under Critique, in: Environmental History 9 (2004), H. 1, S. 9–36.

104 Franziska Torma, Eine Naturschutzkampagne in der Ära Adenauer. Bernhard Grzimeks Afrikafilme in den Medien der 50er Jahre, München 2004; Jens Ivo Engels, Von der Sorge um die Tiere zur Sorge um die Umwelt.

Besonders attraktiv in der umwelthistorischen Forschung sind die Überblicksdarstellungen und Synthesen mit zeithistorischen Abschnitten.[105] Auch in der Umweltgeschichte wird viel und gern von transnationaler und Transfergeschichte gesprochen, in der Umweltzeitgeschichte schlägt sich das indes noch nicht besonders stark nieder. Selbst wenn immer wieder der Sinn nationalstaatlich ausgerichteter Studien in Frage gestellt wird, dominieren sie noch. Das ist *per se* kein Manko, weil auch sie vonnöten sind, aber langsam wäre es an der Zeit, sich verstärkt an Synthesen zu wagen.[106]

Besonders aktuell ist die Diskussion über eine europäische Umweltgeschichte. Während einige anzweifeln, dass eine solche überhaupt sinnvoll ist, weil Europa nichts anderes als ein soziales Konstrukt sei[107] und vielmehr nach Transferprozessen gefragt werden sollte, die sich nicht auf Europa beschränken lassen, zeigte Uekötter jüngst Perspektiven auf, die zumindest eine übergreifende Erzählung »natürlicher Umwelten« zulassen, ohne gleich davon ausgehen zu müssen, dass es *eine* europäische Umwelt gäbe.[108]

Tiersendungen als Umweltpolitik in Westdeutschland zwischen 1950 und 1980, in: Archiv für Sozialgeschichte 43 (2003), S. 297–323; Anders Hansen, Communication, Media and Environment: Towards Reconnecting Research on the Production, Content and Social Implications of Environmental Communication, in: International Communication Gazette 73 (2011), H. 1–2, S. 7–25. Ein herausragendes Beispiel für Nordeuropa: Camilla Hermansson, Det återvunna folkhemmet. Om tevejournalistik och miljöpolitik i Sverige 1987–1998 [Das wiedergefundene Volksheim. Über Fernsehjournalismus und Umweltpolitik in Schweden 1987–1998], Linköping 2002.

105 Beispielsweise: David Blackbourn, Die Eroberung der Natur. Eine Geschichte der deutschen Landschaft, München 2007; Peter Coates, Nature: Western Attitudes since Ancient Times, Berkeley 1998.

106 Drei gelungene Versuche sind: Tamara L. White u. a. (Hrsg.), Northern Europe. An Environmental History, Santa Barbara 2005; J. Donald Hughes, The Mediterranean. An Environmental History, Santa Barbara 2005; und jüngst Joachim Radkau, Ära der Ökologie.

107 Douglas R. Weiner während des Runden-Tisch-Gesprächs: »European Studies as Environmental History. A Roundtable on Methods and Dilemmas«, First World Congress of Environmental History, Malmö, 8. August 2009.

108 Frank Uekötter, Gibt es eine europäische Geschichte der Umwelt? Bemerkungen zu einer überfälligen Debatte, in: Themenportal Europäische Geschichte (2009), online unter http://www.europa.clio-online.de/2009/

Ausblick

Während Uekötter im Frühjahr 2007 noch zweifelte, ob die Umweltgeschichte wirklich volljährig sei,[109] kann der First World Congress of Environmental History (WCEH) im Sommer 2009 in Kopenhagen/Malmö durchaus als ein wichtiger Schritt zum Erwachsenwerden betrachtet werden. Der Kongress war nicht zuletzt deshalb zukunftsweisend, weil er tatsächliche Internationalität wagte, während viele andere Zusammenkünfte sich dies lediglich auf die Fahnen schreiben. Zwar mussten auch hier die üblichen Hürden internationalen Austauschs – Sprachkenntnisse und Unterrepräsentanz von Vertreter/innen ärmerer Gegenden – noch überwunden werden, doch wurden sie in Kopenhagen immerhin offen problematisiert, was durchaus nicht den Standards der historischen Zunft entspricht. Ebenfalls richtungsweisend war der Appell, Wissenschaft stärker in die Gesellschaft zu tragen.[110]

Der von Jens Ivo Engels formulierten Kritik am »bedauerlichen Desinteresse« an der im Bereich der Umweltgeschichte geleisteten Arbeit und an der bewussten oder unbewussten Zurückhaltung, die mittlerweile zahlreichen, auf hohem Niveau argumentierenden umwelthistorischen Studien in den »Kanon« der Zeitgeschichte aufzunehmen, ist entschieden zuzustimmen.[111] Die wertvollen Impulse, die von der Umweltgeschichte ausgehen, haben einen viel größeren Widerhall außerhalb der Grenzen der »Subdisziplin« verdient. Neben neuen Gegenständen und Sichtweisen, die sie in die Zeitgeschichte einbringen, können sie nicht zuletzt dazu beitragen, scheinbar ausgeforschte Themen und Gebiete neu zu bewerten.

Article=374 (13.6.2012). Ein Beispiel für einen gelungenen Versuch der Geschichte einer europäischen Umwelt ist Piet H. Nienhuis' Geschichte des Rhein-Maas-Deltas, vgl. Piet H. Nienhuis, Environmental History of the Rhine-Meuse Delta, Dordrecht 2008.

109 Uekötter, Umweltgeschichte, S. IX.

110 So Verena Winiwarter während der Eröffnungsveranstaltung des WCEH am 4. August 2009.

111 Engels, Umweltgeschichte als Zeitgeschichte, S. 32.

Jörg Echternkamp

Militärgeschichte

Auf die Militärgeschichte trifft in ungewöhnlich hohem Maße zu, was grundsätzlich für alle Teildisziplinen der Geschichtswissenschaft gilt: Sie ist bis heute hochgradig abhängig von den gesellschaftlichen und politischen Konjunkturen der Gegenwart, über deren Vergangenheit sie aufklären will. Das gilt nicht nur für ihre Arbeitsgrundlage (Welche Quellen sind zugänglich?), sondern auch für ihre Selbstorganisation als Disziplin (Wer betreibt Militärgeschichte?) und nicht zuletzt für ihr Selbstverständnis (Was ist Militärgeschichte?). Insbesondere war die Militärgeschichtsschreibung stets durch den zeitgenössischen Stellenwert von Krieg und Frieden geprägt. Das Ende des Kalten Kriegs, die Rückkehr des Kriegs nach Europa und der sicherheitspolitische Paradigmenwechsel in der Bundesrepublik haben auch hierzulande die Themen »Militär« und »Krieg« wieder auf die tagespolitische Agenda gesetzt und damit das Interesse an ihrer historischen Tiefendimension deutlich gesteigert.

Für die Zeitgeschichte erhält die Militärgeschichte schließlich zusätzliche Brisanz. Die historische Auseinandersetzung mit einer kriegerischen Vergangenheit, die zumindest ein Teil der Zeitgenossen selbst miterlebt hat, birgt aus zwei unterschiedlich gelagerten Gründen deutlich mehr gesellschaftspolitischen Sprengstoff als etwa die Konsum-, Technik- oder Wirtschaftsgeschichte: Zum einen hat das Erlebnis des Kriegs und seiner Folgen wegen der exzessiven Gewalt und der massenhaften aktiven und passiven Beteiligung die Generationen existenziell geprägt. Zum anderen setzt die Legitimation einer Staats- und Gesellschaftsordnung nicht selten auf Gründungsmythen, die mit dem Krieg, der Besatzungsherrschaft, dem militärischen Widerstand zu tun haben,[1]

1 Nikolaus Buschmann/Dieter Langewiesche (Hrsg.), Der Krieg in den Gründungsmythen europäischer Nationen und der USA, Frankfurt a. M. 2004; Monika Flacke (Hrsg.), Mythen der Nationen. 1945 – Arena der Erinnerun-

vor allem im Falle eines Regimewechsels wie nach dem Zweiten Weltkrieg. Wie sehr Militärhistoriker den Nerv einer Gesellschaft freilegen können, hat in den 1990er-Jahren der Aufschrei gezeigt, den die »Wehrmachtsausstellung« des Hamburger Instituts für Sozialforschung rund 50 Jahre nach Kriegsende in Deutschland landesweit hervorgerufen hat.[2] Wegen dieser mehrfachen Verkettung der Militärgeschichte mit den zeitgenössischen Konstellationen sind die Grenzen zwischen dem Feld, das die seriöse Wissenschaft bearbeitet, und dem Platz, auf dem sich Hobbyhistoriker jedweder politischer Couleur tummeln, oft weit weniger trennscharf als etwa in anderen historischen Teildisziplinen.

Umso mehr kommt es darauf an zu klären, was denn die Militärgeschichte als geschichtswissenschaftliche Teildisziplin ausmacht. Die Frage wiederum weist auf einen weiteren Aspekt hin, der den Zugang erschwert: Der Kreis der am Forschungsprozess beteiligten Personen und Institutionen allein in Deutschland ist zu heterogen, als dass es militärgeschichtliche »Schulen« und kanonische Werke gäbe. Die Lage würde rasch noch unübersichtlicher, betrachtete man zudem die Forschungslandschaft in anderen Ländern. Wen kann es da wundern, dass es erst recht keine Definition gibt? All das erklärt – neben den Kontinuitätsbrüchen der Militärgeschichtsschreibung – die Ambivalenzen und Widersprüche des Fachs. Was in den Augen Außenstehender die Unklarheit, ja Unsicherheit verstärkt, hat jedoch einen produktiven Prozess der Selbstverständigung unter Militärhistorikern befördert, zu dem nicht zuletzt die Einführungen in das Fach zählen.[3]

gen, 2 Bde., Mainz 2004; Kerstin von Lingen (Hrsg.), Kriegserfahrung und nationale Identität in Europa nach 1945. Erinnerung, Säuberungsprozesse und nationales Gedächtnis, Paderborn 2009.

2 Vgl. Hans-Ulrich Thamer, Vom Tabubruch zur Historisierung? Die Auseinandersetzung um die »Wehrmachtsausstellung«, in: Martin Sabrow/Ralph Jessen/Klaus Große Kracht (Hrsg.), Zeitgeschichte als Streitgeschichte. Große Kontroversen seit 1945, München 2003, S. 171–186; Johannes Hürter/Christian Hartmann/Ulrike Jureit (Hrsg.), Verbrechen der Wehrmacht. Bilanz einer Debatte, München 2005.

3 Thomas Kühne/Benjamin Ziemann (Hrsg.), Was ist Militärgeschichte?, Paderborn 2000; Gerd Krumeich, Militärgeschichte für eine zivile Gesellschaft, in: Christoph Cornelißen (Hrsg.), Geschichtswissenschaften. Eine Einführung, Frankfurt a. M. 2000, S. 178–193; Jutta Nowosadtko, Krieg,

Für ihre Mehrheit besitzt der Gegenstandsbereich der Militärgeschichte zwei Hauptkomponenten: Krieg und Militär. Die meisten Militärhistoriker beschäftigen sich nach den grundlegenden Standards ihrer Zunft (a) mit militärischen Konflikten einschließlich ihrer Voraussetzungen und Folgen, (b) mit dem Militär als einer sozialen Gruppe und Großorganisation sowie (c) mit den Abhängigkeiten und Wechselwirkungen zwischen Krieg und Militär auf der einen Seite und der jeweiligen im weitesten Sinn gesellschaftlichen Verfasstheit auf der anderen. Wenn gleichwohl regelmäßig nicht von einer »Kriegs- und Militärgeschichte« oder nur von »Kriegsgeschichte« gesprochen wird, hat das seinen semantischen Grund darin, dass der Terminus »Kriegsgeschichte« bis 1945 eine andere Bedeutung besaß als jene, die man später damit verbunden wissen wollte.

Von der Kriegsgeschichte zur Militärgeschichte

Die Verwerfungen der Militär- und Kriegsgeschichtsschreibung in Deutschland sind oft geschildert worden.[4] Gleichwohl sollen sie hier mit wenigen Strichen zumindest skizziert werden, weil ohne diese disziplingeschichtliche Perspektive die Bedeutsamkeit manch neuerer Entwicklungen und die Schärfe der Kontroverse

Gewalt und Ordnung. Eine Einführung in die Militärgeschichte, Tübingen, 2003; Edgar Wolfrum, Krieg und Frieden in der Neuzeit. Vom Westfälischen Frieden bis zum Zweiten Weltkrieg, Darmstadt 2003; vgl. auch die Debatte »Militärgeschichte als Zeitgeschichte«, in: Zeithistorische Forschungen/ Studies in Contemporary History, Online-Ausgabe, 2 (2005), H. 1, online unter http://www.zeithistorische-forschungen.de/16126041-Vorwort-Debatte-1-2005 (10.5.2012); Karl Volker Neugebauer (Hrsg.), Grundkurs deutsche Militärgeschichte, 3 Bde., München 2006 f.; einen guten Forschungsüberblick mit Gegenwartsbezügen bietet zudem: Hew Strachan/ Sibylle Scheipers (Hrsg.), The Changing Character of War, Oxford 2011.

4 Krumeich, Militärgeschichte; Nowosadtko, Krieg, Gewalt und Ordnung, S. 20–130; für die Zeit nach 1945: Jörg Echternkamp, Wandel durch Annäherung oder: Wird die Militärgeschichte ein Opfer ihres Erfolges? Zur wissenschaftlichen Anschlussfähigkeit der deutschen Militärgeschichte seit 1945, in: ders./Thomas Vogel/Wolfgang Schmidt (Hrsg.), Perspektiven der Militärgeschichte. Raum, Gewalt und Repräsentation in historischer Forschung und Bildung, München 2010, S. 1–38.

unverständlich blieben. Das Ziel der »Kriegswissenschaft« war es seit dem späten Mittelalter, die Lehren aus der Kriegsgeschichte zu ziehen und zu vermitteln. Carl von Clausewitz hat in seinem Meisterwerk »Vom Kriege« 1832 das militärische Geschehen erstmals als eine Variable gesellschaftlicher Entwicklungen erklärt und betont, dass sich der Krieg nicht aus sich selbst heraus, sondern nur als ein politisches Phänomen verstehen lässt.[5] Bevor rund 150 Jahre später die methodische Konsequenz daraus gezogen wurde, blieben Kriegs- und Militärwissenschaft jedoch ein – wie man heute sagen würde – Alleinstellungsmerkmal von Generalstäben und Kriegsakademien. Mit einem »applikatorischen« Ansatz wurden die *per se* vorbildlichen Feldzugsplanungen großer Feldherren – insbesondere Friedrichs II. und Moltkes – zum Zweck des unkritischen Nachahmens herausgestellt. Erst Hans Delbrück, Treitschkes Nachfolger an der Berliner Universität, konzipierte eine mittelfristig wegweisende »Geschichte der Kriegskunst im Rahmen der politischen Geschichte«.[6] Nach dem Ersten Weltkrieg war die Militärgeschichte vor allem eine Sache des Reichsarchivs. Im Gebäude der Reichskriegsschule in Potsdam wurde jahrelang an einer amtlichen Weltkriegsgeschichte gearbeitet, die das negative Image des Militärs aufpolieren sollte.[7]

An dieser Zuordnung der Kriegs- und Militärgeschichtsschreibung zu militärischen (politischen) Institutionen änderte sich in der DDR wie in der Bundesrepublik lange nichts. In Ostdeutschland wurde die Militärgeschichte 1958 institutionalisiert und auf die ideologische Indoktrination der Nationalen Volksarmee (NVA) umgepolt.[8] In Österreich führten einzelne Militär-

5 Beatrice Heuser, Clausewitz lesen! Eine Einführung, München 2005.

6 Hans Delbrück, Geschichte der Kriegskunst im Rahmen der politischen Geschichte, 4 Bde., Berlin 1908–1920.

7 Vgl. Markus Pöhlmann, Kriegsgeschichte und Geschichtspolitik: Der Erste Weltkrieg. Die amtliche deutsche Militärgeschichtsschreibung 1914–1956, Paderborn 2002.

8 1958 wurde in Potsdam das »Institut für Deutsche Militärgeschichte« gegründet (später Militärgeschichtliches Institut der DDR), 1959 in Dresden die Militärakademie mit Lehrstühlen für Geschichte. Vgl. Bruno Thoß, Institutionalisierte Militärgeschichte im geteilten Deutschland. Wege und Gegenwege im Systemvergleich, in: Echternkamp/Vogel/Schmidt (Hrsg.), Perspektiven, S. 41–65.

historiker relativ lange ein Nischendasein im Dunstkreis der altösterreichischen Kriegsgeschichtsschreibung, ohne freilich die internationalen militärgeschichtlichen Diskurse mitzugestalten. In Westdeutschland verfügte bereits der Vorläufer des Bundesverteidigungsministeriums, das »Amt Blank«, über eine Abteilung »Militärwissenschaft«, die 1956 als militärgeschichtliche Forschungsstelle den Grundstein für das Militärgeschichtliche Forschungsamt (MGFA) in Freiburg i. Br. (seit 1997 in Potsdam) als einer nachgeordneten Dienststelle des Bundesministeriums für Verteidigung unter militärischer Führung legte.[9] Der Hauptauftrag des MGFA galt der Erforschung des Zweiten Weltkriegs, dessen Deutung man nicht den DDR-Historikern überlassen wollte. Die Auseinandersetzung mit der tradierten utilitaristischen Herangehensweise, die an dem Nutzen der Militärgeschichte für die Offiziersausbildung als Relevanzkriterium festhielt, prägte die ersten zehn bis fünfzehn Jahre der institutionalisierten Militärgeschichtsschreibung, die mit der universitären Geschichtswissenschaft wenig am Hut hatte – und umgekehrt.[10] Diese institutionelle und konzeptionelle Rückkopplung der Militärgeschichte an das Militär selbst stellt im Vergleich mit Großbritannien, den Vereinigten Staaten und Frankreich eine Besonderheit dar, die keine derartigen Institutionen aufwiesen.[11]

In der Bundesrepublik zeichnete sich eine Entwicklungslinie ab, die sich als »Wandel durch Annäherung« beschreiben und in

9 Das MGFA wird ab 2012/13 mit dem Sozialwissenschaftlichen Institut der Bundeswehr eine neue Dienststelle bilden, die sich stärker auf die sozialwissenschaftliche Begleitung und geschichtswissenschaftliche Analyse der jüngsten Auslandseinsätze der Bundeswehr konzentriert; vgl. MGFA Jahresbericht 2011/12, Potsdam 2012, S. 1, online unter http://www.mgfa.de/html/einsatzunterstuetzung/downloads/jahresbericht201112.pdf?PHPSESSID=9484a5f4bd336edd786c9ab652ec4085 (6.6.2012).

10 Rainer Wohlfeil, Militärgeschichte. Zu Geschichte und Problemen einer Disziplin der Geschichtswissenschaft (1952–1967), in: Militärgeschichtliche Mitteilungen (52) 1993, S. 323–344.

11 Zur Entwicklung der Militärgeschichtsschreibung im angelsächsischen Raum und in Frankreich vgl. Volker Berghahn, Die Wandlungen der deutschen Militärgeschichte in britisch-amerikanischer Perspektive, in: Echternkamp/Vogel/Schmidt (Hrsg.), Perspektiven, S. 67–85; Stefan Martens, Die französische Militärgeschichte seit dem Zweiten Weltkrieg, in: ebd., S. 87–97.

drei Phasen unterteilen lässt.[12] Nach der ersten, bis in die späten 1960er-Jahre reichenden Phase der Institutionalisierung der Militärgeschichte folgte eine zweite des allmählichen Perspektivenwechsels in den 1970er- und 1980er-Jahren. Mit der »Fischer-Kontroverse« – der hitzigen Debatte über die Großmachtpolitik des Kaiserreichs als Ursache des Ersten Weltkriegs – wurde der Zusammenhang von Militär, Politik und Gesellschaft nun erstmals auch in der historischen Zunft ein Thema, die es vor allem unter dem Rubrum des (preußisch-deutschen) »Militarismus« diskutierte.[13] Dies hatte Rückwirkungen auf die institutionalisierte Militärgeschichte, wie das 1979 vom MGFA begonnene Reihenwerk »Das Deutsche Reich und der Zweite Weltkrieg« zeigt.[14] Diese zehnbändige Reihe behandelt die Geschichte des Kriegs von Beginn an auch als eine Geschichte der deutschen Gesellschaft während des Kriegs. Neben den operationsgeschichtlich orientierten Beiträgen wurden die sozialen, wirtschaftlichen und ideologischen Aspekte berücksichtigt.

Impulse für eine »zivilisierte« Geschichte des Kriegs und der Soldaten lieferte auch die »Alltagsgeschichte«. Der Blick »von unten«, den seit den 1980er-Jahren kleinräumige Studien auf die Gesellschaft freigaben, zeigte nicht zuletzt Kommunen und Regionen im Krieg. Die Militärgeschichte des »kleinen Mannes« zielte auf die einfachen Menschen als Akteure und Leidtragende militärischer Großkonflikte.[15] Schließlich nahm sich die »Friedensforschung« des Problems militärischer Konflikte gleichsam unter umgekehrtem Vorzeichen an.[16] In den Debatten des 1984 ge-

12 Das Folgende nach: Echternkamp, Wandel durch Annäherung.

13 Als Resümee vgl. Volker Berghahn (Hrsg.), Militarismus. Die Geschichte einer internationalen Debatte, Hamburg 1986.

14 Das Deutsche Reich und der Zweite Weltkrieg, 10 Bde., hrsg. vom Militärgeschichtlichen Forschungsamt, Stuttgart 1979–2008.

15 Siehe Wolfram Wette, Militärgeschichte von unten. Die Perspektive des »kleinen Mannes«, in: ders. (Hrsg.), Der Krieg des kleinen Mannes. Eine Militärgeschichte von unten, München 1992, S. 9–47; Bernd Ulrich, »Militärgeschichte von unten«. Anmerkungen zu ihren Ursprüngen, Quellen und Perspektiven im 20. Jahrhundert, in: Geschichte und Gesellschaft 22 (1996), S. 473–503.

16 Zur Geschichte der hier bedeutsamen Hessischen Stiftung für Friedens- und Konfliktforschung vgl. die Selbstdarstellung online unter http://www.hsfk.de/index.php?id=53.

gründeten »Arbeitskreises Historische Friedensforschung« spielten zeitgeschichtliche Themen wie etwa der Übergang von der Kriegs- zur Friedensgesellschaft eine wichtige Rolle.[17]

Gleichwohl galt den meisten Hochschullehrer/innen das Militärische weiterhin als etwas, das wenig mit dem Erkenntnisfortschritt der Wissenschaft, dafür viel mit der identitätsstiftenden Selbstdarstellung des Militärs zu tun hatte. Die neue Sozialgeschichte scheute die Soldaten und setzte zunächst andere Schwerpunkte. Aber auch die allumspannenden Theorien der Makrosoziologie über die Funktionsweise der Gesellschaft waren bei der Analyse des Phänomens »Krieg« wenig hilfreich. Noch 1989 konnten Geschichtsstudent/innen in Opgenoorths Einführung lesen, dass »die Kriegs- und Militärgeschichte« im Vergleich mit anderen Teildisziplinen »in besonders hohem Grade zu einem Dasein in der Abgeschiedenheit (neigt), das zu ihrer sachlichen Bedeutung in auffallendem Gegensatz steht«.[18]

Ein bis heute fortwirkender Umbruch – die dritte Phase – setzte in der Bundesrepublik erst in den 1990er-Jahren ein. Dafür sorgte indes weniger eine thematische als eine theoretisch-methodische Neuorientierung, die Anregungen aus der Sozial- und Kulturgeschichte aufgriff. Ihre Vertreter sprachen daher früh von einer »Militärgeschichte in der Erweiterung«.[19] Mit den Impulsen der verschiedenen sozial- und kulturgeschichtlichen Ansätze fanden Krieg und Militär im gesellschaftlichen Zusammenhang endgültig das Interesse eines größeren Kreises von Historikern und – auch das war neu – Historikerinnen. Aus der Distanz von über zwanzig Jahren lässt sich die noch vorsichtig formulierte Einschätzung von Gerd Krumeich bekräftigen, man könne hier »wahrscheinlich von einem wirklichen Paradigmenwechsel sprechen«.[20] Die »Rückkehr des Kriegs« in Jugoslawien, aber auch der breit diskutierte Krieg mit dem Irak verstärkten das allgemeine Interesse.

17 Siehe die Website des Arbeitskreises Historische Friedensforschung online unter http://www.akhf.de (6.5.2012).

18 Ernst Opgenoorth, Einführung in das Studium der neueren Geschichte, 3. völlig überarb. Aufl., Paderborn 1989, S. 218.

19 Kühne/Ziemann (Hrsg.), Was ist Militärgeschichte?

20 Krumeich, Militärgeschichte, S. 188.

Das spiegelt sich in der Wissenschaftslandschaft wider. Nach dem Historikertag 1994 wurde der »Arbeitskreis Militärgeschichte« mit dem Ziel gegründet, »zur Entwicklung dieses aktuellen und wichtigen Feldes der Geschichtswissenschaft bei[zu]tragen, das an deutschsprachigen Universitäten institutionell nach wie vor kaum vertreten ist«.[21] Seit 1996 gibt es schließlich einen Lehrstuhl für Militärgeschichte, eine Stiftungsprofessur des Bundesministeriums der Verteidigung an der Universität Potsdam. Darüber hinaus setzte von 1999 bis 2008 der Sonderforschungsbereich 437 »Kriegserfahrungen. Krieg und Gesellschaft in der Neuzeit« an der Universität Tübingen sozial- und kulturhistorische Akzente. Unter den außeruniversitären Forschungseinrichtungen hat, neben dem MGFA, auch das Institut für Zeitgeschichte München-Berlin unter dem Titel »Wehrmacht in der NS-Diktatur« ein militärgeschichtliches Großprojekt aufgelegt, das vor allem die Schnittstellen von Militär und Bevölkerung in Osteuropa beleuchtet.[22]

An den Universitäten sind Krieg und Streitkräfte seitdem ein Thema wie andere auch. Student/innen beschäftigen sich mit Militär, Staat und Gesellschaft sowie mit der Wissenschaftsdisziplin der Militärgeschichte, ihrer Geschichtsschreibung und ihren Institutionen. Militärgeschichte und Militärsoziologie stehen im Zentrum des 2007 gestarteten Master-Studiengangs »Military Studies«, den die Universität Potsdam in Kooperation mit dem Sozialwissenschaftlichen Institut der Bundeswehr und dem MGFA unterhält und der »den Fokus auf die Wechselwirkungen von Militär, Staat, Gesellschaft, Wirtschaft und Kultur oder auf die Ursachen und Dynamiken gewaltsamer interner wie internationaler Konflikte richtet«.[23] Diese institutionellen Verzahnungen – von persönlichen Netzwerken ganz zu schweigen – belegen, wie sehr

21 Vgl. http://www.akmilitaergeschichte.de.

22 Johannes Hürter, Hitlers Heerführer. Die deutschen Oberbefehlshaber im Krieg gegen die Sowjetunion 1941/42, 2. Aufl., München 2007; Peter Lieb, Konventioneller Krieg oder NS-Weltanschauungskrieg? Kriegführung und Partisanenbekämpfung in Frankreich 1943/44, München 2007; Dieter Pohl, Die Herrschaft der Wehrmacht. Militärverwaltung und Bevölkerung in der besetzten Sowjetunion 1941–1944, München 2008; Christian Hartmann, Wehrmacht im Ostkrieg. Front und militärisches Hinterland 1941/42, 2. Aufl., München 2010.

23 Vgl. die Homepage unter http://www.militarystudies.de/ (20.5.2012).

der Wandel der Militärgeschichte zu einer Annäherung an die Geschichtswissenschaft geführt und umgekehrt diese Annäherung den Wandel vorangetrieben hat.

Militärhistorische Themen, Methoden und Debatten

Diese konzeptionelle und methodische Neuorientierung machte militärgeschichtliche Themen für andere Subdisziplinen bzw. Fachrichtungen interessant und beförderte – oft signalisiert durch die Formel »Militärgeschichte als ...« – interdisziplinäre Herangehensweisen. Die neuen Konvergenzen, die einerseits über die älteren politik- und institutionengeschichtlichen Ansätze hinausgehen und sich andererseits im Forschungsdreieck einer Geschichte von Militär, Krieg/Frieden und Gesellschaft bewegen, lassen sich an drei Beispielen stichpunktartig veranschaulichen.

Erstens wird aus sozialgeschichtlicher Perspektive das Militär als eine soziale Gruppe unter die Lupe genommen.[24] Rekrutierung, soziale Öffnung des Offizierskorps sowie die Sozialisation in der Kaserne sind Aspekte, die von der Forschung aufgegriffen werden. Zum anderen wird Krieg als Faktor der Vergesellschaftung untersucht, etwa anhand der »Kriegsgesellschaft« im Unterschied zu der als Normalzustand unterstellten Zivilgesellschaft im Frieden.[25] Schließlich schlägt die Gretchenfrage der Wehrverfassung, »Wehrpflicht oder Freiwilligenarmee?«, die

24 Vgl. schon früh: Bernhard R. Kroener, Die personellen Ressourcen des Dritten Reiches im Spannungsfeld zwischen Wehrmacht, Bürokratie und Kriegswirtschaft 1939–1942, in: ders./Rolf-Dieter Müller/Hans Umbreit, Organisation und Mobilisierung des deutschen Machtbereiches, Teil 1: 1939–1942 (= Das Deutsche Reich und der Zweite Weltkrieg; 5/1), Stuttgart 1988, S. 793–1003; Ute Frevert (Hrsg.), Militär und Gesellschaft im 19. und 20. Jahrhundert, Stuttgart 1994.

25 Vgl. Jörg Echternkamp (Hrsg.), Die deutsche Kriegsgesellschaft 1939 bis 1945 (= Das Deutsche Reich und der Zweite Weltkrieg; 9/1–2), 2 Bde., München 2004–2005; Dietmar Süß, Tod aus der Luft. Kriegsgesellschaft und Luftkrieg in Deutschland und England, München 2011. Aus soziologischer Sicht: Volker Kruse, Mobilisierung und kriegsgesellschaftliches Dilemma. Beobachtungen zur kriegsgesellschaftlichen Moderne, in: Zeitschrift für Soziologie 38 (2009), H. 3, S. 198–214.

in den letzten Jahren wieder an Aktualität gewonnen hat, auch in historischer Perspektive eine Brücke zwischen Militär und Gesellschaft.[26]

Die Wirtschafts- und Technikgeschichte, zweitens, befasst sich etwa mit den ökonomischen Bedingungen und Folgen der Stationierung von Militär, der Umstellung einer Friedens- auf die Kriegswirtschaft sowie mit der Rüstungsproduktion und -beschaffung.[27] Weil militärische Souveränität und nationale Identität stets eng verflochten waren, kann man drittens auf neue Studien zur Verbindung der Militärgeschichte mit der Historischen Nationalismusforschung hinweisen. Für das 20. und 21. Jahrhundert muss etwa nach nationalen Deutungs- und Legitimationsmustern von Kriegen wie umgekehrt nach den militärischen, in einem Krieg gründenden Deutungs- und Legitimationsmustern des *nation building* gefragt werden. Die Frage nach der Bedeutung der Nation als Motivation der Soldaten bleibt nicht nur für den nationalsozialistischen Krieg aktuell,[28] sondern auch für die nationalgeschichtlich verankerte Traditionsbildung der Streitkräfte (auch im internationalistischen Warschauer Pakt) und die Kriege der 1990er-Jahre.

Anhand der drei Beispiele lässt sich nicht nur die Konvergenz verschiedener Fachrichtungen, sondern in methodischer Hinsicht auch die kulturgeschichtliche Herangehensweise zeigen, die mit diesen Verbindungen einhergehen kann. Das kulturgeschichtliche Interesse an Wahrnehmungen und Deutungen, an Symbolen,

26 Ute Frevert, Die kasernierte Nation. Militärdienst und Zivilgesellschaft in Deutschland, München 2001.

27 Vgl. Roland Peter, Rüstungspolitik in Baden. Kriegswirtschaft und Arbeitseinsatz in einer Grenzregion im Zweiten Weltkrieg, München 1995; als jüngeres Beispiel Wolfgang Schmidt, Integration und Wandel. Die Infrastruktur der Streitkräfte als Faktor sozioökonomischer Modernisierung in der Bundesrepublik 1955 bis 1975, München 2006; Stefanie van de Kerkhof, Von der Friedens- zur Kriegswirtschaft. Unternehmensstrategien der deutschen Eisen- und Stahlindustrie vom Kaiserreich bis zum Ende des Ersten Weltkrieges, Essen 2006.

28 Jörg Echternkamp/Sven Oliver Müller (Hrsg.), Die Politik der Nation. Deutscher Nationalismus in Krieg und Krisen 1760–1960, München 2002; Sven O. Müller, Deutsche Soldaten und ihre Feinde. Nationalismus an Front und Heimatfront im Zweiten Weltkrieg, Frankfurt a. M. 2007.

Ritualen und Repräsentationen leuchtet im Fall der Frage nach Militärgeschichte und Nationalismusforschung unmittelbar ein, ist aber auch dort forschungsleitend, wo es um die Ungleichzeitigkeit von rüstungstechnischem Fortschritt und den Beharrungskräften traditioneller Kriegsbilder oder Selbstbilder, etwa als Militärpilot, geht.[29] Ein kulturgeschichtlicher Ansatz liegt schließlich, um zum ersten Beispiel zurückzukehren, auch dort nahe, wo es um militärische Milieus, den Frontalltag oder die »Militarisierung« der Gesellschaft geht. Zudem wurde neuerdings vielfach die mediale Dimension des Kriegs untersucht, die nicht einfach als zeitgenössische Deutung, sondern als inhärenter Teil des Kriegs und der Kriegführung gefasst wird – insbesondere im Zuge der Propagandakriege des 20. Jahrhunderts.[30]

Die Ausweitung lässt sich noch von einer anderen Seite, nämlich von ihrem Gegenstand her beleuchten. Ein weitreichender Forschungsimpuls für die neue Militärgeschichte ging von dem Idealtypus des »totalen Kriegs« aus.[31] Mit diesem heuristischen

29 Christian Kehrt, Moderne Krieger. Die Technikerfahrungen deutscher Militärpiloten von 1910 bis 1945, Paderborn 2010.

30 Vgl. Bernhard Chiari/Matthias Rogg/Wolfgang Schmidt (Hrsg.), Krieg und Militär im Film des 20. Jahrhunderts, München 2003; Gerhard Paul, Bilder des Krieges – Krieg der Bilder. Die Visualisierung des modernen Krieges, Paderborn 2004; Ute Daniel (Hrsg.), Augenzeugen. Kriegsberichterstattung vom 18. zum 21. Jahrhundert, Göttingen 2006; sowie das Themenheft der Militärgeschichtlichen Zeitschrift 70 (2011), H. 1: »Militär und Medien im 20. Jahrhundert« (Gastherausgeber Ute Daniel, Jörn Leonhard, Martin Löffelholz); vgl. auch Thorsten Loch, Das Gesicht der Bundeswehr. Kommunikationsstrategien in der Freiwilligenwerbung der Bundeswehr, München 2008.

31 Vgl. die Publikationen der 1992 begonnenen Konferenzreihe: Stig Förster/Jörg Nagler (Hrsg.), On the Road to Total War. The American Civil War and the German Wars of Unification, 1861–1871, Cambridge 1997; Manfred F. Boemeke/Roger Chickering/Stig Förster (Hrsg.), Anticipating Total War. The German and American Experiences, 1871–1914, Cambridge 1999; Roger Chickering/Stig Förster (Hrsg.), Great War, Total War. Combat and Mobilization on the Western Front, 1914–1918, Cambridge 2000; dies. (Hrsg.), The Shadows of Total War. Europe, East Asia, and the United States, 1919–1939, Cambridge 2003; Roger Chickering u. a. (Hrsg.), A World at Total War. Global Conflict and the Politics of Destruction, 1937–1945, Cambridge 2005.

Instrument wurden die Kriege des 20. Jahrhunderts auf Parameter ihrer »Totalität« untersucht und die historische Dynamik mit der Radikalisierung dieser Parameter erklärt. Eine methodische Konsequenz aus der Totalität des modernen Kriegs ist die Totalität seiner Darstellung in der Geschichtsschreibung. Wo der militärische Konflikt alle Lebensbereiche erfasst, muss theoretisch eine holistische Militärgeschichte die zahlreichen Facetten von Kriegsgesellschaften ausleuchten.[32]

Diese Erweiterung der Militärgeschichte lief mit der rasanten Ausdehnung ihrer Quellenbasis parallel. Hatte sich die ältere Militärgeschichte wegen ihres historistischen Interesses an der Funktionselite und den Entscheidungsprozessen auf höchster Ebene vor allem auf umfangreiche Aktenkonvolute gestützt (weshalb Kritiker ihr – ebenso übrigens wie den Kollegen in Westeuropa[33] – Aktengläubigkeit und Positivismus vorgehalten haben), wurden nun auch »Egodokumente« aus dem Krieg herangezogen wie die Privatkorrespondenz[34] oder Tagebücher[35]. Der Schwerpunkt verlagerte sich von der politischen und militärischen Elite auf die sozialen Verhaltensweisen der »ganz normalen Deutschen« während des Kriegs. Das Erkenntnisinteresse zielte regelmäßig darauf, den (deutenden) Wahrnehmungen des Kriegs nachzuspüren, aktive und passive Gewalterfahrungen zu erklären und die konkreten Handlungsspielräume von Frauen und Männern auszuloten. Selbstzeugnisse sollten nicht selten den »Eigensinn« der

32 Vgl. als Beispiel einer Totalgeschichte: Roger Chickering, Freiburg im Ersten Weltkrieg. Totaler Krieg und städtischer Alltag 1914–1918, Paderborn 2009.

33 In Westeuropa richtete sich die Kritik seit den 1980er-Jahren nicht zuletzt gegen die Konstruktion nationaler Meistererzählungen anhand offizieller Akteneditionen; vgl. Pieter Lagrou, Historiographie de guerre et historiographie du temps présent. Cadres institutionnels en Europe occidentale, 1945–2000, in: Bulletin du Comité international d'histoire de la deuxième guerre mondiale (Vol. 30–31, 1999–2000), S. 191–215.

34 Wilm Hosenfeld, »Ich versuche jeden zu retten«. Das Leben eines deutschen Offiziers in Briefen und Tagebüchern, hrsg. im Auftrag des Militärgeschichtlichen Forschungsamtes von Thomas Vogel, München 2004.

35 Zuletzt Werner Otto Müller-Hill, »Man hat es kommen sehen und ist doch erschüttert.« Das Kriegstagebuch eines deutschen Heeresrichters 1944/45. Mit einem Vorwort von Wolfram Wette, München 2012.

Akteure belegen, ihre Nähe und Distanz zum Regime vermessen, ihre (wachsende) Kenntnis von Kriegsverbrechen nachweisen oder ihren Weg in den Widerstand. Als neue, wenngleich mit besonderer quellenkritischer Vorsicht zu genießende Quelle wurden die millionenfach überlieferten Feldpostbriefe »entdeckt«[36]. Deutsche Historiker folgten ihren angelsächsischen Vorgängern, die seit den 1970er-Jahren das Leben an der Front in einem interdisziplinären Ansatz untersuchten. Dieser Ansatz setzte auch auf literaturgeschichtliche und kulturanthropologische Methoden.[37] Das Argument lässt sich freilich auch umdrehen: Spezifisch militärgeschichtliche Quellen haben die Palette zeitgeschichtlicher Quellen vergrößert.

Am Beispiel der Feldpost lässt sich ein quellenkritisches Problem anreißen, das man die Authentizitätsfalle der Militärgeschichte nennen könnte. Weil das Kriegserlebnis, der Umgang mit und die Verarbeitung von militärischer Gewalt im Zentrum vieler Arbeiten zur Militärgeschichte stehen, ist es verlockend, möglichst nah an die »Kriegswirklichkeit« heranzukommen – als ob es einen Punkt außerhalb der Zeit gäbe. Zwei Modelle der Authentizitätsfalle lassen sich unterscheiden. Zum einen sollen bestimmte Quellenarten den Eindruck des Unverfälschten wecken. Das kann die erwähnte Privatkorrespondenz sein, das können aber auch Abhörprotokolle der Gespräche von Wehrmachtssoldaten in Kriegsgefangenschaft sein.[38] Doch was wir lesen oder hören ist das, was die Landser kommuniziert haben – nicht weniger, aber auch nicht mehr. Was sie für nicht erwähnenswert hielten, was ihnen unsagbar schien, was sie verschweigen wollten:

36 Peter Knoch, Feldpost – eine unentdeckte Quellengattung, in Geschichtsdidaktik 11 (1986), S. 154–171; ders. (Hrsg.), Kriegsalltag. Die Rekonstruktion des Kriegsalltags als Aufgabe der historischen Forschung und Friedenserziehung, Stuttgart 1989; vgl. Jörg Echternkamp, Kriegsschauplatz Deutschland 1945. Leben in Angst – Hoffnung auf Frieden. Feldpost aus der Heimat und von der Front, Paderborn 2006, bes. S. 1–9.

37 Als einflussreiches Beispiel siehe Paul Fussell, The Great War and Modern Memory, London 1975.

38 Sönke Neitzel/Harald Welzer, Soldaten. Protokolle vom Kämpfen, Töten und Sterben, 5. Aufl., Frankfurt a. M. 2011. So wirbt der Verlag auf dem Buchrücken mit der »Kriegswahrnehmung von Soldaten in historischer Echtzeit«.

Davon erfährt man nichts, wenngleich auch die Ermittlung des Tabuisierten bereits ein Forschungsergebnis sein kann.

Zum anderen werden die Überlebenden des Kriegs in den »Zeugenstand« gerufen. Um zu erfahren, wie es im Bombenkrieg, an der Front oder im Besatzungsgebiet »wirklich« gewesen ist, scheinen die Zeitgenossen – das heißt auch die »Kriegskinder«[39] – zum »Zeitzeugen« prädestiniert.[40] Er lieferte den Stoff für den Opfer-Diskurs der letzten Jahre, der im Hinblick auf den nationalsozialistischen Krieg nicht mehr allein die Opfer der Deutschen, sondern auch die Deutschen als Opfer des Kriegs umfasst.[41] Dagegen ist an die Einsicht der reflektierten Oral History zu erinnern, dass der Historiker nicht die Widerspiegelung des berichteten Ereignisses erfasst, sondern das Ergebnis eines mehrschichtigen, durch öffentliche und private Kommunikation über den Krieg immer wieder neu geprägten Prozesses der Erinnerung daran im Moment des Interviews. Das weist auf ein hochaktuelles Forschungsfeld hin, das eine Komponente der Militärgeschichte bleiben wird: die Erinnerungsgeschichte.

Militärgeschichte als zeithistorische Aufklärung: Probleme und Perspektiven

Von den gegenwärtigen Entwicklungslinien, die sich teils wegen ihrer Aktualität, teils wegen ihrer ungelösten Problematik mit einiger Gewissheit in die Zukunft verlängern lassen, sollen hier drei herausgehoben werden: die erinnerungsgeschichtliche, die europäisch-internationale und die operationsgeschichtliche.

Erstens gewinnt die Militärgeschichtsschreibung mit wachsendem zeitlichen Abstand zum Ende des Zweiten Weltkriegs eine weitere Untersuchungsebene. So zeichnet sich (frei nach Pierre

39 Sabine Bode, Die vergessene Generation. Die Kriegskinder brechen ihr Schweigen, München 2010.

40 Vgl. Ulrike Jureit, Die Entdeckung des Zeitzeugen. Faschismus- und Nachkriegserfahrungen im Ruhrgebiet, in: Jürgen Danyel/Jan-Holger Kirsch/Martin Sabrow (Hrsg.), 50 Klassiker der Zeitgeschichte, Göttingen 2007, S. 174–177.

41 Vgl. nur Bill Niven (Hrsg.), Germans as Victims. Remembering the Past in Contemporary Germany, Basingstoke 2006.

Nora) eine Militärgeschichte »zweiten Grades« ab, deren erinnerungsgeschichtliche Ansätze weniger auf die erinnerte als die sich erinnernde Vergangenheit zielen: auf die in pluralistischen Gesellschaften zumeist konfliktträchtigen Auseinandersetzungen um den Stellenwert des Kriegs und der Streitkräfte, die ihn führten, die als Prozess der Selbstverständigung interpretiert werden können.[42] Erinnerungskonflikte, wie sie zum Beispiel bei der Errichtung eines »Ehrenmals«[43] für das Gedenken an die ums Leben gekommenen Bundeswehrangehörigen aufbrachen, sind nicht zuletzt Indizien für das Ringen um die jeweils gültigen Normen. Die »zweite Geschichte« des Zweiten Weltkriegs ist auch deshalb reizvoll, weil sie eine methodische Brücke über die vermeintliche Zäsur von 1945 hinweg in die Bundesrepublik und die DDR schlägt – nicht zuletzt wiederum zu deren Militärgeschichten.[44]

Für den systematischen Zugriff empfiehlt sich die Trias von Primärerfahrung, Erinnerungskultur und Geschichtswissenschaft, wie sie Hans Günter Hockerts beschrieben hat.[45] Sie trennt typologisch die unterschiedlichen Zugänge zur Vergangenheit und grenzt auch den Militärhistoriker als Geschichtswissenschaftler von der (selbst) erlebten Vergangenheit einerseits und dem nicht-wissenschaftlichen Gebrauch von Geschichte andererseits ab. Wenn man an dem Erklärungsanspruch der Geschichtswissenschaft festhält und den öffentlichen Gebrauch von »Kriegsgeschichten« rational kontrollieren möchte – was gegenüber der

42 Vgl. demnächst Jörg Echternkamp, Soldaten im Nachkrieg. Historische Deutungskonflikte und westdeutsche Demokratisierung 1945–1955, München 2013.

43 Manfred Hettling/Jörg Echternkamp (Hrsg.), Bedingt erinnerungsbereit? Soldatengedenken in der Bundesrepublik, Göttingen 2008.

44 Vgl. Robert G. Moeller, War Stories. The Search for a Usable Past in the Federal Republic of Germany, Berkeley 2001; Frank Biess, Homecomings. Returning POWs and the Legacies of Defeat in Postwar Germany, Princeton 2007; Svenja Goltermann, Die Gesellschaft der Überlebenden. Deutsche Kriegsheimkehrer und ihre Gewalterfahrungen im Zweiten Weltkrieg, München 2009.

45 Hans Günter Hockerts, Zugänge zur Zeitgeschichte. Primärerfahrung, Erinnerungskultur, Geschichtswissenschaft, in: Konrad H. Jarausch/Martin Sabrow (Hrsg.), Verletztes Gedächtnis. Erinnerungskultur und Zeitgeschichte im Konflikt, Frankfurt a. M. 2002, S. 39–73.

an Mythen reichen und zum Moralisieren neigenden Militärgeschichte zweifellos angezeigt ist –, dann kommt man an deren Analyse nicht vorbei. Was Christoph Kleßmann gegen postmoderne Beliebigkeit allgemein für die »Zeitgeschichte als wissenschaftliche Aufklärung« postuliert hat, gilt für die Militärgeschichte allemal.[46] Schließlich ist das massenhafte Sterben in den Weltkriegen ein Faktum, das sich sprachlich kaum fassen lässt, wenngleich die daraus folgenden Narrativierungen kritisch zu hinterfragen sind.

Hinzu kommt noch ein anderer Aspekt: Die Berücksichtigung der individuellen Erfahrungen und Erinnerungen der Mitlebenden gibt militärhistorischem Fachwissen erst eine große öffentliche Aufmerksamkeit. Die Diskrepanz zwischen dem Forschungsstand der Militärgeschichte und den verbreiteten Kenntnissen hat die erwähnte »Wehrmachtsausstellung« verdeutlicht. Umgekehrt erklärt sich das breite, auch mediale Interesse an der Geschichte des Bombenkriegs nicht zuletzt durch die recht große Schnittmenge der Interessen von Zeitzeugen und Fachleuten.

Zweitens drängt die Militärgeschichte geradezu auf ihre weitere Internationalisierung. Schließlich sind Staatenkriege und Militärbündnisse *per definitionem* grenzüberschreitend.[47] Dennoch wird die Geschichte militärischer Konflikte noch häufig von einer nationalgeschichtlichen Warte aus geschrieben. Die Ausweitung des Blickfelds allein könnte beispielsweise für die Geschichte des Zweiten Weltkriegs bedeuten, die spezifischen Chronologien des Kriegs aufzuzeigen und das Konstrukt des *einen* Weltkriegs genauer unter die Lupe zu nehmen. Sodann erscheint es lohnend, auf bislang nationalgeschichtlich untersuchte Fragen durch den historischen Vergleich noch aussagekräftigere Antworten zu finden, zum Beispiel durch den vergleichenden Blick auf die Kriegs-

46 Christoph Kleßmann, Zeitgeschichte als wissenschaftliche Aufklärung, in: Sabrow/Jessen/Große Kracht (Hrsg.), Zeitgeschichte als Streitgeschichte. Große Kontroversen seit 1945, München 2003, S. 240–262, bes. S. 254f.

47 Zur militärgeschichtlichen Dimension einer »internationalen Geschichte« vgl. Jörg Echternkamp, Krieg, in: Jost Dülffer/Wilfried Loth (Hrsg.), Dimensionen internationaler Geschichte, München 2012, S. 9–28; zur Geschichte der NATO vgl. die Reihe »Entstehung und Probleme des Atlantischen Bündnisses bis 1956«, hrsg. vom MGFA, München 1998–2003.

erinnerungen in den Gesellschaften Ost- und Westeuropas,[48] auf das Gefallenengedenken[49] oder auf die binnenmilitärische Traditionsstiftung in ost- und westeuropäischen Streitkräften[50]. Auf einer Metaebene ließen sich die internationalen Militärallianzen NATO und Warschauer Pakt vergleichen, auf der Meso-Ebene die Geschichte einzelner Regimenter.[51] Ferner könnten transnationale Ansätze für die neueste Militärgeschichte den Integrationsprozess im Zeichen einer Europäischen Sicherheits- und Verteidigungspolitik (ESVP) studieren, welche die EU Anfang der 1990er-Jahre als Antwort auf ihre begrenzten Handlungsmöglichkeiten während des Zerfalls Jugoslawiens konzipiert hat. Durch die kulturgeschichtliche Brille erscheinen schließlich Kontakte zwischen Soldaten verschiedener Armeen oder zwischen ihnen und der Bevölkerung als eine Begegnung mit dem »Anderen« im 20. Jahrhundert. Militärgeschichtliche Phänomene wie Kriegsgefangenschaft,[52] Besatzungsherrschaft[53] oder Entkolonialisierung werden u.a. unter ereignis-, institutionen- oder verwaltungsgeschichtlichen Aspekten analysiert.

48 Vgl. Jörg Echternkamp/Stefan Martens (Hrsg.), Experience and Memory. The Second World War in Europe, Oxford 2010; mit einem stadtgeschichtlichen Vergleich von Kassel und Magdeburg: Jörg Arnold, The Allied Air War and Urban Memory. The Legacy of Strategic Bombing in Germany, Cambridge 2011; Süß, Tod aus der Luft.

49 Manfred Hettling/Jörg Echternkamp (Hrsg.), Gefallenengedenken im globalen Vergleich. Nationale Tradition, politische Legitimation und Individualisierung der Erinnerung, München 2012.

50 Vgl. demnächst den von Oliver Rathkolb, Erwin Schmidl und Heidemarie Uhl herausgegebenen Tagungsband der Konferenz »Militärische Traditionspflege im internationalen Vergleich, Reichenau/Rax 17.–19.10.2011.

51 Wencke Meteling, Ehre, Einheit, Ordnung. Preußische und französische Städte und Regimenter im Krieg, 1870/71 und 1914–19, Baden-Baden 2010.

52 Anne-Marie Pathe/Fabien Théofilakis (Hrsg.), Captivité de guerre au XXème siècle. Des archives, des histoires, des mémoires, Paris 2012 (i. E.).

53 Vgl. etwa die vergleichende Fallstudie von Alexander Brakel, Unter Rotem Stern und Hakenkreuz. Baranowicze 1939 bis 1944. Das westliche Weißrussland unter sowjetischer und deutscher Besatzung, Paderborn 2009; für die Nachkriegszeit Christian Th. Müller, US-Truppen und Sowjetarmee in Deutschland. Erfahrungen, Beziehungen, Konflikte im Vergleich, Paderborn 2011.

Grundsätzlich bietet die verflechtungsgeschichtliche Herangehensweise einen Zugang zu militärgeschichtlichen Entwicklungen jenseits nationalgeschichtlicher Strukturen, sei es die Kooperation im Rüstungswesen, die Bedrohungsperzeption im Ost-West-Konflikt oder die Entwicklung einer europäischen Sicherheitsstrategie.[54] Wechselseitigkeit zwischen den Staaten in Europa und der Großmacht USA ist bis heute eine historische Prägekraft, während die außereuropäischen Einflüsse auf Krieg und Militär im Europa des 20. Jahrhunderts nicht zu hoch veranschlagt werden sollten.

Drittens: Zu den Überhängen aus der Vergangenheit der Kriegsgeschichte gehört zuweilen die Auffassung, dass allein die bewaffnete Auseinandersetzung, die Kriegführung auf dem Schlachtfeld und in Feldzügen, der eigentliche Gegenstand der Militärgeschichte sei, von dem die geschilderte Erweiterung der Militärgeschichte allzu weit weggeführt habe.[55] Man mag diese »traditionelle Leitvorstellung« als »die wohl schwerwiegendste Hypothek dieser Fachrichtung« (Jutta Nowosadtko) einstufen.[56] Man kann sie aber auch als einen erkenntnistheoretisch verblüffenden Kurzschluss zwischen dem Metier des Militärs und dem Metier des Militärhistorikers verstehen. Der Wissenschaftsbegriff der Geschichtswissenschaft ist nicht in Einklang zu bringen mit einem heuristischen Verständnis, das den Gegenstandsbereich der Militärgeschichte von der Profession des Soldaten ableiten

54 Vgl. etwa Dieter Krüger, Sicherheit durch Integration? Die wirtschaftliche und politische Zusammenarbeit Westeuropas 1947 bis 1957/58, München 2003; vgl. die vom MGFA herausgegebene Reihe »Anfänge westdeutscher Sicherheitspolitik 1945–1956«, 4 Bde., München 1982–1997. Vgl. Jörg Echternkamp/Stefan Martens, Militärgeschichte als Vergleichs- und Verflechtungsgeschichte, in: dies. (Hrsg.), Militär in Deutschland und Frankreich 1870–2010. Vergleich, Verflechtung und Wahrnehmung zwischen Konflikt und Kooperation, Paderborn 2011.

55 Vgl. dazu Sönke Neitzel, Militärgeschichte ohne Krieg? Eine Standortbestimmung der deutschen Militärgeschichtsschreibung über das Zeitalter der Weltkriege (= Historische Zeitschrift; Beiheft 44), München 2007, S. 287–307; Beatrice Heuser, Kriegswissenschaft, Friedensforschung oder Militärgeschichte? Unterschiedliche kulturelle Einstellungen zum Erforschen des Krieges, in: Detlef Nakath/Lothar Schröter (Hrsg.), Militärgeschichte. Erfahrung und Nutzen, Schkeuditz 2005.

56 Nowosadtko, Krieg, Gewalt und Ordnung, S. 22.

möchte – ebenso wie der Untersuchungsbereich der Kirchengeschichte nicht im Betätigungsfeld der Geistlichen aufgeht.

Das heißt im Umkehrschluss freilich nicht, dass nicht auch Kriegführung, Strategie- und Operationsgeschichte wichtige Themen der Militärgeschichte sind. Der amerikanische Militärhistoriker Dennis Showalter hat vor über zehn Jahren zu Recht unterstrichen, dass die Analyse des Kriegs ohne eine *moderne* Operationsgeschichte einer Aufführung des »Hamlet« ohne den Prinzen von Dänemark gleichkomme.[57] Doch auch mehr als zehn Jahre später ist die dazu erforderliche Konzeption einer theoretisch reflektierten und methodisch kontrollierten »Operationsgeschichte« nicht von Ferne zu erkennen. Noch immer ist man für die Operationsgeschichtsschreibung zumeist auf Kategorien und Begriffe zurückgeworfen, die der militärischen Profession statt dem wissenschaftlichen Diskurs entstammen und die unter militärischen Gesichtspunkten sinnvoll sein mögen, nicht aber unter den fachwissenschaftlichen, um die es geht. Hinzu kommt der *per definitionem* apologetische Charakter einer Geschichtsschreibung, die »den Historiker nötigt, ein kollektives Gewaltgeschehen ausschließlich aus der Optik der operativ verantwortlichen Führungsinstanzen, also gleichsam immanent zu beurteilen«.[58]

Fazit

Nichts unterstreicht die seit den 1980er-Jahren erreichte Anschlussfähigkeit der Militärgeschichte besser als die Vielfalt der Teildisziplinen, mit denen sie sich überlagert. Was spricht eigentlich dagegen – so ist im Hinblick auf die Methode zu fragen –, je nach Erkenntnisinteresse, Fragestellung und Vorliebe in dem einen Fall etwa weitergreifende politik-, sozial-, kultur- oder wirtschaftsgeschichtliche Studien durch eine auf Krieg und Militär

57 Showalter, Militärgeschichte als Operationsgeschichte, in: Ziemann/Kühne (Hrsg.), Was ist Militärgeschichte?, S. 118 [meine Hervorhebung; J. E.].

58 Bernd Wegner, Wozu Operationsgeschichte?, in: Ziemann/Kühne (Hrsg.), Was ist Militärgeschichte?, S. 112. Stig Förster, Operationsgeschichte heute: Eine Einführung, in: Militärgeschichtliche Zeitschrift 61 (2002), S. 309–313 (Themenheft »Operationsgeschichte«).

in Krieg und Frieden spezialisierte Forschung zu bereichern, in einem anderen Fall politik-, sozial-, kultur- oder wirtschaftsgeschichtliche Ansätze für militärgeschichtliche Arbeiten fruchtbar zu machen? Die militärgeschichtliche Herangehensweise eröffnet wie andere Teildisziplinen einen originären Blick auf die Geschichte des sozialen Wandels. Umgekehrt liefert diese jener immer wieder neue Impulse. Ein solches *wechselseitiges* Vorgehen ist allemal reizvoller als die weitgehende Selbstbeschränkung auf die Verlaufsgeschichte von Schlachten und Feldzügen – die ihrerseits, unverzichtbar wie sie zweifellos ist, davon profitieren könnte. So eröffnet erst der Methodenpluralismus die Möglichkeit, immer wieder neu zu entscheiden, welche Kombination von Ansätzen je nach Fragestellung, Zeithorizont und Komplexität des Themas den größten Erkenntnisgewinn verspricht.[59]

59 So lautet auch mein Fazit in Echternkamp, Wandel durch Annäherung, S. 38.

Achim Landwehr

Kulturgeschichte

Mit Fug und Recht kann man die Entwicklung der jüngeren Kulturgeschichte in den beiden vergangenen Jahrzehnten mit spezifisch zeithistorischen Phänomenen in Verbindung bringen. Es wäre wenig überzeugend, wollte man die auffällige zeitliche Koinzidenz zwischen der Geburtsstunde der jüngeren Kulturgeschichte und den grundlegenden welthistorischen Umwälzungen der Jahre um 1990 als einen Zufall kennzeichnen.

Wollte man sie in aller Kürze bestimmen, dann wäre diese »Neue Kulturgeschichte« explizit nicht durch die Eingrenzung auf einen bestimmten Themenbereich, sondern durch eine Perspektivierung zu kennzeichnen, die auf Sinngebungsformen und Bedeutungsnetze zielt, mit denen Gesellschaften der Vergangenheit ihre Wirklichkeiten ausgestattet haben. Diese Perspektivierung weist bestimmte Parallelen zu längerfristigen Prozessen auf, die sich unter Stichworten wie dem »Ende der großen Erzählungen« oder »Globalisierung« fassen lassen und die für die zunehmende Bedeutung kulturhistorischer Fragestellungen sicherlich eine wichtige Rolle spielten. Denn damit verbanden sich einerseits kritische Einstellungen gegenüber einer Dominanz modernisierungstheoretischer Erklärungsmodelle,[1] die allzu einseitig auf den westlichen Entwicklungspfad in die Neuzeit setzten und die damit zusammenhängenden Ideale verabsolutierten. Andererseits konnte damit aber auch die Bedeutung nicht-westlicher Alternativen sichtbar gemacht werden, wie sie sich im Zuge weltweiter Vernetzungsprozesse zunehmend aufdrängten. »Der Westen«, der sich seit dem 18. Jahrhundert allmählich zum Maß aller historischen Entwicklungen aufgeschwungen hatte, unterwarf sich demnach einer zunehmenden Selbstkritik, wurde gleichzeitig aber auch von außen durch kritische Einwürfe in Frage gestellt:

1 Nina Degele/Christian Dries, Modernisierungstheorie, München 2005.

»Provincializing Europe«[2] ist ein Stichwort, das in der entsprechenden postkolonialen Debatte immer wieder fällt.

Diese eher langfristigen Prozesse wurden in gewisser Weise durch die Kulmination der Ereignisse der Jahre 1989–1991 befeuert. Denn schien es anfangs noch so, als ob der Fall der Mauer und der Zusammenbruch des Ostblocks den endgültigen Triumph einer westlich orientierten Modernisierungstheorie darstellten,[3] machte sich bald geschichtsphilosophischer Katzenjammer breit. Der historische Prozess verhielt sich keineswegs so, wie es zu erwarten gewesen wäre, weil nach dem Ende der großen ideologischen Auseinandersetzungen nicht die welthistorische Ruhe einer universalen Friedensordnung eintrat. Vielmehr kamen andere Konflikte auf, die sich mit den bisherigen Modellen nicht mehr so recht erklären ließen. Die Kriege um das ehemalige Jugoslawien legten von einem aufflammenden Nationalismus (der eigentlich in das 19. Jahrhundert zu gehören schien) ebenso eindrücklich Zeugnis ab wie die nationalen Unabhängigkeitsbestrebungen in anderen Teilen der Welt, insbesondere im Machtbereich der zerbröckelnden UdSSR. Zugleich meldete sich jedoch eine andere Untote wieder, von der man eigentlich gedacht hatte, sie habe aufgrund der Französischen Revolution und all ihrer langfristigen Folgeerscheinungen schon längst das Zeitliche gesegnet. Doch die Religion stand mit einem Mal quicklebendig wieder auf der welthistorischen Bühne und macht seither keine Anstalten, von dort wieder zu verschwinden.[4]

Was hat nun all dies mit Kulturgeschichte zu tun? Die Lehre, die man aus diesen Entwicklungen und Ereignissen ziehen kann, besteht in einer Veränderung der Perspektive. Wenn man mit den bisherigen Möglichkeiten zur Beschreibung historischer Vorgänge einen nach westlichen Maßstäben rational handelnden Menschen (der tendenziell eher männlich und weiß war) voraussetzte, der

2 Dipesh Chakrabarty, Provincializing Europe. Postcolonial Thought and Historical Difference, Princeton/Oxford 2000.

3 Francis Fukuyama, Das Ende der Geschichte. Wo stehen wir?, München 1992.

4 Auf höchst problematische, aber sehr öffentlichkeitswirksame Weise wurden diese Zusammenhänge aufgegriffen bei Samuel Phillips Huntington, Kampf der Kulturen. Die Neugestaltung der Weltpolitik im 21. Jahrhundert, München 2002. Kritisch dazu: Amartya Sen, Die Identitätsfalle. Warum es keinen Krieg der Kulturen gibt, München 2010.

zudem aufgeklärten und ökonomischen Maximen verpflichtet war, und wenn man diesen Idealtyp im Hinblick auf seine politische, gesellschaftliche und wirtschaftliche Stellung untersuchte, dann musste zwangsläufig etwas fehlen, wenn sich dieser Mensch nicht mehr so verhielt, wie man das von ihm erwartete. Eine kulturelle Perspektivierung, die sich auf diese bisher vernachlässigten Aspekte konzentrierte, drängte sich mit Macht auf.

Eine (sehr) kurze Geschichte der Kulturgeschichte

Dabei sah (und sieht sich bis heute) der kulturhistorische Ansatz mit einem nicht ganz unwesentlichen Problem konfrontiert. Der noch verhältnismäßig frische Anstrich der Kulturgeschichte (zumindest in den zeitlichen Dimensionen der Wissenschaftsgeschichte) macht ihre Einordnung zuweilen nicht ganz einfach. Man hat es mit dem einigermaßen paradoxen Phänomen zu tun, dass es sich gleichzeitig um eine recht aktuelle Entwicklung und um eine sehr altehrwürdige, auf Jahrhunderte zurückblickende Tradition handelt. Das erleichtert das Verständnis nicht unbedingt und erfordert immer wieder Klärungsbedarf.

Man kann in einer Geschichte der Kulturgeschichte sehr vereinfachend drei Phasen hervorheben, in denen sich ihre Fragestellungen einer bemerkenswerten, wenn auch nicht immer unumstrittenen Beliebtheit erfreuten. Lässt man den Umstand beiseite, dass kulturhistorische Überlegungen schon seit Herodot zur historiografischen Praxis des Abendlandes gehören, so kann von einer Kulturgeschichte im engeren Sinn etwa seit der Mitte des 18. Jahrhunderts gesprochen werden. Im engeren Sinn deswegen, weil sich seitdem geschichtswissenschaftliche Unternehmungen ausfindig machen lassen, die sich mehr oder minder explizit von Fragestellungen abgrenzten, die einem vornehmlich ereignis-, politik- oder diplomatiegeschichtlichen Ansatz verpflichtet waren. Dabei war noch eher selten vom Kulturbegriff oder von Kulturgeschichte die Rede. Aber die ausdrücklich weit gefassten Untersuchungsansätze einer »Scienza Nuova« (»Neue Wissenschaft« 1725/1744) von Giambattista Vico oder einer »philosophie de l'histoire«, wie sie von Voltaire vertreten wurde, lassen sich in die Ahnenreihe der Kulturgeschichte einreihen, ohne die Autoren damit in ungerechtfertigter Weise zu vereinnahmen.[5] Denn in ihrem Bemühen, die Perspektive deutlich zu erweitern und sich nicht auf die Geschichte der Herrschenden zu konzentrieren, sondern stattdessen bleibende kulturelle Leistungen, geistige Entwicklungen, technische Erfindungen oder auch wirtschaftliche Prozesse in den Mittelpunkt zu rücken, haben sie mehr als nur wichtige Grundlagen für die weitere Entwicklung gelegt. Johann Christoph Adelung war dann der Erste, der im deutschen Sprachraum explizit von einer »Geschichte der Cultur des menschlichen Geschlechts« (1782) sprach.[6]

Deutlich nachhaltiger, nämlich noch bis in die Gegenwart des 21. Jahrhunderts hineinwirkend, waren die kulturgeschichtlichen Unternehmungen, die seit der Mitte des 19. und bis zum Beginn des 20. Jahrhunderts initiiert wurden. Diese prägen in einem nicht unwesentlichen Maß das Bild von der Kulturgeschichte bis heute, da in diesem Zeitraum Autoren wie Jacob Burckhardt oder Johan Huizinga aktiv waren, deren Werke man immer noch in den Regalen gut sortierter Buchhandlungen findet. Burckhardts »Kultur der Renaissance in Italien« (1860) oder Huizingas »Herbst des Mittelalters« (1919) werden beständig neu aufgelegt, aber auch die Arbeiten von Karl Lamprecht, die heute nur noch unter Spezialisten Aufmerksamkeit erfahren, haben zumindest im Rahmen des sogenannten Methodenstreits ihre tiefen Spuren hinterlassen.[7]

»Kultur« war als begriffliche Leitkategorie aber nicht nur im Rahmen der (sich nun tatsächlich selbst so bezeichnenden) Kulturgeschichte von Bedeutung, sondern spielte um 1900 in einem sehr umfänglichen Sinn in zahlreichen Diskussionen eine tra-

5 Thomas Jung, Geschichte der modernen Kulturtheorie, Darmstadt 1999.

6 Hans Schleier, Geschichte der deutschen Kulturgeschichtsschreibung, Bd. 1: Vom Ende des 18. bis Ende des 19. Jahrhunderts, Waltrop 2003.

7 Felix Gilbert, Geschichte: Politik oder Kultur? Rückblick auf einen klassischen Konflikt, Frankfurt a. M./New York/Paris 1992; Hans Schleier, Historisches Denken in der Krise der Kultur. Fachhistorie, Kulturgeschichte und Anfänge der Kulturwissenschaften in Deutschland, Göttingen 2000; Friedrich Jaeger, Bürgerliche Modernisierungskrise und historische Sinnbildung. Kulturgeschichte bei Droysen, Burckhardt und Max Weber, Göttingen 1994; Christoph Strupp, Johan Huizinga. Geschichtswissenschaft als Kulturgeschichte, Göttingen 2000; Ines Mann/Rolf Schumann, Karl Lamprecht. Einsichten in ein Historikerleben, Leipzig 2006.

gende Rolle. Dabei zeigen sich durchaus Parallelen zwischen der kulturhistorischen Konjunktur um 1900 mit derjenigen um 2000. Beide speisen sich nämlich zu einem erheblichen Grad aus der Wahrnehmung krisenhafter Entwicklungen, die nach einer (anderen) Antwort verlangen. Um 1900 waren es auch noch die Fernwirkungen der Französischen Revolution, die zu verarbeiten waren, konkreter jedoch die Auswirkungen der Industrialisierung, die »soziale Frage«, der Widerstreit ideologisch aufgeladener Weltbilder, der Imperialismus und nicht zuletzt die Umwälzungen des Weltbilds durch die Einstein'sche Physik, die für Verunsicherung sorgten. Der Kulturbegriff konnte dabei als Lösungsvorschlag sicherlich keinen Alleinvertretungsanspruch erheben, war in entsprechenden Diskussionen jedoch prominent vertreten. Er sollte die Antwort sein auf eine wahrgenommene Sinnleere und den Verlust eines einheitlichen Weltbilds – wenn dieser Weg auch wesentlich häufiger im Rahmen einer Kultursoziologie (Karl Mannheim, Georg Simmel, Max Weber, Norbert Elias) oder Kulturphilosophie (Ernst Cassirer) gegangen wurde als im Zusammenhang einer Kulturgeschichte.[8]

Faschismus und Zweiter Weltkrieg haben diese Debatten und Traditionen nachhaltig unterbrochen, sodass es einige Jahrzehnte brauchte, um kulturhistorische Fragen wieder prominenter in den Vordergrund zu rücken. Die Aktualität sozial- und wirtschaftshistorischer Ansätze machte die Kulturgeschichte phasenweise vergessen. Doch da man in Auseinandersetzung mit der Sozialgeschichte, ja im eigentlichen Sinn sogar aus den Kreisen der Sozialgeschichte heraus auch immer wieder Unbehagen hinsicht-

8 Klaus Lichtblau, Kulturkrise und Soziologie um die Jahrhundertwende. Zur Genealogie der Kultursoziologie in Deutschland, Frankfurt a. M. 1996; Rüdiger vom Bruch/Friedrich Wilhelm Graf/Gangolf Hübinger (Hrsg.), Kultur und Kulturwissenschaften um 1900. Bd. 1: Krise der Moderne und Glaube an die Wissenschaft, Stuttgart 1989; Rüdiger vom Bruch/Friedrich Wilhelm Graf/Gangolf Hübinger (Hrsg.), Kultur und Kulturwissenschaften um 1900. Bd. 2: Idealismus und Positivismus, Stuttgart 1997; Georg Bollenbeck, Warum der Begriff »Kultur« um 1900 reformulierungsbedürftig wird, in: Christoph König/Ernst Lämmert (Hrsg.), Konkurrenten in der Fakultät. Kultur, Wissen und Universität um 1900, Frankfurt a. M. 1999, S. 17–27; Notker Hammerstein (Hrsg.), Deutsche Geschichtswissenschaft um 1900, Stuttgart 1988.

lich thematisch-methodischer Schwerpunkte äußerte, entwickelten sich seit den 1970er-Jahren allmählich Alternativen, die für eine »Wiedergeburt« der Kulturgeschichte von großer Bedeutung waren. Angesprochen sind hierbei die Forschungen aus dem Kontext der Mentalitätengeschichte, vor allem aber die Diskussionen, die sich um Mikrohistorie, Historische Anthropologie und Alltagsgeschichte entwickelt haben.[9]

Diese Ansätze sind mit der Kulturgeschichte jüngeren Datums sicherlich nicht gleichzusetzen (das würde allein schon deren Eigenwert übersehen), machten jedoch auf grundsätzliche Aspekte aufmerksam, die auch in der kulturhistorischen Diskussion von erheblicher Bedeutung sind. Vor allem eint sie der Versuch zu einer ausgewogeneren Betrachtung, die gleichzeitig sowohl übergeordnete Prozesse und Strukturen als auch den Lebensalltag der Menschen und den kleinräumigen Untersuchungsraum in den Blick nimmt. Makro- und Mikroperspektive zu verbinden ist dabei sicherlich ein anspruchsvolles Unterfangen, stellt aber als Folgerung aus den Diskussionen der 1980er-Jahre eine wesentliche Anforderung an die Kulturgeschichte dar. Zudem hat die Kulturgeschichte auch in methodisch-theoretischer Hinsicht von den Arbeiten aus dem Umfeld der Historischen Anthropologie profitiert, denn mit ihrem Bezug auf ethnologische Ansätze wurden eurozentristische Grundlagen ebenso hinterfragt wie Probleme von Differenz und Fremdheit in den Vordergrund gerückt.[10] In

9 Ulrich Raulff, Mentalitäten-Geschichte. Zur historischen Rekonstruktion geistiger Prozesse, Berlin 1987; Jürgen Schlumbohm (Hrsg.), Mikrogeschichte – Makrogeschichte. Komplementär oder inkommensurabel?, 2. Aufl., Göttingen 2000; Otto Ulbricht, Mikrogeschichte. Menschen und Konflikte in der Frühen Neuzeit, Frankfurt a.M. 2009; Winfried Schulze (Hrsg.), Sozialgeschichte, Alltagsgeschichte, Mikro-Historie. Eine Diskussion, Göttingen 1994; Gert Dressel, Historische Anthropologie. Eine Einführung, Wien/Köln/Weimar 1996; Jakob Tanner, Historische Anthropologie zur Einführung, Hamburg 2004; Aloys Winterling (Hrsg.), Historische Anthropologie, Stuttgart 2006; Alf Lüdtke (Hrsg.), Alltagsgeschichte. Zur Rekonstruktion historischer Erfahrungen und Lebensweisen, Frankfurt a.M./New York 1989.

10 Ute Daniel, Kompendium Kulturgeschichte. Theorien, Praxis, Schlüsselwörter, Frankfurt a.M. 2001, S. 233–254; Achim Landwehr/Stefanie Stockhorst, Einführung in die Europäische Kulturgeschichte, Paderborn u.a. 2004, S. 336–359.

diesem Zusammenhang haben auch die weit reichenden Debatten um Poststrukturalismus und Diskurstheorie (Michel Foucault, Pierre Bourdieu) einen mittelbaren, aber nichtsdestotrotz wesentlichen Einfluss gehabt.[11]

Kulturgeschichte als Perspektivierung

Damit wären erste Hinweise gegeben, wodurch sich die jüngere Kulturgeschichte auszeichnet. Denn auch und gerade angesichts ihrer weit zurückreichenden Traditionen muss man immer wieder betonen, dass die »Neue Kulturgeschichte« sich zwar durchaus auf ihre Vorläufer bezieht, zugleich jedoch ein eigenes Profil entwickelt hat, mit dem sie sich deutlich von älteren Ansätzen unterscheidet. Die Selbstbezeichnung einer »Neuen« Kulturgeschichte ist daher kein Etikettenschwindel, ist auch nicht vornehmlich chronologisch zu verstehen, sondern markiert entscheidende konzeptionelle Differenzen.

Am deutlichsten lässt sich dieser Unterschied anhand der Perspektivierung und des Gegenstands der Kulturgeschichte machen. Anders als ältere Kulturgeschichten definiert die jüngere nämlich nicht mehr einen bestimmten Lebensbereich der Kultur, um diesen dann zu ihrem Gegenstand zu erheben. Häufig wurde – und wird bis zum heutigen Tag – der Kurz- und Fehlschluss begangen, die »Kultur« der Kulturwissenschaften und Kulturgeschichte gewissermaßen *ex negativo* zu definieren, insofern sie dasjenige repräsentieren soll, das übrig bleibt, nachdem man Politik, Gesellschaft, Wirtschaft, Recht, Technik und alle weiteren »harten« Fakten des Lebens subtrahiert hat. Kultur wäre dann mehr oder minder mit dem Feuilleton identifiziert. Aber einer solchen unfreiwilligen Selbstbeschränkung will sich die jüngere Kulturgeschichte nicht unterwerfen. Sie bestimmt ihr Selbstverständnis daher explizit nicht über einen bestimmten Gegenstandsbereich. Ja, man muss deutlich festhalten, dass die Kulturgeschichte überhaupt keinen bestimmten Gegenstandsbereich hat. Vielmehr zeichnet sie sich durch eine spezifische Perspektivierung aus, die

11 Johannes Angermüller, Nach dem Strukturalismus. Theoriediskurs und intellektuelles Feld in Frankreich, Bielefeld 2007.

sie auf sämtliche Bereiche des (historischen) Lebens anzuwenden versucht. Insofern sollte es auch zu den Selbstverständlichkeiten gehören, beispielsweise Kulturgeschichten der Technik, der Politik oder der Wirtschaft in Angriff zu nehmen.

Wie ist nun diese kulturhistorische Perspektive beschaffen? Auch wenn die jüngere Kulturgeschichte den Anspruch erhebt, sich auf allen Themenfeldern zu tummeln, so interessiert sie sich dabei jeweils für ganz bestimmte Probleme. Ihre Fragen richten sich auf die Sinnmuster und Bedeutungskontexte, mit denen Gesellschaften der Vergangenheit ihre Welt ausgestattet haben, um sie auf diesem Weg überhaupt erst zu »ihrer« Welt zu machen. Dem liegt die grundsätzliche kulturwissenschaftliche Einsicht zugrunde, dass kein Mensch und keine soziale Gruppe umhinkommen, in Auseinandersetzung mit ihrer Umwelt dieser Umwelt bestimmte Bedeutungen zuzuschreiben. Eben das ist es, was nach Ernst Cassirer den Menschen als kulturelles Wesen (*animal symbolicum*) kennzeichnet. Kultur ist daher nicht als zusätzliches Luxusgut oder als sekundärer Überbau misszuverstehen, sondern stellt für den Menschen eine Überlebensnotwendigkeit dar.

In diesem Sinne fragt die jüngere Kulturgeschichte nach den Formen, mit denen Gesellschaften der Vergangenheit ihre Wirklichkeiten überhaupt erst zu sinnvollen Wirklichkeiten gestaltet haben, nach den Transformationen, denen diese Weltdeutungen unterworfen waren, nach den Bedingungen und Möglichkeiten, unter denen sie entworfen werden konnten, sowie nach den vielfachen Auswirkungen (beispielsweise auch und gerade politischer Art), die sie hatten. Unter Kulturen versteht die jüngere Kulturgeschichte deshalb Sinn- und Unterscheidungssysteme, die als spezifische Formen der Weltinterpretation dienen und im historischen Verlauf hervorgebracht und verändert werden.[12]

Eben diese spezifische Perspektivierung hat aber auch dazu geführt, dass es während der 1990er-Jahre zu einer derjenigen »Grundlagendebatten« kam, von denen man den Eindruck gewinnen kann, dass sie sich insbesondere innerhalb der deutschen

12 Daniel, Kompendium Kulturgeschichte, S. 7–25; Landwehr/Stockhorst, Einführung in die Europäische Kulturgeschichte, S. 7–24; Achim Landwehr, Kulturgeschichte, Stuttgart 2009, S. 7–17.

Geschichtswissenschaft großer Beliebtheit erfreuen.[13] (Nicht dass etwas gegen geschichtswissenschaftliche Grundlagendebatten *per se* spräche - ganz im Gegenteil sind sie von großer Wichtigkeit, um zur beständigen Reflexion des eigenen Tuns beizutragen. Aber die Unbedingtheit, mit der nicht selten der »eigene« Ansatz als der einzig richtige und alle anderen als fundamentale Gefährdung des Wissenschaftsstatus der Geschichtswissenschaft apostrophiert werden, scheint mir dann doch eher kontraproduktiv zu sein.[14] Lorraine Daston hat dies passenderweise mit einer Duellszene aus einem Western umschrieben.[15]) In regelmäßigen Abständen wurde die Frage aufgeworfen, ob die Kulturgeschichte nicht eine grundsätzliche Bedrohung für die Geschichtswissenschaft darstelle, ob sie nicht der Beliebigkeit, der gefälligen Erzählung, den »kleinen« und »weichen« Themen Tür und Tor öffne, um gleichzeitig den »harten« Themen der politischen, wirtschaftlichen und sozialen Auseinandersetzungen oder den Problemen der großen historischen Prozesse auszuweichen.[16] Sollte es jemals eine solche von der Kulturgeschichte ausgehende Gefahr gegeben haben, scheint sie die Geschichtswissenschaft bisher recht gut verkraftet zu haben.

13 Vgl. für den englischsprachigen Bereich: Richard J. Evans, Fakten und Fiktionen. Über die Grundlagen historischer Erkenntnis, Frankfurt a. M./New York 1999.

14 Vgl. vor allem die Beiträge von Hans-Ulrich Wehler, Die Herausforderung der Kulturgeschichte. München 1998; Hans-Ulrich Wehler, Das Duell zwischen Sozialgeschichte und Kulturgeschichte. Die deutsche Kontroverse im Kontext der westlichen Historiographie, in: Francia 28 (2001), H. 3, S. 103–110; Hans-Ulrich Wehler, Ein Kursbuch der Beliebigkeit. Eine neue Kulturgeschichte lässt viele Blumen blühen - aber die schönsten leider nicht, in: Bettina Hitzer/Thomas Welskopp (Hrsg.), Die Bielefelder Sozialgeschichte. Klassische Texte zu einem geschichtswissenschaftlichen Programm und seinen Kontroversen, Bielefeld 2010, S. 427–432.

15 Lorraine Daston, Die unerschütterliche Praxis, in: Rainer Maria Kiesow/Dieter Simon (Hrsg.), Auf der Suche nach der verlorenen Wahrheit. Zum Grundlagenstreit in der Geschichtswissenschaft, Frankfurt a. M./New York 2000, S. 13–25, hier S. 15.

16 Verschiedene Beiträge zu dieser Auseinandersetzung finden sich beispielsweise bei Kiesow/Simon (Hrsg.), Auf der Suche nach der verlorenen Wahrheit.

Themen der Kulturgeschichte

Wenn man die Geburtsstunde der jüngeren Kulturgeschichte in etwa auf die Jahre um 1990 ansetzen möchte, dann kann man den von Lynn Hunt herausgegebenen Sammelband »The New Cultural History« als offizielle Geburtsurkunde ansehen.[17] Diese Veröffentlichung wirkte als eine Art Brennglas, insofern hier Themen und Ansätze aufgegriffen wurden, die sich insbesondere während der 1980er-Jahre entwickelt hatten,[18] zugleich aber auch Perspektiven in die Zukunft einer »Neuen Kulturgeschichte« entworfen wurden, die sich als nachhaltig erwiesen. Konsequenterweise wurde dieser Sammelband daher auch zu einem immer wieder zitierten Bezugspunkt in kulturgeschichtlichen Grundlagendebatten. Wirft man einen Blick in sein Inhaltsverzeichnis, erhält man bereits einen ersten Einblick von der spezifischen Verfassung der jüngeren Kulturgeschichte.

Demnach gehört die theoretische Reflexion zu den unabdingbaren Grundlagen der Kulturgeschichte, wobei die Beiträge des Bandes auch deutlich machen, auf welchen Fundamenten hier aufgebaut wird. Der Poststrukturalismus ist mit Michel Foucault ebenso vertreten wie die Ethnologie, die Historische Anthropologie und eine literaturwissenschaftlich inspirierte Geschichtstheorie, wie sie unter anderem von Hayden White und Dominick LaCapra vertreten wird. Damit ist die theoretische Unterfütterung der Kulturgeschichte sicherlich noch nicht umfassend abgesteckt, aber wichtige Bezugspunkte sind benannt, die auch in der später folgenden Diskussion um die Kulturgeschichte immer wieder eine Rolle spielen sollten. Bei den empirischen Studien, die in exemplarischer Weise Berücksichtigung fanden, zeigt sich Ähnliches. Hier geht es um Repräsentationen sozialer Ordnung, um den praktischen Umgang mit Texten, um die Geschichte des Körpers sowie

17 Lynn Hunt (Hrsg.), The New Cultural History, Berkeley/Los Angeles/London 1989.

18 Literaturangaben zu Mikrohistorie, Alltagsgeschichte und Historischer Anthropologie finden sich unter Fußnote 9. Zum New Historicism vgl. Moritz Baßler (Hrsg.), New Historicism. Literaturgeschichte als Poetik der Kultur, Frankfurt a. M. 1995; Catherine Gallagher/Stephen Greenblatt, Practicing New Historicism, Chicago 2000.

um die Frage, wie im Kontext des frühneuzeitlichen Hofes Kultur sichtbar gemacht wurde.

Selbstredend handelt es sich bei diesen vier Themen nicht um einen umfänglichen Katalog kulturhistorischer Interessen. Aber mit ihrer Behandlung wurde mehr als nur eine dezente Duftmarke gesetzt. Damit verbindet sich die deutliche Aussage, dass die Kulturgeschichte sich um Themen kümmert, die in den eher politik-, sozial- und wirtschaftshistorischen Ansätzen kaum Berücksichtigung finden, deren grundlegende historische Relevanz (Repräsentation, Medien, Körper, Bild) aber nicht zu übersehen ist. Mit diesem Sammelband war daher ein markanter Auftakt für eine geschichtswissenschaftliche Reorientierung gesetzt. Das Stichwort der (Neuen) Kulturgeschichte zimmerte einen Rahmen, in den sich die zahlreichen und bereits etablierten Unternehmungen einfügen konnten, die das Spektrum des geschichtswissenschaftlichen Arbeitens deutlich erweitern wollten.

Möchte man also einige Schwerpunktbereiche der kulturhistorischen Beschäftigung benennen, so gilt es zu beachten, dass die jüngere Kulturgeschichte diese Themen natürlich nicht erst »erfunden« hat, sondern vielfach eine Fusion bereits vorhandener Fragestellungen mit dem theoretisch-methodischen Angebot der Kulturgeschichte stattgefunden hat. Insofern fanden Aspekte geschichtswissenschaftlichen Arbeitens, die bis dahin eher neben den etablierten Teilbereichen existierten, im Rahmen der Kulturgeschichte eine neue Heimat.

Dies trifft unter anderem für Themen zu, die schon lange zu den etablierten Teilfächern der Geschichtswissenschaft gehören, wie die Geschichte von Erinnerung und Gedächtnis, die Körpergeschichte oder die Frauen- und Geschlechtergeschichte. Damit sind jeweils Aspekte bezeichnet, die einerseits quer zu den etablierten Bereichen historischen Arbeitens stehen, die andererseits aber genau dadurch grundlegende Fragen vergangenen (und gegenwärtigen) Lebens in den Mittelpunkt rücken. Insbesondere die Leistungen im Rahmen der Körper- und Geschlechtergeschichte können auf einen grundlegenden Aspekt kulturhistorischer Ansätze hinweisen: Sie sind nämlich im besten Fall in der Lage, Aspekten menschlichen Lebens eine Historizität zu verleihen, oder besser gesagt: eine Historizität zurückzugeben, die man nur allzu leicht übersieht. Mit einer traditionell etablierten und weithin geschulten Aufmerksamkeit für das Ereignishafte, im Zweifelsfall sogar für das politisch Bedeutsame, drohen andere Aspekte als historisch immobil in Vergessenheit zu geraten. Der Körper und das Geschlecht gehören sicherlich dazu, da man ihnen zunächst einmal keine »Geschichte« in einem traditionellen historischen Sinn zuzuweisen vermag. Die kulturhistorische Perspektive eröffnet jedoch die Möglichkeit, gerade die unterschiedlichen Bedeutungszuschreibungen sichtbar zu machen, die sich jeweils damit verbinden. Dadurch wird deutlich, welchen teils massiven historischen Transformationen auch und gerade solche Bereiche unterworfen sind, die keine Geschichte zu haben scheinen.[19]

Auch im Bereich der Geschichte von Erinnerung und Gedächtnis[20] oder – um einen anderen wichtigen Themenbereich zu nennen – in der Wissenschaftsgeschichte ist es fraglos so, dass sie nicht erst durch die Kulturgeschichte in den Vordergrund gerückt wurden oder ausschließlich unter kulturhistorischen Vorzeichen zu betreiben sind. Aber im Kontakt dieser Themenstellungen mit der Kulturgeschichte kam es einerseits zu fruchtbaren Amalgamierungen, andererseits zu bedeutsamen Neuorientierungen. Zumindest in bestimmten Bereichen der Wissenschaftsgeschichte hat der kulturhistorische Ansatz einen erheblichen Stellenwert, insofern weniger nach einer Fortschrittsgeschichte wissenschaftlichen Wissens gefragt wird, sondern nach den Funktionen und Mechanismen, die als »Wissen« anerkannte Formen der Weltinterpretation für bestimmte Gesellschaften übernehmen. Wie etwas zum Wissen wird, wie es den Status erlangt, als Wissen gelten zu können, oder wieso andere Möglichkeiten des Wirklichkeitsverständnisses diesen Status nicht erlangen und sogar ver-

19 Maren Lorenz, Leibhaftige Vergangenheit. Einführung in die Körpergeschichte, Tübingen 2000; Hans Medick/Anne-Charlott Trepp (Hrsg.), Geschlechtergeschichte und allgemeine Geschichte. Herausforderungen und Perspektiven, Göttingen 1998; Claudia Opitz-Belakhal, Geschlechtergeschichte, Frankfurt a. M. 2010.

20 Jan Assmann, Das kulturelle Gedächtnis. Schrift, Erinnerung und politische Identität in frühen Hochkulturen, München 1999; Aleida Assmann, Erinnerungsräume. Formen und Wandlungen des kulturellen Gedächtnisses, München 1999.

lieren, das sind unter anderem Probleme, die eine kulturhistorisch inspirierte Wissenschaftsgeschichte umtreiben.[21]

Anstelle einer Auflistung zahlreicher möglicher oder auch bereits bearbeiteter Bereiche der Kulturgeschichte soll ein Thema zumindest noch kurz benannt werden, das sich mit einem anderen Zugang zum historischen Material verbindet und dem in den vergangenen Jahren ebenfalls große Aufmerksamkeit zuteilwurde. Die Thematisierung von Bildlichkeit (im Zusammenhang des *iconic* oder *pictorial turn*) hat erstens einen Bereich der historischen Überlieferung auf neue Art und Weise in den Mittelpunkt gerückt, insofern hier nicht mehr (nur) nach ästhetischen Wertigkeiten und kunsthistorischen Einordnungen gefragt wird, sondern Bildlichkeit in all ihren vielfältigen Formen wesentlich ernster genommen wird, wenn es um Zugänge zu vergangenen Bedeutungswelten geht. Zweitens erfährt damit aber auch die mit Sinn aufgeladene Ausdrucksmöglichkeit »Bild« mit all ihren Facetten in anderer Art und Weise Aufmerksamkeit. Denn Bilder sind damit nicht mehr nur illustrierendes oder schmückendes Beiwerk, sondern werden als Möglichkeit ernst genommen, spezifische Weltverhältnisse zum Ausdruck zu bringen. Es geht also nicht mehr nur darum, die etablierte Textfixierung zu ergänzen. Vielmehr fordert die Ubiquität von Bildern dazu heraus, Verhältnisse zwischen Bild und Abgebildetem auszuloten, die spezifische Medialität und Eigensinnigkeit von Bildern zu thematisieren sowie deren vielfältige Rezeptionsformen und Wahrnehmungsweisen zu berücksichtigen.[22]

21 Michael Hagner (Hrsg.), Ansichten der Wissenschaftsgeschichte, Frankfurt a. M. 2001; Richard van Dülmen/Sina Rauschenbach (Hrsg.), Macht des Wissens. Die Entstehung der modernen Wissensgesellschaft, Köln/Weimar/Wien 2004; Rainer Schützeichel (Hrsg.), Handbuch Wissenssoziologie und Wissensforschung, Konstanz 2007.

22 Gottfried Boehm, Was ist ein Bild?, München 1994; Peter Burke, Augenzeugenschaft. Bilder als historische Quellen, Berlin 2003; Horst Bredekamp, Theorie des Bildakts. Frankfurter Adorno-Vorlesungen 2007, Berlin 2010. Siehe auch den Beitrag von Gerhard Paul »Visual History« in diesem Band.

Quo vadis Kulturgeschichte?

Es wäre jedoch verfehlt, hier ausschließlich das Loblied auf die jüngere Kulturgeschichte zu singen. Es ist auch erforderlich, dass sich die Kulturgeschichte immer wieder selbst befragt, ob sie ihren eigenen Ansprüchen gerecht wird und wo es möglicherweise Fehlentwicklungen beziehungsweise Versäumnisse gibt. Und auch hier gilt es, gerade mit Blick auf die weitere mögliche Entwicklung dieses Ansatzes Bilanz zu ziehen.

Setzt man – wie nun schon mehrfach erwähnt – die Geburtsstunde der jüngeren Kulturgeschichte um 1990 an, dann haben wir es inzwischen mit einer jungen Erwachsenen zu tun, die sich bei gewissen Fehlern nicht mehr mit ihrer Jugendlichkeit und Unerfahrenheit herausreden kann, sondern ihr Leben selbstverantwortlich in die Hand nehmen muss. Und wenn man einen Blick auf die Bilanz des bisherigen kulturhistorischen Arbeitens wirft, so gibt es sicherlich einiges auf der Haben-Seite zu verbuchen. Defizite können jedoch nicht übersehen werden. Dies betrifft zunächst und vor allem den selbst gestellten Anspruch, sich nicht mehr auf einen bestimmten Ausschnitt vergangener Wirklichkeit beschränken zu lassen, sondern mittels einer kulturhistorischen Perspektive sämtliche Bereiche der Vergangenheit zu betrachten.

Dieser Anspruch ist teilweise eingelöst worden, aber keineswegs voll umfänglich. Es gibt in unterschiedlichen Bereichen recht erfolgreiche Unternehmungen, den kulturhistorischen Ansatz auf Themen zu übertragen, wo er bisher weniger beheimatet war. Dies trifft insbesondere auf die Kulturgeschichte des Politischen zu, wo sich in den vergangenen Jahren eine recht intensive Diskussion entwickelt hat. Hierbei geht es weniger darum, einen Teilbereich der Politik – beispielsweise im Sinne symbolischer Politikformen – auszuloten. Vielmehr ist das Politische als Ganzes in den Blick zu nehmen, das durch eine Vielzahl politisch handelnder Akteure gekennzeichnet ist (und das sind bei weitem nicht nur Vertreter/innen der Berufsgruppe »Politiker/innen«), die im Mit- und Gegeneinander symbolische Ordnungen und Organisationsformen des Sozialen hervorbringen, die in ihrer institutionalisierten Form als »das Politische« verstanden werden können.[23]

23 Thomas Mergel, Überlegungen zu einer Kulturgeschichte der Politik, in: Geschichte und Gesellschaft 28 (2002), S. 574–606, sowie sein Beitrag in

Deutlich zaghafter sind hingegen die Versuche, in anderen Themenfeldern Ähnliches zu unternehmen. Während eine »Kulturgeschichte des Politischen« immerhin schon über eine etablierte Selbstbezeichnung verfügt, kann man die Unsicherheit kulturhistorischen Fragens in anderen Themenbereichen bereits daran erkennen, dass ihnen eine solche Titulatur fehlt. So gibt es zwar in der Zusammenarbeit von Kulturgeschichte und Wirtschaftsgeschichte erste zarte Pflänzchen zu beobachten, die aber so unscheinbar sind, dass man sich noch nicht recht auf einen Namen einigen konnte: Kulturgeschichte des Ökonomischen? Wirtschaftskulturgeschichte? Dabei verspricht gerade dieser Bereich – auch aufgrund immer wieder aktuell werdender Turbulenzen im gegenwärtigen Wirtschaftsgeschehen – besonders spannende Einsichten, wenn danach gefragt wird, mit welchen Wertigkeiten ökonomisches Handeln verbunden wird. Welche Bedeutungen werden Aspekten zugeschrieben wie Gemeinnutz und Eigennutz, Reichtum und Armut, überlebensnotwendigem Auskommen und Überfluss, Eigentum und Besitzlosigkeit?[24]

Die Möglichkeiten der kulturhistorischen Befragung sind im Ökonomischen sicherlich so zahlreich wie im Sozialen, doch auch auf dieses Terrain hat sich die Kulturgeschichte noch nicht so recht vorgewagt. Traditionellerweise ist »die Gesellschaft« ein Themenfeld der Sozialgeschichte, aber da es sich bei diesem Objekt genauso wie bei »dem Staat« oder »der Wirtschaft« um ein sozio-

diesem Band; Achim Landwehr, Diskurs – Macht – Wissen. Perspektiven einer Kulturgeschichte des Politischen, in: Archiv für Kulturgeschichte 85 (2003), S. 71–117; Barbara Stollberg-Rilinger (Hrsg.), Was heißt Kulturgeschichte des Politischen? Berlin 2005; Ute Frevert/Heinz-Gerhard Haupt (Hrsg.), Neue Politikgeschichte. Perspektiven einer historischen Politikforschung, Frankfurt a. M./New York 2005; Christophe Prochasson, Une histoire culturelle de la politique, in: Historical Reflections – Réflexions historiques 26 (2000), S. 93–125. Kritisch hierzu: Andreas Rödder, Klios neue Kleider. Theoriedebatten um eine neue Kulturgeschichte der Politik in der Moderne, in: Historische Zeitschrift 283 (2006), S. 657–688.

24 Hartmut Berghoff/Jakob Vogel (Hrsg.), Wirtschaftsgeschichte als Kulturgeschichte. Dimensionen eines Perspektivenwechsels, Frankfurt a. M./ New York 2004; Wolfgang Reinhard/Justin Stagl (Hrsg.), Wirtschaftsanthropologie. Geschichte und Diskurse, Wien/Köln/Weimar 2006; Susanne Hilger/Achim Landwehr, Wirtschaft – Kultur – Geschichte. Positionen und Perspektiven, Stuttgart 2011; Irene Finel-Honigman, A Cultural History of Finance, London 2010.

kulturelles Konstrukt handelt, ist es nicht nur möglich, sondern unweigerlich notwendig, entsprechende kulturhistorische Fragen zu stellen. Dabei ginge es natürlich auch um soziale Schichtungen oder gesellschaftliche Konflikte, aber immer vor dem Hintergrund des Interesses für die sozialen Modellierungen und Bedeutungszuschreibungen, die damit einhergehen. Da »Gesellschaft« sich keineswegs von selbst versteht, muss man immer wieder neu die Frage stellen, wie dieses fragile symbolische Gebilde institutionell gefestigt und in kulturelle Sinnmuster eingepasst wird.[25]

Von bestimmten Themenbereichen zu behaupten, sie wären bisher noch gänzlich unbeachtet geblieben, wird zumeist umgehend Lügen gestraft. Denn natürlich finden sich in der weit aufgefächerten Wissenschaftslandschaft immer Beispiele dafür, dass man ein »noch nie« durch ein »teilweise doch schon« ersetzen kann. Aber der allgemeine Eindruck wird kaum trügen, dass es Themenfelder gibt, in denen die Kulturgeschichte bisher kaum Fuß fassen konnte oder wollte. Dazu gehören so zentrale Bereiche wie das Recht oder die Technik. Deren Relevanz muss man kaum betonen, und auch die Möglichkeiten kulturhistorischen Befragens liegen hier auf der Hand. Das weitgehende Fehlen entsprechender Kulturgeschichten zeigt jedoch, dass auch nach zwei Jahrzehnten kulturhistorischen Arbeitens noch mehr als genug Aufgaben warten.

25 Carola Lipp, Kulturgeschichte und Gesellschaftsgeschichte – Mißverhältnis oder glückliche Verbindung?, in: Paul Nolte u. a. (Hrsg.), Perspektiven der Gesellschaftsgeschichte, München 2000, S. 25–35; Phil Withington, Society in Early Modern England. The Vernacular Origins of some Powerful Ideas, Cambridge 2010; Achim Landwehr, Foucault und die Ungleichheit. Zur Kulturgeschichte des Sozialen, in: Zeitsprünge 15 (2011), S. 64–84.

Claudia Kemper / Kirsten Heinsohn

Geschlechtergeschichte

Das Geschlecht gilt als ein grundlegendes »natürliches« Identitätsmerkmal jedes Menschen.[1] Von Geburt an – manchmal auch schon davor – werden wir einer von zwei Kategorien zugeordnet: männlich oder weiblich.[2] Diese primäre Zuordnung konstituiert dann laufend und meist unhinterfragt eine zentrale Achse gesellschaftlicher Ordnung, die sich historisch aber durchaus variabel präsentieren kann. Die im 19. Jahrhundert gefestigte europäisch-bürgerliche Ordnung der Geschlechter wird seit den 1960er-Jahren im Zuge einer kritischen Überprüfung von Ordnungskategorien moderner Gesellschaften zur Diskussion gestellt. Etwa seit den 1980er-Jahren wenden einige Historiker/innen die Fragestellungen und Erkenntnisse dieser Debatte auch auf historische Themen an.

Gemessen an der Anzahl von Einführungs- oder Überblickstexten scheint die Geschlechtergeschichte inzwischen eine etablierte Perspektive der Geschichtswissenschaft zu sein.[3] Ins-

1 Wir danken unseren Kolleginnen und Kollegen aus der Forschungsstelle für Zeitgeschichte Hamburg für die engagierte Diskussion unseres Texts und Angelika Schaser sowie Martina Kessel für ihre hilfreichen Kommentare.

2 Gegenwärtig wird in der Bundesrepublik diskutiert, ob und zu welchem Zeitpunkt diese Zuordnung zwingend erfolgen soll und welche operativen Eingriffe an Kindern erlaubt sein sollen, um Eindeutigkeit herzustellen, vgl. Aus Politik und Zeitgeschichte 20/21 (2012), Geschlechtsidentität, online unter http://www.bpb.de/shop/zeitschriften/apuz/135428/geschlechtsidentitaet (12.6.2012).

3 Gunilla-Friederike Budde, Geschlechtergeschichte, in: Christoph Cornelißen/Gunilla-Friederike Budde (Hrsg.), Geschichtswissenschaften. Eine Einführung, 4. Aufl., Frankfurt a.M. 2009, S. 282–294; Anne Conrad, Frauen- und Geschlechtergeschichte, in: Michael Maurer (Hrsg.), Neue Themen und Methoden der Geschichtswissenschaft, Leipzig 2003, S. 230–293; Johanna Gehmacher/Gabriella Hauch (Hrsg.), Frauen- und Geschlechtergeschichte des Nationalsozialismus. Fragestellungen, Perspektiven, neue Forschungen, Innsbruck 2007; Rebekka Habermas, Frauen- und Geschlechtergeschichte, in: Joachim Eibach (Hrsg.), Kompass der Geschichtswissen-

besondere in den USA entwickelte sich seit den 1960er- und 1970er-Jahren zunächst die Frauen-, seit den 1980er-Jahren dann die Geschlechtergeschichte zu einem historischen Forschungsfeld, das eine grundlegende Perspektive jeder kritischen Gesellschaftsanalyse darstellt.[4] Dort, wie auch wenig später in Europa, konstituierte sich die Frauen- und Geschlechtergeschichte in enger Wechselwirkung mit gesellschaftlichen Aufbrüchen und Wandlungsprozessen, vor allem im Kontext einer neuen Welle der Frauenbewegung, der feministischen Diskussion und der sozialen Öffnung der Universitäten. Jedoch institutionalisierte sich die Bewegung in den USA weitaus besser als in Europa. Schon in den 1980er-Jahren setzte sich die Frauengeschichte an den historischen Fakultäten durch[5] und konnte sich als anerkanntes Spezialgebiet in der US-amerikanischen Geschichtswissenschaft etablieren.

In der europäischen, insbesondere in der bundesdeutschen Forschungslandschaft sieht dies etwas anders aus. Karen Hagemann konstatierte 2007 zutreffend und bis heute geltend, dass die Frauen- und Geschlechtergeschichte in Deutschland trotz vielfältiger und herausragender Forschungsleistungen immer noch am Rande der Geschichtswissenschaft stehe.[6] Das Forschungsfeld gehört gegenwärtig immer noch zu den »minor fields« in der Zeit-

schaft. Ein Handbuch, Göttingen 2002, S. 231–245; Karen Hagemann/Jean H. Quataert (Hrsg.), Geschichte und Geschlechter. Revisionen der neueren deutschen Geschichte, Frankfurt a. M./New York 2008; Martina Kessel/Gabriela Signori, Geschichtswissenschaft, in: Christina von Braun/Inge Stephan (Hrsg.), Gender-Studien. Eine Einführung, Stuttgart/Weimar 2000, S. 119–129; Claudia Opitz, Um-Ordnungen der Geschlechter. Einführung in die Geschlechtergeschichte, Frankfurt a. M./New York 2010; Sonya O. Rose, What is Gender History?, Cambridge 2010; Jutta Schwarzkopf/Adelheid von Saldern/Silke Lesemann, Geschlechtergeschichte. Von der Nische in den Mainstream, in: Zeitschrift für Geschichtswissenschaft 50 (2002), H. 6, S. 485–504; Hartmann Wunderer, Geschlechtergeschichte. Historische Probleme und moderne Konzepte, Braunschweig 2005.

4 Alice Kessler-Harris, A Rich and Adventurous Journey: The Transnational Journey of Gender History in the United States, in: Journal of Women's History 19 (2007), H. 1, S. 153–159.

5 Kessler-Harris, A Rich and Adventurous Journey, S. 154.

6 Karen Hagemann, From the Margins to the Mainstream? Women's and Gender History in Germany, in: Journal of Women's History 19 (2007), H. 1, S. 193–199, hier S. 194.

geschichtsforschung, obwohl es theoretisch und methodisch eng mit der Diskurs- oder Körpergeschichte verbunden ist, die sich zumindest als Postulat durchsetzen konnten. Das relativ separierte Dasein der Geschlechtergeschichte innerhalb der deutschen Geschichtswissenschaft hängt wohl auch mit beharrenden Relevanzhierarchien zusammen, nach denen sich – trotz aller regen Theorie- und Forschungsdiskussionen der letzten Jahre – das Fach nach wie vor strukturiert. Anders als in der Frühen Neuzeit-Forschung, wo geschlechtergeschichtliche Studien einen anerkannten Zugang bilden, um gesellschaftlichen Wandel zu begreifen,[7] übernimmt die bundesdeutsche Zeitgeschichtsschreibung in ihren empirischen Arbeiten nur zögernd (kritische) Theorieüberlegungen. Der historische Blick auf die Geschlechterverhältnisse von und in Gesellschaften gilt zwar auch in der bundesdeutschen Zeitgeschichte als interessant, aber eben doch nicht als derart zentral, um als anerkannte Qualifikation zu gelten.[8]

Diese prekäre Situation der Historiker/innen auf dem Gebiet der Geschlechterforschung gilt es im Blick zu behalten, wenn im Folgenden Fragen, Methoden und Themen der Frauen- und

7 So z.B. Ann-Kristin Düber/Falko Schnicke (Hrsg.), Perspektive – Medium – Macht. Zur kulturellen Codierung neuzeitlicher Geschlechterdispositionen, Würzburg 2010; Heide Wunder/Gisela Engel (Hrsg.), Geschlechterperspektiven. Forschungen zur Frühen Neuzeit, Königstein/Taunus 1998.

8 Christiane Eifert bilanzierte 2007 angesichts von bundesweit sechs Professuren für Geschlechtergeschichte und vielen Dissertationen auf diesem Gebiet, die Frage nach Geschlecht habe sich fest im Zentrum der Geschichtswissenschaft etabliert. Vgl. Christiane Eifert, Standortbestimmung: Wo befindet sich die Frauen- und Geschlechtergeschichte innerhalb der Geschichtswissenschaft?, in: querelles-net, Nr. 24/2008, online unter http://www.querelles-net.de/index.php/qn/article/view/618/626 (13.6.2012). Die quantitative Bilanz hat sich 2012 nicht geändert, jedoch kommen die Autorinnen zu dem Schluss, dass die gegenwärtige Situation zwar eine erfolgreiche Institutionalisierung widerspiegelt, aber gleichermaßen eine fachliche Marginalisierung bleibt. Vgl. auch Ulla Bock/Daniela Heitzmann/Inken Lind, Genderforschung. Zwischen disziplinärer Marginalisierung und institutioneller Etablierung. Zum aktuellen Stand des Institutionalisierungsprozesses von Genderprofessuren an deutschsprachigen Hochschulen, in: Gender. Zeitschrift für Geschlecht, Kultur und Gesellschaft 3 (2011), H. 2, S. 98–113.

Geschlechtergeschichte in der Bundesrepublik Deutschland mit Blick auf die Zeitgeschichte skizziert werden. Dabei können wir drei wichtige Bereiche nur punktuell zeigen: Erstens, wie sehr die Frauen- und Geschlechtergeschichte ein Beispiel für globale »travelling theories« ist. Viele Impulse kamen aus den USA und Großbritannien, die dann im kontinentalen oder deutschen Kontext aufgenommen und weiterentwickelt wurden. Zweitens müssen europäisch oder global ausgerichtete geschlechterhistorische Ansätze unberücksichtigt bleiben – gleichwohl plädieren wir für ihre deutlichere Berücksichtigung in der deutschen Zeitgeschichte.[9] Drittens setzte sich die Geschlechtergeschichte seit den 1980er-Jahren – ähnlich wie die Diskurs- oder Körpergeschichte – sehr stark mit theoretischen, kritischen Fragen einer sich als postmodern und postkolonial verstehenden Wissenschaft auseinander und wirkte auf diese zurück.

Der folgende Beitrag bietet eine Skizze des Forschungsfelds, in der zunächst die Herkunft der Forschungsrichtung erläutert wird. Anschließend stellen wir zentrale theoretische Überlegungen vor und versuchen schließlich, Perspektiven für eine geschlechterhistorisch erweiterte Zeitgeschichte zu entwickeln.

Geschlechtergeschichte: Begriff und Diskussion

Die Zeitgeschichte erforscht die europäische Nachkriegszeit, die langen 1960er-Jahre und die von Umbrüchen gekennzeichneten 1970er-Jahre mit Deutungen unter Überschriften wie »Pluralisierung« und »Wandlungsprozesse«, die fast schon zu Meistererzählungen geronnen sind. Die Bedeutung von *Geschlecht*, so ließe sich hinzufügen, ist einer der vielen Aspekte, der in diesem Prozess »wiederentdeckt« wurde. Eine neue Welle der Frauenbewegung und des Feminismus entstand im Kontext der »68er«, grenzte sich von deren männlich hegemonialen Deutungen ab

9 Für eine kritische Stellungnahme zur Globalgeschichte aus geschlechterhistorischer Perspektive vgl. Bonnie G. Smith, Gendering Historiography in the Global Age: A U. S. Perspective, in: Angelika Epple/Angelika Schaser (Hrsg.), Gendering Historiography. Beyond National Canons, Frankfurt a. M. 2009, S. 27–44.

und konnte sich in den bewegenden Zeiten der siebziger Jahre etablieren. Dass seit den 1980er-Jahren auch in der bundesdeutschen Geschichtswissenschaft die Kategorie *Geschlecht* diskutiert wird, ist zum einen die wissenschaftspolitische Folge dieser gesellschaftlichen Bewegung. Zum anderen zeigt die kritische Frage nach den Faktoren für »Pluralisierung« oder »Liberalisierung«, dass es auch die Frauen- und Geschlechtergeschichte war, die dazu beitrug, den divergierenden Wandlungsprozessen in der Zeitgeschichte auf die Spur zu kommen. *Geschlecht*, so die Annahme in diesem Beitrag, ist also keine geschlossene oder gar ausdiskutierte Kategorie, die sich in der Geschichte auffinden lässt, sondern eine Perspektive auf Geschichte und ihrer wissenschaftlichen Darstellung, mit der Pluralität und Heterogenität sichtbar wird, wo vorschnell Einheit postuliert wurde. In einer geschlechterhistorischen Perspektive wird also auch die Historiografie selbst problematisiert und mit ihr die Grundannahmen historischer Erzählungen.

Die Entwicklung der Geschlechtergeschichte im 20. Jahrhundert ging von der historischen Frauenforschung aus. Ursprünglich war die Suche nach den Frauen in der Geschichte ein zentraler Impuls für Arbeiten im Bereich der *women's history*. In der frühen historischen Frauenforschung, die sich eng mit der Frauenbewegung verbunden fühlte, wurde bei solchen Analysen noch von einem System des Patriarchats ausgegangen, das gesellschaftliche Normen allumfassend und über alle Zeiten hinweg prägte.[10] Ein unhistorischer Begriff des Patriarchats wurde in der weiteren Entwicklung des Forschungsfelds gerade von Historikerinnen als unangemessen kritisiert[11] und gilt inzwischen für die Analyse moderner Gesellschaften als nur sehr begrenzt tauglich.

Beginnend in den 1980er-Jahren, flossen komplexere Grundannahmen aus den *Gender Studies* in die historische Frauenforschung ein, die sich damit zur Geschlechtergeschichte erweiterte. Dazu gehört, dass die Ordnungen der Geschlechter zentrale

10 Eine klassische Analyse dazu bietet Gerda Lerner, Die Entstehung des Patriarchats (zuerst 1986), Frankfurt a. M./New York 1991.

11 Karin Hausen, Patriarchat. Vom Nutzen und Nachteil eines Konzepts für Frauengeschichte und Frauenpolitik, in: Journal für Geschichte (1986), H. 5, S. 12–21. Als Überblick zur frühen Entwicklung der Frauengeschichte in Europa und den USA vgl. Opitz, Um-Ordnungen, S. 9–57.

Achsen jeder Gesellschaftsordnung bilden und diese sich je nach historischer Situation wandeln. Ordnungsideen beeinflussen die gesellschaftlichen Vorstellungen von den Aufgaben und Handlungsräumen von Männern und Frauen und prägen deren Lebenswirklichkeit. Frauengeschichte untersucht hierbei vor allem, unter welchen Bedingungen sich Handlungsmöglichkeiten, Normen und soziale Praxen für Frauen änderten. Umfassender als die Frauengeschichte will die Geschlechtergeschichte die vielfältigen Beziehungsgeflechte und sozialen Konstruktionen von Gesellschaften erforschen, die im Zeichen geschlechtsspezifischer Zuordnungen ihre Gültigkeit erlangen.

Die Geschlechtergeschichte löst somit die Frauengeschichte nicht ab, sondern ist ihre konsequente Erweiterung. Um qualifiziert vorgehen zu können, bilden empirische Arbeiten über die Lebenswirklichkeit von Frauen *und* Männern ihre notwendige Voraussetzung.

Noch deutlicher wird diese Forschungsaufgabe in Anlehnung an Achim Landwehrs eingängiger Formulierung zur Diskursgeschichte, »sich über Dinge zu wundern, über die sich üblicherweise niemand mehr wundert«.[12] Auch die Geschlechtergeschichte kann durch ihre grundsätzlich kritische Haltung gegenüber tradierten, vermeintlich naturgegebenen oder unhintergehbaren Wahrheiten über die Geschlechter charakterisiert werden. Sie wundert sich über den auf verschiedene Weise begründeten Dualismus in unserer Gesellschaft, mit dem nicht nur Menschen in Frauen und Männer unterschieden werden, sondern auch Eigenschaften, Politiken oder Geschichtsinterpretationen einer binären Codierung unterliegen. Der Ausgangspunkt für diese Problematisierung war nicht nur die Frauenbewegung, in deren Folge Historikerinnen daran gingen, die Unterdrückung von Frauen in der Geschichte sichtbar zu machen, sondern darüber hinaus auch eine grundsätzlich wissenschafts- und erkenntniskritische Bewegung, in der zum einen die Diskurstheorie und zum anderen die performative Herstellung gesellschaftlicher Ordnungen eine zentrale Rolle spielten.

12 Achim Landwehr, Diskurs und Diskursgeschichte, Version: 1.0, in: Docupedia-Zeitgeschichte, 11.2.2010, online unter https://docupedia.de/zg/Diskurs_und_Diskursgeschichte?oldid=75508 (12.6.2012).

Die Herkunft der Frauen- und Geschlechtergeschichte aus der Frauenbewegung und ihre Aufgeschlossenheit gegenüber kritischer Forschung ergeben in der Praxis allerdings oft einen spezifischen feministischen Zwiespalt. Denn wo die Forschung mit konstruktivistischen Ansätzen das Geschlecht sämtlicher Gewissheiten entkleiden will und als »mehrfach relationale Kategorie«[13] versteht, da will und muss die Frauenbewegung von Erfahrungen ausgehen. So bilden etwa Diskriminierungserfahrungen den Hintergrund für die Positionierung »der Frau« als politisches Subjekt. In diesen unterschiedlichen Konzeptionen liegt eine Ursache für die seit den 1990er-Jahren zunehmende Auseinanderentwicklung von Frauenbewegung einerseits und feministischer Theorie oder auch Geschlechterforschung andererseits. Die historische Frauen- und Geschlechterforschung orientiert sich inzwischen stärker an wissenschaftlich-kritischen und feministischen Debatten als an der Frauenbewegung.

In diesem fortschreitenden Akademisierungsprozess wurde insbesondere aus der Soziologie die These übernommen, dass die Ordnung der Geschlechter sowie die Ideen über das Wesen von Männern und Frauen alltäglich sind und immer wieder »hergestellt« werden müssen; sie »erscheinen« als gottgegeben oder seit dem 19. Jahrhundert als »natürlich«, sind aber vielmehr gesellschaftlich-sozial konstruiert und werden im Alltag performativ hergestellt. Diese interaktiv vollzogene kulturelle Sinnstiftung wird als »doing gender« beschrieben, um den aktiven Part aller Subjekte einer Gesellschaft in der Aufrechterhaltung geschlechtlich codierter Ordnungen zu betonen. Wir alle kennen einen zentralen Aspekt dieses »doing gender« aus dem Alltag: Wer ist nicht verunsichert, wenn der Gesprächspartner nicht eindeutig einem Geschlecht zugeordnet werden kann? Wir entscheiden spontan, nach unserem gelernten Wertesystem, wie wir unser Gegenüber einordnen – aber entspricht dies auch dem tatsächlichen

13 Vgl. Andrea Griesebner, Geschlecht als mehrfach relationale Kategorie. Methodologische Anmerkungen aus der Perspektive der Frühen Neuzeit, in: Veronika Aegerter (Hrsg.), Geschlecht hat Methode. Ansätze und Perspektiven in der Frauen- und Geschlechtergeschichte (= Beiträge der 9. Schweizerischen Historikerinnentagung 1998), Zürich 1999, S. 129–137.

Geschlecht? Und woran ließe sich zweifelsfrei feststellen, was das »tatsächliche Geschlecht« ausmacht?

Der hier zum Ausdruck kommende Drang zur Eindeutigkeit und systematischen Erfassung der Welt – eine essenzielle Grundierung der Moderne – beeinflusst weiterhin soziale Realitäten, während sich doch die postmoderne Theorie seit vielen Jahren bemüht, solche binären Denk- und Ordnungsmuster aufzubrechen. Warum gerade die Ordnung der Geschlechter eine starke und so schwer zu kritisierende gesellschaftliche Bedeutung hat, ist damit weiterhin eine der zentralen Fragen moderner Geschlechterforschung.[14]

Eine Definition des Begriffs »Geschlecht« bedeutet demnach keine feststehende Basis für alle Zeiten, sondern ist ein fortlaufender, historischer und zu historisierender Prozess, in dem zunehmend die Unabgeschlossenheit des Begriffs und seine situative Bedeutung – ähnlich wie bei »die Gesellschaft«, »die Umwelt«, »die Politik« – im Mittelpunkt stehen. Ausgehend von diesem Charakter des Geschlechts als sozialer bzw. kultureller Konstruktion, wandelte sich die historische Frauenforschung zur Geschlechtergeschichte, die spätestens seit den 1990er-Jahren auch Männer und Männlichkeit zum Thema erhob[15] und sich teilweise auch von dem bipolaren Geschlechtermodell löste.[16]

Die kritische Auseinandersetzung mit der Herstellung von Geschlecht hatte die Geschlechterforschung anfänglich mit Hilfe der Unterscheidung von *sex* und *gender* – oder, im Deutschen: biologisches und soziales Geschlecht – zu reflektieren versucht. *Sex* bzw. das biologische Geschlecht galt als die »natürliche« Basisqualifikation für jeden Menschen, *gender* bzw. das soziale Geschlecht demgegenüber als die gesellschaftliche Einordnung. 1986

14 Christiane Eifert u. a. (Hrsg.), Was sind Frauen? Was sind Männer? Geschlechterkonstruktionen im historischen Wandel, Frankfurt a. M. 1996.

15 Als Einführungen: Jürgen Martschukat,/Olaf Stieglitz (Hrsg.), Geschichte der Männlichkeiten, Frankfurt a. M. 2008; Thomas Kühne (Hrsg.), Männergeschichte – Geschlechtergeschichte. Männlichkeit im Wandel der Moderne, Frankfurt a. M./New York 1996.

16 Martin Dinges (Hrsg.), Männer – Macht – Körper. Hegemoniale Männlichkeiten vom Mittelalter bis heute, Frankfurt a. M./New York 2005; Rainer Herrn, Schnittmuster des Geschlechts. Transvestitismus und Transsexualität in der frühen Sexualwissenschaft, Gießen 2005.

erschien dazu der inzwischen als »Klassiker« geltende Aufsatz von Joan W. Scott, »Gender: A Useful Category of Historical Analysis«, in dem eine Weiterführung der Konzeptualisierung von »Geschlecht« versucht wurde.[17] Scott beschreibt mit *gender*, wie sich die Beziehungen zwischen den Geschlechtern sozial organisieren. Damit entwickelte sich eine Gegenposition zum biologischen Determinismus, nach dem das vermeintlich eindeutige körperliche Geschlecht die soziale Wirklichkeit seines Trägers vorzeichne. Gender fokussiert eben nicht auf die körperlichen Merkmale des Einzelnen, sondern will eine Analyse der Machtbeziehungen innerhalb der Gesellschaft begründen: »Gender is a constitutive element of social relationships based on perceived differences between the sexes, and gender is a primary way of signifying relationships of power.«[18]

Gisela Bock setzte sich 1991 positiv-kritisch mit der Analyse Scotts auseinander und wies darauf hin, die Beziehung *sex – gender* sei darin als Dichotomie eingeführt worden. Dadurch werde verhindert, hierarchisches Denken aufzuheben, würde doch nur die alte Dichotomie Natur – Kultur durch eine neue ersetzt.[19] Gerade die deutsche Übersetzung von *sex* mit »biologischem Geschlecht« führe die Dichotomie von Frauen und Männern allein auf Biologie zurück, so als sei auf körperlicher Ebene keine sozio-kulturelle Konstruktion am Werk. Und schließlich werde in der Gegenüberstellung *sex – gender* weder das eine noch das

17 Joan W. Scott, Gender: A Useful Category of Historical Analysis, in: American Historical Review 91 (1986), S. 1053–1075, deutsche Fassung: Gender: Eine nützliche Kategorie der historischen Analyse, in: Nancy Kaiser (Hrsg.), Selbst Bewusst. Frauen in den USA, Leipzig 1994, S. 27–75; Claudia Opitz, Gender – eine unverzichtbare Kategorie der historischen Analyse. Zur Rezeption von Joan W. Scotts Studien in Deutschland, Österreich und der Schweiz, in: Claudia Honegger/Caroline Arni (Hrsg.), Gender. Die Tücken einer Kategorie, Zürich 2001, S. 95–115; Barbara Hey, Die Entwicklung des gender-Konzepts vor dem Hintergrund poststrukturalistischen Denkens, in: L'Homme Z. F. G. 5 (1994), H. 1, S. 7–27.

18 Scott, Gender, S. 1067.

19 Gisela Bock, Challenging Dichotomies: Perspectives on Women's History, in: Karen Offen/Ruth Pierson/Jane Rendall (Hrsg.), Writing Women's History. International Perspectives, Basingstoke, Hampshire 1991, S. 1–24, hier S. 7.

andere historisiert, sondern absolut gesetzt. Bock schlug deshalb vor, *gender*/Geschlecht zu historisieren, die Kategorie »Biologie« aufzugeben und schließlich *sex* in der gleichen konstruktivistischen Weise wie *gender* zu verwenden, »thus leaving space for continuities instead of polarities of meaning«.[20] Inzwischen hat auch Joan Scott selbst in Frage gestellt, ob *gender* weiterhin eine »nützliche Kategorie« sei, denn das erhoffte kritische Potenzial habe sich nicht entfalten können, da *sex* nicht ebenso kritisch dekonstruiert werde. Vielmehr habe die Unterscheidung von *sex* und *gender* stark dazu beigetragen, dass das Körperliche, die Biologie, weiterhin als natürlich gegeben und eben nicht als sozial konstruiert wahrgenommen werde.[21]

Diese und andere kritische Diskussionen werden vor allem in der internationalen feministischen Bewegung und den Gender-Studies geführt, wo erheblich differenzierende Konzepte von oder Gegen-Konzepte zu Geschlecht produziert werden, z. B. im Denken der *queer-theory*.[22] Welche Wirkungen diese kritischen Diskussionen in der Geschlechtergeschichte entfalten, lässt sich noch nicht absehen. Zurzeit dominieren noch Arbeiten über Frauen- oder Männer(gruppen), deren Selbstdarstellungen und (Selbst-) Wahrnehmung als Frauen oder Männer und als dementsprechende historische Subjekte vorausgesetzt werden. Die Definition von Scott bleibt trotz der geäußerten Kritik für die historische Forschung jedoch sehr ertragreich, weil diese die gesellschaftlichen Machtverhältnisse und ihre Reproduktion in Diskursen über Männlichkeit oder Weiblichkeit ins Zentrum stellt und kritisch reflektiert. Doch wird zugleich der Abstand zwischen den geschlechterhistorischen Arbeiten einerseits und der neueren theoretischen feministischen Diskussion andererseits immer größer. Die

20 Ebd., S. 9.

21 Joan Scott, Die Zukunft von gender. Fantasien zur Jahrtausendwende, in: Honegger/Arni (Hrsg.), Gender. Die Tücken einer Kategorie, Zürich 2001, S. 37–49; Joan Wallach Scott, The Fantasy of Feminist History, Durham/London 2011.

22 Nina Degele, Gender/Queer Studies. Eine Einführung, Paderborn 2008; Sabine Hark, Queer Studies, in: Christina von Braun/Inge Stephan (Hrsg.), Gender@Wissen. Ein Handbuch der Gender-Theorien, 2. Aufl., Köln u. a. 2009, S. 309–327; Annamarie Jagose, Queer Theory. Eine Einführung, Berlin 2005.

quellengestützte historische Erzählung kann zwar heteronormative Vorgaben und Zurichtungen vergangener Epochen historisieren und problematisieren, aber sie kann kaum gleichzeitig den politischen Ansatz »queerer« Theorien operationalisieren, um diejenigen Kategorien aufzulösen, die sie historisch untersuchen will.

Auch auf der institutionellen Ebene zeigt sich diese Differenz: Der akademische Feminismus ist inzwischen vor allem in den Sozialwissenschaften beheimatet, und die sich schon in den 1980er-Jahren abzeichnende Trennung von Frauenbewegung und Geschlechterforschung schreitet weiter voran. Eine vielversprechende Verknüpfung theoretischer Diskussion und empirischer Forschung ergibt sich für die Geschlechtergeschichte hingegen, wenn Geschlecht nicht als eine Kategorie mit stabiler Bedeutungsebene behandelt wird, sondern als eine Perspektive auf gesellschaftliche Verhältnisse und Deutungssysteme, die mit anderen Achsen der Ungleichheit in Beziehung zu setzen ist. Diese multiperspektivische Analysemethode, in die neben der geschlechtlichen Zuordnung auch Identitätsaspekte wie sexuelles Begehren, ethnische, nationale, religiöse Zugehörigkeit, Hautfarbe, Alter oder Bildungsgrad einfließen, wird unter dem Label »Intersektionalität« diskutiert und erprobt.[23]

Geschlecht in der Geschichtswissenschaft

Mit der historischen Geschlechterforschung stellte sich etwa seit den 1980er-Jahren in Deutschland die Frage, wie sich Formen von Geschlechtlichkeit, das Wissen darüber und ihre soziale Praxis im historischen Prozess erkennen ließen. Eine Vielzahl von Studien erprobte die neue Perspektive auf gesellschaftliche Verhältnisse,

23 Bislang allerdings nur in der Geschlechterforschung, vgl. Sandra Smykalla, Intersektionalität zwischen Gender und Diversity. Theorien, Methoden und Politiken der Chancengleichheit, Münster 2012; Katharina Walgenbach, Gender als interdependente Kategorie. Neue Perspektiven auf Intersektionalität, Diversität und Heterogenität, Opladen 2007; vgl. auch Ina Kerner, Alles intersektional? Zum Verhältnis von Rassismus und Sexismus, in: Feministische Studien 27 (2009), H. 1, S. 36–50, online unter http://www.feministische-studien.de/index.php?id=25&no_cache=1&L=0&paper=40 (12.6.2012).

angefangen von Untersuchungen zu Arbeiterinnen und zur historischen Frauenbewegung, über Fragen der Beteiligung von Frauen und Männern an verbrecherischen Systemen bis hin zu Analysen von sozialen Gruppen (Bürgertum) oder besonderen Kulturen – um nur einige Beispiele zu nennen.[24] 1992 etablierten Karin Hausen, Gisela Bock und Heide Wunder die Reihe »Geschichte und Geschlechter«, in der bis heute 62 Arbeiten zur Geschlechtergeschichte von der Antike bis zur Zeitgeschichte erschienen sind.[25] Schon seit 1990 versucht der Arbeitskreis Historische Frauen- und Geschlechterforschung (AKHFG), die Aktivitäten von Historiker/innen zu bündeln und den Kontakt zur internationalen Geschlechterforschung zu intensivieren; seit 2007 ist dieser Arbeitskreis als Verein organisiert.[26]

Ein Blick in geschlechterhistorische Bibliografien zeigt jedoch, dass die Veröffentlichungen mit direktem Bezug auf Geschlechtergeschichte seit etwa zehn Jahren zurückgehen. Bedeutet das ein nachlassendes Interesse an dem Thema oder im Gegenteil, dass es zunehmend in die allgemeine Geschichte integriert wurde und in Arbeiten zur Politik, Wirtschaft, Kultur, Wissenschaft oder zur Ideengeschichte ein selbstverständlicher Bestandteil ist? Die Meinungen darüber gehen auseinander und auch die Vermutungen

24 Helene Albers, Frauen-Geschichte in Deutschland 1930–1960. Bibliographie, Münster 1993; Christiane Eifert, Frauengeschichte in Deutschland. Literaturübersicht und Auswahlbibliographie, in: Jahresbibliographie 64 (1992), hrsg. v. Bibliothek für Zeitgeschichte, S. 700–729; Beate Fieseler (Hrsg.), Frauengeschichte: gesucht – gefunden? Auskünfte zum Stand der historischen Frauenforschung, Köln 1991.

25 Die Reihe im Campus-Verlag wurde ab 1998 herausgegeben von Ute Daniel, Karin Hausen, Heide Wunder, seit 2005 von Claudia Opitz-Belakhal, Angelika Schaser und Beate Wagner-Hasel.

26 Vgl. online http://www.akgeschlechtergeschichte.de: »Der Verein fördert die wissenschaftliche historische Frauen- und Geschlechterforschung und zielt darauf, diese in der Wissenschafts- und Kulturlandschaft der Bundesrepublik, inner- wie außerhalb der Universitäten, dauerhaft zu verankern und den wissenschaftlichen Austausch zwischen allen, die zur Frauen- und Geschlechtergeschichte arbeiten, zu intensivieren. 2007 gegründet, setzt der Verein die Aktivitäten des 1990 von Gisela Bock, Karin Hausen, Heide Wunder und weiteren Historikerinnen gegründeten Arbeitskreis Historische Frauenforschung als deutsches Komitee der International Federation of Research in Women's History (IFRWH) fort.«

zu den Gründen. Gut 35 Jahre nach den ersten Frauenkonferenzen und feministischen Studien sei Geschlechtergeschichte in der Zunft anerkannt – so die eine Meinung –, weil sie den Blick von den Bedingungen, Ordnungen und Konstruktionen einer sozialen Gruppe auf Beziehungen zwischen sozialen Gruppen generell erweitert habe.[27] Mit Genugtuung sehen einige Historiker/innen sogar eine »unaufgeregte Anwendung verschiedener Ansätze in einer thematisch weit gefächerten empirischen Forschung« vorherrschen – dies gelte aber vor allem für die Geschichte der Frühen Neuzeit.[28] Andere Einschätzungen sehen vor allem in den Forschungen zur deutschen Zeitgeschichte ein Defizit, wo nach wie vor Vorbehalte bestehen, dominierende zeitlich strukturierende Meistererzählungen geschlechterhistorisch zu erweitern.[29] Unabhängig davon, welcher Einschätzung man zustimmen kann oder möchte, lassen sich doch einige Themenbereiche in der Zeitgeschichte aufzeigen, zu denen geschlechterhistorische Analysen vorliegen und weitere unbedingt folgen sollten.

Während in den 1980er-Jahren bis Anfang der 1990er-Jahre vorrangig Diskussionen und Studien erschienen, in denen der Mehrwert der Frauen- und Geschlechtergeschichte in der Geschichtswissenschaft grundsätzlich thematisiert wurde,[30] folgten

27 Laura Lee Downs, Writing Gender History, London 2004, S. 184.

28 Caroline Arni/Susanna Burghartz (Hrsg.), Geschlechtergeschichte, gegenwärtig (= L'Homme. Europäische Zeitschrift für feministische Geschichtswissenschaft; 18/2), Wien 2007.

29 Vgl. Julia Paulus/Eva-Maria Silies/Kerstin Wolff (Hrsg.), Zeitgeschichte als Geschlechtergeschichte. Neue Perspektiven auf die Bundesrepublik, Frankfurt a. M./New York 2012 (i.E.)

30 Ursula Aumüller-Roske (Hrsg.), Frauenleben – Frauenbilder – Frauengeschichte, Pfaffenweiler 1988; Gisela Bock, Geschichte, Frauengeschichte, Geschlechtergeschichte, in: Geschichte und Gesellschaft 14 (1988), H. 3, 364–391; dies., Historische Frauenforschung. Fragestellungen und Perspektiven, in: Karin Hausen (Hrsg.), Frauen suchen ihre Geschichte, München 1983, S. 22–60; Bodo von Borries, Frauengeschichte. Mode, Sekte, Wende?, in: Friedrich. Jahresheft aller pädagogischen Zeitschriften des Friedrich Verlags (1989), H. 7, S. 76; Jutta Dalhoff (Hrsg.), Frauenmacht in der Geschichte. Beiträge des Historikerinnentreffens 1985 zur Frauengeschichtsforschung, Düsseldorf 1985; Fieseler (Hrsg.), Frauengeschichte; Ute Frevert, Geschichte als Geschlechtergeschichte? Zur Bedeutung des »weiblichen Blicks« für die Wahrnehmung von Geschichte, in: Saeculum.

anschließend differenzierte Anwendungen, mit der etwa die Zeit des Nationalsozialismus, die Weltkriege, die Nachkriegsgesellschaften, die Ideengeschichte oder bestimmte gesellschaftliche Bereiche in den Blick gerieten.[31] Ute Frevert legte 1997 einen ersten historischen Gesamtüberblick der deutschen Frauengeschichte für das 19. und 20. Jahrhundert vor.[32]

Eine zentrale Diskussion und Erweiterung der deutschen Zeitgeschichtsforschung, die in den 1990er-Jahren aus der Frauen- und Geschlechterforschung angestoßen wurde, kreiste um die Frage, wie die Beteiligung von Frauen an verbrecherischen Diktaturen oder Gewalthandlungen zu erklären sei. In der als »Opfer-

Jahrbuch für Universalgeschichte 43 (1992), H. 1, S. 108–123; Claudia Opitz, Der »andere Blick« der Frauen in die Geschichte. Überlegungen zu Analyse- und Darstellungsform feministischer Geschichtsforschung, in: Beiträge zur Feministischen Theorie und Praxis 7 (1984), H. 11, S. 61–70.

31 Irene Bandhauer-Schöffmann (Hrsg.), Nach dem Krieg. Frauenleben und Geschlechterkonstruktionen in Europa nach dem Zweiten Weltkrieg, Herbolzheim 2000; Gisela Bock (Hrsg.), Genozid und Geschlecht. Jüdische Frauen im nationalsozialistischen Lagersystem, Frankfurt a. M. 2005; Gabriele Boukrif u. a. (Hrsg.), Geschlechtergeschichte des Politischen. Entwürfe von Geschlecht und Gemeinschaft im 19. und 20. Jahrhundert, Münster 2002; Kathleen Canning, Gender History in Practice. Historical Perspectives on Bodies, Class and Citizenship, Ithaca, NY 2006; Johanna Gehmacher/Gabriella Hauch (Hrsg.), Frauen- und Geschlechtergeschichte des Nationalsozialismus. Fragestellungen, Perspektiven, neue Forschungen, Innsbruck u. a. 2007; Elizabeth D. Heineman, What Difference Does a Husband Make? Women and Marital Status in Nazi and Postwar Germany, Berkeley 1999; Kirsten Heinsohn/Barbara Vogel/Ulrike Weckel (Hrsg.), Zwischen Karriere und Verfolgung. Handlungsräume von Frauen im nationalsozialistischen Deutschland, Frankfurt a. M./New York 1997; Dietlind Hüchtker, »Gendered Nations« – »Geschlecht und Nationalismus«. Ein Bericht über zwei Tagungen zur Nationalismusforschung in der Geschlechtergeschichte, in: Historische Anthropologie. Kultur, Gesellschaft, Alltag 7 (1999), H. 2, S. 328–336; Birthe Kundrus, Kriegerfrauen. Familienpolitik und Geschlechterverhältnisse im Ersten und Zweiten Weltkrieg, Hamburg/Bielefeld 1995; Ute Planert, Militärgeschichte als Geschlechtergeschichte. Ein Colloquium an der TU Berlin, in: L'Homme. Europäische Zeitschrift für feministische Geschichtswissenschaft 8 (1997), H. 2, S. 313–317; Hanna Schissler (Hrsg.), Geschlechterverhältnisse im historischen Wandel, Frankfurt a. M. 1993.

32 Ute Frevert, Frauen-Geschichte. Zwischen bürgerlicher Verbesserung und neuer Weiblichkeit, Frankfurt a. M. 1997.

oder-Täterinnen-Debatte« bekannten Auseinandersetzung zeigten sich mehrere typische Erscheinungen der Geschlechterforschung: der Anstoß aus der Frauenbewegung, die Akademisierung der Diskussion und schließlich die Erweiterung auf männer- und geschlechterhistorische Fragen. Ausgehend von der intensiven Debatte über das Patriarchat entstand in den 1980er-Jahren innerhalb der Frauenbewegung auch eine Auseinandersetzung über die Frage der »Mittäterschaft« (Christina Thürmer-Rohr).[33] Wie und warum beteiligten sich Frauen an der Unterdrückung ihres eigenen Geschlechts – dies war die Kernfrage der Debatte in kritischer Absicht. Von dieser Frage war es nicht weit zu der Überlegung, was eine potenzielle »Mittäterschaft« denn für die Zeit des Nationalsozialismus bedeute. Damit verschob sich die Diskussion jedoch von einem politischen Anliegen der Frauenbewegung zu einer akademischen Diskussion unter Historikerinnen und Frauenforscherinnen. Diese wiederum hatten sich schon seit Ende der 1970er-Jahre mit der Beteiligung von Frauen am NS-System befasst, überwiegend allerdings unter sozialgeschichtlichen Fragestellungen oder auf der Suche nach dem Widerstand von Frauen.[34] Die weitere akademische Debatte entzündete sich bis Mitte der 1990er-Jahre an dem Vorwurf, die Frauengeschichte des NS sei eine reine Opfergeschichte und verschließe die Augen vor den Täterinnen bzw. »Mittäterinnen«.[35]

Im sogenannten Historikerinnenstreit zwischen Gisela Bock und Claudia Koonz in den Jahren 1989 und 1992 wurden zwei verschiedene Deutungen über den Charakter der Beteiligung von Frauen angeboten: Während Gisela Bock auf der Grundlage ihrer Studien zur Sterilisationspolitik des NS-Regimes auf den Primat

33 Die Tagung »Mittäterschaft von Frauen – ein Konzept Feministischer Forschung und Ausbildung« an der TU Berlin 1988 bündelte verschiedene Ansätze dieser kritischen Diskussion, vgl. Christina Thürmer-Rohr (Hrsg.), Mittäterschaft und Entdeckungslust, Berlin 1989.

34 Frauengruppe Faschismusforschung, Mutterkreuz und Arbeitsbuch. Zur Geschichte der Frauen in der Weimarer Republik und im Nationalsozialismus, Frankfurt a. M. 1981.

35 Eine sehr gute Zusammenfassung und Diskussion dieser Debatte bieten Susanne Landwerd/Irene Stoehr, Frauen- und Geschlechterforschung zum Nationalsozialismus seit den 1970er Jahren, in: Gehmacher/Hauch (Hrsg.), Frauen- und Geschlechtergeschichte des Nationalsozialismus, S. 22–69.

der Kategorie »Rasse« in allen Bereichen der nationalsozialistischen Gesellschaft hinwies und damit auf die genaue Differenzierung von Beteiligungsmöglichkeiten von Frauen und Männern, von Verfolgten und Nicht-Verfolgten pochte, plädierte Claudia Koonz, die die Einbindung großer »unpolitischer« Frauenorganisationen in den nationalsozialistischen Staat untersuchte, für einen kritischen Blick auf den vermeintlich so privaten Aktionsraum vieler Frauen, weil es genau diese private Welt gewesen sei, die die gesellschaftliche Akzeptanz von Ausgrenzung und Gewalt so lange ermöglicht habe.

Im Ergebnis hat der eigentliche »Streit« zwischen den beiden Historikerinnen vor allem viele kritische frauen- und geschlechterhistorische Untersuchungen angestoßen, die einen präzisen Blick auf die Handlungsräume von Frauen und Männern im nationalsozialistischen Regime werfen. Die moralisch aufgeladene Frage nach »Opfer oder Täterin« ist inzwischen einer differenzierten Perspektive auf Handlungsoptionen und Ausgrenzungen in der »deutschen Volksgemeinschaft« gewichen, so beispielsweise in der Studie Elizabeth Harveys über weibliche Beteiligungen an der NS-Volkstumspolitik »im Osten«.[36] Zugleich haben sich Teile der NS-Forschung gegenüber einer geschlechterhistorischen Perspektive geöffnet und aufgezeigt, wie wichtig etwa männerbündische Strukturen für die erfolgreiche Integration »ganz normaler Männer«[37] in den Gewaltapparat waren oder wie stark Ideale von Männlichkeit und Kameradschaft[38] das Mitlaufen und Mitmachen prägten.

Wie ergiebig die Integration der Geschlechtergeschichte für die Zeitgeschichte sein kann, zeigen auch jene Studien, in denen geschlechterhistorische Fragen in einem quantitativen wie qualitativen Verfahren diskutiert werden. So lassen sich Forschungsper-

36 Elizabeth Harvey, Women and the Nazi East. Agents and Witnesses of Germanization, New Haven/London 2003, dt: Der Osten braucht dich! Frauen und nationalsozialistische Germanisierungspolitik, Hamburg 2010.

37 Christopher Browning, Ordinary Men: Reserve Police Battalion 101 and the Final Solution in Poland, New York 1992, dt.: Ganz normale Männer. Das Reserve-Polizeibataillon 101 und die »Endlösung« in Polen, Reinbek 1993.

38 Thomas Kühne, Kameradschaft. Die Soldaten des nationalsozialistischen Krieges und das 20. Jahrhundert, Göttingen 2006; ders., Belonging and Genocide. Hitler's Community 1918–1945, New Haven 2010.

spektiven kombinieren[39] oder Zeitabschnitte noch einmal gegen den Strich lesen.[40] Um der Frage nach der sozialen Praxis von Geschlechterkonstruktionen und -ordnungen nachzugehen, bieten sich Themen aus den Bereichen Sexualität oder Familienpolitik an.[41] Dort wo Hierarchien und Dichotomien traditionell gut verankert sind, können geschlechterhistorische Studien ebenfalls ergiebig anknüpfen. So werden Berufe und Arbeitswelten nach wie vor nicht nur als Gegenstück zur Familie analysiert – womit sich die nur vermeintlich überholte Geschlechterdifferenzierung von Öffentlichkeit und Privatheit wiederholt –, sondern sie unterliegen auch in sich einer geschlechterorientierten Kategorisierung.[42]

39 Helene Albers, Zwischen Hof, Haushalt und Familie. Bäuerinnen in Westfalen-Lippe, 1920–1960, Paderborn 2001.

40 Vgl. Ariadne. Forum für Frauen- und Geschlechtergeschichte 58 (2010): »Die ruhigen Jahre?« Geschlechter(ver)ordnungen in der Frühphase der Bundesrepublik; Irene Bandhauer-Schöffmann (Hrsg.), Nach dem Krieg. Frauenleben und Geschlechterkonstruktionen in Europa nach dem Zweiten Weltkrieg, Herbolzheim 2000; Ute Frevert, Umbruch der Geschlechterverhältnisse? Die 60er Jahre als geschlechterpolitischer Experimentierraum, in: Axel Schildt/Detlef Siegfried/Karl Christian Lammers (Hrsg.), Dynamische Zeiten. Die 60er Jahre in beiden deutschen Gesellschaften, Hamburg 2000, S. 642–660; Robert G. Moeller, Geschützte Mütter. Frauen und Familien in der westdeutschen Nachkriegspolitik, München 1997; Kirsten Plötz, Als fehle die bessere Hälfte. »Alleinstehende« Frauen in der frühen BRD 1949–1969, Königstein/Taunus 2003.

41 Meike Sophia Baader, Männer – Frauen – Kinder: Das Zusammenspiel von Kinderladen- und Frauenbewegung Revisited, in: Historische Jugendforschung, N.F. 4 (2008), S. 153–165; Pascal Eitler, Die »sexuelle Revolution«. Körperpolitik um 1968, in: Martin Klimke/Joachim Scharloth (Hrsg.), 1968. Handbuch zur Kultur- und Mediengeschichte der Studentenbewegung, Stuttgart 2007, S. 235–246; Dagmar Herzog, Die Politisierung der Lust. Sexualität in der deutschen Geschichte des zwanzigsten Jahrhunderts, München 2005; Eva-Maria Silies, Liebe, Lust und Last: die Pille als weibliche Generationserfahrung in der Bundesrepublik 1960–1980, Göttingen 2010.

42 Christine von Oertzen, Teilzeitarbeit und die Lust am Zuverdienen. Geschlechterpolitik und gesellschaftlicher Wandel in Westdeutschland 1948–1969, Göttingen 1999; Monika Mattes, Ambivalente Umbrüche. Frauen, Familie und Arbeitsmarkt zwischen Konjunktur und Krise, in: Konrad H. Jarausch (Hrsg.), Das Ende der Zuversicht? Die siebziger Jahre als Geschichte, Göttingen 2008, S. 214–228.

Die deutsch-deutsche Geschichte bietet zudem die vorteilhafte Gelegenheit, unterschiedliche politische Implikationen von Gleichberechtigungsstrategien zu untersuchen.[43]

Politische Strömungen und Bewegungen lassen sich geschlechterhistorisch nach ihrer Organisation und nach ihren Inhalten befragen. Für die erste Hälfte des 20. Jahrhunderts liegen schon einige Studien vor, wobei hier wie auch in der Zeitgeschichte die Konzentration auf konservative und rechte Zusammenhänge auffällt.[44] Nur vereinzelt finden sich auch ähnliche Zugänge zum liberalen oder linken Denken und Handeln und zum Terrorismus.[45] Lokalstudien können den vorpolitischen Raum gut sichtbar machen, in dem sich Männer und Frauen auf unterschiedliche Weise um politische Partizipation oder Gleichberechtigung bemühten.[46] Besonders fruchtbar erweisen sich wissenschafts- und geschlechtergeschichtliche Kombinationen.[47]

43 Carola Sachse, Der Hausarbeitstag. Gerechtigkeit und Gleichberechtigung in Ost und West 1939–1994, Göttingen 2002; Karin Zachmann, Mobilisierung der Frauen. Technik, Geschlecht und Kalter Krieg in der DDR, Frankfurt a. M./New York 2004.

44 Christiane Streubel, Literaturbericht: Frauen der politischen Rechten, in: H-Soz-u-Kult, online unter http://hsozkult.geschichte.hu-berlin.de/rezensionen/id=1697&count=18&recno=6&type=rezbuecher&sort=datum&order=down&rubrik=NEG&search=geschlechtergeschichte (12.6.2012).

45 Angelika Schaser/Stefanie Schüler-Springorum (Hrsg.), Liberalismus und Emanzipation. In- und Exklusionsprozesse im Kaiserreich und in der Weimarer Republik, Stuttgart 2009; Dominique Grisard, Gendering Terror. Eine Geschlechtergeschichte des Linksterrorismus in der Schweiz, Frankfurt a. M. 2011; Christine Hikel/Sylvia Schraut (Hrsg.), Terrorismus und Geschlecht. Politische Gewalt in Europa seit dem 19. Jahrhundert, Frankfurt a. M./New York 2012.

46 Vgl. Armin Owzar/Julia Paulus, Politik und Geschlecht. Partizipation von Frauen und Männern im »vorpolitischen« Raum in Westfalen (1945–1975), in: Westfälische Forschungen 60 (2010), S. 421–425; Andreas Pretzel (Hrsg.), Ohnmacht und Aufbegehren. Homosexuelle Männer in der frühen Bundesrepublik, Hamburg 2010.

47 So u. a. Ulrike Auga (Hrsg.), Das Geschlecht der Wissenschaften. Zur Geschichte von Akademikerinnen im 19. und 20. Jahrhundert, Frankfurt a. M. 2010; Martin Dinges (Hrsg.), Männlichkeit und Gesundheit im historischen Wandel ca. 1800 – ca. 2000, Stuttgart 2007; Dominik Groß (Hrsg.), Gender schafft Wissen – Wissenschaft Gender. Geschlechtsspezifische Unterscheidungen und Rollenzuschreibungen im Wandel der Zeit, Kassel 2009.

Auffällig ist eine gewisse Selbstbeschränkung der Vertreter/innen der Geschlechtergeschichte in Bezug auf längere Deutungslinien, die sich aber aus dem kritischen Ansatz ihrer Perspektive ergibt. Denn Geschlechtergeschichte hakt vor allem nach, irritiert und problematisiert vermeintlich einheitliche oder lineare Prozesse und Strukturen. Insofern lassen sich Frauen- und Männerstudien in Epochen einordnen, um deren tradierte Deutungen aufzubrechen. So wird etwa die Frauenbewegung differenzierter eingeordnet, wenn ihre Geschichte nicht als Abfolge zunehmender Gleichberechtigungserrungenschaften erzählt wird, sondern als Teil einer kulturellen Transformation seit den 1960er-Jahren bis in die Gegenwart, zu der auch widerstreitende Entwicklungen in der Berufswelt, im Bildungs- und Kultursektor zählen.[48] Überhaupt kann es einer geschlechterhistorischen Zeitgeschichtsschreibung nicht darum gehen, den Feminismus als Erfolgsstory zu musealisieren, sondern seine Theorien und Protagonistinnen zu kontextualisieren und für die Gegenwart zu problematisieren.[49] Daneben harren auch noch die Kategorien der »Westernisierung«, der »Liberalisierung« und des »Strukturwandels« dahingehend einer kritischen Überprüfung, wie sich der postulierte Wandel auch in Veränderungen für Frauen und Männer niederschlug.[50] Mit anderen Worten: Die Perspektive der Geschlechtergeschichte kann und darf von der bundesdeutschen Zeitgeschichtsschreibung stärker für empirische Untersuchungen entdeckt werden.[51]

48 Ute Gerhard, Die »langen Wellen« der Frauenbewegung. Traditionslinien und unerledigte Anliegen, wieder abgedruckt in: Ilse Lenz (Hrsg.), Die neue Frauenbewegung in Deutschland. Abschied vom kleinen Unterschied. Eine Quellensammlung, Wiesbaden 2008, S. 488–498; Ute Frevert, Frauen-Geschichte.

49 Vgl. etwa Andreas Schneider, Feministische Transgressionen und mediale Grenzziehungen. Zur ambivalenten Beziehung von Neuer Frauenbewegung und Massenbewegung – das Beispiel Alice Schwarzer, in: Ariadne. Forum für Frauen- und Geschlechtergeschichte 57/2010, S. 66–71.

50 Paulus, Zeitgeschichte als Geschlechtergeschichte, S. 19–20; Elisabeth Zellmer, Töchter der Revolte? Frauenbewegung und Feminismus der 1970er Jahre in München, München 2011.

51 Vgl. Andreas Wirsching, Erwerbsbiographien und Privatheitsformen. Die Entstandardisierung von Lebensläufen, in: Thomas Raithel/Andreas Rödder/ders. (Hrsg.), Auf dem Weg in eine neue Moderne? Die Bundesrepublik Deutschland in den siebziger und achtziger Jahren, München 2009, S. 83–97.

Perspektiven einer geschlechterhistorisch erweiterten Zeitgeschichte

Ein erstes Ziel einer geschlechterhistorisch erweiterten Zeitgeschichte liegt in der Zusammenführung der (internationalen) Theoriedebatte und der empirischen Forschung zur deutschen Zeitgeschichte. Die historische Geschlechterforschung sollte sich an der Schnittstelle zwischen Gender Studies auf der einen Seite und zeitgeschichtswissenschaftlichen Debatten etwa über Periodisierungen, Materialität oder die Quellenproblematik auf der anderen Seite bewegen. Da sie als eine Perspektive auf Geschichte und zugleich als interdisziplinäres Projekt konzeptioniert ist, das zur Schärfung des Blicks in allen historiografischen Bereichen beitragen will, verfolgt sie somit auch geschichtspolitische Intentionen. Diese werden wohl kaum jemals von allen Kolleg/innen geteilt werden. Wenn sich aber weite Teile der Geschichtswissenschaft im Sinne postmoderner Diskussionen damit abgefunden haben, dass ihre Untersuchungsobjekte nur relational und nicht vollständig darstellbar sind und ihre Kategorien zur Erfassung von Geschichte selbst dem historischen Wandel unterliegen, dann braucht es wohl weniger eine avancierte feministische Geschichtstheorie[52] als vielmehr eine geschlechterhistorisch erweiterte Geschichtsschreibung. Fragen nach den Geschlechterordnungen, -konstruktionen und -dimensionen lassen sich ähnlich routinieren wie die nach dem sozialen Status (*class*), der nationalen und ethnischen Zugehörigkeit (*race*), den Machtverhältnissen und ihrer jeweiligen zeitgenössischen Wahrnehmung.

Empirisch angelegte Analysen bieten sich mit Blick auf rechtliche Regelungen und Praxen von Geschlechterverhältnissen an, denn viele gesellschaftliche Debatten wurden im Rahmen von Gesetzgebungsverfahren oder Rechtsprechungen vorangetrieben. Wer sich nur an die politikgeschichtliche Oberfläche der jüngeren und jüngsten Zeitgeschichte wagt, dem fallen mehrere poli-

52 So noch Ingrid Bauer, Der Blick macht die Geschichte. Eine frauenforschende (nach den Frauen forschende) Rückschau auf »20 Jahre Zeitgeschichte«, in: Zeitgeschichte 21 (1994), H. 1/2, S. 14–28; neuerdings auch: Andrea Griesebner, Feministische Geschichtswissenschaft. Eine Einführung, Wien 2005.

tische Kontroversen auf, die die Geschlechterverhältnisse in der Bundesrepublik unmittelbar betrafen. Dazu gehörten in der Frühgeschichte der Republik die Frage des Gleichberechtigungsgrundsatzes im Grundgesetz und die daraus abzuleitenden Revisionen von Gesetzen, etwa hinsichtlich der Vermögensrechte oder des Entscheidungsrechts in ehelichen und familiären Fragen. Für die 1970er-und 1980er-Jahre wäre hier an die Debatte über die Straffreiheit von Abtreibung zu erinnern, in der es um viele grundsätzliche gesellschaftliche Fragen ging, unter anderem, welche Grenzen dem individuellen Selbstbestimmungsrecht gesetzt werden dürfen. In diesen Kontext gehört auch der Streit um das Verbot von Vergewaltigung in der Ehe; ging es hier doch um die verspätete Diskussion zur Selbstbestimmung von Ehefrauen, die nach langjähriger Rechtspraxis auch noch in den 1990er-Jahren als dem Ehemann untergeordnet wahrgenommen wurden. Schon weniger präsent mag sein, dass erst 1994 in Bonn ein Gesetz gegen sexuelle Belästigung am Arbeitsplatz verabschiedet wurde und wiederum erst Jahre später das Gleichstellungsverfahren im öffentlichen Dienst zur Regel wurde.

Diese und andere Etappen der Gleichstellung erscheinen aber nur auf den ersten Blick als eine erfolgreiche Zivilisierungsmission im Bonner Dschungel, denn weder die Debatten noch ihre Ergebnisse folgten einer zwingenden inneren Logik – sie waren in der Regel das Ergebnis öffentlicher Skandalisierung althergebrachter Traditionen durch Feministinnen und Frauenpolitikerinnen. Schließlich muss eine geschlechtergeschichtliche Perspektive den politisch vereinnahmten Begriff der *Gleichstellung* problematisieren, denn er setzt die Differenz der Geschlechter voraus. Zudem berücksichtigt die Politik erst seit kurzem auch den männlichen Anteil im Gleichstellungsverfahren oder homosexuelle Partnerschaften im Dienstrecht. Der rechtlich-politische Rahmen für Frauen- und Männerleben in der Bundesrepublik bietet somit ein sehr ergiebiges Forschungspotenzial. Eine geschlechtergeschichtliche Analyse kann dabei Hindernisse, Verwerfungen, Beharrung und Umbrüche ebenso wie Erfolgsgeschichten sichtbar machen.

Mit Blick auf die gesellschaftliche Sphäre stellen sich Fragen nach den Mütter-, Väter- und Familienbildern und -realitäten der vergangenen Jahrzehnte. Es kann vermutet werden, dass sich mit der postulierten Auflösung der Kernfamilie keineswegs die Geschlechterverhältnisse anglichen, sondern sich einzelne Rollenzuschreibungen vielmehr verdichteten oder ein Rollback traditioneller Mütter- und Väterideale einsetzte. Auch in Kombination mit Migrationsstudien oder transnationalen und globalen Vergleichen dürften solche Untersuchungen die ungleichzeitige Gleichzeitigkeit von Handlungsräumen und Wahrnehmungen der Geschlechter drastisch ins Auge fallen lassen. Fragen zu den Einflüssen von Religion, Demokratieverständnis und ökonomischer Verteilung liegen in diesem Zusammenhang sehr nahe. Methodisch sollte die Zeitgeschichtsschreibung hierbei quantifizierbare und qualifizierbare Verfahren kombinieren, das heißt Statistiken ebenso heranziehen wie mediale Darstellungen[53] oder Ego-Dokumente. Nur so lassen sich gesellschaftliche Ordnungsachsen und Lebenswirklichkeiten annähernd erfassen.

Ähnliches gilt für die Untersuchungen, die nach geschlechterspezifischen Implikationen von Denkfiguren, Institutionen oder Fächern fragen. Mit der Frage nach dem »Geschlecht von …« verbindet sich die Vorstellung, dass die soziale Konstruktion jedes Lebensbereichs auch auf einer binären Geschlechtscodierung und entsprechenden handlungsleitenden Ordnungsvorstellungen beruht. Sie kann sich in der Popularisierung medizinischer Diskurse[54] oder bestimmter Krankheitsbilder genauso äußern wie in wissenschaftlicher Erkenntnis[55] oder in Debatten über die innere

53 Vgl. dazu beispielsweise Anja Berens, Trümmerfrau und femme fatale. Geschlechterkonstruktionen im frühen deutschen Nachkriegsfilm, in: Johannes Roschlau (Hrsg.), Träume in Trümmern. Film-Produktion und Propaganda in Europa 1940–1950, München 2009, S. 91–101; Claudia Lenssen, Geschlechterverhältnisse in Filmen über die DDR-Vergangenheit, in: Deutschland Archiv 41 (2008), H. 2, S. 301–310; Anette Dietrich/Andrea Nachtigall, »Was Sie schon immer über Nazis wissen wollten …« Nationalsozialismus und Geschlecht im zeitgenössischen Spielfilm, in: Elke Frietsch/Christina Herkommer (Hrsg.), Nationalsozialismus und Geschlecht. Zur Politisierung und Ästhetisierung von Körper, »Rasse« und Sexualität im »Dritten Reich« und nach 1945, Bielefeld 2009, S. 371–394.

54 Ulrike Klöppel, XX0XY ungelöst. Hermaphroditismus, Sex und Gender in der deutschen Medizin. Eine historische Studie zur Intersexualität, Bielefeld 2010.

55 Auga (Hrsg.), Das Geschlecht der Wissenschaften.

Verfasstheit von Zivilgesellschaften.[56] Von zeitgeschichtlichem Interesse und gleichermaßen aktuell ist das digitale Netz – sowohl wissenschaftspolitisch und -logistisch wie als historisches, realitätsstrukturierendes Objekt. Ob sich das Internet als ein postgender-Medium herausstellen wird, darf bezweifelt werden.[57]

Die Kategorie Geschlecht hat weder historisch noch gegenwärtig betrachtet an Identitätskraft und -zwang verloren. Umso mehr muss zeitgeschichtliche Forschung bereit sein, die geschlechterhistorische Perspektive als notwendige Erweiterung anzuwenden, um die Vorgeschichte zur Gegenwart in allen Facetten analysieren zu können. Neben den in der deutschen Zeitgeschichtsforschung etablierten Kategorien von sozialer und nationaler Zugehörigkeit (*class and race*) sollte es auch in der deutschen Forschung bald zur methodischen Selbstverständlichkeit gehören, in den kritischen Umgang mit Kategorien und Ordnungsmustern auch das Geschlecht mit einzubeziehen, das die Politik wie den Alltag bis ins Kleinste strukturiert.

56 Karen Hagemann/Gunilla Budde (Hrsg.), Civil Society and Gender Justice. Historical and Comparative Perspectives, New York 2011.

57 Vgl. hierzu auch den Tagungsbericht von Matthias Vigl, »un/diszipliniert?« Methoden, Theorien und Positionen der Frauen- und Geschlechtergeschichte. 27.02.2012–29.02.2012, Wien, in: H-Soz-u-Kult, 31.3.2012, online unter http://hsozkult.geschichte.hu-berlin.de/tagungsberichte/id=4177&count=81&recno=1&sort=datum&order=down&search=geschlechtergeschichte; Christiane Funken (Hrsg.), WOW – Women On the Web. Geschlechtsspezifische Segregation des Internets im europäischen Vergleich. Im Auftrag des Bundesministerium für Familie, Senioren, Frauen und Jugend, Bonn 2002; dies., Digital Doing Gender, in: Stefan Münker/Alexander Roesler (Hrsg.), Praxis Internet, Frankfurt a. M. 2002, S. 158–181.

Ulrike Jureit

Generationenforschung

»Generation« ist ein geschichtlicher Grundbegriff.[1] Er verspricht, eine spezifische Ausprägung des Denkens, Fühlens und Handelns zu erklären, indem die unterstellte dauerhafte und gleichartige Wirkung von Sozialisationsbedingungen auf eine Gruppe von Menschen als kollektive Erfahrung aufgefasst wird. Das parallele Erleben von Geschichte, die als vergleichbar empfundene biografische Erfahrungsschichtung sowie die Phantasie, einen gemeinsamen (zeitlichen) Ursprung zu haben – solche Zusammenhänge sind für das Verstehen generationeller Vergemeinschaftungen von grundlegender Bedeutung. Die Annahme, durch die Gleichzeitigkeit des Erfahrungsgewinns entstünde eine gefühlte Verbundenheit zwischen Angehörigen verwandter Jahrgänge, beruht wesentlich auf der modernen Vorstellung von Verzeitlichung, denn zu den entscheidenden Veränderungen der Moderne gehört die Denaturalisierung bis dahin vorherrschender Zeiterfahrungen.

Mit der Aufklärung wurde die Lehre von den letzten Dingen vom Wagnis einer offenen Zukunft abgelöst, wie Reinhart Koselleck es formulierte.[2] Im Zuge dieser Dynamisierung erfuhr der Generationenbegriff eine Nuancierung, durch die sich das zuvor dominante genealogische Verständnis, das die Menschheitsgeschichte

1 Als erster Einstieg weiterhin lesenswert: Manfred Riedel, Generation, in: Joachim Ritter (Hrsg.), Historisches Wörterbuch der Philosophie, Bd. 3, Basel 1974, Spalte 274–277; Bernd Weisbrod, Generation und Generationalität in der neueren Geschichte, in: Aus Politik und Zeitgeschichte, B 8/2005, S. 3–9; Ohad Parnes/Ulrike Vedder/Sigrid Weigel (Hrsg.), Generation. Zur Genealogie des Konzepts – Konzepte von Genealogie, Paderborn 2005; Ulrike Jureit/Michael Wildt (Hrsg.), Generationen. Zur Relevanz eines wissenschaftlichen Grundbegriffs, Hamburg 2005.

2 Vgl. Reinhart Koselleck, »Erfahrungsraum« und »Erwartungshorizont« – zwei historische Kategorien, in: ders., Vergangene Zukunft. Zur Semantik geschichtlicher Zeiten, Frankfurt a. M. 1979, S. 349–375.

als Abfolge von Generationen entwirft, zu einer Rhythmik des modernen Fortschritts variierte. »Generation« dient seither dazu, historischen Wandel in einer lebensgeschichtlich überschaubaren Zeitspanne kollektiv wahrzunehmen und ihn mit der generativen Erneuerung von Gesellschaften in Zusammenhang zu bringen. Individuelle Lebenszeiten, Generationszeiten und historische Zeiten sind seither aufeinander bezogene erfahrungsgeschichtliche Kategorien, die für die Wahrnehmung und Ordnung von Geschichte grundlegend sind.[3] Dies bedeutet auch, dass es »generationsspezifische Erfahrungsfristen und Erfahrungsschwellen [gibt], die, einmal institutionalisiert oder überschritten, gemeinsame Geschichte stiften«.[4] Nicht nur, weil Menschen sich als Generationsangehörige empfinden, sind »Generationen« soziale Tatsachen, sondern weil der Generationenbegriff dazu genutzt wird, moderne Erfahrungen gesellschaftlichen Wandels zu deuten und zu strukturieren. Die hier angedeuteten Zusammenhänge von »Generation« und »Zeit« zeigen bereits, dass es um komplexe Vorgänge sozialer Vergemeinschaftung geht, die es erforderlich machen, Bedeutungsinhalte und Gebrauchsweisen generationeller Deutungsmuster zu systematisieren.

Für eine theoriegeleitete Generationenforschung hat es sich als sinnvoll erwiesen, grundsätzlich zwischen »Generation« als Selbstthematisierungsformel und »Generation« als analytischer Kategorie zu unterscheiden. Selbstthematisierung meint in diesem Zusammenhang zum einen, dass sich jemand in Beziehung zu sich selbst setzt, diese Selbstbetrachtung reflektiert und sich zugleich einem Kollektiv zugehörig fühlt, das er für sein eigenes Selbstverständnis als relevant ansieht und durch das er sich mit anderen, die er als gleich oder zumindest ähnlich erachtet, verbunden glaubt. Zum anderen heißt generationelle Selbstbeschreibung aber auch, dass sich soziale Gruppierungen als »Generationen« imaginieren und artikulieren, um auf diesem Wege

3 Vgl. Ulrike Jureit/Michael Wildt, Generationen, in: dies. (Hrsg.), Generationen, S. 7–26.

4 Reinhart Koselleck, Erfahrungswandel und Methodenwechsel. Eine historisch-anthropologische Skizze, in: ders., Zeitschichten. Studien zur Historik, Frankfurt a. M. 2000, S. 27–77, hier S. 36.

bestimmte Interessen oder Bedürfnisse in die Gesamtgesellschaft zu kommunizieren. »Generation« ist also sowohl eine individuelle Zuordnungsgröße als auch eine kollektive Selbstbeschreibungsformel.

Im Unterschied dazu dient »Generation« seit geraumer Zeit über Fachgrenzen hinweg als wissenschaftliche Analysekategorie, die unabhängig vom Selbstverständnis der untersuchten sozialen Einheiten »Generation« als Grundbedingung menschlicher Existenz betrachtet, der ein Erklärungspotenzial mit durchaus umstrittener Reichweite zukommt. Die Unterscheidung der beiden Varianten ist hilfreich, aber in der Forschungspraxis in dieser Eindeutigkeit oft nicht anzutreffen. Denn die meisten Wissenschaftler/innen gehen zunächst von der generationellen Selbstthematisierung einer sozialen Formation aus und nehmen sie zum Anlass, nach Entstehung, Dynamik und Entwicklung solcher altersspezifischen Vergemeinschaftungen zu fragen, um daraus anschließend ein Erklärungsmodell abzuleiten, das historischen Wandel durch die Rückbindung an die Generationszugehörigkeit der Akteure erklären helfen soll.

Die parallele Verwendung von selbstthematisierenden und analytischen Generationsentwürfen ist allerdings nur *ein* grundsätzliches Problem der Forschung. Eine weitere Schwierigkeit liegt in der Uneinheitlichkeit des Ansatzes oder, wenn man es positiv wenden möchte, in der bestehenden Bandbreite der methodischen Herangehensweisen. Im pädagogisch-psychoanalytischen Bereich dominiert ein familiäres und damit vertikales Generationenverständnis, bei dem das konkrete Verhältnis zwischen Eltern und Kindern, im weiteren Sinne die verwandtschaftlichen Beziehungen innerhalb von Großfamilien im Mittelpunkt stehen. Hier gilt die Familie als Ausgangs- und Orientierungspunkt, deren Sozialisations-, Tradierungs- und Erziehungsleistungen für den Erhalt und die Entwicklung von Gesellschaften als grundlegend erachtet werden.

Davon zu unterscheiden sind horizontal strukturierende Forschungsansätze, die generationelle Vergemeinschaftungen als altersspezifische Prägungs- und Deutungseinheiten verstehen und in ihnen potenzielle oder tatsächliche Handlungseinheiten identifizieren. »Generation« gilt dann als Kategorie der Gleichzeitigkeit, wobei die Bezugsgröße nicht die Familie, sondern die Gesellschaft darstellt. Insbesondere soziologische, historische und politikwissenschaftliche Studien fühlen sich einem solchen generationellen Verständnis verpflichtet; inzwischen gibt es aber auch erste integrative Ansätze, die beide Modelle aufeinander zu beziehen versuchen.

Generationenforschung: Theoretische Grundlagen

Kaum ein anderer Kollektivbegriff ist so nachhaltig durch soziologische Theorie- und Definitionsanstrengungen beeinflusst. Das hängt nicht nur damit zusammen, dass es um gesellschaftlich relevante Wir-Gruppen geht, sondern auch damit, dass es ein Soziologe war, der wie kein anderer die Generationenthematik wissenschaftlich konzeptionalisiert und geprägt hat. Der bereits 1928 von Karl Mannheim verfasste Aufsatz »Das Problem der Generationen« gilt bis heute als grundlegender Beitrag zur Generationentheorie.[5] In der Hochkonjunktur generationeller Ordnungskonzepte führte Mannheim die gesellschaftliche Erfahrung des Werte- und Kulturwandels auf die generative Erneuerung von Gesellschaften zurück. Im »steten Neueinsetzen neuer Kulturträger« sah Mannheim ein Erklärungspotenzial für die »beschleunigten Umwälzungen der unmittelbaren Gegenwart«.[6] Mit der Unterscheidung von Generationslagerung, Generationszusammenhang und Generationseinheit gelang ihm in Anlehnung an den Klassenbegriff eine Systematisierung, die bis heute für viele Forschungsvorhaben richtungweisend ist.

»Generation« war für Mannheim zunächst einmal keine Gruppe im soziologischen Sinne, sondern ein bloßer Zusammenhang. Es handele sich um ein Miteinander von Individuen, die sich zwar untereinander verbunden fühlten, ohne jedoch eine konkrete Gemeinschaft auszubilden. Jeder Mensch befinde sich in einer bestimmten Generationenlagerung, die er nicht einfach wie einen Verein verlassen könne und die dem Einzelnen sowohl spezifische Möglichkeiten eröffne wie auch Beschränkungen auferlege.

5 Vgl. Karl Mannheim, Das Problem der Generationen, in: ders., Wissenssoziologie, hrsg. v. Kurt H. Wolff, Neuwied 1964, S. 509–565.
6 Mannheim, Generationen, S. 530.

Diese Lagerung sei unumstößlich, ob man nun »davon weiß oder nicht, ob man sich ihr zurechnet oder diese Zurechenbarkeit vor sich verhüllt«.[7] Generationenzusammenhang meine daher allein eine verwandte Lagerung im historisch-sozialen Raum, die keineswegs ein Generationenbewusstsein voraussetze. Die Differenz zwischen generationeller Lagerung und Generationenzusammenhang lag für Mannheim in der kulturell verfassten Bewusstseins- und Erlebnisschichtung, die es ermöglichten, dass Menschen verwandter Jahrgänge eine ähnliche Perspektive auf Ereignisse ausbildeten.

Gemeinsamer kultureller Kontext, chronologische Gleichzeitigkeit sowie die Wahrnehmung des Geschehens aus der gleichen Lebens- und Bewusstseinsschichtung heraus gehörten für Mannheim zu den entscheidenden Voraussetzungen generationeller Vergemeinschaftung. Während »verwandte Generationslagerung nur etwas Potenzielles ist, konstituiert sich ein Generationszusammenhang durch eine Partizipation der derselben Generationslagerung angehörenden Individuen am gemeinsamen Schicksal und an den dazugehörenden, irgendwie zusammenhängenden Gestalten. Innerhalb dieser Schicksalsgemeinschaft können dann die besonderen Generationseinheiten entstehen.«[8] Generationseinheiten unterscheiden sich demnach vom allgemeinen Generationszusammenhang durch ein einheitliches Reagieren auf Ereignisse oder Lebensbedingungen. Dabei handele es sich – so Mannheim – um eine verwandte Art des Mitschwingens und Gestaltens, die in ihrer konkreten Ausdrucksform durchaus unterschiedlich, sogar gegensätzlich sein könne, die aber auf einer gemeinsamen Grundstimmung basiere. Beispielhaft seien hier einerseits die romantisch-konservative und andererseits die liberal-rationalistische Jugend des beginnenden 19. Jahrhunderts genannt – beide Strömungen waren an der historisch-aktuellen Problematik nationaler Zugehörigkeit orientiert, wenn auch im deutlichen Widerspruch zueinander.

Mannheims Generationenmodell trug trotz seiner unbestrittenen Verdienste auch dazu bei, dass sich gewisse begriffliche Unschärfen in der Generationenforschung fortsetzten. Er entwarf

7 Ebd., S. 526.
8 Ebd., S. 547.

»Generation« als eine wissenschaftliche Kategorie zwischen Kultur und Natur und blieb eine explizite Abgrenzung zu Begriffen wie »Generativität«, »Alterskohorte« und »Genealogie« schuldig. Mit diesen Versäumnissen hat sich die Generationenforschung bis heute auseinanderzusetzen. Die Frage, welche theoretischen Prämissen man sich einhandelt, wenn man dem soziologischen Generationenmodell folgt, ist von der Forschung bisher wenig reflektiert worden. Daher verwundert es kaum, dass häufig von »Generationen« gesprochen wird, obgleich »Generativität« gemeint ist. Und manchmal sind eben dort, wo »Generation« draufsteht, allenfalls »Alterskohorten« drin.

Generationenkonzepte: Selbstthematisierungen und historische Bezugsereignisse

Wie kaum eine andere Kategorie bedient »Generation« in durchaus unterschiedlichen gesellschaftlichen Konstellationen das Bedürfnis, sich in altersspezifischen Gemeinschaften zu verorten. Lange Zeit herrschte in der Generationenforschung die Auffassung vor, generationsstiftend seien allein historische Großereignisse wie Revolutionen, Naturkatastrophen oder Weltkriege. Man kann durchaus Zweifel anmelden, dass solche einschneidenden Geschehnisse in jedem Fall generationell verarbeitet werden, allerdings ist nicht von der Hand zu weisen, dass sich insbesondere politische Generationen, wie Mannheim sie vor Augen hatte, an »zentralen Bezugsereignissen« (M. Rainer Lepsius) orientieren. Gerade der Erste Weltkrieg stellte eine solche einschneidende Zäsur dar, und wie kein anderes Ereignis wurde er generationell wahrgenommen und gedeutet.[9] Die Nachkriegsjahre waren ent-

9 Aus der sehr umfangreichen Literatur sei hier nur beispielhaft herausgegriffen: Detlev J.K. Peukert, Die Weimarer Republik. Krisenjahre der klassischen Moderne, Frankfurt a.M. 1987; Ulrich Herbert, Best: Biographische Studien über Radikalismus, Weltanschauung und Vernunft, 1903–1989, Bonn 1996; Michael Wildt, Generation des Unbedingten. Das Führungskorps des Reichssicherheitshauptamtes, Hamburg 2002; Hans Mommsen, Generationenkonflikt und politische Entwicklung in der Weimarer Republik, in: Jürgen Reulecke (Hrsg.), Generationalität und Lebensgeschichte

scheidend dadurch geprägt, die unterschiedlichen Erlebnisse als Generationserfahrungen zu begreifen. In der Forschung gilt der Erste Weltkrieg daher weiterhin als *das* zentrale Beispiel für den kausalen Zusammenhang von politischen Totalereignissen und Generationenbildung.

Die in der historischen Forschung als innovativ geltende Studie von Ulrich Herbert setzt hier an. Seine Biografie über Werner Best, den Stellvertreter Reinhard Heydrichs und späteren Reichsbevollmächtigten in Dänemark, ist nahezu zwangsläufig mit den Unwägbarkeiten und Chancen generationeller Selbstthematisierungen konfrontiert, denn Best hat seinen Lebenslauf, seine persönlichen wie auch politischen Erlebnisse retrospektiv selbst als Generationserfahrungen gedeutet, häufig auf eine so intensive Weise, dass kaum mehr zu unterscheiden ist, ob es sich bei seiner Darstellung um eigene oder allgemein tradierte Geschehnisse und Eindrücke handelt. Zweifellos repräsentiert Best eine »politische Generation«, die sich im und nach dem Ersten Weltkrieg zusammenfand. Die Politisierung dieser Elite vollzog sich als Vergemeinschaftungsprozess, der auf eine Erfahrungs-, Gefühls- und Handlungsgemeinschaft abhob. Zwar entsteht mit Bests Biografie keine Geschichte des 20. Jahrhunderts, wie manchmal behauptet wird, aber man kommt der Frage, ob und wie generationelle Prägungen spätere kollektive Handlungsmuster beeinflussen können, einen erheblichen Schritt näher.

Auch Michael Wildt greift in seiner Untersuchung zum Führungspersonal des Reichssicherheitshauptamtes (RSHA) die generationellen Selbstthematisierungen der Akteure auf und erstellt auf der Grundlage eines 221 Personen umfassenden Samples unter dem Titel »Generation des Unbedingten« ein gruppenbiografisches Porträt. Seine Analyse gilt als überzeugender Versuch, die Dynamik des »Dritten Reiches« auf eine besondere Konstella-

im 20. Jahrhundert, München 2003, S. 115–126. Innovativ hinsichtlich der Annahme eines Generationenverbunds ist der Beitrag von Heinz D. Kittsteiner, Die Generationen der »Heroischen Moderne«. Zur kollektiven Verständigung über eine Grundaufgabe, in: Jureit/Wildt, Generationen, S. 200–219. Als zeitgeschichtliches Dokument unverzichtbar ist: E. Günther Gründel, Die Sendung der jungen Generation: Versuch einer umfassenden revolutionären Sinndeutung der Krise, München 1932.

tion generationsspezifischer Erfahrungen, die wesentlich durch den Ersten Weltkrieg geprägt war, zurückzuführen. Im Zentrum der Gruppenbiografie stehen junge Männer, die – wie Werner Best – zwischen 1900 und 1910 geboren wurden, also über keine eigenen Kriegserfahrungen verfügten, sondern den Ersten Weltkrieg aus der Perspektive der jüngeren Brüder oder Söhne wahrnahmen. Der »bohrende Stachel der verpassten Chance«[10] gehörte zu ihren prägenden Sozialisationserfahrungen, durch die sie sich von den jungen Kriegsfreiwilligen, die desillusioniert und häufig genug schwer geschädigt aus dem Krieg zurückkamen, unterschieden. Aber die fehlende Kriegserfahrung machte den Ersten Weltkrieg für die Nachwachsenden nicht weniger bedeutsam. Krieg, so hielt auch der 1907 geborene Sebastian Haffner fest, war trotz des fehlenden Einsatzes zum Greifen nahe: als Phantasie, als Abenteuer, als fixe Idee einer in politischen, sozialen und wirtschaftlichen Trümmern aufwachsenden Jugend. Ihr Zukunftsentwurf war radikal, eine gänzlich neue Welt mit konkretem Gemeinschaftsversprechen und elitärem Führungsanspruch wollten sie schaffen.

Die zwischen Jahrhundertwende und Erstem Weltkrieg Geborenen verfügten aufgrund ihrer generativen Lagerung über ein spezifisches Erfahrungsreservoir, nicht nur hinsichtlich des Krieges, sondern auch bezüglich der politischen und gesellschaftlichen Naherwartungen. Die Krise der 1920er-Jahre mit ihren ökonomisch instabilen und politisch gewalthaften Verhältnissen erlebte diese Kriegsjugend als Herausforderung und Berechtigung, die Macht an sich zu reißen, und zwar zunächst unabhängig von der jeweiligen politischen Orientierung. Ob diese jungen Männer soziologisch gesehen eher dem proletarischen oder dem bürgerlichen Milieu angehörten, ihre Ideen waren militant, antibürgerlich und antidemokratisch. In diesem Generationenzusammenhang steht Wildts Führerkorps des Reichssicherheitshauptamts. Von den insgesamt etwa 3.000 RSHA-Mitarbeitern bildeten rund 400 die Führungsriege, von denen wiederum mehr als zwei Drittel den Jahrgängen zwischen 1900 und 1910 angehörten. Als Weltanschauungselite repräsentierten sie einen Tätertyp, der sich

10 Wildt, Generation des Unbedingten, S. 848.

vom beruflich gescheiterten, sozial entwurzelten SS-Mann ebenso unterschied wie von den so häufig stilisierten Bürokraten des Massenmordes. Diese Männer waren akademisch hervorragend ausgebildet, hochgradig motiviert und vor allem zum Äußersten entschlossen.

Obgleich sich in solchen Fallstudien der generationentheoretische Ansatz als tragfähig erwiesen hat, werden auch konzeptionelle Schwierigkeiten deutlich. Repräsentativität, Homogenität, Generalisierung, Nachträglichkeit – mit diesen Stichworten sind nur einige Probleme umrissen, mit denen sich Generationenforscher konfrontiert sehen. Hinzu kommt, dass Geschichte zunehmend nach »Generationen« gezählt und erzählt wird.[11] Wenn auch die Generationenforschung naturalisierte Entwicklungsgesetze des 19. Jahrhunderts hinter sich gelassen hat, dient »Generation« weiterhin als Instrumentarium, um vor allem eines zu tun: Geschichte zu ordnen. Gerade die Komplexität von historischen Umbruchssituationen wie Revolutionen und Systemwechsel, aber auch die Heterogenität politischer und gesellschaftlicher Strömungen und Parteien sowie die Dynamik von widerstrebenden gesellschaftlichen Kräften und die unendliche Vielzahl der Einzelereignisse im Kontext politischer Krisen verdeutlichen, dass Geschichtsschreibung theoretische Grundlagen und systematisierende Begriffe benötigt, um historischen Wandel beschreiben und analysieren zu können. Lange Zeit zählten Kategorien wie »Klasse« oder »Schicht«, später auch »Geschlecht«, zu den zentralen Strukturprinzipien. Inzwischen gehört auch »Generation« zu den relevanten Faktoren. In der wissenschaftlichen Praxis lassen sich mittlerweile zwei verschiedene Grundmuster generationeller Ordnungen beobachten: Zum einen wird der Generationenansatz dazu genutzt, um gleichzeitig auftretende, aber konkurrierende Gesellschafts- oder Politikentwürfe an kollektive Handlungsträger zu binden, zum anderen wird geschichtlicher Wandel durch die Abfolge einander ablösender Generationen

11 Vgl. Sigrid Weigel, Generation, Genealogie, Geschlecht. Zur Geschichte des Generationskonzepts und seiner wissenschaftlichen Konzeptionalisierung seit Ende des 18. Jahrhunderts, in: Lutz Musner/Gotthart Wunberg (Hrsg.), Kulturwissenschaften. Forschung – Praxis – Positionen, Wien 2002, S. 161–190.

periodisiert.[12] Solche Architekturen schaffen zwar Ordnung im historischen Durcheinander, konstruieren aber auch ein kaum zu rechtfertigendes oder im Einzelnen kaum belegbares Neben- und Nacheinander, das zudem häufig noch kausal verstanden wird und auf einen willkürlich gesetzten Ursprung zurückverweist. Ob »Generation« tatsächlich eine sinnvolle analytische Kategorie zur Periodisierung von Geschichte darstellt, darf daher zu Recht bezweifelt werden.

Die an Mannheims Generationentheorie orientierte Forschung sieht sich zudem mit wissenschaftlicher Kritik anderer Fachdisziplinen konfrontiert. Dem Verständnis, dass »Generation« primär eine Unterbrechungskategorie sei, halten Psychoanalytiker/innen und Pädagogen/innen entgegen, dass sich die soziologische Generationentheorie damit einer Fortschrittsgläubigkeit verschrieben habe und durch die Betonung der generativen Erneuerung die für das Generationenverhältnis als grundlegend zu erachtende »Gefühlserbschaft« weitgehend vernachlässige.[13] Trotz dieser Infragestellung und der unverkennbaren Relevanz des Themas für die eigene Arbeit hatten die Kritiker/innen allerdings lange Zeit kaum eine ernst zu nehmende Alternative zu bieten. Mittlerweile existieren Versuche, die Entwicklung psychischer Grundmuster in den Kontext familialer und gesellschaftlicher Generationenfolgen zu stellen.[14] Hierbei spielen transgenerationelle Übertragungen

12 Hierzu vgl. exemplarisch: Ulrich Herbert, Drei politische Generationen im 20. Jahrhundert, in: Jürgen Reulecke (Hrsg.), Generationalität und Lebensgeschichte im 20. Jahrhundert, München 2003, S. 95–114; besonders stark ist die generationelle Periodisierung in der Wissenschaftsgeschichte: Rüdiger Hohls/Konrad H. Jarausch (Hrsg.), Versäumte Fragen. Deutsche Historiker im Schatten des Nationalsozialismus, Stuttgart 2000; Günter Burkart/Jürgen Wolf (Hrsg.), Lebenszeiten. Erkundungen zur Soziologie der Generationen, Opladen 2002; Christoph Cornelißen, Historikergenerationen in Westdeutschland seit 1945, in: ders./Lutz Klinkhammer/Wolfgang Schwentker (Hrsg.), Erinnerungskulturen. Deutschland, Italien und Japan seit 1945, Frankfurt a. M. 2003, S. 139–152.

13 Vgl. Christian Schneider, Vom Generationsbegriff zur Generationengeschichte, in: ders./Cordelia Stillke/Bernd Leineweber, Trauma und Kritik: Zur Generationengeschichte der Kritischen Theorie, Münster 2000, S. 23–36.

14 Grundlegend für die psychoanalytische Auseinandersetzung mit transgenerationellen Prozessen: Martin S. Bergmann/Milton E. Jucory/Judith

eine zentrale Rolle. Gemeint ist die Weitergabe unbearbeiteter Inhalte an nachfolgende Generationen, die sich folglich mit Konflikten auseinanderzusetzen haben, die primär nicht ihre eigenen sind. Transgenerationalität beschreibt also zum einen ein intergenerationelles Beziehungsmuster, zum anderen kann darin aber auch eine spezifische Form des Erinnerns gesehen werden. Ein solches Verständnis rekurriert nicht nur auf die Tatsache, dass sich generationelle Zusammenhänge häufig erst retrospektiv konstituieren, man kann darunter auch fassen, dass durch die Weitergabe unbewusster Inhalte bestimmte Geschehnisse zwar nicht im üblichen Sinne erinnert, wohl aber unbewusst wiederholt werden. »Generation« als Gedächtniskategorie zu systematisieren ist eine der zentralen Herausforderungen, der sich die Generationenforschung in den nächsten Jahren zu stellen hat.

Die unterschiedlichen Forschungsansätze sowie die Kontroversen um die theoretische und konzeptionelle Ausrichtung der Generationenforschung machen deutlich, dass es sinnvoll ist, »Generation« fachübergreifend als erfahrungsgeschichtliche Kategorie aufzufassen, und sich nicht länger mit der Frage aufzuhalten, wie real, konstruiert oder substanziell solche *gefühlten* Gemeinschaften eigentlich sind.[15] Es erweist sich vielmehr als ergiebiger, die kommunikativen Bedingungen, unter denen generationelle Selbstverortungen vorgenommen werden, stärker in den Blick zu nehmen. *Generation building* ist ein überwiegend im öffentlichen Raum lokalisierter Vergemeinschaftungsprozess und somit Ge-

S. Kestenberg (Hrsg.), Kinder der Opfer – Kinder der Täter? Psychoanalyse und Holocaust, Frankfurt a. M. 1995; Werner Bohleber, Das Fortwirken des Nationalsozialismus in der zweiten und dritten Generation nach Auschwitz, in: Babylon. Beiträge zur jüdischen Gegenwart 4 (1990), H. 7, S. 70–83; Anita Eckstaedt, Nationalsozialismus in der zweiten »Generation«. Psychoanalyse von Hörigkeitsverhältnissen, Frankfurt a. M. 1989. Für die psychoanalytische Generationentheorie einschlägig: Haydée Faimberg, Die Ineinanderrückung (Telescoping) der Generationen. Zur Genealogie gewisser Identifizierungen, in: Jahrbuch der Psychoanalyse 20 (1987), S. 114–142; Erika Krejci, Innere Objekte. Über Generationenfolge und Subjektwerdung. Ein psychoanalytischer Beitrag, in: Jureit/Wildt, Generationen, S. 80–107.

15 Zum erfahrungsgeschichtlichen Ansatz vgl. Ulrike Jureit, Generationenforschung, Göttingen 2006.

genstand und Ergebnis kollektiver Verständigungen. Aber wie kann eine Verbundenheit zwischen Menschen hergestellt werden, die zwar von sich meinen, über ähnliche Prägungen zu verfügen, deren Erfahrungen aber trotz aller Gleichheitsbekundungen doch mehr Unterschiede als Gemeinsamkeiten aufweisen? Vergemeinschaftungen brauchen medial verfügbare Identifikationsobjekte, damit potenzielle Gemeinsamkeiten überhaupt verhandelt und tradiert werden können.[16] Solche Objekte ermöglichen es, geglaubte Gemeinsamkeiten emotional erfahrbar zu machen, und sie verhelfen dazu, dem generationellen Kollektivversprechen ein Stück näherzukommen. Das trifft nicht nur für »politische Generationen« zu, sondern ebenso für generationelle Selbstdeutungen, die sich an kulturellen oder sozialen Lebensbedingungen orientieren. Solche oft diffusen Gemeinschaften wie beispielsweise die »Generation Golf« oder die »Generation Ally« brauchen nicht das historische Großereignis, wohl aber die Erwartung, dass ein gemeinsames Lebensgefühl ausreicht, um sich in modernen Zeiten nicht allein zu fühlen.

Neben solchen alltagskulturellen Generationsangeboten wird in der Generationenforschung auch darüber diskutiert, inwiefern sich die seit nunmehr 20 Jahren bestehende Krise des Wohlfahrtsstaats generationsstiftend auswirkt.[17] Richtig ist, dass Menschen mit sozialer Absicherung ihr Leben anders in die Hand nehmen als diejenigen, die sich unkalkulierbaren Risiken ausgesetzt sehen. Als unstrittig kann auch gelten, dass sich das soziale Versprechen des modernen Sozialstaats mittlerweile nicht mehr so

16 Vgl. Christian Schneider, Der Holocaust als Generationsobjekt. Generationengeschichtliche Anmerkungen zu einer deutschen Identitätsproblematik, in: Mittelweg 36 13 (2004), H. 4, S. 56–73.

17 Vgl. Lutz Leisering, Wohlfahrtsstaatliche Generationen, in: Martin Kohli/Marc Szydlik (Hrsg.), Generationen in Familie und Gesellschaft, Opladen 2000, S. 59–76; Franz Xaver Kaufmann, Generationenbeziehungen und Generationenverhältnisse im Wohlfahrtsstaat, in: Kurt Lüscher/Franz Schultheis (Hrsg.), Generationenbeziehungen in »postmodernen« Gesellschaften, Konstanz 1993, S. 95–108; Heinz Bude, »Generation« im Kontext. Von den Kriegs- zu den Wohlfahrtsstaatsgenerationen, in: Jureit/Wildt, Generationen, S. 28–44, direkt zu Budes Beitrag und zum Generationenansatz generell skeptisch im gleichen Band: M. Rainer Lepsius, Kritische Anmerkungen zur Generationenforschung, S. 45–52.

einlösen lässt, wie das ursprünglich gedacht war. Dass dieser Erfahrungswandel generationell gedeutet wird, hängt aber auch damit zusammen, dass sozialpolitische Debatten in Deutschland seit jeher gern generationell konnotiert werden. Obgleich es vorwiegend um ökonomische Umverteilungen geht und sich die Beteiligten auch nicht primär durch ihren Geburtsjahrgang, sondern arbeitsrechtlich unterscheiden, sind es trotzdem generationelle Beziehungsmuster, mit denen dieser Konflikt aufgeladen wird. Schwächelnde Konjunkturdaten, rückläufige Geburtsraten und eine zunehmende Überalterung der Gesellschaft erhöhen zudem den gesellschaftlichen Druck, und »Generation« wird dabei immer stärker zum demografischen Faktor, den es bevölkerungspolitisch zu korrigieren gilt.

Generation: ein Kollektivbegriff mittlerer Reichweite

Als Selbstthematisierungsformel ist »Generation« eine soziale Tatsache mit bemerkenswerter Kontinuität. Sicherlich unterliegt auch die Generationenformierung gewissen Konjunkturen, denn nicht immer ist ihr Angebot auf dem Markt kollektiver Selbstbeschreibungen das passende, aber diese Schwankungen teilt sie mit anderen Kollektivbegriffen. »Generation« war und ist immer dann besonders gefragt, wenn andere Ordnungsmuster wie beispielsweise »Nation« nicht zur Verfügung stehen, ihre Bindungskraft eingebüßt haben oder als belastet gelten. Dann treten die Vorzüge generationeller Vergemeinschaftungen in den Vordergrund: Sie sind im Anspruch zukunftsorientiert, in ihrer Grundstruktur elastisch und vor allem unterhalb der staatspolitischen Ebene angesiedelt. »Generation« ist ein gesellschaftlicher Kollektivbegriff, der sich je nach historischer Situation unterschiedlich stark politisch aufladen lässt. Von politischen Eliten wird er ebenso beansprucht wie von flüchtigen Gemeinschaften mit ähnlichen Konsumgewohnheiten. Bindungsintensität, Identitätsbezug und Handlungsrelevanz können bei »Generationen« erheblich differieren, und diese Elastizität macht sie für die gesellschaftliche Verortung besonders attraktiv.

»Generation« verfügt somit über ein erhebliches Identitätspotenzial. Das hat auch damit zu tun, dass generationelles Denken eng mit unseren Vorstellungen von Herkunft, Abstammung und Reproduktion assoziiert ist. Obgleich »Generation« für viele eine Kategorie der Gleichzeitigkeit darstellt, erfreut sie sich als Selbstthematisierungsgröße auch deswegen einer solchen Beliebtheit, da sie genealogisch konnotiert ist. Die Frage nach der eigenen Identität ist immer auch eine Frage nach Herkunft und Tradition. »Generation« stellt eine Identitätsformel bereit, die es Menschen in der Moderne erlaubt, ihr Selbstverständnis zwischen Kultur und Natur anzusiedeln. Je nach aktuellem Anlass, historischer Situation oder sozialer Erwartung kann man als Generationsangehörige/r sein Selbstbild unterschiedlich gewichten und damit bestimmte Facetten in den Vorder- oder Hintergrund treten lassen, ohne unglaubwürdig zu erscheinen. Was »Generation« als analytische Kategorie erklärungsbedürftig macht, nämlich ihre biologischen Implikationen, scheint für individuelle und kollektive Selbstdefinitionen gerade interessant zu sein.

Ein weiterer Vorzug altersspezifischer Vergemeinschaftungsangebote liegt darin, dass es sich bei »Generation« um einen Kollektivbegriff mittlerer Reichweite handelt. Die gedachte Verbindung von Individuum und Gemeinschaft bewegt sich auf einer Ebene, die im Unterschied zur Gesamtgesellschaft eine gewisse Übersichtlichkeit suggeriert. »Generationen« sind zwar anonyme Massen, gleichwohl sind es aber nicht alle und auch keineswegs die meisten, die sich zugehörig fühlen dürfen. Wer zur eigenen Generation zählt, ist nicht schwer zu erkennen oder zumindest doch leicht zu vermuten, auch wenn man den meisten anderen Generationsangehörigen niemals persönlich begegnet ist. Generationelles Denken bringt Ordnung in moderne Gesellschaften, und es verspricht, dass sich der Einzelne in der Masse nicht verliert. Diese Qualität kann in Zeiten globaler Märkte wohl kaum hoch genug eingeschätzt werden. »Generationen« kommt somit eine gewisse Mittellage zwischen konkreter sozialer Gruppe und Gesellschaft, zwischen Nation und (Welt-)Gemeinschaft zu. Sie bedienen kollektive Identifikationsbedürfnisse, die aber im Unterschied zu anderen Kollektivgrößen nicht als vollkommen anonym empfunden werden, denn generationelle Zuordnungen sind alltagsbezogene Praktiken, mit Hilfe derer sich auch das individuelle Umfeld in solche, die dazu-, und solche, die nicht dazugehören, sortieren lässt. Die Differenzmarkierung orientiert sich zudem an Kriterien, die als *natürlich* ausgegeben werden können.

Darüber hinaus kommt »Generationen« eine Übersetzungsleistung zu, durch die individuelle und kollektive Erfahrungen zu kulturellem Kapital transformiert werden. Dieser Transfer, der sich auf verschiedenen Ebenen abspielen kann, ermöglicht es beispielsweise, dass generationelle Gesellschaftsmodelle, altersspezifische Erinnerungsfiguren oder Selbstbilder eine gesamtgesellschaftliche oder sogar globale Relevanz erhalten und sich somit von ihrem ursprünglichen Generationsbezug lösen. Für den Erwerb und für die Weitergabe von sozialem Wissen ist der Generationenbegriff daher von fundamentaler Bedeutung.

Als Kategorie kollektiver Selbstbeschreibung ist »Generation« zweifellos ein dankbarer Gegenstand wissenschaftlicher Forschung. Dabei gilt es zu fragen, wer sich zu welchem Zeitpunkt mit welchen Interessen als generationelle Gemeinschaft artikuliert und welches Verständnis von »Generation« in der jeweiligen historischen Situation für die Selbstbeschreibung in Anspruch genommen wird.[18] Entwirft sich eine politische Elite als Generation des Anfangs, als revolutionäre Einheit, die zu allem entschlossen ist, oder geht es um einen diffusen Zusammenhalt unter Migrationskindern, die ihre Erfahrungen in der Mehrheitsgesellschaft generationell und damit in Abgrenzung zu vorherigen oder nachfolgenden Einwanderern beschreiben? Beide Beispiele verdeutlichen bereits, dass sich durchaus unterschiedliche Vergemeinschaftungen als Generationenbildungen vollziehen können. Für das Verständnis solcher Kollektivierungsvorgänge kann es aufschlussreich sein, warum im einen Fall gerade auf generationelle Muster zurückgegriffen wird, während sich andere Formationen auf »Klasse« oder »Schicht« berufen.

»Generation« als Unterbrechungskategorie – und damit die Möglichkeit, einen Neuanfang einzufordern – ist aber bei weitem nicht die einzige und mittlerweile wohl auch nicht mehr die häufigste Konstellation, in der sich *gefühlte* Gemeinschaften als

18 Vgl. Jürgen Reulecke, Generationen und Biografien im 20. Jahrhundert, in: Bernhard Strauß/Michael Geyer (Hrsg.), Psychotherapie in Zeiten der Veränderung. Historische, kulturelle und gesellschaftliche Hintergründe einer Profession, Wiesbaden 2000, S. 26–40.

»Generationen« entwerfen. Nicht mehr nur die politischen Zäsuren, sondern die sozialen und gesellschaftlichen Lebensbedingungen dienen mittlerweile als Referenzrahmungen für generationelle Selbstvergewisserungen. Dadurch tritt die implizite oder auch konkrete Handlungsaufforderung, die beim politischen Generationenbegriff mal mehr und mal weniger mitschwingt, deutlich in den Hintergrund. »Generation« ist nun eher Selbstfindungsgröße und weniger Handlungseinheit. Damit hat sich auch eine zentrale Fragestellung, nämlich die nach den generationsstiftenden Bezugsereignissen, verändert. Schien es lange Zeit so, als wenn überwiegend historische Großereignisse dafür ausschlaggebend sind, dass sich Gleichaltrige generationell verbinden, erweist sich dieser Fokus aus erfahrungsgeschichtlicher Perspektive als zu eng. Konzipiert man Generationengeschichte konsequent als Erfahrungsgeschichte – und es spricht vieles dafür, dies zu tun –, dann wird deutlich, dass es nicht Ereignisse wie Kriege, Revolutionen und Katastrophen an sich waren und sind, die generationelle Vergemeinschaftungen hervorbringen. Generationenbildungen können sich nahezu auf *alle* Lebensbedingungen beziehen und sie zum Gegenstand altersspezifischer Selbstdeutung werden lassen. Denn der Generationenbegriff ist eben nicht nur ein Erfahrungsbegriff, sondern insbesondere auch eine Verarbeitungskategorie, mit der sich Menschen sowohl ihre alltäglichen als auch ihre biografisch einschneidenden Erlebnisse aneignen. Dieser Aneignungsvorgang vollzieht sich nicht nur als innere Selbstbefragung, sondern auch als soziale Vergewisserung. Der Einzelne will wissen, wie andere mit bestimmten Erfahrungen, die er für vergleichbar hält, umgehen. Und da eine solche Erfahrungsverarbeitung mit Wahrnehmungsmustern, sozialen Kompetenzen, bestimmten Vorerfahrungen und Deutungsrastern zusammenhängt, ist es naheliegend, sich für eine solche vergleichende Selbstdeutung an Altersgenossen zu orientieren.

Potenzial und Risiken des Generationenbegriffs

Der enormen Beliebtheit generationeller Vergemeinschaftungen stehen forschungspraktische Unebenheiten gegenüber, wenn »Generation« nicht mehr nur als Selbstthematisierungsformel, sondern auch als analytische Kategorie dient. Viele Wissenschaftler/innen beschränken sich nämlich nicht darauf, den kollektiven Selbstentwurf als Ausdruck eines gesellschaftlichen Erfahrungswandels zu deuten, sondern die gruppenspezifische Selbstinszenierung wird zum zentralen Erklärungsfaktor für bestimmte politische, soziale oder ökonomische Umbrüche. Oftmals geschieht diese Übertragung unbemerkt oder zumindest unreflektiert. Dann avanciert am Ende das, was die untersuchte Gruppe von sich behauptet oder für sich beansprucht, zum wissenschaftlichen Erklärungsmodell. Die imaginierten Gemeinsamkeiten werden sogar als handlungsleitende Generationsmerkmale ausgegeben und existenzialisiert. Wer analytisch mit dem Generationenbegriff arbeitet, geht das Risiko ein, Selbstinszenierungen zu reproduzieren; und es besteht zudem berechtigte Sorge, dass aus altersspezifischen Erfahrungszusammenhängen konkrete Verhaltensweisen abgeleitet werden. Generationseinheiten sind aber nicht zwangsläufig auch Handlungseinheiten, daher ist der Anspruch, historischen Wandel durch die Generationenzugehörigkeit der Akteure zu erklären, durchaus fragwürdig.

Mit der analytischen Kategorie »Generation« sind theoretische Unwägbarkeiten verbunden, die sich aus dem üblichen Gebrauch als kollektive Selbstbeschreibungsformel ergeben. Die Imagination als »Generation« beruht – wie bei anderen Kollektiven auch – auf einer spezifischen, in manchen Fällen durchaus verzerrten Selbstdeutung und Wahrnehmung von Welt. Eine solche Perspektive überzeugt, weil sie sich als Gemeinschaftsangebot präsentiert und bestehende Erfahrungsdifferenzen durch gefühlte Gemeinsamkeiten überdeckt. Solche Einseitigkeiten und Vereinfachungen, die mit jedem kollektiven Versprechen verbunden sind, gilt es jedoch wissenschaftlich zu hinterfragen und nicht zu reproduzieren. In der *analytischen* Verwendung des Generationenbegriffs kann sich diese Perspektivität als konzeptioneller Widerspruch bemerkbar machen, denn allenfalls in Ausnahmefällen lässt sich historischer Wandel durch die generationelle Vergemeinschaftung einer Minderheit beschreiben. In der Regel sind hierfür kompaktere Erklärungsansätze erforderlich. Forschungspraktisch wird der Faktor »Generation« aber gern dazu benutzt, um altersspezifische Deutungs- und Verhaltensmuster auf den Begriff zu bringen oder aber um Geschichte durch oftmals recht willkürliche Periodisierungen generationell zu ordnen. In beiden Fällen bleibt die gemeinschaftsstiftende Signatur des Generationenansatzes auf der Strecke, daher wäre hier konsequenterweise eher von »Alterskohorten« als von »Generationen« zu sprechen.

Gerade solche begrifflichen Unschärfen verweisen darauf, wie wichtig es ist, danach zu fragen, was die Rede von den »Generationen« in den Blick bekommt, was sie vernachlässigt oder sogar überdeckt. Warum werden bestimmte Inhalte generationell aufgeladen und andere beispielsweise ökonomisch gedeutet? Eine stärkere theoretische Reflexion scheint auch deswegen geboten, weil die Generationenforschung seit den 1990er-Jahren vor der Herausforderung steht, dass »ihr« Begriff zunehmend in transnationalen Kontexten beansprucht und reflektiert wird. Während Mannheim noch eine an nationalen Referenzen orientierte Generationentheorie entwarf, steht die Generationenforschung heute vor der Herausforderung, generationelle Vergemeinschaftungen – wie die der »68er« – in weltgesellschaftlichen Bezügen zu denken. Ob es sich bei der Studentenbewegung tatsächlich um eine globale »Generation« handelte, werden empirische Fallstudien in den nächsten Jahren herauszuarbeiten haben. Und auch eine zweite Beobachtung wird die Generationenforschung zukünftig beschäftigen, denn sie sieht sich seit geraumer Zeit mit einem inflationären Gebrauch des Generationenbegriffs konfrontiert. In den Massenmedien verkauft sich das Generationenetikett auch ohne Qualitätsstandards schlicht hervorragend. Wer generationell argumentiert, kann auf erhöhte Aufmerksamkeit hoffen, unabhängig davon, ob er wirklich etwas zu sagen hat. Diese Tendenz nicht nur als Substanzverlust zu beklagen, sondern als Phänomen mit gesellschaftlicher Relevanz zu analysieren, gehört zu den Hauptaufgaben einer Generationenforschung, die sich ihrer wissenschaftlichen Prämissen bewusst ist.

Frank Bösch / Annette Vowinckel

Mediengeschichte

Unter Historikern ist mittlerweile unumstritten, dass Medien in der Zeitgeschichte eine zentrale Rolle spielen. Sie werden nicht einfach als virtueller Spiegel von etwas »Realem« aufgefasst, sondern als integraler Teil sozialer Wirklichkeiten. Das gilt etwa für ihre materielle Dimension, ihre jeweilige alltägliche Nutzung und ihren Einfluss auf Wahrnehmungen und soziale Praktiken. Insofern erscheint es gerade in der Zeitgeschichtsforschung bei den meisten Themen unumgänglich, die jeweilige Bedeutung von Medien analytisch einzubeziehen. Über eine Geschichte der Medien hinaus steht entsprechend die Medialität der Geschichte und damit die Bedeutung von Medien für historische Entwicklungen zunehmend im Vordergrund zeithistorischer Untersuchungen.[1]

Zur Entwicklung des Forschungsfelds

Die Mediengeschichte ist ein Forschungsgebiet, das von verschiedenen Disziplinen betrieben wird. Neben der Geschichtswissenschaft wird sie vor allem von der Kommunikationswissenschaft und der Medienwissenschaft untersucht sowie darüber hinaus von der Soziologie und der Politikwissenschaft, wobei die Forschungsansätze bei allen Disziplinen stark differieren. Die akademische Reflexion über Medien und ihre Geschichte hat freilich eine längere Tradition. Bereits Ende des 17. Jahrhunderts erschienen mehrere Studien (und auch die erste Dissertation) zum damals noch recht neuen Medium Zeitung, die ihre Entwick-

1 Zum Verhältnis von historischer Medienwissenschaft und Medien untersuchender Geschichtswissenschaft vgl. z. B. Fabio Crivellari u. a., Einleitung: Die Medialität der Geschichte und die Historizität der Medien, in: ders. u. a. (Hrsg.), Die Medien der Geschichte. Historizität und Medialität in interdisziplinärer Perspektive, Konstanz 2004, S. 9–45.

lung und gesellschaftliche Bedeutung diskutierten.[2] Kulturwissenschaftler mit einem weiten Medienbegriff setzen den Beginn medienhistorischer Texte sogar in der griechischen Antike an.[3] Seit Mitte des 19. Jahrhunderts erschienen aus verschiedenen Disziplinen Darstellungen vor allem zur Geschichte der Presse und der Flugpublizistik, die häufig die Kraft des gedruckten Worts betonten.[4] Universitär institutionalisiert wurde diese pressehistorische Forschung in Deutschland seit den 1910er/20er-Jahren durch die frühe Zeitungswissenschaft, die sich in der zweiten Hälfte des 20. Jahrhunderts in Publizistik- und Kommunikationswissenschaften umbenannte und erweiterte. In diesem Fach dominiert dabei bis heute ein enger Medienbegriff, der Medien vor allem als jene technischen Mittel fasst, »die zur Verbreitung von Aussagen an ein potentiell unbegrenztes Publikum geeignet sind (also Presse, Hörfunk, Film, Fernsehen)«.[5] Insofern konzentrieren sich ihre Mediengeschichten vor allem auf die Druckmedien seit dem 16. Jahrhundert und die elektronischen Massenmedien des 20. Jahrhunderts.[6] Bremsend wirkten beim Ausbau dieser For-

2 Vgl. die Texte von Ahasver Fritsch (»Vom Gebrauch und Mißbrauch der Zeitungen« 1676), Christian Weise (1676), Tobias Peucer (»Über Zeitungsberichte« 1690) oder Kaspar von Stieler (»Zeitungs Lust und Nutz«, 1695), in: Karl Kurth (Hrsg.), Die ältesten Schriften für und wider die Zeitung, Brünn u.a. 1944.

3 Besonders Platons Überlegungen zu Stimme und Schrift bilden in Quellensammlungen oft Ausgangspunkte; vgl. Detlev Schöttker (Hrsg.), Von der Stimme zum Internet, Göttingen 1999, S. 33–39; Günter Helmes/Werner Köster (Hrsg.), Texte zur Medientheorie, Stuttgart 2002, S. 26–30.

4 Vgl. etwa für Frankreich die Werke von Léonard Gallois, Histoire des journaux et des journalistes de la révolution française, Paris 1845, und Eugène Hatin, Histoire politique et littéraire de la presse en France, 8 Bde., Paris 1859/61; für England: Frederick Knight Hunt, The Fourth Estate, London 1850; für Deutschland: Robert Prutz, Geschichte des deutschen Journalismus, Hannover 1845.

5 Jürgen Wilke, Grundzüge der Medien- und Kommunikationsgeschichte. Von den Anfängen bis ins 20. Jahrhundert, Köln 2000, S. 1.

6 Vgl. ebd.; Jürgen Wilke (Hrsg.), Mediengeschichte der Bundesrepublik Deutschland, Bonn 1999; Rudolf Stöber, Deutsche Pressegeschichte. Von den Anfängen bis zur Gegenwart, 2. überarb. Aufl., Konstanz 2005; breiter: ders., Mediengeschichte. Die Evolution »neuer« Medien von Gutenberg bis Gates, Wiesbaden 2003. Ähnlich im Ausland, auch wenn hier die

schung sicherlich kulturkritische Ressentiments gegenüber der Populärkultur in den deutschen Geistes- und Sozialwissenschaften. Einflussreich waren hierbei besonders die Protagonisten der Frankfurter Schule, die die Begriffe »Masse« und »Kultur« als einander ausschließend begriffen und deshalb Massenmedien *per se* als kulturlos empfanden. Vor allem das Fernsehen und verschiedene Formen populärer Musik, deren Aufstieg Theodor W. Adorno und Max Horkheimer im US-amerikanischen Exil verfolgten, wurden in den 1950er- und 60er-Jahren einer systematischen Kritik unterzogen.[7] Der wachsende sozialwissenschaftliche Einfluss führte in den Kommunikationswissenschaften seit den 1970er-Jahren zu einem Paradigmenwechsel, durch den quantitative Gegenwartsanalysen zunehmend an Bedeutung gewannen, während medienhistorische Arbeiten innerhalb dieses Fachs, gerade im letzten Jahrzehnt, zunehmend an Bedeutung verloren. Aber auch bei medienhistorischen Analysen neigt die Kommunikationswissenschaft häufig dazu, Medieninhalte und deren Organisationsformen quantifiziert zu erfassen.

Methodisch und disziplinär davon zu trennen ist die Mediengeschichtsschreibung der Medienwissenschaften, die sich in Deutschland seit den 1980er-Jahren aus den Film-, Theater- und Literaturwissenschaften heraus entwickelte. Ihre Referenzpunkte bilden einerseits die frühen medienbezogenen Reflexionen der deutschen Geisteswissenschaften der 1920/30er-Jahre, vor allem die Texte von Walter Benjamin[8], des Filmkritikers Siegfried Kracauer[9] sowie der Kunsthistoriker Erwin Panofsky und Aby War-

disziplinären Trennungen nicht so ausgeprägt sind: Georg Boyce/James Curran/Pauline Wingate (Hrsg.), Newspaper History from the Seventeenth Century to the Present Day, London 1978.

7 Vgl. z. B. Theodor W. Adorno, Prolog zum Fernsehen, in: ders., Gesammelte Schriften, Bd. 10.1, Frankfurt a. M. 1977, S. 507–517; ders., Résumé über Kulturindustrie, in: Claus Pias u. a. (Hrsg.), Kursbuch Medienkultur: Die maßgeblichen Theorien von Brecht bis Baudrillard, Stuttgart 2000, S. 202–208.

8 Von Bedeutung ist hier vor allem Walter Benjamin, Das Kunstwerk im Zeitalter seiner technischen Reproduzierbarkeit (zuerst 1936), Frankfurt a. M. 1963.

9 Etwa Siegfried Kracauer, Von Caligari bis Hitler. Ein Beitrag zur Geschichte des deutschen Films, Hamburg 1958.

burg.[10] Andererseits knüpft ihr medienhistorischer Zugang stark an die Ansätze von Marshall McLuhan an, der 1964 eine Theorie der Medien vorlegte, die Medien nicht im Hinblick auf ihren Inhalt, sondern auf ihre Form und Funktionsweise für die Weltwahrnehmung und -gestaltung ihrer Zeit betrachtet.[11] An McLuhan schließt auch der weit gefasste Medienbegriff vieler Medienwissenschaftler an, der neben Apparaten wie Telefon oder Computer auch Bewegungsabläufe wie Sport oder Tanz bzw. den Körper[12] selbst einschließt, sofern sie Informationen speichern, Botschaften übertragen und damit im semiotischen Sinne als Zeichen für etwas anderes fungieren.[13] Entsprechend umschließen ihre mediengeschichtlichen Studien auch »Menschmedien« (wie Narren, Boten oder die Frau als gebärendes Wesen),[14] »Körperextensionen«[15] oder so Unterschiedliches wie die Oblate, die Stimme, das Geld, Feuer, Masken, Tafeln oder Archive.[16] Neben ästhetischen Analysen von Einzelmedien (insbesondere einzelner Filme) steht bei den Medienwissenschaften stärker der Wandel von Wissens-

10 Vgl. dazu u. a. die Schriften zur Ikonografie und Ikonologie bzw. zur Filmanalyse: Erwin Panofsky, Studien zur Ikonologie. Humanistische Themen in der Kunst der Renaissance, Köln 1980; ders., Stil und Medium im Film und die ideologischen Vorläufer des Rolls-Royce-Kühlers, Frankfurt a. M. 1999; Aby Warburg, Gesammelte Schriften, 2 Bde., hrsg. von Gertrud Bing, Leipzig/Berlin 1932.

11 Marshall McLuhan, Understanding Media (zuerst 1964), London 2001, S. 7 f.

12 Vgl. Mathias Gutmann, Medienphilosophie des Körpers, in: Mike Sandbothe (Hrsg.), Systematische Medienphilosophie, Berlin 2005, S. 99–111.

13 Semiotik ist die von Charles Sanders Peirce begründete Lehre vom Wesen und Gebrauch der Zeichen, derzufolge neben den Buchstaben auch Bilder Zeichen sind bzw. als solche gelesen werden müssen. Vgl. z. B. Dieter Mersch (Hrsg.), Zeichen über Zeichen: Texte zur Semiotik von Peirce bis Eco und Derrida, München 1998.

14 Vgl. Werner Faulstich, Geschichte der Medien, 5 Bde., Göttingen 1996–2004; vor allem die ersten Bände bis zur Frühen Neuzeit gehen von menschlichen Medien aus.

15 Marshall McLuhan, Die magischen Kanäle – Understanding Media, Frankfurt a. M. 1970, S. 94.

16 Vgl. etwa Jochen Hörisch, Eine Geschichte der Medien. Von der Oblate zum Internet, Frankfurt a. M. 2004. Einen guten Einblick in Ansätze und differente Methodik bietet das »Archiv für Mediengeschichte«, das seit 2001 in Weimar erscheint.

ordnungen und Deutungen im Vordergrund, die über Medien artikuliert wurden.[17] Ihre kulturwissenschaftlich ausgerichtete Forschung analysiert zudem oft zeitgenössische Diskurse über diese Medien oder einzelne Medienprodukte, kaum hingegen deren serielle Inhalte. Auffälligerweise hat diese Trennung in Medien- und Kommunikationswissenschaften kein vergleichbar scharf getrenntes Pendant in den meisten anderen Ländern, wo allenfalls kulturwissenschaftliche »Film Studies« oder die »Cultural Studies« allgemein der deutschen Medienwissenschaft entsprechen.

Die medienhistorischen Forschungen der Geschichtswissenschaft stehen in gewisser Weise zwischen beiden Disziplinen. Einerseits haben Historiker/innen, ähnlich wie die Kommunikationswissenschaftler/innen, in den letzten hundert Jahren zahlreiche inhalts-, akteurs- und organisationsgeschichtliche Arbeiten vorgelegt, die sich vornehmlich auf Printmedien bezogen und deren Interaktion mit der Politik betrachteten, etwa in Form von Propaganda und Zensur oder in der Person parteinaher Verleger.[18] Während die Konzentration auf Massenmedien und deren Inhalte, Organisation und Nutzung an die Tradition der Kommunikationswissenschaft erinnert, bildeten die Historiker/innen dadurch ein eigenes Profil aus, dass sie durch die Medienanalyse einen breiteren historischen Sachverhalt erklären wollten und archivgestützt die interne Einbettung der Medien analysierten. Die Geschichtswissenschaft (wie auch die Mediensoziologie[19]) fragte dabei eher nach der sozialen und politischen Funktion der Medien. Während zeithistorische Studien Medien zunächst meist

17 Eine reine Analyse der Diskurse über neue Medien bietet daher etwa als »Mediengeschichte« Albert Kümmel/Leander Scholz/Eckhard Schumacher (Hrsg.), Einführung in die Geschichte der Medien, Paderborn 2004; zu den Zugängen vgl. auch Helmut Schanze (Hrsg.), Handbuch der Mediengeschichte, Stuttgart 2001.

18 Seit den 1970er-Jahren nahmen derartige Studien zu; vgl. als Beispiel für organisations- und akteursbezogene ältere Studien: Dankwart Guratzsch, Macht durch Organisation. Die Grundlegung des Hugenbergschen Presseimperiums, Düsseldorf 1974.

19 Vgl. Niklas Luhmann, Die Realität der Massenmedien, 2. erw. Aufl., Opladen 1996; Peter Ludes, Mediensoziologie, in: Schanze (Hrsg.), Handbuch der Mediengeschichte, S. 119–139.

nur als Quellen für die Erforschung klassischer historischer Felder ansahen, entstanden in den vergangenen Jahren zunehmend geschichtswissenschaftliche Arbeiten, die Medien zum integralen Forschungsobjekt machten. Sie betrachten Medien nicht mehr nur als »Mittler« oder »Träger« von Informationen, sondern als »Akteure« mit eigener Agenda.[20] Der Ansatz der geschichtswissenschaftlichen Mediengeschichte ist damit ein doppelter: Zum einen analysiert sie die historische Entwicklung der Medien und alle damit verbundenen Praktiken (Medienökonomie, -technik, -inhalte, -nutzungen, -wirkungen). Zum anderen steht sie für das Postulat, dass prinzipiell jeder historische Vorgang und auch die Erinnerung daran medial geprägt werden. Diese »Medialität der Geschichte« lässt sich analysieren, indem die eigenständigen Logiken von Medien und ihre Funktionsweise berücksichtigt werden.[21]

Der Begriff »Medien« ist, trotz seiner vielfältigen Verbreitung heute, vergleichsweise jung und fand in Deutschland erst seit den 1950er-Jahren eine öffentliche Verwendung. So gebrauchte das Nachrichtenmagazin der »Spiegel« den Begriff um 1950 noch ausschließlich im Sinne spiritistischer Medien oder in Bezug auf Personen, die Mittler waren.[22] Auch die Erforschung des Begriffs konzentrierte sich bislang besonders auf die Zeit, als der Singular »Medium« noch nicht auf Massenmedien verwies, sondern die Funktion des »Mittlers« im Spiritismus, in der Philosophie oder der Physik bezeichnete.[23] Im 17. Jahrhundert wanderte er aus dem Lateinischen in die deutsche bzw. englische Wissenschaftssprache und bezeichnete auch das »Mittlere«, den »Mittelpunkt« bzw. denjenigen »Ort«, an dem »etwas öffentlich vorgelegt, verhandelt wird, wo jemand öffentlich auftritt«.[24] Seit den 1920er-Jahren be-

20 Vgl. einführend zu den Forschungsfeldern: Frank Bösch, Mediengeschichte. Vom asiatischen Buchdruck zum Fernsehen, Frankfurt a. M. 2011.

21 Vgl. dazu Crivellari u. a. (Hrsg.), Die Medien der Geschichte.

22 Vgl. die Erwähnung des Begriffs »Medien« in: Spiegel: Conan Doyle ist nicht tot, 30.4.1949; Die Nacht der langen Messer fand nicht statt, 19.5.1949; Quacksalber: Supermann in zwei Lektionen, 9.1.1952.

23 Steffen Hoffmann, Geschichte des Medienbegriffs, Hamburg 2002.

24 Jochen Schulte-Sasse, Medien/medial, in: Karlheinz Barck/Martin Fontius/Dieter Schlenstedt (Hrsg.), Ästhetische Grundbegriffe, Bd. 4, Stuttgart 2002, S. 1–39, hier S. 1.

zeichnet der englische Plural »Media« vor allem Massenmedien wie die Zeitung, das Radio, den Film und später das Fernsehen. Seit den 1960er-Jahren differenzierte sich dann, wie dargestellt, der Begriff in der Forschung je nach Disziplin aus. Eine genauere Erforschung der Etablierung des Medienbegriffs in den 1950er- und 60er-Jahren dürfte Auskunft darüber geben, welche Vorstellungen über den Wandel der modernen Kommunikation bestanden und inwieweit der Gebrauch des neuen Worts selbst wirkungsmächtige Vorstellungen über die Rolle der Kommunikationsmittel aufbrachte.

Um die zunehmende gesellschaftliche Durchdringung durch Medien sowie die wechselseitige Interaktion zwischen der Medien- und Gesellschaftsentwicklung zu fassen, hat sich in der deutschen Kommunikations- und Geschichtswissenschaft der Begriff der »Medialisierung« bzw. »Mediatisierung« etabliert.[25] Zudem untersuchten zahlreiche Historiker/innen Medien als Teil einer breiteren Geschichte der Öffentlichkeit, um diese in andere kommunikative Praktiken zu integrieren.[26] Nicht allein die kritische Abarbeitung an Jürgen Habermas' Postulaten zum Strukturwandel der bürgerlichen Öffentlichkeit, sondern auch die Forschungsansätze der französischen Annales-Schule zur Geschichte des Lesens und des Drucks im 18. Jahrhundert dürften dabei wichtige Impulse gegeben haben.[27]

25 Vgl. zur theoretischen Debatte über den Begriff und die damit verbundenen Ansätze: Michael Meyen, Medialisierung, in: Medien und Kommunikation 57 (2009), S. 23–38.

26 Jörg Requate, Öffentlichkeit und Medien als Gegenstände historischer Analyse, in: Geschichte und Gesellschaft 25 (1999), S. 5–32.

27 Wegweisend hier etwa: Robert Darnton, Literaten im Untergrund. Lesen, Schreiben und Publizieren im vorrevolutionären Frankreich, München u. a. 1985.

Geschichte von Einzelmedien

Eine große Zahl mediengeschichtlicher Untersuchungen konzentriert sich auf Einzelmedien. Ein starker Schwerpunkt liegt dabei im Bereich der Massenkommunikationsmedien Buch,[28] Bild,[29] Presse,[30] Radio,[31] Fernsehen[32] oder Film[33]. Grundsätzlich lässt sich die Geschichte der Einzelmedien aus unterschiedlichen Perspektiven schreiben: Im Vordergrund stehen entweder die Historizität der Form und Funktion eines Mediums oder die Inhalte bzw. deren Rezeption in verschiedenen historischen Kontexten, wobei in der Praxis Mischformen üblich sind. So kann eine Geschichte des Fernsehens unter besonderer Berücksichtigung der technischen und ästhetischen Veränderungen des Mediums,[34] aber auch als nationale Fernsehgeschichte,[35] als Programm-[36] oder Personengeschichte,[37] als Rezeptionsgeschichte,[38] als Geschichte

28 Elisabeth L. Eisenstein, The Printing Press as an Agent of Change. Communications and Cultural Transformations in Early-Modern Europe, Bd. 1, Cambridge 1979; Michael Giesecke, Der Buchdruck in der frühen Neuzeit. Eine historische Fallstudie über die Durchsetzung neuer Informationstechnologien, Frankfurt a. M. 1994.

29 Helmut Schanze/Gerd Steinmüller, Mediengeschichte der Bildkünste, in: ders. (Hrsg.), Handbuch der Mediengeschichte, S. 373–397.

30 Siehe etwa Astrid Blome, Presse und Geschichte. Leistungen und Perspektiven der historischen Presseforschung, Bremen 2008.

31 Dazu u. a. Klaus Arnold/Christoph Classen (Hrsg.), Zwischen Pop und Propaganda. Radio in der DDR, Berlin 2004.

32 Für einen ersten Überblick: Helmut Kreuzer/Christian W. Thomsen (Hrsg.), Geschichte des Fernsehens in der Bundesrepublik Deutschland, 5 Bde., München 1994.

33 Wolfgang Jacobsen/Anton Kaes/Hans Helmut Prinzler (Hrsg.), Geschichte des deutschen Films, Stuttgart 2004.

34 Joan Kristin Bleicher, Mediengeschichte des Fernsehens, in: Schanze (Hrsg.), Handbuch der Mediengeschichte, S. 490–518.

35 Knut Hickethier, Geschichte des Deutschen Fernsehens, Stuttgart 1998.

36 Rüdiger Steinmetz/Reinhold Viehoff, Deutsches Fernsehen Ost. Eine Programmgeschichte des DDR-Fernsehens, Berlin 2008.

37 Michael E. Geisler, Nazis into Democrats? The Internationale Frühschoppen and the Case of Werner Höfer, in: Tel Aviver Jahrbuch für Deutsche Geschichte 31 (2003), S. 231–252; Peter Merseburger, Rudolf Augstein. Biographie, München 2007.

38 Michael Meyen, Einschalten, Umschalten, Ausschalten?, Leipzig 2003.

verschiedener Fernsehgenres (wie Nachrichtenmagazin, Krimi, Serie etc.) oder als Institutionengeschichte (z. B. eines Fernsehsenders[39]) geschrieben werden. Dabei hängt es von der jeweiligen Fragestellung ab, ob eher die Entwicklung des Mediums oder diejenige einzelner Protagonisten im Vordergrund steht.

Obgleich die Analyse von Einzelmedien seit langem eine Domäne der Kommunikationswissenschaft war, sind die zeithistorischen Forschungsdesiderate unübersehbar. So verfügen wir beispielsweise über keine quellenfundierte Geschichte zentraler Medien wie der »BILD«-Zeitung oder des »Spiegels«, obwohl in beiden Fällen deren zentrale Bedeutung für die Geschichte der Bundesrepublik unübersehbar ist.[40] Biografische Studien zu herausragenden Verlegern und Journalisten liegen nur vereinzelt vor, neuerdings etwa für Axel Springer und Gerd Bucerius, wobei deren verlegerische Arbeit hier nicht im Mittelpunkt steht.[41] Gruppenbiografische Studien zum Journalismus, wie es sie für das 19. Jahrhundert gibt,[42] fehlen für das 20. Jahrhundert. Ebenso liegen nur über wenige herausragende Journalisten Arbeiten vor.[43] Vernachlässigt wurde, auch von der Geschichtswissenschaft, zudem die Erforschung von Medien, die der Einzelkommunikation dienen. So ist etwa die zentrale Rolle, die die Verbreitung des Tele-

39 Liane Rothenberger, Von elitär zu populär? Die Programmentwicklung im deutsch-französischen Kulturkanal arte, Konstanz 2008.

40 Vgl. bislang neben linkskritischen sozialwissenschaftlichen Publikationen oder Studien zu Einzelaspekten nur Karl Christian Führer, Erfolg und Macht von Axel Springers »Bild«-Zeitung in den 1950er-Jahren, in: Zeithistorische Forschungen/Studies in Contemporary History, Online-Ausgabe, 4 (2007), H. 3, online unter http://www.zeithistorische-forschungen.de/site/40208786/default.aspx (18.1.2012); Gudrun Kruip, Das »Welt«-»Bild« des Axel-Springer-Verlags. Journalismus zwischen westlichen Werten und deutschen Denktraditionen, München 1999.

41 Hans Peter Schwarz, Axel Springer. Die Biographie, Berlin 2008; Merseburger, Rudolf Augstein; Ralf Dahrendorf, Liberal und unabhängig. Gerd Bucerius und seine Zeit, München 2000.

42 Jörg Requate, Journalismus als Beruf, Entstehung und Entwicklung des Journalistenberufs im 19. Jahrhundert. Deutschland im internationalen Vergleich, Göttingen 1995.

43 Manfred Görtemaker, Ein deutsches Leben. Die Geschichte der Margret Boveri 1900–1975, München 2005; Dagmar Bussiek, Benno Reifenberg (1892–1970). Eine Biographie, Göttingen 2011.

fons in den 1960/70er-Jahren hatte, bisher kaum als Teil der Zeitgeschichte analysiert worden. Denn während sich das Telefon in der Bundesrepublik in diesem Zeitraum massenhaft verbreitete, blieben sein Besitz und seine Verwendung in der DDR eng mit der Übernahme von politischen Aufgaben verbunden. Ebenso fehlen wirtschaftshistorische Untersuchungen zum Telefax, das in den 1970er-Jahren dem Aushandeln von internationalen Verträgen eine neue Grundlage gab und damit den Prozess der Globalisierung beschleunigte. Ähnlich geringe Aufmerksamkeit fanden Medien und mediale Techniken, die nicht der Information, sondern eher der Unterhaltung dienten, wie die Schallplatte[44] oder der Kassettenrekorder.[45]

Integrale Mediengeschichte

Eine integrale Mediengeschichte untersucht nicht eine reine Abfolge oder Summe von Einzelmedien, sondern die historische Entwicklung komplexer intermedialer Konstellationen. In den jeweils neuen Kombinationen der Basismedien Schrift, Bild, Ton und Zahl treten neue Medien »als Katalysatoren des Wandels der Basismedien« auf.[46] Derartige Mediengeschichten versuchen, das Erhaltene jeweils als Weiterentwicklung des Bekannten zu deuten und so eine gestufte Geschichte zu konstruieren, in der bestimmte mediale Neuerungen sukzessive aufeinander aufbauen, aber eben auch das Nicht-Speichern bzw. das Löschen von Vorgängen einschneidende und irreversible Veränderungen nach sich ziehen: Das Buch folgt auf die Schrift, der Film auf die Fotografie, der Computer ersetzt die Lochkarte, das Video speichert Programme, die in der Frühzeit des Fernsehens nur live übertragen wurden und der Nachwelt damit verloren

44 Vgl. hierzu einführend Jutta Lieb, »Schallplatte/CD«, in: Werner Faulstich (Hrsg.), Grundwissen Medien, München 1994, S. 275–295.

45 Vgl. hierzu als eingebettete Analyse: Detlef Siegfried, Time is on my Side. Konsum und Politik in der westdeutschen Jugendkultur der 60er Jahre, Göttingen 2006.

46 Helmut Schanze, Integrale Mediengeschichte, in: ders. (Hrsg.), Handbuch der Mediengeschichte, S. 207–283, hier S. 212.

gingen,[47] das Internet eröffnet neue Möglichkeiten, digitale bzw. digitalisierte Daten auf öffentlich zugänglichen Servern abzulegen. Warum neue Medien überhaupt entstehen oder sich durchsetzen, wurde auf diverse Bedürfnisse zurückgeführt: nach neuen Geschwindigkeiten als Machtressource (Paul Virilio), neuen Kriegstechniken (Friedrich A. Kittler), einer stärkeren Sinnesfokussierung (Jochen Hörisch) oder nach einer verbesserten Funktion der bisherigen Medien.[48]

Tatsächlich gibt es Etappensprünge, die eine Rückkehr zu den vorhergehenden Stadien quasi unmöglich machen. Von elementarer Bedeutung ist dabei der Übergang von der Mündlichkeit zur Schriftlichkeit, den Walter Ong (im Anschluss an Arbeiten von Eric A. Havelock) als Wandel von einer Welt der Töne zu einer Welt der (visuellen) Zeichen beschreibt – wobei er allerdings auch darauf hinweist, dass noch in der Gegenwart orale und literale Kulturen nebeneinander existieren.[49] Medienwissenschaftliche Studien leiten aus diesen Sprüngen entsprechende kulturelle und soziale Veränderungen ab.[50]

Gerade die Geschichte des Buchdrucks liefert starke Indizien dafür, dass nicht nur die technische Neuerung einen Umbruch erzeugt, sondern dass umgekehrt neue Bedürfnisse und Weltsichten technische Neuerungen hervorrufen.[51] Ähnlich lässt sich auch die Einführung visueller, akustischer und audiovisueller Speichermedien im 19. Jahrhundert als ein Versuch beschreiben, dem wachsenden Bedarf bürgerlicher Schichten an Bildern (stillen und bewegten) sowie Tönen (Musik) zu begegnen. Auch hier

47 Vgl. Werner Faulstich, Geschichte der Medien, 5 Bde., Göttingen 1996–2004; Rudolf Stöber, Mediengeschichte. Die Evolution »neuer« Medien von Gutenberg bis Gates. Eine Einführung, Bd. 1: Presse – Telekommunikation, Bd. 2: Film – Rundfunk – Multimedia, Wiesbaden 2003.

48 Vgl. zum Letzteren: Stöber, Mediengeschichte, Bd. 2, S. 216.

49 Vgl. Walter J. Ong, Orality and Literacy, London 1982; ders., Literacy and Orality in our Times, in: Thomas J. Farrell/Paul A. Soukup (Hrsg.), An Ong Reader: Challenges for Further Inquiry, Cresskill, NJ 2002, S. 465–478; vgl. auch Gernot Grube/Werner Kogge/Sybille Krämer (Hrsg.), Schrift. Kulturtechnik zwischen Auge, Hand und Maschine, München 2005.

50 Marshall T. Poe, A History of Communications. Media and Society from the Evolution of Speech to the Internet, New York 2011.

51 Giesecke, Der Buchdruck in der frühen Neuzeit, S. 33.

handelt es sich um einen Prozess der Pluralisierung der Medienproduktion und -rezeption, die einerseits als popularisierend und überreizend abgewertet, andererseits aber auch als unterhaltsam empfunden wurde und der man grundsätzlich auch demokratisierende Effekte unterstellte.

So erstaunt es kaum, dass der Übergang in das Computerzeitalter von ähnlichen Hoffnungen und Bedenken begleitet wird wie frühere Medienumbrüche. Diese jüngste »Medienrevolution« ist gekennzeichnet durch die Umwandlung von Text in Hypertext, von der Umstellung eines Buchstabensystems auf Algorithmen und von der Integration von Text, Bild, Ton und Zahl in einem einzigen Medium. Es scheint dies eine Reaktion darauf zu sein, dass die Welt als zunehmend komplexe Netzwerkstruktur wahrgenommen wird: Dies gilt für Verkehrsnetze ebenso wie für soziale und kommunikative Vernetzungen oder die Umstellung von linear zu lesenden Büchern auf Hypertexte, in denen der Rezipient von Information zu Information springt.[52] Offen bleibt auch hier die Frage, ob wir es mit einem »Fortschritt« der Medien zu tun haben, die neue Wissens- und Kommunikationsformen produzieren und dadurch neue Bedürfnislagen schaffen, oder doch eher mit einer Modifikation älterer Medien, die auf neue Bedürfnisse reagieren (Mobilität, Schnelligkeit, Erreichbarkeit, Vernetzung, Reproduzierbarkeit etc.).

Eine integrale zeithistorische Mediengeschichte steht bisher noch aus. So liegt für die Mediengeschichte der DDR bislang nur eine unzureichende Gesamtdarstellung vor, die sich in überzogener Weise auf die Durchherrschung der Medien durch die SED-Führung beschränkt und die Umsetzung der Vorschriften und verschiedene Praxen der Mediennutzung ausblendet.[53] Aber auch für die Bundesrepublik finden sich derzeit nur Arbeiten zu Teilaspekten, die weniger integrale Mediengeschichte bieten als Un-

52 Vgl. z. B. Hartmut Böhme, Einführung: Netzwerke. Zur Theorie und Geschichte einer Konstruktion, in: Jürgen Barkhoff/Hartmut Böhme/Jeanne Riou (Hrsg.), Netzwerke. Eine Kulturtechnik der Moderne, Köln 2004, S. 17–36.

53 Gunter Holzweißig, Die schärfste Waffe der Partei. Eine Mediengeschichte der DDR, Köln 2002.

tersuchungen zur Kulturgeschichte insgesamt[54] oder zur Rolle unterschiedlicher Medien in spezifischen historischen Kontexten.[55] Und während für viele andere historische Felder bereits erste Synthesen in gesamteuropäischer Perspektive vorliegen, steht die Mediengeschichte hier noch ganz am Anfang.[56] Für die transnationale und globale Ebene liegen bislang erste Überblicksdarstellungen vor, jedoch nicht mit einem Schwerpunkt auf der Zeitgeschichte.[57]

Geschichte der medialen Öffentlichkeit(en)

Innerhalb der Geschichtswissenschaft verbindet sich Mediengeschichte – im Anschluss u. a. an die Arbeiten von Jürgen Habermas[58] und Niklas Luhmann[59] – mit der Untersuchung von Öffentlichkeit(en) in historischer Perspektive.[60] Öffentlichkeit gilt als prinzipiell zugänglicher Kommunikationsraum, in dem Informationen und Meinungen ausgetauscht und soziale, politische oder

54 Vgl. den Überblick im Rahmen einer breiteren Kulturgeschichte bei Axel Schildt/Detlef Siegfried, Deutsche Kulturgeschichte. Die Bundesrepublik von 1945 bis zur Gegenwart, München 2009; zudem zu einzelnen Dekaden Werner Faulstich, Kulturgeschichte des 20. Jahrhunderts, 9 Bde., Paderborn 2002 ff.

55 Vgl. z. B. Christina von Hodenberg, Konsens und Krise. Eine Geschichte der westdeutschen Medienöffentlichkeit 1945–1973, Göttingen 2006; Daniela Münkel, Willy Brandt und die »Vierte Gewalt«. Politik und Massenmedien in den 50er bis 70er Jahren, Frankfurt a. M. 2005.

56 Vgl. Ute Daniel/Axel Schildt (Hrsg.), Massenmedien im Europa des 20. Jahrhunderts, Köln 2010. Im Rahmen der Sektion »Communication History« der ECREA wird derzeit von internationalen Autorenteams eine europäische Mediengeschichte seit dem späten 19. Jahrhundert konzipiert.

57 Vgl. Bösch, Mediengeschichte; Jane Chapman, Comparative Media History: An Introduction. 1789 to the Present, London 2005; Asa Briggs/Peter Burke, A Social History of the Media: From Gutenberg to the Internet, Cambridge u. a. 2002.

58 Wegweisend ist hier nach wie vor Jürgen Habermas, Strukturwandel der Öffentlichkeit. Untersuchungen zu einer Kategorie der bürgerlichen Gesellschaft, Frankfurt a. M. 1962.

59 Luhmann, Realität.

60 Vgl. Karl Christian Führer/Knut Hickethier/Axel Schildt, Öffentlichkeit – Medien – Geschichte. Konzepte der modernen Öffentlichkeit und Zugänge ihrer Erforschung, in: Archiv für Sozialgeschichte 41 (2001), S. 1–38.

kulturelle Fragen so verhandelt werden, dass die interessierte Bevölkerung daran zumindest passiv teilhaben kann. In der neueren und neuesten Geschichte wird die Medienöffentlichkeit – oft durchaus normativ – als integraler Bestandteil demokratischer Staaten und Gesellschaften behandelt, während umgekehrt die staatliche Kontrolle öffentlicher Diskurse (z. B. in Form von Zensur oder Verknappung von Ressourcen wie Druckpapier, Verfolgung Oppositioneller, Zentralisierung des Pressewesens) als Indiz für die Abwesenheit von Demokratie gewertet wird. Dies gilt vor allem für die faschistischen und totalitären Staaten des 20. Jahrhunderts. Arbeiten zur Mediengeschichte des Nationalsozialismus, die hier beispielhaft genannt seien, verweisen darauf, dass die Kontrolle der Medien ein integraler Bestandteil des nationalsozialistischen Herrschaftssystems war.[61] Die Medienkontrolle betraf die Produktion (Gleichschaltung der Presse, Einführung des Fernsehens) ebenso wie die Rezeption (Verbot des Hörens von »Feindsendern«, Bücherverbrennung etc.). Gerade im Zeitalter der Diktaturen, aber auch für Demokratien erwies sich die Erforschung von Öffentlichkeiten als produktiv, um Medien in Verbindung mit situativen Öffentlichkeiten (Gespräche in Warteschlangen, Kneipengespräche u. Ä.) oder Versammlungsöffentlichkeiten (Proteste u. Ä.) zu fassen und damit nicht nur auf die offiziellen Medien zu beschränken.

Neben jüngeren Forschungen zur Bedeutung medialer Öffentlichkeit(en) in ausgewählten Nationalstaaten, die in diachroner Perspektive Übergänge von der Demokratie zur Diktatur bzw. umgekehrt untersuchen,[62] nehmen vergleichende Arbeiten zu, die die Medien(systeme) von Demokratien und Diktaturen perspektivisch aufeinander beziehen, wobei der Vergleich westlicher

61 Vgl. z. B. Michael Wildt, Geschichte des Nationalsozialismus, Göttingen 2008, S. 40–50; Clemens Zimmermann, Medien im Nationalsozialismus: Deutschland, Italien und Spanien in den 1930er und 1940er Jahren, Wien u. a. 2007; Bernd Heidenreich/Sönke Neitzel (Hrsg.), Medien im Nationalsozialismus, Paderborn 2010.

62 Z. B. von Hodenberg, Konsens; Frank Bösch/Norbert Frei (Hrsg.), Medialisierung und Demokratie im 20. Jahrhundert, Göttingen 2006; Bernd Weisbrod (Hrsg.), Die Politik der Öffentlichkeit – die Öffentlichkeit der Politik: Politische Medialisierung in der Geschichte der Bundesrepublik, Göttingen 2003.

Demokratien mit sozialistischen Diktaturen in Osteuropa nach dem Zweiten Weltkrieg besonders prominent ist.[63] Auch hier wird generell angenommen, dass die jeweiligen Mediensysteme entscheidend den Charakter der Gesellschaft und der politischen Institutionen prägten. Allerdings verweisen jüngere Arbeiten zunehmend auf Ähnlichkeiten in der Medienentwicklung, vor allem im Bereich der populären Medien. Dies gilt für Massenmedien wie Film und Fernsehen, aber auch für die Medien der Popkultur (die, so Jürgen Danyel und Árpád von Klimó, populäre Kulturen oft auch ironisch verfremdet haben[64]) bzw. der verschiedenen Sub- und Jugendkulturen. Während letztere in westlichen Demokratien vor allem eine Kritik der vermeintlichen Dekadenz bürgerlicher Gesellschaften formulierten, konfrontierten sie sozialistische Gesellschaften mit ihrer tendenziellen Unfähigkeit, moderne Bedürfnisse in den Bereichen Konsum und Medienrezeption (Schallplatten, Zeitschriften, Radioprogramm) zu befriedigen – eine Unfähigkeit, die möglicherweise entscheidend zum Scheitern des Staatssozialismus in Osteuropa beitrug. Neuere Untersuchungen legen die Vermutung nahe, dass Medien nicht nur Subsysteme verschiedener Herrschaftsformen sind, sondern dass der Prozess der Medialisierung aller Lebensbereiche das Potenzial entfaltet, Diktaturen von innen zu zersetzen.[65]

Einen Sonderfall im Bereich des Systemvergleichs bildet die deutsch-deutsche Mediengeschichte, die es erlaubt, die Entwicklung einer Nation in zwei Staaten und Systemen vergleichend zu untersuchen.[66] Dabei gilt es indes zu berücksichtigen, dass der Systemkonflikt nicht nur die beiden deutschen Staaten bzw. die politisch, militärisch und ökonomisch zusammengehörigen

63 Vgl. z. B. David Caute, The Dancer Defects. The Struggle for Cultural Supremacy during the Cold War, Oxford 2003; Uta Poiger, Jazz, Rock, and Rebels. Cold War Politics and American Culture in a Divided Germany, Berkeley 2000.

64 Vgl. Árpád von Klimó/Jürgen Danyel (Hrsg.), Pop in Ost und West. Populäre Kultur zwischen Ästhetik und Politik. Aufsätze und Materialien in: Zeitgeschichte online, überarb. 2011, online unter http://www.zeitgeschichte-online.de/md=Pop-Inhalt (8.6.2012).

65 Vgl. z. B. Thomas Lindenberger (Hrsg.), Massenmedien im Kalten Krieg: Akteure, Bilder, Resonanzen, Köln 2006.

66 Jens Ruchatz (Hrsg.), Mediendiskurse deutsch/deutsch, Weimar 2005.

Blöcke trennte, sondern auch quer durch die jeweiligen Gesellschaften verlief.[67] Werden freie Medien von Diktaturen tendenziell als Bedrohung empfunden bzw. Medien von Seiten des Staats als Propagandainstrument genutzt, dienen sie in demokratischen Gesellschaften in so starkem Maß einem Prozess öffentlicher Meinungsfindung, dass bereits die Frage in den Raum gestellt wurde, ob von der Aufwertung der Medien zur »Vierten Gewalt« bzw. von der Entstehung einer »Mediokratie« als neuer Staatsform die Rede sein kann.[68]

Unabhängig von der Untersuchung solcher »Systemfragen« werden verschiedene Teilbereiche der historischen Forschung um eine mediengeschichtliche Perspektive erweitert, zum Beispiel die Erforschung von Geschlechterverhältnissen,[69] Protestbewegungen,[70] dem Wandel der Religion[71] und nicht zuletzt der Bereich der Erinnerungskultur und Geschichtsaufarbeitung.[72] Diese Entwicklung verläuft analog zu früheren Entwicklungen, in denen jeweils neue Perspektiven (z. B. der Sozialgeschichte, der Geschlechtergeschichte oder der postkolonialen Geschichte) zunächst innerhalb eines Teilbereichs erprobt wurden, um dann sukzessive auf weite Teile der Forschung auszustrahlen und von diesen integriert zu werden.

Zuweilen löst die Erweiterung der Fragen und Methoden der Mediengeschichte Kontroversen aus, die sich in erster Linie um den jeweiligen Gegenstand, in zweiter Linie aber auch um Sinn und Nutzen der Mediengeschichte drehen. Ein Beispiel hierfür ist

67 Vgl. z. B. Lindenberger (Hrsg.), Massenmedien im Kalten Krieg.

68 So z. B. Thomas Meyer, Mediokratie. Die Kolonisierung der Politik durch das Mediensystem, Frankfurt a. M. 2004.

69 Etwa Susanne Regener, Das verzeichnete Mädchen. Zur Darstellung des bürgerlichen Mädchens in Photographie, Puppe, Text im ausgehenden 19. Jahrhundert, Marburg 1988.

70 Siehe u. a. Kathrin Fahlenbrach, Protestinszenierungen. Visuelle Kommunikation und kollektive Identitäten in Protestbewegungen, Wiesbaden 2002.

71 Frank Bösch/Lucian Hölscher (Hrsg.), Kirche – Medien – Öffentlichkeit. Transformationen kirchlicher Selbst- und Fremddeutungen seit 1945, Göttingen 2009.

72 So z. B. Sabine Horn/Michael Sauer, Geschichte und Öffentlichkeit. Orte – Medien – Institutionen, Göttingen 2009; Moshe Zuckermann (Hrsg.), Medien – Politik – Geschichte (= Tel Aviver Jahrbuch für deutsche Geschichte; 31), Göttingen 2003.

die Debatte über die sogenannte RAF-Ausstellung, in der die Berliner Kunst-Werke 2005 Bilder, Skulpturen und Installationen präsentierten, die sich mit dem Linksterrorismus in der Bundesrepublik auseinandersetzen. Während Kritiker/innen befürchteten, im Schatten der Ausstellung werde die RAF zum »Mythos« stilisiert und ihre historische Bedeutung in unangemessener Weise aufgewertet, nahmen Befürworter/innen die Kunstschau zum Anlass, in die Auseinandersetzung um den Terrorismus auch medienhistorische und -theoretische Aspekte einzubeziehen bzw. überhaupt eine medienhistorische Perspektive auf den Terrorismus der 1970er-Jahre zu entwickeln.[73] Seither ist eine ganze Reihe von Publikationen erschienen, die diesen Fragen mit den Methoden der Diskursforschung, der Medienwissenschaft, der Geschichts-, Literatur- und Bildwissenschaft nachgehen.[74] Ob dies der Ausstellung zu verdanken ist oder ob umgekehrt die Ausstellung einen bereits vorhandenen Trend zur Mediengeschichte aufgriff, sei dahingestellt.

Ausblick: Fragen und Felder der Mediengeschichte im 21. Jahrhundert

In der deutschsprachigen Zeitgeschichtsforschung setzten sich medienhistorische Perspektiven zwar später als im angelsächsischen Raum durch, sie nehmen aber mittlerweile im europäischen Vergleich eine avancierte Stellung ein. In Ost- und Südeuropa

73 Vgl. Zeitgeschichte-online, Thema: Die RAF als Kunst-Werk, Februar 2005, online unter http://www.zeitgeschichte-online.de/md=RAF-Inhalt (25.5.2012).

74 Vgl. etwa Klaus Weinhauer/Jörg Requate/Heinz-Gerhard Haupt (Hrsg.), Terrorismus in der Bundesrepublik: Medien, Staat und Subkulturen in den 1970er Jahren, Frankfurt a. M. 2006; Nicole Colin u. a. (Hrsg.), Der »Deutsche Herbst« und die RAF in Politik, Medien und Kunst, Nationale und internationale Perspektiven, Bielefeld 2008; Hanno Balz, Von Terroristen, Sympathisanten und dem starken Staat. Die öffentliche Debatte über die RAF in den 70er Jahren, Frankfurt a. M. 2008; Andreas Elter, Propaganda der Tat. Die RAF und die Medien, Frankfurt a. M. 2008; Sonja Glaab, Medien und Terrorismus. Auf den Spuren einer symbiotischen Beziehung, Berlin 2007; Inge Stephan (Hrsg.), NachBilder der RAF, Köln 2008.

spielt die Berücksichtigung von Medien in der Zeitgeschichtsforschung dagegen noch kaum eine Rolle, sodass auch dichte Analysen zur europäischen Mediengeschichte des 20. Jahrhunderts bislang noch nicht vorliegen. Dagegen zeichnen sich im westeuropäischen und amerikanischen Raum vielfältige Erweiterungen der Ansätze ab. Seit den 1990er-Jahren ist neben der »ästhetischen« und der »soziopolitischen« Mediengeschichte eine starke kulturwissenschaftliche Erweiterung des Felds zu beobachten. Eine wachsende Zahl von Publikationen verbindet Mediengeschichte (als Geschichte medialer Öffentlichkeit/en) mit kulturhistorischen Ansätzen wie der historischen Emotionsforschung,[75] der Raumforschung[76] oder der Performativitätsforschung.[77] Besonders stark nimmt seit Beginn des Iconic Turn – mit dem seit Mitte der 1990er-Jahre eine paradigmatische Wende von der Schrift zum Bild als kulturellem Leitmedium diagnostiziert wurde –[78] das Interesse an der Visual History zu, die die historische Erforschung von statischen und bewegten Bildern als neues Feld an der Schnittstelle zwischen Geschichts- und Medienwissenschaft etabliert. So waren »Geschichtsbilder« das Thema des Historikertags 2006 in Konstanz – wobei als Geschichtsbilder indes nicht nur Visualisierungen, sondern auch nicht-visuelle »Vorstellungen« fungieren können.[79] Gefördert wurde dies durch Kontroversen um den Umgang mit Bildern als historischen Quellen. Eine von ihnen wurde durch eine Ausstellung des Hamburger Instituts für Sozial-

75 Frank Bösch/Manuel Borutta (Hrsg.), Die Massen bewegen. Medien und Emotionen in der Moderne, Frankfurt a. M. 2006.

76 Siehe z. B. Margaret Wertheim, The Pearly Gates of Cyberspace. A History of Space from Dante to the Internet, Virago 1999 (dt.: Die Himmelstür zum Cyberspace. Eine Geschichte des Raumes von Dante zum Internet, Zürich 2000).

77 Frank Bösch/Patrick Schmidt (Hrsg.), Medialisierte Ereignisse. Performanz, Inszenierung und Medien seit dem 18. Jahrhundert, Frankfurt a. M. 2010.

78 Vgl. Hubert Burda/Christa Maar (Hrsg.), Iconic Turn. Die neue Macht der Bilder, Köln 2004.

79 Vgl. Matthias Bruhn, Historiografie der Bilder. Eine Einführung zum Themenschwerpunkt »Sichtbarkeit der Geschichte« von H-Soz-u-Kult und H-ArtHist, in: H-Soz-u-Kult, 19.1.2004, online unter http://hsozkult.geschichte.hu-berlin.de/forum/id=389&type=diskussionen (29.5.2012).

forschung entfacht, die 1995 unter dem Titel *Vernichtungskrieg. Verbrechen der Wehrmacht 1941 bis 1944* eröffnet und nach massiver Kritik am Umgang mit fotografischen Quellen in den Jahren 1999 bis 2001 gründlich überarbeitet wurde.[80] Deutlich wurde, dass das »Lesen« von Bildern andere Kompetenzen und Methoden erfordert als das Lesen von Texten und dass Fehldeutungen fatale Folgen haben können. Insbesondere die umstrittene Visualisierung der Irak-Kriege dürfte dazu geführt haben, dass auch zahlreiche medienhistorische Arbeiten über die Visualisierung von Krieg und Gewalt entstanden,[81] die durch Arbeiten zur Rolle journalistischer Akteure[82] oder zur Organisation von Kriegspropaganda ergänzt wurden.[83] Damit zeigt sich erneut, wie stark historische Forschungen gerade in der Mediengeschichte durch gegenwärtige Erfahrungen geprägt werden.

Darüber hinaus besteht enormer Nachholbedarf im Bereich der historischen Rezeptionsforschung. Seit Mitte des 20. Jahrhunderts entwickelte sich in der Kommunikationswissenschaft eine ausgefeilte Medienwirkungsforschung, die mit vielfältigen theoretischen Modellen und empirischen Erhebungen arbeitet.[84] Künftige Zeithistoriker/innen werden diese Rohdaten sicherlich als Quellen neu heranziehen können und zugleich die Wirkung der Daten selbst herausarbeiten. So sehr Historiker/innen an der Rezeption von Medien interessiert sind, so schwierig ist jedoch die Erhebung eigener repräsentativer Quellen, je weiter die zu erforschenden Rezeptionsvorgänge in der Vergangenheit liegen. Die

80 Vgl. u. a. Bogdan Musial, Bilder einer Ausstellung. Kritische Anmerkungen zur Wanderausstellung »Vernichtungskrieg. Verbrechen der Wehrmacht 1941 bis 1944«, in: Vierteljahrshefte für Zeitgeschichte 47 (1999), H. 4, S. 563–591; Hamburger Institut für Sozialforschung (Hrsg.), Ausstellungskatalog »Verbrechen der Wehrmacht. Dimensionen des Vernichtungskrieges 1941–1944«, Hamburg 2002.

81 Gerhard Paul, Bilder des Krieges – Krieg der Bilder. Die Visualisierung des modernen Krieges, Paderborn u. a. 2004.

82 Ute Daniel (Hrsg.), Augenzeugen, Kriegsberichterstattung vom 18. zum 21. Jahrhundert, Göttingen 2006.

83 Anne Schmidt, Belehrung – Propaganda – Vertrauensarbeit. Zum Wandel amtlicher Kommunikationspolitik in Deutschland 1914–1918, Essen 2006.

84 Vgl. als Überblick Heinz Bonfadelli, Medienwirkungsforschung, 2 Bde., Stuttgart 2004.

historische Medienrezeptionsforschung ist deshalb wie bei anderen Themen auch auf schriftliche Quellen wie Leserbriefe, Briefe und Tagebücher, Observations- und Stimmungsberichte, aber auch auf nachträgliche Interviews mit Zeitzeugen angewiesen.[85] Diese Form der Rezeptionsforschung untersucht vor allem die unmittelbare Wirkung von Medien (etwa für das Wahlverhalten, für Vorstellungswelten, Meinungsbildung oder Gewalttaten). Darüber hinaus wäre in künftigen historischen Analysen die indirekte Wirkung von Medien stärker zu erforschen. Denn die eigentliche Wirkung von Medien besteht oft darin, dass sie Handlungen auslösen, weil Menschen von der Wirkung von Medien überzeugt sind und darauf vorab reagieren. Politiker oder soziale Gruppen verhalten sich z. B. anders, wenn eine Kamera dabei ist, weil sie mögliche Wirkungen von übertragenen Bildern vorab mit einkalkulieren.[86] Auch Formen von Zensur, die ausgeübt werden, weil etwa von bestimmten Medien eine Wirkung auf Jugendliche erwartet wird, sind selbst als eine indirekte Wirkung aus Wirkungsannahmen zu fassen.

Medienwirkungen lassen sich zudem sozialhistorisch ausmachen. Wichtige Impulse gaben medienhistorische Ansätze im Kontext der Stadtgeschichte. So wurde einerseits mit Blick auf die Mediennutzer herausgearbeitet, wie Massenmedien die Erfahrung und Orientierung in Großstädten prägten und Sensationen schufen, an denen die Stadtbewohner aktiv partizipierten und ihnen eigene Deutungen verliehen.[87] Andererseits entstanden in letzter Zeit vermehrt Studien zur Angebotsseite, die akteursbezogen Medien als zentralen Bestandteil der großstädtischen Geschichte analysierten – vor allem am Beispiel der Medienmetropole Ham-

85 Vgl. für den Zeitzeugenzugang: Michael Meyen, Denver Clan und Neues Deutschland. Mediennutzung in der DDR, Berlin 2003; als Beispiel für polizeiliche Spitzelberichte zur Mediennutzung: Frank Bösch, Zeitungsberichte im Alltagsgespräch: Mediennutzung, Medienwirkung und Kommunikation im Kaiserreich, in: Publizistik. Vierteljahreshefte für Kommunikationsforschung 49 (2004), S. 319–336.

86 Vgl. etwa zur Weimarer Politik: Bernhard Fulda, Press and Politics in the Weimar Republic, Oxford u. a. 2009.

87 Vgl. bes. Peter Fritzsche, Reading Berlin 1900, London u. a. 1996; Philipp Müller, Auf der Suche nach dem Täter. Die öffentliche Dramatisierung von Verbrechen im Berlin des Kaiserreichs, Frankfurt a. M. u. a. 2005.

burg.[88] Dies verweist generell auf Ansätze der Mediengeschichte, die sozialhistorische Entwicklungen diskutieren – etwa zur Bedeutung von Massenmedien für die Veränderung von Klassen, Schichten und Milieus.[89] In Verbindung mit sozialgeschichtlichen Ansätzen stehen auch Studien, die den medialen Wandel im Kontext von Jugendkulturen oder der Freizeitgestaltung im weiteren Sinne betrachten.[90] Entsprechend wird künftig zu untersuchen sein, welche Rolle Medien im Übergang von der industriellen zur postindustriellen Gesellschaft spielten, insbesondere mit der Einführung des dualen Rundfunks und der Computerisierung.[91] Die Mediengeschichte ist durch diesen Medienumbruch der letzten Jahrzehnte expandiert – und selbst zum Gegenstand der Zeitgeschichte geworden. Da die Einführung neuer Medien im digitalen Zeitalter fast alle gesellschaftlichen Bereiche folgenreich veränderte – von der Arbeit über Konsum und Freizeit bis hin zur Verwaltung und Wissenschaft –, wird auch künftig die Mediengeschichte als integraler Bestandteil der Zeitgeschichte an Bedeutung gewinnen.

88 Karl Christian Führer, Medienmetropole Hamburg. Mediale Öffentlichkeiten 1930–1960, München u. a. 2008.

89 Corey Ross, Media and the Making of Modern Germany, Mass Communications, Society, and Politics from the Empire to the Third Reich, Oxford u. a. 2008; Karl Christian Führer, Auf dem Weg zur »Massenkultur«?, Kino und Rundfunk in der Weimarer Republik, in: Historische Zeitschrift 262 (1996), S. 739–781.

90 Vgl. Siegfried, Time is on my Side.

91 Vgl. zur Computerisierung das entsprechende Themenheft der Zeithistorischen Forschungen 9 (2012), H. 2; als erste archivgestützte Studie zum dualen Rundfunk: Frank Bösch, Zwischen Technikzwang und politischen Zielen: Wege zur Einführung des privaten Rundfunks in den 1970/80er Jahren, in: Archiv für Sozialgeschichte 52 (2012), i.E.

Gerhard Paul

Visual History

In Erweiterung der Historischen Bildforschung markiert Visual History ein in jüngster Zeit vor allem innerhalb der Neuesten Geschichte und der Zeitgeschichte sich etablierendes Forschungsfeld, das Bilder in einem weiten Sinne sowohl als Quellen als auch als eigenständige Gegenstände der historiografischen Forschung betrachtet und sich gleichermaßen mit der Visualität von Geschichte wie mit der Historizität des Visuellen befasst. Ihren Exponenten geht es darum, Bilder über ihre zeichenhafte Abbildhaftigkeit hinaus als Medien und Aktiva mit einer eigenständigen Ästhetik zu begreifen, die Sehweisen konditionieren, Wahrnehmungsmuster prägen, Deutungsweisen transportieren, die ästhetische Beziehung historischer Subjekte zu ihrer sozialen und politischen Wirklichkeit organisieren und in der Lage sind, eigene Realitäten zu generieren. Visual History in diesem Sinne ist damit mehr als eine additive Erweiterung des Quellenkanons der Geschichtswissenschaft oder die Geschichte der visuellen Medien; sie thematisiert das ganze Feld der visuellen Praxis sowie der Visualität von Erfahrung und Geschichte. Methodisch ist das Forschungsdesign der Visual History transdisziplinär und offen angelegt. Abhängig von ihren Untersuchungsgegenständen bedient sie sich besonders der Methoden der Kunstgeschichte, der Medien- und der Kommunikationswissenschaft.[1]

1 Ausführlich zum Forschungsfeld und zum Programm der Visual History siehe Gerhard Paul (Hrsg.), Visual History. Ein Studienbuch, Göttingen 2006; ders., Von der Historischen Bildkunde zur Visual History, ebd., S. 7–36; ders., Die (Zeit-)Historiker und die Bilder. Plädoyer für eine Visual History, in: Saskia Handro/Bernhard Schönemann (Hrsg.), Visualität und Geschichte, Berlin 2011, S. 7–22.

Die Geschichtswissenschaft im Visual Turn

Seit einigen Jahren haben visuelle Produktionen und Praktiken das Bewusstsein der deutschsprachigen Zeithistoriker und -historikerinnen erreicht und ihre Erkenntnisinteressen und Themen, ihre Arbeits- und Präsentationsformen verändert, sodass David F. Crew in der Zeitschrift »German History« 2009 feststellen konnte: »Yet German Historians have only recently begun to pay serious attention to the politics of images.«[2] Die Untersuchung der visuellen Zeugnisse der Vergangenheit, so auch Frank Becker, sei »zu einem integralen Bestandteil aller geschichtswissenschaftlichen Arbeiten geworden, die sich nicht nur mit der (vermeintlich) objektiven Wirklichkeit, sondern auch mit deren subjektiver Aneignung beschäftigen wollen«.[3] Vor allem Fotografien sind im Bewusstsein der Historiker/innen angekommen.[4] Vergleichen wir Sammelbände von vor 15 Jahren[5] mit dem Diskussionsstand von heute, so ist den Urteilen von Crew und Becker zuzustimmen: Die Geschichtswissenschaft ist nicht mehr nur Zuschauer der Diskussion in anderen Disziplinen, sondern aktiver Teil der Diskussion um den *iconic* bzw. *visual turn* in den Geisteswissenschaften.[6]

2 David F. Crew, Visual Power? The Politics of Images in Twentieth-Century Germany and Austria-Hungary, in: German History 27 (2009), H. 2, S. 271–285, hier S. 271.

3 Frank Becker, Historische Bildkunde – transdisziplinär, in: Historische Mitteilungen 21 (2008), S. 95–110, hier S. 95; ähnlich auch Malte Zierenberg, Die »Macht der Bilder«. Infrastrukturen des Visuellen im 20. Jahrhundert, in: ZeitRäume. Potsdamer Almanach des Zentrums für Zeithistorische Forschung 2009, hrsg. von Martin Sabrow, Göttingen 2010, S. 219–227, hier S. 219; und Frank Bösch, Mediengeschichte. Vom asiatischen Buchdruck zum Fernsehen, Frankfurt a. M. 2011, S. 18.

4 Siehe die Forschungsüberblicke von Jens Jäger, Fotografie und Geschichte, Frankfurt a. M. 2009; ders., Fotografiegeschichte(n). Stand und Tendenzen der historischen Forschung, in: Archiv für Sozialgeschichte 48 (2008), S. 511–537.

5 Irmgard Wilharm (Hrsg.), Geschichte in Bildern. Von der Miniatur bis zum Film als historischer Quelle, Pfaffenweiler 1995.

6 Zum *iconic turn* in den Kulturwissenschaften siehe Doris Bachmann-Medick, Cultural Turns. Neuorientierungen in den Kulturwissenschaften, Reinbek 2006; Horst Bredekamp, Drehmomente – Merkmale und Ansprüche des iconic turn, in: Hubert Burda/Christa Maar (Hrsg.), Iconic Turn.

Begünstigt haben dies mehrere, sich gegenseitig verstärkende Entwicklungen: zunächst und vor allem der technologische Quantensprung im World Wide Web und ein sich parallel abzeichnender Paradigmenwechsel innerhalb der Geschichtswissenschaft. So verfügen Historiker/innen seit etwas mehr als zehn Jahren über völlig neue Möglichkeiten der Bildrecherche.[7] Waren diese früher exklusive und kostenaufwändige Unternehmungen, an denen manches geschichtswissenschaftliche Forschungsprojekt schon aus finanziellen Gründen scheiterte, so sind Recherchen heute in kurzer Zeit vom eigenen Schreibtisch aus möglich. Dies hat die Bereitschaft, sich den visuellen Quellen der Geschichte zu öffnen, ungemein befördert. Begleitet wird dieser Umstand von einem allgemeinen Paradigmenwechsel insbesondere bei einer jüngeren, von den modernen Bildmedien sozialisierten Historikergeneration, für die die Dominanz der Schrift zunehmend durch die Hegemonie der Bilder abgelöst erscheint. Dieser Paradigmenwechsel trägt der Tatsache Rechnung, dass Zeitgeschichtsschreibung heute im Wesentlichen Zeitgeschichtsschreibung der Mediengesellschaft ist,[8] die es mit den Folgen der großen visuellen Revolutionen des 20. und beginnenden 21. Jahrhunderts im poli-

Die neue Macht der Bilder, Köln 2005, S. 15–26; Bernd Stiegler, »Iconic Turn« und gesellschaftliche Reflexion, in: Trivium 1 (2008), online unter http://trivium.revues.org/index391.html (24.5.2012); sowie speziell zum Beitrag der Geschichtswissenschaft: Jens Jäger, Geschichtswissenschaft, in: Klaus Sachs-Hombach (Hrsg.), Bildwissenschaften. Disziplinen, Themen, Methoden, Frankfurt a. M. 2005, S. 185–195.

7 Siehe die Linksammlung der Österreichischen Nationalbibliothek zu 17 Bildarchiven, Bildagenturen und fotospezifischen Webseiten http://www.onb.ac.at/sammlungen/bildarchiv/bildarchiv_links.htm sowie die Linksammlung »Digitalisierte Bildarchive« der Universitätsbibliothek Frankfurt am Main http://www.ub.uni-frankfurt.de/musik/manskopf_links.html (13.6.2012). Eine aktuelle Linksammlung der wichtigsten, sowohl stehende wie laufende Bilder umfassenden Datenbanken wäre eine wichtige Arbeitshilfe für Bildhistoriker/innen.

8 Siehe den Workshop »Zeitgeschichte schreiben in der Gegenwart. Narrative – Medien – Adressaten«, der im März 2009 am Zentrum für Zeithistorische Forschung in Potsdam veranstaltet wurde, http://www.hsozkult.geschichte.hu-berlin.de/tagungsberichte/id=2580 (13.6.2012); siehe auch den Beitrag Mediengeschichte von Frank Bösch und Annette Vowinckel in diesem Band.

tischen wie im gesellschaftlichen Raum und folglich auch mit visuellen Zeugnissen zu tun hat.[9] Weitere Gründe, warum sich Zeithistoriker/innen vermehrt Bildern zuwenden, dürften die von der Wehrmachtsausstellung der 1990er-Jahre angeregten Diskussionen über den Quellenwert historischer Fotografien und den Umgang mit ihnen[10] sowie die »Bilderkriege« der jüngsten Vergangenheit wie 9/11 und der Irak-Krieg sein, welche die Bedeutung von Bildern als Waffen wie als gestaltender und generativer Kraft im politischen Prozess haben sinnfällig werden lassen.[11]

All dies hat bei Zeithistoriker/innen die Bereitschaft gestärkt, Bilder als Quellen und eigenständige Größe zum Gegenstand historischer Forschung zu machen. Thomas Lindenberger forderte so 2004 programmatisch dazu auf, die »heutigen ›Mitlebenden‹ [...] auch als ›Mithörende‹ und ›Mitsehende‹« zu konzipieren, »um ihre Erfahrungen und Erzählungen angemessen deuten zu können. Ihre Lebenswelt war und ist bestimmt von der alltäglichen Gegenwart der Audiovision, ihre Erfahrung von Wirklichkeit auch vermittelt über die Klänge von Schallplatte und Radio, die Fotos in den Illustrierten, die bewegten (Ton-)Bilder in Wochenschauen, Spielfilmen und Fernsehen.«[12] Auf die hieraus folgenden

9 Siehe hierzu Gerhard Paul (Hrsg.), Das Jahrhundert der Bilder, 2 Bde.: Bildatlas I: 1900–1949, II: 1949 bis heute, Göttingen 2008–2009.

10 Siehe Sabine Hillebrecht, Bildquellen. Das Foto im Visier von Kunst und Kulturwissenschaftlern, Historikern und Archivaren, in: Fotogeschichte 19 (1999), H. 74, S. 68–70; Wolf Buchmann, »Woher kommt das Foto?« Zur Authentizität und Interpretation von historischen Photoaufnahmen in Archiven, in: Der Archivar 59 (1999) H. 4, S. 296–306; Anne Lena Mösken, »Die Täter im Blick«. Neue Erinnerungsräume in den Bildern der Wehrmachtsausstellung, in: Inge Stephan/Alexandra Tacke (Hrsg.), NachBilder des Holocaust, Köln 2007, S. 235–252.

11 Siehe Bernd Hüppauf, Foltern mit der Kamera. Was zeigen Fotos aus dem Irak-Krieg, in: Fotogeschichte 24 (2004), H. 93, S. 51–59; Gerhard Paul, Bilder des Krieges – Krieg der Bilder. Die Visualisierung des modernen Krieges, Paderborn 2004, S. 433–468; ders., Der Bilderkrieg. Inszenierungen, Bilder und Perspektiven der »Operation Irakische Freiheit«, Göttingen 2005, sowie aus politikwissenschaftlicher Sicht das Kapitel »Bilder als Waffen: der Krieg und die Medien« bei Herfried Münkler, Der Wandel des Krieges. Von der Symmetrie zur Asymmetrie, Weilerswist 2006, S. 189–208.

12 Thomas Lindenberger, Vergangenes Hören und Sehen. Zeitgeschichte und ihre Herausforderung durch die audiovisuellen Medien, in: Zeit-

Konsequenzen für Geschichtswissenschaft und Geschichtsdidaktik hat auch Michael Wildt verwiesen. Danach verändere der Bedeutungszuwachs der Medien auch »den Modus der Konstruktion von Geschichte ebenso wie die Rolle des wissenschaftlich arbeitenden Historikers«. Bilder und Töne seien »nicht bloß als Quellen in die Arbeit von Historikerinnen und Historikern aufzunehmen – Bilder verändern den Umgang mit Geschichte und die Genese von Geschichtsbewusstsein«.[13]

Ähnlich wie in der französischsprachigen Geschichtswissenschaft des 20. Jahrhunderts[14] sind auch im deutschsprachigen Raum vor allem die Neueste Geschichte und die Zeitgeschichtsforschung in Bewegung geraten, wie ein Blick in die »Zeithistorischen Forschungen/Studies in Contemporary History« und ihre bildhistorischen Publikationen exemplarisch zeigt.[15] Inhaltlich fokussieren die meisten dieser Untersuchungen auf fünf Ebenen: (1.) auf die Kontext- und Funktionsanalyse, wobei entsprechend der historiografischen Quellenkritik Produktionsbedingungen, Entstehungskontexte und Funktionen von historischen Bildern untersucht werden; (2.) auf die eigentliche Produktanalyse, d. h. auf die Untersuchung von Semiotik, Semantik und gegebenenfalls Pragmatik visueller Zeugnisse; (3.) auf die Analyse von Ikonisierungsprozessen, d. h. auf die Frage, wie und warum bestimmte Bilder zu Ikonen des kulturellen Gedächtnisses avancieren; (4.) auf die Analyse von Prozessen der Interpikturalität und des Medientransfers, d. h. auf Fragen danach, wie bestimmte Sujets und

historische Forschungen/Studies in Contemporary History 1 (2004), S. 72–85, hier S. 78 f., online unter http://www.zeithistorische-forschungen.de/16126041-Lindenberger-1-2004 (25.5.2012).

13 Michael Wildt, Die Epochenzäsur 1989/90 und die NS-Historiographie, in: Zeithistorische Forschungen/Studies in Contemporary History 3 (2008), S. 5–17, online unter http://www.zeithistorische-forschungen.de/16126041-Wildt-3-2008 (25.5.2012).

14 Daniela Kneissl, L'historien saisi par l'image: Bildzeugnisse als Forschungsgegenstand in der französischsprachigen Geschichtswissenschaft des 20. Jahrhunderts, in: Jens Jäger/Martin Knauer (Hrsg.), Bilder als historische Quellen? Dimensionen der Debatten um historische Bildforschung, München 2009, S. 149–199, hier S. 189.

15 Das Archiv der Zeitschrift findet sich online unter http://www.zeithistorische-forschungen.de/site/40208121/default.aspx (13.6.2012).

Motive mit anderen Bildern kommunizieren und durch die Bilderwelt wandern bzw. in andere Medien eingehen und in diesem Transfer ihre ursprüngliche Bedeutung verändern sowie (5.) auf die Rezeptions- und Nutzungsanalyse, d.h. auf die Frage, wie Bilder innerhalb der kulturellen Erinnerung und bei der Identitätsbildung genutzt, funktionalisiert und umgenutzt werden.

Insgesamt lassen sich in der neueren geschichtswissenschaftlichen Auseinandersetzung mit Bildern drei Entwicklungen und Schwerpunkte ausmachen, die sich teils ablösen, teils überlagern und denen zum Teil unterschiedliche Bildbegriffe entsprechen: Bilder als Quellen, Bilder als Medien und Bilder als generative Kräfte.

Bilder als Quellen

Anknüpfend an die ältere, vor allem in der Mediävistik und in der Geschichte der Frühen Neuzeit etablierte Historische Bildforschung,[16] in der Bilder seit längerem und auf hohem Niveau als Quellen und Gegenstand historischer Erkenntnis genutzt werden,[17] ging es den neueren Bestrebungen zunächst primär darum, der bislang bildabstinenten Zeitgeschichtsforschung Bilder als *zusätzliche* Quellen für neue, oft kulturwissenschaftlich inspirierte historische Fragestellungen sowie als Quellen für zeitgenössische Sichtweisen, für sozial und kulturell geformte Blickwinkel, als Deutungsmedien und daher auch als Quellen der Erinnerungsgeschichte zu erschließen. »Bilder können jenseits von real- oder personenkundlichen Zwecken als historische Quelle genutzt werden«, schrieb etwa Brigitte Tolkemitt 1991. »Gerade als

16 Zur Geschichte der Historischen Bildforschung allgemein: Jens Jäger, Zwischen Bildkunde und Historischer Bildforschung. Historiker und visuelle Quellen 1880–1930, in: ders./Knauer (Hrsg.), Bilder als historische Quellen?, S. 45–69; Lucas Burkart, Verworfene Inspiration. Die Bildgeschichte Percy Ernst Schramms und die Kulturwissenschaft Aby Warburgs, ebd., S. 71–96; Martin Knauer, Drei Einzelgänge(r): Bildbegriff und Bildpraxis der deutschen Historiker Percy Schramm, Helmut Boockmann und Rainer Wohlfeil (1945–1990), ebd., S. 97–124.

17 Siehe den Überblick bei Jäger, Geschichtswissenschaft, S. 187 ff.

nonverbales Medium mit primär affektiver Wirkung erscheinen sie geeignet als Ergänzung und Korrektiv zu schriftlichen Quellen.«[18]

1995 klagte Irmgard Wilharm noch, dass der Gemeinplatz, wonach kulturelle Überlieferung nicht nur durch Schrift, sondern zunehmend über Bilder erfolge, von Historiker/innen noch keineswegs generell akzeptiert werde.[19] Frank Kämpfer – ein Pionier der neueren Historischen Bildforschung[20] – räsonierte zwei Jahre später im ersten Band seines »Imaginariums des 20. Jahrhunderts«: »Das Nachdenken über die in dreitausend Jahren gewachsene Bildkultur Europas ist von der Geschichtswissenschaft seit langem an die Kunsthistoriker überstellt worden.«[21] Dagegen lässt sich heute feststellen: Die Zeithistoriker/innen haben Bilder als Quellen im Visier. Dass dies mehr ist als eine bloße Modeerscheinung zeigt ein Blick in Anlage und Ausstattung des von Andreas Wirsching 2006 herausgegebenen Lehrbuchs »Neueste Geschichte«, in dem es zum erweiterten Kanon historischer Quellen heißt: »*Neben* die klassischen Überlieferungsformen sind Medien aller Art ins Blickfeld getreten. Und *an die Seite* der nach wie vor dominierenden schriftlichen Quellen sind bildliche, gegenständliche und – in der Zeitgeschichte – auch mündliche Überlieferungen (oral history) getreten.«[22] Und dass der Kunsthistoriker Horst Bredekamp vor diesem Hintergrund den Ab-

18 Brigitte Tolkemitt, Einleitung, in: dies./Rainer Wohlfeil (Hrsg.), Historische Bildkunde. Probleme – Wege – Beispiele, Berlin 1991, S. 7–14, hier S. 9.

19 Wilharm (Hrsg.), Geschichte in Bildern, S. 9.

20 Klaus Topitsch/Anke Brekerbohn (Hrsg.), »Der Schuß aus dem Bild«. Für Frank Kämpfer zum 65. Geburtstag. Virtuelle Fachbibliothek Osteuropa. Digitale Osteuropa-Bibliothek: Reihe Geschichte 11 (2004), online unter http://epub.ub.uni-muenchen.de/558/ (25.5.2012).

21 Frank Kämpfer, Einleitung, in: ders., Propaganda. Politische Bilder im 20. Jahrhundert, bildkundliche Essays (= 20th Century Imaginarium; 1), Hamburg 1997, S. 6–7, hier S. 6.

22 Andreas Wirsching, Zu diesem Buch, in: ders. (Hrsg.), Neueste Zeit (= Oldenbourg Lehrbuch Neueste Geschichte), München 2006, S. 7–12, hier S. 8 (Hervorhebung; G. P.); siehe dort auch erstmals in einem Lehrbuch zur Neuesten Geschichte einen Aufsatz zur Historischen Bildforschung von Thomas Hertfelder, Die Macht der Bilder. Historische Bildforschung, in: ebd., S. 281–292.

schlussvortrag des Konstanzer Historikertags im Jahr 2006 hielt, war nur konsequent.[23]

Positiv an dieser Entwicklung ist, dass zunehmend das gesamte Feld der stehenden wie der laufenden Bilder in den Fokus der Historiker und Historikerinnen rückt. Positiv ist auch, dass sich im Umgang mit Bildern im Allgemeinen wie mit Fotografien im Besonderen als Quellen historiografischer Erkenntnis kein fester Methodenkanon etabliert hat, sondern eher ein Methodenpluralismus praktiziert wird, der sich abhängig von den Gegenständen der Untersuchung ikonografisch-ikonologischer Methoden, semiotischer Ansätze als auch Verfahren der Soziologie bedient.[24] Dieser »Wald- und Wiesenweg« (Karin Hartewig) hat seit Ende der 1980er-Jahre eine Fülle überzeugender Dokumentationen, Darstellungen und Analysen insbesondere im Bereich sozial-, militär-, revolutions-, herrschafts-, bildungs- und alltagsgeschichtlicher Themenstellungen hervorgebracht.[25]

23 Horst Bredekamp, Schlussvortrag: Bild – Akt – Geschichte, in: Geschichtsbilder. 46. Deutscher Historikertag vom 19.–22. September 2006 in Konstanz. Berichtsband, Konstanz 2007, S. 289–309.

24 Karin Hartewig, Fotografien, in: Michael Maurer (Hrsg.), Aufriß der Historischen Wissenschaften, Bd. 4: Quellen, Leipzig 2002, S. 427–448, hier S. 442.

25 Zu nennen sind etwa die Publikationen von Diethart Kerbs (Hrsg.), Revolution und Fotografie, Berlin 1918/19, Berlin 1989; ders. (Hrsg.), Auf den Straßen von Berlin. Der Fotograf Willy Römer (1887–1979), Bönen 2004; ders./Walter Uka (Hrsg.), Fotografie und Bildpublizistik in der Weimarer Republik, Bönen 2004; die mustergültige Dokumentation und Analyse von Klaus Tenfelde (Hrsg.), Bilder von Krupp. Fotografie und Geschichte im Industriezeitalter, München 1994; die bei Frank Kämpfer entstandenen Dissertationen von Andreas Fleischer, »Feind hört mit!« Propagandakampagnen des Zweiten Weltkrieges im Vergleich, Münster/Hamburg 1994, und von Astrid Deilmann, Bild und Bildung. Fotografische Wissenschafts- und Technikberichterstattung in populären Illustrierten der Weimarer Republik (1919–1932), Osnabrück 2004; die von dem ehemaligen Leiter des Deutsch-Russischen Museums Berlin-Karlshorst Peter Jahn herausgegebenen bzw. zu verantwortenden bildhistorischen Publikationen zur sowjetischen Fotografie des Zweiten Weltkriegs so u. a.: Das mitfühlende Objektiv. Michail Sawin, Kriegsfotografie 1941–1945, Berlin 1998; Nach Berlin! Timofej Melnik, Kriegsfotografie 1941–1945, Berlin 1998; Foto-Feldpost. Geknipste Kriegserlebnisse 1939–1945, Berlin 2000; Diesseits – jenseits der Front: Michail Trachman, Kriegsfotografie 1941–1945, Berlin

Dass zeitgenössische Bilder historischen Schriftquellen gleichzusetzen sind und keineswegs ein getreues Abbild historischer Wirklichkeit darstellen, vielmehr nach quellenkundlichen Kriterien der Interpretation und der ideologiekritischen Entschlüsselung bedürfen, ist auch in der modernen Geschichtsdidaktik längst ein Allgemeinplatz,[26] der allerdings der Praxis des schulischen Geschichtsunterrichts und des Schulbuchs nur bedingt entspricht. Wenn auch hier Bilder bislang noch immer vorrangig als Eyecatcher, Lückenfüller oder reine Illustrationen und damit bestenfalls als Textergänzungen Verwendung finden, die Mehrzahl der Bildlegenden oft weiterhin unzureichend oder schlichtweg falsch ist und die Abbildungen retuschiert und beschnitten sind, ist doch auch innerhalb der Geschichtsdidaktik ein Fortschritt erkennbar, Bilder im Sinne des Erwerbs bildhistorischer Kompetenzen[27] verstärkt als Quellen einzusetzen und in Metho-

2002; die Kontextualisierung und Analyse eines Filmdokuments zu den Dresdner Judendeportationen von Norbert Haase/Stefi Jersch-Wenzel/ Hermann Simon (Hrsg.), Die Erinnerung hat ein Gesicht. Fotografien und Dokumente zur Judenverfolgung in Dresden 1933–1945, Leipzig 1998; die Untersuchung über Fotografien des jüdischen Alltags in der Provinz von Gerhard Paul/Bettina Goldberg, Matrosenanzug – Davidstern. Bilder jüdischen Lebens aus der Provinz, Neumünster 2002; die Dokumentation über Fotografie als Mittel der nationalsozialistischen Verfolgungspraxis von Klaus Hesse/Philipp Sprenger, Vor aller Augen. Fotodokumente jüdischen Lebens in der Provinz, Essen 2002; die sich vornehmlich auf private Fotoalben beziehende Studie von Cord Pagenstecher, Der bundesdeutsche Tourismus. Ansätze zu einer Visual History: Urlaubsprospekte, Reiseführer, Fotoalben 1950–1990, Hamburg 2003, sowie die Publikationen des Wiener Fotohistorikers und Herausgebers der Zeitschrift »Fotogeschichte«: Anton Holzer, Mit der Kamera bewaffnet. Krieg und Fotografie, Marburg 2003; ders., Die andere Front. Fotografie und Propaganda im Ersten Weltkrieg, Darmstadt 2007; ders., Das Lächeln der Henker. Der unbekannte Krieg gegen die Zivilbevölkerung 1914–1918, Darmstadt 2008.

26 Siehe etwa Klaus Bergmann/Gerhard Schneider, Das Bild, in: Hans-Jürgen Pandel/Gerhard Schneider (Hrsg.), Handbuch Medien im Geschichtsunterricht, Schwalbach i.T. 1999, S. 211–254, hier S. 212, 224.

27 Ausführlich Reinhard Krammer/Heinrich Ammerer (Hrsg.), Mit Bildern arbeiten. Historische Kompetenzen erwerben, Neuwied 2006; Christoph Hamann, Visual History und Geschichtsdidaktik. Bildkompetenz in der historisch-politischen Bildung, Herbolzheim 2007, S. 157 ff.

den der Interpretation visueller Quellen (Karikatur, Plakat, Fotografie, Film) einzuführen.[28]

Trotz all dieser Fortschritte bleiben bei der Analyse und Nutzung von Bildern als Quellen Desiderata und Probleme erkennbar. Die Fokussierung der Historischen Bildforschung auf das statische Bild in Form des Gemäldes, des Plakats und der Fotografie ist nicht nur von der Sache her begründet, sondern auch Ausdruck einer diffusen Angst vor den laufenden Bildern des Films[29] und den elektronischen Bildern des Fernsehens, für die es nach wie vor keine überzeugenden, den ästhetischen Eigenschaften und Qualitäten dieser Medien gerecht werdenden historiografischen Untersuchungsansätze und Publikationsformen gibt. Aber auch im Bereich der fotohistorischen Forschung tun sich nach wie vor große Lücken auf. Obwohl es sich bei der Privat- oder Knipserfotografie zweifellos um den »umfangreichsten Fundus zur Bildgeschichte des privaten Lebens« handelt,[30] ist diese eine »besonders dunkle Ecke« der Befassung der Historiker/innen mit Bildern geblieben.[31] Wie brisant und bedeutsam gerade private Fotografien sein können, hat nicht zuletzt die Diskussion um die Fotografien der Wehrmachtsausstellung demonstriert. Cord Pagenstecher hat daher zu Recht dafür plädiert, analog zum biografischen Ansatz der Oral History private Fotoalben als autobiografische Quelle zu betrachten und an ihnen zeitgenössische Wahrneh-

28 Siehe z.B. Geschichtsbücher wie: Expedition Geschichte (Realschule Baden-Württemberg), Bd. 3: Von der Weimarer Republik bis zur Gegenwart, Uwe Uffelmann u.a. (Hrsg.), Frankfurt a.M. 2002; Das waren Zeiten, Bd. 4: Das 20. Jahrhundert, Ausgabe c, Dieter Brückner/Harald Focke (Hrsg.), Bamberg 2005; Geschichte konkret. Ein Lern- und Arbeitsbuch, Bd. 2, Hans-Jürgen Pandel (Hrsg.), Braunschweig 2007; grundlegend zum Einsatz von Bildern im Geschichtsunterricht: Michael Sauer, Bilder im Geschichtsunterricht. Typen, Interpretationsmethoden, Unterrichtsverfahren, 3. Aufl., Seelze-Velber 2007.

29 Günter Riederer, Film und Geschichtswissenschaft. Zum aktuellen Verhältnis einer schwierigen Beziehung, in: Paul (Hrsg.), Visual History, S. 96–113.

30 Tim Starl, zit. bei Marita Krauss, Kleine Welten. Alltagsfotografie – die Anschaulichkeit einer »privaten Praxis«, in: Paul (Hrsg.), Visual History, S. 57–75.

31 Krauss, Kleine Welten, S. 57.

mungs- und Selbstdarstellungsprozesse zu analysieren.[32] Ähnlich wie die Privatfotografie zählt auch die Farbfotografie zu den weißen Flecken der bildhistorischen Forschung.[33]

Und schließlich sind fotohistorische Massenbestände wie die der Propagandakompanien des Zweiten Weltkriegs im Bundesarchiv nicht einmal ansatzweise erforscht, so wie überhaupt bis heute eine systematische Erforschung der Geschichte der Fotografie und des Fotografierens zwischen 1933 und 1945 im Besonderen aus geschichtswissenschaftlicher Perspektive ebenso aussteht wie eine umfassende Untersuchung des nationalsozialistischen Bildregimes im Allgemeinen. Zudem ist die Auseinandersetzung mit Fotografien als Quelle noch immer stark von einem nationalen Fokus geprägt. Interkulturelle Vergleiche wie etwa die Analyse von Kriegsbildern des Ersten Weltkriegs in deutschen und französischen Zeitungen und Zeitschriften oder Untersuchungen zur Kriegsfotografie in spanischen und französischen Zeitschriften zum Spanischen Bürgerkrieg[34] sind nach wie vor Mangelware. Schließlich sind auch andere statische visuelle Quellen wie etwa Briefmarken von der bildhistorischen Forschung bislang kaum einmal wahrgenommen worden, obwohl sie sich für die historisch-politische Kulturforschung geradezu aufdrängen.[35]

32 Pagenstecher, Der bundesdeutsche Tourismus. Aus kunsthistorischer Sicht hat dies für die private Knipserfotografie des Zweiten Weltkrieges mustergültig vorexerziert: Petra Bopp, Fremde im Visier. Fotoalben aus dem Zweiten Weltkrieg, Bielefeld 2009.

33 Siehe etwa für den Ersten Weltkrieg: Marc Hansen: »Wirklichkeitsbilder«. Der Erste Weltkrieg in der Farbfotografie, in: Paul (Hrsg.), Das Jahrhundert der Bilder. Bildatlas I, S. 188–195, sowie zur französischen Farbfotografie: Alain Fleischer u. a. (Hrsg.), Couleurs de guerre. Autochromes 1914–1918, Paris 2006.

34 Thilo Eisermann, Pressephotographie und Informationskontrolle im Ersten Weltkrieg. Deutschland und Frankreich im Vergleich (= 20th Century Imaginarium; 3), Hamburg 2000; Carolin Brothers, War and Photography. A Cultural History, London 1997.

35 Michael Sauer, Originalbilder im Geschichtsunterricht. Briefmarken als historische Quellen, in: Gerhard Schneider (Hrsg.), Die visuelle Dimension des Historischen, Schwalbach/Ts. 2002, S. 158–161; weiterführend Gottfried Gabriel, Ästhetik und politische Ikonographie der Briefmarke, in: Zeitschrift für Ästhetik und Allgemeine Kunstwissenschaft 54 (2009), H. 2, S. 183–202.

Bei zahlreichen bildhistorischen Publikationen ebenso wie bei der Nutzung von Bildern im Geschichtsunterricht fällt zudem auf, dass Bilder kaum einmal als selbstreferenzielle Systeme mit einer besonderen ästhetischen Qualität und einem besonderen Eigensinn betrachtet werden, die nicht primär als Zeichen auf etwas anderes außerhalb des Bildes, sondern immer auch auf sich selbst verweisen. Bei dem Blick auf die externen Referenzen, i. e. auf die Weltreferenz, gerät das Bild und seine Selbstreferenz zu oft aus dem Zentrum historiografischer Betrachtungen. Das Bild ist nur mehr Fenster in eine andere Welt und fungiert allenfalls als Auslöser. In diesem Sinne hat Martina Heßler zu Recht kritisiert, dass Historiker/innen Bilder in aller Regel immer noch vorrangig als »historisches *Dokument*« behandeln und »inhaltistisch« lesen, ohne der Ästhetik eine sinngebende Rolle zuzugestehen.[36] Die Bedeutung von Bildelementen, so auch Frank Becker, ergebe sich keineswegs zwangsläufig aus der Kontextanalyse. Sie dürfe nicht an die Kunstgeschichte delegiert, sondern müsse konstitutiv in die historiografische Bildforschung eingebaut werden.[37] Und schließlich kritisiert Christoph Hamann auch an den neueren geschichtsdidaktischen Bemühungen von Hans-Jürgen Pandel und Michael Sauer überzeugend, diese hätten die Ästhetik zwar durchaus im Blick, billigten ihr jedoch »keinen eigenständigen semantischen Status im Rahmen der kognitiven Vergegenwärtigung von Vergangenheit zu«. Die kognitive bzw. semantische Dimension des Ästhetischen werde nicht genügend ausgeleuchtet.[38]

36 Martina Heßler, Bilder zwischen Kunst und Wissenschaft. Neue Herausforderungen für die Forschung, in: Geschichte und Gesellschaft 31 (2005), S. 266–292, hier S. 272. Zur sinngebenden Rolle der Ästhetik siehe Gottfried Boehm, Wie Bilder Sinn erzeugen. Die Macht des Zeigens, Berlin 2007; Axel Müller, Wie Bilder Sinn erzeugen. Plädoyer für eine andere Bildgeschichte, in: Stefan Majetschak, Bild-Zeichen. Perspektiven einer Wissenschaft vom Bild, München 2005, S. 77–96.

37 Becker, Historische Bildkunde – transdisziplinär, S. 96.

38 Hamann, Visual History und Geschichtsdidaktik, S. 170. Explizit von seiner Kritik nimmt Hamann Bodo von Borries, Geschichtslernen und Geschichtsbewußtsein. Empirische Erkundungen zu Erwerb und Gebrauch von Historie, Stuttgart 1988, aus, der seit langem die Auseinandersetzung mit der Ästhetik bildhafter Quellen im Geschichtsunterricht fordert.

Kaum einmal gerieten so Bilder mit ihrer spezifischen Ästhetik als eigenständige und -aktive Wirkungsfelder des Politischen oder Kulturellen und als Deutungsmedien zum Gegenstand von Untersuchungen. Und kaum einmal geriet – mit Ausnahme der Analyse von Arbeiterfotografien durch Alf Lüdtke – der Eigensinn der Fotografien in den Blick, der in der Intention des Fotografen oder in der vordergründigen Interpretation des Historikers nicht unbedingt aufgeht.[39] Dass Bilder nicht nur Repräsentationen oder gar Spiegel von etwas Geschehenem sind und Geschichte nicht nur passivisch widerspiegeln, sondern selbst mitprägen, zum Teil erst generieren, blieb somit weitgehend außerhalb des historiografischen Verständnisses.

Bilder als Medien

Impulse zu einer breiteren Thematisierung der Visualität der Geschichte als eigenem Wirkungs- und Untersuchungsfeld sowie des Bildes als kommunikativem Medium und als einem selbstreferenziellen ästhetischen System gingen seit den 1980er- und 90er-Jahren vor allem von verwandten Lehr-, Forschungs- und Arbeitsmilieus des In- und Auslands wie etwa den angelsächsischen Visual Culture Studies und der Kunstgeschichte aus.[40] In Westdeutschland erhielt die Geschichtswissenschaft bereits in den 1980er-Jahren Anregungen aus Nachbardisziplinen wie der empirischen Kulturwissenschaft und der Politikwissenschaft, die sich thematisch der Bedeutung und Wirkung von Bildern, visuellen Szenarien und Symbolen in den politischen und sozialen Bewegungen des 20. Jahrhunderts und somit auch Fragen der visuellen Poli-

39 Alf Lüdtke, Industriebilder – Bilder der Industriearbeit? Industrie- und Arbeiterphotographie von der Jahrhundertwende bis in die 1930er Jahre, in: Historische Anthropologie 1 (1993), S. 394–430; ders., Industriebilder – Bilder der Industriearbeit? Industrie- und Arbeiterphotographie von der Jahrhundertwende bis in die 1930er Jahre, in: Wilharm (Hrsg.), Geschichte in Bildern, S. 47–92; zu dem Foto von Theo Gaudig siehe auch Walter Uka, AIZ. Arbeiteralltag im Spiegel der Arbeiter-Illustrierten-Zeitung, in: Paul (Hrsg.), Das Jahrhundert der Bilder, Bildatlas I, S. 388–395.

40 Siehe zu diesen Impulsen aus anderen Disziplinen Paul, Von der Historischen Bildkunde zur Visual History, S. 11 ff.

tik zuwandten. In den 1990er-Jahren war es dann die Gedächtnis- und Erinnerungsforschung, die die Bedeutung von Bildern als »Traditionsmotoren« und »Mythosmaschinen« sowie die Medialität von Vergangenheitsbezügen betonte.

Vor allem Horst Bredekamp hat mit seinem Begriff des »aktiven Bildes« und seinen Studien in den letzten Jahren den *iconic turn* innerhalb der Geschichtswissenschaft maßgeblich befeuert.[41] Ihm zufolge befinden sich Historiker/innen gemeinsam mit weiten Teilen der Kunstgeschichte in einer auf Platon und sein Höhlengleichnis zurückreichenden Tradition, die Bilder auf die Seite der Epiphänomene stellt. Bilder indes, so Bredekamp, seien keine Epiphänomene, sie verdoppeln nicht, sondern sie erzeugen, was sie zeigen.[42] Für Bredekamp stehen Bilder »zur Welt der Ereignisse in einem gleichermaßen reagierenden wie gestaltenden Verhältnis«, weshalb es oft schwer fällt, kategorial zwischen Geschichte und Bildgeschichte zu unterscheiden.[43] Bilder geben Bredekamp zufolge Geschichte nicht nur passivisch wieder, sondern vermögen sie aufgrund der besonderen »Triebkraft der Form«[44] wie jede Handlung oder Handlungsanweisung auch zu prägen. Diese autonome Kraft des Ästhetischen als eigenen, die Geschichte mitgestaltenden Faktor anzuerkennen und den »Eigensinn der Bilder« zu berücksichtigen, hat Bredekamp den Historikern auf dem Konstanzer Historikertag 2006 mit Vehemenz ins Stammbuch geschrieben.[45]

Seit den 1980er-Jahren hat die Geschichtswissenschaft zunächst eher zaghaft die »konstruktive Eigenleistung« der Bilder zum Thema gemacht. Das Interesse verschob sich, so Alf Lüdtke, auf die »konstruktiven Dimensionen beim Machen wie beim Wahrnehmen der Bilder«.[46] Bereits 1988 befasste sich Jür-

41 Horst Bredekamp, Theorie des Bildakts. Frankfurter Adorno-Vorlesungen 2007, Berlin 2010.

42 Bredekamp, Schlussvortrag, S. 309.

43 Ders., Bildakte als Zeugnis und Urteil, in: Monika Flacke (Hrsg.), Mythen der Nationen. 1945 – Arena der Erinnerungen, Bd. 1, Mainz 2004, S. 29–66.

44 Bredekamp, Schlussvortrag, S. 305.

45 Ebd.

46 Alf Lüdtke, Kein Entkommen? Bilder-Codes und eigen-sinniges Fotografieren; eine Nachlese, in: Karin Hartewig/Alf Lüdtke (Hrsg.), Die DDR im Bild. Zum Gebrauch der Fotografie im anderen deutschen Staat, Göttingen 2004, S. 227–236, hier S. 227.

gen Hannig mit der Frage »Wie Bilder ›Geschichte machen‹«.[47] »Bilder schreiben Geschichte« nannte Rainer Rother 1991 gleichsam programmatisch seinen Sammelband über die Historiker und das Kino.[48] In der Zwischenzeit beginnt auch die Geschichtsdidaktik die Bedeutung der konstruktiven Eigenleistung von Bildern für die Geschichtskultur anzuerkennen und deren Analyse im Geschichtsunterricht einzufordern. So heißt es in einem neueren Sammelband: »Historische bzw. historiographische Bilder werden in Zukunft über ihren Quellenwert hinaus stärker auf ihre Funktion in der Geschichtskultur zu untersuchen und auf ihre spezifischen Strategien und Intentionen hin zu analysieren und sachlich zu beurteilen sein. Die Kompetenz, allfällige, ihnen möglicherweise eingeschriebene Geschichtserzählungen zu de-konstruieren wird in Zukunft [...] an Wichtigkeit zunehmen.«[49] Vor allem der Berliner Geschichtsdidaktiker Christoph Hamann hat den engen Bildbegriff der bisherigen Geschichtsdidaktik und deren Abbildfixiertheit überwunden und die sinngebende Rolle der Ästhetik in zahlreichen Publikationen überzeugend demonstriert.[50]

Für die Analyse und den Umgang mit Bildern bedeutet das, diese auch als Aktiva ernster zu nehmen: als »Traditionsmotoren« und »Mythosmaschinen«, d.h. als Medien der Geschichts- und Erinnerungspolitik, die eine bestimmte Deutung von Geschichte generieren und transportieren,[51] als Medien der kommerziellen Reklame, der politischen Propaganda und der Herrschaftssicherung sowie schließlich als Medium kollektiver Identitätsbildung, über die soziale und politische Kollektive ihre Identität herausbilden und abzusichern versuchen.

47 Jürgen Hannig, Wie Bilder »Geschichte machen«. Dokumentarphotographie und Karikatur, in: Geschichte lernen 1 (1988), H. 5, S. 49–53.

48 Rainer Rother (Hrsg.), Bilder schreiben Geschichte. Der Historiker im Kino, Berlin 1991.

49 Reinhard Krammer/Heinrich Ammerer/Waltraud Schreiber, Vorwort, in: Krammer/Ammerer (Hrsg.), Mit Bildern arbeiten, S. 5–6, hier S. 5.

50 Siehe exemplarisch die Analysen von Christoph Hamann, in: Paul (Hrsg.), Das Jahrhundert der Bilder, 2 Bde.; ders., Visual History und Geschichtsdidaktik.

51 Bernd Roeck, Gefühlte Geschichte. Bilder haben einen übermächtigen Einfluss auf unsere Vorstellungen von Geschichte, in: Recherche. Zeitung für Wissenschaft, Wien, Nr. 2/2008.

Die Ersten, die dies für die Geschichts- und Erinnerungspolitik in größeren Publikationen vorexerziert haben, waren Cornelia Brink in ihrer wegweisenden Studie »Ikonen der Vernichtung« über den öffentlichen Gebrauch von Fotografien aus den NS-Konzentrationslagern in Nachkriegsdeutschland[52] und Habbo Knoch in seinem voluminösen Werk »Die Tat als Bild« zur Erinnerungsgeschichte des Nationalsozialismus.[53] Im Gefolge dieser Studien entstanden eine Reihe von weiteren Untersuchungen zu einzelnen Bildern bzw. Bildserien und deren Beitrag zur kulturellen Erinnerung wie auch Studien zur Modellierung von Geschichte im Sammelbild des beginnenden 20. Jahrhunderts. Dazu gehörten Untersuchungen der soldatischen Knipserfotos vom Weihnachtsfrieden 1914 und deren Karrieren in den unterschiedlichen Erinnerungskulturen der ehemaligen Kontrahenten des Ersten Weltkriegs, Studien zur Karriere von zentralen Ikonen der amerikanischen Gesellschaft wie der »Migrant Mother« von Dorothea Lange und des Siegesfotos von Iwo Jima von Joe Rosenthal, die mustergültige Analyse der unmittelbar nach der Befreiung aufgenommenen, weder Täter noch Opfer abbildenden Fotografie des Torhauses Auschwitz-Birkenau des polnischen Fotografen Stanisław Mucha, die lange Zeit eine strukturalistische Deutung des Holocaust ästhetisch grundierte, Überlegungen zu dem von den Nationalsozialisten erfundenen Bild der Trümmerfrauen als »visuellem Konstrukt« und dessen erfolgreicher Tradierung bis in die Gegenwart, die Rekonstruktion des transkulturellen *cultural flow* der Militärfotografien der Atombombenexplosion über Hiroshima in den USA, in Japan und in Europa, die Dekonstruktion der schiefen Deutung der Fotografie der sogenannten Teppichszene aus der Gründungsphase der Bundesrepublik, die wie ein Gespenst durch die bundesdeutsche Zeitgeschichtsschreibung geistert und nicht totzukriegen ist.[54] Große Lücken im Bereich der expandierenden

52 Cornelia Brink, Ikonen der Vernichtung. Öffentlicher Gebrauch von Fotografien aus nationalsozialistischen Konzentrationslagern, Berlin 1998.

53 Habbo Knoch, Die Tat als Bild. Fotografien des Holocaust in der deutschen Erinnerungskultur, Hamburg 2001.

54 Siehe etwa die entsprechenden Beiträge von Bernhard Jussen, Christian Bunnenberg, Thomas Hertfelder, Jost Dülffer, Christoph Hamann, Gerhard Paul, Marita Krauss, Michael Ruck, in: Paul (Hrsg.), Das Jahrhundert der Bilder, 2 Bde., wobei diese Auflistung keinen Anspruch auf Vollstän-

Forschungen zur visuellen Erinnerungs- und Geschichtspolitik tun sich derzeit noch im Bereich populärer Geschichtsdarstellungen in Ausstellungen, Museen und besonders im Fernsehen auf.[55]

Auch Studien zu den unterschiedlichen visuellen Praxen, d.h. zum sozialen, politischen und kulturellen Gebrauch von Bildern, wie sie in den Kulturwissenschaften bereits zahlreich vorliegen,[56] sind innerhalb der Geschichtswissenschaft noch immer eher Ausnahmen. Ähnliches gilt für Untersuchungen von visuellen Herrschaftspraxen wie der Knipserpraxis während des Zweiten Weltkriegs, der Bildpraxis der NS-Herrschaftsinstitutionen bei den Judendeportationen oder der visuellen Diffamierung der Attentäter des 20. Juli 1944 vor dem »Volksgerichtshof«.[57] Herausragend in diesem Zusammenhang ist gewiss die Analyse der fotografischen Praxis des Ministeriums für Staatssicherheit der DDR und ihres Bilderbergs durch die Göttinger Historikerin Karin Hartewig.[58]

Anders als im angelsächsischen Raum existieren derzeit auch nur wenige historiografische Untersuchungen zur Rolle von Bildern innerhalb kollektiver Identitätsbildungsprozesse.[59] Muster-

digkeit erhebt, sondern lediglich exemplarisch das Spektrum bezeichnen soll, in dem bildhistorische Studien zur kulturellen Erinnerung heute angesiedelt sind.

55 Vgl. allerdings: Barbara Korte/Sylvia Paletschek (Hrsg.), History Goes Pop. Zur Repräsentation von Geschichte in populären Medien und Genres, Bielefeld 2009.

56 Siehe etwa Susanne Regener, Fotografische Erfassung: Zur Geschichte medialer Konstruktionen des Kriminellen, München 1999.

57 Bernd Hüppauf, Der entleerte Blick der Kamera, in: Hannes Heer/Klaus Naumann (Hrsg.), Vernichtungskrieg. Verbrechen der Wehrmacht 1941–1944, Hamburg 1995, S. 504–527; Klaus Hesse, Bilder lokaler Judendeportationen. Fotografien als Zugänge zur Alltagsgeschichte des NS-Terrors, in: Paul (Hrsg.), Visual History, S. 149–168; Johannes Tuchel, Vor dem »Volksgerichtshof«. Schauprozesse vor laufender Kamera, in: Paul (Hrsg.), Das Jahrhundert der Bilder. Bildatlas I, S. 648–657.

58 Karin Hartewig, Das Auge der Partei. Fotografie und Staatssicherheit, Berlin 2004.

59 Ardis Cameron (Hrsg.), Looking for America. The Visual Production of Nation and People, Malden, Mass. 2005. Die Beiträge von Cameron demonstrieren für die USA eindrucksvoll, wie sich nationale, soziale, ethnische oder geschlechtliche Identität zentral über visuelle Wahrnehmung konstituiert, »Rasse« so etwa nicht nur eine ideologische Konzeption darstellt, sondern ebenso eine Form der Wahrnehmung.

gültig und beispielhaft kann hier die Analyse von Privatfotografien zur Gemeinschafts- und Identitätsbildung innerhalb der jüdischen Jugendbewegung und der zionistischen Erziehungspraxis in Deutschland und Palästina nach 1933 von Ulrike Pilarczyk angesehen werden.[60]

Auch Untersuchungen zu historischen »visuellen Kulturen« sind in der deutschen Geschichtswissenschaft noch immer rar. Diese hätten der Tatsache gerecht zu werden, dass Visual Culture[61] nicht nur zu einem zentralen *Bestandteil* des Alltags der Menschen des 20. und beginnenden 21. Jahrhunderts geworden ist, sondern zu *der Seinsform* unseres Alltags.[62] Visual Culture, so Susanne Regener, beschäftigt sich nicht allein mit einzelnen Bildern, »sondern mit der in der Moderne und Postmoderne vorherrschenden Tendenz, Dasein und Existenz überhaupt zu visualisieren«.[63] Im Unterschied zur Kunstgeschichte richten Visual Culture Studies ihr Interesse daher nicht so sehr auf einzelne visuelle Objekte, sondern auf die Praktiken des Sehens wie Wahrnehmens und damit auf Visualität als einem Medium, so William J.T. Mitchell, »in dem Politik [...] betrieben wird«.[64] Allenfalls der von Karin Hartewig und Alf Lüdtke herausgegebene und unterschiedliche methodische Ansätze integrierende Sammelband »Die DDR im Bild«[65] – ein Band, der sich u. a. mit der politischen Ikonografie der »sozialistischen Sichtagitation« in der frühen DDR, mit der fotografischen Inszenierung des DDR-Spitzensports, mit der Observierung der Transitautobahnen, mit dem

60 Ulrike Pilarczyk, Gemeinschaft in Bildern. Jüdische Jugendbewegung und zionistische Erziehungspraxis in Deutschland und Palästina/Israel, Göttingen 2009; siehe auch dies., Fotografie als gemeinschaftsstiftendes Ritual. Bilder aus dem Kibbuz, in: Paragrana. Internationale Zeitschrift für Historische Anthropologie 12 (2003), H. 1/2, S. 621–640.

61 Zum Begriff siehe Nicholas Mirzoeff, An Introduction to Visual Culture, 2. Aufl., London 2009.

62 Ebd., S. 3.

63 Susanne Regener, Bilder/Geschichte. Theoretische Überlegungen zur Visuellen Kultur, in: Hartewig/Lüdtke (Hrsg.), Die DDR im Bild, S. 13–26, hier S. 13.

64 William J.T. Mitchell, Interdisziplinarität und visuelle Kultur, in: Herta Wolf (Hrsg.), Diskurse der Fotografie. Fotokritik am Ende des fotografischen Zeitalters, Bd. 2, Frankfurt a. M. 2003, S. 38–50, hier S. 43.

65 Karin Hartewig/Alf Lüdtke (Hrsg.), Die DDR im Bild. Zum Gebrauch der Fotografie im anderen deutschen Staat, Göttingen 2004.

Fotografieren in den Betrieben und der Suche nach dem Eigensinn in der DDR-Amateurfotografie befasst – lässt sich gegenwärtig als eine Studie im Sinne der Visual Culture Studies begreifen. Vergleichbare Arbeiten zu den visuellen Kulturen der Weimarer Republik, der NS-Zeit und der Bundesrepublik vor wie nach 1990 aus geschichtswissenschaftlicher Sicht stehen aus und sind wünschenswert.[66]

Bilder als generative Kräfte

Bilder sind indes mehr als Quellen, die auf einen Sachverhalt oder ein Ereignis außerhalb ihrer eigenen Existenz verweisen; sie sind mehr als Medien, die unter Nutzung ihres ästhetischen Potenzials Deutungen transportieren oder Sinn generieren; Bilder verfügen auch über die Fähigkeit, Realitäten allererst zu erzeugen. In diesem Sinne kommt ihnen eine von der Geschichtswissenschaft wie von der Kunstgeschichte noch viel zu wenig beachtete energetische und generative Potenz zu. Horst Bredekamp hat hierfür den Begriff »Bildakt« eingeführt.[67] Bildakte schaffen für ihn Fakten, indem sie Bilder in die Welt setzen. Besonders »markante Bilder« wie jene des 11. September 2001 verfügten über »dieselbe Kraft wie Schwerthiebe oder Faustschläge«.[68] Jenseits des konkreten Bilds ist dabei der mit dem Bild verbundene performative Akt von Bedeutung, der eine neue Realität erzeugt. Solche markanten, weil augenfälligen Bilder können gleichermaßen über Fotografien und Filmausschnitte, Plakate und Videosequenzen kommuniziert werden; sie können fiktionaler oder nonfiktionaler, künstlerischer oder dokumentarischer Art sein. Aufgrund ihrer besonderen Ästhetik und Bedeutung sind sie in der Lage, unabhängig von ih-

66 Aus medienwissenschaftlicher bzw. -geschichtlicher Sicht siehe Werner Faulstich (Hrsg.), Kulturgeschichte des zwanzigsten Jahrhunderts, 8 Bde., München 2002–2009.

67 Bredekamp, Theorie des Bildakts; ders., Bildakte als Zeugnis und Urteil; ders., Schlussvortrag.

68 Horst Bredekamp im Interview mit Ulrich Raulff, in: Süddeutsche Zeitung, 28.5.2004: »Wir sind befremdete Komplizen«; siehe Horst Bredekamp, Marks and Signs. Mutmaßungen zum jüngsten Bilderkrieg, in: Peter Berz/Annette Bitsch/Bernhard Siegert (Hrsg.), FAKtisch. Festschrift für Friedrich Kittler zum 60. Geburtstag, München 2003, S. 163–169.

rem materiellen Träger individuelle bzw. kollektive Handlungen wie Schmerz und Protest auszulösen. Besonders provozierenden Bildern, die quer stehen zum alltäglichen Bildgebrauch, Pathosformeln, die an internalisierte Bildmuster anknüpfen, sowie aus der politischen Ikonosphäre herausragenden Herrschaftsbildern scheint eine solche energetische Kraft innezuwohnen.

Propagandisten und totalitäre Bewegungen haben sich der energetischen Kraft von Bildern in der Geschichte des 20. Jahrhunderts wiederholt und gezielt bedient, ob bei der Implementierung von Feindbildern und der Visualisierung politischer Utopien oder bei der Inszenierung von Massenkundgebungen. In markanten Bildern des Feindes etwa – des preußischen Militarismus der Alliierten des Ersten Weltkriegs, der »schwarzen Schmach« der Nachkriegszeit, des Juden in der antisemitischen »Endlösungs«-Propaganda der Nationalsozialisten, des Bolschewiken in der antikommunistischen Bildrhetorik nach 1917 oder des Fremden bzw. des Islamisten in den Feindkonstruktionen der Gegenwart[69] – war die Tat als Handlungsaufforderung schon immer eingeschrieben, so wie auch in den Visualisierungen des »arischen« Idealkörpers[70] oder der klassenlosen kommunistischen Gesellschaft Handlungsmuster der Ausgrenzung und der Vernichtung strukturell angelegt waren. In einem Wechselspiel von Blicken, Projektionen und Bildern können sich diese unter bestimmten Bedingungen zur Tat entladen. Erst langsam beginnt die Geschichtswissenschaft auch die Bedeutung der Stiftung von Gemeinschaftserlebnissen und der Visualisierung von Massenkörpern durch Masseninszenierungen und damit verbundene ästhetische Erfahrungen wie etwa im Nationalsozialismus zu entdecken.[71] Eine Visual History des

69 Siehe die Beiträge von Frank Kämpfer, Iris Wigger, Hanno Loewy, Gerhard Paul, Cord Pagenstecher in: Paul (Hrsg.), Das Jahrhundert der Bilder, 2 Bde.

70 Siehe Silke Wenk, »Die Wehrmacht«. »Arische« Männlichkeit in der Skulptur von Arno Breker, ebd., Bildatlas I, S. 558–565.

71 Siehe etwa zum Nationalsozialismus vor 1933: Gerhard Paul, Aufstand der Bilder. Die NS-Propaganda vor 1933, Bonn 2. Aufl., 1991, sowie für die Zeit nach 1933: Markus Urban, Die Konsensfabrik. Funktion und Wahrnehmung der NS-Reichsparteitage, 1933–1941, Göttingen 2007; demgegenüber aus der Sicht der Kulturwissenschaft: Paula Diehl, Reichsparteitag. Der Massenkörper als visuelles Versprechen der »Volksgemeinschaft«, in: Paul (Hrsg.), Das Jahrhundert der Bilder. Bildatlas I, S. 470–479.

20. Jahrhunderts hätte solche Bewegungen und ihre Bildfindungen noch sehr viel präziser auch als bildgenerative Kräfte zu untersuchen und vor allem Bild und Ereignis bzw. Bild und Tat nicht als getrennte Entitäten, sondern als Einheit zu verstehen.

Im Kontext zeitgenössischer Politik wie nachträglicher Geschichts- und Erinnerungspolitik kam es immer wieder zu regelrechten Kämpfen um einzelne markante Bilder oder Bildsequenzen, bei denen Bilder aufeinander bezogen, mit anderen Bildern überschrieben oder unmittelbar gegeneinander in Stellung gebracht wurden.[72] Solche Bilderkämpfe wurden auch auf der Straße ausgefochten und eskalierten nicht selten in Gewaltakten, ob in der Weimarer Republik im Anschluss an die Aufführung des Antikriegsklassikers »Im Westen nichts Neues« oder in der Bundesrepublik der 1990er-Jahre im Gefolge der Eröffnung der Wehrmachtsausstellung.[73] Zu diesen wie auch zu anderen Bilderkämpfen existieren mittlerweile eine Reihe interessanter Untersuchungen, so etwa zum Kampf um die Farben und Symbole der ersten deutschen Republik, zu den allegorischen nationalen Frauengestalten im Bilderstreit der ersten Nachkriegsjahre, zum symbolpublizistischen Bilder- und Symbolkampf im »Entscheidungsjahr« 1932, zum Bilderkampf um die Deutung des Weltkriegs und die Niederlage von 1918 oder zu den Bilderkämpfen um die Aufarbeitung des Holocaust im Rahmen der »visuellen Entnazifizierung« durch die Alliierten nach 1945.[74] Alle diese Studien weisen Bildern eine aktive sinngebende wie gestaltende Rolle im politischen Prozess zu, deren Bedeutung im Einzelnen weiter zu vertiefen wäre.

72 Siehe zahlreiche Beispiele hierfür in: Paul (Hrsg.), Das Jahrhundert der Bilder.

73 Thomas F. Schneider, »Im Westen nichts Neues«. Ein Film als visuelle Provokation, in: ebd., Bildatlas I, S. 364–371; Hannes Heer, Bildbruch. Die visuelle Provokation der ersten Wehrmachtsausstellung, in: ebd., Bildatlas II, S. 638–645.

74 Siehe etwa die Beiträge von Kai Artinger, Susanne Popp, Gerhard Paul, Astrid Wenger-Deilmann in: ebd., Bildatlas I, sowie von Petra Maria Schulz, Ästhetisierung von Gewalt in der Weimarer Republik, Münster 2004; Cornelia Brink, Bilder vom Feind. Das Scheitern der »visuellen Entnazifizierung« 1945, in: Sven Kramer (Hrsg.), Die Shoah im Bild, München 2003, S. 51–69.

Bildakte mit besonderer Wirkkraft können gleichermaßen nonfiktionaler wie fiktionaler Art sein. Hierzu zählen gewiss die Aufnahmen des »Sonderkommandos Auschwitz« vom Töten im Vernichtungslager Auschwitz-Birkenau, wo das Fotografieren selbst zu einem Akt des Widerstands wurde und dem Nicht-Darstellbaren ein Bild gab,[75] sowie die Ausstrahlung des fiktiven Mehrteilers »Holocaust« im deutschen Fernsehen 1979, der nicht davor zurückschreckte, das vermeintlich Nicht-Darstellbare in eindrucksvollen fiktiven Filmsequenzen vorzuführen. »Wenn jemals von ›Bildakten‹ gesprochen werden kann«, so Bredekamp, »dann in Bezug auf diese Ereignisse.«[76] Mit seinen Bildsequenzen gab »Holocaust« dem Genozid an den europäischen Juden ein kommunizierbares Bild, welches das Beschweigen der postdiktatorischen Tätergesellschaft aufbrach und ein visuell-mediales Produkt zum integralen Bestandteil des kulturellen Gedächtnisses machte. Wie die Wehrmachtsausstellung löste die Fernsehausstrahlung auch unmittelbare physische Gewaltreaktionen bis hin zu Sprengstoffanschlägen aus.

Die islamistischen Bildakte der jüngsten Vergangenheit – die Aufnahmen vom Sprengen der Buddha-Statuen, die Bilder vom Angriff auf die Twin Towers und die Hinrichtungsvideos islamistischer Terrorgruppen – ebenso wie die zum Teil darauf antwortenden Gegenlichtaufnahmen vom brennenden Bagdad 2003, die digitalen Folterbilder aus Abu Ghraib und die dänischen Mohammed-Karikaturen[77] stellen den vorläufigen Höhepunkt solcher bildgenerativen Entwicklungen dar. Das Bild generiert dabei nicht nur eine eigene handlungsauslösende Realität, es wird selbst zur Tat. Vor allem die »neuen Kriege« der Gegenwart wie der Irak-Krieg sind für Bredekamp daher Beleg dafür, dass der

75 Aus kunstgeschichtlicher Sicht hierzu Georges Didi-Huberman, Bilder trotz allem, München 2007; mit etwas anderem Akzent Miriam Yegane Arani, Holocaust. Die Fotografien des »Sonderkommando Auschwitz«, in: Paul (Hrsg.), Das Jahrhundert der Bilder. Bildatlas I, S. 658–665.

76 Bredekamp, Bildakte als Zeugnis und Urteil, S. 57.

77 Gerhard Paul, Der »Kapuzenmann«. Eine globale Ikone des beginnenden 21. Jahrhunderts, in: Paul (Hrsg.), Das Jahrhundert der Bilder. Bildatlas II, S. 702–709; Sabine Schiffer/Xenia Gleißner, Das Bild des Propheten. Der Streit um die Mohammed-Karikaturen, in: ebd., S. 750–760.

Fakten schaffende, performative Bildakt heute ebenso wirksam ist wie der Waffengebrauch selbst. Wir sähen gegenwärtig Bilder, »die Geschichte nicht abbilden, sondern sie erzeugen«. Der Zweck des Enthauptens etwa sei längst nicht mehr nur die Tötung eines Gefangenen, sondern der Bildakt, der die Augen des Rezipienten erreiche. Menschen würden getötet, damit sie zu Bildern werden. Damit avanciere zugleich das Betrachten der auf diese Weise hergestellten Bilder selbst zu einem Akt der Beteiligung.[78]

Solche Bildakte und damit verbundene Veränderungen im Status der Betrachter indes sind bislang kaum einmal zum Gegenstand historiografischer Untersuchungen geworden. Eine Visual History des 20. und beginnenden 21. Jahrhunderts hätte sich dieser generativen Kraft von Bildern noch viel genauer zu widmen, sich gleichsam einer historiografischen Bildakt-Forschung zu öffnen, die Bilder auch als Bildakte begreift, die selbst wiederum Geschichte generieren.[79]

Visual History als transdisziplinäres Forschungsfeld

Anders als die Historische Bildforschung geht die sich etablierende Visual History somit von einem mehrschichtigen Bildbegriff aus, der Bilder als Zeichen und Quellen, als durch ihre ästhetische Qualität Sinn und Deutungen generierende Medien sowie als Realität erzeugende Bildakte begreift.

78 Horst Bredekamp im Interview mit Ulrich Raulff; siehe auch das Interview von Arno Widmann mit Horst Bredekamp unter dem Titel »Neu ist, Menschen werden getötet, damit sie zu Bildern werden«, in: Frankfurter Rundschau, 5.1.2009; ähnlich aus der Perspektive der Visual Culture Studies: Nicholas Mirzoeff, Von Bildern und Helden. Sichtbarkeit im Krieg der Bilder, in: Lydia Haustein/Bernd M. Scherer/Martin Hager (Hrsg.), Feindbilder. Ideologien und visuelle Strategien der Kulturen, Göttingen 2007, S. 135–156; aus geschichtswissenschaftlicher Perspektive: Gerhard Paul, Der »Pictorial Turn« des Krieges. Zur Rolle der Bilder im Golfkrieg von 1991 und im Irakkrieg von 2003, in: Barbara Korte/Horst Tonn (Hrsg.), Kriegskorrespondenten. Deutungsinstanzen in der Mediengesellschaft, Wiesbaden 2007, S. 113–136.

79 Siehe hierzu ausführlich Gerhard Paul, BilderMACHT. Studien zur Visual History des 20. und 21. Jahrhunderts, Göttingen 2013 (i.E.)

Während Visual History bei Gerhard Jagschitz – der als Erster diesen Begriff im deutschsprachigen Raum verwendete[80] – eingeengt bleibt auf das Medium Fotografie, erscheint es sinnvoll, das gesamte Spektrum der historiografischen Auseinandersetzung mit den Produkten und Praktiken der visuellen Medien unter diesen Begriff zu subsumieren und einem Bildbegriff, wie ihn die Visual Culture Studies praktizieren, zu folgen. Dieser sieht keine Hierarchisierung visueller Quellen vor, sondern bezieht visuelle Erzeugnisse älterer Bildmedien wie Plakate, Bildpostkarten und Zeitschriftenkarikaturen ebenso mit ein wie Fotografien und Filme und die modernen elektronischen Bilder des Fernsehens und des Internets. Vor allem aber untersucht die Visual History die Arten und Wirkungen der Bildentstehung und -verwendung. Sie ist damit zugleich weit mehr als nur eine einfache Neuillustrierung der Geschichte, wie sie derzeit auch unter dem Titel »visuelle Zeitgeschichte« praktiziert wird.[81]

Visual History stellt zudem »keine fertige Methode« und schon gar keinen Königsweg des Umgangs der Historiker und Historikerinnen mit Bildern dar. Ähnlich wie die Visual Culture Studies bezeichnet sie vielmehr ein transdisziplinäres Forschungsfeld innerhalb der Geschichtswissenschaft und einen Rahmen, in dem die Bedeutung von Bildern in der Geschichte angemessen thematisiert wird und in dem Zuträgerleistungen aus den verschiedenen Wissenschaften – angefangen von der Kunstgeschichte, über die Kommunikations- und Medienwissenschaft, über die Politikwissenschaft und die Soziologie bis hin zur allgemeinen Bildwissenschaft – willkommen sind. Ihr Ziel ist es, den komplexen Zusammenhang von Bildstruktur, -produktion, -distribution, -rezeption und Traditionsbildung in der Geschichte zu verstehen. In welche Richtung eine so verstandene Visual History konkret gehen

80 Gerhard Jagschitz, Visual History, in: Das audiovisuelle Archiv Nr. 29/30 (1991), S. 23–51.

81 Zur Kritik an der von Edgar Wolfrum herausgegebenen fünfbändigen Reihe »Deutschland im Fokus«, Darmstadt 2006–2008, siehe die Sammelrezension von Andreas Schneider, Rezension zu: Edgar Wolfrum, Die 50er Jahre. Kalter Krieg und Wirtschaftswunder, Darmstadt 2006, in: H-Soz-u-Kult, 30.8.2007, online unter http://www.hsozkult.geschichte.hu-berlin.de/rezensionen/2007-3-158 (13.6.2012).

könnte, zeigt seit 2008/09 der zweibändige Bilderatlas des 20. und beginnenden 21. Jahrhunderts.[82]

Zustimmung, Kritik, Perspektiven

Innerhalb der Geschichtswissenschaft hat das Konzept der Visual History eine breite, wenn auch keine ungeteilte Zustimmung erfahren. Für Konrad H. Jarausch liegt die Bedeutung des Ansatzes vor allem auf dem Feld der Untersuchung des historischen Gedächtnisses.[83] Visual History, so der verstorbene Bochumer Sozialhistoriker Klaus Tenfelde, sei »weit mehr als Geschichte in Bildern«. Ihr gehe es »um die je eigene Geschichte bildlicher Überlieferungen und einzelner Bilder (und gelegentlich auch dreidimensionaler Bildkonstrukte ...), dann um funktionale Zusammenhänge der Bildproduktion, um Bildwirkungen und Rezeptionsästhetik, um Bildmotive und deren Verfestigung, auch um Fälschungen, um ›Bilder, die Geschichte machen‹«.[84] Selbst Althistoriker und Ägyptologen befassen sich mit den Erkenntnispotenzialen und dem erweiterten Bildbegriff der Visual History.[85]

Seit dem Konstanzer Historikertag von 2006 und dem zeitgleichen Erscheinen des Bandes »Visual History« sind Konzept und Praxis der Visual History Gegenstand zahlreicher wissenschaftlicher Tagungen sowie universitärer und außeruniversitärer Lehrveranstaltungen gewesen. Zu nennen sind etwa die im Rahmen

82 Paul (Hrsg.), Das Jahrhundert der Bilder, 2 Bde.

83 Konrad H. Jarausch, Die Dynamik der Zeitgeschichte (2009), online unter http://hsozkult.geschichte.hu-berlin.de/index.asp?pn=texte&id=1159 (13.6.2012).

84 Klaus Tenfelde, Das Jahrhundert der Bilder, in: Mitteilungsblatt des Instituts für soziale Bewegungen 43 (2010), S. 209–211, hier S. 209 f.

85 Siehe den Bericht von Beat Schweizer. Review of »Das Ereignis. Zum Nexus von Struktur- und Ereignisgeschichte«. H-Soz-u-Kult/H-Net Reviews, November 2008; online unter http://www.h-net.org/reviews/showrev.php?id=29142 (13.6.2012). Der Vortrag der Würzburger Ägyptologin Nadja S. Braun, Visual History – Bilder machen Geschichte, findet sich in den Internet-Beiträgen zur Ägyptologie und Sudanarchäologie 10 (IBAES X) 2009, online unter http://www2.hu-berlin.de/nilus/net-publications/ibaes10/beitraege.html (13.6.2012).

der Göttinger Graduate School of Humanities 2009 organisierte Tagung »Zur Rolle von Bildern in den Geisteswissenschaften«, die 2010 vom Institut für Geschichtswissenschaften der Humboldt-Universität zu Berlin und dem Potsdamer Zentrum für Zeithistorische Forschung (ZZF) ausgerichtete Konferenz »Bilder im 20. Jahrhundert. Institutionen, Agenten, Nahaufnahmen«[86] und der 2011 in der Thüringer Landesvertretung in Berlin stattgefundene Workshop »Visualisierungen des Umbruchs« des Imre Kertész Kollegs Jena und des dortigen Graduiertenkollegs »Kulturelle Orientierungen und gesellschaftliche Ordnungsstrukturen in Südosteuropa«.[87]

Zudem fand das Konzept der Visual History Eingang in etliche bereits abgeschlossene Dissertationsprojekte wie Benjamin Städters Studie zur Visual History von Kirche und Religion in der Bundesrepublik, Maren Rögers Arbeit über mediale Erinnerungen und Debatten zum Thema Flucht, Vertreibung und Umsiedlung in Deutschland und Polen seit 1989, sowie in Alexander Schugs Studie zur Geschichte der Wirtschaftswerbung.[88] Alle drei Untersuchungen begreifen Bilder in Printmedien, teilweise auch in Fernseh- und Filmproduktionen, nicht länger als bloßen Zierrat einer schriftlastigen Geschichtsschreibung, sondern als eigenständige Medien und Kommunikationsvehikel. Inhaltlich dem Projekt der Visual History zuzurechnen, ohne dass sie auf dieses explizit Bezug nehmen, sind auch die wegweisenden Dissertationsschriften von Simone Derix über Staatsbesuche in der Bundesrepublik und von Meike Vogel über die Protestbewegungen der 1960er-Jahre im Fernsehen.[89]

86 Vgl. den demnächst erscheinenden Tagungsband von Annelie Ramsbrock/Annette Vowinckel/Malte Zierenberg (Hrsg.), Bilder im 20. Jahrhundert. Institutionen, Agenten, Nahaufnahmen, Göttingen 2012 (i. E.).

87 Vgl. den Tagungsbericht online unter http://hsozkult.geschichte.hu-berlin.de/tagungsberichte/id=3761 (13.6.2012).

88 Benjamin Städter, Verwandelte Blicke: Eine Visual History von Kirche und Religion in der Bundesrepublik 1945–1980, Frankfurt a. M. 2011; Maren Röger, Flucht, Vertreibung und Umsiedlung. Mediale Erinnerungen und Debatten in Deutschland und Polen seit 1989, Marburg 2011; Alexander Schug, »Deutsche Kultur« und Werbung. Studien zur Geschichte der Wirtschaftswerbung von 1918 bis 1945, Berlin 2010.

89 Simone Derix, Bebilderte Politik. Staatsbesuche in der Bundesrepublik 1949–1990, Göttingen 2009; Meike Vogel, Unruhe im Fernsehen. Protestbewegung und öffentlich-rechtliche Berichterstattung in den 1960er Jahren, Göttingen 2010.

Überlegungen zur Visual History gingen ein in Ausstellungs- und Forschungsprojekte wie einer gemeinsam von der Forschungsgruppe »Innerdeutsche Grenze« der Universität Hannover und dem Stadtarchiv Hannover organisierten Ausstellung, wo insbesondere der Funktion der Bilder als geschichtsbildendem Medium besondere Aufmerksamkeit geschenkt wurde,[90] und dem von Michael Wildt geleiteten, am Historischen Institut der Humboldt-Universität zu Berlin angesiedelten ersten geschichtswissenschaftlichen Forschungsprojekt zur Fotografie im Nationalsozialismus.[91]

Über die Fachgrenzen der Geschichtswissenschaft hinaus hat der Ansatz der Visual History auch in der Politik-,[92] in der Kommunikations- und der Medienwissenschaft in der Zwischenzeit Aufmerksamkeit gefunden und Forschungsansätze inspiriert wie in der Programmlinie »Politische Ikonographie« des Ludwig Boltzmann Instituts für europäische Geschichte und Öffentlichkeit.[93] Aus der Perspektive der Kunstgeschichte sind Konzept und Praxis der Visual History demgegenüber eher kritisch betrachtet und zum Teil auch als Bedrohung der eigenen fachlichen Kompetenz empfunden worden. Am offensichtlichsten wurde die Kritik in der internationalen Rezensionszeitschrift »Journal für Kunst-

90 Thomas Schwark/Detlef Schmiechen-Ackermann/Carl-Hans Hauptmeyer (Hrsg.), Grenzziehungen – Grenzerfahrungen – Grenzüberschreitungen. Die innerdeutsche Grenze 1945–1990, Darmstadt 2011, siehe hier insbesondere den einleitenden Aufsatz von Thomas Schwark, Man sieht nur was man weiß ... Strategie der Vermittlung von »Grenzbildern« in Geschichtsmuseen, ebd., S. 23–32.

91 Zu dem Projekt »Fotografie im Nationalsozialismus. Alltägliche Visualisierung von Vergemeinschaftungs- und Ausgrenzungspraktiken 1933–1945« siehe eine Projektbeschreibung online unter http://www.geschichte.hu-berlin.de/bereiche-und-lehrstuehle/dtge-20jhd/forschung/laufende-forschungsprojekte/fotografie-im-nationalsozialismus (13.6.2012).

92 Vgl. das Modul »Europäisches politisches Bildgedächtnis« des Demokratiezentrums Wien, aus dem wiederum ein Dissertationsprojekt zum Systemwechsel von 1989 und (trans-)nationalen Erinnerungskulturen erwachsen ist, das sich insbesondere der Untersuchung visueller Darstellungen in Printmedien widmet: online unter http://www.demokratiezentrum.org/themen/europa/europaeisches-bildgedaechtnis.html (13.6.2012).

93 Siehe Ludwig Boltzmann Institut für Europäische Geschichte und Öffentlichkeit, Briefing Book, 15.5.2007, S. 100–137.

geschichte/Journal of Art History«, in dem es zu den beiden Bänden »Das Jahrhundert der Bilder« heißt: »Für den Respekt vor der Kunstgeschichte im Kanon der Wissenschaften scheint derzeit zu gelten, was vor rund 50 Jahren mancher Laie vor moderner Kunst von sich behaupten zu können glaubte: *Das kann ich auch!* Und so werden bisweilen munter Bilder interpretiert, ohne die Methoden, das Instrumentarium und die Terminologie, die die Kunstgeschichtswissenschaft in 150 Jahren entwickelt hat, zu berücksichtigen. Dass ohne den Lotsen am Deck der Herausgeber dabei selbst der Tanker Geschichtswissenschaft in Havarie geraten kann, erweist derzeit eine von Gerhard Paul verantwortete Neuerscheinung.«[94] Mit der Bewertung von Bildern als Agierenden entferne sich ein derartiges Projekt »vom quellenkritischen Fundament der Geschichtswissenschaft«. Für die historisch-kritische und hermeneutisch-phänomenologische Erforschung der Bildwelt des 20. Jahrhunderts stelle die Kunstgeschichte nach wie vor »die prädestinierte Methodik bereit«, man müsse diese nicht neu erfinden.[95] Demgegenüber wunderte sich der Karlsruher Kunstwissenschaftler und Autor zahlreicher Standardwerke zur Kunstgeschichte, Wolfgang Ullrich, dass es einen Bildatlas, wie den von Doris Gerstl kritisierten, nicht schon längst gibt: »War die Orientierung am Einzelbild noch dem aus der Kunstgeschichte stammenden Konzept des Meisterwerks verpflichtet, so bietet Pauls Bildatlas den ersten Versuch, die Bedeutung von Bildlichkeit im Ganzen für Genese und Funktionieren des kulturellen Gedächtnisses auszuloten.«[96]

94 So Doris Gerstl im Journal für Kunstgeschichte/Journal of Art History 12 (2008), H. 4, S. 314–320, hier S. 314, siehe demgegenüber die eher ambivalente Haltung des Berliner Kunsthistorikers Peter Geimer, Muss man Bilder denn durchschauen, in: Frankfurter Allgemeine Zeitung, 9.7.2009, online unter http://www.faz.net/aktuell/feuilleton/buecher/rezensionen/sachbuch/gerhard-paul-hg-das-jahrhundert-der-bilder-muss-man-bilder-denn-durchschauen-1825354.html (13.6.2012)

95 Doris Gerstl im Journal für Kunstgeschichte/Journal of Art History 12 (2008) H. 4, S. 320.

96 Wolfgang Ullrich, Rezension zu: Paul, Gerhard (Hrsg.), Das Jahrhundert der Bilder. Bildatlas 1949 bis heute. Göttingen 2008, in: H-Soz-u-Kult, 14.8. 2009, online unter http://hsozkult.geschichte.hu-berlin.de/rezensionen/2009-3-129 (13.6.2012).

Wie zuvor schon Wolfgang Ullrich hat auch der Berliner Historiker Malte Zierenberg an der Visual History zu Recht kritisiert, dass diese ihren Blick zu sehr auf die Inhalte und Semantiken der Bilder richte und den »Diskursregeln des Sichtbaren«, der Geschichte der Produktion, der Organisation und der Distribution sowie der Archivierung der Bilder zu wenig Aufmerksamkeit widme. Diese Bereiche seien indes ein konstitutiver Bestandteil der Visual History.[97]

Diesem Befund trägt neuerdings ein Verbundprojekt des ZZF (Potsdam), des Georg-Eckert-Instituts (Braunschweig), des Herder-Instituts (Marburg) und des Deutschen Museums (München) mit dem Titel »Visual History. Institutionen und Medien des Bildgedächtnisses« Rechnung. Besonderes Augenmerk legt das Projekt auf die Erforschung von Institutionen, Akteuren und Medien, die auf je spezifische Weise das Bildgedächtnis moderner Gesellschaften prägten und prägen. Untersucht werden sollen insbesondere die Abläufe zur Steuerung der Produktion, Verbreitung, Verwertung, Archivierung, Kontextualisierung oder auch der Vernichtung von Bildern. Darüber hinaus plant das Projekt den Aufbau einer Informationsplattform und eines Forschungsnetzwerks unter *www.visual-history.de*, das Beiträge zu den theoretischen und methodischen Grundlagen der Visual History sowie zentralen Forschungsfeldern und wichtigen Debatten auf diesem Gebiet anbietet. Unter Beteiligung von Fachhistorikerinnen und Fachhistorikern soll schrittweise ein Nachschlagewerk zu Akteuren, Institutionen, Archiven und technischen Fragen der Foto-, Reproduktions- und Bildbearbeitungstechniken sowie zu Fragen des Urheberrechts, der Digitalisierung und des Zugangs zu visuellen Quellen entstehen. Damit verfügt das Projekt der Visual History nun erstmals über eine solide institutionelle Grundlage, die diese nicht länger abhängig sein lässt von den Initiativen einzelner Historiker/innen.

97 Zierenberg, Die »Macht der Bilder«, S. 221, sowie dessen Habilitationsprojekt mit dem Titel »Agenten des Sichtbaren. Bildagenturen und transatlantische Ordnungen des Visuellen im späten 19. und 20. Jahrhundert« an der Humboldt-Universität zu Berlin.

Kathrin Kollmeier

Begriffsgeschichte und Historische Semantik

Der Umgang mit sprachlichen Zeugnissen gehört zu den Grundvoraussetzungen analytischer Quellenarbeit seit der Herausbildung der historisch-kritischen Methode. Forschungsansätze, die unter dem Oberbegriff der Historischen Semantik gefasst werden können und unter denen die Begriffsgeschichte eine besondere Rolle spielt, nehmen diese Selbstverständlichkeit zum Ausgangspunkt, um die Quellensprache selbst auf ihre Geschichtlichkeit hin zu befragen und ihre Rolle im und für den historischen Wandel zu bestimmen.

Historische Semantik untersucht den Bedeutungsgehalt und -wandel kultureller, insbesondere sprachlicher Äußerungen auf ihre Historizität. Als geschichtswissenschaftlicher Ansatz werden mit dieser Forschungsperspektive die kulturellen, gesellschaftlichen und politischen Bedingungen und Voraussetzungen dessen, wie zu einer bestimmten Zeit Sinn zugewiesen und artikuliert wurde, erforscht und interpretiert. Der spezifische Zugriff der *Begriffsgeschichte* wählt dazu isolierte, verdichtende Stichwörter, denen eine Schlüsselstellung zugesprochen wird, um sprachförmige Konzeptualisierungen zu erfassen und zu kontextualisieren. Untersucht wird nicht der historische Sprachwandel, der Gegenstand des gleichnamigen Arbeitsfeldes der Linguistik ist.[1] Anders als die die Wortherkunft aufschlüsselnde Etymologie zielen Begriffsgeschichte und Historische Semantik auch nicht primär auf eine sprachwissenschaftliche Analyse der Entwicklungsgeschichte von Wörtern und Begriffen, sondern darauf, Geschichtlichkeit im Medium von Sprache und Begriffen zu erschließen.

Im Sinne einer Bedeutungsgeschichte eignet sich die Historische Semantik nicht nur zur Analyse von Worten, Begriffen, Sprachen und Diskursen. Das methodische Arsenal kann in einem

1 Vgl. dazu einführend etwa Gerd Fritz, Historische Semantik, 2. Auf., Stuttgart 2006 (zuerst 1998).

breiteren Verständnis auch zur Untersuchung weiterer kultureller Äußerungen wie Bilder, Rituale, Habitus und Performativa (wie z. B. Mimik und Gestik) im Wandel ihrer Bedeutungen eingesetzt werden. Eine auf die Semantik konzentrierte historische Analyse misst die kommunikativen Spielräume einer Zeit aus; sie spürt dem nach, was in einer Epoche artikulierbar, »sagbar« war.[2] Hier überschneidet sie sich mit der Diskursgeschichte, deren analytisches Verfahren in besonderem Maße die Sagbarkeits*regeln* einer Zeit identifiziert und historisiert, als nichthermeneutische Wissensgeschichte jedoch von einem anderen Sprachverständnis ausgeht. Mit der besonderen Aufmerksamkeit für die sprachliche Verfasstheit historischer Zeiten, die zum eigenen Analysegegenstand wird,[3] und in der Historisierung von kulturellem Wissen und Deutungen sind diese Ansätze eng miteinander verbunden. Gemeinsam trugen sie zum sprachphilosophischen und sprachgeschichtlichen Aufbruch auch in den Geschichtswissenschaften im letzten Drittel des 20. Jahrhunderts bei, der mit dem Schlagwort des *linguistic turn* verbunden ist.[4]

Der interdisziplinäre Ansatz richtet sich also auf die Sinnerzeugung vergangener Gesellschaften mithilfe von Sprache, Texten und Bildern. In der Analyse semantischer, bereits Welt deutender Überreste werden Interpretationen zweiter Ordnung betrieben,[5] indem anhand der Konzepte und Konzeptualisierungen der jeweiligen Zeitgenossen der Denkhintergrund und die Wahrnehmungs- und Deutungshorizonte einer vergangenen Zeit rekonstruiert werden. In diesem Gegenstandsbereich liegt die nahe Verwandtschaft zur Ideen- und Mentalitätsgeschichte. Ansätze der Historischen Semantik zielen demgegenüber stärker auf die Rekonstruktion vergangener Kommunikation, lösen diese Kontextualisierung jedoch

2 Vgl. Willibald Steinmetz, Das Sagbare und das Machbare. Zum Wandel politischer Handlungsspielräume. England 1780–1867, Stuttgart 1993.

3 Vgl. dazu in diesem Band Rüdiger Graf, Zeitkonzeptionen in der Zeitgeschichte.

4 Als einführender Überblick: Lutz Raphael, Geschichtswissenschaft im Zeitalter der Extreme. Theorien, Methoden, Tendenzen von 1900 bis zur Gegenwart, München 2003, S. 156–172.

5 Ralf Konersmann, Zur Sache der historischen Semantik, in: ders., Der Schleier des Timanthes. Perspektiven der historischen Semantik, 2. Aufl., Frankfurt a. M. 2004 (zuerst 1994), S. 9–55, hier S. 47.

in unterschiedlichem Grad ein. Wo klassische Begriffsgeschichte die Neuartigkeit einer Prägung als entscheidendes Moment sieht, das einen Begriff historisch auffällig und als Index geschichtlichen Wandels nutzbar macht, setzen breitere Perspektiven Historischer Semantik stärker auf dessen Umstrittenheit und Konflikthaftigkeit. Jenseits der linguistischen Ebene bestimmen sie die Verhandlung von Konzepten, Begriffen oder Argumenten in politischen und gesellschaftlichen Kommunikationssituationen funktional und spezifizieren sie hinsichtlich der jeweils Sprechenden, des politischen Regimes und weiterer sozialer und historischer Bedingungen zu einem bestimmten Zeitpunkt oder Zeitraum.[6]

In der deutschsprachigen Forschung ist das Feld vor allem durch die kollektive Großforschung der lexikografischen Begriffsgeschichte geprägt worden. Als wirkungsmächtiger Klassiker, der bis heute produktive Auseinandersetzungen stimuliert, bilden die »Geschichtlichen Grundbegriffe« in diesem Beitrag einen Schwerpunkt, um Möglichkeiten und Probleme des Zugriffs zu verdeutlichen. Aus der Kritik an dieser wort-isolierenden Herangehensweise der historischen Arbeit am Begriff, deren Historisierung jüngst begonnen hat,[7] entstanden konzeptionelle Weiter-

6 Vgl. Melvin Richter, Conceptualizing the Contestable: »Begriffsgeschichte« and Political Concepts, in: Gunter Scholz (Hrsg.), Die Interdisziplinarität der Begriffsgeschichte (= Archiv für Begriffsgeschichte; Sonderheft), Hamburg 2000, S. 135–143.

7 Vgl. u. a. Hans Joas/Peter Vogt (Hrsg.), Begriffene Geschichte. Materialien zum Werk Reinhart Kosellecks, Frankfurt a. M. 2011; Kari Palonen, Die Entzauberung der Begriffe. Das Umschreiben der politischen Begriffe bei Quentin Skinner und Reinhart Koselleck, Münster 2004; als kritische Selbsthistorisierung: Hans Ulrich Gumbrecht, Pyramiden des Geistes. Über den schnellen Aufstieg, die unsichtbaren Dimensionen und das plötzliche Abebben der begriffsgeschichtlichen Bewegung, in: ders., Dimensionen und Grenzen der Begriffsgeschichte, München 2006, S. 7–36; hingegen die Forschungsbilanz: Willibald Steinmetz, Vierzig Jahre Begriffsgeschichte – The State of the Art, in: Heidrun Kämper/Ludwig M. Eichinger (Hrsg.), Sprache, Kognition, Kultur. Sprache zwischen mentaler Struktur und kultureller Prägung. Berlin 2008, S. 174–189. Auch online unter Materialien zur Debatte: Zeitgeschichte der Begriffe? Perspektiven einer Historischen Semantik des 20. Jahrhunderts, in: Zeithistorische Forschungen/Studies in Contemporary History, Online-Ausgabe 7 (2010), H. 1, online unter http://www.zeithistorische-forschungen.de/16126041-Material-1-2010; hier http://www.zeithistorische-forschungen.de/Portals/_zf/documents/pdf/2010-1/Steinmetz-2008.pdf.

entwicklungen Historischer Semantik, unter denen abschließend vor allem transnationale Perspektiven auf die Zeitgeschichte betrachtet werden.

Lexikalische Begriffsgeschichte als Grundlagenforschung

Die »Geschichtlichen Grundbegriffe«,[8] herausgegeben von Otto Brunner, Werner Conze und Reinhart Koselleck und zwischen 1972 und 1997 in sieben umfangreichen inhaltlichen Bänden erschienen, bilden in ihrer maßgeblich von Reinhart Koselleck (1923–2006) entwickelten Konzeption das Standardwerk historiografisch-lexikalischer Begriffsgeschichte, das mit Kosellecks Erkenntnisinteresse an einer spezifisch modernen Selbstreflexion der Sprache zum Paradigma der Begriffsgeschichte wurde.[9]

Die Begriffsgeschichte konnte sowohl an ältere philosophische als auch geschichtliche Lexika[10] anschließen wie an Begriffsforschungen der 1920/30er-Jahre in verschiedenen Disziplinen, etwa von Erich Rothacker (Philosophiegeschichte), Werner Jäger (Altphilologie), Johannes Kühn (Geistesgeschichte), Carl Schmitt (Religionsgeschichte), Walter Schlesinger und Otto Brunner (Mediävistik).[11] In der französischen Geschichtswissenschaft ver-

8 Otto Brunner/Werner Conze/Reinhart Koselleck (Hrsg.), Geschichtliche Grundbegriffe. Historisches Lexikon zur politisch-sozialen Sprache in Deutschland, hrsg. im Auftrag des Arbeitskreises für moderne Sozialgeschichte e. V., 8 Bde., Stuttgart 1972–1997.

9 Zur Selbstreflexivität vgl. Reinhart Koselleck, Sozialgeschichte und Begriffsgeschichte, in: ders., Begriffsgeschichten. Studien zur Semantik und Pragmatik der politischen und sozialen Sprache; Frankfurt a. M. 2006 (zuerst 1986), S. 9–31, hier S. 21.

10 Vgl. etwa Rudolf Eucken, Die Grundbegriffe der Gegenwart. Historisch und kritisch entwickelt, 2. Aufl., Leipzig 1893 (zuerst erschienen unter dem Titel »Geschichte und Kritik der Grundbegriffe der Gegenwart«, Leipzig 1878). Eucken verstand Grundbegriffe als »Spiegel der Zeit«, S. 1 f. Siehe auch Rudolf Eisler, Wörterbuch der philosophischen Begriffe und Ausdrücke, Berlin 1899; Wörterbuch der philosophischen Begriffe. Historisch quellenmäßig bearbeitet von Rudolf Eisler, 3 Bde., Berlin 1910.

11 Vgl. die Hinweise von Reinhart Koselleck, Einleitung, in: ders. (Hrsg.), Historische Semantik und Begriffsgeschichte (= Sprache und Geschichte; 1), Stuttgart 1979, S. 9–16, hier S. 9.

knüpfte Lucien Febvre seit 1930 in einer lexikologischen Rubrik der Zeitschrift »Annales« die Bedeutungsgeschichten neugeprägter Schlüsselwörter und Sachen.[12]

Mit Blick auf die »Entstehung der modernen Welt« in der »Sattelzeit« von 1750–1850 kontextualisieren die »Geschichtlichen Grundbegriffe« die historischen Erfahrungen und Erwartungen anhand der Veränderung grundlegender Schlüsselbegriffe der politisch-sozialen Sprache.[13] Als Zugriff auf Vorstellungswelten und Deutungskonflikte nutzt der Ansatz die Komplexität von »Begriffen« als Begriffswort einerseits und als abstraktes, interpretationsbedürftiges Konzept andererseits, in dem sich eine Fülle von Wortbedeutungen abgelagert haben.[14] Das Konzept – die mit einer Wortbedeutung verbundene Vorstellung – beinhaltet bereits eine perspektivierte Deutungsleistung und bietet vielfältige Anschlussfähigkeit nicht nur an die Geschichte von Ideen, sondern darüber hinaus an politische, soziale und kulturelle Wandlungsprozesse.

Aufgrund dieser Doppelfigur repräsentieren Begriffe historische Problemfelder in verdichteter Form, gleichsam in Chiffren – ein für die Forschungspraxis ebenso stimulierender wie theoretisch problematischer Punkt.[15] Bedeutungswandel und Begriffsneubildungen werden gleichermaßen als Faktoren wie In-

12 Lucien Febvre, Les mots et les choses en histoire économique, in: Annales d'histoire économique et sociale 2 (1930), H. 6, S. 231–234. Die gleichnamige Zeitschriftenrubrik zitierte explizit die kultur- und sprachgeschichtliche Heidelberger Zeitschrift »Wörter und Sachen« (1909–1943/44). 1966 machte Foucault die Formulierung als Titel seiner »Archäologie des Geistes« sprichwörtlich (dt.: Die Ordnung der Dinge).

13 Vgl. zu den beiden für Koselleck zentralen Kategorien des »Erfahrungsraums« und des »Erwartungsraums«: Reinhart Koselleck, »Erfahrungsraum« und »Erwartungshorizont« – zwei historische Kategorien, in: ders., Vergangene Zukunft. Zur Semantik geschichtlicher Zeiten, Frankfurt a. M. 1989, S. 349–375. Zitate hier und im Folgenden aus den frühen Programmtexten: Reinhart Koselleck, Richtlinien für das Lexikon politisch-sozialer Begriffe der Neuzeit, in: Archiv für Begriffgeschichte 11 (1967), S. 81–99, hier S. 81 f.; ders., Einleitung, in: Brunner/Conze/ders. (Hrsg.), Geschichtliche Grundbegriffe, Bd. 1, Stuttgart 1972, S. XIII–XXVII.

14 Vgl. Koselleck, Einleitung (1972), S. XXII f.

15 Vgl. Clemens Knobloch, Überlegungen zur Theorie der Begriffsgeschichte aus sprach- und kommunikationswissenschaftlicher Sicht, in: Archiv für Begriffsgeschichte 35 (1992), S. 7–24, hier S. 23.

dikatoren geschichtlichen Wandels verstanden.[16] Dem liegt die Vorstellung zugrunde, dass begriffliche Innovationen und Neuprägungen historisch innovative Momente anzeigen: »Mit dem neuen Begriff zeigt sich ein neuer Sachverhalt.«[17] Begriffsbildungen und der sich wandelnde Wortgebrauch werden als sprachförmig kondensierte Antworten auf spezifische historische Herausforderungen begriffen. Das Erkenntnisinteresse zielt damit auf die Beziehungen zwischen dem Wortgebrauch eines Begriffs, den durch diesen ausgedrückten Konzepten und Vorstellungen sowie der »Sachgeschichte« politischer und sozialer Verhältnisse, die im Selbstverständnis der klassischen Begriffsgeschichte im Koselleckschen Sinn mit anderen historischen Methoden, insbesondere der Historischen Sozialwissenschaft, rekonstruiert wird.

Methodisch verknüpft die Begriffsgeschichte die historisch-kritische Text- und Kontextanalyse – sie identifiziert epochenspezifische Bedeutungsgehalte, fragt nach Autor, Adressat, *cui bono*, In- und Exklusion, sozialer Reichweite – mit sach- und geistesgeschichtlichen Fragestellungen und der Linguistik entlehnten semasiologischen (vom Wort auf seine Bedeutungen schließende) und onomasiologischen (von Bedeutungen auf den Wortgebrauch schließende) Analysen. Der Gegenstandsbereich ist zeitlich auf die Jahre von »1700 bis an die Schwelle unserer Gegenwart«[18] mit dem als »Schwellen-« oder »Sattelzeit« verstandenen Kernzeitraum von 1750–1850 begrenzt. Der Blick richtet sich auf Begriffsbildungen des deutschen Sprachraums (lateinische, französische und englische Parallelbegriffe punktuell einbeziehend) und thematisch auf die politisch-soziale Welt der Neuzeit.

Die Geschichte eines Begriffs setzt sich aus diachronen, punktuellen Einzelanalysen zu einer linearen Erzählung zusammen und identifiziert seismografisch die Momente – »innovative Wende- und Knotenpunkte«[19] – der Begriffsbildung, in denen moderne

16 Koselleck, Einleitung (1972), S. XIV.

17 Reinhart Koselleck, Preußen zwischen Reform und Revolution. Allgemeines Landrecht, Verwaltung und soziale Bewegung von 1791 bis 1848. 2. Aufl., Stuttgart 1975 (1. Aufl., 1967), S. 55.

18 Koselleck, Einleitung (1972), S. XIV.

19 Reinhart Koselleck, Vorwort, in: Brunner/Conze/ders. (Hrsg.), Geschichtliche Grundbegriffe, Bd. 7, Stuttgart 1992, S. V–VIII, hier S. VI.

Bedeutungen sich zu etablieren begannen, ältere verblassten und unverständlich wurden. Auf die Erfassung langer Dauer angelegt, präsentieren die Einzelartikel der »Geschichtlichen Grundbegriffe« ihre begriffsgeschichtlichen Funde zunächst in Schlaglichtern bezogen auf die antike Vorgeschichte und das Mittelalter, um sich in Analysen kleinerer Epochenschritte zu verdichten, bevor in der Mitte des 19. Jahrhunderts viele der Beiträge abbrechen, gegebenenfalls noch einen Ausblick wagen. Nur in einzelnen Beiträgen wie der monografiestarken Studie zum Begriffsset »Volk, Nation, Nationalismus, Masse« wird die Verlaufsgeschichte über die Zeit des Nationalsozialismus und als Parallelgeschichte von Bundesrepublik und DDR bis 1990 vorangetrieben.[20]

Deutlich liegt die Perspektive auf dem Anfang – orientiert auf die Genese, den Erstbeleg eines Begriffs oder die erste Exposition eines Problemzusammenhangs. In der Summe des durch alphabetische Anordnung neutralisierten Wörterbuchs setzt sich – so der Anspruch – ein Vokabular des politisch-sozialen Sprachgebrauchs der Moderne zusammen, als dessen Gründungsepoche die Periode der Sattelzeit erscheint. Im Ausmessen der Übereinstimmung und Unterscheidung älterer Begriffe und heutiger Erkenntniskategorien wird die Begriffsgeschichte für Koselleck zum »Propädeutikum für eine Wissenschaftstheorie der Geschichte«.[21] Hier wird der heuristische Wert der lexikalischen Begriffsgeschichte deutlich, die sich nicht nur als historische, sondern auch als historiografische Grundlagenforschung versteht.

Begriffsgeschichten – Umsetzungen und Kritik

Entwickelt für den sozialen und politischen Wandel in der Umbruchzeit zur Moderne, messen die lexikalischen Begriffsgeschichten vor allem diesen Epochenwechsel aus. Schon für das 19. Jahrhundert nimmt die Belegdichte der »Geschichtlichen Grundbegriffe« ab. Die Konzentration auf diese Übergangszeit

20 Reinhart Koselleck u. a., Volk, Nation, Nationalismus, Masse, in: Brunner/Conze/ders. (Hrsg.), Geschichtliche Grundbegriffe, Bd. 7, Stuttgart 1992, S. 141–431.

21 Koselleck, »Erfahrungsraum« und »Erwartungshorizont«, S. 350.

zur Moderne schlägt sich in den theoretisch-methodischen Positionierungen nieder. Mit den vier strukturierenden Voranahmen einer *Demokratisierung* – der sozialen Ausdehnung des Anwendungsbereichs vieler Begriffe –, einer *Verzeitlichung* der Bedeutungsgehalte durch Aufladungen mit spezifischen Erwartungen und Zielen, ihrer *Ideologisierbarkeit* sowie schließlich ihrer *Politisierung* durch die Vervielfältigung der Standortbezogenheit des Wortgebrauchs entsprechend der gesellschaftlichen Pluralisierung zielen die einzelnen begriffsgeschichtlichen Studien darauf, den Zusammenhang einer Transformationsepoche im Medium der politisch-sozialen Sprache zu erfassen.

Das Begriffsinventar verzeichnet 122 bisweilen zu Kleinmonografien angewachsene Artikel.[22] Belegt werden die breit zitierten Befunde vorrangig aus Wörterbüchern, Lexika und Enzyklopädien, Klassikern repräsentativer – theoretischer und, seltener, dichtender – Schriftsteller und Denker aus den politisch relevanten Disziplinen Philosophie, Ökonomie, Staatsrecht, Theologie und in geringerem Umfang aus Periodika und Pamphleten, Akten, Briefen und Tagebüchern. Die konzeptionell auf drei Ebenen angelegte Quellenauswahl sollte auf Grundlage einer Wörterbuchauswertung von Konversationslexika der »gelehrten« und »gebildeten Welt«, durch klassische große Texte nach oben und

22 Unternimmt man den Versuch einer Gliederung, so lassen sich politische Ordnungs- und Verfassungsbegriffe (Verfassung, Demokratie, Diktatur, Grundrechte, Ausnahmezustand), Schlüsselworte und Grundkategorien der politischen, wirtschaftlichen und gesellschaftlichen Organisation (Aufklärung, Fortschritt; Herrschaft, Macht; Revolution; Ehre), Konzeptualisierungen historischer Großprozesse (Säkularisierung), übergreifende Konzeptbegriffe (wie Interesse, Vertrag; Gesellschaft, Öffentlichkeit), Selbstbenennungen von Wissenschaften, die sich diesen politisch-sozialen Phänomenen widmen (Geschichte, Pädagogik, Soziologie), Leitbegriffe politischer Bewegungen und deren Schlagworte (Arbeit, Freiheit, Gleichheit, Emanzipation), Bezeichnungen sozialer Schichtung (Adel, Angestellte, Bürger, Unternehmer) sowie theoretisch anspruchsvolle Kernbegriffe auch der Ideologien, die den politischen Handlungsraum und die Arbeitswelt auslegen und ›auf den Begriff bringen‹ (Friede, Imperialismus, Rasse) unterscheiden. Schwerpunktartikel erfassen zusammengehörige Wortgruppen und Begriffsnetze wie »Revolution, Rebellion, Aufruhr und Bürgerkrieg« oder »Volk, Nation, Nationalismus, Masse«.

alltagsnähere Textsorten auch nach unten vertieft werden.[23] Die beabsichtigte Streuweite »weit in den Alltag hinein«[24] weisen jedoch die wenigsten Einträge auf.

Aus der Konzeption der »Geschichtlichen Grundbegriffe«, in den 1960/70er-Jahren in Auseinandersetzung mit der in Westdeutschland dominierenden Sozialgeschichte entwickelt, ergeben sich notwendig Auslassungen. Die theoretisch zwar beabsichtigte,[25] in der Praxis aber oft begrenzte sozialhistorische Unterfütterung der Begriffsgeschichte, deren Textbelege eine sozial und medial enge Auswahl von Sprechenden privilegieren und so weitgehend auf die politisch-soziale Semantik der Bildungsschichten beschränkt sind, war anfangs ein methodischer Hauptkritikpunkt.[26] Tatsächlich blieben unter der einseitigen Betonung kanonischer Autoren und sogenannter Höhenkamm-Texte die weniger prominent in gedruckten Schriftquellen aufzuspürenden Niederungen der Alltagssprache ausgeklammert – auch wenn Koselleck ein alltagssprachlich sensibles »Ohr« für sich in Anspruch nahm.[27]

Die Forderung, ideengeschichtliche Gipfelwanderungen zugunsten sozialer Repräsentativität aufzugeben,[28] setzte das parallele Handbuchprojekt für die politisch-soziale Sprache Frankreichs um, das 20 Bände vorgelegt hat. Das »Handbuch politisch-sozialer Grundbegriffe in Frankreich 1680–1820« fokussiert den Grundwortschatz der französischen Geschichte in ihrer prägenden Umbruchphase zeitlich wie geografisch auf das gesellschaftliche Umfeld Frankreichs zwischen Ancien Régime und Restauration. Die leitende Fragestellung thematisiert den Sprach- und Bedeutungs-

23 Koselleck, Richtlinien, S. 97.

24 Koselleck, Einleitung (1972), S. XXIV.

25 Koselleck, Sozialgeschichte und Begriffsgeschichte, S. 9–31.

26 Für eine bilanzierende Kritik vgl. Rolf Reichardt, *Historische Semantik* zwischen *lexicométrie* und *New Cultural History*. Einführende Bemerkungen zur Standortbestimmung, in: ders. (Hrsg.), Aufklärung und Historische Semantik. Interdisziplinäre Beiträge zur westeuropäischen Kulturgeschichte (Zeitschrift für Historische Forschung, Beiheft 21), Berlin 1998, S. 7–28, hier insb. S. 7–22.

27 Koselleck, Vorwort (1992), S. V.

28 Vgl. z. B. James J. Sheehan, Begriffsgeschichte. Theory and Practice, in: Journal of Modern History 50 (1978), S. 312–319, hier S. 318; Knobloch, Überlegungen, hier S. 10–12.

wandel, der dem Epochenereignis der Französischen Revolution vorausging, von ihr bewirkt und beschleunigt wurde. Der Anspruch, auf einem »Mittelweg« zwischen computergestützter lexikometrischer Wortfrequenzanalyse und Begriffsgeschichte eine »sozialhistorische Semantik« zu erschließen, zielt auf breiter Materialbasis darauf, den Wandel von Wortbedeutungen zu erfassen.[29] Die Materialauswahl schließt u. a. literarische Quellen, Zeitschriften und Flugschriften ein, vor allem aber – um die Semantik der nichtalphabetisierten Mehrheiten nicht zu ignorieren – auch das populäre Liedgut und die kollektive Bildwelt, insbesondere anhand von Flugblattgrafiken. Diese materielle Erweiterung wird aktuell in einem Lexikon zur Ikonografie der Französischen Revolution weitergeführt, das Bildsemantiken erschließt.[30]

Gegenüber dem begriffsgeschichtlichen Fokus auf Einzelkonzepte wird in der Intellectual History und den als *Cambridge School* zusammengefassten, zeitgleich für die englische Geschichte entwickelten Ansätzen von Quentin Skinner und John G. A. Pocock eine ausgeweitete Sprachbasis untersucht und vor allem ideengeschichtlich kontextualisiert. In Anknüpfung an die Sprechakt-Theorie identifizieren sie spezifische historisch-politische Sprachen der Neuzeit, indem sie diese »languages of political discourse« auch jenseits ihres Vokabulars – einschließlich ihrer Grammatik und Rhetorik – erschließen.[31]

29 Rolf Reichardt, Einleitung, in: ders., Eberhard Schmitt (Hrsg.), Handbuch politisch-sozialer Grundbegriffe in Frankreich 1680–1820, Heft 1/2, München 1985, S. 39–148, hier S. 22–26.

30 Wolfgang Cilleßen/Rolf Reichardt/Martin Miersch (Hrsg.), Lexikon der Revolutions-Ikonographie in der europäischen Druckgraphik 1789–1889, online unter http://www.uni-giessen.de/cms/fbz/fb04/institute/geschichte/fruehe_neuzeit/lexikon-der-revolutions-ikonographie; sowie Rolf Reichardt, Wortfelder – Bilder – Semantische Netze. Beispiele interdisziplinärer Quellen und Methoden in der Historischen Semantik, in: Gunther Scholtz (Hrsg.), Die Interdisziplinarität der Begriffsgeschichte, Hamburg 2000, S. 111–134.

31 John G. A. Pocock, Concepts and Discourses: A Difference in Culture? Comment on a Paper by Melvin Richter, in: Hartmut Lehmann/Melvin Richter (Hrsg.), The Meaning of Historical Terms and Concepts. New Studies on »Begriffsgeschichte« (= German Historical Institute Washington, Occasional Paper 15), Washington 1996, S. 47–58, hier S. 58. Vgl. dazu konzise: Jörn Leonhard, Grundbegriffe und Sattelzeiten – Languages and

Aus der theoretischen Vorannahme, dass Geschichte sich in bestimmten Begriffen niederschlage und die in ihnen gespeicherte historische Erfahrung analysierbar sei, und aus der Beschränkung auf historisch überlieferte, durchgesetzte Begrifflichkeiten folgt eine systematische doppelte Fehlstelle: Einerseits wird Wissen ausgeblendet, das ohne Verwendung einschlägiger Begrifflichkeiten (oder Gegenbegriffe) artikuliert wurde, andererseits Wissen, das sprachlich alternativ artikuliert wurde. Dieser Zugriff hat der Begriffsgeschichte die grundlegende theoretische Kritik eingetragen, sie unterschätze die Gestaltungskraft von Ideen einerseits und von Sprache und ihrer performativen Bedeutung andererseits, zumal sie Sprache weitgehend als Faktor und Reflex einer außersprachlichen Wirklichkeit begreife.[32]

Ganz anders waren Kritiken gelagert, die bemängelten, die Begriffsgeschichte überschätze die Wirkmacht begrifflich abgelagerter Bedeutung als Agenten historischen Wandels.[33] In der Konzentration auf semantische Verlaufsstudien und Belegsammlungen ist die Begriffsgeschichte der »Geschichtlichen Grundbegriffe« für Kritiker daher nach wie vor eine Form der traditionellen Ideengeschichte, die sie eigentlich überwinden wollte.[34] Diese vielfach geforderte stärkere Berücksichtigung des je spezifischen (sozialen, politischen, zeitlichen) Kommunikationsraums und seiner Kontexte hatten die »Grundbegriffe« aus forschungs-

Discourses: Europäische und anglo-amerikanische Deutungen des Verhältnisses von Sprache und Geschichte, in: Rebekka Habermas/Rebekka von Mallinckrodt (Hrsg.), Interkultureller Transfer und nationaler Eigensinn. Europäische und anglo-amerikanische Positionen der Kulturwissenschaften, Göttingen 2004, S. 71–86, bes. S. 79–85.

32 Vgl. exemplarisch Knobloch, Überlegungen.

33 Als Kritik von Kosellecks »Historie einer belebten, animierten, dynamischen Begriffswelt« vgl. Dietrich Busse, Begriffsgeschichte oder Diskursgeschichte? Zu theoretischen Grundlagen und Methodenfragen einer historisch-semantischen Epistomologie, in: Carsten Dutt (Hrsg.), Herausforderungen der Begriffsgeschichte (= Beiträge zur Philosophie; Neue Folge), Heidelberg 2003, S. 17–38, hier S. 22.

34 Dietrich Busse, Historische Semantik. Analyse eines Programms, Stuttgart 1987, S. 50–60 sowie 71–76, der den Mangel eines sprachtheoretisch reflektierten Begriffs von »Begriff« beklagt, sowie zusammenfassend Reichardt, Historische Semantik, S. 13; zum begriffsgeschichtlichen Anspruch vgl. Koselleck, Einleitung (1972), S. XIX ff.

und vor allem darstellungspragmatischen Gründen nicht aufgenommen,[35] sodass heute eine Bilanz von vierzig Jahren begriffsgeschichtlicher Forschung vor allem die deskriptive Leistung für Prozesse semantischen Wandels würdigen kann, auch wenn zur Erklärung dieser Veränderungen das verwendete Instrumentarium letztlich zu begrenzt erscheint.[36]

Neue Perspektiven der Begriffsgeschichte

Als *Conceptual History* agiert auch die klassische Begriffsgeschichte längst internationalisiert, mit herausragenden Zentren u. a. in Finnland, den Niederlanden und im hispanischen Raum.[37] Die Lebendigkeit dieses Feldes demonstriert *Iberconceptos*, ein Forschungsnetzwerk, welches sich einer transatlantisch-verflochtenen Begriffsgeschichte und Historischen Semantik der spanisch- und portugiesischsprachigen Welt widmet.[38] Auf der Basis eines nationalen spanischen sozial-politischen Begriffslexikons – das auch dem 19. und 20. Jahrhundert als Einheit je einen Einzelband wid-

35 Koselleck, Einleitung, in: ders. (Hrsg.), Historische Semantik und Begriffsgeschichte, S. 9.

36 Steinmetz, Vierzig Jahre Begriffsgeschichte, S. 183.

37 Vgl. z. B. die internationalen Forschungsforen History of Political and Social Concepts Group (HPSCG), online unter http://www.hpscg.org; Concepta, International Research School in Conceptual History and Political Thought, online unter http://www.concepta-net.org; sowie die neueren Fachzeitschriften »Redescriptions. Yearbook of Political Thought and Conceptual History« (seit 1997, bis 2002 unter dem Titel »Finnish Yearbook of Political Thought«), und »Contributions to the History of Concepts« (seit 2005).

38 Iberconceptos. Proyecto y Red de Investigación en Historia Conceptual Comparada del Mundo Iberoamericano, www.iberconceptos.net. Zur Konzeption vgl. Noemí Goldman, Un dictionnaire de concepts transnationaux: Le projet »Iberconceptos«, in: Hermès 49 (2007), S. 77–82; Javier Fernández Sebastián/Juan Francisco Fuentes, Von der Geistesgeschichte zur historischen Semantik des politischen Wortschatzes. Ein spanischer Versuch in der Begriffsgeschichte, in: Archiv für Begriffsgeschichte 46 (2004), S. 225–239, sowie Gabriel Entin/Jeanne Moisand, The Iberian-American Alphabet of Political Modernity. Interview with Javier Fernández Sebastián, in: Books & Ideas, 10 June 2011, online unter http://www.booksandideas.net/The-Iberian-American-Alphabet-of.html.

met[39] – wurde das Netzwerkprojekt mit mehr als hundert Forscher/innen in zwölf Ländern auf die transatlantische Kultur in der begriffsgeschichtlichen Schlüsselzeit (Mitte des 18. bis Mitte des 19. Jahrhunderts) überregional ausgeweitet und verknüpft lokale, nationale und globale Perspektiven. Um die Projektion eines westlichen Modernekonzepts auf den amerikanischen Raum zu vermeiden, stehen nicht die Produktion und Zirkulation von Ideen und Begriffen im Mittelpunkt, sondern Prozesse der (Wieder-)Aneignung und Neuerfindung. Der Historisierung von Kernkonzepten im Rahmen einer flexiblen Anwendung methodischer Instrumente der Begriffsgeschichte sowie der *Cambridge School* sollen in einem späteren Projektschritt Studien über semantische Felder etwa ethnischer Klassifizierungen und sozialer Identitäten folgen.

Transnationale oder globale Perspektiven stellen eine besondere Herausforderung für die Historische Semantik dar. Wo vergleichende oder transfergeschichtliche Begriffsgeschichten in unterschiedlichen Sprachen und Kulturen nicht auf bereits erschlossene Begriffsgeschichten für Länder und Sprachräume aufbauen können, begegnen sie ihren Schwierigkeiten bereits im Ansatz.[40] Anstatt die Verwandtschaft von Äquivalenzbegriffen vorauszusetzen und diese »nominalistisch« zu vergleichen, fragen funktionale Vergleiche daher zunächst nach äquivalenten historischen Erfahrungen, die in ihren jeweiligen Sprachen auf den Begriff gebracht werden.[41] Andererseits gehören kulturelle Einfluss- und Übersetzungsprozesse eng zu semantischen Untersuchungen, die

39 Javier Fernández Sebastián/Juan Francisco Fuentes (Hrsg.), Diccionario político y social del siglo XIX español, Madrid 2002; dies. (Hrsg.), Diccionario político y social del siglo XX español, Madrid 2008; Javier Fernández Sebastián/Crisóbal Aljovín de Losada (Hrsg.), Diccionario político y social del mundo iberoamericano, Madrid 2009.

40 Willibald Steinmetz begreift solche begriffsgeschichtlichen Studien für einzelne Länder und Sprachräume als Voraussetzung für transfergeschichtliche Arbeiten: Steinmetz, Vierzig Jahre Begriffsgeschichte, S. 190, 193.

41 Margrit Pernau, Gab es eine indische Zivilgesellschaft im 19. Jahrhundert? Überlegungen zum Verhältnis von Globalgeschichte und historischer Semantik, in: Traverse 3 (2007), S. 51–66. Zur Kritik der Übersetzungsfalle »semantischer Nominalismus«: Jörn Leonhard, Von der Wortimitation zur semantischen Integration. Übersetzung als Kulturtransfer, in: Werkstatt Geschichte 48 (2008), S. 45–63, hier S. 45.

anhand von Übergängen und Übernahmen aus den klassischen Schriftsprachen in die Volkssprachen stets kulturelle Transfer- und semantische Interaktionsprozesse betrachten.[42] Mit der Untersuchung von Wortimporten, Innovationen oder Übersetzungen zielen sie ohnehin auf die Überschreitung von Kommunikationsräumen und rekonstruieren, wie Akteure transnationale Kontexte über den sprachlichen und begrifflichen Austausch konstituierten.

Daher liegt die Forderung nahe, die Verflechtungs- und Beziehungsgeschichte zwischen unterschiedlichen Sprachräumen nicht nur zu beschreiben, sondern zum Analysegegenstand zu machen.[43] Dem Wagnis, sich einer solchen globalhistorischen Semantik anzunähern, stellen sich komplexe, interregional angelegte Verbundprojekte, die hohe sprachliche, kulturelle und historische Sensibilität und Expertise erfordern.[44] Das Erkenntnispotenzial transkultureller Bedeutungsgeschichten ist insbesondere in den Differenzen, aber auch Konvergenzen zwischen westlichen, europäischen und außereuropäischen Konzeptionen und Begriffen zu sehen, die immer auch die Rolle von politischen Machtverhältnissen auf dieser kulturellen Ebene beschreiben. Indem diese Studien ihren Fokus auf Kommunikationsprozesse, Transfers und Übersetzungen richten, können subtile und unsichtbare Hierarchien,

42 Vgl. z.B. den Konzeptwandel hinter den Eindeutschungen der mittelalterlichen lateinischen Begriffe *publicus* zu einer Öffentlichkeit oder von »gens/regnum/populus« zu einem »Volk«.

43 Vgl. Jani Marjanen, Undermining Methodological Nationalism. Histoire croisée of Concepts as Transnational History, in: Mathias Albert u. a. (Hrsg.), Transnational Political Spaces. Agents – Structures – Encounters (= History of Political Communication; 18), Frankfurt a. M. 2009, S. 239–263, hier S. 240.

44 Vgl. z.B. die laufenden Kooperationsprojekte zur Aneignung von Konzepten des Sozialen und Ökonomischen im europäischen und asiatischen Raum »Civility, Virtue and Emotions in Europe and Asia. History of Concepts as Entangled History«, des Max-Planck-Instituts für Bildungsforschung (Margrit Pernau) und der Universität Oslo (Helge Jordheim), sowie demnächst Hagen Schulz-Forberg/Morakot Jewachinda-Meyer (Hrsg.), Appropriating the Social and the Economic. Asian Translations, Conceptualizations and Mobilisations of European Key Concepts from the 1860s to the 1940s. Zur begriffsgeschichtlichen Verflechtungsgeschichte demnächst Margrit Pernau, Whither Conceptual History? From National to Entangled History, in: Contributions to the History of Concepts 7 (2012), H. 1.

Vorannahmen und Vorverständnisse in den Beziehungen und Austauschprozessen thematisiert und analysiert werden.

Einen weiteren Schwerpunkt begriffsgeschichtlicher Forschung bilden derzeit Studien zur interdisziplinären Wissens- und Wissenschaftsgeschichte, welche die Nähe zu diskursanalytischen Untersuchungen von Wissensordnungen spiegeln.[45] Die Analyse kultureller Prägungen und politischer Kontexte naturwissenschaftlicher Kategorien und Begriffe sowie der dieses Wissen strukturierenden Semantiken trägt nicht zuletzt zu der kritischen Historisierung ihres Objektivitätsanspruchs bei. Dieser wissensgeschichtliche Ansatz hat in den »Ästhetischen Grundbegriffen« auch lexikalische Gestalt gewonnen. Das jüngste der deutschsprachigen begriffsgeschichtlichen Wörterbücher nahm in seinem Konzept viele Kritikpunkte an der Begriffsgeschichte auf. Das 2000 bis 2005 publizierte, noch in der Akademie der Wissenschaften der DDR konzipierte Sammelwerk benennt die Gegenwart offensiv als Fluchtpunkt historischer Begriffsarbeit und begreift alle Begriffsgeschichte als »Vorgeschichte gegenwärtiger Begriffsverwendung«.[46] Trotz enzyklopädischer Anlage wird die Offenheit und Unabgeschlossenheit der Wissensbestände betont. Neben einem historistischen Objektivitätsideal wurde auch die prospektive begriffsgeschichtliche Erzählung Koselleckscher Redaktionsvorgaben verabschiedet, da diese dazu führe, eine chronologische Entwicklungslinie zu konstruieren, die Invarianzen ausgrenze und zeitgebundene Motivationen nicht ausreichend reflektiere. Programmatisch sollten deshalb die »Bedingungen der

45 Vgl. zuletzt das Themenheft »Interdisziplinäre Begriffsgeschichten«, Trajekte. Zeitschrift des Zentrums für Literatur- und Kulturforschung 12 (2012), Nr. 24; Lutz Danneberg/Carlos Spoerhase/Dirk Werle (Hrsg.), Begriffe, Metaphern und Imaginationen in Philosophie und Wissenschaftsgeschichte, Wiesbaden 2009; Michael Eggers/Matthias Rothe (Hrsg.), Wissenschaftsgeschichte als Begriffsgeschichte. Terminologische Umbrüche im Entstehungsprozess der modernen Wissenschaften, Bielefeld 2009; Ernst Müller/Falko Schmieder (Hrsg.), Begriffsgeschichte der Naturwissenschaften: Zur historischen und kulturellen Dimension naturwissenschaftlicher Konzepte, Berlin 2008; Ekkehard Felder (Hrsg.), Semantische Kämpfe. Macht und Sprache in den Wissenschaften, Berlin 2006.

46 Karlheinz Barck u. a., Vorwort, in: dies. (Hrsg.), Ästhetische Grundbegriffe (ÄGB). Historisches Wörterbuch in 7 Bänden, Stuttgart 2000–2005, Bd. 1, Stuttgart 2000, S. VII–XIII, hier S. VIII.

ästhetischen Moderne, die eher auf Differenzen als auf Identitäten setzt«, auch die historische Arbeit leiten.[47]

Historische Semantik

Als undogmatische Sammelbezeichnung für die Erforschung semantischer Veränderungsprozesse, aber durchaus mit systematischem Anspruch hat sich mittlerweile der Terminus *Historische Semantik* interdisziplinär etabliert.[48] Kulturwissenschaftliche und sprachgeschichtliche Impulse öffnen die begriffsgeschichtliche Methodik sowohl hinsichtlich des untersuchten Kommunikationsprozesses wie der historischen Analyse. Um die isolierte Betrachtung von Einzelbegriffen zu überwinden, weiteten sie vor allem die analytische Sonde aus, von einzelnen Termini auf Begriffscluster, semantische Netze, Felder und Argumentationen.[49] Anstatt der Setzung von Begriffen, denen der Status eines hochaggregierten Grundbegriffs unterstellt (und damit konstituiert) wird, besteht der erste Schritt in der Identifikation prominenter Themen, Begriffe, Topoi und Figuren, Chiffren oder ganzer »Sprachen« (mit je eigenem Vokabular, eigener Grammatik und Rhetorik) in einem Zeit- und Sprachraum. Diese organisieren Diskurse, gehen aber unter Umständen nicht »nominalistisch« in der historischen Verwendung des einschlägigen Vokabulars auf.[50]

Auf das soziale Wissen, das nicht oder nicht nur in einem Schlüsselbegriff kondensiert oder sich aktualisiert, zielen weiter

47 Barck u. a., Vorwort, S. VIII.

48 Vgl. aus philosophischer Perspektive: Ralf Konersmann, Wörter und Sachen. Zur Deutungsarbeit der Historischen Semantik, in: Ernst Müller (Hrsg.), Begriffsgeschichte im Umbruch?, Hamburg 2005, S. 21–32, hier S. 25; aus linguistischer Perspektive: Busse, Begriffsgeschichte oder Diskursgeschichte?, S. 22 f.

49 Vgl. das frühe Plädoyer für eine Argumentationsgeschichte: Heiner Schultz, Begriffsgeschichte und Argumentationsgeschichte, in: Koselleck (Hrsg.), Historische Semantik und Begriffsgeschichte, S. 43–74, bes. S. 67–74.

50 Als Kritik einer »nominalistischen« Vorgehensweise vgl. Willibald Steinmetz, Neue Wege einer Historischen Semantik des Politischen, in: ders. (Hrsg.), »Politik«. Situationen eines Wortgebrauchs im Europa der Neuzeit (= Historische Politikforschung; 14), Frankfurt a. M./New York 2007, S. 9–40, hier S. 15.

ausgreifende, diskursgeschichtliche Analysen von semantischen Beziehungsnetzen, ganzen Argumentationsmustern oder Topoi, die auch implizite Phänomene erfassen.[51] In zeitlicher Öffnung soll die vor-begriffliche Epoche einer Bedeutung, die Begriffsgeschichte *vor* dem »Sprung auf die Bühne des Wissens« (Michel Foucault) erschlossen werden; schließlich gehe die fachwissenschaftliche Adelung eines Begriffs mitunter mit dessen diskursivem Bedeutungsverlust einher.[52] Ein vom Indikatorbegriff emanzipierter Zugang ermöglicht zudem, »blinde Flecken« von Begriffsdurchsetzungsgeschichten zu erschließen, die als Semantiken des Vergessenen und Verdrängten historisch ebenso relevant sind[53] – ein zumal für das 20. Jahrhundert entscheidender Aspekt, wenn man etwa an die Nachkriegsgeschichten verdrängter Schuld- oder Gewalterfahrung denkt. Und schließlich erlaubt er, die Geschichte einer Begriffsdurchsetzung stärker prozessual zu rekonstruieren. Mit der eigenen Terminologie wird so auch der analytische Ansatzpunkt der wortbezogenen Begriffsgeschichte reflektiert. Demnach müsste die Historische Semantik eine bewusste, reflektierte Beschreibung von Strukturen und Voraussetzungen gesellschaftlichen Wissens anhand von politisch-sozialen Sprachen und Grammatiken, Bedeutungen und im spezifischen Sinn dann auch von Begriffen, Mode- und Schlagwörtern vorantreiben.[54]

51 Martin Wengeler, Tiefensemantik – Argumentationsmuster – soziales Wissen: Erweiterung oder Abkehr von begriffsgeschichtlicher Forschung?, in: Müller (Hrsg.), Begriffsgeschichte im Umbruch?, S. 131–146, hier S. 131. Für Beispiele vgl. Dietrich Busse/Fritz Hermanns/Wolfgang Teubert (Hrsg.), Begriffsgeschichte und Diskursgeschichte. Methodenfragen und Forschungsergebnisse der historischen Semantik, Opladen 1994, sowie bereits die kritische Koselleck-Aneignung in Richtung einer linguistisch fundierten Epistemologie bei Busse, Historische Semantik.

52 Ernst Müller, Einleitung. Bemerkungen zu einer Begriffsgeschichte aus kulturwissenschaftlicher Perspektive, in: ders. (Hrsg.), Begriffsgeschichte im Umbruch?, S. 9–20, hier S. 16.

53 Ebd., sowie die Überlegungen von Lucian Hölscher, Hermeneutik des Nichtverstehens, in: ders., Semantik der Leere. Grenzfragen der Geschichtswissenschaft, Göttingen 2009, S. 226–239.

54 Dietrich Busse, Architektur des Wissens. Zum Verhältnis von Semantik und Epistomologie, in: Müller, Begriffsgeschichte im Umbruch?, S. 43–57, hier S. 56.

Neben größeren semantischen Worteinheiten wird in der Historischen Semantik zudem die Sprachpragmatik einbezogen, um in der Beobachtung sprachlicher Interaktion in kürzeren Zeit- und konkreten Handlungsräumen »*Situationen* des Wortgebrauchs«, mikrodiachrones sprachliches Handeln – »Umschreibungen, Metaphern, Visualisierungen und symbolisches Handeln« – zu erfassen.[55] Weniger erprobt als theoretisch vorformuliert ist noch die Analyse der performativen Bedeutungsebenen von Kommunikationssituationen.[56] Zu den fruchtbaren, noch stark ausbaufähigen methodischen Erweiterungen Historischer Semantik zählt auch die Aufmerksamkeit für Bildsprachen und bildliche Quellen, deren Präsenz und ikonografische Aufladung zumal für das 20. Jahrhundert besonders relevant scheinen.[57]

Wie, durch welche Medien und mit welcher Reflexion ein Problem zu bestimmten Zeitpunkten vergegenwärtigt wird – ob sprachlich durch abstrakte bzw. alltagssprachliche Begriffe und Sprachen oder nichtsprachlich in Bildern, Gesten, performativen Praktiken –, ist Teil der Fragen einer umfassend verstandenen Historischen Semantik.[58] Die Untersuchung verlagert sich also von der Geschichte von Begriffen auf identifizierbare Konstellationen von Kommunikation, deren Bedingungen und Kontexte, Akteure und Medien ihrerseits genau situiert werden. Im Vergleich zur überblicksartigen Begriffsgeschichte konzentrieren sich Untersuchungen Historischer Semantik stärker auf exemplarische Fallstudien kennzeichnender Umbruchsituationen. Ihr Mehrwert liegt

55 Steinmetz, Neue Wege einer Historischen Semantik, S. 15 f.

56 Vgl. anschaulich Angelika Linke, Politics as Lingustic Performance: Function and ›magic‹ of Communicative Practises«, in: Willibald Steinmetz (Hrsg.), Political Languages in the Age of Extremes (= Studies of the German Historical Institute London), Oxford 2011, S. 53–66.

57 Vgl. z. B. Judith Devlin, Visualizing Political Language in the Stalin Cult: The Georgian Art Exhibition at the Tretyakov Gallery, in: Steinmetz (Hrsg.), Political Languages in the Age of Extremes, S. 83–102, sowie Bettina Brandt, Politik im Bild? Überlegungen zum Verhältnis von Begriff und Bild, in: Steinmetz (Hrsg.), »Politik«, S. 41–73.

58 Steinmetz, Neue Wege einer Historischen Semantik, S. 24. Zur Berücksichtigung der Medialität vgl. demnächst Alf Lüdtke, History of Concepts, New Edition – Suitable for a Better Understanding of Modern Times?, in: Contributions to the History of Concepts 7 (2012), H. 2.

in einem differenzierten Bild verdichteter Kommunikationssituationen, in denen politische und gesellschaftliche Machtverhältnisse analysiert werden. Diese Präzisierung wird besonders augenfällig bei der Diktaturanalyse, wenn etwa die Vielschichtigkeit vermeintlich simpler Propagandastrategien oder schlicht die reale Bedeutung sprachlicher Gewalt expliziert werden können.[59] Eine ähnliche Perspektive eröffnen auch Forschungen des Anthropologen Alexei Yurchak, der die ritualisierte und standardisierte offizielle Politsprache im sowjetischen Spätsozialismus als eine »hypernormalisierte« Sprache beschrieben hat – eine sprach- und formsensible Analyse, die sich auch auf aktuelle Entwicklungen des postmodernen Liberalismus anwenden lässt.[60]

Mit Blick auf Bedeutungsartikulationen und die Zirkulation und Fixierung von Bedeutungen, auf ihre Aneignung und Re-Kreation wird die grundsätzliche Offenheit und Komplexität kommunikativer Situationen wie die Unabgeschlossenheit der Bedeutungsgeschichte betont. Dies ermöglicht, Kontingenz wie Konkurrenz historischer Bedeutungsproduktionen herauszustellen sowie unterschiedliche Lesarten, Interpretationen, Auslegungen und Perspektiven breit aufzufächern. Eine hermeneutisch reflektierte Bedeutungsgeschichte versteht der Philosoph Ralf Konersmann daher als stets »kontributiv und rhapsodisch, nicht als ultimativ«.[61] Andererseits schärft diese Herangehensweise den Blick auf kommunikative Strategien und die ihnen zugrundeliegenden Machtverhältnisse, indem der Prozess der Bedeutungsaushandlung und der Ausbildungen fester oder zumindest dominanter Bedeutungen selbst zum Thema wird. Damit trägt die Historische Semantik zu einer sprachlich reflektierten Kulturgeschichte des Politischen bei, in der stärker als in der Begriffsgeschichte auch die Bedingungen der Möglichkeiten von Aus-

59 Vgl. exemplarisch Devlin, Visualizing Political Language; sowie Thomas Pegelow Kaplan, The Language of Nazi Genocide. Linguistic Violence and the Struggle of Germans of Jewish Ancestry, Cambridge 2009.

60 Vgl. Alexei Yurchak, Everything was Forever until it was no More. The Last Soviet Generation, Princeton 2006, hier S. 50, sowie Dominic Boyer/Alexei Yurchak, American Stiob. Or, what Late Socialist Aesthetics of Parody Reveal about Contemporary Political Culture in the West, in: Cultural Anthropology 25 (2010), H. 2, S. 179–221.

61 Konersmann, Schleier des Timanthes, hier S. 19.

sagen in spezifischen Diskursen in den Blick geraten können. Als Sammelbegriff erlaubt Historische Semantik eine Pluralität der Zugriffe und Schwerpunktsetzungen. Dies mag die Definition erschweren. Eine solche Offenheit erscheint aber nicht zuletzt angemessen, um sich der unübersichtlichen Moderne des 20. Jahrhunderts zu nähern und die Spezifika ihrer politisch-sozialen Sprachen und Sprechweisen differenziert zu betrachten.

Begriffsgeschichte und Historische Semantik der Zeitgeschichte

Aufgrund der traditionellen Konzentration semantischer Studien auf die Sattelzeit der sich herausbildenden Moderne ist der Ansatz für die Hochmoderne und das gesamte 20. Jahrhundert weit weniger entwickelt und erprobt. Erschließen die empirischen Befunde der »Geschichtlichen Grundbegriffe« bereits weite Teile des 19. Jahrhunderts nicht, ist das vergangene Jahrhundert bisher kaum Gegenstand ihrer Analyse geworden, auch wenn einige Hypothesen bis in das 20. Jahrhundert hinein empirisch tragen und ihre »Fortschreibung« wünschenswert machen.[62]

Die ereignis- und mentalitätsgeschichtlich umwälzende Epoche der Hochmoderne (hier verstanden als Zeitraum von 1890 bis 1970) ist nicht nur in Europa durch einen radikalen Wandel der Kommunikationsvoraussetzungen und -möglichkeiten gekennzeichnet. Prägende Faktoren sind die Ausbildung der mo-

62 Vgl. Kathrin Kollmeier/Stefan-Ludwig Hoffmann, Einleitung zur Debatte: Zeitgeschichte der Begriffe? Perspektiven einer Historischen Semantik des 20. Jahrhunderts, in: Zeithistorische Forschungen/Studies in Contemporary History, 7 (2010), H. 1, S. 75–78, online unter http://www.zeithistorische-forschungen.de/16126041-Kollmeier-Hoffmann-1-2010, und hier insb. die Beiträge von Paul Nolte, Vom Fortschreiben und Umschreiben der Begriffe. Kommentar zu Christian Geulen, in: Zeithistorische Forschungen 7 (2010), H. 1, S. 98–103, hier S. 101, online unter http://www.zeithistorische-forschungen.de/16126041-Nolte-1-2010; sowie Theresa Wobbe, Für eine Historische Semantik des 19. und 20. Jahrhunderts. Kommentar zu Christian Geulen, in: Zeithistorische Forschungen 7 (2010), H. 1, S. 104–109, hier S. 105, online unter http://www.zeithistorische-forschungen.de/16126041-Wobbe-1-2010.

dernen Massenmedien, das gewandelte Verständnis von Politik und die Radikalisierung des politischen Sprechens im »Zeitalter der Extreme« sowie die Diktaturerfahrungen mit der besonderen Rolle gesteuerter, kontrollierter und subversiver Kommunikation, schließlich ihre Verarbeitung und der Aufstieg neuer sprachkritischer Debatten, etwa anhand des Begriffs der »Political Correctness«.[63] Schließlich zählen auch die Emanzipation von Frauen und gesellschaftlichen Gruppen zu den neuen Bedingungen politischen Sprechens und politischer Sprachen in der Moderne. Historiografisch wurde die Geschichte des vergangenen Jahrhunderts vielfach in den Begriffen beschrieben, in denen es wahrgenommen wurde.[64] Angesichts der Internationalisierung und zunehmenden Verflechtung der politischen Kommunikationsräume, der breiten sozialen Ausweitung der Sprecherkreise in den Massengesellschaften, der zeitlichen Nähe zum Gegenstand und der Fülle verfügbaren Quellenmaterials sind eine Historische Semantik wie eine Begriffsgeschichte des 20. Jahrhunderts mit den für die Zeitgeschichte charakteristischen Herausforderungen konfrontiert. Die methodisch-theoretische und perspektivische Ausdifferenzierung kulturgeschichtlicher Ansätze bietet zugleich neue Impulse gerade für eine Geschichtsschreibung sprachlichen und kulturellen Bedeutungswandels. Neben transkulturellen Reflexionen markiert die geschlechterspezifische Perspektive eine besonders auffällige Leerstelle der primär ideen- und sozialgeschichtlich ausgerichteten Begriffsgeschichte. Techniken digitaler Erfassung und Auswertung von Schriftquellen erweitern zudem die Möglichkeiten, durch Verlaufskurven von Begriffen ihre Konjunkturen quantitativ zu bestimmen oder zumindest zu illustrieren.[65]

63 Vgl. für Deutschland etwa Lucian Hölscher (Hrsg.), Political Correctness. Der sprachpolitische Streit um die nationalsozialistischen Verbrechen, Göttingen 2008; Caroline Mayer, Öffentlicher Sprachgebrauch und Political Correctness: Eine Analyse sprachreflexiver Argumente im politischen Wortstreit, Hamburg 2002; Jens Kapitzky, Sprachkritik und Political Correctness in der Bundesrepublik, Aachen 2000.

64 Anson Rabinbach, Begriffe aus dem Kalten Krieg: Totalitarismus, Antifaschismus, Genozid, Göttingen 2009, hier S. 73.

65 Vgl. z. B. das von der Firma Google angebotene Internettool Ngram Viewer, das den Korpus der von Google Books erfassten Schriftquellen nach Stichwörtern in verschiedenen Sprachen durchsucht und deren Häu-

In den letzten Jahren wurde vor allem in sprachhistorischer Perspektive verschiedentlich versucht, Segmente des Sprachhaushalts insbesondere der zweiten Jahrhunderthälfte zu erschließen. So wurden »kontroverse Begriffe« und »brisante Wörter«[66] des öffentlichen politischen Sprachgebrauchs in ihrer Funktion als »Schlagwörter im politisch-kulturellen Kontext«[67] verortet und thematisch, medien- oder zeitspezifische »diskurshistorische Wörterbücher« zusammengestellt.[68] Die »Grundbegriffe« scheinen vielfach als Folie auf. So richtet sich der Fokus auf »politische Leitvokabeln« der Regierungsepoche der Adenauerära als »Sattelzeit der Bundesrepublik«[69] oder auf Grundbegriffe eines strukturprägenden historischen Phänomens.[70]

Diese Untersuchung zeitgeschichtlicher Fragen vornehmlich in den Sprach- und Literaturwissenschaften ist aus geschichtswissenschaftlicher Sicht häufig mit methodischen Einschränkungen verbunden: Der Quellenkorpus ist oft auf die Auswertung von zugänglicher Publizistik und Presse konzentriert, auf kurze Zeit-

figkeit im zeitlichen Verlauf grafisch darstellt (http://books.google.com/ngrams/); siehe dazu auch den Beitrag von Peter Haber in diesem Band.

66 Georg Stötzel/Martin Wengeler (Hrsg.), Kontroverse Begriffe: Geschichte des öffentlichen Sprachgebrauchs in der Bundesrepublik Deutschland, Berlin 1995; Gerhard Strauß/Ulrike Haß/Gisela Harras, Brisante Wörter von Agitation bis Zeitgeist. Ein Lexikon zum öffentlichen Sprachgebrauch (= Schriften des Instituts für Deutsche Sprache; 2), Berlin 1989.

67 Thomas Niehr, Schlagwörter im politisch-kulturellen Kontext. Zum öffentlichen Diskurs in der BRD von 1966 bis 1974, Wiesbaden 1993.

68 Matthias Jung/Thomas Niehr/Karin Böke, Ausländer und Migranten im Spiegel der Presse. Ein diskurshistorisches Wörterbuch zur Einwanderung seit 1945, Wiesbaden 2000; Heidrun Kämper, Opfer – Täter – Nichttäter. Ein Wörterbuch zum Schulddiskurs 1945–1955, Berlin 2007; dies., Der Schulddiskurs in der frühen Nachkriegszeit. Ein Beitrag zur Geschichte des sprachlichen Umbruchs nach 1945, Berlin 2005; vgl. auch Georg Stötzel/Thorsten Eitz (Hrsg.), Zeitgeschichtliches Wörterbuch der deutschen Gegenwartssprache, Hildesheim 2002; Dieter Herberg/Doris Steffens/Elke Tellenbach, Schlüsselwörter der Wendezeit. Wörter-Buch zum öffentlichen Sprachgebrauch 1989/90 (= Schriften des Instituts für Deutsche Sprache; 6), Berlin 1997.

69 Karin Boeke/Frank Liedtke/Martin Wengeler, Politische Leitvokabeln in der Adenauer-Ära, Berlin 1996.

70 Stephan Lessenich, Wohlfahrtsstaatliche Grundbegriffe. Historische und aktuelle Diskurse, Frankfurt a. M. 2003.

abschnitte beschränkt, oder ein dezidiertes sprachhistorisches Interesse an Phänomenen des Sprachwandels leitet die Untersuchung. Begriffsgeschichtliche Studien liegen erst zu einzelnen politischen Kernbegriffen und -vorstellungen (Demokratie, Autorität, Restauration, Fortschritt) in der Umbruchszeit nach dem Zweiten Weltkrieg vor, als belastete und verbrauchte Begrifflichkeiten unter zeitgenössischem »Bearbeitungsdruck« zur Orientierung im Demokratieaufbau umgeformt wurden.[71] Ausgehend von der Erfahrung unterschiedlichster Akteure in konkreten Kontexten, erprobt ein Sammelband in kulturgeschichtlichen Fallstudien pragmatisch epochenspezifische Charakteristika. Als Vorgriff auf eine transnationale, synchron wie diachron vergleichend zu schreibende Geschichte politischer Sprachen im 20. Jahrhundert wird dieses Jahrhundert vor allem als Epoche wachsenden Sprachbewusstseins befragt.[72]

Für eine systematische historische Untersuchung des Begriffsarsenals mit übergeordneten, auf den epochalen Zusammenhang zielenden Thesen plädierte 2010 Christian Geulen.[73] Sein Programmartikel forderte eine »Geschichte der Grundbegriffe des 20. Jahrhunderts« in den Fußstapfen der »Geschichtlichen Grundbegriffe«, also eine Historisierung des politisch-sozialen Sprachhaushalts und der Erfahrungsdeutung des 20. Jahrhunderts anhand zentraler, strukturierender Begriffe, die als Teil der allgemeinen Zeitgeschichte zu schreiben sei. Ausgehend von der Hypothese eines neuerlichen semantischen Strukturwandels in der Moderne, der durch ein neues Verhältnis von Erfahrungs- und Erwartungsgehalt und durch die vier übergreifenden Struktu-

71 Vgl. diverse Studien in: Carsten Dutt (Hrsg.), Herausforderungen der Begriffsgeschichte, Heidelberg 2003. Zitat aus dem Vorwort des Herausgebers, S. VII.

72 Willibald Steinmetz, New Perspectives on the Study of Language and Power in the Short Twentieth Century, in: ders. (Hrsg.), Political Languages, S. 3–51, hier S. 3, 50.

73 Christian Geulen, Plädoyer für eine Geschichte der Grundbegriffe des 20. Jahrhunderts, in: Zeithistorische Forschungen/Studies in Contemporary History 7 (2010), H. 1, S. 79–97, online unter http://www.zeithistorische-forschungen.de/16126041-Geulen-1-2010. Vgl. auch demnächst seine Replik auf Kritik in: Contributions to the History of Concepts 7 (2012), H. 2.

ren von »Verwissenschaftlichung«, »Popularisierung«, »Verräumlichung«, »Verflüssigung« (als Öffnung ihres semantischen Gehalts) charakterisiert sei, plädiert er für eine Identifikation und Historisierung zentraler Begriffe der politisch-sozialen Sprache des 20. Jahrhunderts.

Dieser Vorschlag, die Koselleckschen Hypothesenstruktur für das vergangene Jahrhundert zu adaptieren, wird derzeit methodisch und theoretisch lebhaft diskutiert.[74] Willibald Steinmetz schlägt neben der Reflexivität politischen Sprechens zumal in Deutschland in der zweiten Hälfte des 20. Jahrhunderts auch dessen Anglisierung als neue Kategorie vor, um spezifische zeitgeschichtliche Entwicklungen zu untersuchen.[75] Er unterstreicht auch die Gültigkeit der heuristischen Bewegungsbegriffe einer »Politisierung« und »Ideologisierbarkeit« der Sprache bis ins beginnende 21. Jahrhundert hinein und fordert, die gegenläufigen Prozesse der Ent-Politisierung und Ent-Ideologisierung seit den 1970er-Jahren einzubeziehen. Diese Erweiterung trägt nicht nur dem letzten Jahrhundertdrittel Rechnung, sondern öffnet die unterschwellige Modernisierungsthese des Koselleckschen Projekts und ihrer lineare Prozesse suggerierenden Verlaufskategorien für ambivalente Entwicklungen, wie sie die ungleichzeitige Spätmoderne gerade kennzeichnen. Zumal für die zweite Hälfte des 20. Jahrhunderts erlauben heuristische Gegenbegriffe eher als einfache Prozesskategorien, auch gegenläufige oder multiple, nebeneinander laufende Veränderungen politischer Kommunikation als Pole zu fassen.

Insgesamt zeigt sich nach dem Abschluss wichtiger lexikalischer Standardwerke der Begriffsgeschichte weiterhin ein vielfältiges Interesse an zeitgeschichtlichen Semantiken und Bedeutungsgeschichten in den Geschichtswissenschaften. Von der Integration semantischer Exkurse in thematischen Einzelstudien bis hin zu

74 Vgl. demnächst: Stefan-Ludwig Hoffmann/Kathrin Kollmeier, *Geschichtliche Grundbegriffe* Reloaded? Writing the Conceptual History of the Twentieth Century. Roundtable Discussion, in: Contributions to the History of Concepts 7 (2012), H. 2; u. a. mit Kommentaren aus diskursgeschichtlicher Warte von Philipp Sarasin sowie einer medien- und akteursgeschichtlichen Kritik von Alf Lüdtke.

75 Willibald Steinmetz, Some Thoughts on a History of Twentieth-Century German Basic Concepts, ebd.

einer Vision »Geschichtlicher Grundbegriffe« 2.0, wie man sie sowohl hinter Christian Geulens theoretischen Überlegungen, wikibasierten begriffsgeschichtlichen Portalen[76] oder auch dem Internetkompendium Docupedia-Zeitgeschichte erahnen mag – die die Zeitgeschichte prägenden Bedeutungssysteme werden zunehmend kritisch reflektiert. Diese Analysen können auf unterschiedliche theoretische, methodische und formale Angebote aus mehr als vierzig Jahren bedeutungsgeschichtlicher Forschung zurückgreifen. Bei diesen Studien sollte auch deutlich werden, welche zentralen politischen Begriffe des vergangenen Jahrhunderts analytisch überholt sind, wie dies etwa Anson Rabinbach für den Totalitarismusbegriff expliziert hat.[77]

So erscheint es an der Zeit, die Geschichte politischer Sprachen, Begriffe und des politischen Sprechens des vergangenen Jahrhunderts als der Epoche ausgeweiteter Kommunikationsräume, ihrer Akteure und Medien und ihrer Reflexion zu schreiben. Ob das Jahrhundert im Zusammenhang – in kurzer politischer Periodisierung oder langen sozialen Zäsuren – in dieser Hinsicht als eigene Epoche begriffen werden kann, ist zunächst zu prüfen.[78] Während vieles dafür spricht, dass die vielfältigen politischen, sozialen und kulturellen Brüche und Diskontinuitäten im 20. Jahrhundert maßgeblich zum semantischen Wandel beigetragen haben, sollten andererseits die stabil bleibenden Bedeutungen »langer Dauer« nicht unterschätzt werden. Als wesentlicher Teil von Sprach- und Wissensreflexion wie eines geisteswissenschaftlichen Weltdeutungsanspruchs in Hochmoderne und Postmoderne bildet schließlich der sprachgeschichtliche Aufbruch selbst einen vorzüglichen Gegenstand der Zeitgeschichte, der auf eine Historisierung wartet.

76 Vgl. z. B. das im Aufbau befindliche »Historische Wörterbuch interdisziplinärer Begriffe« am Zentrum für Literatur- und Kulturforschung Berlin, online unter http://www.begriffsgeschichte.de/doku.php.

77 Rabinbach, Begriffe, S. 74.

78 Vgl. auch Steinmetz, New Perspectives, S. 8.

Philipp Gassert

Transnationale Geschichte

Transnationale Geschichte, so eine klassische Definition des amerikanischen Historikers David Thelen, fragt, »wie Menschen, Ideen, Institutionen and Kulturen sich sowohl über, unter, durch, um, als auch innerhalb des Nationalstaates bewegten; sie analysiert, wie gut nationale Grenzen umfassen und erklären, wie Menschen Geschichte erlebten«.[1] Das bedeutet, trans*nationale* Geschichte setzt die Nation als »Referenzpunkt« (Hannes Siegrist), versucht aber zugleich, sie aufzubrechen und zu transzendieren. Unklar bleibt, was »Transzendierung des Nationalen« heißen kann, welche forschungspraktischen Konsequenzen sich daraus ergeben, welche Ansätze (Transfer, Vergleich, Verflechtung) bevorzugt werden, und wo die chronologischen und sachlichen Grenzen transnationaler Geschichte liegen. Weiter fasst Wolfram Kaiser daher transnationale Geschichte schlicht als Beziehungen »über Grenzen hinweg in *allen* ihren Dimensionen«.[2]

Was exakt die Rolle des Nationalen in der transnationalen Geschichte ist und welche Grenzen genau hier überschritten werden, ist Gegenstand der Debatte.[3] In der weitesten Definition umfasst transnationale Geschichte *erstens* auch solche Kontakte, die in Epochen vor 1789 bzw. 1648 fallen, als es in Europa und Nordamerika noch keine Nationalstaaten gab und demnach auch keine

1 David Thelen, The Nation and Beyond: Transnational Perspectives on United States History, in: Journal of American History 86 (1999), S. 965–975, hier S. 967.

2 Wolfram Kaiser, Transnationale Weltgeschichte im Zeichen der Globalisierung, in: Eckart Conze/Ulrich Lappenküper/Guido Müller (Hrsg.), Geschichte der internationalen Beziehungen. Erneuerung und Erweiterung einer historischen Disziplin, Köln u. a. 2004, S. 65–92, hier S. 65.

3 Vgl. Konrad Jarausch, Reflections on Transnational History, in: H-German, 20. Januar 2006, online unter http://h-net.msu.edu/cgi-bin/logbrowse.pl?trx=vx&list=h-german&month=0601&week=c&msg=LPkNHirCm1xgSZQKHOGRXQ&user=&pw=.

staatlichen Grenzen. Strikt gesprochen, ist eine solche Definition anachronistisch. Daher argumentiert z. B. Kiran Klaus Patel, transnationale Ansätze »epochal auf die späte Neuzeit« zu begrenzen.[4] *Zweitens* werden in der Regel auch Austauschprozesse mit Regionen außerhalb Europas berücksichtigt, in denen es bis in die Phase der Dekolonisierung keine Nationalstaaten gab und zum Teil bis heute nicht gibt. Sonst fiele beispielsweise die Analyse terroristischer Netzwerke nicht unter das Rubrum »transnationale Geschichte«, sofern diese außerhalb nationalstaatlich verfasster Territorien agieren.[5] Auch Deutschland vor 1871, die russische Geschichte bis 1991 oder überhaupt die europäischen Imperien würden, streng genommen, nicht erfasst. Aus diesen Gründen ist transnationale Geschichte dann eurozentrisch bzw. nordatlantisch (»westlich«), wenn sie auf die Epoche und den Raum der Nationalstaaten begrenzt wird.[6]

Da historisch und gegenwärtig nicht immer klar ist, wann und wo wir es mit Nationen oder nationalstaatlich verfassten Einheiten bzw. entsprechend organisierten Räumen zu tun haben oder nicht, soll hier dafür plädiert werden, »transnationale Geschichte« möglichst weit zu fassen. Transnationale Geschichtsschreibung sollte die Nation nicht durch die Hintertür wieder rekonstruieren, indem sie exklusiv Grenzüberschreitungen auf der Basis national verfasster Gemeinschaften zum Gegenstand macht.[7] Chronolo-

4 Kiran Klaus Patel, Nach der Nationalfixiertheit. Perspektiven einer transnationalen Geschichte, Berlin 2004, S. 13f.; siehe auch Hannes Siegrist, Transnationale Geschichte als Herausforderung für die wissenschaftliche Historiographie, in: Geschichte.Transnational, 16. Februar 2005, online unter http://geschichte-transnational.clio-online.net/forum/id=575&type=diskussionen; Ian Tyrell, What is Transnational History?, online unter http://iantyrrell.wordpress.com/what-is-transnational-history/.

5 Zur Abgrenzung wurde anfangs auch der Begriff »transkulturell« verwendet: Jürgen Osterhammel, Transkulturell vergleichende Geschichtswissenschaft, in: ders., Geschichtswissenschaft jenseits des Nationalstaats. Studien zu Beziehungsgeschichte und Zivilisationsvergleich, Göttingen 2001, S. 11–45.

6 So die Kritik von Michael Mann, Globalization, Macro-Regions and Nation-States, in: Gunilla Budde/Sebastian Conrad/Oliver Janz (Hrsg.), Transnationale Geschichte: Themen, Tendenzen und Theorien, 2. Aufl., Göttingen 2010, S. 21–31.

7 Vgl. Eckhardt Fuchs, Welt und Globalgeschichte. Eine Blick über den Atlantik, in: H-Soz-u-Kult, 31.3.2005, online unter http://hsozkult.geschichte.huberlin.de/forum/2005-03-004.

gisch und sachlich ist eine Definition schwierig, weil sich transnationale Geschichte mit anderen Ansätzen überlappt, die sich auf menschliches Handeln und Erleiden in entgrenzten Räumen »nach der Nationalfixiertheit« (Patel) richten. Im Folgenden werden kurz die wichtigsten konkurrierenden Konzepte genannt, dann ein Überblick über die Gründe des Aufstiegs der transnationalen Geschichte gegeben sowie die Begriffsgeschichte skizziert; es schließen sich Überlegungen zu Methoden und Gegenständen an.

Abgrenzungen

Konkurrierende Ansätze, Konzepte, Begriffe sind erstens die transkulturelle Geschichte, die Überschreitungen ethnisch, religiös, regional, kulturell usw. »gedachter« Grenzen thematisiert (auch innerhalb national konstruierter Gemeinschaften); zweitens die nicht-eurozentrische, ihrem Anspruch nach alle menschliche Geschichte gleichberechtigt behandelnde Weltgeschichte (*world history*) und drittens die ebenfalls auf übernationale Interaktion zielende globale Geschichte (*global history*), die sich auf die Ausbreitung der europäischen Moderne konzentriert und – darin transnationaler Geschichte vergleichbar – stark von Europa und Nordamerika aus perspektiviert worden ist.

Methodisch und inhaltlich ist transnationale Geschichte eng mit diesen Ansätzen verwandt. Zugleich überlappt sie sich mit *histoire croisée* und *entangled histories*, denen es um Verknüpfungen und Verflechtungen jenseits spezifischer Epochen und Räume geht. Auch gibt es gemeinsame Interessen mit dem aus dem 19. Jahrhundert stammenden Zivilisationsvergleich und der stärker an ökonomischen Zusammenhängen interessierten (marxistischen) Weltsystemgeschichte (im Sinne Immanuel Wallersteins). Hinzu kommen Ansätze in benachbarten Disziplinen wie den *postcolonial studies* und den *area studies*, die ebenfalls schon länger nach dem »Transnationalen« (oder äquivalenten Phänomenen) in der Geschichte fragen. Allgemein unterschätzt werden Überschneidungen mit der »traditionellen« Diplomatiegeschichte, auch wenn die Protagonisten der transnationalen Geschichte dies nur ungern akzeptieren.[8]

8 Patricia Clavin, Defining Transnationalism, in: Contemporary European History 14 (2005), S. 421–439.

Zumindest in den USA hat sich die *diplomatic history* stark für kulturgeschichtliche Fragestellungen und hin zur transnationalen Geschichte geöffnet bzw. war treibende Kraft bei der Popularisierung des transnationalen Ansatzes.[9] Vor allem die Geschichte der internationalen Beziehungen hat seit jeher nichtstaatliche Akteure und internationale Organisationen in ihre Analyse mit einbezogen und damit wichtige empirische Grundlagen geschaffen, aber auch konzeptionelle Vorarbeit geleistet.[10]

Wegen terminologischer Konventionen, wissenschaftssoziologischer Interessen und Schulen sowie den zugrunde liegenden theoretischen und epistemologischen Prämissen bezeichnen diese Ansätze nicht immer das Gleiche, ja schließen sich zum Teil aus, wie z. B. transnationale Geschichte und nicht-eurozentrische Weltgeschichte der strikten Observanz. Dabei dienen derartige Debatten oft auch dem Ziel, Deutungsansprüche durchzusetzen. In der deutschen Historiografie ist der Aufstieg der transnationalen Geschichte eng mit dem Generationswechsel in der Sozialgeschichte und der personellen Erneuerung der in der Bielefelder Tradition stehenden Gesellschaftsgeschichte verknüpft. In den USA hingegen dient sie einerseits als Vehikel des Multikulturalismus (insbesondere in den *American Studies*), andererseits hat ihr Durchbruch mit der Modernisierung der Diplomatiegeschichte zu tun.[11]

In der Forschungspraxis sind die hier vorgestellten Abgrenzungen kaum aufrecht zu erhalten, sind alle Übergänge fließend. Das zeigen die »klassischen« Studien des transnationalen Genres wie *Atlantic Crossings* von Daniel Rodgers, *Slave Trades* von Patrick Manning, *Woman's World* von Ian Tyrrell oder jüngst in Deutschland Jürgen Osterhammels globalgeschichtlich angelegte *Ver-*

9 Vgl. die Debatten in »Diplomatic History« seit 1989.

10 Madeleine Herren, Hintertüren zur Macht. Internationalismus und modernisierungsorientierte Außenpolitik in Belgien, der Schweiz und den USA, München 2000, Martin H. Geyer/Johannes Paulmann (Hrsg.), The Mechanics of Internationalism. Culture, Society, and Politics from the 1840s to the First World War, Oxford 2001.

11 Das lässt sich evtl. an Personen festmachen. Wurde in Deutschland die Debatte am auffälligsten von Jürgen Kocka mit einem entsprechenden Editorial in »Geschichte und Gesellschaft« eröffnet, so war in den USA mit Akira Iriye ein für Fragen der kulturellen Kontakte offener Diplomatiehistoriker eine treibende Kraft.

wandlung der Welt.[12] Hier verbinden sich transnationale Ansätze ohne weiteres mit global- und weltgeschichtlichen Perspektiven.

Gegenwartsnähe

Transnationale Geschichte reagiert auf eine veränderte Wahrnehmung der Welt. Sie ist Teil einer »Entgrenzung« historischer Gegenstände seit dem Ende des Kalten Kriegs und eines gewandelten Verständnisses der Nation und der Nationalstaaten, deren Struktur sich seit einiger Zeit rasant verändert, ohne dass sie obsolet würden.[13] Transnationale Studien beziehen – wie grundsätzlich Historiografie und ganz besonders die Zeitgeschichte – den Impuls ihres Fragens aus der Gegenwart.[14] Aktuelle Problemlagen werden notwendig in historische Zeiträume zurückprojiziert. Doch die seit den 1990er-Jahren unter dem Etikett der »Globalisierung« und »Europäisierung« vielfach imaginierte, neue multikulturelle und multipolare Welt wurde zum Teil herbei geschrieben, ohne dass Widerstände oder den Entgrenzungen entgegengesetzte Entwicklungen immer plausibel in das historische Fragen integriert worden wären.[15]

12 Daniel T. Rodgers, Atlantic Crossings. Social Politics in a Progressive Age, Cambridge, Mass. 1998; Patrick Manning (Hrsg.), Slave Trades. Globalization of Forced Labor, Aldershot 1996; Ian Tyrrell, Woman's World/Woman's Empire: The Woman's Christian Temperance Union in International Perspective, 1880–1930, Chapel Hill 1991; Jürgen Osterhammel, Die Verwandlung der Welt. Eine Geschichte des 19. Jahrhunderts, München 2009.

13 Wolfgang Reinhard, Geschichte der Staatsgewalt. Eine vergleichende Verfassungsgeschichte Europas von den Anfängen bis zur Gegenwart, München 1999, S. 525–536; Rüdiger Voigt, Zwischen Leviathan und Res Publica. Der Staat des 21. Jahrhunderts, in: Zeitschrift für Politik 54 (2007), S. 259–271.

14 Vgl. Christoph Kleßmann, Zeitgeschichte als wissenschaftliche Aufklärung, in: Aus Politik und Zeitgeschichte B 51–52 (2002), S. 3–12; Hans-Peter Schwarz, Die neueste Zeitgeschichte, in: Vierteljahrshefte für Zeitgeschichte 51(2003), S. 5–28; Alexander Nützenadel/Wolfgang Schieder (Hrsg.), Zeitgeschichte als Problem. Nationale Traditionen und Perspektiven der Forschung in Europa, Göttingen 2004.

15 Insbesondere die sozialwissenschaftliche und historische europäische Integrationsforschung geht stark von der Prämisse einer strukturellen Angleichung der europäischen Gesellschaften aufgrund von Prozessen der

Da das vorwissenschaftliche *und* wissenschaftliche Sprechen über »Globalisierung« im alten Westen, aber auch unter den Eliten asiatischer, afrikanischer und lateinamerikanischer Länder Resonanz findet, gewinnen bisher vernachlässigte Perspektiven und die entsprechenden empirischen Befunde mehr Aufmerksamkeit, weil sich Menschen aus unterschiedlichen Regionen dafür interessieren. Es stellt insofern eine notwendige Entwicklung dar.[16]

Zugleich sollte transnationale Geschichte mit ihrem kritischen Instrumentarium Grenzen, Paradoxien und Ambivalenzen der transnationalen Erweiterung und Durchbrechung des nationalen Handlungsrahmens und seiner historiografischen Untersuchung thematisieren. So war die alte Bundesrepublik in vielerlei Hinsicht durch Prozesse transnationaler Verflechtung geprägt (etwa aufgrund kultureller »Amerikanisierung«). Doch zugleich war ihre Geschichte in den 1970er- und 1980er-Jahren auch eine Geschichte der Wendung nach innen und begleitet von der Ausbildung einer spezifisch westdeutschen, nationalen Identität.[17] In den dekolonisierten Staaten Afrikas und Asiens fand in den 1960er- und 1970er-Jahren eine »Nationalisierung« nach imaginiertem europäischen Muster statt. Ähnliches war in Ost- und Ostmitteleuropa nach 1989/90 zu beobachten.

Auffällig ist, dass die Historie im Vergleich zu benachbarten Disziplinen mit etwa 20 bis 30 Jahren Verspätung auf die Wahrnehmung einer schrumpfenden Welt reagierte und den Begriff »transnational« erst spät zu rezipieren begann. In der Politikwissenschaft ist er seit den 1970er-Jahren gut eingeführt, in der

Globalisierung und Europäisierung aus, zur Kritik vgl. Jost Dülffer, Europäische Integration zwischen integrativer und dialektischer Betrachtungsweise, in: Archiv für Sozialgeschichte 42 (2002), S. 521–543, hier S. 528 f.; dagegen Christoph Boyer, Die Einheit der europäischen Zeitgeschichte, in: Vierteljahrshefte für Zeitgeschichte 55 (2007), S. 487–496, ohne konsequente Berücksichtigung disintegrativer und der »Einheit« entgegenstehender Momente.

16 Jürgen Osterhammel/Niels Petersson, Geschichte der Globalisierung. Dimensionen, Prozesse, Epochen, München 2003, S. 7–10.

17 Vgl. dazu mein eigenes Forschungsprojekt »Republik der Widersprüche: Westdeutschland von Erhard bis Schmidt«; Andreas Wirsching, Für eine pragmatische Zeitgeschichtsforschung, in: Aus Politik und Zeitgeschichte 3 (2007), S. 13–18.

Rechtswissenschaft kam er in den USA in den 1950er-und in Deutschland schon in den 1930er-Jahren auf, in der Kulturanthropologie und der Soziologie wurde er vereinzelt im frühen 20. Jahrhundert verwendet, in der vergleichenden Sprachwissenschaft reichen die Wurzeln ins 19. Jahrhundert zurück.

Dieser Befund der vergleichsweise späten Rezeption unterstreicht die überragende Bedeutung, die die nationale Perspektive für die Historie lange Zeit gehabt hat. Will Geschichte als transnationale »Leitwissenschaft« der als globalisiert verstandenen Gegenwart nun erneut die Rolle der Sinnstifterin spielen, wie sie dies bei der Herausbildung der Nationen tat? Entsprechende Fragestellungen explodieren, doch ungeachtet wachsender wissenschaftlicher Kontakte über Grenzen hinweg bleiben Forschung und Lehre überwiegend nationalstaatlich organisiert. Das gilt sowohl für den zugrunde liegenden (westlichen) Wissenschaftsbegriff[18] als auch für die Präsenz außereuropäischer Themen in Schulen und Universitäten.[19] Auch in den schulischen Lehrplänen setzen sich nichtdeutsche Themen nur langsam durch.[20] Wenn also heute der Aufstieg der transnationalen und globalen Geschichte mit dem Aufstieg des nationalgeschichtlichen Paradigmas im 19. Jahrhundert verglichen wird, so wird über dessen Erfolg auch dadurch entschieden werden, ob es über eine bloß additive Erweiterung der Untersuchungsgegenstände zu einer tatsächlichen »Transnationalisierung« oder »Globalisierung« der historischen Praxis kommt. Hierfür fehlt jedoch gerade in der Zeitgeschichte noch vielfach das Verständnis.[21]

18 Vgl. Dipesh Chakrabarty, Provincializing Europe. Postcolonial Thought and Historical Difference, with a new preface by the author, Princeton 2008.

19 Katja Naumann, Weltgeschichte in der universitären Lehre – institutionelle Räume, intellektuelle Partner und geschichtspolitische Anbindungen, Fachforum geschichte.transnational, 14. Juli 2007 online unter http://www.geschichte-transnational.clio-online.net/forum/type=diskussionen&id=896 (20.7.2012); Michael Brenner, Abschied von der Universalgeschichte: Ein Plädoyer für die Diversifizierung der Geschichtswissenschaft, in: Geschichte und Gesellschaft 30 (2004), S. 118–124.

20 Matthias Middell, Susanne Popp, Hanna Schissler, Weltgeschichte im deutschen Geschichtsunterricht. Argumente und Thesen, in: Internationale Schulbuchforschung 24 (2003), S. 149–154.

21 Vgl. Konrad Jarausch, Zeitgeschichte zwischen Nation und Europa. Eine transnationale Herausforderung, in: Aus Politik und Zeitgeschichte B39 (2004), S. 3–10.

Ältere Traditionen

Hat die transnationale Geschichte eine Tradition? Ja, sieht man sie als Teil universal- und weltgeschichtlicher Perspektivierungen. Marc Bloch wird gerne zitiert. Geoffrey Barraclough oder Hermann Heimpel dienen als Kronzeugen.[22] Andere gehen gleich auf Ranke zurück, obwohl bei letzterem universalgeschichtliche Erkenntnis bekanntlich darauf abzielte, nationale Erfahrungshorizonte schärfer zu konturieren.[23] Letzteres gilt auch für die britische Imperialgeschichte.[24] Wie Pierre-Yves Saunier in seinem begriffsgeschichtlichen Beitrag zum »Palgrave Dictionary of Transnational History« (2009) im Detail herausarbeitet, wurde der Terminus erstmals von dem Sprachwissenschaftler Georg Curtius (1820–1895) verwendet. In seiner Leipziger Antrittsvorlesung 1862 argumentierte Curtius, alle menschlichen Sprachen seien mit Sprachen außerhalb der jeweiligen nationalen Kontexte verknüpft: »Eine jede Sprache ist ihrer Grundlage nach etwas transnationales.«[25] Von hier wurde die Vokabel ins Englische importiert. Dass Curtius mit kritischer Spitze gegen die zeitgenössische Philologie den »nationalen Charakter« von Sprache hinterfragte, stieß in den USA auf Interesse.[26] Der Begriff kehrte in Europa und den USA – wo der Terminus Anfang des 20. Jahrhunderts auch synonym mit »transkontinental« verwendet wurde und damit Verbindungen innerhalb der Nation meinte[27] – in der soziologischen Literatur des frühen 20. Jahrhun-

22 Geoffrey Barraclough, An Introduction to Contemporary History, London 1964; Hermann Heimpel, Entwurf einer deutschen Geschichte. Eine Rektoratsrede, in: Der Mensch in seiner Gegenwart. Sieben historische Essays, Göttingen 1954, S. 162–195.

23 Rüdiger vom Bruch, Leopold von Ranke, online unter http://www.geschichte.hu-berlin.de/galerie/texte/ranke.htm.

24 Kevin Grant/Philippa Levine/Frank Trentmann (Hrsg.), Beyond Sovereignty: Britain, Empire and Transnationalism, c. 1880–1950, Houndsmills 2007.

25 Georg Curtius, Philologie und Sprachwissenschaft: Antrittsvorlesung gehalten zu Leipzig am 30. April 1862, Leipzig 1862, S. 9.

26 Pierre-Yves Saunier, Transnational, in: Iriye/Sauner (Hrsg.), Palgrave Dictionary, S. 1047–1055, hier S. 1048.

27 Mit dem Präfix »trans« war in der Bezeichnung »transnationaler« Straßenverbindungen innerhalb der USA also nicht Verbindungen »jenseits der Nation« gemeint, sondern solche, die die Nation intern zusammenfügten.

derts wieder. Er charakterisierte bestimmte Ausprägungen internationaler Sozialpolitik »als spannungsreicher Grauzone semioffizieller Kontakte« (Madeleine Herren).[28]

Zum viel zitierten Ahnherrn transnationaler Geschichte ist posthum der New Yorker Schriftsteller Randolph Bourne avanciert, dessen knapper Text »Transnational America« (1916) in den 1970er- und 80er-Jahren als Gründungsmanifest des modernen Multikulturalismus wieder entdeckt wurde.[29] Bourne stellte den xenophobischen Amerikanisierungs-Bewegungen des Ersten Weltkriegs die Idee des »kosmopolitischen Amerika« entgegen. Mit missionarischem Eifer kontrastierte er den Nationalismus des alten Europa mit Amerika als Ort der Vermischung und friedlichen Interaktion.[30]

In der Zwischenkriegszeit kam der Begriff in unterschiedlichen Zusammenhängen auf.[31] 1931 fand er durch den Heidelberger Professor für internationales Privatrecht Max Gutzwiller Eingang in das juristische Vokabular. Gutzwiller ging es um Grauzonen von Recht »jenseits der Staaten«, die durch das klassische Völkerrecht oder das internationale Privatrecht nicht adäquat erfasst würden.[32] Dass das »Transnationale« nicht notwendig auf der Habenseite von Forschritt und Humanität zu verbuchen war (wie Bourne hoffte), zeigt der Hinweis des in den USA im Exil lebenden deutschen Politologen Karl Löwenstein, der vor den Gefahren einer »faschistischen Internationale« warnte.[33]

28 Madeleine Herren, Sozialpolitik und die Historisierung des Transnationalen, in: Geschichte und Gesellschaft 32 (2006), S. 542–559, hier S. 550.
29 Olaf Hansen (Hrsg.), Randolph Bourne. The Radical Will, Selected Writings, 1911–1918, New York 1977; David A. Hollinger, Postethnic America: Beyond Multiculturalism, New York 1995.
30 Randolph Bourne, Trans-National America, in: Atlantic Monthly 118 (Juli 1916), S. 86–97.
31 Detailliert, Saunier, Transnational, S. 1048
32 Frederick A. Mann/Max Gutzwiller, Der Internationalist, in: In Memoriam Max Gutzwiller. Gedächtnisfeier der Juristischen Fakultät Heidelberg am 3. November 1989, Heidelberg 1990, S. 25–37, hier S. 31.
33 Karl Loewenstein, Militant Democracy and Fundamental Rights, I, in: American Political Science Review 3 (1937), S. 417–432; zu transnationalen Aspekten von Faschismus und Nationalsozialismus auch Madeleine Herren, »Outwardly … an Innocuous Conference Authority«: National Socialism and the Logistics of International Information Management«, in: German History 20 (2002), S. 67–92.

Neue Formen von Recht zu fassen, war auch der Ausgangspunkt des Diplomaten und Juristen Philipp Caryl Jessup, der in den 1950er-Jahren von »transnationalem Recht« zu sprechen begann. Wie zuvor der Journalist Walter Lippmann oder der Politikwissenschaftler Arnold Wolfers und andere amerikanische Intellektuelle und Gelehrte, aber auch Friedensaktivisten, Unternehmer und Politiker, suchte Jessup Orientierung in einer sich rapide wandelnden Welt. Herkömmliche rechtliche Kategorien reichten nicht aus, die wachsende Komplexität globaler und transatlantischer Interaktionen adäquat zu erfassen.[34]

Die sozialwissenschaftliche Aneignung

Diese rechtswissenschaftlichen Systematisierungsversuche bereiteten die Rezeption zunächst durch die Politikwissenschaft in den 1960er- und 70er-Jahren vor. Der französische Politologe Raymond Aron beschrieb in seinem Klassiker *Frieden und Krieg* (1962) eine *société transnationale*, die er abhob von inter- und supranationalen Interaktionen.[35] Sein Bonner Kollege Karl Kaiser zeigte sich 1969 davon überzeugt, dass eine neue »transnationale Politik« aufgrund der Zusammenarbeit nichtstaatlicher Akteure aus unterschiedlichen Kontexten entstünde und dass es dafür einer neuen Terminologie bedürfe.[36]

Diese Fäden, auch die wachsende Popularität des Begriffs in der Produktwerbung sowie unter Anhängern der Neuen Linken (mit der Kritik »transnationaler Monopole« durch die 68er-Bewegung[37]), wurden von Robert O. Keohane und Joseph S. Nye konzeptionell weiter gesponnen. Auch sie konzentrierten sich auf

34 Vgl. Oscar Schachter, Philipp Jessup's Life and Ideas, in: American Journal of International Law 80 (1986), S. 878–895, hier S. 893 f.; Herren, Sozialpolitik, S. 551 f.

35 Raymond Aron, Frieden und Krieg. Eine Theorie der Staatenwelt. Aus dem Französischen von Sigrid von Massenbach. Mit einem Geleitwort zur Neuausgabe von Richard Löwenthal, Frankfurt a. M. 1986, S. 129–136.

36 Karl Kaiser, Transnationale Politik. Zu einer Theorie multinationaler Politik, in: Ernst-Otto Czempiel (Hrsg.), Die anachronistische Souveränität. Zum Verhältnis von Innen- und Außenpolitik, Köln/Opladen 1969.

37 Vgl. Saunier, Transnational, S. 1050.

Formen der Kooperation zwischen Eliten. Als »transnational« wurden von ihnen Austauschbeziehungen definiert, an denen sich über nationale Grenzen hinweg wenigstens ein nichtstaatlicher Akteur beteilige, häufig eine internationale Organisation oder ein multinationales Unternehmen.[38]

»People to people-contacts«, die in der transnationalen Geschichte zu den bevorzugten Untersuchungsgegenständen gehören, standen bei diesen juristischen und politologischen Ansätzen der 1960er- und 70er-Jahre am Rande. Die Migrationsforschung, die etwa im deutsch-amerikanischen Feld seit Jahrzehnten arbeitet, tat dies ohne den theoretischen Aufwand der »transnationalen Studien«, in der Sache aber erfolgreich. Da die außerdeutsche Geschichte in Deutschland seit Jahrzehnten marginalisiert wurde, wird sie auch in jüngeren Überblicken zur transnationalen Geschichte entsprechend ignoriert.[39]

Nicht allein die politikwissenschaftliche Forschung warf Anfang der 1970er-Jahre Fragen auf, für die sich heute zunehmend Historikerinnen und Historiker interessieren. Die *Area Studies*, allen voran die Amerikastudien, standen seit den 1980er-Jahren unter dem Einfluss ethnologischer (Clifford Geertz) und poststrukturalistischer Fragestellungen (»lingustic turn«), sie wurden zunehmend vom Postkolonialismus (Edward Said, Homi Bhabha) und den konstruktivistischen Ansätzen der Cultural Studies geprägt. Im Kontext der historischen Wende der britischen und ameri-

38 Robert O. Keohane/Joseph S. Nye, Transnational Relations and World Politics: An Introduction, in: International Organization 25 (1971), S. 329–349.

39 In dem von Budde/Conrad/Janz herausgegebenen »Reader« *Transnationale Geschichte* (2006) fehlt bezeichnenderweise ein Beitrag zur Migrationsgeschichte; auch im Forum »geschichte.transnational« kommen entsprechende Impulse kaum zum Tragen; für einen Überblick der sehr regen älteren deutsch-amerikanischen Forschung siehe Dirk Hoerder/Jörg Nagler (Hrsg.), People in Transit: German Migrations in Comparative Perspective, 1820–1930, New York 1995; die neuere Forschung resümiert Wolfgang J. Helbich, German Research on German Migration to the United States, in: Amerikastudien/American Studies 54 (2009), H. 3, S. 383–404; Heike Bungert, Europäische Migration nach Nordamerika im 19. Jahrhundert, in: Thomas Fischer/Daniel Gossel (Hrsg.), Migration in internationaler Perspektive, München 2009, S. 61–98.

kanischen Literaturwissenschaft (New Historicism),[40] aber auch der *German Studies*, wurden transnationale Fragen zum Teil schon in den 1980er-Jahren gestellt. Hier kam es über die transnationale Perspektive zu einer Annäherung von Literaturwissenschaft und Geschichte in einer interdisziplinären Kulturgeschichte.[41]

Diese Ansätze waren erheblicher Kritik seitens literaturwissenschaftlicher Traditionalist/innen und traditioneller Historiker/innen ausgesetzt.[42] Vor allem in den USA kam es zu regelrechten Kämpfen um den »Kanon« und Deutungshoheiten. Hier wurde, anders als in den meisten historisch ausgerichteten Arbeiten, das Transnationale weniger als Erkenntnis anleitende Perspektive definiert. Vielmehr verstehen einige Autor/innen aufgrund der Wurzeln etwa der »Transnational American Studies« im Poststrukturalismus den *transnational turn* als grundsätzliche erkenntnistheoretische Innovation. Ihre Fragen sind, darin vergleichbar der transnationalen Geschichte, stark auf hybride »Identitäten«, auf multikulturelle Durchlässigkeit, auf Deterritorialisierung, auf Transkulturalität usw. gerichtet, wobei sie dabei häufig mit erheblichem theoretischen Aufwand vorgehen und den Verlust von empirischer Anschaulichkeit in Kauf nehmen.[43]

Die historische Debatte

Die Konjunktur »transnationaler Geschichte« begann in den 1990er-Jahren. In einem »Forum« der *American Historical Review* im Oktober 1991 wurde der Begriff erstmals von einer Fachöffentlichkeit breiter diskutiert, wobei es in der amerikanischen Debatte zunächst einmal mehr um die Tragbarkeit der Vorstellung

40 Winfried Fluck (Hrsg.), The Historical and Political Turn in Literary Studies, Tübingen 1995.

41 Winfried Fluck/Stefan Brandt/Ingrid Thaler (Hrsg.), Transnational American Studies, Tübingen 2007; Mita Banerjee, Cultural Studies and Americanziation, in: Amerikastudien/American Studies 54 (2009), S. 499–521.

42 Udo Hebel, Einführung in die Amerikanistik/American Studies, Tübingen 2008, S. 408f.

43 Vgl. etwa John Carlos Rowe (Hrsg.), Post-Nationalist American Studies, Berkeley 2000; Donald E. Pease/Robyn Wiegman (Hrsg.), The Futures of American Studies, Durham 2002.

eines *American exceptionalism* (»Sonderwegs«) ging. Schon in dieser ersten Runde machte Ian Tyrell darauf aufmerksam, dass transnationale Ansätze wichtige »Vorläufer« in den *Borderland Studies*, der *Atlantic History* und der Migrationsforschung besitzen.[44] In den USA, mit ihrer ausgebauten Lehrtradition von *global* und *world history* seit den 1960er-Jahren,[45] entfaltete die transnationale Geschichte eine geringere Sprengkraft als in der national zentrierten deutschen Historiografie. Die La Pietra-Konferenzen und der daraus hervorgegangene Sammelband *Rethinking American History in a Global Age* werfen die Netze weit aus, inkorporieren die Traditionen und kritisieren den *exceptionalism*.[46] Doch diente in den USA der transnationale Ansatz nicht als Wellenbrecher wie in Deutschland, wo die institutionellen Voraussetzungen nicht-deutscher Geschichte deutlich ungünstiger sind.

Obwohl die Debatte um die transnationale Geschichte sich in den USA seit Anfang der 1990er-Jahre ausweitete, konstatierte Jürgen Osterhammel 2001 mit Blick auf die deutsche Forschung, der Begriff sei bisher »kaum eingeführt«.[47] Wegen verfestigter Primatsdebatten in den 1970er-Jahren, als das »Internationale« quasi dem »feindlichen Lager« zugerechnet wurde, scheinen in der bundesdeutschen Sozial- und Gesellschaftsgeschichte lange Zeit entsprechende Hinweise ignoriert worden zu sein. Der internationale Vergleich schrieb nationale Kulturdifferenzen eher fest als dass er sie transzendierte.[48] Von Lutz Raphael wurde die Gesell-

44 Ian Tyrell, American Exceptionalism in an Age of International History, in: American Historical Review 96 (1991), S. 1031–1055.

45 Vgl. Katja Naumann, Von »Western Civilization« zu »World History«. Europa und die Welt in der historischen Lehre in den USA, in: Middell (Hrsg.), Dimensionen, S. 73–89.

46 Vgl. Thomas Bender (Hrsg.), Rethinking American History in a Global Age, Berkeley 2002 sowie ders. (Hrsg.), The La Pietra Report. A Report to the Profession, Bloomington 2000, online unter http://www.oah.org/activities/lapietra/index.html; zur US-Debatte Patel, in: Berg/Gassert, S. 40–57.

47 Jürgen Osterhammel, Transnationale Gesellschaftsgeschichte: Erweiterung oder Alternative?, in: Geschichte und Gesellschaft 27 (2001), S. 464–479, hier S. 471.

48 Zusammenfassend Heinz-Gerhard Haupt/Jürgen Kocka (Hrsg.), Geschichte und Vergleich. Ansätze und Ergebnisse international vergleichender Geschichtsschreibung, Frankfurt a. M. 1996; Deborah Cohen/Maura

schaftsgeschichte daher als »nationalzentrierte Sozialgeschichte in programmatischer Absicht« charakterisiert.[49] Nach den Eröffnungssalven in *Geschichte und Gesellschaft*, wo Jürgen Kocka 2001 die transnationale Herausforderung annahm, weitete sich die Debatte in Deutschland jedoch rasch aus. Ausgehend vom Leipziger Zentrum für Höhere Studien und dem dortigen Institut für Kulturwissenschaften (Hannes Siegrist, Matthias Middell) sowie den Deutschen Historischen Instituten vor allem in Washington und London (u. a. Eckhardt Fuchs, Benedikt Stuchtey) wurde in Deutschland das transnationale Konzept umfassend rezipiert. 2004 wurde mit *geschichte.transnational* ein eigenes elektronisches Forum gegründet. Vorerst aber blieb, wie Fuchs 2005 monierte, die Debatte um die transnationale Geschichte »Theorie«.[50]

Während in Deutschland theoretische und methodische Debatten dominierten, blieb der empirische Ertrag begrenzt. Das hat, wie erwähnt, einerseits damit zu tun, dass entsprechende Forschung, die unter anderen Bezeichnungen lief, schlicht ignoriert wurde, andererseits aber damit, dass sich viele Projekte noch in der Antragsphase befanden. Das Anregungspotenzial der Debatten des frühen 21. Jahrhunderts schlägt sich deshalb erst allmählich auch in empirisch gesättigten Publikationen nieder.[51] Umge-

O'Connor, Camparison and History: Europe in Cross-National Perspective, New York 2004.

49 Lutz Raphael, Nationalzentrierte Sozialgeschichte in programmatischer Absicht. Die Zeitschrift »Geschichte und Gesellschaft. Zeitschrift für Historische Sozialwissenschaft« in den ersten 25 Jahren ihres Bestehen, in: Geschichte und Gesellschaft 25 (1999), S. 5–37.

50 Eckhardt Fuchs, Welt- und Globalgeschichte – ein Blick über den Atlantik, in: H-Soz-u-Kult 31.3.2005, online unter http://hsozkult.geschichte.huberlin.de/forum/2005-03-004.

51 Sebastian Conrad/Jürgen Osterhammel (Hrsg.), Das Kaiserreich transnational. Deutschland in der Welt 1871–1914, Göttingen 2004; Armin Nolzen/Sven Reichardt (Hrsg.) Faschismus in Italien und Deutschland. Studien zu Transfer und Vergleich. Göttingen 2005; Pierre-Yves Saunier/Shane Ewen (Hrsg.), Another Global City. Historical Explorations into the Transnational Municipal Moment, 1850–2000, New York 2008; Belinda Davis/Wilfried Mausbach/Martin Klimke/Carla MacDougall (Hrsg.), Changing the World, Changing Oneself: Political Protest and Collective Identities in West Germany and the U.S. in the 1960s and 1970s, New York 2010.

kehrt sind seit dem Höhepunkt der Debatte um 2005 kaum noch theoretische Beiträge erschienen. Das Wichtigste ist wohl gesagt.[52] Es scheint, dass wir mit dem Erscheinen entsprechender Reader und Handbücher nun in der Phase der Kanonisierung sind.[53]

Fragen zur Methode

Hat die transnationale Geschichte eigene Methoden, oder stellt sie gar eine Methode dar? Diese Frage hat in Deutschland weniger große Brisanz als in den USA und Großbritannien, wo *transnationalism* den Anspruch des Paradigmenwechsels transportiert.[54] In Deutschland sind die Erwartungen nicht so hoch. Eher kommt es zu einer kritischen (Wieder-) Aneignung und Weiterentwicklung etablierter Methoden. Auch ist transnationale Geschichte, jedenfalls in der Zeitgeschichte, sehr viel weniger vom *linguistic turn*, von kulturgeschichtlichen Ansätzen und transdisziplinären Fragestellungen angesteckt worden als vergleichbare Forschungen in den *American Studies*.

Transnationale Geschichte kann *erstens* auf etablierte Methoden der Transferforschung zurückgreifen. Letzterer wird gelegentlich vorgeworfen, sie interessiere sich hauptsächlich für die direkte Übertragung bestimmter Produkte, Praktiken oder Ideen und sei daher bloß »Einflussforschung«.[55] So wörtlich wird Transfer fast nirgendwo genommen. Die Forschung etwa zur »Amerikanisierung« Europas hat sich von Vorstellungen eines Kulturimperialismus schon lange gelöst. Sie untersucht die aktive Übernahme als »amerikanisch« perzipierter Produkte, Ikonen und Praktiken und deren lokale Aneignung. Auch geht sie von der Prämisse aus, dass

52 Der letzte Forums-Beitrag zum Stichwort »transnationale Geschichte« auf geschichte.transnational datiert von 2008, vgl. online unter http://geschichte-transnational.clio-online.net/forum/type=artikel (7.6.2012).

53 Neben Budde/Conrad/Janz (Hrsg.), Transnationale Geschichte, und dem *Palgrave Dictionary* siehe auch Peggy Levitt/Sanjeev Kahgram (Hrsg.), The Transnationalism Studies Reader. Intersections and Innovations, London 2007.

54 Vgl. Levitt/Sanjeev, Transnationalism; Clavin, Defining.

55 Matthias Midell, Kulturtransfer und transnationale Geschichte, in: ders., (Hrsg.), Dimensionen, S. 49–69, hier S. 53.

»Amerika als Argument« in der Auseinandersetzung mit Modernisierungsprozessen normativ eingesetzt wird.[56]

Zweitens werden in der transnationalen Geschichte methodische Anregungen aus der Kulturgeschichte und Kulturanthropologie aufgenommen, die von der internationalen Geschichte seit den 1990er-Jahren breit rezipiert wurden.[57] Ausgehend von den erkenntnistheoretischen »turns« der 1970er- und 1980er-Jahre machen sich transnationale Studien Gedanken über symbolische Handlungen, einen ritualisierten Internationalismus (etwa in der Studentenbewegung der 1960er-Jahre), die Erfahrung von »Differenz« (Alterität, Identität), der Konstruktion transnationaler Gemeinschaften und Prozesse identitärer Vergemeinschaftung jenseits nationaler Grenzen (z. B. europäische »Erinnerungsorte«, Selbsteinschreibung der Deutschen in den Westen, Vorstellungen von »einer Welt«).

Drittens wenden transnationale Untersuchungen vergleichende Methoden an, obwohl der Vergleich im Verdacht steht, den »nationalen Container« (Ulrich Beck) über das Forschungsdesign quasi zu reproduzieren. Dieser Einwand ist theoretisch berechtigt, aber in der Praxis obsolet geworden. Angesichts der Sensibilisierung für die Fallstricke des Vergleichens wird heute die Ebene wechselseitiger Wahrnehmung, des Austauschs und der Zirkulation regelmäßig integriert. Hier hat die historische Komparatistik erhebliche theoretische und praktische Fortschritte gemacht.[58]

56 Vgl. Philipp Gassert, Amerikanismus, Antiamerikanismus, Amerikanisierung: Neue Literatur zur Sozial- und Kulturgeschichte des amerikanischen Einflusses in Deutschland und Europa, in: Archiv für Sozialgeschichte 39 (1999), S. 531–561.

57 Pars pro toto Kaspar Maase, BRAVO Amerika. Erkundungen zur Jugendkultur in der Bundesrepublik der fünfziger Jahre, Hamburg 1992; Jessica C. E. Gienow-Hecht, Frank Schumacher (Hrsg.), Culture and International History, New York 2003.

58 Vgl. etwa Hartmut Kaelble/Jürgen Schriewer (Hrsg.), Vergleich und Transfer. Komparatistik in den Sozial-, Geschichts- und Kulturwissenschaften, Frankfurt a. M. 2003; Cohen/O'Connor, Comparison and History; Matthias Middell, Kulturtransfer und transnationale Geschichte, in: ders. (Hrsg.), Dimensionen der Kultur- und Gesellschaftsgeschichte. Festschrift für Hannes Siegrist zum 60. Geburtstag, Leipzig 2007, S. 49–69; immer noch wichtig Johannes Paulmann, Internationaler Vergleich und interkul-

Mit der *histoire croisée* wurde von Michael Werner und Bénédicte Zimmermann in Frankreich ein Vorschlag zur Verbindung von Vergleich und Transfer gemacht, der enthusiastische Aufnahme findet.[59]

Viertens kommt die Untersuchung physischer Interaktion über Grenzen in der transnationalen Geschichte nicht zu kurz, egal ob auf der Basis strukturalistischer oder poststrukturalistischer Grundannahmen, mittels vergleichender oder transferbezogener Ansätze, gleich ob man auf die systemische Ebene oder alltägliche Erfahrungen fokussiert, ob man Handelsströme oder symbolische Praktiken analysiert, ob man Eliten oder »einfache Leute« untersucht. Im konkreten Fall lösen sich die theoretischen Gegensätze ebenso wie die methodischen Spitzfindigkeiten meistens schnell auf. Manchmal werden die theoretischen Spannungen sogar produktiv zueinander in Beziehung gesetzt. Und im Angesicht der Archive kühlen die heißen Theoriedebatten ohnehin rasch ab.

Themenfelder

The proof of the pudding is in the eating. Dieser Gemeinplatz gilt auch für die transnationale Geschichte, die sich in der Zwischenzeit auf zahlreiche Forschungsfelder erstreckt und hier – für manche/n vielleicht erschreckende – »imperiale Tendenzen« an den Tag zu legen scheint. Von der Jugendkultur bis zum Sozialstaat, von der Zirkulation künstlerischer Artefakte bis zur Repräsentation historischer Ereignisse, von architektonischen Designs bis zu militärischen Einsätzen, von handwerklichen Fertigkeiten bis zu Expertenwissen, von internationalen Organisationen bis hin zur Sozialgeschichte des Tourismus, von transnational agierenden Unternehmen bis zu Gewerkschaften, Kirchen und

tureller Transfer. Zwei Forschungsansätze zur europäischen Geschichte des 18. bis 20. Jahrhunderts, in: Historische Zeitschrift 267 (1998), 649–685; Michel Espagne, Sur les limites du comparatisme en histoire culturelle, in: Gèneses 17 (1994), S. 112–121.

59 Michael Werner/Bénédicte Zimmermann, Vergleich, Transfer, Verflechtung. Der Ansatz der histoire croisée und die Herausforderung des Transnationalen, in: Geschichte und Gesellschaft 28 (2002), S. 607–636.

religiösen Gemeinschaften reicht das Spektrum der Fragen und Themen. Transnationale Geschichte scheint grenzenlos.

Die von ihr untersuchten Akteure sind Schüler und Lehrerinnen, Priester und Gläubige, Professorinnen und Studierende, Intellektuelle und Handwerker, Expertinnen und Generalisten, Besatzer und Besetzte, Mafiosi, Hochstapler und Polizisten, Entwicklungshelfer, Flüchtlinge und Gewerkschafter, Journalisten, Politikerinnen und Diplomaten, die Protagonisten außerparlamentarischer Proteste, aber eben auch »ganz normale« Frauen, Männer und Kinder, die über Auslandsreisen und den Konsum von Presseerzeugnissen, über Erzählungen von Bekannten, über die Arbeitsmigration oder die Flucht aus Krisengebieten, über lange Exilerfahrungen oder nur einen kurzen Einkaufstrip in die Metropole jenseits des Atlantiks oder am Indischen Ozean eben jene Erfahrungshorizonte schaffen, welche die schöne oder nicht so schöne Welt der transnationalen Geschichte definieren.

Keine Epoche und kein Gegenstand der Zeitgeschichte ist vor transnationalen Fragestellungen sicher, gleich ob wir im Falle Deutschlands über die die alte Bundesrepublik, die DDR, Weimar, den Nationalsozialismus oder das Kaiserreich forschen. Auch für Europa stellt sich die Frage, ob dieses sich »transnational schreiben« lässt.[60] Auf jede dieser Epochen der deutschen und europäischen Geschichte des 20. Jahrhunderts ergeben sich neue Perspektiven jenseits der Nation. Selbst der Nationalsozialismus wird hier sekundär historisiert und verstärkt als Teil einer auch transnationalen Gewalterfahrung der Moderne gesehen. Die Felder transnationaler Geschichte, aber auch der ihr verwandten und verschwägerten Ansätze globaler und welthistorischer Studien auch nur enumerativ aufzählen zu wollen, wäre daher vermessen.

60 Vgl. Kiran Klaus Patel, Transnationale Geschichte, in: Europäische Geschichte Online (EGO), hrsg. vom Institut für Europäische Geschichte (IEG), Mainz 2010-12-03, online unter http://www.ieg-ego.eu/patelk-2010-de.

Autorenverzeichnis

Melanie Arndt, Dr. phil., ist Wissenschaftliche Mitarbeiterin am Zentrum für Zeithistorische Forschung Potsdam.

Frank Bösch, Dr. phil., ist Professor für Deutsche und Europäische Geschichte des 20. Jahrhunderts an der Universität Potsdam und Direktor des Zentrums für Zeithistorische Forschung Potsdam.

Christoph Cornelißen, Dr. phil., ist Professor für Neueste Geschichte an der Goethe-Universität in Frankfurt am Main.

Jürgen Danyel, Dr. phil., ist stellvertretender Direktor des Zentrums für Zeithistorische Forschung Potsdam und Leiter der Abteilung »Zeitgeschichte der Medien- und Informationsgesellschaft«.

Rüdiger Graf, Dr. phil., ist Akademischer Rat auf Zeit am Lehrstuhl für Zeitgeschichte an der Ruhr-Universität Bochum.

Stefan Haas, Dr. phil., ist Professor für Theorie und Methoden der Geschichtswissenschaft an der Georg-August-Universität Göttingen.

Peter Haber, Dr. phil., ist Privatdozent für Allgemeine Geschichte der Neuzeit am Historischen Seminar der Universität Basel.

Jörg Echternkamp, Dr. phil., ist Privatdozent an der Martin-Luther-Universität Halle-Wittenberg und Wissenschaftlicher Mitarbeiter des Militärgeschichtlichen Forschungsamts Potsdam (MFGA).

Philipp Gassert, Dr. phil., ist Professor für die Geschichte des europäisch-transatlantischen Kulturraumes an der Universität Augsburg.

Kirsten Heinsohn, Dr. phil., ist Privatdozentin für Neuere Geschichte an der Universität Hamburg und Wissenschaftliche Mitarbeiterin der Forschungsstelle für Zeitgeschichte (FZH) in Hamburg.

Ulrike Jureit, Dr. phil., ist Wissenschaftliche Mitarbeiterin am Hamburger Institut für Sozialforschung.

Claudia Kemper, Dr. phil., ist Wissenschaftliche Mitarbeiterin der Forschungsstelle für Zeitgeschichte (FZH) in Hamburg.

Pavel Kolář, Ph.D., ist Professor für vergleichende und transnationale Europäische Geschichte des 19. und 20 Jahrhunderts am Europäischen Hochschulinstitut in Florenz.

Kathrin Kollmeier, Dr. phil., ist Wissenschaftliche Mitarbeiterin am Zentrum für Zeithistorische Forschung Potsdam.

Achim Landwehr, Dr. phil., ist Professor für die Geschichte der Frühen Neuzeit an der Heinrich-Heine-Universität Düsseldorf.

Thomas Mergel, Dr. phil., ist Professor für Europäische Geschichte des 20. Jahrhunderts an der Humboldt-Universität zu Berlin.

Gabriele Metzler, Dr. phil., ist Professorin für Geschichte Westeuropas und der transatlantischen Beziehungen an der Humboldt-Universität zu Berlin.

Klaus Nathaus, Dr. phil., ist Wissenschaftlicher Mitarbeiter an der Graduate School in History and Sociology der Universität Bielefeld (BGHS).

Gerhard Paul, Dr. phil., ist Professor für Geschichte und ihre Didaktik an der Universität Flensburg.

Martin Sabrow, Dr. phil., ist Professor für Neueste Geschichte und Zeitgeschichte an der Humboldt-Universität zu Berlin und Direktor des Zentrums für Zeithistorische Forschung Potsdam.

Achim Saupe, Dr. phil., ist Wissenschaftlicher Mitarbeiter am Zentrum für Zeithistorische Forschung Potsdam und Redakteur von Docupedia-Zeitgeschichte.

Manuel Schramm, Dr. phil., ist Privatdozent für Wirtschafts- und Sozialgeschichte an der Technischen Universität Chemnitz.

André Steiner, Dr. phil., ist Professor an der Universität Potsdam und Leiter der Abteilung »Wirtschaftliche und soziale Umbrüche im 20. Jahrhundert« am Zentrum für Zeithistorische Forschung Potsdam.

Annette Vowinckel, Dr. phil., ist Privatdozentin an der Humboldt-Universität zu Berlin und Leiterin der Abteilung »Wandel des Politischen im 20. Jahrhundert: Rechte, Normen, Semantik« am Zentrum für Zeithistorische Forschung Potsdam.